MISSION ZOOLOGIQUE

DE M. PAUL CARIÉ

AUX ILES MASCAREIGNES

FAUNE MALACOLOGIQUE

TERRESTRE ET FLUVIATILE

DES ILES MASCAREIGNES

PAR

LOUIS GERMAIN

ANGERS

GAULTIER ET THÉBERT

—

MARS 1921

FAUNE MALACOLOGIQUE

TERRESTRE ET FLUVIATILE

DES ILES MASCAREIGNES

ANGERS. — IMPRIMERIE F. GAULTIER ET A. THÉBERT.

MISSION ZOOLOGIQUE

DE M. PAUL CARIÉ

AUX ILES MASCAREIGNES

FAUNE MALACOLOGIQUE

TERRESTRE ET FLUVIATILE

DES ILES MASCAREIGNES

PAR

LOUIS GERMAIN

PARIS

—

1921

PRÉFACE

Pendant ses nombreux séjours aux Iles Maurice et de La Réunion, M. P. CARIÉ, chargé de Mission et correspondant du Muséum national d'Histoire naturelle de Paris, a formé des collections considérables appartenant à de très nombreux groupes zoologiques. Les Mollusques, tant vivants que fossiles, constituent une série remarquable, la plus belle, sans aucun doute, qui n'ait jamais été réunie dans ces contrées. Les exemplaires sont souvent très nombreux, toujours en excellent état de conservation et proviennent des localités les plus diverses des îles Mascareignes.

M. P. CARIÉ a bien voulu me demander d'étudier ce matériel de premier ordre. J'ai accepté cette tâche avec d'autant plus de plaisir que la faune des îles Mascareignes offre d'intéressantes particularités, aussi bien dans son origine et dans ses relations que dans l'étonnant polymorphisme de la plupart des éléments qui la composent.

Je ne pouvais me borner aux espèces, d'ailleurs très nombreuses, recueillies par M. P. CARIÉ : j'ai cru préférable de présenter, dans une première partie, un tableau complet des Mollusques terrestres et fluviatiles de l'archipel des Mascareignes et d'essayer, dans une seconde partie, de coordonner les faits actuellement connus, de les interpréter des points de vue paléontologique et zoogéographique.

Je ne saurais terminer ces quelques mots de préface sans adresser nos biens sincères remerciements à M. P. Carié qui n'a pas hésité à supporter les frais considérables de cette publication et à Mademoiselle DE LA ROCHE qui, avec son habituel et si beau talent, a dessiné la planche en couleurs qui orne ce volume.

Paris, 20 Mars 1920.

NOTE SUR LA COLLECTION

DE MOLLUSQUES TERRESTRES ET FLUVIATILES DES ILES MASCAREIGNES
ÉTUDIÉE DANS CE MÉMOIRE

La collection de Mollusques terrestres et fluviatile étudiée dans cet ouvrage a été réunie à l'île Maurice par MM. Thirioux et P. Carié, à l'île de la Réunion, par M. Majastre, qui y fut envoyé, en 1911 et 1912, par M. P. Carié et à ses frais, pour y recueillir des collections zoologiques.

Les recherches de M. Thirioux se sont prolongées pendant un certain nombre d'années. Ce modeste chercheur, coiffeur de profession, consacra les rares moments de loisir dont il disposait à explorer les montagnes, les lits des rivières, les rivages de la partie N.-O. de Maurice. Entr'autres découvertes, on lui doit celle de l'*Aphanapteryx Broŭeï*, Schlegel, ou plutôt du squelette complet de cet Oiseau ; d'autres ossements subfossiles, et certains Crustacés très rares ou inédits. Il fouilla les éboulis, les ravins de la Chaîne du Pouce, de la montagne du Corps de Garde, et la plupart des coquilles de ces provenances lui sont dues.

M. P. Carié lui acheta ses collections à plusieurs reprises Les recherches de M. P. Carié se sont étendues au centre et au sud de l'île. Elles ne durèrent malheureusement que de décembre 1911 à mars 1913, et furent trop souvent entravées par d'absorbantes préoccupations. Il s'attacha surtout à recueillir les Mollusques vivants, et à en rapporter l'animal, dont le test seul. dans la plupart des cas, était connu.

Un fait, assez curieux, mérite d'être retenu. M. P. Carié faisait tracer une route à travers sa propriété de Mon Désert, et les ouvriers terrassiers arrivèrent à un point couvert d'énormes blocs de laves, amoncelés tout près de la côte, avant les dunes. Cette région était garnie d'une végétation parasite. En faisant rouler ces blocs, on découvrit de véritables dépôts de coquilles : Hélices, Cyclostomes, Pupa, etc; il y en avait une telle quantité que le remblai en fut couvert sur une longueur d'une vingtaine de mètres et sur quatre mètres de largeur. Les plus intéressantes de ces coquilles furent recueillies.

Enfin M. Majastre découvrit, à l'île de la Réunion, de fort intéressantes espèces dont quelques-unes nouvelles.

Tel est le cas du seul Pélécypode de la famille des Unionidae actuellement connu dans l'Archipel des Mascareignes, le *Nodularia Cariei* Germain.

P. Carié

PREMIÈRE PARTIE

DESCRIPTION

DES

MOLLUSQUES TERRESTRES ET FLUVIATILES

DES ILES MASCAREIGNES

GASTÉROPODES PULMONÉS

—

STYLOMMATOPHORES

—

AGNATHA

Famille des **STREPTAXIDAE**

Genre **ODONTARTEMON** Pfeiffer, 1855 (1).

§. PERROTTETIA Kobelt, 1904 (2).

ODONTARTEMON (PERROTTETIA) PYRIFORMIS Pfeiffer.

1845 *Streptaxis pyriformis* PFEIFFER *in* : PHILIPPI, *Abbild. u. Beschreib.
neuer Conchylien*, Vol. II, part. IX, p. 8 et Vol. II,
part. XIII, p. 139, *Helix*, taf. VIII, fig. 8.
1846 *Streptaxis pyriformis* PFEIFFER, *Helicid., in* : MARTINI et CHEMNITZ,
Systemat. Conchylien-Cabinet, 2° Édit., p. 24, n° 31,
taf. CII, fig. 31-34.

(1) PFEIFFER (L.), Versuch einer Anordnung der Heliceen nach natürlichen Gruppen, *Malakozoolog. Blätter*, II, Cassel, 1855, p. 172 ; et *Monographia Heliceorum viventium*, Lipsiae, IV, 1859, p. 328 ; V, 1868, p. 439.
(2) KOBELT (Dr W.), Die Raublungenschnecken (Agnatha), II : Streptaxidae und Daudebardiidae ; *in* : MARTINI et CHEMNITZ, *Systemat. Conchylien-Cabinet*, Nürnberg, 1905, p. 91 et p. 108.

1848 *Streptaxis pyriformis* Pfeiffer, *Monograph. Heliceor. vivent.*, I, p. 10, n° 22.

1853 *Streptaxis pyriformis* Pfeiffer, *Monograph. Heliceor. vivent.*, III, p. 289, n° 28.

1859 *Streptaxis pyriformis* Pfeiffer, *Monograph. Heliceor. vivent.*, IV, p. 334, n° 40.

1861 *Streptaxis pyriformis* Albers, *Die Heliceen*, 2e Edit., [par E. von Martens], p. 307.

1868 *Streptaxis piriformis* Pfeiffer, *Monograph. Heliceor. vivent.*, V, p. 448, n° 59.

1878 *Odontartemon piriformis* Pfeiffer et Clessin, *Nomenclator Heliceor. vivent.*, p. 17.

1880 *Streptaxis piriformis* Martens, Mollusken, *in* : K. Möbius, *Beiträge z. Meeresfauna d. Insel Mauritius...*, Berlin, p. 200.

1885 *Streptaxis (Odontartemon) pyriformis* Tryon, *Manual of Conchology*, 2e série, *Pulmonata*, 1, p. 77, pl. XV, fig. 61-63.

1903 *Odontartemon pyriformis* Gude, *Proceedings Malacolog. Society London*, V, p. 221, n° 93.

1905 *Odontartemon (Perrottelia) piriformis* Kobelt, Die Raublungenschnecken, II, *in* : Martini et Chemnitz, *Systemat. Conchylien-Cabinet*, p. 123, n° 46, taf. LXI, fig. 10-11.

1909 *Streptaxis piriformis* Kobelt, *Abhandl. d. Senckenberg. Naturforsch. Gesellschaft Frankfurt a. M.*, XXXII, p. 96.

Cette espèce a été signalée à l'île Rodrigue par L. Pfeiffer [in Philippi, *loc. supra cit.*, 1845, p. 8 et p. 129 ; et *loc. supra cit.*, 1848, p. 10] d'après des exemplaires de la collection H. Cuming. Il est très probable que cette indication est erronée. L'*Odontartemon pyriformis* Pfeiffer est une coquille de la côte de Malabar (Indes anglaises) qui n'a pas été retrouvée à l'île Rodrigue, malgré les très actives recherches de A. Desmazures (1). Il en est de même du *Streptaxis distortus* Jonas (2), espèce de la Guinée également indiquée à l'île Rodrigue, d'après les matériaux de la collection H. Cuming.

(1) Cf. Crosse (H.), Faune Malacologique terr. et fluv. de l'île Rodriguez, *Journal de Conchyliologie*, XXII, 1882, p. 234.

(2) Jonas *in* : Philippi, *Abbild. und Beschreib. neuer Conchylien*, I, part. 3, 1845, p. 48, Helix, taf. III, fig. 3 (*Helix distorta*) [= *Streptaxis distorta* Pfeiffer, Helicid., *in* : Martini et Chemnitz, *Systemat. Conchylien-Cabinet*, 2e Edit., 1848, p. 23, n° 20, taf. CIII, fig. 18-21].

Famille des **ENNEIDAE**

Genre **ENNEA** H. et A. Adams, 1855 (1).

§ I. EDENTULINA Pfeiffer, 1855 (2).

ENNEA (EDENTULINA) ANODON Pfeiffer.

1855 *Ennea anodon* PFEIFFER, *Proceedings Zoological Society of London*,
    p. 100.
1855 *Ennea anodon* PFEIFFER, *Zeilschrift für Malakozool.*, II, p. 60.
1857 *Ennea anodon* PFEIFFER, *Novitates Concholog.*, I, p. 59, n° 97, taf.
    XVII, fig. 5-6.
1859 *Ennea anodon* PFEIFFER, *Monograph. Heliceor. vivent.*, IV, p. 336,
    n° 7.
1860 *Ennea anodon* MORELET, *Séries Conchyliologiques*, II, *Iles Orienta-*
    les d'Afrique, p. 78, n° 38.
1878 *Edentulina anodon* PFEIFFER et CLESSIN, *Nomenclator Helic. vivent.*,
    p. 18.
1880 *Ennea (Edentulina) anodon* MARTENS, Mollusken, *in* : K. MÖBIUS,
    Beiträge z. Meeresfauna d. Insel Mauritius..., Berlin,
    p. 205.
1883 *Ennea anodon* MORELET, *Journal de Conchyliologie*, XXXI, p. 206,
    pl. VIII, fig. 3.
1885 *Gibbus (Edentulina) anodon* TRYON, *Manual of Conchology*, 2ᵉ série,
    Pulmonata, I, p. 85, pl. XVII, fig. 27-28.
1904 *Edentulina anodon* KOBELT, *Die Raublungenschnecken*, I, *in* : MAR-
    TINI et CHEMNITZ, *Systemat. Conchylien-Cabinet*, 2ᵉ Edi-
    tion, p. 299, n° 13, taf. XXXVI, fig. 1-2.
1909 *Ennea anodon* KOBELT, *Abhandl. d. Senckenberg. Naturforsch. Ge-*
    sellschaft Frankfurt a. M., XXXII, p. 93.

Coquille de forme ovalaire oblongue ; spire formée de
6-7 tours peu convexes, à croissance rapide ; sommet obtus ;
sutures linéaires ; dernier tour médiocre, arrondi, atténué
à la base, légèrement remontant à l'extrémité ; ouverture
ovalaire, verticale, anguleuse en haut ; péristome avec épais-

(1) ADAMS (H. et A.), *Genera of Recent Mollusca*, II, 1855, p. 171 ;
= et PFEIFFER (L.), Versuch einer Anordnung der Heliceen nach natürlichen Gruppen, *Malakozoolog. Blätter*, II, 1855, p. 58 ; et : *Monographia
Heliceor. vivent.*, IV, 1859, p. 384 ; et VII, 1877, p. 498 [= *Pupa* sous-
genre *Ennea* ALBERS. *Die Heliceen*, 2ᵉ Edit., par le Dr E. von MARTENS, 1861,
p. 301 ; = *Ennea* PFEIFFER et CLESSIN, *Nomenclator. Heliceor. vivent.*,
1878, p. 17 ; = *Ennea* KOBELT, Die Raublungenschnecken (Agnatha) I,
in : MARTINI et CHEMNITZ, *Systemat. Conchylien-Cabinet*, 1, 12 B, 1, Nürnberg, 1903, p. 93 et suiv.].
(2) *Ennea* sous genre *Edentulina* PFEIFFER, Versuch einer Anordnung
der Heliceen nach natürlichen Gruppen, *Malakozoolog. Blätter*, II, 1855,
p. 173 ; et : *Monographia Heliceorum viventium*, IV, Lipsiae, 1859, p.
335 ; et VII, Lipsiae, 1876, p. 498.

sissement blanc bien marqué ; bord columellaire arqué, réfléchi ; bord externe subarqué et réfléchi.

Longueur : 15-17, plus rarement 19-20 millimètres ; diamètre : 7 3/4-8 $\frac{1}{2}$ millimètres ; hauteur de l'ouverture : 7-8 millimètres ; diamètre de l'ouverture : 5 $\frac{1}{2}$ millimètres.

Test solide, blanchâtre ou jaunacé, garni de stries obliques, assez accentuées et subonduleuses.

Il existe une variété *ex colore*, d'ailleurs beaucoup plus rare, dont le test est recouvert d'un épiderme brun-marron foncé. Elle a été recueillie par E. MARIE aux îles Comores et figurée par A. MORELET (1).

Ile Maurice : « Sur les hauteurs, parmi les détritus végétaux ». Les échantillons « ... de Maurice, beaucoup plus petits [que ceux de l'île Mayotte] sont aussi plus ventrus ; leur péristome est très épais ; ils comptent 5 $\frac{1}{2}$ tours de spire et n'ont guère que 14 millimètres ; ceux de Mayotte atteignent 19 et même 22 millimètres » [E. VESCO, *in* : A. MORELET, *loc. supra cit.*, 1860, p. 79].

Iles Comores : Ile Mayotte [L. PFEIFFER, *loc. supra cit.*, 1855, p. 100 ; = E. VESCO, *in* : A. MORELET, *loc. supra cit.*, 1860, p. 79] ; Ile Comore [E. MARIE, *in* : A. MORELET, *loc. supra cit.*, 1883, p. 206].

§ II. HUTTONELLA Pfeiffer, 1855 (2).

ENNEA (HUTTONELLA) BICOLOR Hutton.

1827 *Carychium Gigas* DE FÉRUSSAC, *Bulletin universel sciences naturelles*, X, p. 408, n° 56.
1834 *Ennea bicolor* HUTTON, *Journal Asiatic Society of Bengal*, III, p. 86 et p. 93.
1844 *Pupa Largillierti* PHILIPPI, *Zeitschr. für Malakozool.*, 1, p. 352.
1844 *Pupa bicolor* KÜSTER, *in* : MARTINI et CHEMNITZ, *Systemat. Conchylien-Cabinet*, 2° Edit., p. 95, taf. XIII, fig. 9-10.
1846 *Pupa mellita* GOULD, *Proceedings Boston Society*, II, p. 99.
1848 *Pupa bicolor* PFEIFFER, *Monograph. Heliceor. vivent.*, II, p. 352, n° 119.
1849 *Pupa bicolor* BENSON, *Annals and Magaz. Natur. History*, London, 2° série, IV, p. 125.

(1) MORELET (A.), Malacologie des Comores. Récoltes de M. E. Marie à l'île Comore ; *Journal de Conchyliologie* ; XXXI, 1883, p. 206, pl. VIII, fig. 3.
(2) *Huttonella* PFEIFFER, Versuch einer Anordnung der Heliceen nach natürlichen Gruppen, *Malakozoolog. Blätter*, II, 1855, p. 174 ; = et *Monographia Heliceorum viventium*, Lipsiae, IV, 1859, p. 335 ; = et PFEIFFER (L.) et CLESSIN (S.), *Nomenclator Heliceor. vivent.*, 1878, p. 20.

1853 *Pupa mellita* Pfeiffer, *Monograph. Heliceor. vivent.*, III, p. 545, n° 117.

1853 *Pupa bicolor* Pfeiffer, *Monograph. Heliceor. vivent.*, III, p. 551, n° 163.

1855 *Pupa (Torquilla) mellita* H. et A. Adams, *Genera of recent Mollusca*, II, p. 169.

1855 *Ennea bicolor* H. et A. Adams, *Genera of recent Mollusca*, II, p. 171.

1855 *Ennea ceylanica* H. et A. Adams, *Genera of recent Mollusca*, II, p. 171.

1855 *Pupa ceylanica* Pfeiffer, *Proceedings Zoological Society of London*, p. 9.

1855 *Ennea ceylanica* Pfeiffer, *Malakozcolog. Blätter*, II, p. 63.

1855 *Ennea mellita* Pfeiffer, *Malakozoolog. Blätter*, II, p. 63.

1855 *Ennea bicolor* Pfeiffer, *Malakozoolog. Blätter*, II, p. 63.

1857 *Ennea bicolor* Pfeiffer, *Novitates Concholog.* I, p. 114, n° 200, taf. XXXII, fig. 15-17.

1857 *Ennea ceylanica* Pfeiffer, *Novitates Concholog.* I, p. 114, n° 201, taf. XXXII, fig. 18-20.

1859 *Ennea bicolor* Pfeiffer, *Monograph. Heliceor. vivent.*, IV, p. 342, n° 28.

1859 *Ennea mellita* Pfeiffer, *Monograph. Heliceor. vivent.*, IV, p. 342, n° 29.

1859 *Ennea ceylanica* Pfeiffer, *Monograph. Heliceor. vivent.*, IV, p. 342, n° 30.

1860 *Pupa bicolor* Morelet, *Séries Conchyliologiques*, II, *Iles Orientales d'Afrique*, p. 93, n° 55.

1861 *Pupa (Gonospira) bicolor* Albers, *Die Heliceen*, Ed. 2 par E. von Martens, p. 301.

1861 *Pupa (Gonospira) ceylanica* Albers, *Die Heliceen*, Ed. 2 par E. von Martens, p. 301.

1863 *Pupa bicolor* Deshayes, *Catalogue Mollusques Réunion*, p. E. 90, n° 290.

1867 *Ennea bicolor* Martens, *Preuss. Expedit. Ost-Asien*, p. 384 (avec var. *abbreviata*).

1869 *Gonospira* (?) *bicolor* Heynemann, *Nachrichtsbl. d. deutschen Malakozoolog. Gesellschaft*, I, p. 178, taf. I, fig. 3 (radula).

1869 *Ennea (Huttonella) bicolor* Nevill, *Proceedings Zoological Society of London*, p. 64, n° 15.

1871 *Ennea (Huttonella) bicolor* Stoliczka, *Journal Asiatic Society of Bengal*, XL, part. II (*Natur. History*), Calcutta, p. 169, n° 1, pl. VIII, fig. 7-8.

1872 *Ennea bicolor* Mörch, *Journal de Conchyliologie*, XX, p. 315.

1876 *Pupa (Ennea) bicolor* Hanley et Theobald, *Conchologia Indica*, p. X et p. 40, pl. C, fig. 6.

1877 *Ennea bicolor* Liénard, *Catalogue Mollusques île Maurice*, p. 80, n° 109.

1877 *Ennea bicolor* Semper, *Reisen im Archipel der Philippinen*, taf. VIII, fig. 14.

1878 *Ennea (Huttonella) bicolor* Nevill, *Handlist Mollusca Indian Museum Calcutta*, I, p. 6, n° 17.

1880 *Ennea (Huttonella) bicolor* Martens, *Mollusken*, in : Möbius, *Beiträge z. Meeresfauna d. Insel Mauritius...*, Berlin, p. 205.

1880 *Ennea cafaeicola* Craven, *Proceedings Zoological Society of London*, p. 215, pl. XXII, fig. 10 a-10 e.

1881 *Ennea bicolor* Crosse, *Journal de Conchyliologie*, XXIX, p. 192, n° 1.

1885 *Ennea (Huttonella) bicolor* Tryon, *Manual of Conchology*, 2e série Pulmonata, I, p. 104, pl. XIX, fig. 14, 17, 18, pl. XX, fig. 24.

1904 *Ennea (Huttonella) bicolor* Kobelt, *Die Raublungenschnecken*, I,

in : Martini et Chemnitz, *Systemat. Conchylien-Cabinet*, 2° Edit., p. 128, n° 47, taf. XIX, fig. 1-3.
1909 *Ennea bicolor* Kobelt, *Abhandl. d. Senckenberg. Naturforsch.
Gesellsch. Frankfurt a. M.*, XXXII, p. 93 et p. 94.

L'*Ennea* (*Huttonella*) *bicolor* Hutton est une espèce assez
variable. La coquille est ordinairement bien allongée, mais
il existe une forme un peu plus courte que le Dr. E. von
Martens a distinguée sous le nom de variété *abbreviata*. Les
tours de spire sont plus ou moins convexes et la sculpture,
le plus souvent accentuée, est quelquefois peu marquée. Les
Ennea mellita Gould et *Ennea ceylanica* Pfeiffer sont absolument synonymes : d'ailleurs G. Nevill a constaté qu'il y
avait identité parfaite, non seulement entre les coquilles, mais
encore entre les animaux des *Ennea ceylanica* Pfeiffer et
Ennea bicolor Hutton de l'Inde et de l'île Maurice (1). Le
Pupa cafaeicola Craven, des plantations de café de Nossi-Bé,
est encore manifestement la même espèce. Il en est peut-être
de même du *Carychium gigas* de Férussac. Malheureusement
on trouve seulement, dans le *Bulletin universel des sciences*
(X, 1827, p. 408) ces quelques mots par trop sommaires :
« 56. *Carychium Gigas* Nob. nov. sp. — Hab. L'île de France.
Cette curieuse espèce, qui devient le géant du genre, a environ 3 lignes de longueur. Son animal est d'un rouge carmin magnifique ».

Les individus de l'île Maurice ont ordinairement 6 ½ millimètres de longueur et 2 1/4 millimètres de diamètre maximum. Leur test est corné très clair, absolument transparent,
laissant voir la columelle. Il arrive parfois que des débris de
l'animal font paraître les tours supérieurs d'un rouge orangé
magnifique. Les premiers tours de spire sont garnis de très
fines stries longitudinales un peu obliques ; les autres montrent des stries costulées assez écartées, plus saillantes contre
les sutures — qui sont ainsi nettement crénelées ; au dernier
tour ces costules sont irrégulières, inégales, plus ou moins
onduleuses, légèrement atténuées à la base et vers l'ombilic.
Le Dr. F. Stoliczka (2) a donné d'intéressants détails sur

---

(1) Nevill (G.), Additional Notes on the Land-Shells of the Seychelles
Islands ; *Proceedings Zoological Society of London*, 28 janvier 1869, p. 64.
(2) Stoliczka (Dr F.), Notes on terrestrial Mollusca from the neigh-
bourhood of Moulmein (Tenasserim Provinces), with descriptions of new
species ; *Journal Asiatic Society of Bengal*, XL, part II [*Natural History*],
Calcutta, 1871, p. 170-171.

l'animal. Celui-ci, fortement comprimé latéralement, écourté antérieurement, est plus ou moins jaunâtre ; la tête est rougeâtre, les tentacules, très petits, sont également rougeâtres mais assez pâles ; le manteau est rouge vif, si bien que l'animal paraît entièrement rouge lorsqu'il se meut. Quand il est rétracté dans sa coquille, les tours médians seuls paraissent colorés en rouge vif.

L'*Ennea* (*Huttonella*) *bicolor* Hutton vit dans les endroits humides : on le rencontre généralement sous les pierres, le bois pourri, etc..., le plus ordinairement près des étangs.

Ile Maurice : Sous les détritus végétaux : Le Chaland, Curepipe [P. CARIÉ].

Sans localité précise, S. RANG, *in* : DE FÉRUSSAC, *loc. supra cit.*, 1827, p. 408 ; BENSON, *loc. supra cit.*, 1849, p. 125 = « Rare à l'île Maurice [E. VESCO, *in* : A. MORELET, *loc. supra cit.*, 1860, p. 93] ; = Ile Maurice [G. NEVILL, *loc. supra cit.*, 1869, p. 64 ; et 1878, p. 6].

Ile de la Réunion : L. MAILLARD, *in* : G. P. DESHAYES, *loc. cit.*, 1863, p. E. 90].

Nossi-Bé : dans les plantations de Café [CRAVEN, *loc. supra cit.*, 1880, p. 125 ; = E.MARIE, *in* : H. CROSSE, *loc. supra cit.*, 1881, p. 192].

Vivant également aux îles Seychelles, cette espèce, très répandue dans l'Inde jusqu'aux limites inférieures de l'Himalaya, habite également l'île de Ceylan, les îles Audaman et Nicobar, la Cochinchine, la Chine méridionale, la Nouvelle-Calédonie... Introduite aux Antilles dans des sacs de riz, elle s'y est acclimatée, notamment aux îles Saint-Thomas, Grenade et de la Trinidad.

§ III. ENNEASTRUM Pfeiffer, 1855 (1).

ENNEA (ENNEASTRUM) POUTRINI Germain, *nov. sp.* (2).

Pl. II, fig 33 à 38

1918 *Ennea* (*Enneastrum*) *Poutrini* GERMAIN, *Bulletin Muséum Hist. natur. Paris*, XXIV, n° 7 (Décembre), p. 521.

Coquille ovoïde subcylindrique, très étroitement ombili-

(1) *Ennea* sous-genre *Enneastrum* PFEIFFER, Versuch einer Anordnung der Heliceen nach natürlichen Gruppen, *Malakozoolog. Blätter*, II, 1855, p. 173 ; et : *Monographia Heliceorum viventium*, IV, Lipsiae, 1859, p. 336.
(2) Espèce dédiée à la mémoire du Dr POUTRIN, préparateur de la chaire d'Anthropologie du Muséum d'Histoire naturelle de Paris, médecin-major décédé aux armées.

quée (ombilic en fente très étroite, presque entièrement recouvert), un peu atténuée en haut ; spire formée de 7-8 tours à peine convexes à croissance lente et bien régulière, séparés par des sutures linéaires superficielles et submarginées ; sommet subobtus ; maximum de largeur de la coquille à l'avant-dernier tour ; dernier tour à peine plus grand que le pénultième, *plus étroit*, très atténué vers la base, nettement remontant à l'extrémité ; ouverture oblique, subpyriforme ovalaire, anguleuse en haut, à bords marginaux écartés, convergents et réunis par une callosité jaunâtre à peine indiquée ; une dent pariétale lamelleuse, saillante, subtranchante, bien développée, située près de l'insertion supérieure

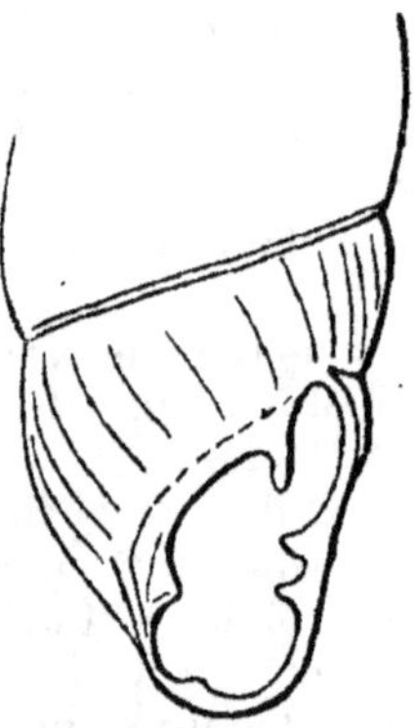

Fig. 1. — *Ennea (Enneastrum) Poutrini* Germain. Ile Maurice [M. P. Carié].
Schéma de l'ouverture ; × 10.

de l'ouverture ; une dent columellaire grande, triangulaire et saillante ; une dent basale très petite et enfoncée ; deux dents palatales petites, subégales, triangulaires et enfoncées, la supérieure à peu près vers le milieu du bord externe ; bord columellaire obliquement subrectiligne, épaissi, subdilaté, blanc ; bord externe nettement arqué en son milieu ; péristome épaissi, subréfléchi, blanc pur un peu brillant.

Longueur : 7 4/5-8 millimètres ; diamètre maximum : 3 4/5-4 millimètres ; diamètre minimum : 3 1/3-3 1/2 millimètres ; hauteur de l'ouverture : 3-3 millimètres ; diamètre de l'ouverture : 2-2 millimètres.

Test solide, subtransparent, assez brillant, d'un jaune

paille clair parfois légèrement ambré ; tours embryonnaires lisses ; autres tours garnis de stries longitudinales très fines, subobliques, inégales et un peu serrées.

Variété *mascarenensis* Germain.

1918 *Ennea (Enneastrum) Poutrini* variété *mascarenensis* GERMAIN, *Bulletin Muséum Hist. natur. Paris*, XXIV, n° 7 (Décembre), p. 522.

Coquille de forme bien plus ventrue ; ouverture proportionnellement moins haute ; denticulation basale plus faible, parfois absente ; même test.

Longueur : 6 3/4-7 millimètres ; diamètre maximum : 4 1/4 millimètres.

L'*Ennea (Enneastrum) Poutrini* Germain appartient à un groupe qui n'avait, jusqu'ici, aucun représentant connu aux îles Mascareignes. Les espèces les plus voisines habitent les îles Comores, comme l'*Ennea (Enneastrum) comorensis* Martens (1).

Ile Maurice : Le type et la variété sont très abondants dans les lieux très humides et sous les grosses pierres, à Curepipe et à Mon Désert [P. CARIÉ].

§ IV. MICROSTROPHIA Mollendorff, 1887 (2).

ENNEA (MICROSTROPHIA) CLAVULATA de Lamarck.

1822 *Pupa clavulata* DE LAMARCK, *Hist. natur. animaux sans vertèbres*, VI, part. II, p. 107.
1827 *Helix (Cochlodonta) modiolinus* DE FÉRUSSAC, *Bulletin universel sciences natur.*, X, p. 306, n° 50.
1837 *Gibbulina modiolina* BECK, *Index Molluscorum*, p. 81, n° 11.
1838 *Pupa clavulata* DE LAMARCK, *Hist. natur. animaux sans vertèbres*, Ed. II [par G. P. DESHAYES], VIII, p. 174.
1841 *Pupa clavulata* DELESSERT, *Recueil Coquilles décrites par Lamarck...*, pl. XXVII, fig. 3.
1841 *Pupa modiolina* PFEIFFER, *Symbol. ad Histor. Heliceor.*, I, p. 46.
1843 *Pupa clavulata* SGANZIN, Catalogue Coquilles îles de France, Bourbon

---

(1) MARTENS (Dr E. von), *Jahrb. d. Deutch. Malakozoolog. Gesellschaft*, III, 1876, p. 252, taf. IX, fig. 5 [non A. MORELET, 1885].
(2) *Microstrophia* MOLLENDORFF, *Jahrb. d. deutschen Malakozoolog. Gesellschaft*, 1887. [= *Ennea* distinct subgenus? NEVILL, *Handlist Mollusca Indian Museum Calcutta*, I, 1878, p. 6 ; = *Nevillia* MARTENS, Mollusken, *in* : K. MÖBIUS, *Beiträge z. Meeresfauna d. Insel Mauritius*, etc... Berlin, 1880, p. 204 (non *Nevillia* H. ADAMS)].

        et Madagascar, *Mémoires Société hist. natur. Strasbourg*, III, p. 17.

1844 *Pupa clavulata* Küster, in : Martini et Chemnitz, *Systemat. Conchylien-Cabinet* ; taf. XI, fig. 19 à 21.

1848 *Pupa clavulata* Pfeiffer, *Monograph. Heliceor. vivent.*, II, p. 328, n° 67.

1850 *Gibbulina clavulata* Albers, *Die Heliceen*, p. 201.

1853 *Pupa clavulata* Pfeiffer, *Monograph. Heliceor. vivent.*, III, p. 542, n° 91.

1855 *Orcula clavulata* Adams, *Genera of recent Mollusca*, p. 170.

1859 *Pupa clavulata* Pfeiffer, *Monograph. Heliceor. vivent.*, IV, p. 661, n° 42.

1860 *Pupa clavulata* Morelet, *Séries Conchyliologiques*, II, *Iles Orientales d'Afrique*, p. 92, n° 54.

1868 *Pupa clavulata* Pfeiffer, *Monograph. Heliceor. vivent.*, VI, p. 397, n° 63.

1868 *Ennea (Gulella) clavulata* Nevill, *Proceedings Zoological Society of London*, p. 360.

1877 *Pupa clavulata* Pfeiffer, *Monograph. Heliceor. vivent.*, VII, p. 500.

1877 *Pupa (Ennea) clavulata* Liénard, *Catalogue Coquilles ile Maurice*, p. 56, n° 772.

1878 *Ennea clavulata* Nevill, *Handlist Mollusca Indian Museum Calcutta*, I, p. 6, n° 12.

1880 *Gibbulina (Nevillia) clavulata* Martens, Mollusken, in : K. Möbius, *Beiträge z. Meeresfauna d. Insel Mauritius...*, Berlin, p. 204.

1885 *Ennea (Nevillia) clavulata* Tryon, *Manual of Conchology*, 2e série *Pulmonata*, I, p. 91, pl. XVIII, fig. 53.

1904 *Ennea (Microstrophia) clavulata* Kobelt, *Die Raublungenschnecken*, I, in : Martini et Chemnitz, *Systemat. Conchylien-Cabinet*, 2e Edit., p. 309, n° 1, taf. XXXIII, fig. 11.

1909 *Gibbulina clavulata* Kobelt, *Abhandl. d. Senckenberg. Naturforsch. Gesellschaft Frankfurt a. M.*, XXXII, p. 94.

Coquille de forme ovalaire, avec maximum de largeur plus rapproché du sommet que de la base ; spire formée de 10 tours presque plans à croissance très lente et régulière ; dernier tour à peine plus grand que le pénultième ; ouverture subverticale, ovalaire, munie d'une dent pariétale lamelleuse, saillante, voisine de l'insertion supérieure du bord externe de l'ouverture ; péristome subcontinu, intérieurement bordé d'un léger bourrelet blanc, un peu réfléchi ; bord externe subsinueux.

Test médiocrement solide, grisâtre ou jaunacé, plus rarement marron clair, subtransparent : tours embryonnaires très finement striés longitudinalement ; autres tours garnis de costules saillantes, subégales, à peu près équidistantes, un peu obliques, très saillantes aux sutures et atténuées, au dernier tour, du côté de l'ombilic.

Cette espèce est assez variable :

Longueur totale	Diamètre maximum	Diamètre minimum	Hauteur de l'ouverture	Diamètre de l'ouverture
9 mm.	4 1/4 mm.	3 4/5 mm.	2 1/4 mm.	1 3/4 mm.
8 4/5 —	3 1/2 —	3 1/4 —	2 1/2 —	1 2/3 —
8 3/4 —	4 1/4 —	3 4/5 —	2 1/2 —	1 4/5 —
8 3/4 —	4 —	3 3/4 —	2 1/2 —	1 3/4 —
8 1/4 —	4 1/4 —	4 —	2 1/3 —	1 4/5 —
8 1/4 —	4 1/4 —	4 —	2 1/4 —	1 3/4 —
8 —	4 1/4 —	4 —	2 1/4 —	2 —
7 1/2 —	4 1/4 —	4 —	2 1/3 —	2 —

On voit qu'il existe un polymorphisme portant sur le rapport : $\dfrac{\text{longueur totale}}{\text{diamètre maximum}}$ qui souvent change très notablement l'aspect de la coquille. A côté de la forme type il existe des mutations *ventricosa* et *elata* ; toute distinction reste cependant illusoire, le passage des individus les plus ventrus aux specimens les plus élancés s'effectuant sans solution de continuité.

Le type comporte 10 tours de spire ; on en compte quelquefois 11 et bien plus rarement 12 chez les formes élancées ; par contre, certaines formes trapues en ont 9 seulement.

Le dernier tour est toujours remontant à l'extrémité, mais à un degré variable suivant les individus. La sculpture bien que plus constante, est pourtant quelquefois moins accentuée.

Ile Maurice. Sous les pierres et les détritus végétaux, dans les endroits humides. Curepipe [P. Carié] ; = J. B. de Lamarck, *loc. supra cit.*, 1822, p. 108 et Ed. 2, 1838, p. 174 ; = S. Rang, *in* : D'A. de Férussac, *loc. supra cit.*, 1827, p. 306 ; = V. Scanzin, *loc. supra cit.*, 1843, p. 17 ; = « Les lieux humides, sous les pierres, les feuilles sèches » [E. Vesco, *in* : A. Morelet, 1860, p. 92] ; = Ile Maurice [G. Nevill, *loc. supra cit.*, 1868, p. 260 ; et 1878, p. 6 ; = E. Liénard, *loc. supra cit.*, 1877, p. 56] ; = Ile Maurice, Collect. Muséum Histoire naturelle, Paris.

Variété *clavulopsis* Germain, *nov. var.*

1918 *Ennea (Microstrophia) clavulata* variété *clavulopsis* Germain, *Bulletin Muséum Hist. natur. Paris*, XXIV, n° 7, p. 522.

Coquille *presque régulièrement cylindrique*, très atténuée à la base ; spire formée de 12 tours presque plans et comme emboîtés les uns dans les autres (1), les 6 premiers constituant un cône surbaissé et à croissance assez rapide, les 6 derniers à croissance très lente et régulière ; diamètre maximum de la coquille vers le huitième tour ; sommet élargi et très obtus ; dernier tour petit, très atténué et *comprimé à la base* ; ouverture ovalaire subpyriforme, *oblique de droite à gauche*, munie d'une dent pariétale disposée comme chez le type ; péristome épaissi, légèrement réfléchi, garni d'un bourrelet interne blanc, *bord externe bien sinueux à sa partie supérieure*.

Longueur : 11-11 1/5 millimètres ; diamètre maximum : 5-4 3/4 millimètres ; diamètre minimum : 4 1/4-4 millimètres ; hauteur de l'ouverture : 3-2 3/4 millimètres ; diamètre de l'ouverture : 2-2 millimètres.

Même test, mais avec la sculpture formée de costules plus délicates et un peu plus serrées.

En dehors de sa taille plus grande et de sa forme plus régulièrement cylindrique, cette variété se distingue :

Par ses tours plus nombreux, le dernier étant comprimé à la base ; par son ouverture oblique et de forme différente et par la sinuosité du bord externe de l'ouverture.

Ile Maurice : La variété *clavulopsis* Germain semble rare : M. P. Carié en a seulement recueilli deux individus, avec le type, aux environs de Curepipe.

ENNEA (MICROSTROPHIA) CARIEI Germain, *nov. sp.*

Pl. II, fig. 11 à 16.

1918 *Ennea (Microstrophia) Cariei* GERMAIN, *Bulletin Muséum Hist. natur. Paris*, XXIV, p. 522.

Coquille de petite taille, *largement et profondément ombiliquée* (ombilic subcirculaire), de forme ovoïde, subconique aux tours supérieurs, très atténuée à la base ; spire formée de 11-12 tours à croissance très lente et régulière, à peine convexes, plus développés en *largeur en haut qu'en bas, et comme emboîtés les uns dans les autres* ; maximum de largeur de la coquille vers le huitième tour de spire : en dessus les

(1) Comme on l'observe chez le type de l'espèce.

tours forment une spire subconique terminée par un sommet obtus et arrondi ; en-dessous, ils deviennent de moins
en moins développés en largeur ; dernier tour très petit,
beaucoup plus étroit et à peine plus haut que le pénultième,
presque cylindrique, très remontant dans la dernière partie
de son développement et *comme détaché à son extrémité* ; ouverture petite, à peine oblique, subquadrangulaire, presque
détachée et fortement rejetée à droite (fig. 2 à 4, dans le texte) ;
péristome continu, très épaissi, blanc brillant, fortement ré-

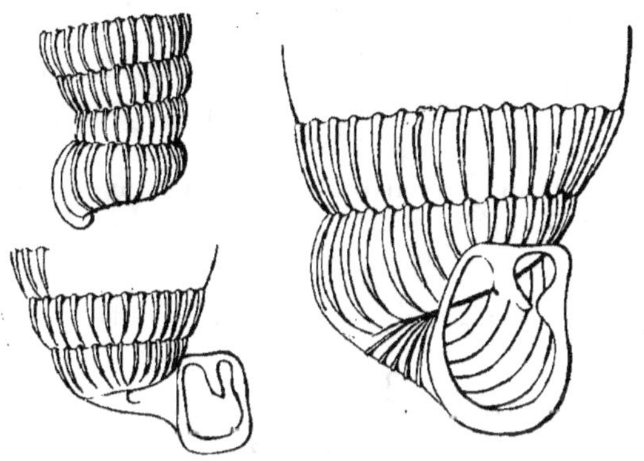

Fig. 2, 3 et 4. — *Ennea (Microstrophia) Cariei* Germain.
Ile Maurice [M. P. Cariɛ́]. Schémas montrant la forme des derniers tours
et de l'ouverture; × 18.

fléchi ; une dent pariétale triangulaire, lamelleuse, très saillante et oblique ; une denticulation assez saillante, mais
émoussée, sur le bord externe, située à peu près en face de
l'extrémité de la dent pariétale.

Longueur : 4 1/4 millimètres ; diamètre maximum : 2 2/3
millimètres ; diamètre minimum : 2 1/3 millimètres ; hauteur de l'ouverture : 1 1/3 millimètre ; diamètre de l'ouverture : 3/4 millimètre.

Test subtransparent, assez mince, d'un gris blanchâtre à
peine brillant, plus clair aux derniers tours ; tours embryonnaires garnis seulement de très fines stries longitudinales ;
autres tours ornés de côtes saillantes, subverticales, à peu
près égales et sensiblement équidistantes, atténuées et un peu
onduleuses sur la seconde moitié (côté externe) du dernier

tour, plus nombreuses, plus serrées et se transformant en grosses stries longitudinales assez irrégulières du côté ombilical du dernier tour.

Cette très belle espèce, dont les caractères sont particulièrement nets, se rapproche de l'*Ennea* (*Microstrophia*) *clavulata* de Lamarck, mais s'en distingue par sa taille plus faible, son enroulement très différent et les caractères de son dernier tour et de son ouverture. (Fig. 2 à 4, dans le texte.)

L'*Ennea* (*Microstrophia*) *Cariei* Germain est assez variable, mais à peu près uniquement en ce qui concerne la forme générale : cette dernière est plus ou moins allongée par rapport au diamètre maximum de la coquille. Les figures 11 à 16 de la planche II donnent une idée de ce polymorphisme ne portant, je le répète, que sur le rapport : $\dfrac{\text{longueur totale}}{\text{Diamètre maximum}}$.

Ile Maurice : Curepipe, dans les endroits humides et sous les pierres [P. CARIÉ].

ENNEA (MICROSTROPHIA) MODESTA H. Adams.

Pl. VI, fig. 1 à 4.

1867 *Ennea modesta* H. ADAMS, *Proceedings Zoological Society of London*, p. 305, pl. XIX, fig. 9.
1867 *Pupa Caldwelli* MORELET, *Journal de Conchyliologie*, XV, p. 439, n° 2.
1868 *Pupa Caldwelli* PFEIFFER, *Monograph. Heliceor. vivent.*, VI, p. 397, n° 60.
1877 *Pupa modesta* PFEIFFER, *Monograph. Heliceor. vivent.*, VII, p. 500.
1877 *Pupa Caldwelli* LIÉNARD, *Catalogue Coquilles ile Maurice*, p. 55.
1877 *Pupa modesta* LIÉNARD, *Catalogue Coquilles ile Maurice*, p. 56, n° 773.
1878 *Ennea modesta* NEVILL, *Hand-list Mollusca Indian Museum Calcutta*, I, p. 6, n° 13.
1880 *Gibbulina* (*Nevillia*) *modesta* MARTENS, Mollusken, in : K. MÖBIUS, *Beiträge z. Meeresfauna d. Insel Mauritius...*, Berlin, p. 204.
1885 *Ennea* (*Nevillia*) *modesta* TRYON, *Manual of Conchology*, 2ᵉ série, *Pulmonata*, I, p. 92, pl. XVIII, fig. 60.
1904 *Ennea* (*Microstrophia*) *modesta* KOBELT, *Die Raublungenschnecken*, in : MARTINI et CHEMNITZ, *Systemat. Conchylien-Cabinet*, 2ᵉ Edit., p. 310, n° 2, taf. XXXIII, fig. 12.
1909 *Gibbulina modesta* KOBELT, *Abhandl. d. Senckenberg. Naturforsch. Gesellschaft Frankfurt a. M.*, XXXII, p. 93.

Le *Pupa Caldwelli* Morelet est considéré, par presque tous les auteurs, comme synonyme de l'*Ennea modesta* H. Adams. Cependant les diagnoses des deux malacologistes ne sont pas

absolument identiques : H. Adams donne à son espèce (1) 11
tours de spire convexes dont le dernier est arrondi à la base,
tandis que A. Morelet compte 12 tours presque plans, le
dernier étant comprimé à la base.

D'autre part, l'iconographie qui accompagne la description
de H. Adams représente une coquille presque régulièrement
cylindrique dont l'ouverture est très fortement déjetée à
droite, ce qui n'apparaît ni dans la diagnose de cet auteur,
ni dans celle de A. Morelet. Quoiqu'il en soit, ces différences
restent de l'ordre de grandeur de la variabilité observée chez
l'espèce voisine, l'*Ennea clavulata* de Lamarck et il est en
effet probable que les *Ennea modesta* H. Adams et *Pupa Caldwelli* Morelet sont synonymes.

D'ailleurs l'*Ennea modesta* H. Adams est voisin de l'*Ennea
clavulata* de Lamarck dont il n'est, peut-être, qu'une variété.
Il s'en sépare cependant : par sa taille plus petite ; sa forme
plus allongée, plus régulièrement cylindrique et sa spire
composée de tours plus nombreux.

Ile Maurice : Montagne du Pouce [P. Carié et Thirioux].
Sans localité précise : G. Nevill *in* : H. Adams, *loc. supra
cit.*, 1867, p. 305 ; = A. Morelet, *loc. supra cit.*, 1867, p.
439 ; = E. Liénard, *loc. supra cit.*, 1877, p. 56 ; = Montagne
du Pouce [G. Nevill, *loc. supra cit.*, 1878, p. 6].

Genre **GIBBUS** Denys de Montfort, 1810 (2).

Gibbus Lyoneti Pallas.

Pl. I, fig. 8-9 et Pl. VII, fig. 2 à 7.

1780 *Helix Lyonetiana* Pallas, *Spicilegia*, I, fasc. X, p. 33, tab. III,
   fig. 7-8.
1787 *Trochus monstruosus lyonetianus* Chemnitz, *Systemat. Conchylien-
   Cabinet*, V, fig. 1513.
1790 *Trochus distortus* Gmelin, *Systema natur.*, Ed. XIII, p. 3580, n° 82.
1792 *Bulimus Lyonetianus* Bruguière, *Encyclopédie méthodique, Vers*,
   I, p. 299, n° 6.
1810 *Gibbus Lyoneti* Denys de Montfort, *Conchyliol. systémat.*, II, p. 303,
   pl. LXXVI.

---

(1) La forme générale de la coquille est dite « cylindracea » par A.
Morelet et « ovato oblonga » par H. Adams ; remarquons pourtant que
la figuration donnée par ce dernier auteur [*loc. supra cit.*, 1867, pl. XIX,
fig. 9] représente une coquille presque exactement cylindrique.

(2) *Gibbus* Denys de Montfort, *Conchyliologie systématique*,... Paris,
II, 1810, p. 302.

1815 *Helix distortus* Burrow, *Elements of Conchology*, London, p. 181,
        pl. XXIII, fig. 3.
1817 *Helix Lyonetiana* Dillwyn, *A Descript. Catal. recent Shells*, II,
        p. 959, n° 163.
1818 *Helix Lyonatiana* Wood, *Index testaceolog.*, pl. XXXV, fig. 161.
1821 *Helix (Cochlodonta) Lyonetiana* de Férussac, *Tableaux systématiques*,
        n° 472.
1821-1850 *Pupa Lyonetiana* de Férussac, *Hist. natur. génér. part. Mol-
        lusques ;* II, p. 202, n° 1, pl. CLXII, fig. 11-13.
1822 *Pupa modiolinus* Bowdich, *Elem. of Conchology*, etc..., pl. VI, fig.
        34 [non de Férussac].
1822 *Bulimus Lyonetianus* de Lamarck, *Histoire natur. animaux sans ver-
        tèbres*, VI, part. II, p. 122, n° 18.
1825 *Pupa Lyonetianus* de Blainville, *Manuel de Malacologie*, p. 458,
        pl. XL, fig. 4.
1827 *Helix (Cochlodonta) Lyonetiana* de Férussac, *Bulletin univers,
        sciences naturelles*, X, p. 306.
1830 *Pupa Lyonetiana* Menke, *Synopsis Mollusc.*, Ed. II, p. 34.
1837 *Gibbulina Lyonetiana* Beck, *Index Molluscorum*, p. 81, n° 2.
1838 *Pupa Lyonetiana* Potiez et Michaud, *Galerie Mollusques Douai*,
        I, p. 162, pl. XVI, fig. 7-8.
1838 *Bulimus Lyonetianus* de Lamarck, *Hist. natur. animaux sans ver-
        tèbres*, Ed. II [par G. P. Deshayes], VIII, p. 229, n° 18.
1842 *Bulimus Lyonetianus* Sowerby, *Concholog. Man.*, Ed. II, p. 88,
        fig. 284.
1843 *Bulimus Lyonetianus* Scanzin, *Catalogue Coquilles îles de France,
        Bourbon et Madagascar*, *Mémoires Soc. hist. natur.
        Strasbourg*, III, p. 17.
1848 *Gibbus Lyonetianus* Pfeiffer, *Monograph. Heliceor. vivent.*, II,
        p. 298, n° 1.
1849 *Bulimus Lyonetianus* Reeve, *Conchologia Iconica*, pl. XLI, fig. 257.
1850 *Pupa (Gibbulina) Lyonetiana* Albers, *Die Heliceen*, p. 201.
1853 *Gibbus Lyonetianus* Pfeiffer, *Monograph. Heliceor. vivent.*, III,
        p. 258, n° 1.
1859 *Gibbus Lyonetianus* Pfeiffer, *Monograph. Heliceor. vivent.*, IV,
        p. 653 n° 1.
1868 *Pupa Lyonetiana* Pfeiffer, *Monograph. Heliceor. vivent.*, VI, p. 288,
        n° 1.
1868 *Gibbus lyonetianus* Nevill, *Proceed. Zoological Society of London*,
        p. 258.
1877 *Gibbus lyonetianus* Liénard, *Catalogue Mollusques île Maurice*, p. 54,
        n° 751.
1878 *Gibbus lyonetianus* Nevill, *Handlist Mollusca Indian Museum Cal-
        cutta*, p. 8, n° 1.
1880 *Gibbulina (Gibbus) Lyonetiana* Martens, Mollusken, *in :* K. Möbius,
        Beiträge z. Meeresfauna d. Insel Mauritius..., Berlin,
        p. 200.
1885 *Gibbus (Gibbus) Lyonetianus* Tryon, *Manual of Conchology*, 2° série,
        Pulmonata, I, p. 81, pl. XXI, fig. 78 à 81.
1892 *Gibbus Lyonetianus* Baker, *Proceedings Rochester Academy Sciences*,
        II, p. 20, n° 1.
1904 *Gibbus lyonetianus* Pfeiffer, Die Raublungenschnecken, *in :* Mar-
        tini et Chemnitz, *System. Conchylien-Cabinet*, 2° Ed.
        p. 313, taf. XXXVII, fig. 1-3 et taf. XXXIX, fig. 1-3.
1909 *Gibbus lyonetianus* Kobelt, *Abhandl. d. Senckenberg. Natürforsch.
        Gesellschaft, Frankfurt a. M.*, XXXII, p. 93.

Très rarement recueillie à l'état frais, cette espèce est repré-

sentée, dans la collection réunie par M. P. Carié, par des specimens en excellent état de conservation. Je figure (Pl. I, fig.
8, 9) un des individus ayant le mieux gardé son coloris.

Le *Gibbus Lyoneti* Pallas, tout en conservant les caractères
si spéciaux qui en font une espèce impossible à confondre
avec aucune autre, est essentiellement variable. C'est ainsi
que le rapport $\dfrac{\text{hauteur}}{\text{diamètre maximum}}$ oscille entre des limites
étendues. J'ai mesuré un grand nombre de specimens ; ces
mensurations, résumées dans le tableau suivant, précisent ce
polymorphisme.

Numéros des individus	Hauteur totale	Diamètre maximum	Diamètre minimum	Hauteur (1) de l'ouverture	Diamètre de l'ouverture (1)	Observations
	mm.	mm.	mm.	mm.	mm.	
1	33	28 1/2	17 1/2	16	12 2/3	
2	31 1/2	25 1/4	15 1/4	14 1/2	12	
3	31 1/4	21	14 1/2	14 3/4	12	
4	31	28	17	15	12	
5	31	27 1/2	16	16	12	
6	30 3/4	26	15 3/4	15	11 1/2	
7	30 1/2	29	17	15 3/4	12 1/3	
8	30 1/2	27	15 1/2	14 1/2	12	
9	30 1/2	26	15 3/4	14	11	
10	30 1/2	24 1/4	15	15	11	
11	30 1/2	23	15	14 3/4	12	
12	30 1/2	23	14	13	9 3/4	
13	30	28 1/2	16	15	12	
14	30	27 1/2	16 3/4	14	11	
15	30	25	16	14	10	
16	30	21	15	14	11	Forma *alta*.
17	29 1/2	20 1/2	16	14	11	Forme anormale (figurée, pl. VII, fig. 7).
18	29	26 1/4	16	14	12	
19	29	26	15	14	11	
20	29	20 1/2	14	12	10	
21	28 1/2	26	16	14 1/2	12	
22	28	22	15 1/4	12 1/2	10	
23	27 1/4	20	15	12 1/2	9 1/2	Forme figurée pl. VII, fig. 4.
24	27	25 1/2	15 3/4	14	10 3/4	Forma *globosa*.
25	27	24	14	12	9	
26	27	21 1/2	15	12	10	
27	26	21 1/2	16	13 1/2	11 1/4	
28	25 1/2	22	15 1/2	13	11 1/2	

(1) L'épaisseur du péristome est compris dans les mesures de la hauteur
et du diamètre de l'ouverture.

La variabilité de la spire ressort nettement de l'examen de
ce tableau. Il en résulte parfois des formes assez singulières.
Ainsi l'individu n° 17 montre un dernier tour à peine élargi,

dont la carène, très élargie, disparaît presque complètement (fig. 7, pl. VII) ; l'exemplaire n° 28 a les mêmes caractéres du dernier tour, mais son ouverture est beaucoup plus oblique par rapport à l'axe de la coquille (pl. VII, fig. 4), ce qui donne à l'ensemble de l'animal un aspect tout différent. Les figures 2 à 7 de la planche VII précisent les rapports des axes principaux chez ces coquilles.

Les formes *elata*, le dernier tour restant normal, ne sont pas rares (n° 16 du tableau précédent) ; mais il arrive souvent que le plan de l'ouverture (défini par les bords columellaire et externe) forme, avec le plan sagittal (défini par le sommet et la fente ombilicale) un angle tel que l'ouverture est beaucoup plus étroitement ovalaire et comme rejetée en arrière à la façon de celle du *Limnaea paecila* G. Servain (1).

Typiquement l'ombilic est très étroitement allongé ; mais il s'élargit parfois d'une manière très sensible, devenant ovalaire et même, plus rarement, subcirculaire (2). Tous les intermédiaires existent entre ces deux aspects extrêmes de l'ombilic.

Les caractères de l'ouverture sont des plus variables. Les individus typiques ont une ouverture plus ou moins obliquement subquadrangulaire, bordée par un péristome *très épaissi*, réfléchi, coloré en blanc jaunâtre brillant. Les bords marginaux, convergents et assez rapprochés, sont réunis par une callosité brillante, blanchâtre, ordinairement assez épaisse, au milieu de laquelle se montre une denticulation transverse allongée, blanche et plus ou moins saillante. Ce type varie considérablement : la denticulation peut s'atténuer jusqu'à disparaître complètement ; la callosité aperturale est soit fort épaisse, presque détachée du dernier tour — ce qui rend le *péristome continu* (3) — soit totalement absente ; enfin l'épaississement et la réflexion du péristome subissent également des variations notables.

Le test des individus frais varie du jaune brillant au marron clair; le coloris étant, au dernier tour, toujours plus som-

---

(1) Le *Limnaea precila* Servain [*Bulletins société malacologique de France*, IV, Paris, 1887, p. 244] est une *forme de coquille* du *Limnaea (Stagnicola) palustris* Müller [*Vermium terr. et fluv. Histor.*, II, 1774, p. 131].

(2) Lorsque ce caractère est associé à l'absence de dent sur la paroi aperturale, la coquille correspond à la variété *Antoni* Pfeiffer.

(3) Dans le cas où le péristome est continu il peut aussi bien y avoir une denticulation aperturale que pas de denticulation du tout, malgré le grand développement de la sécrétion calcaire.

bre du côté opposé à l'ouverture. L'épiderme, qui est fort mince, est généralement détaché sur les tours supérieurs. L'intérieur de l'ouverture est blanc, très brillant, parfois teinté de jaunâtre ou, plus rarement, de rose ; le péristome et le callus ont une coloration en harmonie avec celle de l'intérieur de l'ouverture.

Le test est toujours épais, solide et résistant. Les tours embryonnaires sont très finement striés ; les autres sont garnis de costules lamelleuses saillantes, irrégulières, inégales et inégalement espacées, obliquement subonduleuses, beaucoup plus irrégulières au dernier tour où elles sont souvent moins fortes et toujours atténuées vers l'ombilic et du côté opposé à l'ouverture (1).

L. Pfeiffer a décrit deux *Gibbus* qui ne sont que des formes, d'ailleurs un peu anormales, du *Gibbus Lyoneti* Pallas. Le premier est le *Gibbus Antoni* Pfeiffer (2), caractérisé par un ombilic plus largement ouvert et une ouverture dépourvue de denticulation sur la callosité réunissant les bords marginaux (3) ; le second est le *Gibbus obtusus* Pfeiffer (4), forme moins élargie et moins gibbeuse à la base (5) et dont la spire comprend 7 ½ tours notablement moins convexes (6).

Enfin G. Nevill (7), qui a signalé une monstruosité *sinis-*

(1) Le dernier tour est souvent submallée, principalement du côté opposé à l'ouverture.

(2) *Gibbus Antoni* Pfeiffer, *Zeitschrift für Malakozool.*, 1847, p. 149 ; et *Monographia Helicceor. vivent.*, II, 1843, p. 298, n°2 ; III, 1853, p. 528, n° 2 ; et IV, 1859, p. 653 n° 2 ; = *Pupa Lyonetiana* Küsten in Martini et Chemnitz, *Systemat. Conchylien-Cabinet*, 2° Ed., 1844, p. 72, taf. X, fig. 9-11 ; = *Pupa Gratelouplana* Pfeiffer, *Monographia Helicceor. vivent.*, VI, 1868. p. 287, n° 2 ; = *Gibbus Lyonetianus* var. *Antoni* Tryon, *Manual of Conchology*, 2° série, *Pulmonata*, I, p. 81, pl. XXII. fig. 80-81.

(3) Le type décrit par L. Pfeiffer mesure 29 millimètres de longueur, 31 millimètres de diamètre maximum et 20 millimètres de diamètre minimum. L'ouverture a 16 millimètres de longueur sur 11 millimètres de diamètre.

(4) *Gibbus obtusus* Pfeiffer. *Zeitschrift für Malakozool..* 1850, p. 87. et *Monograph. Helicceor. vivent.*, III, 1853, p. 528, n° 3, et IV, 1859. p. 653, n° 3 ; = *Pupa obtusa* Pfeiffer, *Monographia Helicceor. vivent.*, VI, 1868, p. 287, n° 3 ; = *Gibbus Lyonetianus* variété *obtusus* Tryon, *Manual of Conchology*, 2° série, *Pulmonata*, I. 1885, p. 81.

(5) Longueur : 29 millimètres ; diamètre maximum : 25 millimètres ; diamètre minimum : 17 millimètres ; hauteur de l'ouverture : 15 millimètres ; diamètre de l'ouverture : 11 millimètres [L. Pfeiffer, *loc. supra cit..* III. 1853. p. 528.]

(6) D'après le Dr E. von Martens, [Mollusken. *in* : K. Möbius, *Beiträge z. Meeresfauna d. Insel Mauritius...*, Berlin, 1880, p. 201] ces deux coquilles ont été établies sur des exemplaires anormaux du *Gibbus Lyoneti* Pallas.

(7) Nevill (G.), New a little Known Mollusca of the Indo-Malayan Fauna, *Journal Asiatic Society of Bengal.* L, part. II, Calcutta, 1881, p. 129.

trorsus d'ailleurs fort rare (1), a pu observer l'animal de cette espèce et donner quelques détails sur son aspect extérieur : la partie antérieure du corps varie du rouge vineux au pourpre ; la partie postérieure est jaune, ponctuée de petits points purpurins ; le pied est jaune et les tentacules d'un pourpre terne (2).

Cette espèce est presque entièrement éteinte. Elle doit cependant se trouver encore, très rarement, à l'état vivant, car l'un des individus recueillis par M. P. Carié porte cette indication « femelle avec un œuf, 5 février 1905 ».

Ile Maurice : Cette espèce est localisée dans le district de la Savanne, entre Chamony et le Bassin Blanc, dans la région forestière connue sous le nom de Bois Sec [P. Carié et Thirioux]. Sans indication précise de localité [S. Rang, *in* : de Férussac, *loc. supra cit.*, 1827, p. 307 ; = V. Sganzin, *loc. supra cit.*, 1843, p. 17 ; = G. Nevill, *loc. supra cit.*, 1868, p. 258] ; = Ile Maurice : près de Saint-Aubin, district de la Savanne [E. Liénard, *loc. supra cit.*, 1877, p. 54] ; = Ile Maurice : Savanne, dans les forêts sèches [G. Nevill, *loc. supra cit.*, 1878, p. 8].

Genre **ORTHOGIBBUS** Germain 1919 (3).

Ainsi que l'a fait remarquer H. A. Pilsbry en 1916 (4), le genre *Gibbulina* créé par H. Beck (5), doit être restreint, comme le voulait déjà J. C. Gray (6), au seul *Gibbulina in-*

(1) Cette monstruosité senestre a depuis été signalée par E. R. Sykes [Variation of recent Mollusca, *Proceedings Malacological Society of London*, VI, 1905, p. 269], par C. F. Ancey, [Observations sur les Mollusques Gastéropodes sénestres de l'époque actuelle, *Bulletin Scientifique France et Belgique*, XL, 1906, p. 188] et par Ph. Dautzenberg, [Sur quelques cas tératologiques, *Journal de Conchyliologie*, LVII, 1909, p. 39. pl. I, fig. 4]. Il existe un exemplaire de cette monstruosité au Muséum d'Histoire naturelle de Paris et un autre au Muséum de Lyon.

(2) Nevill. (G.), Notes on some of the Species of Land Mollusca inhabiting Mauritius and the Seychelles, *Proceedings Zoological Society of London*, 1868, p. 258.

(3) Germain (Louis), *Bulletin Muséum Hist. natur. Paris*, XXV, 1919, p. 264.

(4) Pilsbry (H. A.), in : Tryon (W), *Manual of Conchology*, 2e série, *Pulmonata*, XXIV, 1916, p. 5.
Christiani Frederici, 1837, p. 81.

(5) Beck (H.), *Index Molluscorum praesentis aevi Musei princ. august.*

(6) Gray (J. C.), *Proceedings Zoological Society of London*, 1847, p. 176.

fundibuliformis d'Orbigny (1) petite espèce très remarquable de la Bolivie (2). Il résulte de cette constatation que les nombreuses espèces des îles Mascareignes désignées sous le nom générique de *Gibbulina* doivent être changées de genre. Je propose celui d'*Orthogibbus* que je divise en quatre sous-genres :

1. *Gonidomus* Swainson, 1840. Type : *Orthogibbus* (*Gonidomus*) *pagodus* de Férussac. Ile Maurice.

2. *Plicadomus* Swainson, 1840. Type : *Orthogibbus* (*Plicadomus*) *sulcatus* Müller. Ile Maurice.

3. *Orthogibbus* sensu stricto [=*Gibbulina* auct. non H. Beck]. Type : *Orthogibbus* (*Orthogibbus*) *modiolus* de Férussac. Iles de la Réunion, Maurice et Rodrigue.

4. *Gibbulinopsis* Germain, 1919. Type : *Orthogibbus* (*Gibbulinopsis*) *pupulus* Deshayes. Ile de La Réunion.

§ I. GONIDOMUS Swainson, 1840 (3).

Orthogibbus (Gonidomus) pagodus de Férussac.

Pl. I, fig. 7.

1773 *L'enfant en maillot*, Bernardin de Saint-Pierre, *Voyage à l'isle de France, à l'isle de Bourbon, au cap de Bonne Espérance, etc...*, p. 107.

1821 *Helix* (*Cochlondonta*) *pagoda* de Férussac, *Tableaux systématiques*, n° 470.

1827 *Helix* (*Cochlodonta*) *pagoda* de Férussac, *Bulletin universel sciences naturelles*, X, p. 306, n° 51.

1828 *Helix concamerata* Wood, *Index testaceolog.*, *Suppl.* pl. VII, fig. 21.

1829 *Pupa pagoda* Lesson, *Voyage Coquille, Zoologie*, II, p. 326, pl. VIII, fig. 6.

1829 *Pupa pagoda* Sowerby, *Conchol. Man.*, fig. 519.

1830 *Pupa idolum* Menke, *Synopsis Mollusc.*, Ed. II, p. 34.

1837 *Gibbulina pagoda* Beck, *Index Molluscorum*, p. 81, n° 3.

1838 *Pupa pagodus* de Lamarck, *Hist. natur. animaux sans vertèbres*, 2° Edit. [par G. P. Deshayes], VIII, p. 185, n° 37.

1839 *Helix concamerata* Jay, *Catalogue of the Shells...*, p. 44.

1840 *Gonidomus pagodus* Swainson, *Treatise on Malacology*, p. 166, fig. 21.

1841 *Helix Barclayi* Benson, *Annals and Magaz. of Natur. history*, London, 2° série, II, p. 163 [form. jun. (4)].

(1) *Helix infundibuliformis* d'Orbigny, *Revue et Magasin de Zoologie*, 1835, p. 21; et *Pupa infundibuliformis* d'Orbigny, *Voyage Amérique méridionale*, p. 323, pl. XLI, fig. 7-9.

(2) Cette espèce, connue seulement par la description de A. d'Orbigny, est la première citée par H. Beck sous le nom de *Gibbulina* (comme sous-genre de *Pupa*).

(3) *Gonidomus* Swainson, *A Treatise on Malacology*, London, 1840 p. 332.

(4) L. Pfeiffer a lui-même reconnu [*Monographia Heliceorum viventium*, etc..., I, Lipsiae, 1848] que cette espèce n'était que le jeune âge du *Gibbus pagodus* de Férussac : « Testae heliciformes a me subnomine *Heli-*

1842 *Pupa pagoda* Reeve, *Conchologia systemat.*, II, pl. CLXX, fig. 1.
1846 *Helix Barclayana* Pfeiffer, *Proceedings Zoological Society of London*, p. 110 (1).
1848 *Helix Barclayana* Pfeiffer, *Monograph. Heliceor. vivent.*, I, p. 118, n° 305 (2).
1850 *Gibbus pagoda* Albers, *Die Helicecn*, p. 201.
1851 *Helix Barclayi* Reeve, *Conchologia Iconica*, pl. XLII, fig. 188 (3).
1853 *Pupa pagoda* Pfeiffer, *Monograph. Heliceor. vivent.*, II, p. 538, n° 66.
1855 *Gibbus pagodus* Adams, *Genera of recent Mollusca*, p. 167.
1859 *Pupa pagoda* Pfeiffer, *Monograph. Heliceor. vivent.*, IV, p. 655, n° 1.
1860 *Pupa pagoda* Morelet, *Séries Conchyliologiques, II, Iles Orientales d'Afrique*, p. 82, n° 43.
1868 *Pupa pagoda* Pfeiffer, *Monograph. Heliceor. vivent.*, VI, p. 287, n° 4.
1877 *Gibbus pagodus* Liénard, *Catalogue Coquilles île Maurice*, p. 54, n° 752.
1878 *Gibbus (Gonidomus) pagoda* Nevill, *Handlist Mollusca Indian Museum Calcutta*, I, p. 8, n° 2.
1880 *Gibbulina (Gonidomus) pagoda* Martens, *Mollusken*, in K. Möbius, *Beiträge z. Meeresfauna d. Insel Mauritius...*, Berlin, p. 201.
1880 *Gibbulina (Gonidomus) pagoda* Martens, *Mollusken*, in : K. Möbius, *Pulmonata*, I, p. 82, pl. XXI, fig. 82 (adulte) et 83 (jeune).
1892 *Gibbus (Goniodomus) pagodus* Baker, *Proceedings Rochester Academy of Sciences*, II, p. 20, n° 2.
1904 *Gibbulina (Gonidomus) pagoda* Kobelt, *Die Raublungenschnecken*, I, in : Martini et Chemnitz, *Systemat. Conchylien-Cabinet*, 2° Ed., p. 316, n° 1, taf. XXXVII, fig. 4-9.
1909 *Gibbulina pagoda* Kobelt, *Abhandl. d. Senckenberg. Naturforsch. Gesellschaft Frankfurt a. M.*, XXXII, p. 93.

Cette espèce bien connue n'a que rarement été recueillie vivante. Elle varie beaucoup quant à sa forme générale qui est plus ou moins ventrue, parfois même très obèse. Les caractères de l'ouverture sont plus constants, mais son degré d'obliquité par rapport à l'axe de la coquille change presque avec chaque individu. L'épaisseur du péristome et de la callosité réunissant les bords marginaux de l'ouverture sont également variables. On observe de plus, chez quelques specimens, un dépôt dentiforme situé, sur la callosité aperturale, toujours plus près du bord supérieur que du bord columellaire.

La taille varie dans les proportions suivantes :

cis *Barclayanae* errore descripte et a Cl. Reeve (Conch. Icon. N. 188 t. XLII) figuratae, specimina sunt juniora *Pupae pagodae* ».
(1) *Ibidem.*
(2) *Ibidem.*
(3) *Ibidem.*

Hauteur totale	Diamètre maximum	Diamètre minimum	Hauteur de l'ouverture	Diamètre de l'ouverture
37 mm.	24 mm.	21 mm.	16 3/4 mm.	14 mm.
34 3/4 —	23 1/2 —	20 1/2 —	17 —	14 —
33 —	25 —	21 —	16 —	14 —
33 —	23 1/4 —	20 1/2 —	16 —	14 —
33 —	23 —	20 —	15 —	14 —
32 —	25 —	20 —	16 —	14 —
31 —	26 —	20 —	16 —	14 —
27 —	24 —	21 —	14 —	12 1/2 — (1)

(1) Exemplaire déformé.

La sculpture est très irrégulière. Les tours embryonnaires
— très souvent érodés, même chez les individus recueillis
vivants et possédant leur épiderme — sont presque lisses,
avec seulement de fines stries longitudinales obliques et subrégulières.

Les autres tours sont garnis de côtes très obliquement et
irrégulièrement onduleuses, inégalement saillantes et espacées, plus distantes et moins fortes au dernier tour où elles
se résolvent, en-dessous, en stries longitudinales toujours
très atténuées vers l'ombilic. Enfin au dernier tour, par suite
de l'existence de grossières stries spirales très irrégulières, le
test a souvent une apparence malléé.

Ile Maurice : Espèce abondante principalement dans la région forestière du centre de l'île (Midlands). Assez rare vivante, elle est très communément recueillie morte [P. CARIÉ
et THIRIOUX].

Ile Maurice : BERNARDIN DE SAINT-PIERRE, *loc. supra cit.*,
1773, p. 107 ; = S. RANG, *in* : D'A. DE FÉRUSSAC, *loc. supra
cit.*, 1827, p. 306 ; = Dans les bois humides [LESSON, *loc. supra cit.*, 1829, p. 326 ; = « Assez rare, au centre de l'île Maurice, sur les sommets boisés, notamment dans les forêts de
Cure-Pipe et de la rivière Noire ». [E. VESCO, *in* : A. MORE-
LET, *loc. supra cit.*, 1860, p. 82] ; = Savanne [E. LIÉNARD,
loc. supra cit., 1877, p. 54] ; = Curepipe et Savanne [G. NE-
VILL, *loc. supra cit.*, 1878, p. 8] ; = Prof. K. MÖBIUS, *in* : Dr.
E. von MARTENS, *loc. supra cit.*, 1880, p. 201 ; = F. C. BAKER,
loc. supra cit., 1892, p. 20.

§ II. PLICADOMUS Swainson, 1840 (1).

ORTHOGIBBUS (PLICADOMUS) SULCATUS Müller.

1774 *Helix sulcata* MÜLLER, *Verm. terr. et fluv. Histor.*, II, p. 108, n° 307.
1786 *Helix sulcata* CHEMNITZ, *Systemat. Conchylien-Cabinet*, IX, p. 165,
       taf. CXXXV, fig. 1232.
1790 *Turbo sulcatus* GMELIN, *Systema natur.*, Ed. XIII, p. 3610, n° 91.
1792 *Bulimus sulcatus* BRUGUIÈRE, *Encyclopédie méthodique, Vers*, I, p.
       300, n° 7.
1817 *Turbo sulcatus* DILLWYN, *A Descript. Catal. recent Shells*, II, p.
       863, n° 113.
1817 *Otala sulcata* SCHUMACHER, *Essai nouv. système habitat. vers testacés*,
       p. 192.
1818 *Turbo sulcatus* WOOD, *Index testaccolog.*, pl. XXXII, fig. 115.
1821 *Helix (Cochlodonta) sulcata* DE FÉRUSSAC, *Tableaux systématiques*,
       n° 471.
1822 *Pupa sulcata* DE LAMARCK, *Hist. natur. animaux sans vertèbres*, VI,
       part. II, p. 105, n° 3.
1827 *Helix (Cochlodonta) sulcata* DE FÉRUSSAC, *Bulletin univers. sciences
       naturelles*, X, p. 306, n° 52.
1829 *Helix sulcata* LESSON, *Voyage Coquille*, II, p. 327, pl. VIII, fig. 7.
1837 *Gibbulina sulcata* BECK, *Index Molluscorum*, p. 81, n° 6.
1838 *Pupa sulcata* DE LAMARCK, *Hist. natur. animaux sans vertèbres*, Ed.
       II. [par G. P. DESHAYES], p. 170, n° 3.
1838 *Pupa sulcata* POTIEZ et MICHAUD, *Galerie Mollusques Douai*, I, p. 161,
       pl. XVI. fig. 5-6.
1840 *Plicadomus sulcatus* SWAINSON, *Treat. on Malacol.*, p. 332.
1843 *Pupa sulcata* SGANZIN, Catalogue Coquilles îles de France. Bourbon
       et Madagascar, *Mémoires Soc. hist. natur. Strasbourg*,
       III, p. 17.
1848 *Pupa sulcata* PFEIFFER, *Monograph. Heliceor. vivent.*, II, p. 301, n° 2.
1849 *Pupa sulcata* BENSON, *Annals and Magaz. Natur. history*, London,
       p. 125.
1850 *Gibbulina sulcata* ALBERS, *Die Heliceen*, p. 201.
1853 *Pupa sulcata* PFEIFFER, *Monograph. Heliceor. vivent.*, III, p. 530, n° 3.
1859 *Pupa sulcata* PFEIFFER, *Monograph. Heliceor. vivent.*, IV. p. 665, n° 2.
1860 *Pupa sulcata* MORELET, *Séries Conchyliologiques*, II, *Iles Orientales
       d'Afrique*, p. 83, n° 44.
1868 *Pupa sulcata* PFEIFFER, *Monograph. Heliceor. vivent.*, VI. p. 287, n° 5.
1868 *Gibbus (Gonidomus) sulcatus* NEVILL, *Proceedings Zoological Society
       of London*, p. 160.
1877 *Gibbus sulcatus* LIÉNARD, *Catalogue Coquilles île Maurice*, p. 54, n° 553.
1878 *Gibbus (Gonidomus) sulcatus* NEVILL, *Handlist Mollusca Indian Mu-
       seum Calcutta*, I, p. 9, n° 3.
1880 *Gibbulina (Gonidomus) sulcatus* MARTENS, Mollusken. *in :* K. MÖBIUS,
       Beiträge z. Meeresfauna d. Insel Mauritius..., Berlin,
       p. 201.
1885 *Gibbus (Plicadomus) sulcatus* TRYON, *Manual of Conchology*, 2° série,
       Pulmonata, I, p. 82, pl. XXI. fig. 84.
1892 *Gibbus (Plicadomus) sulcatus* BAKER, *Proceedings Rochester Acade-
       my of Sciences*, II. p. 20, n° 3.

-----

(1) *Plicadomus* SWAINSON, *A Treatise on Malacology*, London, 1840, p.
       332.

1904 *Gibbulina (Plicadomus) sulcata* Kobelt, Die Raublungenschnecken,
I, *in* : Martini et Chemnitz, *Systemat. Conchylien-
Cabinet*, 2e Edit., p. 317, taf. XXXVIII, fig. 1-6.
1909 *Gibbulina sulcata* Kobelt, *Abhandl. d. Senckenberg. Naturforsch.
Gesellschaft Frankfurt a. M.*, XXXII, p. 93.

Le test est épais, solide, d'un brun jaunâtre, parfois olivâtre. Les bords marginaux de l'ouverture sont écartés, à peine convergents et réunis par une faible callosité blanchâtre, parfois absente. Le péristome, épaissi et réfléchi, est soit d'un blanc brillant, soit d'un jaune verdâtre très brillant. Les tours embryonnaires montrent de fines stries longitudinales ; les autres tours sont garnis de fortes côtes longitudinales bien obliques, subégales, un peu irrégulières, inégalement écartées, plus faibles et plus serrées au dernier tour et atténuées vers l'ombilic.

La taille varie dans les proportions indiquées par le tableau suivant.

Longueur totale	Diamètre maximum	Diamètre minimum	Hauteur de l'ouverture	Diamètre de l'ouverture
31 mm.	18 mm.	14 1/2 mm.	12 mm.	11 mm.
30 1/2 —	18 —	15 —	13 1/2 —	10 —
30 —	18 —	14 1/4 —	13 —	10 1/2 —
30 —	17 3/4 —	14 1/2 —	14 —	11 —
29 —	19 —	15 —	13 —	11 —
29 —	17 1/2 —	14 1/2 —	13 —	10 1/4 —
28 —	18 —	15 —	12 1/2 —	10 1/2 —
28 —	18 —	14 1/2 —	13 —	10 —
25 — (1)	16 1/2 — (1)	13 1/2 — (1)	12 — (1)	9 4/5 — (1)

(1) Individu peu adulte.

La forme de l'*Orthogibbus sulcatus* Müller varie dans des proportions étendues. A côté du type, relativement court et ovoïde, il existe une forme plus allongée, plus cylindrique, dont les tours de spire, un peu moins convexes, sont garnis d'une sculpture un peu plus délicate. Cette dernière coquille, qui est subfossile, est reliée au type par de nombreux intermédiaires. Je crois qu'il faut lui rapporter l'*Orthogibbus* décrit par A. Morelet sous le nom de *Pupa Mülleri* :

Orthogibbus Mülleri Morelet.

1875 *Pupa Mülleri* Morelet, *Journal de Conchyliologie*, XXIII, p. 32, n° 4.
1877 *Pupa Mülleri* Pfeiffer, *Monograph. Heliceor. vivent.*, VIII, p. 348.

1880 *Gibbulina (Gonidomus) Mülleri* Martens, Mollusken, *in* : K. Möbius,
         Beiträge z. Meeresfauna d. Insel Mauritius..., Berlin,
         p. 201.
1885 *Gibbus (Plicadomus) Mülleri* Tryon, *Manual of Conchology*, 2° séric,
         Pulmonata, I, p. 82.
1909 *Gibbulina Mülleri* Kobelt, *Abhandl. d. Senckenberg. Naturforsch.
         Gesellschaft Frankfurt a. M.*, XXXII, p. 93.

« T. profunde rimata, oblonge conica, minute plicato-cos-
tulata, calcarea ; spira elongata, apice obtuse conoidea ; anfract. 9 couvexiusculi, ultimus arcuatim ascendens, longitudinis 2/5 aequans ; apertura verticalis, ovato-rhomboidea,
marginibus tenuibus, dextro subrecto, breviter expanso ;
columellari arcuato, patente.

« Longit. 30, diam. 15 millim.

« Longit. apert. 12, diam. 7 ½ millim.

« Pupae sulcatae similis ; spira elatiore nec ventricosa, anfractuum numero et sculptura minuta distinguitur (1) ».

J'ai tenu à reproduire la diagnose originale de A. Morelet
pour bien montrer qu'elle semble parfaitement correspondre
aux exemplaires allongés dont il a été précédemment question (2) et qui sont reliés au type par un tel nombre d'intermédiaires que toute distinction est illusoire. D'ailleurs, dans
le matériel réuni par M. P. Carié, les deux formes (*Orthogibbus sulcatus* Müller et *Orthogibbus Mülleri* Morelet) ont été
recueillies, à l'état subfossile, dans les mêmes localités, en
compagnie d'une autre coquille plus petite (3) mais possédant,
par ailleurs, exactement les mêmes caractères. Je crois donc,
en résumé, qu'il faut considérer l'*Orthogibbus Mülleri* Morelet comme synonyme de l'*Orthogibbus sulcatus* Müller.

Un exemplaire subfossile est anormal. La coquille est assez
allongée (longueur : 29 millimètres ; diamètre maximum
19 millimètres) et ses premiers tours sont parfaitement normaux. Mais, à partir de l'avant-dernier tour, l'enroulement
est très irrégulier : ce tour est fortement dévié et le dernier
chevauche considérablement sur lui. Il en résulte que l'ouverture est rejetée en arrière et que l'ombilic, au lieu de pré-

---

(1) Morelet (A.), Testacea in insula Mauritii a Cl. Dupont nuperrime
detecta, *Journal de Conchyliologie*, XXIII, 1875, p. 32.

(2) Ils ont, proportionnellement, les mêmes dimensions que le type
décrit par A. Morelet puisqu'ils mesurent 30 à 32 millimètres de longueur et 15 à 16 (plus rarement 16 ½) millimètres de diamètre.

(3) Elle mesure 26 millimètres de longueur, 13 ½ millimètres de diamètre maximum et 11 ½ millimètres de diamètre minimum. L'ouverture a 11
millimètres de hauteur sur 8 millimètres de diamètre maximum,

senter l'aspect d'une étroite fente incurvée, est largement ouvert et laisse voir l'enroulement de l'avant-dernier tour.

Ile Maurice : Habite les régions forestières, principalement au centre de l'île (Midlands) ; vivant et subfossile [P. CARIÉ et THIRIOUX].

Ile Maurice [J. B. M. DE LAMARCK, *loc. supra cit.*, 1822, p. 105 ; =S. RANG, *in* : DE FÉRUSSAC, *loc. supra cit.*, 1827, p. 306 ; =LESSON, *loc. supra cit.*, 1829, p. 327 ; =E. LIÉNARD, *loc. supra cit.*, 1877, p. 54 ; =F. C. BAKER, *loc. supra cit.*, 1892, p. 20] ; =Ile Maurice : sous les feuilles sèches [V. SGANZIN, *loc. supra cit.*, 1843, p. 17] ; =Ile Maurice : « beaucoup plus commun que » l'*Orthogibbus pagodus* de Férussac, « se tient également sur les points élevés et boisés de l'île Maurice ; on la trouve au sommet du Pouce, au quartier de Moka, dans la forêt de Cure-Pipe, ainsi qu'au trou au Cerf. L'animal est d'un gris verdâtre. » [E. VESCO, *in* : A. MORELET, *loc. supra cit.*, 1860, p. 83] ; =Ile Maurice [G. NEVILL, *loc. supra cit.*, 1878, p. 9].

ORTHOGIBBUS (PLICADOMUS) NEWTONI H. Adams.

1867 *Gibbus (Gonidomus) Newtoni* ADAMS, *Proceedings Zoological Society of London*, p. 305, pl. XIX, fig. 8.
1868 *Pupa Newtoni* PFEIFFER, *Monograph. Heliceor. vivent.*, VI, p. 287, n° 6.
1877 *Pupa Newtoni* LIÉNARD, *Catalogue Mollusques île Maurice*, p. 55, n° 765.
1878 *Gibbus (Gonidomus) Newtoni* NEVILL, *Handlist Mollusca Indian Museum Calcutta*, I, p. 9, n° 4.
1880 *Gibbulina (Gonidomus) Newtoni* MARTENS, Mollusken, *in* : K. MÖBIUS, *Beiträge z. Meeresfauna d. Insel Mauritius...*, Berlin, p. 201.
1885 *Gibbus (Plicadomus) Newtoni* TRYON, *Manual of Conchology*, 2° série, *Pulmonata*, I, p. 82, pl. XXI, fig. 85.
1892 *Gibbus (Plicadomus) Newtoni* BAKER, *Proceedings Rochester Academy of Sciences*, II, p. 20, n° 4.
1904 *Gibbulina (Plicadomus) newtoni* KOBELT, *Die Raublungenschnecken*, I, *in* : MARTINI et CHEMNITZ, *Systemat. Conchylien-Cabinet*, 2° Edit., p. 318, n° 3, taf. XXXVIII, fig. 11.
1909 *Gibbulina newtoni* KOBELT, *Abhandl. d. Senckenberg. Naturforsch. Gesellschaft Frankfurt a. M.*, XXXII, p. 93.

C'est avec beaucoup d'hésitation que j'inscris cette espèce qui me paraît simplement une variété *minor* de l'*Orthogibbus sulcatus* Müller.

Les exemplaires, assez nombreux, réunis par M. P. CARIÉ, ont des dimensions oscillant entre les limites indiquées au tableau suivant :

Longueur totale	Diamètre maximum	Diamètre minimum	Hauteur de l'ouverture	Diamètre de l'ouverture
22 1/4 mm.	12 1/2 mm.	10 2/3 mm.	9 1/4 mm.	7 1/2 mm.
22 1/5 —	12 1/2 —	10 3/4 —	10 —	8 —
22 —	13 —	11 —	10 —	7 —
22 —	12 1/2 —	11 —	9 —	7 1/4 —
21 —	12 1/4 —	10 1/2 —	9 —	7 —
20 1/2 —	13 —	10 2/3 —	9 —	7 1/2 —
20 1/2 —	12 1/4 —	11 —	8 —	7 —

Ces dimensions correspondent à une coquille un tiers plus petite environ que l'*Orthogibbus sulcatus* Müller ; mais, par ailleurs, la forme générale, le mode d'enroulement des tours de spire, les caractères de l'ombilic et de l'ouverture sont les mêmes dans les deux cas. La sculpture est aussi sensiblement identique : chez l'*Orthogibbus Newtoni* H. Adams, les tours embryonnaires sont garnis de très fines stries longitudinales tandis que les autres tours montrent des costules saillantes, assez serrées, obliques, atténuées au dernier tour, mais plus régulièrement distribuées et proportionnellement un peu moins fortes que chez l'*Orthogibbus sulcatus* Müller.

En résumé, l'*Orthogibbus Newtoni* H. Adams doit être considéré comme une variété *minor*, à sculpture plus délicate, de l'*Orthogibbus sulcatus* Müller.

Ile Maurice : Régions boisées au centre de l'île [P. CARIÉ et THIRIOUX]. Le Trou au Cerf [J. CALDWELL et G. NEVILL, *in* : G. NEVILL, *loc. supra cit.*, 1878, p. 9 ; = F. C. BAKER, *loc. supra cit.*, 1892, p. 20].

§ III. ORTHOGIBBUS sensu stricto (1).

§ 1.

ORTHOGIBBUS (ORTHOGIBBUS) MAJUSCULUS Morelet.

Pl. II, fig. 17, 18, 28, 31 et 32.

1878 *Pupa majuscula* MORELET, *Journal de Conchyliologie*, XXVI, p. 171, n° 1.
1880 *Gibbulina (Gonidomus) majuscula* MARTENS, Mollusken, *in* : K. MÖ-BIUS, *Beiträge z. Meeresfauna d. Insel Mauritius...*, Berlin, p. 201.

Coquille cylindracée ; spire composée de 8-8 1/2 tours mé-

(1) *Orthogibbus* sensu stricto, GERMAIN, *Bulletin Muséum Hist. natur. Paris*, XXV, 1919, p. 265.

diocrement convexes, à croissance assez lente et régulière, séparés par des sutures bien marquées ; dernier tour moindre que la moitié de la hauteur totale de la coquille, subcylindrique, peu convexe, atténué en bas ; sommet obtus et arrondi ; ombilic en longue fente étroite subrectiligne ; ouverture oblique, subquadrangulaire (1), un peu anguleuse en haut ; péristome épaissi et réfléchi ; bords marginaux rapprochés et convergents réunis par une callosité bien marquée sur laquelle s'élève une denticulation allongée, médiocrement saillante, plus voisine du bord supérieur que du bord columellaire.

Longueur : 45-40-40 millimètres ; diamètre maximum : 21 ½-21-21 millimètres ; diamètre minimum : 17 1/4-17-16 3/4 millimètres ; hauteur de l'ouverture : 16-16-15 millimètres ; diamètre de l'ouverture : 12-11-11 millimètres.

Test assez épais, solide ; tours embryonnaires presque lisses (ils sont garnis de très fines stries longitudinales) ; autres tours avec de fortes stries costulées, obliques, onduleuses, très irrégulières, plus saillantes au voisinage des sutures, très atténuées au dernier tour vers l'ombilic et du côté de l'ouverture.

L'*Orthogibbus majusculus* Morelet n'a jamais été figuré. Je représente (pl. II, fig. 17, 18, 28, 31 et 32) les beaux individus de cette rare espèce recueillis par M. P. Carié.

La description ci-dessus diffère, par quelques détails, de la diagnose originale de A. Morelet :

« T. profunde rimata, tenuicula, ovato-cylindracea, basi attenuata, apice obtuse rotundata, oblique sulcata. Anfract. 8 convexiusculi, ultimo leviter ascendente, longitudinis 2/5 aequante. Columella profunde et oblique plicata. Apertura oblonga, plica mediocri minuta ; perist. expansiusculum, marginibus callo junctis, columellari dilatato, sinuoso, reflexo. Long. 41, diam. 16, longit. apert. 16, lat. 10 mill. (1). »

On voit que les différences portent sur l'ouverture que A. Morelet qualifie d'ovalaire, ce qui n'est pas très exact du moins pour les exemplaires que j'ai examinés. De plus le bord columellaire est « sinueux, assez amplement dilaté et réfléchi » ; cette sinuosité n'est pas, non plus, très apparente. Enfin, le test « est mince, d'abord lisse sur les tours em-

(1) Les bords externe et columellaire sont subparallèles ; de plus, le bord columellaire est légèrement subsinueux.

(2) Morelet, (A.), Addition à la faune paléontologique de l'île Maurice; *Journal de Conchyliologie*, XXVI, 1878, p. 171.

bryonnaires, puis gravé de stries fines, pressées et **régulières**
qui grossissent, à chaque révolution, et finissent par dégéné-
rer en sillons larges, mais peu profonds ». En réalité, le test
n'est mince que si on le compare à celui de quelques autres
espèces de l'île Maurice (comme, par exemple, les *Orthogibbus pagodus* de Férussac et *Orthogibbus sulcatus* Müller) et
les stries sont de véritables petites côtes peu élevées mais cependant bien saillantes (1).

L'*Orthogibbus majusculus* Morelet est une espèce subfossile
qui ne peut être confondue avec aucune autre.

Ile Maurice : Subfossile, aux environs de Curepipe. Rare
[THIRIOUX].

« Dans le sable, à la profondeur de deux à trois pieds » [E.
DUPONT *in* : A. MORELET, *loc. supra cit.*, 1878, p. 170].

ORTHOGIBBUS (ORTHOGIBBUS) HELODES Morelet.

Pl. II, fig. 22 à 25.

1875 *Pupa helodes* MORELET, *Journal de Conchyliologie*, XXIII, p. 31, n° 3.
1877 *Pupa helodes* LIÉNARD, *Catalogue Mollusques île Maurice*, p. 55,
        n° 759.
1877 *Pupa helodes* PFEIFFER, *Monograph. Heliceor. vivent.*, VIII, p. 350.
1880 *Gibbulina (Gonidomus) helodes* MARTENS, Mollusken, *in* : K. MÖBIUS,
        Beiträge z. Meeresfauna d. Insel Mauritius..., Berlin,
        p. 202.
1885 *Gibbus helodes* TRYON, *Manual of Conchology*, 2° série, *Pulmonata*,
        I, p. 90 (classé dans les espèces non figurées).
1904 *Gibbulina helodes* KOBELT, Die Raublungenschnecken, I, *in* : MAR-
        TINI et CHEMNITZ, *Systemat. Conchylien-Cabinet*, 2°
        Edit., p. 336, n° 31.
1909 *Gibbulina helodes* KOBELT, *Abhandl. d. Senckenberg. Naturforsch.
        Gesellschaft Frankfurt a. M.*, XXXII, p. 93.

Découverte à l'île Maurice, où elle est commune dans les
dépôts quaternaires récents, cette espèce n'a jamais été figurée. Je représente (pl. II, fig. 22 à 25) les exemplaires les plus
typiques choisis parmi les nombreux individus réunis par
M. P. CARIÉ. La taille, médiocrement constante, varie dans
les proportions indiquées au tableau suivant :

---

(1) Les dimensions données par A. MORELET correspondent sensiblement
à celles que j'ai relevées plus haut; le diamètre indiqué correspond
évidemment au diamètre minimum de la coquille.

Numéros des Individus		Longueur totale	Diamètre maximum	Diamètre minimum	Hauteur de l'ouverture	Diamètre de l'ouverture	Observations
		mm.	mm.	mm.	mm.	mm.	
α		25	10	"	8	6	Type de A. Morelet.
Série α	1	28	10 1/2	9 1/4	8	6 1/2	*Forma elata.*
	2	27 1/4	10 1/4	9	9	6 3/4	
	3	27	11	9	8	6 1/2	
	4	26 1/2	10 1/2	9 1/4	8 3/4	6 1/2	
	5	26	10 .1/2	9 1/2	8	6	
	6	26	10 1/2	9 1/5	9	6 1/4	
	7	26	10 1/2	9	9	6	
	8	25 3/4	11	10	8 1/2	6 1/2	
	9	25 1/2	10 1/4	9	8 1/2	6 1/4	
	10	25 1/2	10	9	8	6 1/4	Exemplaires très typiques, figu- rés, pl. II, fig. 22 à 25.
	11	25	10	9	8	6	
	12	25	10	9	8	6 1/4	
	13	24 1/2	10 1/4	9 1/2	8 1/2	6	
	14	24 1/2	10	9	8	6	
Série β	15	24 1/4	10 1/2	10	8	6	
	16	24 .	10 1/2	10	8 1/4	6	
	17	23 1/2	11	10	8	6	*Forma globosa.*
	18	23 1/2	10 1/2	10	8	7	
	19	23 1/4	11	10	7	6	
	20	23	11	10	8	6	

Typiquement, l'*Orthogibbus helodes* Morelet est une coquille de forme presque cylindrique, atténuée au sommet
qui est fort obtus ; la spire comprend 9 — rarement 10 —
tours presque plans, à croissance lente et régulière, séparés
par des sutures bien marquées, subrectilignes et plus ou
moins marginées. Le dernier tour, légèrement ascendant à
son extrémité, est à peu près cylindrique, bien que sensiblement atténué en bas ; il atteint environ les 2/5 de la hauteur
totale de la coquille. L'ouverture est ovalaire, sans denticulation, à peu près verticale ; ses bords marginaux sont assez
éloignés, médiocrement convergents et réunis par une callosité d'épaisseur variable suivant les individus. Le péristome
est épaissi, un peu dilaté et le bord columellaire est réfléchi
sur un ombilic en longue fente étroite.

Le test est assez épais et solide ; les tours embryonnaires
sont marqués de stries longitudinales relativement accentuées,
se transformant rapidement en costules aux tours suivants.
Ces petites côtes, presque régulières et équidistantes, sont
obliques, quelquefois bien onduleuses, toujours crispées aux
sutures et à peine atténuées vers l'ombilic.

Tel qu'il vient d'être défini, ce type est assez variable. Il existe une forme *elata* (numéro 1 du tableau précédent) qui se rapproche de certaines variétés, courtes et cylindriques, de l'*Orthogibbus palangus* de Férussac. Bien plus répandues sont les formes *obesa* (série β, numéros 15 à 20 du tableau précédent). Réunies au type par tous les intermédiaires, elles passent, d'une manière à peu près insensible, à l'*Orthogibbus modiolus* de Férussac, si bien que le classement de certaines coquilles est impossible.

A. Morelet dit bien :

« A Pupa modiolo, cui valde affinis, aufractibus planioribus, spira magis attenuata et sculptura subtiliore proecipue differt (1) ».

Mais si ces différences, d'ailleurs minimes, sont faciles à discerner chez la forme typique (numéros 7 à 12, par exemple, du tableau précédent), elles sont insaisissables chez les formes globuleuses.

En résumé, l'*Orthogibbus helodes* Morelet doit être considéré comme la forme ancestrale de l'*Orthogibbus modiolus* de Férussac et il n'en constitue guère qu'une variété plus allongée, plus régulièrement cylindrique et de taille plus forte.

Ile Maurice : Subfossile, très abondant, principalement dans les districts montagneux au sud de Port-Louis [P. Carié et Thirioux].

Subfossile [E. Dupont, *in* : A. Morelet, *loc. supra cit.*, 1875, p. 31 ; = E. Liénard, *loc. supra cit.*, 1877, p. 55].

Orthogibbus (Orthogibbus) modiolus de Férussac.

1821 *Helix* (*Cochlodonta*) *modiola* de Férussac, *Tableaux systématiques*, n° 466.

1827 *Helix* (*Cochlodonta*) *modiolus* de Férussac, *Bulletin universel sciences natur.*, X, p. 306, n° 48.

1837 *Gibbulina modiola* Beck, *Index Molluscorum*, p. 81, n° 10.

1841 *Helix modiola* Pfeiffer, *Symbol. ad. Histor. Heliceor.*, I, p. 45.

1844 *Pupa modiola* Küster in Martini et Chemnitz, *Systemat. Conchylien-Cabinet*, 2° Edit., p. 78, taf. XI, fig. 8-9.

1848 *Pupa modiolus* Pfeiffer, *Monograph. Heliceor vivent.*, II, p. 319, n° 45.

1850 *Gibbulina modiolus* Albers, *Die Heliceen*, p. 201.

1853 *Pupa modiolus* Pfeiffer, *Monograph. Heliceor. vivent.*, III, p. 558, n° 63.

(1) Morelet (A.), Testacea in insula Mauritii a Cl. Dupont nuperrime detecta, *Journal de Conchyliologie*, XXIII, 1875, p. 32.

1853 *Pupa palangula* DE GRATELOUP, *in* : PFEIFFER, *Monograph. Heliceor. vivent.*, III, p. 538 [non DE FÉRUSSAC].
1855 *Gibbus modiolus* ADAMS, *Genera of recent Mollusca*, p. 167.
1859 *Pupa modiolus* PFEIFFER, *Monograph. Heliceor. vivent.*, IV, p. 660, n° 37.
1860 *Pupa modiolus* MORELET, *Séries Conchyliologiques*, II, *Iles Orientales d'Afrique*, p. 86, n° 47, pl. V, fig. 12.
1868 *Pupa modiolus* PFEIFFER, *Monograph. Heliceor. vivent.*, VI, p. 293, n° 47.
1868 *Gibbus (Gibbulina) modiolus* NEVILL, *Proceedings Zoological Society of London*, p. 259.
1875 *Pupa modiolus* MORELET, *Journal de Conchyliologie*, XXIII, p. 24.
1877 *Pupa modiolus* LIÉNARD, *Catalogue Coquilles île Maurice*, p. 55, n° 763.
1878 *Gibbus (Gonospira) modiolus* NEVILL, *Handlist Mollusca Indian Museum Calcutta*, I, p. 9, n° 6.
1880 *Gibbulina (Gonidomus) modiolus* MARTENS, Mollusken, *in* : K. MÖBIUS, *Beiträge z. Meeresfauna d. Insel Mauritius...*, Berlin, p. 202.
1885 *Gibbus (Gonospira) modiolus* TRYON, *Manual of Conchology*, 2° série, *Pulmonata*, I, p. 88, pl. XXI, fig. 97 et fig. 1.
1892 *Gibbus (Gonospira) modiolus* BAKER, *Proceedings Rochester Academy of Sciences*, II, p. 20, n°. 5.
1904 *Gibbulina modiolus* KOBELT, Die Raublungenschnecken, I, *in* : MARTINI et CHEMNITZ, *Systemat. Conchylien-Cabinet*, 2° Edit. p. 323, n° 11, taf. XXXIX, fig. 4-7.
1909 *Gibbulina modiolus* KOBELT, *Abhandl. d. Senckenberg. Natürforsch. Gesellschaft Frankfurt a. M.*, XXXII, p. 93.

La meilleure représentation de cette espèce est celle donnée par A. MORELET en 1860 (*loc. supra cit.*, pl. V, fig. 12). Elle rend parfaitement l'aspect général de la coquille qui est subcylindrique allongée, terminée par un sommet arrondi et obtus. La spire comprend de 7 à 8 tours peu convexes (1) à croissance lente et régulière, le dernier atteignant environ les 2/5 de la hauteur totale. L'ouverture est ovalaire allongée, presque verticale ; ses bords marginaux sont réunis par une callosité d'épaisseur variable sur laquelle on observe une faible denticulation, d'ailleurs absente chez de nombreux individus. Le péristome est épaissi, légèrement dilaté et réfléchi ; il est d'un blanc brillant, parfois légèrement jaunâtre.

La taille varie dans les proportions indiquées au tableau de la page 36.

Le plus généralement, la taille oscille entre 13 et 21-22 millimètres ; les exemplaires ayant 25 millimètres de longueur, que L. PFEIFFER considère comme typiques (2), cons-

---

(1) Les premiers tours sont plus convexes que les suivants.
(2) PFEIFFER (L.), *Monographia Heliceorum viventium*, II, Lipsiae, 1848, p. 319.

Numéros des échantillons	Longueur totale	Diamètre maximum	Diamètre minimum	Hauteur de l'ouverture	Diamètre de l'ouverture	Observations
	mm.	mm.	mm.	mm.	mm.	
α	25	10 1/2	?	10	7 1/2	Type décrit par L. PFEIFFER.
1	23 1/2	11	10	9	7	*Forma obesa.*
2	23	12	11 1/4	9 1/2	7 1/2	
3	22 1/2	11	10	8	6	
4	21 3/4	11 1/2	10	8 1/2	7	
5	21 1/2	10 3/4	10	8	6 1/2	
6	21	10	9	8	6 1/4	
7	21	10	9	8	6	
8	21	9	8	7	5 1/2	*Forma elata.*
9	20 1/4	9	8 1/4	7 1/2	5 3/4	
10	20	9	8 1/2	7 1/2	5 1/2	
11	18 1/2	10 1/4	9 3/4	7 3/4	6 1/4	*Forma obesa.*
12	18	8 1/4	7 1/4	7	5 2/3	
13	17 1/2	8 1/2	8 1/4	6 3/4	5 1/2	
14	17	9	8	6 3/4	5 1/2	

tituent — ainsi que A. MORELET l'avait déjà observé (1) — une exception assez rare (2).

La forme générale de la coquille varie elle-même considérablement. Il existe deux formes principales assez nettement marquées : une forme élancée, plus régulièrement cylindrique (numéro 8 du tableau précédent) et une forme plus écourtée, plus ventrue (numéros 2 et 11 du tableau), entre lesquelles le type vient exactement s'intercaler. Bien entendu, de nombreux intermédiaires réunissent ces diverses modalités de l'*Orthogibbus modiolus* de Férussac.

La plus intéressante de ces variations est certainement la forme *obesa* ; elle se rapproche tellement de l'*Orthogibbus metablatus* Crosse (3) que je suis fort tenté de considérer les deux coquilles comme identiques.

(1) MORELET (A.), *Séries Conchyliologiques*, II, *Iles Orientales d'Afrique*, Paris, 1860, p. 86.

(2) La variété β *minor* PFEIFFER [*loc. supra cit.*, II, 1848, p. 319 = *Gibbus (Gonospira) modiolus* var. *minor* TRYON, *Manual of Conchology*, 2e série, *Pulmonata*, I, 1885, p. 88, pl. XXI, fig. 1], ayant 18 millimètres de longueur pour 8 1/2 millimètres de diamètre, est donc, en réalité, la forme normale.

(3) *Gonospira metablata* H. CROSSE, *Journal de Conchyliologie*, XXII, 1874, p. 224, n° 1, pl. VIII, fig. 5 [= *Gonospira Dupontiana* H. CROSSE, Diagnoses Molluscorum novorum, *Journal de Conchyliologie*, XXI, 1873, p. 138, n° 4 (non G. NEVILL)]; = *Gibbulina (Gonidomus) metablata* MARTENS, Mollusken, in : K. MÖBIUS, *Beiträge z. Meeresfauna d. Insel Mauritius...*, Berlin, 1880, p. 202 ; = *Gibbus (Gonospira) metablata* TRYON,

L'*Orthogibbus metablatus* Crosse présente en effet — et à quelques légers détails près — les mêmes caractères que l'*Orthogibbus modiolus* de Férussac. C'est une coquille sub-cylindracée, formée de 7 ½ tours faiblement convexes ; son ouverture, à peine oblique, est pyriforme ovalaire et ses bords sont réunis par une callosité. La sculpture est la même que celle de l'espèce d'A. DE FÉRUSSAC et la taille atteint 19 milli-mètres de longueur pour 10 millimètres de diamètre maxi-mum (ouverture : 8 millimètres de hauteur et 6 millimètres de diamètre). « Cette espèce », ajoute H. CROSSE (1), « a la di-mension du G. *modiolus*, Férussac : elle s'en rapproche beau-coup par l'ensemble de ses caractères, mais elle est plus ven-true et plus courte ; son ouverture est plus grande et légère-ment oblique ; enfin ses bords sont moins développés et réu-nis par un dépôt calleux assez épais (2) ».

On voit que les différences ne sont que des nuances, en-core atténuées quand on compare l'*Orthogibbus metablatus* Crosse à cette forme *obesa* assez répandue à l'île Maurice, puisque M. P. CARIÉ en a recueilli de nombreux exemplaires. Je crois donc que l'espèce de H. CROSSE n'est qu'une forme représentative, propre à l'île Rodrigue, de l'*Orthogibbus mo-diolus* de Férussac de l'île Maurice.

Il semble en être de même de l'*Orthogibbus rodriguezensis* Crosse (3) que je ne puis séparer de l'*Orthogibbus metablatus* Crosse autrement que par sa taille plus petite : 12 ½ millimè-tres de longueur pour 6 1/4 millimètres de diamètre maxi-mum (4). Egalement originaire de l'île Rodrigue, il y est

Manual of Conchology, 2° série, *Pulmonata*, I, p. 85, pl. XXI, fig. 86 ; = *Gibbulina (Gonospira) metablata* KOBELT, Die Raublungenschnecken, *in* : MARTINI et CHEMNITZ, *Systemat. Conchylien-Cabinet*, 2° Edit., Nürnberg, 1904, p. 323, n° 10, taf. XXXVIII, fig. 13.

(1) CROSSE (H.), Faune malacologique terrestre et fluviatile de l'île Rodriguez, *Journal de Conchyliologie*, XXII, 1874, p. 225.

(2) Cette espèce habite l'île Rodrigue, à la « Nouvelle-Découverte, à en-viron 2 lieues de Port Mathurin » [A. DESMAZURES].

(3) *Gonospira Rodriguezensis* H. CROSSE, *Journal de Conchyliologie*, XXI, 1873, p. 138, n° 5 ; et *Journal de Conchyliologie*, XXII, 1874, p. 225, n° 2, pl. VIII, fig. 6 ; = *Pupa rodriguezensis* PFEIFFER Monograp. Heli-ceor. vivent., VIII, 1877, p. 349; = *Gibbulina (Gonidomus) Rodriguezen-sis* MARTENS, Mollusken, *in* : K. MÖBIUS, *Beiträge z. Meeresfauna d. Insel Mauritius...*, Berlin, 1880, p. 302 ; = *Gibbus (Gonospira) Rodriguezensis* TRYON, *Manual of Conchology*, 2° série, *Pulmonata*, I, 1885, p. 86, pl. XI, fig. 91 ; = *Gibbulina (Gonospira) rodriguezensis* KOBELT, Die Raublun-genschnecken, I, *in* : MARTINI et CHEMNITZ, *Systemat. Conchylien-Cabinet*, 2° Edit., Nürnberg, 1904, p. 330, n° 21, taf. XL, fig. 10.

(4) L'ouverture a 4 ½ millimètres de hauteur et 3 millimètres de dia-mètre.

beaucoup plus commun et se sépare, dit H. Crosse, « par
son ouverture moins oblique, presque verticale, son test d'un
blanc de lait et ses costulations moins fortement accusées ».
Ces nuances n'ont aucune valeur spécifique, étant donné le
polymorphisme, si étendu, des *Orthogibbus* de l'île Maurice.
Ils en ont moins encore, dans ce cas, si l'on remarque,
ce qui n'avait pas échappé à H. Crosse (1), que l'*Orthogibbus
rodriguezensis* Crosse est extrêmement voisin de la variété
β *minor* de l'*Orthogibbus mauritianensis* Morelet (2). Or,
cette dernière coquille est certainement une variété, d'ailleurs à peine distincte, de l'*Orthogibbus modiolus* de Férussac.

Ainsi, en résumé, je crois qu'il faut considérer l'*Orthogibbus rodriguezensis* Crosse comme une variété *minor* de l'*Orthogibbus metablatus* Crosse, cette dernière coquille étant
synonyme de l'*Orthogibbus modiolus* de Férussac (3).

Le test de l'*Orthogibbus modiolus* de Férussac est assez
épais, solide, d'un corné jaunâtre ou marron clair, parfois
subtransparent. Il est plus rarement jaunacé ou verdâtre. Les
tours embryonnaires sont à peu près lisses : on y observe
seulement de très fines stries longitudinales qui, peu à peu,
se transforment, sur les tours suivants, en costules obliques,
subégales, presque équidistantes, plus ou moins onduleuses
et à peine atténuées sur le dernier tour.

L'animal est, d'après G. Nevill (4), d'un brun rouge devenant brun foncé sur les côtés : le pied est verdâtre clair et
lse tentacules rouges. Une variété *fuscus* Nevill (5), qui se
rencontre sur les arbustes, est différemment colorée : le corps
est rouge brique, bordé d'une bande d'un brun clair étroite

(1) « Species varietati β Pupae Mauritianae Moreleti affinis, sed striis
tenuioribus, anfractu ultimo ascendente, et marginibus minus expansis
distincta » [H. Crosse. Diagnoses Molluscorum novorum, *Journal de
Conchyliologie*, XXI, 1873, p. 139].

(2) Morelet (A.). *Séries Conchyliologiques. II. Iles Orientales d'A-
frique*, Paris, 1860, p. 86. Voir, au sujet de l'*Orthogibbus mauritianensis*,
les pages 39 et sq., de ce mémoire.

(3) Si l'on n'accepte pas l'identité, il conviendrait de considérer l'*Orthogibbus metablatus* Crosse comme une variété représentative — spéciale
à l'île Rodrigue — de l'*Orthogibbus modiolus* de Férussac. Ajoutons
cependant que cette dernière espèce a été signalée à l'île Rodrigue par
A. Morelet [*Journal de Conchyliologie*, XXIII, 1875, p. 24] où elle a
été découverte par Bewsher.

(4) Nevill (G.). Notes on some of the species of Land Mollusca inhabiting Mauritius and the Seychelles, *Proceedings Zoological Society of London*, 23 avril 1868, p. 259.

(5) Nevill (G.). loc. supra cit., 1868, p. 259 [*Gibbus (Gibbulina) modiolus* variété *fuscus*].

sur la partie antérieure et large sur la région postérieure du corps ; la sole est verdâtre ; enfin, les tentacules sont bruns.

Ile Maurice : Commun, dans toute l'île, sur les plantes, les arbrisseaux ou, à terre, dans les détritus végétaux [P. Carié].

Sans indication de localité [S. Rang *in* : D'A. de Férussac, *loc. supra cit.*, 1827, p. 3o6 ; = E. Vesco, *in* : A. Morelet, *loc. supra cit.*, 1860, p. 86 ; = G. Nevill, *loc. supra cit.*, 1868, p. 259 ; E. Liénard, *loc. supra cit.*, 1877, p. 55 ; = F. C. Baker, *loc. supra cit.*, 1892, p. 20] ; = Vacoa et le Trou aux Cerfs [G. Nevill, *loc. supra cit.*, 1878, p. 9].

Ile Rodrigue [Bewsher, *in* : A. Morelet, *loc. supra cit.*, 1875, p. 24].

Variété *mauritianensis* Morelet.

1860 *Pupa mauritiana* Morelet, *Séries Conchyliologiques*, II. *Iles Orientales d'Afrique*, p. 86, n° 48, pl. V, fig. 13.
1868 *Pupa mauritiana* Pfeiffer, *Monograph. Heliceor. vivent*, VI, p. 293, n° 48.
1868 *Gibbus (Gibbulina) mauritianus* Nevill, *Proceedings Zoological Society of London*, p. 260.
1877 *Pupa mauritiana* Liénard, *Catalogue Mollusques île Maurice*, p. 55, n° 762.
1878 *Gibbus (Gonospira) mauritianus* Nevill, *Handlist Mollusca Indian Museum Calcutta*, I, p. 9, n° 9.
1880 *Gibbus (Gibbulina) mauritiana* Martens, Mollusken, *in* : K. Möbius, *Beiträge z. Meeresfauna d. Insel Mauritius...*, Berlin, p. 202.
1882 *Gibbulina (Gonidomus) mauritiana* Morelet, *Journal de Conchyliologie*, XXX, p. 96, n° 11.
1885 *Gibbus (Gonospira) mauritianus* Tryon, *Manual of Conchology*, 2° série, *Pulmonata*, I, p. 88, pl. XXI, fig. 98, et fig. 3.
1892 *Gibbus (Gonospira) mauritianus* Baker, *Proceedings Rochester Academy of Sciences*, II, p. 20, n° 8.
1904 *Gibbulina mauritiana* Kobelt, *Die Raublungenschnecken*, I, *in* : Martini et Chemnitz, *Systemat. Conchylien-Cabinet*, 2° Edit., p. 322, n° 9, taf. XXXVIII, fig. 12.
1909 *Gibbulina mauritianus* Kobelt, *Abhandl. d. Senckenberg. Natürforsch. Gesellschaft Frankfurt a. M.*, XXXII, p. 93.

A. Morelet lui-même était loin d'être fixé sur la valeur de son espèce. Il écrit, en effet, dans ses *Séries Conchyliologiques* (livraison II, Paris, 1860, p. 86-87) :

« La physionomie de ce Pupa rappelle celle du *modiolus* : les deux espèces reproduisent, en effet, les traits généraux d'un même type, et ne diffèrent entre elles qui par des modifications secondaires. Ainsi, la comparaison établit que le **Pupa Mauritiana** est ordinairement plus grand, plus gros, moins cylindrique et un peu plus convexe que ses congénères... ».

L'auteur précise ensuite les différences existant entre les deux espèces.

Chez l'*Orthogibbus mauritianensis* « ...la base de la coquille acquiert assez d'ampleur pour donner à la fente qui l'échancre l'apparence d'un véritable ombilic. Chez le *P. modiolus*, au contraire, le dernier tour, moins dilaté, comprime la fente ombilicale et suit une direction normale (1)... » De plus, l'ouverture de l'*Orthogibbus mauritianensis* Morelet s'infléchit plus ou moins à droite, tandis que « ...chez le *modiolus* son axe se confond avec celui de la spire (2) .»

« Le *Pupa mauritiana* compte un tour de plus que le *modiolus* ; moins épais, d'une nuance plus claire, quelquefois même d'un blanc crystallin, il conserve toujours une demi-transparence... » ; enfin sa sculpture est plus faible et plus délicate (3).

Ces différences sont fort difficiles à apprécier chez nombre d'exemplaires. Elles ne sont, d'ailleurs, nullement constantes et A. Morelet le constate lui-même, car dit-il, « ...il faut avouer qu'elles ne se manifestent pas toujours toutes à la fois ni au même degré : ainsi, l'inclinaison de l'ouverture, l'atténuation de la spire et l'épaisseur de la coquille sont des caractères peu constants (4) ».

En 1882 A. Morelet revient encore sur la question (5) :

« J'ai eu et je conserve encore un doute sur la solidité de cette espèce qui, au premier abord, se confond avec le *modiolus*. Les différences qui les séparent ne sont, effectivement, que des nuances. La taille des deux coquilles, leur forme, leur coloration sont à peu près les mêmes ; les dissemblances se

---

(1) Ceci n'est pas très exact ; dans nombre d'individus de l'*Orthogibbus modiolus* de Férussac l'ombilic est légèrement ouvert par suite de la déviation plus ou moins grande du dernier tour.

(2) En général, chez tous les *Orthogibbus* du groupe de l'*Orthogibbus modiolus* (depuis l'*Orthogibbus helodes* Morelet jusqu'à l'*Orthogibbus funiculus* de Valenciennes) l'ouverture est verticale, c'est-à-dire parallèle à l'axe de la coquille. Mais, chez de nombreux individus, on observe une déviation à droite plus ou moins prononcée.

(3) Les caractères sculpturaux, quant à leur accentuation, varient beaucoup chez toutes les espèces d'*Orthogibbus* et il est impossible d'en faire une base ayant quelque valeur spécifique.

(4) Morelet (A.), *Séries Conchyliologiques*, II, *Iles Orientales d'Afrique*, Paris, 1860, p. 87.

(5) Morelet (A.), Observations critiques sur le Mémoire de M. E. von Martens intitulé : Mollusques des Mascareignes et des Séchelles ; *Journal de Conchyliologie*, XXX, 1882, p. 96.

bornent aux particularités suivantes : le test du *G. Mauritiana*
est généralement plus mince, quelquefois transparent, et les
stries dont il est gravé sont plus fines et plus régulières. Les
tours de spire paraissent un peu plus convexes et le dernier
est moins développé. L'ouverture, plus franchement verticale, a son plan dans l'axe de la coquille ; enfin, les deux
bords sont réunis par une faible callosité, et presque toujours
dépourvus de lame pariétale ; tandis que, chez le *modiolus*,
les mêmes bords deviennent continus avec une lamelle pariétale plus ou moins saillante. Malgré ces différences cons-
tatées sur un grand nombre de specimens que je dois à la li-
béralité de M. Dupont, il n'est pas toujours facile de séparer
les deux espèces ».

Ces lignes donnent une idée parfaitement exacte des rapports des deux espèces. Les specimens recueillis par M. P. Carié, qui peuvent se rapporter à l'*Orthogibbus mauritianensis*
Morelet, mesurent de 16 à 17 $\frac{1}{2}$ millimètres de longueur, 8 1/4
à 9 millimètres de diamètre maximum et 8-8 $\frac{1}{2}$ millimètres
de diamètre minimum. Leur test est d'un corné jaunâtre,
parfois plus ou moins marron, subtransparent et d'épaisseur
variable. La sculpture débute dès les tours embryonnaires qui
sont garnis de stries longitudinales assez fortes. Les autres
tours montrent des côtes longitudinales, disposées comme
chez l'*Orthogibbus modiolus* de Férussac, à peine moins fortes,
mais plus accentuées et légèrement crispées aux sutures.

A. Morelet donne, à son espèce, de 19 à 22 millimètres
de longueur et 9 millimètres de diamètre. Les individus dont
je viens de parler correspondent donc sensiblement à sa variété « β *minor*, oblongue ovalis : anfract. 7, ultimus antice
non ascendens ; long. 15, diam. 8 mill. ».

J'aurais simplement considéré l'*Orthogibbus mauritianensis*
Morelet comme synonyme de l'*Orthogibbus modiolus* de Férussac si G. Nevill n'avait observé quelques différences dans
la coloration de l'animal (1). Pour cette raison, je conserve
le nom de *mauritianensis* mais en lui attribuant seulement
la valeur de variété subordonnée à l'*Orthogibbus modiolus* de
Férussac.

Ile Maurice : Presque partout, avec le type, mais moins ré-

(1) L'animal est moins brillamment coloré : il est brunâtre, devenant jaunâtre antérieurement ; le pied est jaune verdâtre et les tentacules sont
d'un brun pourpré [G. Nevill, *Proceedings Zoological Society of London*,
23 avril 1868, p. 260].

pandu [P. Carié] ; = Sans indication de localité [E. Vesco,
in : A. Morelet, *loc. supra cit.*, 1860, p. 86 ; = G. Nevill,
loc. supra cit., 1868, p. 260 et 1878, p. 9 ; = E. Liénard, *loc.
supra cit.*, 1877, p. 55 ; = F. C. Baker, *loc. supra cit.*, 1892,
p. 20].

⁂

Je rapporte encore à la variété *mauritianensis* Morelet une
coquille recueillie par M. P. Carié à l'île Maurice et qui correspond à la description suivante : (Pl. II, fig. 29, 30).

Coquille subcylindrique ovalaire, *assez obèse* ; spire formée de 7 tours peu convexes et à croissance assez rapide ;
sommet obtus ; sutures bien marquées ; dernier tour médiocre, n'égalant pas la demi-hauteur totale de la coquille,
atténué à la base, remontant à son extrémité sur une très
petite longueur : ombilic en fente étroite et incurvée : ouverture très peu oblique, subovalaire, plus haute que large, à
bords marginaux réunis par une callosité jaunâtre présentant, près de l'insertion supérieure, une protubérance dentiforme à peine saillante ; *bords externe et columellaire subparallèles* ; péristome très épaissi, légèrement réfléchi et d'un
jaune doré brillant.

Longueur : 18 millimètres ; diamètre maximum : 10 $\frac{1}{2}$
millimètres ; diamètre minimum : 9 $\frac{1}{2}$ millimètres ; hauteur de l'ouverture : 8 1/4 millimètres ; diamètre de l'ouverture : 6 $\frac{1}{2}$ millimètres (y compris l'épaisseur du péristome).

Test très épais, pondéreux, très solide, opaque, gris jaunâtre, garni — du côté opposé à l'ouverture — de costules longitudinales subrégulières, subégales, larges et saillantes, bien
obliques, crispées aux sutures, à peine atténuées vers l'ombilic et — du côté de l'ouverture — de stries longitudinales
beaucoup plus faibles, très atténuées vers le milieu des tours
de spire (1), très marquées et fortement crispées aux sutures.

Cette forme se distingue principalement de la variété *mauritianensis* Morelet par son galbe plus trapu, proportionnellement moins allongé et par son test beaucoup plus épais et
solide garni d'une sculpture un peu spéciale (2). Il est cependant impossible de la considérer comme spécifiquement

---

(1) Ce caractère est particulièrement net au dernier tour.
(2) Qui, cependant, se retrouve parfois, bien que moins nette, chez
certains individus de l'*Orthogibbus modiolus* de Férussac ou de sa variété
mauritianensis Morelet.

distincte de l'*Orthogibbus modiolus* de Férussac dont elle
constitue à la fois un mode *globulus* et un mode *ponderosus*

Ile Maurice : Environs de Curepipe [P. CARIÉ].

***

A côté de l'*Orthogibbus modiolus* de Férussac se placent
quelques *Orthogibbus* insuffisamment connus et dont plusieurs n'ont jamais été figurés. Il est possible que quelques
uns d'entre eux soient seulement des variétés ou des formes
de l'espèce de D'A. DE FÉRUSSAC.

ORTHOGIBBUS (ORTHOGIBBUS) OBESUS (Benson) Kobelt.

1904 *Gibbulina (Gonospira) obesa* BENSON, *in* : KOBELT, Die Raublungenschnecken, I, *in* : MARTINI et CHEMNITZ, *Systemat. Conchylien-Cabinet*, 2° Edit., p. 334, n° 26, taf XL, fig.
13-14 (1).

Coquille de forme ovalaire globuleuse à sommet obtus ;
spire composée de 7 ½ tours subconvexes à croissance lente,
séparés par de profondes sutures ; dernier tour grand, légèrement ascendant à son extrémité, atteignant environ les 3/5
de la hauteur totale de la coquille ; ouverture un peu oblique,
subquadrangulaire, à bords marginaux réunis par une callosité garnie d'une légère denticulation ; péristome un peu
réfléchi.

Longueur : 14 millimètres ; diamètre maximum : 8 millimètres ; hauteur de l'ouverture : 5 millimètres ; diamètre de l'ouverture : 4 ½ millimètres.

Test peu épais, solide, jaunâtre, garni de stries costulées
obliques, subégales et assez régulières.

Cet *Orthogibbus* n'est pas sans analogie avec la *forme de*
l'*Orthogibbus modiolus* de Férussac variété *mauritianensis*
Morelet que je viens de décrire et de figurer, mais il est plus
petit, son test est beaucoup moins épais, moins solide et son
ornementation sculpturale est différente.

Ile Maurice : l'exemplaire décrit par le Dr. W. KOBELT, et
qui appartient au Senckenbergische Museum de Frankfurt
a. Main, a été recueilli à l'île Maurice par E. LIÉNARD.

(1) « *Pupa obesa* mss *fide* Liénard in Sched. » [W. KOBELT, *loc. supra
cit.*, 1904, p. 334.

Orthogibbus (Orthogibbus) farinosus Küster.

1844 *Pupa farinosa* Küster, *in* : Martini et Chemnitz, *Systemat. Conchylien-Cabinet*, 2° Edit., p. 108, taf. XIV, fig. 34-36.
1848 *Pupa farinosa* Pfeiffer, *Monograph. Helicor. vivent.*, II, p. 319,
n° 46.
1855 *Gibbus farinosus* Adams, *Genera of recent Mollusca*, p. 167.
1859 *Pupa farinosa* (Troschel) Pfeiffer, *Monograph. Helicor. vivent.*,
IV, p. 660, n° 38.
1868 *Pupa farinosa* Pfeiffer, *Monograph. Helicor. vivent.*, VI, p. 294,
n° 49.
1904 *Gibbulina farinosa* Kobelt, Die Raublungenschnecken, I, *in* : Martini et Chemnitz, *Systemat. Conchylien-Cabinet*, 2° Edit.,
p. 320, n° 6, taf. XXXVII, fig. 12-13.

Décrite et figurée d'après des exemplaires de provenance
inconnue appartenant au Musée de Berlin (1), cette espèce ne
semble, d'après la figuration et la description originales,
qu'une forme de l'*Orthogibbus modiolus* de Férussac variété
mauritianensis Morelet. C'est, en effet, une coquille mesurant 14 millimètres de longueur et 7 millimètres de diamètre
maximum, de forme subcylindrique (2), composée de 7 à 8
tours de spire subconvexes le dernier un peu comprimé à la
base. L'ouverture est ovalaire, subtétragone et ses bords marginaux sont réunis par une callosité brillante munie d'une
petite dent pariétale. Le test est blanchâtre et, comme chez
toutes les espèces de ce groupe, garni de stries longitudinales
costulées, obliquement arquées, subrégulières et assez serrées.

Orthogibbus (Orthogibbus) brevis Morelet.

1867 *Pupa brevis* Morelet, *Journal de Conchyliologie*, XV, p. 439, n° 1.
1868 *Pupa brevis* Pfeiffer, *Monograph. Helicor. vivent.*, VI, p. 295, n° 53.
1877 *Pupa brevis* Liénard, *Catalogue Mollusques île Maurice*, p. 55, n° 755.
1878 *Gibbus* (*Gonospira*) *brevis* Nevill, *Handlist Mollusca Indian Museum
Calcutta*, I, p. 9, n° 10.
1880 *Gibbulina* (*Gonidomus*) *brevis* Martens, *Mollusken, in* : K. Möbius,
Beiträge z. Meeresfauna d. Insel Mauritius..., Berlin,
p. 202.
1885 *Gibbus* (*Gonospira*) *brevis* Tryon, *Manual of Conchology*, 2° série,
Pulmonata, I, p. 90 (*incert. sedis*).

(1) Le Dr E. von Martens dit cependant [*in* : Albers (J.-C.), *Die Heliceen*, 2° Edit., 1861, p. 303] que cette espèce n'existe pas au Musée de
Berlin : « Von Küster und nach ihm von Pfeiffer wird eine hierher
gehörige P. *farinosa* Mus. Berolin. aufgeführt, eine solche existirt im
Berliner Museum nicht ».
(2) L. Pfeiffer [*Monographia Heliceorum viventium*, II, Lipsiae, 1848,
p. 320] avait déjà noté les analogies que je signale : « *P. modiolo* var.
minor affinis, spira obtuse conica statim distinguenda ».

1904 *Gibbulina brevis* Kobelt, Die Raublungenschnecken, I, *in :* Martini et Chemnitz, *Systemat. Conchylien-Cabinet*, 2° Edit., p. 336, n° 3o.

1909 *Gibbulina brevis* Kobelt, *Abhandl. d. Senckenberg. Naturforsch. Gesellschaft, Frankfurt a. M.*, XXXII, p. 93.

Coquille ombiliquée de forme ovalaire à sommet obtus ; spire formée de 6 ½-7 tours peu convexes séparés par des sutures bien marquées ; dernier tour un peu ascendant. atténué à la base, égalant à peu près la moitié de la hauteur totale de la coquille ; ouverture subverticale ovalaire avec une très petite denticulation pariétale ; péristome brièvement réfléchi.

Longueur : 11 millimètres ; diamètre : 6 millimètres.

Test assez solide, d'un blanc grisâtre non brillant, garni de stries longitudinales costulées et flexueuses.

Comme la précédente, cette espèce, qui n'a jamais été figurée, reste douteuse.

Ile Maurice : A. Morelet, *loc. supra cit.*, 1867, p. 439 ; =Montagne du Pouce [G. Nevill, *loc. supra cit.*, 1878, p. 9].

Orthogibbus (Orthogibbus) modiolinus Morelet.

1867 *Gibbus modiolinus* Morelet, *Journal de Conchyliologie*, XV, p. 439, n° 3.

1868 *Pupa modiolina* Pfeiffer, *Monograph. Heliceor. vivent.*, VI, p. 296, n° 58.

1878 *Gibbus (Gonospira) modiolinus* Nevill, *Haudlist Mollusca Indian Museum Calcutta*, I, p. 9, n° 13.

1880 *Gibbulina (Gonidomus) modiolina* Martens, Mollusken, *in :* K. Möbius, *Beiträge z. Meeresfauna d. Insel Mauritius...*, Berlin, p. 202.

1885 *Gibbus modiolinus* Tryon, *Manual of Conchology*, 2° série, *Pulmonata*, I, p. 90 (*incert. sedis*).

1892 *Gibbus (Gonospira) modiolinus* Baker, *Proceedings Rochester Academy of Sciences*, II, p. 20, n° 9.

1904 *Gibbulina modiolina* Kobelt, Die Raublungenschnecken, I, *in :* Martini et Chemnitz, *Systemat. Conchylien-Cabinet*, 2° Edit., p. 336, n° 32.

1909 *Gibbulina modiolinus* Kobelt, *Abhandl. d. Senckenberg. Naturforsch. Gesellschaft, Frankfurt, a. M.*, XXXII, p. 93.

Coquille de. forme subcylindrique à sommet obtus ; spire formée de 8 tours peu convexes, le dernier un peu ascendant, atténué à la base, égalant environ le tiers de la longueur totale de la coquille ; ouverture petite, ovalaire oblongue, à bords marginaux réunis par une légère callosité garnie d'une faible denticulation ; péristome légèrement réfléchi.

Longueur : 9 millimètres ; diamètre maximum : 4 millimètres.

Test un peu solide, jaunacé, garni de stries costulées flexueuses.

Cette espèce, qui n'a jamais été figurée, reste encore tout à fait douteuse.

Ile Maurice : A. MORELET, *loc. supra cit.*, 1867, p. 493 ; = F. C. BAKER, *loc. supra cit.*, 1892, p. 20].=Montagne du Pouce [G. NEVILL, *loc. supra cit.*, 1878, p. 9].

ORTHOGIBBUS (ORTHOGIBBUS) VERSIPOLIS de Férussac.

1821 *Helix (Cochlodonta) versipolis* DE FÉRUSSAC, *Tableaux systématiques*, p. 59, n° 468.
1821-1850 *Helix (Cochlodonta) versipolis* DE FÉRUSSAC, *Histoire natur. génér. et part. Mollusques...*, p. 211, n° 12, pl. CLVI, fig. 29-30.
1827 *Helix (Cochlodonta) versipolis* DE FÉRUSSAC, *Bulletin universel sciences natur.*, X, p. 306, n° 49.
1837 *Gibbulina versipolis* BECK, *Index Molluscorum*, p. 81, n° 12.
1838 *Pupa modiolus* POTIEZ et MICHAUD, *Galerie Mollusques Douai*, I, p. 169, pl. XVI, fig. 23-24 [non DE FÉRUSSAC].
1841 *Pupa versipolis* PFEIFFER, *Symbol. ad histor. Heliceor.*, I, p. 45.
1844 *Pupa versipolis* KÜSTER, *in :* MARTINI et CHEMNITZ, *Systemat. Conchylien-Cabinet*, p. 79, taf. XI, fig. 11-12.
1848 *Pupa versipolis* PFEIFFER, *Monograph. Heliceor. vivent.*, II, p. 319, n° 47.
1850 *Gibbulina versipolis* ALBERS, *Die Heliceen*, p. 201.
1853 *Pupa versipolis* PFEIFFER, *Monograph. Heliceor. vivent.*, III, p. 538, n° 65.
1855 *Gibbus versipolis* ADAMS, *Genera of recent Mollusca*, p. 167.
1859 *Pupa versipolis* PFEIFFER, *Monograph. Heliceor. vivent.*, IV, p. 660, n° 39.
1860 *Pupa versipolis* MORELET, *Séries Conchyliologiques*, II, *Iles Orientales d'Afrique*, p. 89, n° 50, pl. V, fig. 14.
1868 *Pupa versipolis* PFEIFFER, *Monograph. Heliceor. vivent.*, VI, p. 294, n° 50.
1870 *Gibbus (Gibbulina) versipolis* NEVILL, *Journal Asiatic Society of Bengal*, XXXIX (part. II), Calcutta, p. 411. (part).
1877 *Pupa versipolis* LIÉNARD, *Catalogue Mollusques île Maurice*, p. 56, n° 771.
1878 *Gibbus (Gonospira) versipolis* NEVILL, *Handlist Mollusca Indian Museum Calcutta*, 1, p. 10, n° 17 [excl. syn. *Pupa funicula* Valenciennes].
1880 *Gibbulina (Gonidomus) versipellis* MARTENS, Mollusken, *in :* K. MÖBIUS, *Beiträge z. Meeresfauna d. Insel Mauritius....* Berlin, p. 202.
1882 *Gibbulina (Gonidomus) versipellis* MORELET, *Journal de Conchyliologie*, XXX, p. 97, n° 12.
1885 *Gibbus (Gonospira) versipolis* TRYON, *Manual of Conchology*, 2° série, *Pulmonata*, I, p. 89, pl. XXI, fig. 6 et pl. XXII, fig. 2 [excl. synon. *Bulimus trochalus* Albers].

1904 *Gibbulina versipolis* Kobelt, Die Raubtungenschnecken, *in* : Martini et Chemnitz, *Systemat. Conchylien-Cabinet*, 2ᵉ Édit., p. 333, n° 25, taf. XL, fig. 11-12.
1909 *Gibbulina versipellis* Kobelt, *Abhandl. d. Senckenberg. Naturforsch. Gesellschaft, Frankfurt a. M.*, XXXII, p. 93.

Dans le « *Bulletin universel des sciences et de l'industrie* », dont il était alors le directeur, le baron D'A. DE FÉRUSSAC écrivait (vol. X, 1827, p. 306) à propos de son *Helix versipolis* :

« L'île de France, Bourbon, dans le lit de la rivière Saint-Denys. Cette espèce se confond avec la précédente (1). Toutes deux varient beaucoup. L'animal est d'une belle couleur orangé vif ».

Déjà, en 1821, d'A. DE FÉRUSSAC avait observé ce polymorphisme puisque nous lisons, dans ses *Tableaux systématiques*, à la page 59 :

« N° 468. *versipolis* nobis.
« α) *minor*. Muséum n° 257*.
« β) *cylindracea*.
« γ) *subconica*.
« Hab. Ile de France, Muséum n° 257. »

Or, les collections du Muséum d'histoire naturelle de Paris renferment deux cartons de cette espèce étiquetés par D'A. DE FÉRUSSAC.

Sur le premier on lit les indications manuscrites suivantes (2) :

« helix versipolis nob.
« Ile de France.
« Rang 32. »

Ce carton (3) porte deux individus très jeunes et cinq adultes. Ces derniers diffèrent considérablement les uns des autres. Voici quelques détails sur chacun d'eux.

1). Coquille subcylindrique, un peu atténuée au sommet qui est arrondi et obtus ; spire composée de 8 tours très peu convexes, à croissance lente et régulière, séparés par des sutures peu profondes ; dernier tour médiocre, à peine convexe, un peu atténué à la base ; ouverture ovalaire subarrondie à bords marginaux réunis par une faible callosité dépourvue de denticulation ; péristome épaissi et réfléchi. Longueur :

(1) Il s'agit de l'*Orthogibbus modiolus* DE FÉRUSSAC.
(2) De la main de D'A. DE FÉRUSSAC.
(3) Le deuxième carton contient une variété sur laquelle je reviendrai dans la suite de ce mémoire.

15 millimètres ; diamètre maximum : 7 $\frac{1}{2}$ millimètres ; diamètre minimum : 6 3/4 millimètres ; hauteur de l'ouverture : 5 $\frac{1}{2}$ millimètres ; diamètre de l'ouverture : 4 3/4 millimètres (Pl. II, fig. 5 et 10). Cette coquille n'est qu'un *Gibbulina modiola* de Férussac de petite taille.

2). Coquille plus ventrue, ovalaire cylindracée avec, également, 8 tours de spire. Elle diffère principalement de la précédente par sa forme moins régulièrement cylindrique et par son ouverture dont la callosité réunissant les bords marginaux est munie d'une légère denticulation pariétale très enfoncée et voisine de l'insertion supérieure. Longueur : 14 millimètres ; diamètre maximum : 8 1/4 millimètres ; diamètre minimum : 7 1/4 millimètres ; hauteur de l'ouverture : 6 millimètres ; diamètre de l'ouverture : 5 millimètres. (Pl. II, fig. 4 et 9).

3). Ce troisième individu ressemble beaucoup au précédent, mais son ouverture est plus petite et la denticulation pariétale est à peine sensible (1). Longueur : 14 millimètres ; diamètre maximum : 8 1/4 millimètres ; diamètre minimum : 7 1/4 millimètres ; hauteur de l'ouverture : 5 1/4 millimètres ; diamètre de l'ouverture : 4 3/4 millimètres. (Pl. II, fig. 3 et 8).

4). Ce quatrième exemplaire est une forme encore plus ventrue, avec seulement 7 tours de spire, les premiers étant beaucoup moins larges que dans les cas précédents. L'ouverture, presque ronde, a ses bords marginaux réunis par une mince callosité dépourvue de denticulation pariétale. Longueur : 12 2/3 millimètres ; diamètre maximum : 8 millimètres, ; diamètre minimum : 7 1/4 millimètres ; hauteur de l'ouverture : 5 3/4 millimètres ; diamètre de l'ouverture : 4 4/5 millimètres. (Pl. II, fig. 2 et 7).

5). Le cinquième exemplaire est une *coquille très écourtée globuleuse*, formée de 7 tours de spire, plus convexes et à croissance plus rapide. Le dernier tour est très petit, fort atténué à la base. L'ouverture est petite, subovalaire arrondie, avec une denticulation pariétale très enfoncée et à peine sensible. Longueur : 11 2/3 millimètres ; diamètre maximum : 8 $\frac{1}{2}$ millimètres ; diamètre minimum : 7 millimètres ; hauteur de l'ouverture : 4 $\frac{1}{2}$ millimètres ; diamètre de l'ouverture : 4 millimètres. (Pl. II, fig 1 et 6).

(1) Des restes de l'animal s'aperçoivent encore à l'intérieur de la coquille formant, sur les premiers tours, des taches orangées, presque rouges.

Si ces échantillons diffèrent profondément par leur forme générale, ils possèdent tous, par contre, le même test *solide, assez épais,* subtransparent, corné clair, orné sur les tours embryonnaires de fines stries longitudinales devenant, sur les autres tours, de larges côtes peu saillantes, obliques et bien onduleuses.

Que résulte-t-il de l'étude de ces exemplaires originaux ? Que d'A. DE FÉRUSSAC n'était pas lui-même très fixé sur l'étendue du polymorphisme de son espèce et qu'il a classé, sous ce nom de *versipolis,* un certain nombre de coquilles que beaucoup d'auteurs ont par la suite — et je crois à tort — considérées comme spécifiquement distinctes. A. MORELET sentant le besoin de fixer la valeur de cette espèce en donne une description et ajoute :

« Nous croyons utile de faire connaître ici le type de Férussac dont nous reproduisons un specimen authentique. On verra que ce Pupa est d'une forme cylindracée... Les individus que nous avons sous les yeux étaient tous assez minces, d'un blanc jaunâtre, légèrement cristallins, marqués de stries nombreuses, assez larges et sinueuses à leur origine (1) ». On voit que cette description ne correspond guère à celle des individus de la Collection Férussac dont il vient d'être question, d'autant plus que A. MORELET donne, comme dimensions : « long. 12 mill., diam. 5 mill., long. apert. 4 1/3 mill., lata 5 mill. (2) ».

A. MORELET a-t-il eu entre les mains d'autres exemplaires de la Collection Férussac aujourd'hui perdus ? La chose est possible. Remarquons cependant que, dans la pl. V, fig. 14 des « *Séries Conchyliologiques* » sont figurés deux individus : l'un, celui d'en dessous, correspond bien, à la taille près, à l'exemplaire précédemment décrit sous le n° 1, mais celui d'en dessus appartient à une forme beaucoup plus courte, plus ventrue et à sommet atténué (3). Cependant A. MORELET ne note pas ces différences essentielles et semble dire, au contraire, que ces deux figures se rapportent à la même coquille (4), ce qui est manifestement faux.

(1) MORELET (A.) *Séries Conchyliologiques* ; II. *Iles Orientales d'Afrique,* Paris, 1860, p. 89.

(2) L. PFEIFFER est plus près de la vérité quand il donne les dimensions suivantes : « long. 14 1/2, diam. 7 ; long. apert 5 2/3, lata 4 1/2 mill. » [*Monographia Heliceorum viventium,* II, Lipsiae, 1848, p. 319].

(3) Cette forme ne correspond pourtant à aucun des échantillons types de DE FÉRUSSAC décrits précédemment.

(4) A. MORELET imprime, en effet [*loc. supra cit.,* 1860, p. 89] : « le type de Férussac dont nous reproduisons *un* spécimen authentique... ».

Après avoir consulté l'ouvrage de L. Morelet, G. Nevill, étudiant les espèces qu'il avait recueillies à l'île de la Réunion, conclut que l'*Orthogibbus versipolis* de Férussac *n'est pas une espèce de l'île Maurice*, mais bien une coquille de l'île de la Réunion qu'il identifie à l'*Orthogibbus holostomus* Morelet ou a l'*Orthogibbus Duponti* Nevill.

« Je n'ai réussi à trouver que un ou deux specimens vivants de cette espèce sous les pierres, dans un bois humide. Par contre, les coquilles mortes et blanchies sont plus abondantes et plus largement répandues que celles d'aucune autre espèce de l'île Bourbon appartenant à ce genre. Elles sont surtout nombreuses sur les plateaux secs et sableux derrière Salazie... L'animal est d'une riche couleur d'un orangé foncé avec des tentacules d'un noir pourpré et deux étroites bandes de même couleur de chaque côté du pied. Je ne doute pas que cette coquille soit celle appelée *Pupa versipolis* par Férussac, Prodrome 468. La figuration donnée par Morelet (principalement la variété figurée en bas) correspond parfaitement à plusieurs variétés que j'ai trouvées à Bourbon, mais ne se rapporte *exactement* à aucune des espèces de Maurice que j'ai vues, les plus voisines étant les *Gibbus holostoma* Morelet var., et *Gibbus Duponti* Nevill. C'est probablement ce qui a fait croire que le *Gibbus versipolis* de Férussac vit aussi à Maurice. Morelet dit que le specimen qu'il figure est un type authentique de Férussac, mais il ne précise pas clairement s'il provient de Bourbon ou de Maurice... (1). » Enfin, un

(1) Nevill (G), On the Land Shells of Bourbon, with descriptions of a few new species ; *Journal Asiatic Society of Bengal*, XXXIX, part II (*Natural History*), Calcutta, Décembre 1870, p. 411 : « Of this species I only succeded infinding one or two live specimens in a damp wood under stones ; dead, bleached shells, on the other hand, were more plentiful and wider spread than those of any other Bourbon species of the genus especially on the dry, sandy plateaux behind Salazie, where I could find no traces of any other land shells whatever ; the animal is of a rich dark orange colour with purplish black tentacles and with two broad streaks of the same shade on each side of the foot. This is, I have no doubt, the shell Férussac called *Pupa versipolis*, Prodr. 468. The figure given by Morelet, Sér. Conch., pl. V, fig. 14, (the lower variety principally) corresponds perfectly with some of the varietes I found of the present species at Bourbon, thought not *exactly* with any of the Mauritian species that I have seen, the nearest being *G. holostoma*, Morlt.. var. and *G. Dupontiana*, mihi, one of which has probably given rise to the statement that *G. versepolis*, Fér.. is also from Mauritius. Morelet states the specimen figured to be an authentic specimen of Férussac's type, but does not clearly mention whether it is from Bourbon or Mauritius... Férussac's note that the animal is a handsome scarlet-orange colour answers perfectly to this species, the only shell of this type from Mauritius with a similar animal

peu plus loin, G. Nevill déclare que l'*Orthogibbus funiculus*
Valenciennes est encore la même espèce.

Ces déductions ne semblent pas très exactes. D'une part, les
exemplaires de la Collection Férussac étiquetés *versipolis* proviennent bien de l'île Maurice et, d'autre part, l'*Orthogibbus
funiculus* Valenciennes est, en effet, une espèce très répandue
à l'île de la Réunion, mais différant par certains caractères, du
véritable *Orthogibbus versipolis* de Férussac. Ce dernier est,
typiquement, une coquille subcylindrique ovalaire, atteignant
de 14 à 15 millimètres de longueur sur 7 à 8 millimètres de
diamètre maximum (1) et comprenant 7 ou 8 tours de spire, à
croissance peu rapide, le dernier formant environ le tiers de la
longueur totale. L'ouverture, à peu près verticale, de forme
subovalaire, a ses bords marginaux réunis par une faible
callosité sur laquelle se détache une denticulation pariétale
toujours petite et parfois absente. Le péristome est épaissi et
plus ou moins réfléchi.

Les relations de l'*Orthogibbus versipolis* de Férussac s'établissent nettement avec l'*Orthogibbus modiolus* de Férussac.
Les deux espèces appartiennent certainement au même groupe (2) et leurs variations sont, en quelque sorte, parallèles.

Ile Maurice : Assez peu répandu un peu partout [P. Ca-
rié]. Sans indication de localité : S. Rang, *in* : D'A. de Férussac, *loc. supra cit.*, 1827, p. 306 ; = Collect. Férussac,
in : Muséum Histoire naturelle Paris ; = Ile Maurice, où cette
espèce paraît être assez rare [E. Vesco, *in* : A. Morelet, *loc.
supra cit.*, 1860, p. 90].

Ile de la Réunion : Saint-Denis [S. Rang, *in* : D'A. de Férussac, *loc. supra cit.*, 1827, p. 306].

---

is G. *Holostoma*, Morlt., one of these two then G. *funiculus*, or G. *holostoma*, must be Férussac's original *versipolis...* »

(1) A. Morelet [*loc. supra cit.*, 1860, p. 89] et L. Pfeiffer [*loc.
supra cit.*, II, 1848, p. 319] ont signalé, dans les mêmes termes [β minor,
spira magis conoidea] une variété ne mesurant que 10-11 millimètres de
longueur et 5 millimètres de diamètre maximum. C'est cette variété qui
a été figurée par Küster [*in* : Martini et Chemnitz, *Systemat. Conchylien-Cabinet*, 1844, taf. XI, fig. 11-12] sous le nom de *Pupa versipolis*.
[= *Gibbus versipolis* var. *minor* Tryon, *Manual of Conchology*, 2ᵉ série,
Pulmonata, I, 1885, p. 89, pl. XXII, fig. 2].

(2) Et, peut être, à la même espèce.

ORTHOGIBBUS (ORTHOGIBBUS) FUNICULUS de Valenciennes.

1842 *Pupa funicula* VALENCIENNES in : PFEIFFER, *Symbol. ad Histor. Heliceor.* II, p. 54 [*Helix funicula* Valenciennes in : *Collect. Mus. Paris*].

1844 *Pupa funicula* KÜSTER in : MARTINI et CHEMNITZ, *Systemat. Conchylien-Cabinet*, p. 80, taf. XI, fig. 16-17.

1848 *Pupa funicula* PFEIFFER, *Monograph. Heliceor. vivent.*, II, p. 303, n° 8.

1850 *Bulimus trochalus* ALBERS, *Die Heliceen*, p. 181.

1850 *Gibbulina funicula* ALBERS, *Die Heliceen*, p. 201.

1853 *Pupa funicula* PFEIFFER, *Monograph. Heliceor. vivent.*, III, p. 530, n° 11.

1855 *Chondrus (Mastus) trochalus* ADAMS, *Genera of recent Mollusca*, p. 165.

1855 *Vertigo (Isthmia) funicula* ADAMS, *Genera of recent Mollusca*, p. 173.

1859 *Pupa funicula* PFEIFFER, *Monograph. Heliceor. vivent.*, IV, p. 655, n° 5.

1860 *Pupa (Gibbulina) funicula* ALBERS, *Die Heliceen*, 2° Edit. [par E. von MARTENS], p. 303.

1860 *Pupa (Gibbulina) funicula* MORELET, *Séries Conchyliologiques*, II, *Iles Orientales d'Afrique*, p. 83.

1863 *Pupa funicula* DESHAYES, *Catalogue Mollusques Réunion*, p. E. 90, n° 289.

1868 *Pupa funicula* PFEIFFER, *Monograph. Heliceor. vivent.*, VI, p. 287, n° 6.

1870 *Gibbus (Gibbulina) versipolis* (part) NEVILL, *Journal Asiatic Society of Bengal*, part. II (*Natural History*), Calcutta, p. 411.

1878 *Gibbus (Gonospira) versipolis* (part) NEVILL, *Handlist Mollusca Indian Museum Calcutta*, I, p. 10.

1880 *Gibbulina (Gonidomus) funicula* MARTENS, *Mollusken, in* : K. MÖBIUS, *Beiträge z. Meeresfauna d. Insel Mauritius...*, Berlin, p. 201.

1885 *Gibbus (Gonospira) funicula* TRYON, *Manual of Conchology*, 2° série, *Pulmonata*, I, p. 85, pl. XXI, fig. 88.

1904 *Gibbulina funiculus* KOBELT, *Die Raublungenschnecken*, I, *in* : MARTINI et CHEMNITZ, *Systemat. Conchylien-Cabinet*, 2° Edit., p. 321, n° 7, taf. XXXVIII, fig. 14.

L'*Orthogibbus funiculus* Valenciennes représente, à l'île de la Réunion, l'*Orthogibbus versipolis* de Férussac de l'île Maurice. Les deux espèces appartiennent incontestablement au même groupe, mais la première se distingue par sa forme plus régulièrement cylindrique (1) et par son ouverture différente *dépourvue de toute denticulation pariétale* (2). Dans son ensemble, l'*Orthogibbus funiculus* Valenciennes rappelle beaucoup plus l'aspect de l'*Orthogibbus modiolus* de Férus-

(1) Il existe bien chez l'*Orthogibbus versipolis* de Férussac, une variété subcylindracée, mais elle reste rare et l'immense majorité des individus de cette espèce sont ovalaires plus ou moins allongés.

(2) J'ai observé de très nombreux individus de l'*Orthogibbus funiculus* Valenciennes sans trouver trace de denticulation pariétale.

sac que celui de toute autre espèce et pourrait être, à la rigueur, considéré comme une variété de *modiolus* de taille beaucoup plus petite.

L'*Orthogibbus funiculus* Valenciennes est une espèce polymorphe. La taille oscille ordinairement entre 10 et 12 millimètres, la forme la plus répandue ayant de 11 ½ à 12 millimètres. Exceptionnellement on trouve des individus atteignant 13 millimètres et, tout à fait rarement, 14 millimètres [var. *major* Pfeiffer (1)]. Voici les dimensions d'un certain nombre d'exemplaires recueillis par M. P. CARIÉ :

Longueur totale	Diamètre maximum	Diamètre minimum	Hauteur de l'ouverture	Diamètre de l'ouverture	Observations
mm.	mm.	mm.	mm.	mm.	
12 1/2	5 1/3	4 3/4	4 1/4	3 1/5	
12	6	5	4 1/4	3 1/4	
11 4/5	5 1/4	5	4	3 1/2	
11 4/5	5 1/5	4 1/2	4	3	
11 1/2	5 3/4	4 4/5	4 1/2	3	
11 1/2	5 3/4	4 4/5	4	3 1/3	
11 1/2	5 1/4	5	4	3 1/4	
11 1/2	5 1/4	4 2/3	4 1/4	3 1/4	
11 1/4	6 1/2	4 3/4	4	3 1/4	
11 1/4	5 1/4	4 1/2	4	3	
10 5/6	5 3/4	5	4	3 1/3	
10 3/4	5	4 1/2	4	3	
10 1/2	5	4 3/4	4	3 1/2	
12 1/2	5 1/2	4 4/5	4 1/5	3	Types de VALENCIENNES, au Muséum de Paris.
12 1/3	6	5	4 1/5	3 1/4	
12 1/5	5 1/4	4 4/5	3 4/5	3	
11 1/3	5 1/3	4 2/3	4	3	
10 1/4	4 2/3	4 1/3	4 3/4	2 4/5	
10	5 1/4	4 1/2	4	3	
12	5	5	4	3	D'après L. PFEIFFER [*Monogr. Héliccor. vivent.*, II, 1848, p. 303].

On voit, par l'examen de ce tableau, que le rapport $\dfrac{\text{hauteur totale}}{\text{diamètre maximum}}$ est fort variable : en fait, il existe des formes plus ou moins allongées, mais celles dont le diamètre maximum est, proportionnellement, le plus grand conservent cependant leur galbe franchement cylindrique. Tel est le cas des individus types de Valenciennes, actuellement au

(1) PFEIFFER (L.), *Monographia Helicorum viventium*, Lipsiae, IV, 1859, p. 655.

Muséum d'Histoire naturelle de Paris (Pl. IV, fig. 1 à 6).

Typiquement, on compte 8 tours de spire un peu convexes à croissance lente et régulière, le dernier toujours petit, atténué-subcomprimé à la base et plus ou moins ascendant à l'extrémité. Il est, d'autre part, des individus composés seulement de 7 tours de spire. Quelquefois aussi ces tours sont plus convexes et séparés par des sutures relativement profondes. Dans tous les cas, le sommet est très obtus. L'ombilic est en fente étroite, incurvée et profonde ; il s'élargit parfois, aussi bien chez les formes allongées que chez les formes écourtées.

Le test, un peu épais, à peine subtransparent, est marron jaunâtre ou blanchâtre. Le péristome est blanc, lavé de jaune et légèrement brillant. Les tours embryonnaires sont garnis de très fines stries longitudinales ; les autres tours montrent des costules assez saillantes, obliques, subonduleuses, inégales et inégalement espacées, notablement plus fines et plus serrées aux abords de l'ombilic.

Ile de la Réunion : Environs de Saint-Pierre [A. MAJASTRE, P. CARIÉ], décembre 1911 ; très nombreux exemplaires.

Ile de la Réunion : VALENCIENNES, in : Collect. Muséum Paris, et in : L. PFEIFFER, *loc. supra cit.*, 1842, p. 54] ; = « Ile Bourbon, dans les lieux boisés et notamment au Brûlé de Saint-Denis » [E. VESCO, in : A. MORELET, *loc. supra cit.*, 1860, p. 83] ; = Bourbon [L. MAILLARD, in : G. P. DESHAYES, *loc. supra cit.*, 1863, p. E. 90] ; = Très commun sur les plateaux secs et sableux des environs de Salazie [G. NEVILL, *loc. supra cit.*, 1870, p. 411] ; = Environs de Salazie [G. NEVILL, *loc. supra cit.*, 1878, p. 10].

⁂

Toutes les espèces qui viennent d'être étudiées, depuis l'*Orthogibbus helodes* Morelet jusqu'à l'*Orthogibbus funiculus* de Valenciennes, appartiennent à un même groupe abondamment répandu dans les îles Mascareignes. Elles sont souvent fort voisines les unes des autres et il est évident que certaines d'entre elles ne sauraient être considérées comme spécifiquement distinctes. Tel est, par exemple, le cas des *Orthogibbus mauritianensis* Morelet, *Orthogibbus metablatus* Crosse, *Orthogibbus rodriguezensis* Crosse, *Orthogibbus farinosus* Küster et, très probablement, *Orthogibbus obesus* Kobelt, *Ortho-*

gibbus brevis Morelet et *Orthogibbus modiolinus* Morelet. Il est même à supposer que les *Orthogibbus versipolis* de Férussac et *Orthogibbus funiculus* de Valenciennes se rattachent, plus étroitement qu'on ne l'a cru jusqu'ici, à l'*Orthogibbus modiolus* de Férussac.

Ainsi l'*Orthogibbus modiolus* de Férussac apparaît comme une espèce très polymorphe, c'est-à-dire en pleine évolution. L'*Orthogibbus helodes* Morelet en est certainement la forme ancestrale, de taille plus grande (1), éteinte aujourd'hui à l'île Maurice. Peut-être même peut-on rattacher à ce même groupe une espèce encore plus grande et également subfossile, l'*Orthogibbus majusculus* Morelet. Les très nombreuses formes de passage que j'ai pu signaler entre ces divers *Orthogibbus* semblent établir *qu'il s'agit uniquement d'une seule espèce, dérivée de l'*Orthogibbus helodes* Morelet, et dont l'*Orthogibbus modiolus* de Férussac est la forme normale*. Les rapports entre les *formes* de ce groupe décrites jusqu'ici peuvent se préciser de la manière suivante :

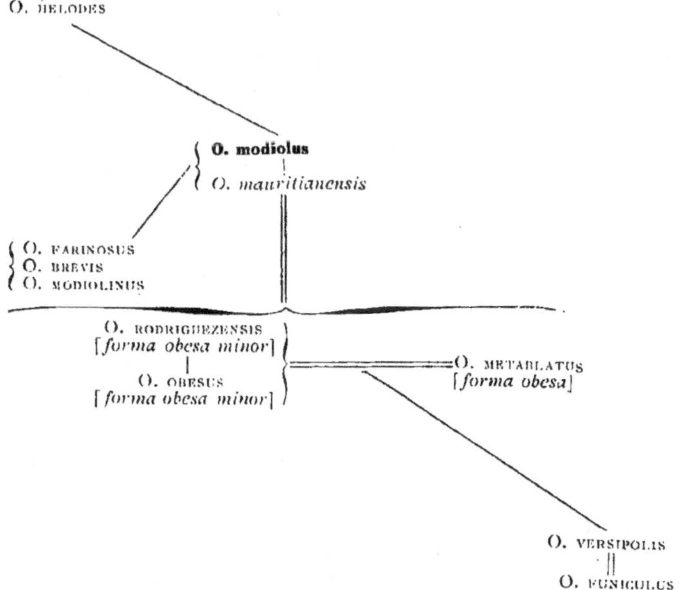

(1) Je rappelle, qu'aux îles Maurice et de la Réunion, les espèces subfossiles sont toujours plus grandes que les formes vivantes correspondantes. Quant une espèce se trouve, à la fois, à l'état vivant et à l'état subfossile,

§ II.

Orthogibbus (Orthogibbus) Bourguignati Deshayes.

Pl. VI, fig. 15.

1863 *Pupa Bourguignati* Deshayes, *Catalogue Mollusques Réunion*, p. E. 90, n° 291, pl. X, fig. 27-28.
1868 *Pupa Bourguignati* Pfeiffer, *Monograph. Heliceor. vivent.*, VI, p. 295, n° 54.
1870 *Gibbus (Gibbulina) Bourguignati* Nevill, *Journal Asiatic Society of Bengal*, XXXIX, part. II (*Natur. History*), Calcutta, p. 410, n° 22.
1878 *Gibbus (Gonospira) Bourguignati* Nevill, *Handlist Mollusca Indian Museum Calcutta*, I, p. 10, n° 18.
1880 *Gibbulina (Gonidomus) Bourguignati* Martens, Mollusken, *in* : K. Möbius, *Beiträge z. Meeresfauna d. Insel Mauritius...*, Berlin, p. 203.
1885 *Gibbus (Gonospira) Bourguignati* Tryon, *Manual of Conchology*, 2° série, *Pulmonata*, I, p. 89, pl. XXII, fig. 3.
1904 *Gibbulina (Gonospira) Bourguignati* Kobelt, Die Raublungenschnecken, I, *in* : Martini et Chemnitz, *Systemat. Conchlien-Cabinet*, 2° Edit., p. 320, n° 5, taf. XXXVII, fig. 10-11.
1909 *Gibbulina Bourguignati* Kobelt, *Abhandl. d. Senckenberg. Naturforsch. Gesellschaft Frankfurt a. M.*, XXXII, p. 94.

Coquille ovale oblongue à sommet obtus ; spire composée de 8 tours à peine convexes, à croissance lente et régulière, séparés par des sutures profondes ; dernier tour médiocre égalant à peu près le tiers de la longueur totale de la coquille ; ouverture ovale-oblongue, à bords marginaux réunis par une callosité jaunâtre munie d'une denticulation pariétale étroite et obtuse ; ombilic en fente étroite ; péristome épaissi en dedans et légèrement réfléchi.

Longueur : 11 millimètres ; diamètre maximum : 7 millimètres.

Test mince, fragile, d'un fauve peu foncé parsemé de taches grisâtres ; stries longitudinales obliques, fines et irrégulières, avec quelques stries costulées espacées.

« Ce *Pupa* », dit G. P. Deshayes dans son *Catalogue des Mollusques de l'île de la Réunion* (p. E. 90), « se rapproche de celui qui a été nommé *Funicula par* M. Valenciennes... » Cette assertion est assez exacte et il existe, dans les Collections du Muséum d'Histoire naturelle de Paris, un exemplaire de l'*Orthogibbus Bourguignati* Deshayes étiqueté *Pupa funicula* Valenciennes. Il provient de l'île de la Réunion (Goudot, 1834).

les individus vivants sont constamment de taille plus petite que les échantillons subfossiles.

C'est un individu de petite taille (1), mesurant 9 millimètres de longueur, 4 3/4 millimètres de diamètre maximum et 4 millimètres de diamètre minimum. L'ouverture atteint 3 millimètres de hauteur et 2 3/4 millimètres de diamètre.

L'*Orthogibbus Bourguignati* Deshayes (2) diffère de l'*Orthogibbus funiculus* Valenciennes :

Par sa forme subconique et non régulièrement cylindrique, très atténuée au sommet ; par ses sutures moins profondes ; par son ouverture garnie d'une denticulation pariétale bien moins saillante ; enfin par son test plus délicat, garni d'une sculpture moins accentuée (3).

Ile de la Réunion : « Paraît très rare, nous n'en connaissons qu'un seul exemplaire » [L. MAILLARD, *in* : G. P. DESHAYES, *loc. supra cit.*, 1863, p. E. 91] ; = Collection du Muséum d'Histoire naturelle de Paris [GOUDOT, 1834] ; = « Pas très rare, largement répandu dans les bois humides » [G. NEVILL, *loc. supra cit.*, 1870, p. 410] ; = Salazie [G. NEVILL, *loc. supra cit.*, 1878, p. 10].

Variété *intersecta* Deshayes.

1863 *Pupa intersecta* DESHAYES, *Catalogue Mollusques Réunion*, p. E. 91, nᵒ 292, pl. XI. fig. 1.

1868 *Pupa intersecta* PFEIFFER, *Monograp. Heliceor. vivent.*, VI, p. 295, nᵒ 55.

1870 *Gibbus (Gibbulina) intersecta* (? var. of *Bourguinati*, Des.) NEVILL. *Journal Asiatic Society of Bengal*, XXXIX, part. II (*Natur. History*), Calcutta, p. 410, nᵒ 21.

1880 *Gibbulina (Gonidomus) intersecta* MARTENS, *Mollusken, in* : K. MÖBIUS, *Beiträge, z. Meeresfauna d. Insel Mauritius...*, Berlin, p. 203.

1885 *Gibbulina (Gonospira) Bourguignati* var. *intersecta* TRYON, *Manual of Conchology*, 2ᵉ série, *Pulmonata*, I, p. 89, pl. XXII, fig. 6.

1904 *Gibbulina (Gonospira) intersecta* KOBELT, *Die Raublungenschnecken*, I, *in* : MARTINI et CHEMNITZ. *Systemat. Conchylien-Cabinet*, 2ᵉ Edit., p. 321, nᵒ 8. taf. XXXIII. fig. 20.

1909 *Gibbulina intersecta* KOBELT, *Abhandl. d. Senckenberg. Naturforsch. Gesellschaft Frankfurt a. M.*, XXX, p. 94.

---

(1) Cet exemplaire est, d'autre part, absolument conforme à la figuration donnée par G. P. DESHAYES.

(2) Par ailleurs cette espèce n'est pas sans analogies avec l'*Orthogibbus bacillus* Pfeiffer de l'île Maurice, mais le système de sculpture est totalement différent.

(3) Les stries longitudinales sont fines et subverticales. Il y a cependant des exemplaires dont la sculpture est mieux marquée que chez l'individu décrit par G. P. DESHAYES.

Coquille de même forme ovalaire oblongue ; spire plus allongée, également composée de 8 tours *encore moins convexes, presque plans*, séparés par ses sutures bien marquées ; dernier tour médiocre dépassant un peu le quart de la hauteur totale ; ouverture verticale, semblable à celle du type, avec une dent pariétale également très petite.

Longueur : 11 millimètres ; diamètre maximum : 5 millimètres.

Test blanc grisâtre uniforme, les trois premiers tours à peu près lisses, les autres garnis de stries longitudinales fines et irrégulières avec, de loin en loin, *quelques costules obliques, médiocrement saillantes* et irrégulièrement distribuées.

Cette coquille n'est qu'une variété *elata*, à sculpture plus prononcée, de l'*Orthogibbus Bourguignati* Deshayes.

Ile de la Réunion : L. MAILLARD, *in* : G. P. DESHAYES, *loc. supra cit.*, 1863, p. E. 91 ; = « Quelques individus recueillis avec le *Gibbulina Bourguignati* Deshayes » [G. NEVILL, *loc. supra cit.*, 1870, p. 410].

<h3 style="text-align:center">§ 3.</h3>

Les *Orthogibbus* classés dans cette série sont des espèces de taille moyenne ou petite, de forme relativement globuleuse ventrue et qui, par l'ensemble de leurs caractères, se rapprochent du groupe de l'*Orthogibbus (Orthogibbus) modiolus* de Férussac. Ils s'en distinguent principalement par leur sculpture plus fortement accusée, composée de lamelles saillantes, très obliques et nettement recourbées aux sutures.

Les espèces décrites sont les *Orthogibbus Mondraini* H. Adams, *Orthogibbus Barclayi* H. Adams, *Orthogibbus calliferus* A. Morelet et *Orthogibbus holostomus* A. Morelet. Elles sont toutes — sauf peut-être l'*Orthogibbus holostomus* Morelet — extrêmement voisines les unes des autres. Le tableau comparatif ci-contre fait ressortir ces analogies.

Les différences que l'on constate entre ces diverses coquilles ne sont donc que tout à fait secondaires et peuvent fort bien correspondre aux variations d'un même type spécifique, étant donné surtout le polymorphisme, si étendu, des *Orthogibbus* de l'île Maurice. De plus, d'après le peu qu'on en sait encore, l'animal semble présenter chez tous les mêmes caractères (1). Il conviendrait peut-être, dans ces conditions,

---

(1) L'animal est rouge orangé chez ces *Orthogibbus*. On ne connaît aucun détail sur l'animal de l'*Orthogibbus Barclayi* H. Adams.

Orthogibbus Mondraini H. Ad.	Orthogibbus Barclayi H. Ad.	Orthogibbus calliferus Mor.	Orthogibbus holostomus Mor.
Coquille subcylindrique à sommet obtus.	Coquille cylindrique à sommet obtus.	Coquille subcylindrique ovalaire courte et obtuse.	Coquille cylindrique à sommet obtus.
7 tours bien convexes.	7 tours peu convexes.	5 1/2-6 tours, les 3 premiers légèrement convexes, les autres presque plans.	6-7 tours aplatis.
Dernier tour remontant.	Dernier tour un peu remontant.	Dernier tour remontant.	Dernier tour non ascendant.
Ombilic en longue fente étroite.	Ombilic en longue fente étroite.	Ombilic en longue fente étroite.	Ombilic en longue fente étroite.
Ouverture verticale, ovalaire.	Ouverture subverticale, ovalaire.	Ouverture verticale ou subverticale, ovalaire.	Ouverture subverticale, ovalaire.
Bords marginaux réunis par une callosité plus ou moins forte.	Bords marginaux réunis par une forte callosité.	Bords marginaux réunis par une forte callosité.	Bords réunis par une forte callosité faisant paraître le péristome continu.
Une dent pariétale pliciforme.	Une dent pariétale placiforme.	Une dent pariétale pliciforme.	Une dent pariétale pliciforme, plus petite.
Longueur : 20 mm.	Longueur : 18 mm.	Longueur : 10-12 millimètre.	Longueur : 8-9 mm.
Diamètre : 10 mm.	Diamètre : 7 mm.	Diamètre : 5 1/2.6 millimètre.	Diamètre : 4-4 1/3 mm.
Test assez solide, jaunâtre.	Test assez solide, jaunâtre.	Test corné, transparent, légèrement brillant, marron fauve très pâle.	Test assez solide, jaunâtre clair.
Sculpture : petites côtes longitudinales bien obliques, crispées aux sutures.	Sculpture : petites côtes longitudinales bien obliques, crispées aux sutures.	Sculpture : petites côtes longitudinales obliques, subsinueuses, fortement crispées aux sutures.	Sculpture : côtes longitudinales nombreuses, plus rapprochés, moins obliques, mais plus sinueuses.

de considérer ces divers *Orthogibbus* comme des formes d'une même espèce et de les réunir sous le nom le plus ancien d'*Orthogibbus calliferus* Morelet. Mais, en l'absence de matériaux de comparaison suffisants, je les ai classés de la manière suivante :

A $\begin{cases} \text{1. } \textit{Orthogibbus Mondraini} \text{ H. Adams.} \\ \textit{Orthogibbus Mondraini, } \text{variété } \textit{Barclayi} \text{ H. Adams.} \\ \text{2. } \textit{Orthogibbus calliferus} \text{ Morelet.} \end{cases}$

B | 3. *Orthogibbus holostomus* A. Morelet.

Les deux premières espèces appartiennent incontestablement à un même type dont s'éloigne davantage l'*Orthogibbus holostomus* Morelet.

ORTHOGIBBUS (ORTHOGIBBUS) MONDRAINI H. Adams.

1868 *Gibbus (Gibbulina) Mondraini* II. ADAMS, *Proceedings Zoological Society of London*, p. 13, pl. IV, fig. 5.
1877 *Pupa Mondraini* PFEIFFER, *Monograph. Heliceor. vivent.*, VIII, p. 352,
1877 *Pupa Mondraini* LIÉNARD, *Catalogue Mollusques île Maurice*, p. 55, n° 764.
1878 *Gibbus (Gonospira) Mondraini* NEVILL, *Handlist Mollusca Indian Museum Calcutta*, I, p. 9, n° 7.
1880 *Gibbus (Gonidomus) Mondraini* MARTENS. Mollusken, *in* : K. MÖBIUS, *Beiträge z. Meeresfauna d. Insel Mauritius...*, Berlin, p. 202.
1885 *Gibbus (Gonospira) Mondraini* TRYON, *Manual of Conchology*, 2° série. Pulmonata, I, p. 88, pl. XXI, fig. 99.
1892 *Gibbus (Gonospira) Mondraini* BAKER, *Proceedings Rochester Academy of Sciences*, II, p. 20, n° 6.
1904 *Gibbulina (Gonospira) Mondraini* KOBELT, Die Raublungenschnecken, *in* : MARTINI et CHEMNITZ. *Systemat. Conchylien-Cabinet*, 2° Edit., p. 326, n° 14, taf. XXXIX, fig. 9-10.
1909 *Gibbulina Mondraini* KOBELT, *Abhandl. d. Senckenberg. Naturforsch. Gesellschaft Frankfurt a. M.*, XXXII, p. 9[3]

Un grand nombre d'individus de cette espèce ont été recueillis à l'état subfossile : quelques autres ont été récoltés morts mais avec leur test en parfait état : il est d'un corné clair, quelquefois jaunâtre ou légèrement marron, presque subtransparent.

L'*Orthogibbus Mondraini* H. Adams est une coquille polymorphe. La hauteur de la spire varie dans des proportions assez étendues ; le tableau suivant, qui donne en millimètres les mensurations principales d'une vingtaine d'invidus, fixe les limites de cette variation.

Numéros des échantillons	Hauteur totale	Diamètre maximum	Diamètre minimum	Hauteur de l'ouverture	Diamètre de l'ouverture	Observations.
	mm.	mm.	mm.	mm.	mm.	
α	20	10	»	8	5	Type de H. Adams
1	17 1/2	10 1/2	9	7	6	
2	17	10	8 1/2	7	6	
3	16 3/4	10 1.2	8 2/3	7	6	
4	16 1/2	10	8 3/4	7	5 3/4	
5	16 1/2	10	8 1/4	6 1/4	5 1/2	
6	16 1/4	10	8 3/4	7	6	
7	16	9 4/5	8 1/4	6 1/2	5 1/2	
8	15 1/2	9 1/2	8 4/5	7	6	
9	15 1/2	9 1/2	8	6 3/4	5 1/2	
10	14 1/2	9	8	6 1/2	5	
11	14	9	8 1/4	6	5	
12	14	8	7 1/2	6	5	
13	13 1/4	8 1/2	7 1/2	5 1/2	5	
14	16	8 1/4	7 3/4	6 1/4	5 1/2	forma *subelata* et forma *elata*
15	15 3/4	8 1/2	7 2/3	6 1/2	5 1/4	
16	15 1/2	8 3/4	7 1/2	7	5 1/2	
17	15	8 1/2	7 2/3	6	5	

Remarquons que la taille des individus examinés reste constamment inférieure à celle attribuée par H. Adams à cette espèce. De plus, à côté du type, tel qu'il a été figuré dans les *Proccedings* de la Société zoologique de Londres (1868, pl. IV, fig. b) et qui est relativement ovalaire ventru, il existe des formes un peu plus allongées (n°s 14 à 17 du tableau précédent) constituant des mutations *subelata* et *elata* passant insensiblement à l'*Orthogibbus Barclayi* H. Adams.

La spire se compose généralement de 7 tours ; on en compte quelquefois 7 ½ et beaucoup plus rarement 8. Leur degré de convexité varie avec les individus examinés. Quant au dernier tour, il est constamment remontant à l'extrémité (1). La fente ombilicale est plus ou moins ouverte, toujours arquée et souvent fort étroite.

« Apertura verticali, truncato-ovali, dente parietali pliciformi prope angulum minuta » dit H. Adams et ceci correspond très bien à certains exemplaires ; mais, chez d'autres, l'ouverture est seulement subverticale et presque aussi large que haute (2). L'épaississement du péristome et la callosité

(1) Mais à un degré fort variable.
(2) Quelques individus ont une ouverture mesurant 6 1/4 millimètres de hauteur et 6 millimètres de diamètre.

aperturale sont également d'importance variable et chez quelques specimens le dépôt calcaire est suffisamment épais pour rendre le péristome continu et comme détaché du dernier tour. On observe alors, près de l'insertion du bord supérieur, une sorte de sinus souvent très net en face duquel se remarque la denticulation pariétale en forme de pli plus ou moins saillant.

La sculpture est toujours fortement accusée ; elle est d'ailleurs — et il convient d'insister sur ce point — *exactement la même chez toutes les espèces de ce groupe.* Je la décrirai donc une fois pour toutes. Les tours embryonnaires sont à peu près lisses : on y constate seulement de très fines stries longitudinales localisées près des sutures ; les autres tours sont garnis de côtes lamelleuses élevées, fort obliques, très onduleuses, assez régulières et presque également espacées, plus ou moins crispées aux sutures, médiocrement atténuées au dernier tour où elles sont plus étroites, plus serrées, mais presque aussi saillantes aux environs de l'ombilic (1).

Sur quelques individus assez frais on constate, au travers de la transparence de la coquille, des traces rouges ou écarlates laissées par l'animal. Ce dernier est donc vivement coloré comme celui des *Orthogibbus calliferus* H. Adams et *Orthogibbus holostomus* Morelet.

Ile Maurice : Quelques individus recueillis morts et de nombreux exemplaires subfossiles. Montagne du Pouce, Corps de Garde [P. Carié et Thirioux].

Sans indication de localité [H. Adams, *loc. supra cit.*, 1868, p. 13 ;=F. C. Baker, *loc. supra cit.*, 1892, p. 20].

Ile Maurice : « Mondrain Estate », Vacao [G. Nevill, *loc. supra cit.*, 1878, p. 9].

Variété *Barclayi* H. Adams.

1868 *Gibbus (Gibbulina) Barclayi* H. Adams, *Proceedings Zoological Society of London*, p. 13, pl. IV, fig. 6.
1877 *Pupa Barclayi* Pfeiffer, *Monograph. Heliceor. vivent.*, VIII, p. 352.
1877 *Pupa Barclayi* Liénard, *Catalogue Mollusques île Maurice*, p. 55, n° 756.
1878 *Gibbus (Gonospira) Barclayi* Nevill, *Handlist Mollusca Indian Museum Calcutta*, p. 9, n° 8.

(1) Cette sculpture présente toujours les caractères qui viennent d'être indiqués, mais, suivant les individus considérés, les lamelles sont plus ou moins saillantes; leur disposition n'est pas toujours aussi régulière, leur obliquité aussi accusée, etc...

1880 *Gibbulina (Gonidomus) Barclayi* MARTENS, Mollusken, *in* : K. MÖBIUS,
 Beiträge z. Meeresfauna d. Insel Mauritius..., Berlin,
 p. 202.
1885 *Gibbus (Gonospira) Barclayi* TRYON, *Manual of Conchology*, 2° série,
 Pulmonata, I, p. 88, pl. XXI, fig. 4.
1892 *Gibbus (Gonospira) Barclayi* BAKER, *Proceedings Rochester Academy
 of Sciences*, II, p. 20, n° 7.
1904 *Gibbulina (Gonospira) Barclayi* KOBELT, Die Raublungenschnecken, I,
 in : MARTINI et CHEMNITZ, *Systemat. Conchylien-Cabi-
 net*, 2° Edit., p. 328, n° 18, taf. XXXIX, fig. 11-12.
1909 *Gibbulina Barclayi* KOBELT, *Abhandl. d. Senckenberg. Naturforsch.
 Gesellschaft Frankfurt a. M.*, XXXII, p. 93.

La variété *Barclayi* H. Adams se distingue par sa taille plus
petite (longueur : 17 millimètres ; diamètre 7 millimètres) ;
par sa forme un peu plus allongée, plus cylindrique et par
son ouverture assez souvent subverticale (elle est, *généralement*, verticale chez l'*Orthogibbus Mondraini* H. Adams).
Elle possède, par ailleurs, le même test et les mêmes caractères sculpturaux.

Ile Maurice : H. ADAMS, *loc. supra cit.*, 1868, p. 13 ; = E.
LIÉNARD, *loc. supra cit.*, 1877, p. 55 ; = F. C. BAKER, *loc. supra cit.*, 1892, p. 20].

Ile Maurice : Vacoa, Mont. du Pouce, Trou au Cerf [G. NE-
VILL, *loc. supra cit.*, 1878, p. 9].

ORTHOGIBBUS (ORTHOGIBBUS) CALLIFERUS Morelet.

Pl. II, fig. 19, 20 et 21.

1821 *Helix (Cochlodonta) versipolis*, *var.* γ *subconica* DE FÉRUSSAC, *Tableaux systématiques*, p. 59 [var. γ *seulement!*]
1860 *Pupa callifera* MORELET, *Séries Conchyliologiques*, II, *Iles Orientales
 d'Afrique*, p. 90, n° 52, pl. V, fig. 15.
1868 *Pupa callifera* PFEIFFER, *Monograph. Heliceor. vivent.*, VI, p. 295,
 n° 56.
1868 *Gibbus (Gibbulina) callifer* NEVILL, *Proceedings Zoological Society
 of London*, p. 259.
1877 *Pupa callifera* LIÉNARD, *Catalogue Mollusques île Maurice*, p. 55,
 n° 757.
1878 *Gibbus (Gonospira) calliferus* NEVILL, *Handlist Mollusca Indian Museum Calcutta*, I, p. 9, n° 11.
1880 *Gibbulina (Gonidomus) callifera* MARTENS, Mollusken, *in* : K. MÖBIUS,
 Beiträge z. Meeresfauna d. Insel Mauritius..., Berlin,
 p. 203.
1885 *Gibbus (Gonospira) callifer* TRYON, *Manual of Conchology*, 2° série,
 Pulmonata, I, p. 89, pl. XXII, fig. 4.
1904 *Gibbulina callifera* KOBELT, Die Raublungenschnecken, I, *in* : MAR-
 TINI et CHEMNITZ, *Systemat. Conchylien-Cabinet*, 2°
 Edit., p. 332, n° 24, taf. XL, fig. 9.
1909 *Gibbulina calliferus* KOBELT, *Abhandl. d. Senckenberg. Naturforsch.
 Gesellschaft, Frankfurt, a. M.*, XXXII, p. 93.

Je rapporte à cette espèce une charmante coquille recueillie, en assez grande abondance, mais presque uniquement à l'état subfossile, par M. P. Carié. Elle varie quelque peu comme le montre le tableau suivant :

Longueur totale	Diamètre maximum	Diamètre minimum	Hauteur de l'ouverture	Diamètre de l'ouverture
11 1/2 mm.	6 1/4 mm.	5 1/3 mm.	5 mm.	4 mm.
11 1/4 —	6 1/2 —	6 —	4 1/2 —	3 1/2 —
11 —	6 3/4 —	6 —	5 —	4 —
10 3/4 —	6 1/4 —	5 1/4 —	5 —	4 —
10 1/2 —	6 2/3 —	5 1/2 —	4 2/3 —	3 1/2 —
10 1/2 —	6 1/2 —	6 —	4 3/4 —	4 —
10 1/2 —	6 —	5 —	5 3/4 —	3 1/2 —
10 1/5 —	7 —	6 —	5 —	4 —
10 —	6 1/2 —	6 —	4 1/4 —	3 1/2 —
10 —	6 —	5 1/2 —	5 —	4 —
10 à 12 — (1)	5 1/2 à 6 — (1)	»	»	»

(1) Mesures données par A. Morelet, *Séries Conchyliologiques*, II, Paris, nov. 1860, p. 90.

La plupart des individus examinés correspondent bien à l'iconographie donnée par A. Morelet ; cependant cet auteur, dans sa diagnose, donne 5 $\frac{1}{2}$ tours de spire à son *Pupa callifera*, bien qu'on en compte 6 sur la figure 15 de la planche V. La presque totalité des exemplaires réunis par M. P. Carié ont 6 $\frac{1}{2}$ ou même 7 tours de spire (1). Les autres caractères sont identiques, notamment la sculpture. Très fortement accusée, elle se compose de costules un peu espacées, très obliquement onduleuses, fortement crispées et plus saillantes aux sutures qui paraissent marginées.

Dans la Collection Férussac, aujourd'hui conservée au Muséum d'Histoire naturelle de Paris, il existe un carton de trois coquilles portant les indications suivantes :

    « *Helix undulata* Fér. (2).

    « *helix versipolis* Fér. (var. γ).

    « Ile de France ».

(1) Quelques échantillons seulement ont 6 tours de spire ; ce sont les plus petits qui, peut-être même, n'ont pas encore atteint leur complet développement.

(2) Non *Helix (Helicogena) undulata* de Férussac [*Tableaux systématiques des animaux Mollusques, ... suivis d'un Prodrome général...*, Paris, 1821, p. 28, n° 25 ; et : *Hist. natur. génér. et particul. ... des animaux Mollusques, ...* Paris, 1820-1850, pl. XVI, fig. 3 à 6] qui est le *Pleurodonte (Parthena) undulata* (de Férussac), espèce de l'île d'Haïti.

Or, ces trois échantillons correspondent — à part quelques détails secondaires (1) — à ceux recueillis par M. P. Carié et à la figuration originale de l'*Orthogibbus calliferus* Morelet. Si on se rappelle la discussion relative à l'*Orthogibbus versipolis* de Férussac (2), on voit que G. Nevill avait quelque raison de soupçonner de l'espèce du baron d'A. de Férussac avait été mal interprétée par les auteurs. De plus, la comparaison des figures de l'ouvrage de A. Morelet montre que l'un des exemplaires de l'*Orthogibbus versipolis* figuré se rapproche incontestablement de l'*Orthogibbus calliferus* (3).

D'après G. Nevill (4), l'animal est noir avec une bande orange pâle ; la région postérieure est entièrement noire, le pied de l'animal jaune verdâtre et les tentacules sont noirs. A. Morelet (5), dit, au contraire : « Nous avons remarqué que les individus les plus frais étaient tachés de rouge à l'intérieur, surtout vers le sommet, d'où l'on peut inférer que l'animal est aussi vivement coloré que celui du *versipolis* ».

(1) Voici quelques détails sur ces trois coquilles :

Échantillon 1. — Forme et sculpture de l'*Orthogibbus calliferus* Morelet typique, mais spire comprenant 7 tours ; ouverture avec un péristome subcontinu par suite de l'importance du callus ; lamelle pariétale peu développée ; test solide, corné blanchâtre, subtransparent. Longueur : 11 millimètres ; diamètre maximum : 6 ½ millimètres ; diamètre minimum : 4 3/4 millimètres ; hauteur de l'ouverture : 4 3/4 millimètres ; diamètre de l'ouverture : 3 1/4 millimètres. (Pl. II, fig. 21.)

Échantillon 2. — Spire formée de 6 ½ tours ; dent pariétale à peu près nulle ; même test, mais avec costules plus développées et plus fortement recourbées aux sutures. Longueur : 10 millimètres ; diamètre maximum : 6 1/4 millimètres ; diamètre minimum : 5 millimètres ; hauteur de l'ouverture : 4 millimètres; diamètre de l'ouverture : 3 1/2 millimètres. (Pl. II, fig. 19.)

Échantillon 3. — Le plus ventru-globuleux ; sa spire se compose de 6 tours un peu plus convexes séparés par des sutures plus profondes ; l'ouverture est à peu près aussi large que haute, bordée par un péristome blanc brillant, épaissi et réfléchi ; la lamelle pariétale est étroite, peu saillante et enfoncée ; même test et même sculpture. Longueur : 9 1/5 millimètres ; diamètre maximum : 6 1/4 millimètres ; diamètre minimum : 5 4/5 millimètres ; hauteur de l'ouverture : 4 1/4 millimètres ; diamètre de l'ouverture : 4 millimètres. (Pl. II, fig. 20.)

(2) Voir précédemment, p. 47 et suivantes.

(3) Dans ses *Séries Conchyliologiques* (II, Paris, 1860) A. Morelet a figuré, pl. V, fig. 15, son *Pupa callifera* et pl. V, fig. 14, *deux* individus du *Pupa versipolis*. Le plus petit (la figure du haut) représente une coquille ayant de grandes analogies avec celle représentée fig. 15. Elle est seulement plus petite et moins ventrue globuleuse ; l'ouverture est la même et la sculpture seulement un peu plus délicate.

(4) Nevill (G.), Notes on some of the species of Land Mollusca inhabiting Mauritius and the Seychelles ; *Proceedings Zoological Society of London*, 23 avril 1868, p. 259.

(5) Morelet (A.), *Séries Conchyliologiques*, II, *Iles Orientales d'Afrique*, Paris, novembre 1860, p. 91.

Cette différence ne peut provenir que d'une confusion, G. NE-
VILL ayant sans doute déterminé *Orthogibbus calliferus* Morelet des coquilles appartenant à une autre espèce.

En résumé, la var. γ *subconica* Férussac (mais *cette variété
seulement*) de l'*Helix versipolis* Férussac (=*Helix undulatus*
(4) nom manuscrit, in *Collect. Muséum Paris*) correspond à
l'*Orthogibbus calliferus* Morelet. Quant à cette dernière espèce, elle me paraît seulement une variété de faible taille des
Orthogibbus Mondraini H. Adams et *Orthogibbus Barclayi*
H. Adams. Mais si, grâce à des matériaux plus nombreux,
cette hypothèse se vérifiait, il faudrait désigner l'espèce unique sous le nom d'*Orthogibbus calliferus* qui est, de beaucoup, le plus ancien.

Ile Maurice : Assez répandu dans le district de Moka. Quel-
quels individus vivants et de nombreux exemplaires subfossiles [P. CARIÉ et THIRIOUX].

Quartier de Moka, sous les feuilles sèches [E. VESCO *in* :
A. MORELET, *loc. supra cit.*, 1860, p. 91] ;=Ile Maurice :
Vacoa [G. NEVILL, *loc. supra cit.*, 1878, p. 9].

ORTHOGIBBUS (ORTHOGIBBUS) HOLOSTOMUS Morelet.

1860 *Pupa holostoma* MORELET, *Séries Conchyliologiques*, II, *Iles Orientales d'Afrique*, p. 91, n° 53, pl. V, fig. 16.
1868 *Pupa holostoma* PFEIFFER, *Monograph. Heliccor. vivent.*, VI, p. 296,
n° 57.
1868 *Gibbus (Gibbulina) holostoma* NEVILL, *Proceedings Zoological Society
of London*, p. 259.
1877 *Pupa holostoma* LIÉNARD, *Catalogue Mollusques ile Maurice*, p. 55,
n° 760.
1878 *Gibbus (Gonospira) holostoma* NEVILL, *Handlist Mollusca Indian Museum Calcutta*, I, p. 9. n° 12.
1880 *Gibbulina (Gonidomus) holostoma* MARTENS, *Mollusken*, in : K. Mö-
BIUS, *Beiträge, z. Meeresfauna d. Insel Mauritius...*,
Berlin, p. 303.
1885 *Gibbus (Gonospira) holostoma* TRYON, *Manual of Conchology*, 2° série,
Pulmonata, I, p. 89, pl. XXII, fig. 7.
1904 *Gibbulina holostoma* KOBELT, *Die Raublungenschnecken*, I, *in* : MAR-
TINI et CHEMNITZ, *Systemat. Conchylien-Cabinet*, 2°
Edit., p. 331, n° 23, taf. XL, fig. 8.
1909 *Gibbulina holostoma* KOBELT, *Abhandl, d. Senckenberg, Naturforsch.
Gesellsch. Frankfurt a. M.*, XXXII, p. 93.

Appartenant au même groupe que les *Orthogibbus Mondraini* H. Adams, *Orthogibbus Barclayi* H. Adams et *Orthogibbus calliferus* Morelet, cette espèce est de taille plus petite

(1) Ce nom ne peut être adopté, puisqu'il n'a jamais été publié.

(longueur : 8-9 millimètres, diamètre : 4-4 1/3 millimètres)
et de forme plus cylindrique, mieux atténuée vers la   base
du dernier tour. La spire se compose de 7 tours « aplatis et
légèrement resserrés à leur partie inférieure » ; la sculpture
montre des côtes *moins saillantes, plus nombreuses et plus
serrées*, moins obliques, mais encore plus sinueuses.

L'animal est orange vif avec une large bande noire de chaque côté du corps et des tentacules oranges devenant noirs
à leur extrémité [G. NEVILL, *loc. supra cit.*, 1868, p. 259] ;
d'après A. MORELET, il vit, sous les feuilles sèches, en compagnie de l'*Orthogibbus calliferus* Morelet. Je ne l'ai pas observé dans les récoltes de M. P. CARIÉ.

Ile Maurice [E. VESCO, *in :* A. MORELET, *loc. supra cit.*,
1860, p. 92 ; =G. NEVILL, *loc. supra cit.*, 1868, p. 259 ;=
E. LIÉNARD, *loc. supra cit.*, 1877,   p. 55] ;=Vacoa,   Mont
Oriz, Corps de Garde et Montagne du Pouce [G. NEVILL, *loc.
supra cit.*, 1878, p. 9].

§ 4.

ORTHOGIBBUS (ORTHOGIBBUS) PALANGULUS de Férussac.

1821 *Helix (Cochlodonta) palanga* DE FÉRUSSAC, *Tableaux systématiques*,
    p. 59, n° 464.
1827 *Helix (Cochlodonta) palanga* DE FÉRUSSAC, *Bulletin universel scien-
    ces natur.*, X, p. 306, n° 47.
1829 *Pupa palanga* LESSON, *Voyage Coquille, Zoologie*, II, p. 328, pl.
    VIII, fig. 8.
1837 *Gibbulina palanga* BECK, *Index Molluscorum*, p. 81.
1838 *Pupa palanga* POTIEZ et MICHAUD, *Galerie Mollusques Douai*, I, p.
    171, pl. XVII, fig. 5-6.
1838 *Pupa palanga* DE LAMARCK, *Hist. natur. animaux sans vertèbres* ;
    Edit. II [par G. P. DESHAYES] VIII, p. 184.
1840 *Gonospira palanga* SWAINSON, *Treatise on Malacology*, p. 333.
1844 *Pupa palanga* KÜSTER, *in :* MARTINI et CHEMNITZ, *Systemat. Conchy.
    lien-Cabinet*, taf. X, fig. 5-6.
1848 *Pupa fusus* PFEIFFER, *Monograph. Heliceor. vivent.*, II, p. 317,
    n° 44 [excl. syn., non MÜLLER, n. BRUGUIÈRE, etc...].
1850 *Gibbulina fusus* ALBERS, *Die Heliceen*, p. 201.
1853 *Pupa fusus* PFEIFFER, *Monograph. Heliceor. vivent.*, III, p. 538,
    n° 62 [excl. synony.].
1855 *Gibbus fusus* ADAMS, *Genera of recent Mollusca*, p. 167.
1859 *Pupa palanga* PFEIFFER, *Monograph. Heliceor. vivent.*, IV, p. 660,
    n° 36.
1860 *Pupa palanga* MORELET, *Séries Conchyliologiques*, II, *Iles Orientales
    d'Afrique*, p. 83, n° 46.
1868 *Gibbus (Gibbulina) palanga* NEVILL, *Proceedings Zoological Society
    of London*, p. 260.
1868 *Pupa palanga* PFEIFFER, *Monograph. Heliceor. vivent.*, V, p. 293,
    n° 46.

68 LOUIS GERMAIN

1869 *Gonospira palanga* Crosse et Fischer, *Journal de Conchyliologie,*
        XVIII, p. 213, pl. XI, fig. 6-8.
1877 *Pupa palanga* Liénard, *Catalogue Mollusques Ile Maurice,* p. 55,
        n° 767.
1878 *Gibbus (Gonospira) palanga* Nevill, *Handlist Mollusca Indian Mu-
        seum Calcutta,* 1, p. 9, n° 5.
1880 *Gibbulina (Gonospira) palanga* Martens, *Mollusken, in :* K Möbius,
        Beiträge z. Meeresfauna d. Insel Mauritius..., Berlin,
        p. 203.
1882 *Gibbulina (Gonospira) palanga* Morelet, *Journal de Conchyliologie,*
        XXX, p. 97, n° 13.
1885 *Gibbus (Gonospira) palanga* Tryon, *Manual of Conchology,* 2° série,
        Pulmonata, I, p. 86, pl. XXI, fig. 89 et fig. 94.
1904 *Gibbulina palanga* Kobelt, Die Raublungenschnecken, I, *in :* Mar-
        tini et Chemnitz, *Systemat. Conchylien-Cabinet,* 2°
        Edit., n° 12, taf. XXXVIII, fig. 7-10.
1909 *Gibbulina palanga* Kobelt, *Abhandl. d. Senckenberg. Naturforsch.
        Gesellschaft, Frankfurt a. M.,* XXXII, p. 93.

D'A. de Férussac écrivit, en 1827, à propos de cette espèce :
« Hab. l'île de France. Nous croyons qu'il est très vraisem-
blable que cette coquille est le *Bulimus fusus* de Bruguière.
Sa description ne convient qu'à cette espèce. Il n'en existe
d'ailleurs aucune à la Guadeloupe, où il la cite, qui s'y rapporte, et il est très probable qu'il aura à son sujet commis une
erreur de localité ; car, et cela vient fortifier cette idée, il est
impossible que notre *H. palange* lui ait été inconnu, étant
commune à l'île de France, qu'il a explorée dans son voyage.
Il faudra alors supprimer de notre Prodrome l'*Helix Alvearia*
de Dillwyn, établie pour le *Bulimus fusus* de Bruguière. Les
synonymies qu'y rapporte ce dernier savant sont peu rigou-
reux (1). »

A la suite de cette note, un certain nombre de malacologistes, notamment H. Adams, J. C. Albers, J. B. M. de Lamarck, L. Pfeiffer, ont considéré l'espèce de l'île Maurice
comme étant le *Bulimus fusus* de J. Bruguière (2) et l'*Helix
fusus* de O. F. Müller (3). A. Morelet a parfaitement montré
l'erreur ainsi commise et il conclut :

« 1° que l'*Helix fusus* Müller est une espèce douteuse dont
le nom doit disparaître de la nomenclature ;

« 2° que le *Bulimus fusus* de Bruguière et le *Pupa fusus* de

(1) Férussac (D'A. de), Catalogue des espèces de Mollusques terrestres
et fluviatiles recueillis par M. Rang dans un voyage aux Grandes Indes ;
Bulletin universel sciences naturelles, t. X, Paris, 1827, p. 306.
(2) Bruguière (J.-C.), *Encyclopédie méthodique, Vers,* I, Paris, 1791,
p. 348.
(3) Müller (O. F.), *Vermium terrestr. et fluvial. histor.,* II, 1774, p.

Lamarck (1) sont une même espèce originaire des Antilles (2) ;

« 3° que le *Pupa palanga*, bien distinct des précédents, doit conserver le nom que lui a donné de Férussac (3). »

Ces conclusions sont parfaitement exactes et légitimes. Il en résulte que le nom d'*Orthogibbus palangus* de Férussac doit être définitivement adopté pour cette espèce qui semble, à l'île Maurice, aussi répandue à l'état vivant qu'à l'état sub-fossile.

L'*Orthogibbus palangus* de Férussac est une des espèces les plus polymorphes de l'île Maurice. J'ai pu en examiner un très grand nombre d'exemplaires et, après une étude attentive, fixer les traits principaux de ce polymorphisme qui porte, principalement, sur la taille et les caractères de la spire. Le tableau suivant donne, en millimètres, les mensurations principales d'une cinquantaine d'individus. Il permet de se rendre compte de l'étendue de la variation.

Après un examen très attentif je suis arrivé aux conclusions suivantes :

Il existe quatre formes principales de l'*Orthogibbus palangus* de Férussac dont les individus bien caractérisés paraissent fort différents les uns des autres :

α) Une forme conique allongée, que l'on peut considérer comme le type (série α, n°ˢ 1 à 7 du tableau précédent) ;

β) Une forme subcylindro-conique, plus courte que la précédente, et à sommet plus gros, plus élargi (série β, n°ˢ 8 à 29 du tableau). C'est cette forme que A. MORELET avait sans doute en vue lorsqu'il écrivait : « Il existe une variété de cette coquille qui se distingue par une spire plus cylindracée, d'un diamètre plus fort, et par un sommet plus arrondi. Cette forme conserve rarement son épiderme et demeure blanchâtre (1) ».

---

(1) LAMARCK (J.-B.-M. DE), *Histoire naturelle animaux sans vertèbres*, VI, part. II, Paris, avril 1822, p. 106, n° 6 ; et Edition II [par G. P. DESHAYES], VIII, Paris, 1838, p. 171, n° 6.

(2) La description originale de BRUGUIÈRE [*Encyclopédie méthodique, Vers*, I, 1792, p. 348] ne permettait guère, cependant, une telle confusion. Il donne, en effet, son *Bulimus fusus* comme une coquille « constamment blanche, dehors comme dedans, mince et légèrement transparente » avec une ouverture *un tiers plus large que haute*, (on sait que l'ouverture de l'*Orthogibbus palangus* de Férussac est toujours plus haute que large). Enfin, ajoute-t-il, « elle vient de l'île Saint-Domingue et de la Guadeloupe ».

(3) MORELET (A.), *Séries Conchyliologiques*, etc..., II, *Iles Orientales d'Afrique* ; Paris, 1860, p. 84.

(1) MORELET (A.), Observations critiques sur le Mémoire de M. E. von MARTENS intitulé : Mollusques des Mascareignes et des Séchelles : *Journal de Conchyliologie*, XXX, 1882, p. 97. A. MORELET ajoute : « Elle paraît

Numéros des échantillons		Longueur totale	Diamètre maxim.	Diamètre minimum	Hauteur de l'ouverture	Diamètre de l'ouverture
		mm.	mm.	mm.	mm.	m m.
Série α	1	37	10	9 1/2	9 1/2	5
	2	33 1/2	11 1/2	10	9	6 3/4
	3	32 1/2	10 1/4	9 1/2	9	6
	4	33 1/4	10 1/2	9	10	7
	5	33	11	9	8 1/2	6 1/2
	6	32	8 1/2	7 1/2	7 1/2	6
	7	31 1/2	10	9 1/2	9	6
Série β	8	34 1/2	11	9	10 1/2	7 1/2
	9	32 2/3	10 1/2	9	9 1/2	6 3/4
	10	32	11	9 1/4	9 1/2	6
	11	31 1/2	11	10	10	7
	12	31 1/2	11	9 3/4	10	7
	13	30 1/2	10 1/2	10	9 1/2	6 1/2
	14	30 1/2	10 1/2	9	9 1/2	6
	15	30 1/2	10 1/2	9	9 1/2	6 1/2
	16	30 1/4	10 1/4	8 3/4	9	6 1/4
	17	30 1/4	10 1/4	8 2/3	9	6 1/2
	18	29 1/2	10	8 4/5	9	6
	19	29	10	8 1/2	9	6
	20	29	9	8 1/4	8 1/2	6
	21	28 4/5	9 1/2	8 1/4	8	6
	22	28 1/2	10	9	9	6
	23	28	9 1/2	9	9 1/2	6
	24	28	9	8 1/2	8	6
	25	27	9	7 1/2	8	5 1/2
	26	27	10	9	9	6
	27	27	9	8	8 1/2	6
	28	27	9	7 4/5	9	5 3/4
	29	26	9	7 1/2	8	5
Série γ	30	26 1/2	9 1/2	8 1/2	9	6
	31	26	9 1/2	8 1/4	8 1/2	6
	32	26	9	8 1/4	8	6
	33	25 1/2	9	8	8 1/2	6
	34	25 1/4	9	7 3/4	8	5 1/2
	35	25	9 1/2	8 1/4	8	6
	36	25	9	8 1/4	8	5 1/2
	37	25	9	8	8 1/2	6
	38	24 3/4	9 1/2	8 1/2	8 1/4	5 4/5
	39	24 1/2	9 1/2	8 1/4	8	6
	40	24 1/4	9	8	8	5 1/2
	41	24	8 3/4	7 1/2	7 1/2	6
	42	24	8 1/2	7 1/2	8	5 3/4
	43	23	8 3/4	7 1/2	7 1/4	5
	44	22	8 1/2	7 1/4	7	5
	45	21 1/2	8 1/2	7 1/5	6 4/5	5
Série δ	46	28	10	9	9	6
	47	28	10	8 3/4	8 1/2	6 1/2
	48	27	10 1/2	9	8	6
	49	25	8 1/2	7 1/2	7	5
Exemplaires types de la collection Férussac	a	35	12	10	10	5
	b	29 1/2	11	10	9	6
	c	29	10 3/4	9 1/4	9 1/4	6
	d	27	10	9	8	5 3/4
	e (1)	26 1/2	9	8	8	6
	f (1)	25	8 1/2	7 1/4	7 1/2	5 1/4
	g (1)	23	8	7	7	4 3/4
	h (1)	22 1/2	8	7	7	5 1/2

(1) Ces individus appartiennent à la même forme que ceux de la série γ.

γ) Une forme analogue à la précédente, mais encore plus cylindrique et beaucoup plus petite (1) (série γ, n°ˢ 3o à 45 du tableau).

δ) Enfin une forme presque régulièrement cylindrique, toujours de taille moyenne et beaucoup plus rare que les précédentes (série δ, n°ˢ 46 à 49 du tableau). Elle est souvent dépourvue de la denticulation aperturale.

Ces quatre formes principales ne sont pas nettement séparées : elles présentent entre elles tous les intermédiaires et il est très facile de passer, sans solution de continuité, de la série α à la série δ. Il est donc impossible de distinguer même des variétés. D'ailleurs, dans les exemplaires types de la Collection Férussac (n°ˢ *a* à *h* du tableau), actuellement au Muséum d'Histoire naturelle de Paris, il existe des formes analogues à celles énumérées ci-dessus, notamment les individus *e*, *f*, *g*, *h*, qui correspondent absolument aux specimens de même taille de la série γ. Du reste le Baron D'A. DE FÉRUSSAC n'a pas ignoré le polymorphisme de cette espèce puisqu'il écrit, dans son *Prodrome* (2) :

« N° 464. PALANGA, nobis.

α) major.

β) elata. Muséum, n° 254.

γ) brevis.

Habit. L'Ile de France. »

Les deux premières formes correspondent à celles de la série α du tableau précédent ; quant à la var. *brevis*, elle est identique aux exemplaires de la série γ (notamment les numéros 41 à 44).

Le test est épais, solide, absolument opaque, recouvert d'un épiderme, toujours assez clair, variant du jaune verdâtre au marron jaunâtre. Les tours embryonnaires ont des stries longitudinales d'abord très fines, puis devenant progressivement plus fortes ; aux tours suivants, elles ont l'apparence de petites côtes assez saillantes, obliques, plus ou moins onduleuses, assez espacées et un peu atténuées   aux   sutures

constituer une race dont les représentants sont nombreux et ne se confondent pas, dans leur station, avec ceux dont la forme est typique ». Cette assertion ne me paraît pas très exacte. Dans les récoltes de M. P. CARIÉ, les quatre formes que je signale sont intimement mélangées.

(1) Elle ne dépasse pas 26 ½ millimètres de longueur, mais a seulement, le plus souvent, de 24 à 25 millimètres.

(2) FÉRUSSAC (Baron d'A. DE), *Tableaux systématiques des Animaux Mollusques... suivis d'un Prodrome général...*, Paris, Juin 1821, p. 59.

qui paraissent alors subcrénelées. Enfin la denticulation aperturale est plus ou moins saillante et peut même manquer complètement.

Ile Maurice : Très commun, dans toute l'île ; vit principalement sur le sol, rampant sur le gazon ou les plantes basses. Egalement assez abondant à l'état subfossile [P. Carié et Thirioux] ; = « Très commune à l'île de France » [S. Rang, *in* : de Férussac, *loc. supra cit.*, 1827, p. 3o6] ; = Sur les feuilles et entre les racines des arbres [Lesson, *loc. supra cit.*, 1829, p. 328] ; = E. Vesco, *in* : A. Morelet, *loc. supra cit.*, 1860, p. 85 ; = G. Nevill, *loc. supra cit.*, 1868, p. 260 ; et : 1878, p. 9 ; = Th. Bland, *in* : H. Crosse et P. Fischer, *loc. supra cit.*, 1869, p. 213 ; = E. Liénard, *loc. supra cit.*, 1877, p. 85 ; = Prof. K. Möbius, *in* : Dr. E. von Martens, *loc. supra cit.*, 1880, p. 204.

Orthogibbus (Orthogibbus) Nevilli H. Adams (1).

1867 *Gibbus (Gibbulina) Nevilli* Adams, *Proceedings Zoological Society of London*, p. 3o4, pl. XIX, fig. 7.
1868 *Pupa Nevelli* Pfeiffer, *Monograph. Heliceor. vivent.*, VI, p. 293, n° 46 a.
1877 *Pupa (Ennea, Elma) Nevilli* Liénard, *Catalogue Mollusques île Maurice*, p. 56, n° 774.
1878 *Gibbus (Gonospira) Nevilli* Nevill, *Handlist Mollusca Indian Museum Calcutta*, I, p. 10, n° 24.
1880 *Gibbus (Gibbulina) Nevilli* Martens, *Mollusken*, *in* : K. Möbius, *Beiträge z. Meeresfauna d. Insel Mauritius...*, Berlin, p. 204.
1885 *Gibbus (Gonospira) Nevilli* Tryon, *Manual of Conchology*, 2° série, *Pulmonata*, I, p. 86, pl. XXI, fig. 93.
1904 *Gibbulina (Gonospira) nevilli* Kobelt, *Raublungenschnecken*, I, *in* : Martini et Chemnitz, *Systemat. Conchylien-Cabinet*, 2° Edit., p. 326, n° 15, taf. XXXIX, fig. 14-15.
1909 *Gibbulina nevilli* Kobelt, *Abhandl. d. Senckenberg. Naturforsch. Gesellschaft. Frankfurt a. M.*, XXXII, p. 93.

De nombreux individus de cette espèce ont été recueillis par M. P. Carié. Ils sont de taille assez variable, comme le montre le tableau suivant :

(1) Espèce dédiée à William Nevill, minéralogiste, frère du malacologiste Geoffroy Nevill.

Numéros des exemplaires	Longueur totale	Diamètre maximum	Diamètre minimum	Hauteur de l'ouverture	Diamètre de l'ouverture
1	30 mm.	9 mm.	7 mm.	8 mm.	5 3/4 mm.
2	29 —	7 —	6 1/4 —	7 —	5 —
3	28 —	7 1/2 —	6 1/2 —	7 —	5 —
4	28 —	7 —	6 —	6 —	4 3/4 —
5	27 1/2 —	7 —	6 1/2 —	6 1/2 —	5 —
6	27 1/2 —	7 —	6 1/2 —	6 —	5 —
7	27 1/2 —	7 —	6 —	7 —	5 —
8	26 1/2 —	7 —	6 1/5 —	6 —	5 —
9	26 —	7 —	6 —	6 —	4 1/2 —
10	26 —	7 —	6 —	5 1/4 —	4 1/4 —
11	24 1/2 —	6 1/4 —	6 —	6 1/4 —	4 1/2 —
12	23 —	7 —	6 —	6 —	4 1/2 —
13	21 1/2 —	6 —	5 1/2 —	5 3/4 —	4 —
14	20 —	6 —	5 1/2 —	5 —	4 —
15	20 —	6 —	5 1/4 —	5 —	4 —
16	18 —	6 —	5 —	5 —	4 —

La forme générale est assez variable. Il existe, notamment, une forme moins allongée conique, de taille plus petite (n°ˢ 11 à 16 du tableau précédent) qui est moins répandue que le type auquel elle est reliée par des transitions insensibles.

Dans la majorité des cas la coquille a, comme le type décrit par H. Adams, 9 tours de spire très peu convexes dont le dernier est anguleux à la base (1) ; mais il est des individus de grande taille qui comptent jusqu'à 11 tours. Par contre, les petits specimens (n°ˢ 11 à 16 du tableau précédent), bien que parfaitement adultes, n'ont quelquefois que 8 ou 8 ½ tours de spire.

L'ouverture a les bords marginaux réunis par une forte callosité blanche sur laquelle se place une denticulation plus ou moins saillante et qui manque rarement. Le péristome paraît ainsi continu ; il est épaissi, notablement réfléchi et d'un blanc pur brillant.

Le test est épais, solide, d'un marron jaunâtre, plus rarement d'un corné clair légèrement translucide. Les tours embryonnaires sont presque lisses, avec de très fines stries longitudinales ; les autres tours sont garnis de petites côtes lamelleuses, fortement obliques, bien onduleuses, assez serrées, subégales (2) et un peu atténuées au dernier tour.

(1) Dans sa diagnose originale H. Adams [*Proceedings Zoological Society of London*, 1867, p. 304] dit : « G. testae rimata... solidiuscula, oblique sinuato-costata, albida,... ».
(2) « ...anfract. 9, planiusculis, ultimo non ascendente, basi angulato,....» [H. Adams, *loc. supra cit.*, 1867, p. 304].

L'*Orthogibbus Nevilli* H. Adams se rapproche de l'*Orthogibbus palangus* de Férussac, mais s'en distingue nettement :

Par sa forme générale, plus étroitement allongée, plus conique ; par son sommet moins légèrement arrondi ; par ses tours de spire moins convexes ; par son dernier tour plus ou moins anguleux à la base (1) ; enfin par sa sculpture plus fortement accusée formée de costules plus obliques et plus onduleuses. L'animal est également différent. Le corps de l'*Orthogibbus Nevilli* H. Adams est orange, pointillé de noir (2), son pied est orange et ses tentacules sont noirs.

Ile Maurice : Montagne du Pouce [Thirioux].

Les Deux Mamelles et la Montagne du Pouce [G. Nevill, *in :* H. Adams, *loc. supra cit.*, 1867, p. 304 ; = G. Nevill, *loc. supra cit.*, 1878, p. 10].

Orthogibbus (Orthogibbus) productus H. Adams.

1866 *Pupa palangula* Morelet, *Revue et Magasin de Zoologie*, p. 62 [non de Férussac].

1868 *Gibbus (Gibbulina) productus* H. Adams, *Proceedings Zoological* 294, n° 52 [non de Férussac, excl. syn.].

1868 *Gibbus (Gibbulina) productus* H. Adams, *Proceedings Zoological Society of London*, p. 13, pl. IV, fig. 7.

1868 *Gibbus (Gibbulina) productus* Nevill, *Proceedings Zoological Society of London*, p. 259.

1877 *Pupa palangula* Liénard, *Catalogue Mollusques île Maurice*, p. 55, n° 768.

1877 *Pupa producta* Pfeiffer, *Monograph. Heliceor. vivent.*, VIII, p. 353.

1878 *Gibbus (Gonospira) productus*, Nevill, *Handlist Mollusca Indian Museum Calcutta*, I, p. 10, n° 25.

1880 *Gibbulina (Gonospira) producta* Martens, *Mollusken, in :* K. Möbius, *Beiträge. z. Meeresfauna d. Insel Mauritius...*, Berlin, p. 204.

1882 *Gibbulina (Gonospira) producta* Morelet, *Journal de Conchyliologie*, XXX, p. 98, n° 14.

1885 *Gibbus (Gonospira) palangula* Tryon, *Manual of Conchology*, 2° série, *Pulmonata*, I, p. 87, pl. XXII, fig. 5 [non de Férussac].

1904 *Gibbulina (Gonospira) producta* Kobelt, *Die Raublungenschnecken*, I, *in :* Martini et Chemnitz, *Systemat. Conchylien-Cabinet*, 2° Edit., p. 320, n° 10, taf. XL, fig. 1-3.

1909 *Gibbulina palangula* Kobelt, *Abhandl. d. Senckenberg. Naturforsch. Gesellschaft. Frankfurt a. M.*, XXXII, p. 93.

(1) Cette angulosité, qui existe toujours chez l'*Orthogibbus Nevilli* H. Adams, manque constamment chez l'*Orthogibbus palangus* de Férussac.

(2) Les points noirs ont une densité plus grande à la partie postérieure qu'à la partie antérieure du corps.

Coquille très étroitement ombiliquée (1), presque cylindrique ; spire composée de 8 tours très peu convexes, à croissance lente et régulière, séparés par des sutures peu profondes ; dernier tour médiocre, subcylindrique, un peu comprimé à la base ; sommet large et obtus ; ouverture légèrement oblique, ovalaire allongée, très anguleuse en haut ; bords marginaux assez éloignés réunis par une forte callosité avec, près du bord supérieur, une denticulation plus ou moins saillante et enfoncée ; péristome épaissi, subréfléchi, d'un blanc brillant.

Longueur : 14-17 millimètres ; diamètre maximum : 4-5 millimètres ; diamètre minimum : 3 3/4-4 $\frac{1}{2}$ millimètres ; hauteur de l'ouverture : 4-4 $\frac{1}{2}$ millimètres ; diamètre de l'ouverture : 3-3 $\frac{1}{2}$ millimètres. Le type décrit par H. Adams mesurait 15 millimètres de longueur pour 4 millimètres de diamètre (ouverture : 4 millimètres de hauteur sur 3 millimètres de diamètre).

Test médiocrement épais, brun marron, parfois verdâtre ; tours embryonnaires presque lisses, les autres garnis de petites costules peu saillantes, obliques, subégales, médiocrement régulières et atténuées au dernier tour.

Après sa description, H. Adams ajoute :

« This species was received with nome of *palangula* attached to it. But the true palangula is, according to M. Morelet, who has had an opportunity of seeing that species in Ferussac's collection, the same at *teres* Pf. I have therefore considered it necessary to describe it as new(2) ».

A. Morelet (3) s'est élevé contre ce nouveau nom de *productus* appliqué à l'espèce qu'il avait, deux années plus tôt, baptisée *Pupa palangula*. Cependant le nom de *palangula* ayant été imprimé par le Baron d'A. de Férussac et s'appliquant à une coquille parfaitement connue, dont les types sont encore dans les Collections du Muséum d'Histoire naturelle de Paris (4), il me paraît de beaucoup préférable d'adopter le nom d'*Orthogibbus productus* H. Adams.

(1) Ombilic en fente très étroite presque recouverte par la patulescence du bord apertural.

(2) Adams (H.), Further descriptions of New Species of Shells collected at Mauritius by Geoffroy Nevill ; *Proceedings Zoological Society of London*, Janvier 1868, p. 14.

(3) Morelet (A.), Observations critiques sur le Mémoire de M. E. von Martens intitulé : Mollusques des Mascareignes et des Séchelles ; *Journal de Conchyliologie*, XXX, 1882, p. 98.

(4) Cette espèce a été décrite plus tard, par L. Pfeiffer, sous le nom de *Pupa teres*. Voir, p. 76, de ce Mémoire.

D'après G. Nevill (1), l'animal de l'*Orthogibbus productus*
H. Adams est couleur chair un peu jaunâtre, maculé de brun
sur les côtés ; les tentacules, d'un brun foncé à leur base,
s'éclaircissent et deviennent d'un écarlate brillant à leur extrémité.

Ile Maurice : Curepipe [P. Carié et Thirioux] ; = Vacoa
[A. Morelet, *loc. supra cit.*, 1866, p. 6:] ; = Ile Maurice
[G. Nevill, *in* : H. Adams, *loc. supra cit.*, 1868, p. 13 ; = G.
Nevill, *loc. supra cit.*, 1868, p. 259 ; et 1878, p. 10 ; = E.
Liénard, *loc. supra cit.*, 1877, p. 55].

Orthogibbus (Orthogibbus) palangulus de Férussac.

1821 *Helix (Cochlodonta) palangula* de Férussac, *Tableaux systématiques*,
p. 59, n° 467.
1856 *Pupa (Gibbulina) teres* Pfeiffer, *Proceedings Zoological Society of
London*, p. 35.
1857 *Pupa teres* Pfeiffer, *Nivitales Conch[o]log.*, I. p. 74, n° 125, taf. XX,
fig. 19-20.
1859 *Pupa teres* Pfeiffer, *Monograph. Heliceor. vivent.*, IV, p. 661, n° 41.
1860 *Pupa teres* Morelet, *Séries Conchyliologiques*, II, *Iles Orientales
d'Afrique*, p. 88, n° 49.
1868 *Pupa teres* Pfeiffer, *Monograph. Heliceor. vivent.*, VI, p. 297, n° 62.
1868 *Gibbus (Gibbulina) teres* Nevill, *Proceedings Zoological Society of
London*, p. 259.
1878 *Gibbus (Gonospira) teres* Nevill, *Handlist Mollusca Indian Museum
Calcutta*, I, p. 10, n° 26.
1880 *Gibbulina (Gonospira) teres* Martens, Mollusken, *in* : K. Möbius,
Beiträge z. Meeresfauna d. Insel Mauritius..., Berlin,
p. 204.
1885 *Gibbus (Gonospira) teres* Tryon, *Manual of Conchology*, 3° série,
Pulmonata, I. p. 87, pl. XXI, fig. 12.
1892 *Gibbus (Gonospira) teres* Baker, *Proceedings Rochester Academy of
Sciences*, II, p. 20, n° 10.
1904 *Gibbulina (Gonospira) teres* Kobelt, Die Raublungenschnecken, I,
in : Martini et Chemnitz, *Systemat. Conchylien-Cabinet*, 2° Edit., p. 325, n° 13, taf. XXXVIII, fig. 17-18.
1909 *Gibbulina teres* Kobelt, *Abhandl. d. Senckenberg. Naturforsch.
Gesellschaft, Frankfurt a. M.*, XXXII, p. 93.

Cette petite coquille est presque régulièrement cylindrique,
les premiers tours formant une sorte de cône très brièvement
terminé en un large sommet très obtus. La spire se compose
de 8 à 9 tours peu convexes, à croissance lente et régulière,
le dernier médiocre. L'ouverture est ovalaire, presque verticale, à bords marginaux réunis par une forte callosité blan-

(1) Nevill (G.), Notes on some of the species of Land Mollusca inhabiting Mauritius and the Seychelles ; *Proceedings Zoological Society of London*, 23 avril 1868, p. 259.

che et brillante sur laquelle on observe *parfois* une denticulation plus ou moins saillante (1) ; le péristome est épaissi, un peu réfléchi et d'un blanc brillant. La taille oscille entre les limites suivantes :

Numéros des échantillons	Longueur totale	Diamètre maximum	Diamètre minimum	Hauteur de l'ouverture	Diamètre de l'ouverture	Observations
	mm.	mm.	mm.	mm.	mm.	
1	12 1/4	3 1/2	3 1/4	3	2	*forma elata*
2	12	4	3 1/2	3 1/2	2 1/4	
3	12	3 1/2	3 1/4	3	1 4/5	*forma elata*
4	11 1/2	3 1/2	3 1/4	2 3/4	2	
5	11 1/2	3 1/4	3	3	2 1/4	
6	11	3	2 5/6	3	2	*forma elata*
7	10 1/2	3 1/4	3	3	2 1/4	
8	10 1/4	3 1/4	3	3	2 1/2	
α	10	3 1/4	3	3	2 1/2	Exemplaires
β	9 1/2	3 1/5	3	3	2 1/4	types de la
γ	9	3	2 4/5	2 2/3	2	Collection Férussac

Le test, peu épais, mais assez solide, est corné blanchâtre subtransparent, parfois corné verdâtre ; les tours embryonnaires sont à peu près lisses ; les autres sont garnis de petites costules longitudinales obliques, subonduleuses, subégales, presque équidistantes et à peine atténuées au dernier tour.

La forme générale de la coquille est assez variable. Il existe, notamment, une mutation *elata* parfaitement nette (numéros 1, 3 et 6 du tableau précédent), mais qu'il est difficile de considérer comme une bonne variété, étant donné les nombreux passages existant entre elle et le type. Les individus *elata* ont souvent 9 et, plus rarement, 10 tours de spire. La denticulation de l'ouverture manque généralement ; elle est, quelquefois, très fortement accusée.

D'après G. Nevill (2), l'animal est d'un blanc presque pur délicatement maculé de petites ponctuations écarlates ; les tentacules sont d'abord écarlates puis d'un pourpre sombre.

Le baron d'A. de Férussac n'a pas décrit cette espèce. Il dit seulement :

(1) L. Pfeiffer dit, dans sa diagnose originale [*loc. supra cit.*, 1856, p. 35] : « ...apertura verticalis,... marginibus callo dentem breviter intrantem emittente junctis... »

(2) Nevill (G.), Notes on some of the species of Land Mollusca inhabiting Mauritius and the Seychelles ; *Proceedings Zoological Society of London*, 23 avril 1868, p. 259.

« N° 467. Palangula, nobis.
    « *Habit.* L'Ile de France. Muséum, n° 256 (1) ».
    Ce sont ces exemplaires dont on trouvera les dimensions
(échantillons α, β et γ) au tableau de la page précédente. Ils
correspondent rigoureusement à la coquille décrite, par L.
Pfeiffer, sous le nom de *Pupa teres*. Il semble donc logique
de reprendre le nom, plus ancien, imposé à cette espèce par
d'A. de Férussac.

Ile Maurice : Habite les lieux humides, sous les détritus
végétaux et sous les pierres, presque partout. [P. Carié et
Thirioux] ;=Sans indication de localité [in Collect. d'A.
de Férussac, au Muséum d'Histoire naturelle de Paris, 1837 ;
=L. Pfeiffer, *loc. supra cit.*, 1856, p. 35 ;=G. Nevill, *loc.
supra cit.*, 1868, p. 259 ; et 1878, p. 10 ;=Liénard, *loc. supra
cit.*, 1877, p. 56 ;=F. C. Baker, *loc. supra cit.*, 1892, p.
20] ;=Ile Maurice : « sous les pierres, dans les localités humides, mais jamais en grande abondance » [E. Vesco, *in :*
A. Morelet, *loc. supra cit.*, 1860, p. 88].

ORTHOGIBBUS (ORTHOGIBBUS) CYLINDRELLUS H. Adams.

1868 *Gibbus (Gibbulina) cylindrellus* H. Adams, *Proceedings Zoological
        Society of London,*, p. 291, pl. XXVIII, fig. 11.
1870 *Gibbus (Gibbulina) cylindrella* Nevill, *Journal Asiatic Society of
        Bengal*, XXXIX, part II [*Natur. History*], Calcutta,
        p. 412, n° 26.
1877 *Pupa cylindrella* Pfeiffer, *Monograph. Heliceor. vivent.*, VIII, p. 353,
1878 *Gibbus (Gonospira) cylindrellus* Nevill, *Handlist Mollusca Indian Mu-
        seum Calcutta*, I, p. 10, n° 20.
1880 *Gibbulina (Gonospira) cylindrella* Martens, *Mollusken, in :* K. Möbius,
        Beiträge z. Meeresfauna d. Insel Mauritius..., Berlin,
        p. 204.
1885 *Gibbus (Gonospira) cylindrellus* Tryon, *Manual of Conchology*, 2°
        série, *Pulmonata*, I, p. 87, pl. XXII, fig. 11.
1904 *Gibbulina (Gonospira) cylindrella* Kobelt, *Die Raublungenschnecken*,
        I. *in :* Martini et Chemnitz, *Systemat. Conchylien-
        Cabinet*, 2° Edit., p. 329, n° 20, taf. XL, fig. 4-5.
1909 *Gibbulina cylindrellus* Kobelt, *Abhandl. d. Senckenberg. Naturforsch.
        Gesellschaft Francfurt a. M.*, XXXII, p. 94.

Coquille ombiliquée, *régulièrement cylindrique*, à sommet
obtus ; spire formée de *10-11 tours* presque plans, *à croissance lente et régulière*, séparés par des sutures peu accentuées ; *dernier tour très petit, atténué et comprimé à la base,*

---

(1) Férussac (Baron d'A. de), *Tableaux systématiques des Animaux Mollusques..., suivis d'un Prodrome général...*, Paris, Juin 1821, p. 59.

légèrement ascendant à son extrémité ; ouverture verticale, subovalaire, à bords marginaux réunis par une très faible callosité munie d'une dent pariétale comprimée et bien saillante ; bords columellaire et externe subparallèles et parfois légèrement arqués ; péristome un peu réfléchi.

Longueur : 10 ½-11 millimètres ; diamètre maximum : 3 ½-4 millimètres ; diamètre minimum : 3-3 ½ millimètres ; hauteur de l'ouverture : 3-3 ½ millimètres ; diamètre de l'ouverture : 1 3/4-2 millimètres.

Test un peu mince, d'un blanc jaunâtre ; premiers tours légèrement striés, les autres garnis de stries longitudinales costulées assez saillantes, obliques, subégales, crispées aux sutures et un peu plus faibles au dernier tour.

Le nombre de tours de spire est variable : H. ADAMS, dans sa diagnose originale (*loc. supra cit.*, 1868, p. 291), en donne 10, mais on en compte souvent 11 et plus rarement 12. L'enroulement est remarquable par sa régularité, le dernier tour étant fort peu développé. Les caractères de l'ouverture paraissent constants. La dent pariétale est toujours bien saillante, étroitement comprimée et placée presque au milieu de la callosité qui réunit les bords marginaux de l'ouverture.

Par sa forme générale, cette espèce ressemble à l'*Orthogibbus palangulus* de Férussac [=*Gibbus teres* Pfeiffer], mais elle est plus étroitement cylindrique, ses tours de spire sont plus nombreux et son ouverture, de forme différente, est toujours garnie d'une dent pariétale très saillante.

Ile de la Réunion : Environs de Saint-Pierre [MAJASTRE] ; =Sans localité : G. NEVILL, *in* : H. ADAMS, *loc. supra cit.*, 1868, p. 291 ;=Très rare, dans les bois humides, à une grande élévation [G. NEVILL, *loc. supra cit.*, 1870, p. 412] ;= Salazie [G. NEVILL, *loc. supra cit.*, 1878, p. 10].

§ 5.

Les espèces de ce groupe constituent une série très homogène. Trois d'entre elles, les *Orthogibbus Adamsi* Nevill, *Orthogibbus Duponti* Nevill et *Orthogibbus bacillus* Pfeiffer sont très voisines les unes des autres. Les *Orthogibbus Duponti* Nevill et *Orthogibbus bacillus* Pfeiffer surtout se distinguent seulement par des caractères peu importants. Le tableau de la page suivante fait ressortir les analogies et les

ORTHOGIBBUS ADANSI Nevill	ORTHOGIBBUS DUPONTI Nevill	ORTHOGIBBUS BACILLUS Pfeiffer.
Coquille cylindrico-fusiforme.	Coquille subcylindrique	Coquille subcylindrique.
8 tours de spire presque plans	7 tours de spire peu convexes	9 tours de spire peu convexes
Sutures peu marquées	Sutures peu marquées.	Sutures peu marquées.
Ombilic presque entièrement recouvert par la patulescence du bord columellaire.	Ombilic bien ouvert.	Ombilic en longue fente arquée.
Ouverture ovalaire, à peu près verticale.	Ouverture ovalaire, subverticale.	Ouverture ovalaire-oblonque, verticale.
Une denticulation pariétale très petite.	Pas de denticulation pariétale.	Une denticulation pariétale petite.
Longueur : 18 mm.	Longueur : 14 1/2 mm.	Longueur : 13 mm.
Diamètre : 6 mm.	Diamètre : 6 3/4 mm.	Diamètre : 5 mm.
Ouverture : 5 mm. de hauteur sur 4 1/2 mm. de largeur.		Ouverture : 4 1/2 mm. de hauteur sur 4 1/2 mm. de diamètre.
Test blanchâtre.	Test assez solide, corné jaunâtre.	Test solide, blanchâtre.
Sculpture : costules flexueuses, subverticales.	Sculpture : costules flexueuses et obliques.	Sculpture : costules flexueuses et très obliques.

différences de ces trois Mollusques qui, peut-être, ne sont que des formes d'un même type spécifique.

L'*Orthogibbus striaticostus* Morelet appartient encore au même groupe ; mais, comme nous le verrons, il s'éloigne nettement des espèces précédentes par l'ensemble de ses caractères.

ORTHOGIBBUS (ORTHOGIBBUS) DUPONTI Nevill.

1868 *Gibbus (Gibbulina) versipolis* NEVILL, *Proceedings Zoological Society of London*, p. 260 [non DE FÉRUSSAC].
1870 *Gibbus (Gibbulina) Dupontiana* NEVILL, *Journal Asiatic Society of Bengal*, XXXIX, part. II [*Natural History*, etc...], Calcutta, p. 411 [*sine descrip.*].
1871 *Gibbulina Dupontiana* NEVILL, *Journal Asiatic Society of Bengal*, XL, part. II [*Natural History*, etc...], Calcutta, p. 7 [*sine descript.*].
1878 *Gibbus (Gonospira) Dupontiana* NEVILL, *Handlist Mollusca Indian Museum Calcutta*, I, p. 9, n° 15 [*sine descript.*].
1880 *Gibbus (Gonidomus) Dupontiana* MARTENS, *Mollusken, in : K. MÖBIUS, Beiträge z. Meeresfauna d. Insel Mauritius...*, Berlin, p. 202.
1881 *Gibbus Dupontianus* NEVILL, *Journal Asiatic Society of Bengal*, L, part. II [*Natural History*, etc...], Calcutta, p. 130, pl. VI, fig. 1.
1885 *Gibbus (Gonospira) Dupontianus* TRYON, *Manual of Conchology,* 2° série, *Pulmonata*, I, p. 87, pl. XXI, fig. 95.
1904 *Gibbulina dupontiana* KOBELT, *Die Raublungenschnecken*, I, in : MARTINI et CHEMNITZ, *Systemat. Conchylien-Cabinet*, 2° Edit., p. 334, n° 27, taf. XL, fig. 17.
1909 *Gibbulina dupontianus* KOBELT, *Abhandl. d. Senckenberg. Naturforsch. Gesellschaft Frankfurt a. M.*, XXXII, p. 93.

Je ne reviendrai pas sur les caractères de cette espèce : ils ont été exposés précédemment, comparativement avec ceux des *Orthogibbus* voisins.

Ile Maurice : Curepipe [P. CARIÉ] ; =Savanne District [G. NEVILL, *loc. supra cit.*, 1878, p. 9 ; et 1881, p. 130].

ORTHOGIBBUS (ORTHOGIBBUS) ADAMSI Nevill.

1871 *Gibbulina Adamsiana* NEVILL, *Journal Asiatic Society of Bengal*, XL, part. II [*Natural History*, etc...], Calcutta, p. 7, pl. I, fig. 17.
1877 *Pupa Adamsiana* PFEIFFER, *Monograph. Heliceor. vivent.*, VIII, p. 351.
1878 *Gibbus (Gonospira) adamsianus* NEVILL, *Handlist Mollusca, Indian Museum Calcutta*, I, p. 9, n° 14.
1880 *Gibbulina (Gonidomus) Adamsiana* MARTENS, *Mollusken, in : K. MÖBIUS, Beiträge, z. Meeresfauna d. Insel Mauritius...*, Berlin, p. 202.

1885 *Gibbus (Gonospira) Adamsianus* Tryon, *Manual of Conchology*, 2°
      série, *Pulmonata*, I, p. 87, pl. XXI, fig. 96.
1904 *Gibbulina (Gonospira) adamsiana* Kobelt, Die Raublungenschnecken,
      I, *in* : Martini et Chemnitz, *Systemat. Conchylien-
      Cabinet*, 2° Edit., p. 335, n° 29, taf. XL, fig. 15.
1909 *Gibbulina adamsianus* Kobelt, *Abhandl. d. Senckenberg. Naturforsch.
      Gesellschaft Frankfurt a. M.*, XXXII, p. 93.

Ce rare *Orthogibbus* se distingue de l'*Orthogibbus Duponti*
Nevill par sa spire composée de 8 tours peu convexes, mais
surtout par son ombilic presque entièrement caché par la
patulescence du bord apertural (1).

Ile Maurice : Environs de Curepipe, très rare [G. Nevill,
loc. supra cit., 1870, p. 7 ; et 1878, p. 9].

Orthogibbus (Orthogibbus) bacillus Pfeiffer.

1856 *Pupa (Gibbulina) bacillus* Pfeiffer, *Proceedings Zoological Society
      of London*, p. 35.
1857 *Pupa bacillus* Pfeiffer, *Novitates Conch olog.*, I, p. 74, n° 124, taf.
      XX, fig. 17-18.
1859 *Pupa bacillus* Pfeiffer, *Monograph. Heliceor. vivent.*, IV, p. 661,
      n° 40.
1860 *Pupa bacillus* Morelet, *Séries Conchyliologiques*, II, *Iles Orientales
      d'Afrique*, p. 90, n° 51.
1868 *Pupa bacillus* Pfeiffer, *Monograph. Heliceor. vivent.*, VI, p. 297,
      n° 61.
1868 *Gibbus (Gibbulina) bacillus* Nevill, *Proceedings Zoological Society
      of London*, p. 259.
1877 *Pupa bacilus* Liénard, *Catalogue Mollusques ile Maurice*, p. 55,
      n° 754.
1878 *Gibbus (Gonospira) bacillus* Nevill, *Handlist Mollusca Indian Mu-
      seum Calcutta*, I, p. 10, n° 16.
1880 *Gibbulina (Gonospira) bacillus (err. typ. pro bacillus)* Martens, Mol-
      lusken, *in* : K. Möbius, *Beiträge z. Meeresfauna d.
      Insel Mauritius...*, Berlin, p. 204.
1885 *Gibbus (Gonospira) bacillus* Tryon, *Manual of Conchology*, 2° série,
      Pulmonata, I, p. 90, pl. XXII, fig. 9.
1892 *Gibbus (Gonospira) bacillus* Baker, *Proceedings Rochester Academy
      of Sciences*, II, p. 20, n° 11.
1904 *Gibbulina bacillus* Kobelt. Die Raublungenschnecken, *in* : Mar-
      tini et Chemnitz, *Systemat. Conchylien-Cabinet*, 2°
      Edit., n° 4, taf. XXXVIII, fig. 15-16.
1909 *Gibbulina bacillus* Kobelt, *Abhandl. d. Senckenberg. Naturforsch.
      Gesellschaft Frankfurt a M.*, XXXII, p. 93.

D'après G. Nevill [*loc. supra cit.*, 1868, p. 259] l'animal
de cette espèce est jaune avec une bande noire de chaque
côté du corps ; ses tentacules sont d'un rouge cramoisi. Elle
vit sur les arbres. Je n'insiste pas sur les caractères de cet
Orthogibbus ; ils ont été donnés au tableau de la page 80.

(1) L'ombilic est, relativement, très ouvert chez l'*Orthogibbus Duponti*
Nevill.

Ile Maurice : Collect. H. Cuming [L. Pfeiffer, *loc. supra cit.*, 1856, p. 35 ; 1857, p. 74 ; et 1859, p. 661] ; = « Un seul individu »[E. Vesco, *in* : A. Morelet, *loc. supra cit.*, 1860, p. 90] ; = « Sur les arbres » [G. Nevill, *loc. supra cit.*, 1868, p. 259] ; = E. Liénard, *loc. supra cit.*, 1877, p. 55 ; = « Vacoa, Trou aux Cerfs, Sayanne, and Pouce Mountain » [G. Nevill, *loc. supra cit.*, 1878, p. 10].

⁂

Orthogibbus (Orthogibbus) striaticostus Morelet.

1866 *Pupa striaticosta* Morelet, *Revue et Magasin Zoologie*, XVIII, p. 62.
1868 *Pupa striaticosta* Pfeiffer, *Monograph. Heliceor. vivent.*, VI, p. 294, n° 51.
1868 *Gibbus (Gibbulina) clavatus* H. Adams, *Proceedings Zoological Society of London*, p. 16, pl. IV, fig. 13.
1868 *Gibbus (Gibbulina) striati-costa* Nevill, *Proceedings Zoological Society of London*, p. 250.
1877 *Pupa clavula* Pfeiffer, *Monograph. Heliceor. vivent.*, VIII, p. 352.
1877 *Pupa striaticosta* Liénard, *Catalogue Mollusques île Maurice*, p. 55, n° 769.
1878 *Gibbus (Gonospira) striaticosta* Nevill, *Handlist Mollusca Indian Museum Calcutta*, I, p. 10, n° 23.
1880 *Gibbulina (Gonidomus) striaticosta* Martens, *Mollusken, in* : K. Möbius, *Beiträge z. Meeresfauna d. Insel Mauritius...*, Berlin, p. 203.
1885 *Gibbus (Gonospira) clavulus* Tryon, *Manual of Conchology*, 2ᵉ série, *Pulmonata*, I, p. 89, pl. XXI, fig. 100.
1904 *Gibbulina (Gonospira) clavulus* Kobelt, *Die Raublungenschnecken, in* : Martini et Chemnitz, *Systemat. Conchylien-Cabinet*, 2° Edit., p. 327, n° 16, taf. XXXIX, fig. 13.
1904 *Gibbulina (Gonospira) clavulus* Kobelt, *Die Raublungenschnecken, in* : Martini et Chemnitz, *Systemat. Conchylien-Cabinet*, 2° Edit., p. 327, n° 17, taf. XXXIX, fig. 16-17.
1909 *Gibbulina clavulus* Kobelt, *Abhandl. d. Senckenberg. Naturforsch. Gesellschaft Frankfurt a. M.*, XXXII, p. 93.

Coquille ombiliquée, subcylindrique (1), un peu atténuée en haut, terminée par un sommet subobtus et arrondi ; spire composée de 7-8 tours à peine convexes, le dernier médiocre, formant les 3/8 environ de la longueur totale, subcylindrique, atténué à base, *avec une angulosité périphérique* nettement marquée, *légèrement ascendant* à son extrémité ; ouverture verticale, quelquefois subverticale, ovalaire arrondie à bords marginaux réunis par une callosité marquée, munie

(1) A. Morelet [*loc. supra cit.*, 1866, p. 62] définit cette espèce comme : « ...*ovato oblonga, subcylindracea*... » et H. Adams [*loc. supra cit.*, 1868, p. 16] comme : « ...*ovata* ».

d'une dent pariétale pliciforme médiocre ; péristome épaissi
et légèrement réfléchi.

Longueur totale	Diamètre maximum	Diamètre minimum	Hauteur de l'ouverture	Diamètre de l'ouverture
18 1/2 mm.	7 mm.	6 1/4 mm.	6 mm.	5 mm.
16 1/2 —	7 1/2 —	6 —	6 —	5 —
16 1/4 —	7 1/2 —	6 —	6 —	4 1/4 —
16 —	7 —	6 —	6 —	4 3/4 —
15 1/2 —	7 1/4 —	6 —	6 —	4 3/4 —
14 1/2 —	6 —	5 1/2 —	5 —	4 —

Test assez épais, un peu solide (1) ; premiers tours lisses ·
autres tours garnis de côtes lamelleuses saillantes, subégales,
un peu espacées, fortement obliques, très onduleuses, recourbées aux sutures et légèrement atténuées vers la base du dernier tour.

L'*Orthogibbus strialicostus* Morelet est bien caractérisé par
sa forme un peu écourtée ; par son dernier tour, *légèrement
ascendant,* muni d'une *angulosité subbasale bien marquée ;*
par son *ouverture élargie* et portée très sensiblement à droite ;
enfin par sa sculpture fortement accentuée. G. NEVILL a donné
une brève description de l'animal (2).

Ile Maurice : Montagne du Pouce, subfossile [P. CARIÉ].
Sans indication de localité : A. MORELET, *loc. supra cit.,* 1868,
p. 62 ; = D. BARCLAY, *in :* H. ADAMS, *loc. supra cit.,* 1868, p.
16 (3) ; = « vivant, sur le sol » [G. NEVILL, *loc. supra cit.,*
1868, p. 259] ; = E. LIÉNARD, *loc. supra cit.,* 1877, p. 55 ; =
Savanne [G. NEVILL, *loc. supra cit.,* 1878, p. 10].

(1) Tous les individus recueillis par M. P. CARIÉ — et décrits ici —
sont subfossiles. Les exemplaires vivants ont un test d'un blanc grisâtre
avec les premiers tours d'un corné rougeâtre.

(2) « The foot of this species is black, mottled with orange, and with
an orange fillet round the base and down the middle of the upper surface
of the posterior part ; the sole of the foot is pale orange flesh-colour »
[G. NEVILL, *loc., supra cit.,* 1868, p. 259].

(3) H. ADAMS [*loc. supra cit.,* 1868, p. 16] explique pourquoi il a bap-
tisé cette espèce *Gibbulina clavula* : « This species, I am informed, has
been long known at Mauritius under the name of *clavulus,* which name
I therefore with much pleasure retain for it ».

§ 6.

ORTHOGIBBUS (ORTHOGIBBUS) DESHAYESI H. Adams.

1868 *Gibbus* (*Gibbulina*) *Deshayesii* H. ADAMS, *Proceedings Zoological
Society of London*, p. 290, pl. XXVIII, fig. 9.
1870 *Gibbus* (*Gibbulina*) *Deshayesi* NEVILL, *Journal Asiatic Society of Bengal*, XXXIX, part. II [*Natur. History*], Calcutta, p.
412, n° 27.
1877 *Pupa Deshayesi* PFEIFFER, *Monograph. Heliceor. vivent.*, VIII, p.
364.
1878 *Gibbus* (*Gonospira*) *Deshayesi* NEVILL, *Handlist Mollusca Indian Museum Calcutta*, I, p. 10, n° 22.
1880 *Gibbulina* (*Gonidomus*) *Deshayesi* MARTENS, *Mollusken, in : K. Möbius, Beiträge, z. Meeresfauna d. Insel Mauritius...,
Berlin*, p. 202.
1885 *Gibbus* (*Gonospira*) *Deshayesi* TRYON, *Manual of Conchology*, 2ᵉ série,
Pulmonata, I, p. 87, pl. XXII, fig. 10.
1904 *Gibbulina* (*Gonospira*) *Deshayesii* KOBELT, *Die Raublungenschnecken*,
I, in : MARTINI et CHEMNITZ, *Systemat. Conchylien-Cabinet*. 2ᵉ Edit., p. 335, n° 28, taf. XL, fig. 16.
1909 *Gibbulina deshayesii* KOBELT, *Abhandl. d. Senckenberg. Naturforsch.
Gesellschaft Frankfurt a. M.*, XXXII, p. 95.

Ce petit *Orthogibbus* diffère très sensiblement des nombreuses espèces du genre par sa forme bien cylindrique ; sa spire composée de 9 *tours un peu convexes à croissance lente et régulière* séparés par des sutures linéaires légèrement marginées et par son dernier tour médiocre, bien arrondi convexe à la base. L'ouverture est verticale, semi-ovalaire, avec ses bords marginaux réunis par une callosité munie d'une dent pariétale relativement saillante plus voisine de l'insertion supérieure. Le péristome est légèrement réfléchi.

Le test est *mince, luisant*, corné pâle, garni de très fines stries longitudinales obliques. La taille reste petite : 4 ½ millimètres de longueur pour 2 millimètres de diamètre maximum.

Ile de la Réunion : G. NEVILL, *in : *H. Adams, *loc. supra cit.*,
1868, p. 291 ;= « J'ai trouvé seulement quelques specimens de cette intéressante petite espèce parmi des pierres, sur une montagne très aride voisine du village de Salazie » (île de la Réunion) [G. NEVILL, *loc. supra cit.*, 1870, p. 412] ;= Salazie [G. NEVILL, *loc. supra cit.*, 1878, p. 10].

§ 7.

ORTHOGIBBUS (ORTHOGIBBUS) CHLORIS Crosse.

1873 *Gonospira chloris* CROSSE, *Journal de Conchyliologie*, XXI, p. 139, n° 6.
1874 *Gonospira chloris* CROSSE, *Journal de Conchyliologie*, XXII, p. 226,
        n° 3, pl. VIII, fig. 7.
1877 *Pupa chloris* PFEIFFER, *Monograph. Heliceor. vivent.*, VIII, p. 350.
1880 *Gibbulina (Gonidomus) chloris* MARTENS, *Mollusken, in : K. Möbius,
        Beiträge z. Meeresfauna d. Insel Mauritius...*, Berlin,
        p. 202.
1885 *Gibbus (Gonospira) chloris* TRYON, *Manual of Conchology*, 2° série,
        Pulmonata, I, p. 86, pl. XXI, fig. 92.
1904 *Gibbulina (Gonospira) chloris* KOBELT, *Die Raublungenschnecken,
        I, in : MARTINI et CHEMNITZ, Systemat. Conchylien-
        Cabinet*, 2° Édit., p. 331, n° 22, taf. XL, fig. 6-7.
1909 *Gibbulina chloris* KOBELT, *Abhandl. d. Senckenberg. Naturforsch.
        Gesellschaft Frankfurt a. M.*, XXXII, p. 96.

Coquille ombiliquée (ombilic en fente étroite et profonde),
de forme brièvement subcylindrique ovalaire ; sommet
obtus ; spire formée de 6 ½ tours à peine convexes séparés par
des sutures bien marquées ; dernier tour arrondi à la base,
légèrement plus petit que le reste de la spire, à peine ascendant à son extrémité ; ouverture subverticale, ovalaire, blanchâtre intérieurement, à bords marginaux réunis par une
callosité peu épaisse et luisante ; péristome assez mince, d'un
blanc livide, légèrement réfléchi.

Longueur : 6 millimètres ; diamètre maximum : 3 ½ millimètres ; longueur de l'ouverture : 2 ½ millimètres ; diamètre de l'ouverture : 2 millimètres.

Test mince, translucide, d'un jaune clair blanchâtre à peine
luisant ; premiers tours presque lisses, les autres garnis de
costulations assez fines, subégales et obliques.

Ile Rodrigue : Pointe aux Coraux, à environ 16 kilomètres
de Port Mathurin [A. DESMAZURES, *in :* H. CROSSE, *loc. supra
cit.*, 1873, p. 139 et 1874, p. 227].

§ IV. GIBBULINOPSIS Germain, nov. subgen., 1919 (1).

Je réunis sous le nom de *Gibbulinopsis*, les trois espèces
suivantes vivant à l'île de La Réunion :
Orthogibbus (Gibbulinopsis) pupula Deshayes.
Orthogibbus (Gibbulinopsis) uvula Deshayes.

(1) GERMAIN (LOUIS), *Bulletin Muséum Hist. natur. Paris*, XXV, 1919,
p. 265.

Orthogibbus (Gibbulinopsis) turgidula Deshayes.

Ces coquilles ont été jusqu'ici classées dans les genres les plus divers : *Pupa, Vertigo, Pupilla, Ennea, Gibbus*. Cependant l'examen très attentif de leur coquille — leur anatomie est entièrement inconnue — montre qu'elles appartiennent certainement au genre *Gibbulina*, dont elles constituent un petit groupe très homogène.

Les *Gibbulinopsis* sont des *Orthogibbus* nains dont la répartition géographique est limitée à l'île de La Réunion.

ORTHOGIBBUS (GIBBULINOPSIS) PUPULUS Deshayes.

1863 *Pupa pupula* DESHAYES, *Catalogue Mollusques Réunion*, p. E. 92, n° 293, pl. XI, fig. 2-4.
1868 *Pupa pupula* PFEIFFER, *Monograph. Heliceor. vivent.*, VI, p. 303.
1870 *Vertigo* (?) *pupula* NEVILL, *Journal Asiatic Society of Bengal*, XXXIX, part. II [*Natural History*], Calcutta, p. 412, n° 28.
1878 *Pupa (Pupilla) pupula* NEVILL, *Handlist Mollusca Indian Museum Calcutta*, I, p. 191, n° 44.
1880 *Pupa (Pupilla) pupula* MARTENS, Mollusken, in : K. MÖBIUS, *Beiträge z. Meeresfauna d. Insel Mauritius...*, Berlin, p. 199.
1904 ? *Ennea (Microstrophia) pupula* KOBELT, *Die Raublungenschnecken*, in : MARTINI et CHEMNITZ, *Systemat. Conchylien-Cabinet*, 2° Edit., p. 311., n° 4, taf. XXXIII, fig. 14-15.
1909 *Pupilla pupula* KOBELT, *Abhandl. d. Senckenberg. Naturforsch. Gesellschaft Frankfurt a. M.*, XXXII, p. 95.
1919 *Orthogibbus (Gibbulinopsis) pupulus* GERMAIN, *Bulletin Muséum Hist. natur. Paris*, XXV, p. 265.

Coquille cylindrique, assez largement ombiliquée ; spire composée de 7 tours les premiers aplatis, les autres peu convexes, à croissance très lente et régulière ; suture peu marquée ; dernier tour petit, atténué à la base ; ouverture ovalaire, à peine suboblique, à bords marginaux réunis par une callosité munie d'une denticulation blanchâtre, médiocre et assez enfoncée ; deux autres denticulations, plus petites et plus enfoncées, situées sur le bord columellaire ; péristome épaissi par un bourrelet interne blanc rougeâtre, légèrement réfléchi.

Longueur : 3 millimètres ; diamètre 1 $\frac{1}{2}$ millimètre.

Test brun foncé, mince, subtransparent, garni de faibles stries longitudinales obliques, inégales, principalement accentuées près de l'ouverture.

Ile de la Réunion : L. MAILLARD, *in* : G. P. DESHAYES, *loc. supra cit.*, p. E. 92 ; = Ile de la Réunion : abondant sur de larges roches recouvertes de plantes grimpantes, près de Sa-

lazie [G. Nevill, *loc. supra cit.*, 1870, p. 412] ; = Ile de la
Réunion : Salazie [G. Nevill, *loc. supra cit.*, 1878, p. 191].

ORTHOGIBBUS (GIBBULINOPSIS) UVULUS Deshayes.

1863 *Pupa uvula* Deshayes, *Catalogue Mollusques Réunion*, p. 92,
          pl. XI, fig. 5-6.
1868 *Pupa uvula* Pfeiffer, *Monograph. Heliccor. vivent.*, VI, p. 296,
          n° 59.
1870 *Gibbus uvula* Nevill, *Journal Asiatic Society of Bengal*, XXXIX,
          part. II [*Natural History*, etc...], p. 412.
1878 *Gibbus (Gonospira) uvula* Nevill, *Handlist Mollusca Indian Museum
          Calcutta*, I, p. 10, n° 21.
1880 *Gibbulina (Nevillia) uvula* Martens, *Mollusken, in : K. Möbius,
          Beiträge z. Meeresfauna d. Insel Mauritius...*, Berlin,
          p. 204.
1885 *Ennea (Nevillia) uvula* Tryon, *Manual of Conchology*, 2e série, *Pul-
          monata*, I, p. 92, pl. XXII, fig. 8.
1904 *Ennea (Microstrophia) uvula* Kobelt, *Die Raublungenschnecken*,
          I, in : Martini et Chemnitz, *Systemat. Conchylien-
          Cabinet*, 2° Edit. , p. 311, n° 3, taf. XXXIII, fig. 13.
1909 *Gibbulina uvula* Kobelt, *Abhandl. d. Senckenberg. Naturforsch.
          Gesellschaft Frankfurt a. M.*, XXXII, p. 94.
1919 *Orthogibbus (Gibbulinopsis) uvulus* Germain, *Bulletin Muséum Hist.
          natur. Paris*, XXV, p. 265.

Coquille ovalaire subcylindracée à sommet très obtus ;
spire formée de 8-9 tours, les premiers aplatis, les autres médiocrement convexes, à croissance très lente et bien régulière,
séparés par des sutures profondes ; dernier tour très médiocre,
bien atténué à la base ; ombilic relativement étroit (1) ;
ouverture ovalaire, plus haute que large, verticale, à bords
marginaux écartés, mais convergents, réunis par une mince
callosité blanche ou jaunâtre sur laquelle se détache une dent
pariétale élevée, comprimée latéralement, située près de l'insertion supérieure droite de l'ouverture ; péristome épaissi et
légèrement réfléchi.

Longueur : 6-6 $\frac{1}{2}$-6 3/4 millimètres ; diamètre maximum :
3-3 1/4 millimètres ; diamètre minimum : 3 millimètres ;
hauteur de l'ouverture : 2 $\frac{1}{2}$ millimètres ; diamètre de l'ouverture : 1 $\frac{1}{2}$ millimètre.

Test un peu épais, assez solide, recouvert d'un épiderme
marron clair ou jaunacé, garni de petites côtes peu obliques,
subégales, presque équidistantes et atténuées au dernier tour.

Ile de la Réunion : Plaine des Cafres [Majastre] : = L.

(1) L'ombilic est toujours très nettement marqué ; il est, parfois, un
peu élargi.

Maillard, *in* : G. P. Deshayes, *loc. supra cit.*, 1863, p. E.
93 ;=Très rare, avec l'*Ennea turgidula* Deshayes, sur la route
de Salazie [G. Nevill, *loc. supra cit.*, 1870, p. 412] ;=Ile de
la Réunion : route de Salazie [G. Nevill, *loc. supra cit.*, 1878,
p. 10].

Orthogibbus (Gibbulinopsis) turgidulus Deshayes.

1863 *Pupa turgidulus* Deshayes, *Catalogue Mollusques Réunion*, p. E. 93,
      n° 295, pl. XI, fig. 7-8.
1868 *Pupa turgidulus* Pfeiffer, *Monograph. Heliceor. vivent.*, VI, p. 287,
      n° 9.
1870 *Gibbus (Gibbulina) turgidulus* Nevill, *Journal Asiatic Society of
      Bengal*, XXXIX, part. II, [*Natural History*], Calcutta,
      p. 412, n° 24.
1878 *Gibbus (Gonospira) turgidulus* Nevill, *Handlist Mollusca Indian Mu-
      seum Calcutta*, I, p. 10 n° 10.
1880 *Gibbulina (Gonidomus) turgidula* Martens, *Mollusken, in* : K. Möbius,
      Beiträge z. Meeresfauna d. Insel Mauritius..., Berlin,
      p. 202.
1904 *Ennea (Microstrophia) turgidula* Kobelt, Die Raublungenschnecken,
      I, *in* : Martini et Chemnitz, *Systemat. Conchylien-
      Cabinet*, 2e Edit., p. 312, n° 5, taf. XXXIII, fig. 19.
1909 *Gibbulina turgidula* Kobelt, *Abhandl. d. Senckenberg. Naturforsch.
      Gesellschaft Frankfurt a. M.*, XXXII, p. 94.

Coquille de forme ovalaire, courte et ventrue, avec maximum de largeur vers le milieu de la hauteur ; spire formée
de 7 tours, les premiers aplatis et très étroits, les suivants
notablement plus larges, un peu convexes, réunis par une
profonde suture ; dernier tour médiocre, convexe arrondi,
bien atténué vers la base, très nettement remontant à son
extrémité ; fente ombilicale assez étroite ; ouverture subquadrangulaire, à bords marginaux réunis par une callosité
blanche et mince ; bord columellaire subvertical ; bord
externe onduleux près de son insertion supérieure ; péristome
épaissi et légèrement réfléchi.

Longueur : 7-7 $\frac{1}{2}$ millimètres ; diamètre maximum : 4 $\frac{1}{2}$-
4 2/3 millimètres ; diamètre minimum : 4-4 1/4 millimè-
tres ; hauteur de l'ouverture : 3 1/4 millimètres ; diamètre
de l'ouverture : 2 2/3 millimètres.

Test d'un gris plus ou moins jaunacé, assez solide, garni
de stries subcostulées, médiocrement saillantes, irrégulières,
inégales, obliques et très onduleuses ; tours embryonnaires
avec seulement des stries longitudinales très délicates.

Le type, tel qu'il a été décrit par G. P. Deshayes, est dépourvu de toute denticulation sur la callosité aperturale. Il
peut exister, cependant, un rudiment de denticulation ; sur

quelques exemplaires recueillis par M. P. Carié on observe,
sur la callosité réunissant les bords marginaux, soit une élévation ponctiforme, à peine sensible, soit un dépôt calcaire
un peu plus important affectant la forme d'une étroite lamelle
très peu apparente.

Ile de la Réunion : Environs de Saint-Pierre [Majastre] ;
= L. Maillard, *in* : G. P. Deshayes, *loc. supra cit.*, 1863, p.
E. 94 ; = Ile de la Réunion : très rare, le long de la route
menant à Salazie [G. Nevill, *loc. supra cit.*, 1870, p. 412] :
= Route de Salazie, à l'île de la Réunion [G. Nevill, *loc. supra
cit.*, 1878, p. 10].

HOLOGNATHA

Famille des LIMACIDAE

Genre AGRIOLIMAX Mörch, 1865 (1).

§ I. HYDROLIMAX Malm 1868 (2).

AGRIOLIMAX (HYDROLIMAX) LAEVIS MÜLLER.

1774 *Limax laevis* MÜLLER, *Verm. terrestr. et fluv. histor.*, II, p. 1.
1801 *Limax brunneus* DRAPARNAUD, *Tableau Mollusques France*, p. 104.
1852 *Limax parvulus* NORMAND, *Descript. six Limac. nouv. Valenciennes*,
      p. 8, n° 6.
1868 *Krynickillus brunneus* MABILLE, *Revue et Magazin de Zoologie*,
      p. 141 ; et *Archives de Malacologie*, I, p. 47.
1882 *Agriolimax* (*Hydrolimax*) *laevis* LESSONA et POLLONERA, *Monogr.*
      Limacidi Italiani, p. 47.
1885 *Agriolimax laevis* SIMROTH, *Zeitschr. für wissens. Zoolog. Leipzig*,
      XLII, p. 327, taf. VII, fig. 17.
1885 *Limax* (*Krynickia*) *laevis* TRYON, *Manual of Conchology*, 2° série,
      Pulmonata, I, p. 211, pl. LII, fig. 21.
1904 *Agriolimax* (*Hydrolimax*) *laevis* TAYLOR, *Monogr. British Land and*
      Freshwater Mollusca, p. 121, pl. XV, fig. 5-8.
1910 *Agriolimax laevis* SIMROTH, Lissopode Nacktschnecken, in : DR. A.
      VOELTZKOW, *Reisen in Ostafrika* (1903-1905), II, Stutt-
      gart, p. 591, taf. XXV, fig. 1.

Ce Limacien d'Europe, qui s'est acclimaté dans de nombreuses régions de l'Asie, de l'Afrique, de l'Amérique et de
l'Australie, a été recueilli à l'île de Madagascar et à l'île Maurice par le Dr. A. VOELTZKOW. La forme de l'île Maurice ne
diffère pas sensiblement de celle d'Europe ; elle est d'un gris
sombre, presque noir.

(1) *Agriolimax* MÖRCH, *Journal de Conchyliologie*, XIII, 1865, p. 378.
(2) *Hydrolimax* MALM, *Limacina Scandinaviæ*, 1868. [= *Agriolimax*
sous-genre *Hydrolimax* LESSONA et POLLONERA, *Monografia dei Limacidi
italiani*, 1882, p. 46].

Famille des **TROCHONANIDAE**

Genre **HARMOGENANINA** Germain, 1918 (1), *nov. gen.*

En étudiant quelques Mollusques terrestres de l'Inde, le
Dr. F. Stoliczka écrivait, à propos du genre *Rotula* proposé
par J. C. Albers en 1850 (2) :

« Le nom de *Rotula* fut proposé par Albers (*Hel.* Ed. 2, p.
62) pour l'*Helix detecta* Fér. qui représente un type subdiscoïde de Zonitidae caractérisé par une coquille mince, formée
de nombreux tours de spire étroits, comprimés et sculptés en-
dessus ; par un dernier tour plus ou moins renflé, lisse, ou
finement strié et poli en dessous, étroitement perforé ou non
ombiliqué, caréné à la périphérie... Le genre *Rotula* peut
comprendre un grand nombre d'espèces de Zonitidae de l'Inde
et des îles voisines. Je mentionnerai notamment les *Helix
serrula* et *pansa* de Benson, *indica* et *Shiplayi* de Pfeiffer
Kundaensis de Blandford, etc... (3). »

Il y a, dans ce texte, une erreur initiale. Dans la seconde
édition des *Hélicidées* de J. C. Albers, le Dr. E. von Martens (4) restreint le sous-genre *Rotula* au *Nanina detecta* de Férussac ; mais, J. C. Albers, dans la première édition de son
ouvrage, place sous ce nom de *Rotula* (5) :

« *Helix Bensoni* von dem Busch,

Helix detecta Fér. (6). »

L'*Helix Bensoni* von dem Busch (7), la première espèce

---

(1) Germain (Louis), Contributions à la faune malacologique de Madagascar ; VI : Sur la classification de quelques Gastéropodes Pulmonés des îles
de Madagascar et Mascareignes ; *Bulletin Muséum Hist. natur. Paris* ;
XXIV, n° 7, décembre 1918, p. 517.

(2) Albers (J. C.), *Die Heliceen*, Berlin, 1850, p. 115.

(3) Stoliczka (Dr. F.), Notes on terrestrial Mollusca from the neigh-
bourhood of Moulmein (Tenasserim Provinces), with descriptions of new
species ; *Journal Asiatic Society of Bengal*, XL, part. II [*Natural History*]
Calcutta, 1871, p. 231.

(4) Albers (J. C.), *Die Heliceen*, 2° Edit., par le Dr. E. von Martens,
Leipzig, 1860, p. 63.

(5) Albers (J. C.), propose les *Rotula* comme sous-genre d'*Helix*. Dans
la 2° Edit., du Dr. E. von Martens, ce dernier considérant, à juste titre
d'ailleurs, les Rotula comme des *Naninidae*, en fait un sous-genre de
Nanina.

(6) Albers (J. C.), *loc. supra cit.*, 1850, p. 115.

(7) Von dem Busch *in* Philippi (R. A.), *Abbild. und Beschreib. ... neuer
Conchylien*, Cassel, I, 1842, p. 11, *Helix*, taf. I, fig. 7. (*Helix Bensoni*).

citée, appartient à un groupe comprenant de nombreuses espèces surtout répandues dans l'Inde. C'est à elles que doit s'appliquer le genre *Rotula* d'ALBERS.

Quant à l'*Helix delecta* de Férussac, il s'éloigne beaucoup des espèces précédentes. Il appartient à un petit groupe très homogène comprenant les *Helix argentea* Reeve, *Helix semicerina* Morelet, *Helix linophora* Morelet et *Helix implicata* Nevill qui, toutes, habitent les îles Mascareignes. Je propose de grouper ces diverses espèces dans le nouveau genre HARMOGENANINA.

Les *Harmogenanina* se rattachent, d'une part, aux *Conulema* (1) de l'Inde et, d'autre part, aux *Trochonanina* du sousgenre *Martensia* (2) de l'Afrique équatoriale.

§ I.

HARMOGENANINA ARGENTEA Reeve.

1827 *Helix delibata* DE FÉRUSSAC, (*nomen nudum*) *Bulletin universel sciences*; X, p. 302.

1851 *Helix semicerina* var. *turbinata* MORELET, *Revue et Magas. de Zoologie*, p. 219.

1852 *Helix argentea* REEVE, *Conchologia Iconica*, pl. CCIV, fig. 1434.

1859 *Helix argentea* PFEIFFER, *Monograph. Heliceor.*, IV, p. 39, n° 236.

1860 *Helix argentea* MORELET, *Séries Conchyliologiques*, II, *Iles Orientales d'Afrique*, p. 50, n° 10.

1863 *Helix argentea* DESHAYES, *Catalogue Mollusques Réunion*, p. 85, n° 272.

1868 *Helix argentea* PFEIFFER, *Monograph. Heliceor. vivent.*, V, p. 93, n° 325.

1870 *Nanina* (*Rotula*) *argentea* NEVILL, *Journal Asiatic Society of Bengal*, XXXIX, part. II, p. 407, n° 13.

1874 *Helix argentea* BINNEY, *Proceedings Academy Natural Sciences of Philadelphia*, p. 48.

1877 *Helix argentea* LIÉNARD, *Catalogue Mollusques Maurice*, p. 56, n° 775.

1878 *Nanina* (*Rotula*) *argentea* NEVILL, *Handlist Mollusca Indian Museum Calcutta*, p .43, n° 222.

1880 *Pachystyla* (*Cœlatura*) *argentea* MARTENS, *Mullusken*, in : K. MÖBIUS, *Beitrage z. Meeresfauna d. Insel Mauritius...*, Berlin, p. 194.

1886 *Nanina* (*Rotula*) *argentea* TRYON, *Manual of Conchology*, 2° série, *Pulmonata*, II, p. 22, pl. IV, fig. 60.

1892 *Ariophanta* (*Rotula*) *argentea* BAKER, *Proceedings Rochester Academy of Sciences*, II, p. 21, n° 14.

(1) STOLICZKA (Dr. F.), *loc. supra cit.*, 1871, p. 233 et p. 236. Type : *Conulema allegia* (Benson) [= *Helix allegia* BENSON, *Annals and Magazine Natural History*, IV, London, 1859. p. 184].

(2) SEMPER (C.), *Reisen im Archipel der Philippinen*, IIter, Bd. IVter, Wiesbaden, 1870, p. 42. Type : *Martensia mozambicensis* (Pfeiffer) [= *Helix mozambicensis* PFEIFFER. *Proceedings Zoological Society of London*, 1855, p. 91, pl. XXXI, fig. 9].

1894 *Helix argenta* KOBELT, Die Familie der Heliceen, *in* : MARTINI et
CHEMNITZ, *Systemat. Conchylien-Cabinet*, 2ᵉ Edit., p.
620, n° 1242, taf. CLXXVIII, fig. 24-35.
1909 *Pachystyla argentea* KOBELT, *Abhandl. d. Senckenberg. Naturforsch.
Gesellschaft Frankfurt a. M.*, XXXII, p. 93.
1918 *Harmogenanina argentea* GERMAIN, *Bulletin Muséum Hist. natur.
Paris*, XXIV, p. 517.

Cette espèce, peu répandue et toujours localisée, est fort
variable, principalement en ce qui concerne la hauteur relative de la spire. Le tableau suivant met ce polymorphisme en
évidence.

Indice de hauteur	Hauteur totale	Diamètre maximum	Diamètre minimum	Hauteur de l'ouverture	Diamètre de l'ouverture
72,7	12 mm.	16 1/2 mm.	15 1/4 mm.	7 1/4 mm.	6 1/2 mm.
75	10 1/2 —	14 —	13 —	7 1/2 —	6 —
80	10 1 2 —	13 —	12 —	7 —	5 —
75	9 1/2 —	12 1/2 —	12 1/4 —	7 —	5 1/2 —
66,6	9 1/3 —	14 —	13 1/5 —	7 —	6 —
69	9 —	13 —	12 —	7 —	6 —
62	8 3/4 —	14 —	12 1/4 —	7 1/2 —	6 1/2 —
53	8 1/2 —	16 —	15 —	7 —	6 1/2 —

On voit que l'indice de hauteur varie de 53 à 80. Les individus dont l'indice de hauteur est supérieur à 70 peuvent être
considérés comme appartenant à une mutation *alta* bien
nette ; par contre, l'exemplaire unique dont l'indice est égal
à 53 est une forme beaucoup plus déprimée que la moyenne
des individus.

Le test est solide, un peu épais, blanchâtre ; on observe
souvent, en-dessus, une fascie d'un brun marron brillant et,
en dessous, une très large tache circulaire — entourant l'ombilic — d'un marron bronzé très brillant.

Les stries longitudinales sont très fines ; à peine sensibles
sur les premiers tours de spire, elles deviennent plus fortes,
serrées, obliquement subonduleuses sur les autres ; au dernier tour elles sont assez fortes, serrées, inégales et coupées de
stries spirales très délicates parfois assez rapprochées les unes
des autres. En dessous, les stries longitudinales sont atténuées
vers l'ombilic et coupées de stries spirales de la plus grande
ténuité.

G. NEVILL a pu observer vivant l'animal de cette espèce. Il
est d'un blanc pur avec le mufle faiblement coloré en jaune ;

les tentacules sont oranges, rayés de gris foncé. Enfin le pore muqueux caudal est orangé sur les bords (1).

Ile Maurice : Sous les pierres, les feuilles mortes, dans les endroits humides, principalement au centre de l'île [P. Carié] ; = sans indication de localité : [L. Reeve, *loc. supra cit.*, sp. 1434 ; = E. Vesco, *in* : A. Morelet, *loc. supra cit.*, 1860, p. 57 ; = E. Dupont et G. Nevill, *in* : G. Nevill, *loc. supra cit.*, 1873, p. 43 ; Prof. K. Möbius *in* : Dr. E. von Martens, *loc. supra cit.*, 1880, p. 194 ; = F. C. Baker, *loc. supra cit.*, 1892, p. 21].

Ile de La Réunion : [de Férussac, *loc. supra cit.*, 1827, p. 302 ; = G. P. Deshayes, *loc. supra cit.*, 1863, p. 85]. Localisé, à une grande altitude, dans les endroits humides [G. Nevill, *loc. supra cit.*, 1870, p. 408, et 1878, p. 43].

Harmogenanina semicerina Morelet.

1851 (Mai) *Helix semicerina* Morelet, *Revue et Magasin de Zoologie*, p. 219.
1851 (Septembre) *Helix Rawsonis* Barclay, *in* : Reeve, *Conchologia Iconica*, Pl. XLIII, fig. 199.
1852 *Helix Rawsonis* Pfeiffer, Helicid., *in* : Martini et Chemnitz, *Systemat. Conchylien-Cabinet*, p. 412, n° 965, taf. CXLVII, fig. 3-4.
1853 *Helix Rawsonis* Pfeiffer, *Monograph. Heliceor. vivent.*, III, p. 56, n° 168.
1853 *Helix semicerina* Pfeiffer, *Monograph. Heliceor. vivent.*, III, p. 79, n° 303.
1859 *Helix Rawsonis* Pfeiffer, *Monograph. Heliceor. vivent.*, IV, p. 61.
1859 *Helix semicerina* Pfeiffer, *Monograph. Heliceor. vivent.*, IV, p. 65, n° 393.
1860 *Helix semicerina* Morelet, *Séries Conchyliologiques*, II, *Iles Orientales d'Afrique*, p. 56, n° 9.
1868 *Helix Rawsonis* Pfeiffer, *Monograph. Heliceor. vivent.*, V, p. 89, n° 295.
1868 *Helix semicerina* Pfeiffer, *Monograph. Heliceor. vivent.*, V, p. 125, n° 555 et p. 468, n° 295.
1870 *Nanina (Rotula) semicerina* Nevill, *Journal Asiatic Society of Bengal*, XXXIX, part. II, p. 407 D.
1874 *Helix semicerina* Binney, *Proceedings Academy Natural Sciences of Philadelphia*, p. 48.
1877 *Helix Rawsonis* Liénard, *Catalogue Mollusques Maurice*, p. 57.
1877 *Helix semicerina* Liénard, *Catalogue Mollusques Maurice*, p. 58, n° 795.
1880 *Pachystyla (Cœlatura) semicerina* Martens, Mollusken, *in* : K. Möbius, *Beiträge z. Meeresfauna d. Insel Mauritius...*, Berlin, p. 193.
1886 *Nanina (Rotula) semicerina* Tryon, *Manual of Conchology*, 2ᵉ série, *Pulmonata*, II, p. 22, pl. IV, fig. 54-55.

(1) Nevill (A.), On the Land Shells of Bourbon, with descriptions of a few new species ; *Journal Asiatic Society of Bengal*, XXXIX, part. II [*Natural History*, etc...] Calcutta, 1870, p. 407.

1892 *Ariophanta (Rotula) semicerina* Baker, *Proceedings Rochester Academy of Sciences*, p. 21, n° 15.
1909 *Pachystyla semicerina* Kobelt, *Abhandl. d. Senkenberg. Naturforsch. Gesellschaft Frankfurt a. M.*, XXXII, p. 93.
1918 *Harmogenanina semicerina* Germain, *Bulletin Muséum Hist. natur. Paris*, XXIV, p. 517.

La carène qui ceint le dernier tour est d'autant plus accentuée que la coquille est plus jeune ; comme chez l'*Harmogenanina argentea* Reeve, dont cette espèce est certainement voisine, la spire est plus ou moins élevée (1), sans qu'il soit possible d'établir de variétés stables, tous les passages existant entre les formes hautes et les formes déprimées. La taille varie dans les limites indiquées dans le tableau suivant :

Hauteur totale	Diamètre maximum	Diamètre minimum	Hauteur de l'ouverture	Diamètre de l'ouverture	Observations
mm. 10	mm. 16	mm. ?	mm. ?	mm. ?	D'après A. Morelet (type de l'espèce).
9	15 1/2	14 1/2	7	6	
8 1/2	14	12 1/2	7	6	
8 1/4	14 1/2	13	7	5 3/4	
7	12	11 1/4	6	5 1/2	Exemplaire jeune.

Le sommet est obtus et les premiers tours de spire sont presque lisses ; les autres sont garnis de stries d'abord assez fines, peu obliques, légèrement onduleuses, puis, sur les derniers tours, de petites côtes pliciformes, lamelleuses, élevées, bien saillantes, subrégulières, assez espacées, entre lesquelles s'intercalent de très fines stries longitudinales plus rares au dernier tour. Cette sculpture est complétée par des stries spirales délicates, irrégulières et peu nombreuses. En dessous, les stries pliciformes — entre lesquelles existent également de fines stries longitudinales — sont coupées de stries spirales très ténues, mais plus nombreuses et plus serrées.

L'*Harmogenanina semicerina* Morelet est l'espèce de cette série dont la sculpture est, normalement, la plus accentuée. Elle est cependant assez variable et les côtes longitudinales se résolvent, chez quelques individus, en simples stries assez fortement marquées.

(1) Les individus à spire élevée rentrent dans la variété *turbinata* signalée par L. Pfeiffer (*Monographia Heliceorum vicentium*, III, Lipsiae, 1853, p. 79).

Le test, qui est blanchâtre, est recouvert d'un épiderme mince, se détachant facilement, de couleur marron ou, plus souvent, olivâtre. Il est assez brillant, surtout en dessous ; une étroite bande marron supracarénale (1) et continuée en-dessus orne la plupart des exemplaires (2).

L'animal est blanchâtre avec la partie antérieure du corps tachetée de noir et des tentacules gris [G. NEVILL, *loc. supra cit.*, 1870, p. 407].

Ile Maurice : Avec l'*Harmogenanina argentea* Reeve, mais plus commun [P. CARIÉ] ; = sans indication de localité : BARCLAY, *in* : L. REEVE, *loc. supra cit.*, 1851, sp. 199 ; = E. LIÉNARD, *loc. supra cit.*, 1877, p. 57, 58]. — Le Trou au Cerf, au centre de l'île Maurice, sous les pierres et les feuilles mortes [E. VESCO, *in* : A. MORELET, *loc. supra cit.*, 1860, p. 56]. — Abondant, mais localisé, à l'île Maurice, sur les arbustes et dans les bois humides [G. NEVILL, *loc. supra cit.*, 1870, p. 407, et 1878, p. 43] ; = Ile Maurice [F. C. BAKER, *loc. supra cit.*, 1892, p. 21].

HARMOGENANINA IMPLICATA Nevill.

1870 *Nanina (Rotula) implicata* NEVILL, *Journal Asiatic Society of Bengal*, XXXIX, part. II, p. 407, n° 12 C [non BROK].
1876 *Helix implicata* PFEIFFER, *Monograph. Heliceor. vivent.*, VII, p. 91.
1877 *Helix implicata* LIÉNARD, *Catalogue Mollusques Maurice*, p. 56, n° 782.
1878 *Nanina (Rotula) implicata* NEVILL, *Handlist Mollusca Indian Museum Calcutta*, p. 43, n° 221.
1880 *Pachystyla (Caelatura) implicata* MARTENS, *Mollusken*, *in* : K. MÖBIUS, *Beiträge z. Meeresfauna d. Insel Mauritius...*, Berlin, p. 194.
1886 *Nanina (Rotula) implicata* TRYON, *Manual of Conchology*, 2° série, *Pulmonata*, II, p. 24.
1892 *Ariophanta (Rotula) implicata* BAKER, *Proceedings Rochester Academy of Sciences*, II, p. 21. n° 16.
1909 *Pachystyla implicata* KOBELT, *Abhandl. d. Senckenberg. Naturforsch. Gesellschaft Frankfurt a. M.*, XXXII, p. 93.
1918 *Harmogenanina implicata* GERMAIN, *Bulletin Muséum Hist. natur. Paris*, XXIV, p. 517.

Très voisine de l'*Harmogenanina semicerina* Morelet, cette espèce en diffère par ses tours mieux arrondis-convexes, sa carène beaucoup moins accentuée, son sommet plus obtus, mais surtout *son test absolument lisse* (3).

(1) Cette bande est appliquée tout contre la suture.
(2) La coloration varie d'ailleurs notablement. Certains individus sont bruns, d'autres rougeâtres.
(3) Les rapports entre les dimensions principales sont les mêmes chez

La coquille est recouverte d'un mince épiderme marron ou olivâtre avec une ou deux fascies sur les tours et une large bande verdâtre autour de l'ombilic.

Cette espèce doit être considérée comme un mode *laevis* à carène émoussée de l'*Harmogenanina semicerina* Morelet.

Ile Maurice : Sur les arbustes, montagnes des environs de Port Louis [P. CARIÉ et THIRIOUX] ; = Rare, sur le « Peter Botte Mt. » [G. NEVILL, *loc. supra cit.*, 1870, p. 407, et 1878, p. 43] ; = Ile Maurice, très rare [F. G. BAKER, *loc. supra cit.*, 1892, p. 21].

HARMOGENANINA LINOPHORA Morelet.

1860 *Helix linophora* MORELET, *Séries Conchyliologiques*, II, *Iles Orientales d'Afrique*, p. 57, pl. IV, fig. 6, n° 11.

1868 *Helix linophora* PFEIFFER, *Monographia Heliceorum vivent.*, V, p. 468, n° 291 a.

1870 *Nanina linophora* NEVILL, *Journal Asiatic Society of Bengal*, XXXIX, part. II, p. 406, n° 12.

1880 *Pachystyla (Caelatura) linophora* MARTENS, Mollusken. *in :* K. Möbius, *Beiträge z. Meeresfauna d. Insel Mauritius...*, Berlin, p. 194.

1886 *Nanina (Rotula) linophora* TRYON, *Manual of Conchology*, 2e série, *Pulmonata*, II, p. 22, pl. IV, fig. 52-53.

1909 *Pachystyla linophora* KOBELT, *Abhandl. d. Senckenberg. Naturforsch. Gesellschaft Frankfurt a. M.*, XXXII, p. 93.

1918 *Harmogenanina linophora* GERMAIN, *Bulletin Muséum Hist. Natur. Paris*, XXIV, p. 517.

Du même groupe que les *Harmogenanina argentea* Reeve et *Harmogenanina semicerina* Morelet, cette rare espèce est plus étroitement pyramidale ; son dernier tour est garni d'une carène médiane filiforme très saillante qui se continue aux tours supérieurs. La spire est formée de six tours convexes séparés par des sutures bien marquées et plus ou moins marginées. Le dernier tour est assez grand, sensiblement plus convexe en-dessous qu'en-dessus.

Le test est mince, d'un corné clair parfois fauve ou verdâtre, garni de stries irrégulières, assez fortes, obliquement subonduleuses et serrées, plus délicates en-dessous qu'en-dessus.

Diamètre maximum : 12 millimètres ; diamètre minimum : 10 millimètres ; hauteur : 9 $\frac{1}{2}$ millimètres.

l'*Harmogenanina implicata* Nevill et chez l'*Harmogenanina semicerina* Morelet.

Ile Maurice : [G. NEVILL].

Ile de la Réunion : [E. VESCO, *in* : A. MORELET, *loc. supra cil.*, p. 58 ; G. NEVILL, *loc. supra cil.*, 1870, p. 406].

§ 2.

HARMOGENANINA DETECTA (de Férussac) Pfeiffer.

Pl. IV, fig. 25 à 30.

1827 *Helix (Helicodonta) detecta* et *var. nob.* DE FÉRUSSAC, *Bulletin universel Sciences natur.*, X, p. 302, n° 20 *(nomen nudum)* et *in Collect. Muséum Paris.*

1837 *Caracolla detecta?* BECK, *Index Molluscorum*, p. 32

1837 *Helix detecta* (DE FÉRUSSAC) PFEIFFER, *Symbol. ad Histor. Helicoor.*, II, p. 27.

1842 *Helix detecta* PHILIPPI, *Abild. u. Beschreib. neuer Conchylien*, I, part. 3, p. 50, taf. III, fig. 7.

1850 *Helix (Rotula) detecta* ALBERS, *Die Heliceen*, p. 115.

1852 *Helix detecta* PFEIFFER, *Helicid. in* : MARTINI et CHEMNITZ, *Systemat. Conchylien-Cabinet*, 2° Edit., p. 151, n° 588, taf. XCII, fig. 20-21.

1853 *Helix detecta* REEVE, *Conchologia Iconica*, pl. CLXXIX, fig. 1234.

1853 *Helix detecta* PFEIFFER, *Monograph. Helicoor. vivent.*, III, p. 169, n° 905.

1855 *Zonites (Rotula) detecta* ADAMS, *Genera of recent Mollusca*, p. 115.

1855 *Rotula detecta* PFEIFFER, *Malakozoolog. Blätter*, II, p. 131.

1859 *Helix detecta* PFEIFFER, *Monograph. Helicoor. vivent.*, IV, p. 193, n° 1227.

1860 *Nanina (Rotula) detecta* ALBERS, *Die Heliceen*, 2° Edit. [par E. von MARTENS], p. 63.

1863 *Helix detecta* DESHAYES, *Catalogue Mollusques Réunion*, p. E. 85, n° 275.

1868 *Helix detecta* PFEIFFER, *Monograph. Helicoor. vivent.*, V, p. 266, n° 1665.

1870 *Helix? detecta* NEVILL, *Journal Asiatic Society of Bengal*, XXXIX, part II [*Natural History*], Calcutta, p. 402, n° 3.

1871 *Rotula detecta* STOLICZKA, *Journal Asiatic Society of Bengal*, XL, part II [*Natural History*], Calcutta, p. 231.

1872 *Stylodonta Bewsheri*, H. ADAMS, *Proceedings Zoological Society of London*, p. 18, pl. III, fig. 18 [non *Helix Bewsheriana* Morelet].

1873 *Stylodonta detecta* H. ADAMS, *Proceedings Zoological Society of London*, p. 309.

1877 *Helix detecta* PFEIFFER, *Monograph. Helicoor. vivent.*, VII, p. 303.

1878 *Nanina (Rotula) detecta* NEVILL, *Handlist Mollusca Indian Museum Calcutta*, I, p. 43, n° 214.

1880 *Pachystyla detecta* MARTENS, *Mollusken, in* : K. MÖBIUS, *Beiträge z. Meeresfauna d. Insel Mauritius...*, Berlin, p. 191.

1886 *Nanina (Pachystyla) detecta* (part) TRYON, *Manual of Conchology*, 2° série, *Pulmonata*, II, p. 25, pl. V, fig. 75-77 *(seulement)*.

1909 *Pachystyla detecta* KOBELT, *Abhandl. d. Senckenberg. Naturforsch. Gesellschaft Frankfurt a. M.*, XXXII, p. 95.

1918 *Harmogenanina detecta* GERMAIN, *Bulletin Muséum Hist. Natur, Paris*, XXIV, n° 7, p. 517.

Le baron d'A. DE FÉRUSSAC n'a jamais décrit cette espèce : il dit seulement, dans le tome X du *Bulletin universel des Sciences et de l'Industrie* (1827, p. 302) : « L'animal est de couleur foncée. Cette nouvelle espèce est la miniature, quant aux caractères de sa forme et de l'ouverture, de l'*Helix inversicolor* ; mais elle est striée régulièrement du côté de la spire. La variété est plus petite, plus déprimée, fortement striée en-dessus et en-dessous, elle se trouve avec l'autre ».

Il est parfaitement impossible, avec ces quelques notes, de se faire une idée de l'*Harmogenanina detecta* de Férussac. Heureusement les types de l'auteur sont dans les collections du Muséum d'Histoire naturelle de Paris (1) et ils répondent à la description suivante, sensiblement conforme à celle donnée par L. PFEIFFER :

Coquille subconique (2) en-dessus, un peu convexe en-dessous ; spire formée de 6 tours convexes à croissance lente et régulière séparés par des sutures marginées ; dernier tour peu développé en-dessus par rapport au pénultième, bien plus convexe en-dessous qu'en-dessus, muni d'une carène médiane très saillante ; ouverture semi-ovalaire transverse, très anguleuse en haut et, principalement, sur le bord externe au point où aboutit la carène ; péristome simple, légèrement épaissi ; bord columellaire réfléchi sur l'ombilic.

Diamètre maximum	Diamètre minimum	Hauteur totale	Diamètre de l'ouverture	Hauteur de l'ouverture	Observations
mm.	mm.	mm.	mm.	mm.	
12 1/2	11 1/3	7	6	5	Individus types
14 1/4	11 1/5	6	6 1/4	5	de D'A de FÉRUSSAC
12	11	6 1/2	6	5 1/2	
14	12	6	»	»	D'après L. PFEIFFER

Test fauve jaunâtre plus clair en-dessus qu'en-dessous, subtransparent, le sommet un peu brillant ; tours embryonnaires très finement striés longitudinalement, les autres garnis, en-dessus, de stries longitudinales costulées, sublamelleuses,

(1) Trois exemplaires portent l'indication *Helix detecta* Fer. ; trois autres, dont il sera question plus loin, sont étiquetés : *Helix detecta* Fér. var. *a*.
(2) La coquille affecte, en dessus, la forme d'un cône très surbaissé ; L. PFEIFFER la définit : coquille sublenticulaire.

très obliquement subonduleuses, irrégulières et serrées ; et, en-dessous, de stries plus fines, plus irrégulières, moins serrées, très onduleuses et bien atténuées vers l'ombilic.

Les stries du dernier tour sont très saillantes aux points où elles aboutissent à la carène qui apparaît ainsi comme un peu crènelée.

Cette espèce n'est pas ombiliquée ; cependant un des exemplaires de la Collection Férussac, qui n'est pas entièrement adulte, montre un ombilic circulaire ponctiforme. Le péristome est alors mince et tranchant, mais il s'épaissit à mesure que la coquille croît et le bord columellaire, en se réfléchissant, finit par recouvrir entièrement l'ombilic.

L'*Harmogenanina detecta* de Férussac, tel qu'il vient d'être décrit, se rapproche surtout de l'*Harmogenanina semicerina* Morelet. Il est sensiblement de même taille et s'en distingue par sa forme moins élevée, ses tours de spire plus convexes, les caractères particuliers de son dernier tour, de sa carène et de son ouverture et par sa sculpture plus fortement accentuée.

Ile de la Réunion : «... Sous les feuilles mortes, dans le lit de la rivière Saint-Denis » [S. RANG, *in* : DE FÉRUSSAC, *loc. supra cit.*, 1827, p. 302] ; = Collection de Férussac, in Muséum Hist. natur., Paris, 1837 ; = L. PFEIFFER, *loc. supra cit.*, 1842, p. 27 ; et 1848, p. 219 ; = L. MAILLARD, *in* : G. P. DESHAYES, *loc. supra cit.*, 1863, p. E. 85 ; = Bassin du Diable, près de Saint-Denis [J. CALDWELL, *in* : H. ADAMS, *loc. supra cit.*, 1872, p. 18] ; = Ile de la Réunion [E. DUPONT, *in* : G. NEVILL, *loc. supra cit.*, 1878, p. 43].

HARMOGENANINA SUBDETECTA Germain, *nov. sp.*

Pl. IV, fig. 31 à 37.

Helix detecta DE FÉRUSSAC, var. *a*, in *Collec. Muséum Paris.*
1918 *Harmogenanina subdetecta* GERMAIN, *Bulletin Muséum Hist. Natur.
Paris*, XXIV, n° 7, p. 517.

Coquille subconique aplatie en-dessus, peu convexe en-dessous ; spire formée de *six tours étagés*, un peu convexes, à croissance lente et très régulière, séparés par des *sutures fortement marginées* (1) ; dernier tour à peine plus grand,

(1) Par suite de la présence, *contre les sutures*, de la carène médiane du dernier tour qui est continuée aux tours supérieurs.

en-dessus, que l'avant-dernier, avec une *étroite zone méplane contre la suture*, subconvexe (1) en-dessous, muni d'une *carène médiane filiforme* saillante s'atténuant vers l'ouverture ; ouverture vaguement subquadrangulaire, à bords marginaux très écartés ; bord columellaire réfléchi sur l'ombilic qu'il recouvre entièrement : péristome un peu épaissi.

Diamètre maximum : 12-12 millimètres ; diamètre minimum : 10 $\frac{1}{2}$-11 millimètres ; hauteur : 6 $\frac{1}{2}$-6 millimètres ; diamètre de l'ouverture : 5-5 millimètres : hauteur de l'ouverture : 5-5 millimètres.

Test subcrétacé, un peu épais, blanc grisâtre et opaque : tours embryonnaires à peine striés longitudinalement ; autres tours garnis de stries costulées sublamelleuses, irrégulières, obliques et subonduleuses ; stries à peine plus faibles en-dessous, irrégulières, très onduleuses et légèrement atténuées vers l'ombilic.

Trois exemplaires de cette espèce (2) existent dans les Collections du Muséum d'Histoire naturelle de Paris sous le nom d'*Helix detecta* Fér., var. *a*. Ils constituent bien certainement une espèce distincte, se séparant du véritable *Harmogenanina detecta* de Férussac :

Par sa forme générale plus déprimée : par sa spire plus conique en-dessus, à *tours étagés et plus serrés ;* par son dernier tour *méplan contre la suture*, arrondi et à profil convexe alors que le profil du dernier tour est grossièrement en forme de biseau chez le *detecta ;* par sa carène à peu près aussi saillante, mais plus large, moins tranchante et s'atténuant vers l'ouverture ; par son ouverture de forme différente ; enfin, par son test plus solide, opaque et garni d'une sculpture moins accentuée.

L'examen des figures comparatives de la planche IV, montre combien est différent l'aspect général de ces deux espèces dont l'une, l'*Harmogenanina subdetecta* Germain, s'éloigne très sensiblement des autres formes du genre.

Ile de la Réunion : Collection Férussac, au Muséum d'Histoire naturelle de Paris.

---

(1) La coquille est, en dessous, subconvexe mais nettement déprimée au centre.

(2) L'un d'eux est brisé : il lui manque les tours supérieurs de la spire.

Famille des **ARIOPHANTIDAE**
[= **NANINIDAE** auct.].

Genre **CAELATURA** Pfeiffer, 1877 (1).

§ I.

Caelatura (Caelatura) caelatura de Férussac.

1821 *Helix (Helicogena) caelatura* de Férussac, *Tableaux systématiques*,
n° 28.

1820-1851 *Helix (Helicogena) caelatura* de Férussac, *Histoire génér. et
particul. Mollusques*, pl. XXVIII, fig. 3-4.

1822 *Helix caelatura* de Lamarck, *Histoire natur. animaux sans vertèbres*,
VI, part. II, p. 77.

1837 *Eurycratera caelatura* Beck, *Index Molluscor.*, p. 46.

1838 *Helix caelatura* de Lamarck, *Histoire natur. animaux sans vertèbres*,
Ed. 2 [par G. P. Deshayes], VIII, p. 39.

1843 *Helix caelatura* Scanzin, *Catalogue Coquilles îles de France, Bourbon
et Madagascar, Mémoires Soc. Hist. Natur. Strasbourg*,
III, p. 16.

1846 *Helix caelatura* Pfeiffer, *Gatt. Helix, in :* Martini et Chemnitz, *Systemat. Conchylien-Cabinet*, Ed. 2, p. 228, n° 199, taf.
XXIX, fig. 3-4.

1846 *Helix exarata* Wiegmann in *Mus. Berol., (fide* Pfeiffer, *in :* Martini
et Chemnitz, *loc. supra cit.*, p. 228).

1848 *Helix caelatura* Pfeiffer, *Monograph. Heliceor. vivent.*, I, p. 20,
n° 10.

1851 *Helix caelatura* Reeve, *Conchologia Iconica*, pl. XLI, fig. 183.

1853 *Helix caelatura* Pfeiffer, *Monograph. Heliceor. vivent.*, III, p. 33,
n° 43.

1855 *Eurycratera caelatura* Pfeiffer, *Malakozoolog.. Blätter*, p. 133.

1855 *Cochlea (Otala) caelatura* Adams, *Genera of Recent Mollusca*, p. 197.

1855 *Nanina (Ryssota) caelatura* Adams, *Genera of Recent Mollusca*, p. 223.

1859 *Helix caelatura* Pfeiffer, *Monograph. Heliceor. vivent.*, IV, p. 13,
n° 44.

1860 *Helix caelatura* Morelet, *Séries Conchyliologiques ; II, Iles Orientales
d'Afrique*, p. 49, n° 2.

1863 *Helix caelatura* Deshayes, *Catalogue Mollusques Réunion*, p. 85,
n° 269.

1868 *Helix caelatura* Pfeiffer, *Monograph. Heliceor. vivent.*, V, p. 54,
n° 56.

1870 *Helix caelatura* Nevill, *Journal Asiatic Society of Bengal*, XXXIX,
part II, p. 403, n° 1.

1870 *Rotula caelatura* Semper, *Reisen im Archipel der Philippinen, Landschnecken*, I, p. 39, taf. III, fig. 22 et taf. VIII, fig. 1.

1878 *Nanina (Rhyssota) caelatura* Nevill, *Handlist Mollusca Indian Museum Calcutta*, I, p. 46, n° 245.

1880 *Pachystyla caelatura* Martens, *Mollusken, in :* K. Möbius, *Beiträge z.
Meeresfauna d. Insel Mauritius...*, Berlin, p. 193.

1885 *Nanina (Caelatura) caelatura* Tryon, *Manual of Conchology*, 2e série,
Pulmonata. II, p. 21, pl. III, fig. 43.

(1) *Caelatura* Pfeiffer, *Monographia Heliceorum viventium*, **VII**,
Leipzig, 1877.

Plus petit que le *Caelatura (Caelatura) Duponti* Morelet de l'île Maurice, le *Caelatura (Caelatura) caelatura* Férussac, qui semble remplacer le premier à l'île de la Réunion, atteint les dimensions suivantes :

Hauteur totale	Diamètre maximum	Diamètre minimum	Hauteur de l'ouverture	Diamètre de l'ouverture
mm.	mm.	mm.	mm.	mm.
20	27	23 1/2	13 1/2	14
18	27	23 1/4	14	14
10	26	22 1/2	14	14
16 1/4	20	23	11 1/2	12
16	19	21 1/2	11 3/4	12

Le test est épais, solide, recouvert d'un épiderme brun foncé, mince, et s'exfoliant avec la plus grande facilité. La sculpture, très irrégulière, comprend des stries longitudinales obliques, inégales, plus ou moins onduleuses, crispées aux sutures, plus faibles en-dessous qu'en-dessus, et des stries spirales peu nombreuses très inégalement distantes les unes des autres.

L'animal est brun foncé antérieurement, d'un jaune brunâtre postérieurement, avec une sole pédieuse jaunâtre et des tentacules d'un noir pourpré [G. NEVILL, *loc. supra cit.*, 1870, p. 403].

Ile de La Réunion : Environs de Saint-Pierre, dans les endroits humides, sous les pierres et les broussailles [MAJASTRE] ;=sans indication de localité : [D. FREDOUILLE, *in :* DE FÉRUSSAC, *loc. supra cit.*, 1821, p. 48 ;=V. SGANZIN, *loc. supra cit.*, 1843, p. 16 ;=L. MAILLARD, *in :* G. P. DESHAYES, *loc. supra cit.*, 1863, p. 85]. = Dans les lieux élevés et boisés ; « on la trouve communément sous les pierres, sous les troncs renversés et dans les cavités des vieux arbres » [E. VESCO, *in :* A. MORELET, *loc. supra cit.*, 1860, p. 49]. = Assez abondant dans les endroits humides, sous les pierres, etc., dans les ravins ; s'élève jusqu'à 1.000 pieds [=330 mètres environ] au-dessus du niveau de la mer [G. NEVILL, *loc. supra cit.*, 1870, p. 403(1)]. = Route à Salazie [G. NEVILL, *loc. supra cit.*, 1878, p. 46].

(1) Dans ce même Mémoire G. NEVILL ajoute qu'il a recueilli des individus de cette espèce à presque tous les stades de leur développement et que, dans le très jeune âge, le *Caelatura caelatura* de Férussac ressemble au *Vitrina borbonica* tel qu'il a été figuré par A. MORELET [*Séries Conchyliologiques*, II, *Iles Orientales d'Afrique*, 1860, pl. IV, fig. 1.]

CAELATURA (CAELATURA) DUPONTI Morelet.

Pl. VI, fig. 34, 35, 38, 40, 42, 43 et 45 et Pl. IX, fig. 1.

1866 *Helix Duponti* MORELET, *Revue et Magasin de Zoologie*, XVIII, p. 72.
1868 *Helix Duponti* PFEIFFER, *Monograph. Heliceor. vivent.*, V, p. 465,
     n° 34 a.
1868 *Nanina sulcifera* BARCLAY, *in :* H. ADAMS, *Proceedings Zoological Society of London*, p. 15, pl. IV, fig. 12.
1870 *Helix Duponti* MARTENS, *in :* PFEIFFER *Novitates Conchologicae*, V,
p. 179, taf. CLII, fig. 1-3.
1876 *Helix Duponti* PFEIFFER, *Monograph. Heliceor. vivent.*, VII, p. 321.
1877 *Helix Duponti* LIÉNARD, *Catalogue Mollusques Maurice*, p. 56, n° 779.
1880 *Pachystyla (Cœlatura) Duponti* MARTENS, Mollusken, *in :* K. MÖBIUS,
Beiträge z. Meeresfauna d. Insel Mauritius..., Berlin,
p. 192.
1886 *Nanina (Cœlatura) Duponti* TRYON, *Manual of Conchology*, 2° série,
Pulmonata, II, p. 21, pl. III, fig. 44-45.
1909 *Pachystyla Duponti* KOBELT, *Abhandl. d. Senckenberg. Naturforsch.
Gesellschaft Frankfurt a. M.*, XXXII, p. 93.

M. P. CARIÉ a réuni une série considérable d'individus de
cette espèce ; il est possible, grâce à ce matériel, d'étudier sa
grande variabilité. Nous commencerons par indiquer, dans
le tableau suivant, les dimensions principales d'un assez grand
nombre d'individus.

En examinant cette longue série d'exemplaires, on s'aper-
çoit que la hauteur de la spire varie dans des proportions
considérables, mais sans présenter aucune spécialisation bien
nette. Il en résulte une grande diversité dans la forme générale de la coquille, qui est tantôt surbaissée (individus n°ˢ 12,
32, etc...), tantôt élevée (exemplaires n°ˢ 14, 23, 34, etc...).
Mais il est impossible d'établir un classement ; il existe seulement une *forme relativement stable*, dont j'ai vu de nombreux specimens, et qui se différencie du type :

Par sa forme plus haute ; par son dernier tour plus globuleux
et plus comprimé à la périphérie ; par son ouverture proportionnellement plus étroite. J'en figure un individu (Pl. VI,
fig. 35) sans lui attribuer même la valeur d'une variété.

Le jeune du *Caelatura (Caelatura) Duponti* Morelet est
inconnu. Il est cependant probable que son dernier tour est
fortement caréné. Il existe, en effet, dans la collection réunie
par M. P. CARIÉ, des individus de taille médiocre (ils ont entre
34 et 38 millimètres de diamètre maximum) dont le dernier
tour est muni d'une indication carénale relativement saillante. L'un d'eux (1) est immature : son péristome, ni bordé,

(1) Chez cet individu la carène du dernier tour est particulièrement
accentuée.

Numéros des échantillons	Hauteur totale	Diamètre maximum	Diamètre minimum	Hauteur de l'ouverture (1)	Diamètre de l'ouverture (1)	Observations
	mm.	mm.	mm.	mm.	mm.	
1	39	44	36	32	23	
2	39	43	37	32 1/2	24 1/2	
3	38	48	39	32	26	
4	38	47 1/2	38 1/2	33	27	
5	38	45	37	32	25	
6	37	44	36	31	24	
7	37	44	37	33	24	
8	37	42	34	30	23	
9	37	41	33	28 1/2	22	
10	36	41 1/2	34	30	22	
11	36	41	36	30	22	
12	35 1/2	46	36 1/2	30 1/2	25	
13	35	42	35	30	23	
14	35	39 1/2	32 1/2	27	22	forma *alta*
15	34 1/2	47	38	32	27	
16	34 1/2	43	35	31	23	
17	34 1/2	40	33	27	22	
18	34	45	37	32	24 1/2	
19	34	40	33	29	22	
20	33 1/2	38 1/2	32	28	21	
21	33	42	35	29	23	
22	33	41	34 1/2	30	22	
23	33	37	31	26 1/2	19	
24	32	42	34	29	22	
25	32	40 1/2	33 1/2	28	22	
26	32	39 1/2	33	28	21	
27	32	37 1/2	30 1/2	26 3/4	20	
28	32	37	30 3/4	27	20	
29	31 1/2	44	36 1/2	31	25	
30	30 1/2	41	33 1/2	28	23	
31	31 1/2	36 1/2	30 3/4	25	19 1/2	
32	31	42	34	30	23	
33	31	38	31	26	20	
34	31	36 1/2	31	25	20	
35	30 1/4	39	33	27	22	
36	30	38	31	27	21	
37	30	37	30	26	20	
38	30	36 1/2	30	26	19	
39	30	36 1/3	30	25	20	
40	29 1/2	34 1/2	30	26	20	

(1) Y compris, pour tous les exemplaires, l'épaisseur du péristome.

ni réfléchi, est mince et fragile et son bord columellaire ne recouvre que très partiellement un étroit ombilic. Ces caractères sont évidemment ceux d'une jeune. A mesure que l'animal avance en âge, le dernier tour s'arrondit, la carène disparaît et l'ombilic se ferme, entièrement recouvert par la pastulescence du bord columellaire. Exceptionnellement, chez quelques individus dont le développement est terminé, persiste un étroit ombilic et, au dernier tour, une indication carénale plus ou moins émoussée (1).

Le test est toujours solide ; l'ouverture bordée par un péristome plus ou moins épaissi, avec un bord columellaire toujours très fortement encrassé, réfléchi sur l'ombilic qu'il recouvre complètement. Les bords marginaux sont réunis par une callosité d'importance variable parfois fort épaisse. Il subsiste, sur de rares exemplaires, une partie de la coloration primitive : celle-ci est d'un brun roux parfois jaunâtre en-dessous, avec, exceptionnellement, des traces d'une large bande supracarénale brune continuée en-dessus.

La sculpture se compose de stries longitudinales fortes, très obliquement onduleuses, serrées, irrégulières et inégales, un peu plus faibles en dessous et de stries spirales fortes, plus irrégulières et plus espacées en dessous qu'en dessus. Le test présente ainsi un aspect granuleux. D'ailleurs la densité des stries spirales varie beaucoup suivant les individus considérés et, chez quelques-uns, elles sont peu nombreuses. Les tours embryonnaires ont une sculpture beaucoup plus délicate, formée de fines stries longitudinales coupées de fines stries spirales subrégulières.

Ile Maurice : Espèce subfossile extrêmement abondante, mais se rencontrant uniquement dans les chaînes de montagnes, au sud-est de Port-Louis [P. Carié et Thirioux] ; = Subfossile [E. Dupont, *in* : A. Morelet, *loc. supra cit.*, 1866, p. 72] ; = Montagne au Riz [D. Barclay, *in* : H. Adams, *loc. supra cit.*, 1868, p. 15] ; = Dans la terre et le sable [E. Liénard, *loc. supra cit.*, 1877, p. 57] ; = sans localité précise : [J. Caldwell et Prof. K. Möbius, *in* : Dr. E. von Martens, *loc. supra cit.*, 1880, p. 193].

Caelatura Bewsheri Morelet.

1875 *Helix Bewsheriana* Morelet, *Journal de Conchyliologie*, XXIII, p. 23, n° 1, pl. 1, fig. 1.
1880 *Pachystyla Bewsheriana* Martens, Mollusken, *in* : K. Möbius, *Beiträge z. Meeresfauna d. Insel Mauritius...*, Berlin, p. 192.

(1) Quelques rares échantillons, également bien adultes, ont un ombilic qui n'est pas entièrement recouvert bien que le dernier tour ne présente plus la trace de carène.

1880 *Pachystyla (Caelatura) Bewsheriana* Martens, *loc. supra cit.*, p. 193.
1886 *Nanina (Caelatura) Bewsheriana* Tryon, *Manual of Conchology*, 2ᵉ
     série, *Pulmonata*, II, p. 21, pl. III, fig. 46.
1909 *Pachystyla Bewsheriana* Kobelt, *Abhandl. d. Senckenberg. Natur-
     forsch. Gesellschaft Frankfurt a. M.*, XXXII, p. 96.

Coquille imperforée, subdéprimée convexe ; spire obtuse,
formée de 5 ½ tours peu convexes, les 4 premiers à croissance
lente et régulière, le dernier grand, à peu près aussi convexe
en-dessus qu'en-dessous, dilaté à l'extrémité, très vaguement
subanguleux — ou plutôt comprimé — à la périphérie ; ouverture très oblique, subovalaire, à bords marginaux écartés,
réunis par une callosité forte et épaisse ; péristome fortement épaissi, surtout du côté columellaire, nettement incurvé
sur le bord droit.

Hauteur : 19 millimètres ; diamètre maximum : 33 millimètres ; diamètre minimum : 29 millimètres.

Test solide, légèrement luisant ; premiers tours garnis de
stries longitudinales fines et serrées ; autres tours avec stries
longitudinales costulées, irrégulières et inégales, beaucoup
plus fines en dessous où elles sont atténuées vers l'ouverture.

Connue seulement à l'état subfossile, cette espèce représente, à l'île Rodrigue, les *Caelatura caelatura* de Férussac de
l'île de la Réunion et *Caelatura Duponti* Morelet de l'île Maurice. Elle appartient incontestablement au même groupe que
ces deux derniers *Caelatura*.

Ile Rodrigue : «...Trouvée, à l'état subfossile, dans les cavernes du littoral, mêlée à des ossements de Dronte... »
[Bewsher, *in :* A. Morelet, *loc. supra cit.*, 1875, p. 24].

§ 2.

Caelatura scalpta Martens.

1846 *Helix rufa* Pfeiffer, Helicid. *in :* Martini et Chemnitz, *Systemat.
    Conchylien-Cabinet*, 2ᵉ Edit., p. 119, n° 540, taf.
    LXXXVII, fig. 4-5 [*excl. synony., non* Lesson.]
1848 *Helix rufa* Pfeiffer, *Monograph. Heliceor. vivent.*, I, p. 73, n° 166
    [*excl. synony., non* Lesson].
1851 *Helix rufa* Reeve, *Conchologia Iconica*, sp. 193 [*non* Lesson].
1853 *Helix rufa* Pfeiffer, *Monograph. Heliceor. vivent.*, III, p. 72, n° 268
    [*excl. synony., non* Lesson].
1859 *Helix rufa*, Pfeiffer, *Monograph. Heliceor. vivent.*, IV, p. 62, n° 368
    [*excl. synony., non* Lesson].
1860 *Helix rufa* Morelet, *Séries Conchyliologiques*, II, *Iles Orientales
    d'Afrique*, p. 64, n° 19, [*non* Lesson].

1868 *Helix rufa* Pfeiffer, *Monograph. Heliceor. vivent.*, V, p. 125, n° 519 [excl. synony., non Lesson].
1870 *Helix rufa* Semper, *Reisen Philip.*, *Landschnecken*, I, p. 11, taf. III, fig. 23 et taf. VII, fig. 3.
1877 *Helix rufa* Liénard, *Catalogue Mollusques Maurice*, p. 57 [non Lesson], n° 797.
1877 *Pachystyla scalpta* Martens, *Monatsberichte d. Akadem. d. Wissenschaftl. Berlin*, p. 267.
1878 *Nanina (Macrochlamys ou Rotula) semifusca* Nevill, *Journal de Conchyliologie*, XXVI, p. 59, n° 1 [non G. P. Deshayes].
1878 *Nanina semifusca* Nevill, *Handlist. Mollusca Indian Museum Calcutta*, I, p. 32, n° 113.
1880 *Pachystyla (Caelatura) scalpta* Martens, Mollusken, *in* : K. Möbius, *Beitrage z. Meeresfauna d. Insel Mauritius...*, berlin, p. 193.
1886 *Nanina (Caelatura) scalpta* Tryon, *Manual of Conchology*, 2° série, *Pulmonata*, II, p. 22, pl. IV, fig. 48-51.
1892 *Ariophanta (Caelatura) scalpta* Baker, *Proceedings Rochester Academy of Sciences*, II, p. 21, n° 13.
1909 *Pachystyla scalpta* Kobelt, *Abhandl. d. Senckenberg. Naturf. Gesellschaft. Frankfurt a. M.*, XXXII, p. 93.

G. Nevill qui a séparé, avec raison, cette espèce de l'*Helix rufa* Lesson (1), la rapporte à l'*Helix semifusca* Deshayes (2). Je crois cette opinion erronée (3) et, en conséquence, j'ai adopté le nom de *Caelatura scalpta* Martens qui est le plus ancien.

Les nombreux individus recueillis par M. P. Carié sont de taille fort variable comme on peut le voir par le tableau suivant donnant, en millimètres, les dimensions principales de quelques échantillons.

Tous les exemplaires de grande taille (ayant plus de 24 millimètres de diamètre maximum) sont subfossiles.

Le test des individus vivants est d'un corné roux passant au corné verdâtre au dernier tour ; il est brillant (4) et plus clair en dessous (5) qu'en dessus.

Les tours embryonnaires sont garnis de très fines stries lon-

---

(1) G. Nevill [Journal de Conchyliologie, XXVI, 1878, p. 59] s'exprime ainsi au sujet de cette espèce : « Connue jusqu'ici comme étant l'*Helix rufa* de Lesson. Je suis porté à croire que le véritable *Helix rufa* de la Nouvelle-Irlande est spécifiquement distinct de la forme de Maurice, et le Prof. E. von Martens m'a fait savoir que c'était aussi son opinion ».

(2) Deshayes (G. P.), *Voyage Bélanger Indes Orientales, Mollusques*, Paris, 1863, pl. I, fig. 8-10.

(3) Le Dr. E. Von Martens a exprimé les mêmes doutes au sujet de cette identification [Mollusken, *in* : K. Möbius, *Beitrüge z. Meeresfauna d. Insel Mauritius...*, etc..., Berlin, 1880, p. 193].

(4) Parfois même très brillant et comme irisé sur les premiers tours.

(5) En dessous le test est, soit d'un corné verdâtre brillant, soit d'un corné jaunâtre clair très brillant et comme laiteux.

Diamètre maximum	Diamètre minimum	Hauteur totale	Hauteur de l'ouverture	Diamètre de l'ouverture
mm.	mm.	mm.	mm.	mm.
27 1/4	23 4/5	14	11 1/2	14
26	22 3/4	13 1/2	11 1/4	14
25	22 1/4	13	10 1/2	13
25	22	14	10	13
24 1/2	22	14	11 3/4	13 1/2
23	20	12	10	12
22 3/4	20	12	9 1/2	12 1/2
22 (1)	?	12 1/2 (1)	10 (1)	11 3/4 (1)
21 3/4 (1)	?	10 (1)	9 1/2 (1)	11 (1)
20	17 4/5	10 1/2	9	11
19 1/4	17 1/2	11 1/4	8 1/2	10 1/2
18	16 1/4	10 1/2	9	11

(1) Dimensions des plus grands exemplaires vus par G. Nevill (*Journal de Conchyliologie* 1878, p. 60).

gitudinales serrées. Les autres tours montrent des stries longitudinales inégales, obliques, irrégulièrement espacées, à peine subonduleuses et crispées aux sutures ; elles sont coupées de très fines stries spirales serrées, à peu près régulièrement distribuées sur toute la surface des tours, sauf au dernier, où elles sont bien plus fines. Le test présente ainsi, principalement sur les premiers tours, un aspect très délicatement granuleux. En-dessous les stries spirales disparaissent presque complètement et les stries longitudinales sont plus irrégulières, plus saillantes et sensiblement atténuées vers l'ombilic.

Ile Maurice : Environs de Curepipe, du Grand Port ; bords de la Rivière Noire ; Savanne, etc... ; commun dans les endroits humides [P. Carié] ; = Sans indication de localité : [Guérin, *in* : L. Pfeiffer, *loc. supra cit.*, I, 1848, p. 73] = Quartier de la rivière Noire, commun sous les feuilles mortes, les pierres, les lieux conservant un peu d'humidité [E. Vesco, *in* : A. Morelet, *loc. supra cit.*, 1860, p. 64] ; = Excessivement abondant dans les environs de la ville de Port-Louis [G. Nevill, *loc. supra cit.*, Paris, 1878, p. 59] ; = Très abondant près de Port-Louis [G. Nevill, *loc. supra cit.*, 1878, p. 32] ; = Sans localité précise [F. C. Baker, *loc. supra cit.*, 1892, p. 21].

Ile de La Réunion : [Semper, *loc. supra cit.*, 1870, p. 11].

Ile de Madagascar : Sans localité précise [E. Vesco, *in* : A. Morelet, *loc. supra cit.*, 1860, p. 64].

§ 3.

CAELATURA RODRIGUEZENSIS Crosse.

1873 *Helix Rodriguezensis* CROSSE, *Journal de Conchyliologie*, XXI, p. 137,
    n° 3.
1874 *Helix Rodriguezensis* CROSSE, *Journal de Conchyliologie*, XXII, p .230,
    n° 8, pl. VIII, fig. 1.
1880 *Pachystyla Rodriguezensis* MARTENS, Mollusken, *in* : K. MÖBIUS,
    Beiträge z. Meeresfauna d. Insel Mauritius..., Berlin,
    p. 192.
1886 *Nanina (Pachystyla) Rodriguezensis* TRYON, *Manual of Conchology*,
    2e série, *Pulmonata*, II, p. 26, pl. VI, fig. 99.
1894 *Phasis (Trachycystis) Rodriguezensis* PILSBRY *in* : TRYON, *Manual of
    Conchology*, 2e série, *Pulmonata*, IX, p. 38.
1909 *Pachystyla Rodriguezensis* KOBELT, *Abhandl. d. Senckenberg. Natur-
    forsch. Gesellschaft Frankfurt a. M.*, XXXII, p. 96.

Coquille ombiliquée (fente ombilicale à peine sensible), de
forme subturbinée ; spire brièvement conique composée de
5 ½ tours faiblement convexes ; sommet un peu obtus ; dernier tour grand, bien convexe, subdilaté à l'extrémité, très
obscurément anguleux à la périphérie ; ouverture à peine
oblique, semi-lunaire arrondie, à bords marginaux éloignés ;
bord columellaire brièvement dilaté à la partie supérieure et
réfléchi sur l'ombilic qu'il cache presque complètement.

Diamètre maximum : 12 millimètres , diamètre minimum : 10 millimètres ; hauteur : 7 millimètres ; hauteur de
l'ouverture : 6 millimètres ; diamètre de l'ouverture : 5 ½
millimètres.

Test assez mince, d'un brun olivâtre terne, garni de stries
longitudinales assez fortes et légèrement obliques « sous lesquelles on distingue, à la loupe, des raies spirales très fines et
presque imperceptibles répandues par endroits » [H. CROSSE].
En-dessous les stries disparaissent à peu près complètement
et le test devient luisant.

C'est avec quelque doute que je place cette espèce dans le
genre *Caelatura*. Cependant la forme générale — rappelant
certains stades du développement du *Caelatura caelatura* de
Férussac — et la sculpture me font penser que le *Caelatura
rodriguezensis* Crosse est soit une coquille jeune, soit une
espèce un peu aberrante du genre *Caelatura*.

Ile Rodrigue : « Nouvelle-Découverte, sous les Manguiers
[A. DESMAZURES, *in* : H. CROSSE, *loc. supra cit.*, 1874, p. 231].

Genre **PACHYSTYLA** Mörch, 1852 (1).

PACHYSTYLA INVERSICOLOR de Férussac.

Pl. V, fig. 1 à 39; Pl. VI, fig. 36, 37, 39, 41 et 44; et Pl. VIII, fig. 1 à 8.

1773 *La lampe antique* BERNARDIN DE SAINT-PIERRE, *Voyage à l'Isle de France*, Paris, p. 106.

1821 *Helix (Helicogena) inversicolor* DE FÉRUSSAC, *Tableaux systémati-ques* ; n° 132.

1820-1851 *Helix (Helicogena) inversicolor* DE FÉRUSSAC, *Histoire génér. et partic. Mollusques* ; 1, Paris, p. 353, pl. LVIII A, fig. 7-12.

1820-1851 *Helix (Helicogena) inversicolor* var. β DE FÉRUSSAC, *loc. supra cit.*, 1, pl. LVIII A, fig. 1-6.

1822 *Carocolla bicolor* DE LAMARCK, *Histoire natur. animaux sans vertè-bres*, VI, part. II, Paris (avril 1822). p. 97, n° 8.

1822 *Carocolla mauritiana* DE LAMARCK, *loc. supra cit.*, VI, part. II, p. 98, n° 9.

1827 *Helix inversicolor* RANG, *in :* DE FÉRUSSAC, *Bulletin univers. sciences*, X, p. 302.

1837 *Carocolla bicolor* BECK, *Index Molluscorum*, p. 32, n° 3.

1837 *Carocolla mauritiana* BECK, *Index Molluscorum*, p. 32, n° 9.

1838 *Carocolla bicolor* DE LAMARCK, *Histoire natur. animaux sans vertèbres*, 2° Édit. [par G. P. DESHAYES], VIII, Paris, p. 146, n° 8.

1838 *Carocolla mauritiana* DE LAMARCK, *loc. supra cit.*, 2° Édit., VIII, p. 146, n° 9.

1843 *Carocolla bicolor* SGANZIN, *Catalogue Coquilles îles de France, Bourbon, Madagascar* ; *Mémoires Soc. Hist. Natur. Strasbourg*, III, p. 16.

1843 *Carocolla mauritiana* SGANZIN, *loc. supra cit.*, III, p. 16.

1846 *Helix inversicolor* PFEIFFER, *Helicid. in :* MARTINI et CHEMNITZ, *Systemat. Conchylien-Cabinet*, 2° Édit., p. 117, n° 538, taf. LXXXVI, fig. 6,7.

1846 *Helix inversicolor* variété PFEIFFER, *in* MARTINI et CHEMNITZ, *loc. supra cit.*, p. 118, taf. CXXXVI, fig. 14-15.

1848 *Helix inversicolor* PFEIFFER, *Monograph. Heliccor. vivent.*, I, p. 21, n° 14.

1848 *Helix inversicolor* β minor PFEIFFER, *Monograph. Helicicor. vivent.*, I, p. 22.

1850 *Helix (Axina) inversicolor* ALBERS, *Die Heliceen*, Berlin, p. 113.

1851 *Helix inversicolor* REEVE, *Conchologia Iconica*, pl. XL, fig. 177.

1851 *Helix stylodon* REEVE, *Conchologia Iconica*, pl. XLII, fig. 191 [non L. PFEIFFER].

1853 *Helix inversicolor* PFEIFFER, *Monograph. Helicicor. vivent.*, III, p. 168, n° 897.

1855 *Helicostyla (Axina) inversicolor* ADAMS, *Genera of recent Mollusca*, London, p. 193.

1855 *Nanina (Pachystyla) Mauritiana* ADAMS, *Genera of recent Mollusca*, London, p. 234.

1855 *Helix leucostyla* PFEIFFER, *Proceedings Zoological Society of London*, p. 112.

(1) *Pachystyla* MÖRCH, *in :* H. et A. ADAMS, *Genera of recent Mollusca* 1852.

1859 *Helix leucostyla* PFEIFFER, *Monograph. Heliceor. vivent.*, IV, p. 18, n° 90.

1859 *Helix inversicolor* PFEIFFER, *Monograph. Heliceor. vivent.*, IV, p. 193, n° 1318.

1860 *Helix inversicolor* MORELET, *Séries Conchyliologiques; II, Iles Orientales d'Afrique*, p .50, n° 4.

1860 *Helix leucostyla* MORELET, *loc. supra cit.*, II, p. 51, n° 5.

1868 *Helix leucostyla* PFEIFFER, *Monograph. Heliceor. vivent.*, V, p. 59, n° 111.

1868 *Helix inversicolor* PFEIFFER, *Monograph. Heliceor. vivent.*, V, p. 265, n° 1655.

1874 *Helix inversicolor* BINNEY, *Proceedings Academy Natur. Sciences Philadelphie*, p. 48.

1877 *Helix inversicolor* LIÉNARD, *Catalogue Mollusques Maurice*, p. 56, n° 783.

1877 *Helix leucostyla* LIÉNARD, *Catalogue Mollusques Maurice*, p. 56.

1878 *Nanina (Rotula) mauritiana* NEVILL, *Handlist Indian Museum Calcutta*, I, p. 43, n° 216.

1878 *Nanina (Rotula) inversicolor* NEVILL, *loc. supra cit.*, I, p. 43, n° 217.

1880 *Pachystyla inversicolor* MARTENS, *Mollusken in :* K. MÖBIUS, *Beiträge z. Meeresfauna d. Insel Mauritius...*, Berlin, p. 191, taf. XIX, fig. 6 (jeune) et p. 341, n° 2, [Anatomie par SCHACKO].

1880 *Pachystyla Mauritiana* MARTENS *in :* K. MÖBIUS, *loc. supra cit.*, p. 191.

1886 *Nanina (Pachystyla) inversicolor* TRYON, *Manual of Conchology*, 2° série, *Pulmonata*, II, p. 24, pl. VI, fig. 89-92 (1).

1886 *Nanina (Pachystyla) Mauritiana* [PFEIFFER] TRYON, *loc. supra cit.*, II, p. 24, pl. VI, fig. 93, et 95 (2).

1892 *Ariophanta (Pachystyla) inversicolor*, BAKER, *Proceedings Rochester Academy of Sciences*, II, p. 21, n° 17.

1892 *Ariophanta (Pachystyla) Mauritiana* BAKER, *Proceedings Rochester Academy of Sciences*, II, p. 21, n° 18.

1909 *Pachystyla inversicolor* KOBELT, *Abhandl. d. Senckenberg. Naturforsch. Gesellschaft Frankfurt a. M.*, XXXII, p. 93.

1909 *Pachystyla leucostyla* KOBELT, *loc. supra. cit.*, XXXII, p. 93.

1909 *Pachystyla Mauritiana* KOBELT, *loc. supra cit.*, XXXII, p. 93.

Les nombreux matériaux réunis par M. P. CARIÉ permettent d'affirmer :

1° Que les *Helix inversicolor* de Férussac et *Helix mauritiana* de Lamarck [= *Helix leucostyla* Pfeiffer et A. Morelet] sont absolument synonymes ;

2° Que l'*Helix mauritianella* Morelet n'est qu'une variété *minor* de la même espèce.

Le *Pachystyla mauritiana* de Lamarck se distinguerait,

---

(1) D'après W. TRYON (*loc. supra cit.*, II, 1886, p. 24), l'*Helix puerocuna* Peron et synonyme ; l'*Helix plebeja* Anton (non *Helix plebeia* Draparnaud) est une forme jeune.

(2) La coquille signalée sous ce nom par W. TRYON n'est pas l'*Helix mauritiana* Pfeiffer [= *Helix mauritianella* MORELET], mais bien la forme décrite par L. PFEIFFER sous le nom d'*Helix leucostyla*.

114 LOUIS GERMAIN

d'après A. Morelet (1), du *Pachystyla inversicolor* de Férussac « par une taille moindre, une forme plus globuleuse, une
spire dont le sommet est plus arrondi, une carène moins tranchante et qui s'émousse en s'approchant de l'ouverture dont
le bord gauche est arqué, sans sinuosité. Plus épaisse, d'ailleurs, plus finement striée, uniforme dans sa couleur, elle
compte un tour de moins à la spire, et le dernier est plus
étroit. Nous devons avouer, cependant, qu'on trouve des formes intermédiaires, propres à établir un passage entre les deux
espèces (2) ».

Fig. 5. — *Pachystyla inversicolor* de Férussac.
Ile Maurice [M. P. Carié]. Forme à spire très élevée; grandeur naturelle.

L'examen d'une longue série d'individus montre un tel nombre de ces « formes intermédiaires » que toute distinction devient illusoire. Nous verrons d'ailleurs que le polymorphisme
considérable de ces coquilles est, en quelque sorte, parallèle :
et une série se rapportant plus spécialement au *Pachystyla
mauritiana* de Lamarck montrent des variabilités du même
ordre ; bien mieux, les malformations qui atteignent ces deux
Helix sont également comparables.

<hr>

(1) Morelet (A.), *Séries Conchyliologiques*, etc..., II, *Iles Orientales d'A-
frique*; Paris et Dijon, novembre 1860, p. 51.
(2) En 1882 A. Morelet, [Observations critiques sur le mémoire de E.
von Martens intitulé : Mollusques des Mascareignes et des Seychelles;
Journal de Conchyliologie, XXX, Paris, 1er avril 1882, p. 95] écrit : « Je
pense donc... que les deux espèces (*Helix inversicolor* de Férussac et *Helix
mauritiana* de Lamarck) se confondent en une seule... » Mais il ne dit pas,
dans ce travail, s'il s'agit bien de la même coquille désignée, dans ses
Séries Conchyliologiques (II, p. 51), sous le nom d'*Helix leucostyla*
Pfeiffer.

a] ETUDE DU POLYMORPHISME.

Le *Pachystyla inversicolor* de Férussac est la plus polymorphe de toutes les espèces de l'île Maurice, à tel point qu'il est impossible de trouver deux individus identiques. La taille, la forme générale, les caractères de la spire, de l'ouverture et du test participent à ce polymorphisme.

Les mensurations principales d'un grand nombre de spécimens mettent en évidence l'extrême variabilité de la spire. Dans le tableau suivant, pour rendre les comparaisons plus faciles, j'ai indiqué, dans une colonne spéciale, le *coefficient* ou *indice de hauteur maximum*, c'est-à-dire la hauteur que posséderait la coquille si son diamètre maximum était égal à 100.

Indice de hauteur	Hauteur totale	Diamètre maximum	Diamètre minimum	Hauteur de l'ouverture	Diamètre de l'ouverture
	mm.	mm.	mm.	mm.	mm.
77,7	28	36	34	18	18
76,3	27 1/2	36	34	18	17 1/2
71,2	27	38	35	20	19
75	26	34 1/2	32	17	17
69	25	36	33	18	17
71	25	35	32	18	17
73,5	25	34	32	17	16
61	24 1/2	40	36	21	18
64	24 1/2	38	34 1/2	19	17 1/2
59	24	40 1/2	37	20	20
64,5	24	37	34	18	16
66,6	24	36	33 1/2	18	16 3/4
63	23	36	33 1/2	18 1/2	18
55	22	40	36	18 1/2	17
51	20	39	35	16	16
52	20	38	35	19	16
52	20	38	35	20	16 1/2
54	20	37	35	19	14
50	19 1/2	37	34 1/2	19	16
50	18 1/2	37	34	19	16
47	17 1/2	37	34	20	16

Ainsi l'indice de hauteur varie entre 47 et 77,7, c'est-à-dire à peu près dans la proportion de 8 à 13. On conçoit quelles sont, dans de telles conditions, les différences de forme observées. Ces différences sont d'autant plus grandes, qu'en devenant plus haute, la spire ne conserve pas les mêmes caractères ; elle peut être régulièrement conique en dessus, à profil subrectiligne, avec des tours convexes plus ou moins étagés (fig. 5, dans le texte) ; elle peut être à profil convexe avec des tours subtectiformes en dessus. Dans le premier cas, l'ouverture est subcodiforme transverse et ses dimensions sont, le plus souvent, dans la proportion de 10 de diamètre maximum

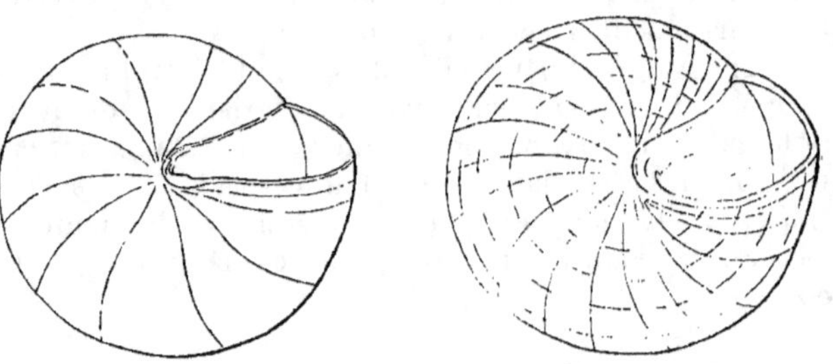

Fig. 6, 7. — *Pachystyla inversicolor* de Férussac.
Schémas montrant : à gauche, l'ouverture subcordiforme transverse ; à droite, l'ouverture contractée, subquadrangulaire. Ile Maurice [M. P. Carié] ; grandeur naturelle.

pour 8 de hauteur ; dans le second cas, elle est beaucoup plus contractée, de forme irrégulièrement subquadrangulaire et ses dimensions sont dans la proportion de 10 de diamètre maximum pour 9 $\frac{1}{2}$ ou même 10 de hauteur (fig. 6, 7, dans le texte). D'ailleurs tous les intermédiaires existent entre ces deux formes extrêmes. (Fig. 1 à 8, pl. VIII).

Les détails précédents ne concernent que les formes de grande taille pouvant être considérées comme des *inversicolor*

Fig. 8. — *Pachystyla inversicolor* de Férussac.
Ile Maurice [M. P. Carié]. Schéma d'un exemplaire bien caréné, à tours convexes ; grandeur naturelle.

typiques. Voyons maintenant celles qu'il est possible de classer sous le vocable de *mauritiana*. Voici d'abord les dimensions de quelques individus :

Indice de hauteur	Hauteur totale	Diamètre maximum	Diamètre minimum	Hauteur de l'ouverture	Diamètre de l'ouverture
	mm.	mm.	mm.	mm.	mm.
76,6	23	30	27	15	15
75	21	28	22	14	15
77,7	21	27	24	14 1/2	14 1/2
77,7	21	27	26	13 1/2	14
71,8	20 1/2	28 1/2	26 1/2	13	15
74	20	27	25	18	19
80	20	25	23 1/2	18	19
79	19 3,4	25	23 1/2	12 1/2	12 1/2
79	19	26	24 1/2	13	14
62,8	17	27	25	14	13 1/2
58,8	16	27	25	14	15
69	16	23	21	10	12
57	15	26	23	13	14
58,8	15	25 1/2	23 1/2	12	14
58	14	24	23	12	12 1/2
62,4	13	20 1/2	19	10	11

Le parallélisme avec la série précédente est frappant : ici encore l'indice de hauteur varie dans des proportions considérables, entre 58 et 80, c'est-à-dire dans une modalité légèrement plus élevée ; la forme de la coquille est donc un peu plus haute. Il nous reste maintenant la longue série des intermédiaires entre ces deux types. Contentons-nous d'en signaler quelques-uns :

Indice de hauteur	Hauteur totale	Diamètre maximum	Diamètre minimum	Hauteur de l'ouverture	Diamètre de l'ouverture
	mm.	mm.	mm.	mm.	mm.
70	22 1/2	32	30	16	17
64,8	22	33 1/2	31	17	18
64	20 1/2	32	29 1/2	14	15
66,6	20	33	30	15	17
66,6	20	30	27	14	15
63	19	30	27	14	15
65	19	29	26 1/2	14	15
56	18 1/2	31	28	15	16
64	18	28	26	13	14
56,6	17	30	28	14	15

Ainsi cette série s'intercale très exactement entre les deux précédentes ; en combinant les trois tableaux, la série obtenue est absolument ininterrompue.

Le test est toujours solide, mais il varie en épaisseur. D'une manière très générale — et bien que cette règle souffre quel-

ques exceptions — les formes les plus déprimées ont le test le
plus mince et le moins pondéreux. Typiquement la sculpture
comporte, sur les tours embryonnaires, des stries longitudinales très délicates coupées de stries spirales à peine per-
ceptibles et, sur les autres tours, d'assez fortes stries subcostulées, bien obliquement onduleuses, irrégulières et serrées,
plus fortes en dessus qu'en dessous et coupées de sillons spiraux rares et assez faiblement marqués. Les stries longitudinales peuvent être plus ou moins saillantes ; elles sont, parfois, très serrées les unes contre les autres et réunies en sortes
de faisceaux ; presque toujours elles sont nettement crispées
aux sutures et, en dessous, à la périphérie près de la carène.

β] Monstruosités.

Il est peu d'espèces montrant une telle profusion de monstruosités. Dans tous les cas précédents, *l'enroulement des tours
de spire reste absolument normal*. Nous allons maintenant le
voir prendre toutes les irrégularités.

A] *Aplatissement de la spire.* — Quelquefois la spire s'apla-
tit en dessus tout en restant très convexe en dessous (par exemple : hauteur maximum de la coquille : 10 millimètres ;
hauteur de la spire en dessus de la carène : 7 millimètres seulement), ce qui donne à la coquille un aspect très particulier

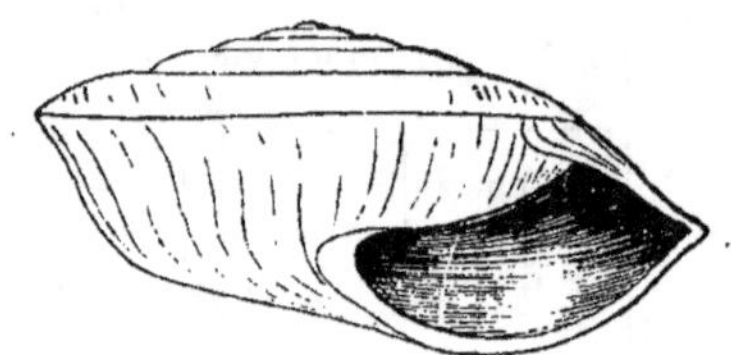

Fig. 9. — *Pachystyla inversicolor* de Férussac.
Ile Maurice [M. P. Carié]. Schéma d'un individu à spire aplatie avec dernier tour
très convexe en dessous; grandeur naturelle.

(fig. 9, dans le texte). Ce caractère s'accentuant encore, la spire
devient absolument planorbique, les 6-7 premiers tours étant
enroulés sur un même plan qui ne dépasse pas, en dessus,
celui du dernier tour. Dans ce cas extrême, on observe une
très grande irrégularité dans l'enroulement : ou bien les tours
chevauchent les uns sur les autres (fig. 1, 2, 3, 19, pl. V), ou
bien ils montrent une ou même deux carènes saillantes particulièrement sensibles au dernier tour (fig. 13, 14, 15, 17,

pl. V), etc... Dans presque tous ces spécimens, les tours embryonnaires sont normaux.

B] *Elévation de la spire. Scalarité.* — Les exemplaires plus ou moins subscalaires sont fréquents.

Le plus souvent, à une élévation très notable de la spire — avec enroulement normal des premiers tours — se joint un détachement complet des deux derniers tours (fig. 5, pl. V). Les spécimens réellement scalaires sont plus rares. Chez les uns, les tours sont seulement détachés et la carène est très saillante (fig. 33, 36, 38, pl. V) ; chez les autres, les tours sont nettement discontinus depuis le premier (fig. 31, 32, 37, pl. V). Je n'ai pas observé d'individus entièrement déroulés.

Ile Maurice : Très commun, partout dans les endroits boisés et humides [P. CARIÉ, THIRIOUX] ;=Sans localité précise : [BERNARDIN DE SAINT-PIERRE, *loc. supra cit.*, 1773, p. 106 ; =S. RANG, *loc. supra cit.*, 1827, p. 302 ;=V. SGANZIN, *loc. supra cit.*, p. 16 ;=Prof. K. MÖBIUS, *in* : Dr. E. VON MARTENS, *loc. supra cit.*, 1880, p. 191]. « Très commun à l'île Maurice sur les hauteurs boisées et au fond des ravins ; en grande abondance sous les pierres et le bois pourri » [E. VESCO, *in* : A. MORELET, *loc. supra cit.*, 1860, p. 51]. Dans les forêts et dans les régions cultivées [G. NEVILL, *loc. supra cit.*, 1878, p. 43]—Sans localité : [F. C. BAKER, *loc. supra cit.*, 1892, p. 21].

Variété MAURITIANELLA Morelet.

1827 *Helix detrita* DE FÉRUSSAC, *Bulletin univers. sciences*, X. p. 302 (*fide* A. MORELET, *loc. infra cit.*, 1860, p. 54) [non L. PFEIFFER].
1851 *Helix mauritianella* MORELET, *Revue Magas. Zoologie*, p. 209.
1852 *Helix mauritiana* PFEIFFER, *Proceedings Zoological Society of London*, p. 149. [non J. B. M. DE LAMARCK, n. *Helix Mauritiana* QUOY, qui est l'*Achatina fulica* D. DE FÉRUSSAC].
1853 *Helix mauritianella* PFEIFFER, *Monograph. Heliceor. vivent.*, III, p. 37, n° 66.
1853 *Helix mauritiana* PFEIFFER, *Monograph. Heliceor. vivent.*, III, p. 56, n° 167.
1859 *Helix mauritianella* PFEIFFER, *Monogr. Heliceor. vivent.*, IV, p. 18, n° 91.
1859 *Helix mauritiana* PFEIFFER, *Monogr. Heliceor. vivent.*, IV, p. 35, n° 213.
1860 *Helix mauritianella* MORELET, *Séries Conchyliologiques*, II, *Iles Orientales d'Afrique*, p. 52, n° 6, pl. IV, fig. 2.
1868 *Helix mauritianella* PFEIFFER, *Monograph. Heliceor. vivent.*, V. p. 59, n° 112.
1868 *Helix Mauritania* PFEIFFER, *Monograph. Heliceor. vivent.*, V. p. 89, n° 294.

1878 *Nanina (Rotula) mauritianella* NEVILL, *Handlist Mollusca Indian Museum Calcutta*, I, p. 43, n° 215.
1880 *Pachystyla mauritianella* MARTENS, *Mollusken in K. Möbius, Beiträge z. Meeresfauna d. Insel Mauritus...*, Berlin, p. 191.
1886 *Nanina (Pachystyla) mauritianella* TRYON, *Manual of Conchology*, 2° série, *Pulmonata*, II, p. 25, pl. VI, fig. 96-97.
1909 *Pachystyla mauritianella* KOBELT, *Abhandl. d. Senckenberg. Naturforsch. Gesellschaft Frankfurt a. M.*, XXXII, p. 93.

A. MORELET donne, sur cette variété, les détails suivants :
« L'*Helix mauritianella* est une coquille conique déprimée, solide, sans être épaisse, fortement carénée... Les tours de spire, au nombre de 6 ½ à 7, se développent lentement ; ils sont séparés, quoique peu convexes, par une suture assez nette, bordée d'un filet mince, souvent peu apparent, plus clair que le fond de la coquille ; ce filet est un vestige de la carène qu'enveloppent les tours successifs de la spire. La suture du dernier tour est marquée d'une fascie obscure, étroite, médiocrement distincte : une seconde fascie, semblable à la première, se montre en dessous de la carène. Nous possédons un specimen plus globuleux, dont les fascies coïncident exactement, l'une avec la suture, l'autre avec la carène : toutes deux sont nettes et très apparentes...

« L'ouverture, médiocrement oblique, est de forme anguleuse, moins haute que large, nacrée à l'intérieur et d'une nuance bleuâtre légèrement violacée : ...le péristome, simple et tranchant, s'épaissit au bord columellaire, s'élargit faiblement à son point d'insertion et se colore d'une teinte vineuse (1). »

Et A. MORELET a soin d'ajouter, ainsi que l'avait déjà dit D'A. DE FÉRUSSAC (2), que cette espèce reproduit, en diminutif, l'*Helix inversicolor* de Férussac. Il lui donne 16 millimètres de diamètre maximum, 14 ½ millimètres de diamètre minimum et 9 millimètres de hauteur.

Les caractères signalés par A. MORELET, et que je viens de rappeler, correspondent parfaitement à *quelques échantillons*. Mais il en est d'autres qui sont tout à fait différents. D'abord la taille, — en restant dans les limites du type défini par A. MORELET — oscille entre 15 et 20 millimètres de diamètre maximum, la hauteur atteignant de 9 à 12 millimètres. L'indice de hauteur varie donc dans les mêmes limites que chez le type *inversicolor* de Férussac et la forme *mauritiana* de La-

(1) MORELET (A.). *Séries Conchyliologiques*, etc., II, *Iles Orientales d'Afrique*. Paris et Dijon, Novembre 1860, p. 53.
(2) FÉRUSSAC (DE). *Bulletin universel des Sciences*; Paris, X, 1827, p. 302.

marck. Il y a, ici encore, un polymorphisme de la spire absolument semblable à celui que nous avons étudié dans les pages précédentes. De plus, il existe de nombreuses coquilles, de taille plus grande, dont le diamètre maximum mesure de 19 à 25 millimètres, formant passage au *Pachystyla mauritiana* de Lamarck ; si bien que tous les passages existent entre les individus les plus petits de *mauritianella* et les exemplaires les plus grands d'*inversicolor*.

D'un autre point de vue, la forme générale, le mode d'enroulement, les caractères de l'ouverture, la nature du test et l'ornementation sculpturale sont les mêmes que chez le *Pachystyla inversicolor* de Férussac. Il est, dans ces conditions, impossible de considérer le *Pachystyla mauritianella* Morelet, comme spécifiquement distinct. Je l'ai conservé comme variété commode ; elle correspond, en effet, à une forme *minor* dont certains individus sont nettement caractérisés.

Le test est solide ; les tours embryonnaires montrent une sculpture réticulée très délicate ; les autres tours sont garnis de stries longitudinales assez fortes, irrégulières, très obliquement onduleuses (1), coupées de nombreuses stries spirales fines et serrées (2). En dessus, la sculpture est toujours plus délicate.

Ile Maurice : Partout, avec le type, et aussi abondant [P. Carié et Thiroux] ; = Sur les bords de la rivière Noire, dans les lieux boisés et sous les pierres [E. Vesco, *in* : A. Morelet, *loc. supra cit.*, 1860, p. 54] ; = Sans indication de localité [G. Nevill, *loc. supra cit.*, 1878, p. 43].

Ile de la Réunion : Aux environs de Saint-Denis [S. Rang *in* : D'A. de Férussac, *loc. supra cit.*, 1827, p. 302].

Pachystyla rufozonata H. Adams.

1867 *Stylodonta rufocincta* H. Adams. *Proceedings Zoological Society of London*, p. 303, pl. XIX, fig. 4 [non *Helix rufocincta* Newcomb, espèce de Californie.]
1869 *Stylodonta rufozonata* H. Adams, *Proceedings Zoological Society of London*, p. 275.
1877 *Helix rufozonata* Pfeiffer, *Monograph. Heliceor. vivent.*, VII, p. 98.
1878 *Nanina (Rotula) ochroleuca* Nevill, *Handlist Mollusca Indian Museum Calcutta*, I, p. 43, n° 219 [non de Férussac].

(1) Ces stries sont plus fines que dans le type *inversicolor* de Férussac.
(2) Ces stries sont, au contraire, un peu plus accentuées que dans le type *inversicolor* de Férussac.

122 LOUIS GERMAIN

1880 *Pachystyla rufozonata* Martens, Mollusken in K. Möbius, *Beiträge z. Meeresfauna d. Insel Mauritius...*, Berlin, p. 192.
1886 *Xanina (Pachystyla) rufozonata* Tryon, *Manual of Conchology*, 2° série, *Pulmonata*, II, p. 25, pl. VI, fig. 100.
1909 *Pachystyla rufozonata* Kobelt, *Abhandl. d. Senckenberg. Naturforsch. Gesellsch. Frankfurt-a. M.*, XXXII, p. 93.

La hauteur de la spire varie dans des proportions assez notables suivant les individus considérés. Le tableau suivant, où sont indiquées, en millimètres, les dimensions principales de quelques exemplaires permet de saisir l'étendue de ce polymorphisme (1).

Hauteur totale	Diamètre maximum	Diamètre minimum	Diamètre de l'ouverture	Hauteur de l'ouverture
mm.	mm.	mm.	mm.	mm.
10 1/4	16 1/4	15 1/2	8	7
10 1/4	15 1/4	14	8	7
10	16	15	8 1/4	7
10	15	14	8	7
9 3/4	15 1/2	14	8	6 3/4
9 1/2	15 1/2	14	8	6 4/5
9 1/4	15	14	7 1/2	6 1/2
8 3/4	15	14	8	6 3/4

Le test est solide, d'un brun jaunâtre bien plus brillant en dessous qu'en dessus ; il est orné de deux bandes brunes étroites, l'une appliquée contre la suture, l'autre supracarénale continuée aux tours supérieurs. Les tours embryonnaires sont très finement striés (2) ; les autres sont garnis de stries longitudinales très obliquement onduleuses, saillantes, inégales, crispées aux sutures et coupées de très fines stries spirales. En dessous la coquille semble lisse tant la sculpture est délicate : elle se compose de très fines stries longitudinales obliques et serrées coupées de stries spirales encore plus fines.

Ile Maurice : Environs de Port-Louis, dans les endroits boisés et humides [P. Carié et Thiroux] ; Sur les collines sableuses bordant la mer [G. Nevill, *in* : H. Adams, *loc. supra cit.*, 1867, p. 303] ; Sans indication précise de localité [G. Nevill, *loc. supra cit.*, 1878, p. 43].

(1) Dans sa diagnose originale, H. Adams [*loc. supra cit.*, 1867, p. 303] donne à cette espèce des dimensions sensiblement plus grandes que celles des individus recueillis par M. P. Carié : 13 millimètres de diamètre maximum, 12 millimètres de diamètre minimum et 7 1/2 millimètres de hauteur.
(2) On y observe des stries longitudinales et des stries spirales d'une grande ténuité.

Genre **MICROSTYLODONTA**, Germain, 1920 (1).

Microstylodonta stylodon Pfeiffer.

1821 *Helix (Helicostyla) depressa* de Férussac, *Tableaux systématiques*,
      n° 314.

1841 *Helix monodonta* Grateloup, *Actes société Linnéenne Bordeaux*, XI,
      p. 399, pl. I, fig. 11 [non Lea, 1832].

1842 *Helix stylodon* Pfeiffer, *Symbol. ad hist. Heliceor.*, II, p. 40.

1846 *Helix stylodon* Pfeiffer, Die Gattung Helix, in Martini et Chemnitz,
      Systemat. Conchylien-Cabinet, 2° édit., n° 221, taf.
      XXVIII, fig. 18-19.

1848 *Helix stylodon* Pfeiffer, *Monograph. Heliceor. vivent.*, I, p. 34,
      n° 46.

1850 *Helix (Erepta) stylodon* Albers, *Die Heliceen*, p. 109.

1853 *Helix stylodon* Pfeiffer, *Monograph. Heliceor. vivent.*, III, p. 34,
      n° 52.

1853 *Helix albidorsalis* Benson, *Annals and Magaz. Natur. Hist.*, London,
      XI, p. 31.

1855 *Stylodonta (Erepta) stylodon* Adams, *Genera of recent Mollusca*, p. 187.

1855 *Stylodonta (Erepta) albidens* Adams, *Genera of recent Mollusca*, p. 187.

1858 *Helix stylodon* Reeve, *Conchologia Iconica*, pl. CLXII, fig. 1167.

1859 *Helix stylodon* Pfeiffer, *Monograph. Heliceor. vivent.*, IV, p. 15,
      n° 57.

1860 *Helix stylodon* Morelet, *Séries Conchyliologiques*, II, *Iles Orientales
      d'Afrique*, p. 54, n° 7.

1868 *Helix stylodon* Pfeiffer, *Monograph. Heliceor. vivent.*, V, p. 55, n°
      71 et p. 465, n° 71.

1874 *Helix stylodon* Binney, *Proceedings Academy Natural Sciences of Phi-
      ladelphia* ; p. 48.

1877 *Helix stilodon* Liénard, *Catalogue Mollusques Maurice*, p. 57, n° 800.

1878 *Nanina (Erepta) stylodon* Nevill, *Handlist Mollusca* **Indian Museum
      Calcutta**, I, p. 44, n° 225.

1880 *Pachystyla (Erepta) stylodon* Martens, Mollusken, *in* : K. Möbius, *Bei-
      träge z. Meeresfauna d. Insel Mauritius...*, Berlin, p. 192.

1885 *Nanina (Stylodonta) stylodon* Tryon, *Manual of Conchology*, 2° série,
      Pulmonata, II, p. 27, pl. VI, fig. 7.

1909 *Pachystyla stylodon* Kobelt, *Abhandl. d. Senckenberg. Naturforsch.
      Gesellschaft Frankfurt a. M.*, XXXII, p. 93.

A. Morelet [*loc. supra cit.*, 1860, p. 54] a signalé une var.
β *minor* : « maculis angularibus punctisque pallide flavis cons-
persa. Diam. maj. 14, min. 12 ½, alt. 9 mm. ». Puis il ajoute :
[*id.*, p. 55].

« La var. β n'est pas accidentelle, mais constante. Indépendamment de la fascie périphériale qui appartient au type, elle
est ornée, à la base, d'une zone plus large, un peu diffuse, qui
pénètre, en s'affaiblissant, dans l'ouverture. »

Je n'ai pas observé de variations importantes dans la forme
de la coquille, sauf en ce qui concerne la hauteur de la spire

(1) Voir, au sujet de ce genre nouveau, l'appendice à la fin du volume.

qui, proportionnellement, est plus ou moins élevée. Le tableau suivant des dimensions principales de quelques individus, donne la limite de cette variation. J'ajouterai, qu'en général, la spire est plus haute que ne l'indique la figure du *Conchylien-Cabinet* reproduite dans le Manuel de G. W. TRYON.

Hauteur totale	Diamètre maximum	Diamètre minimum	Hauteur de l'ouverture	Diamètre de l'ouverture
mm.	mm.	mm.	mm.	mm.
12 1/2	18 1/4	17	8	9
11 1/2	18	17	7 4/5	9
11 1/4	18	16	8	9
11	17 1/2	16	8	8 1/2
11	16 1/2	16	7	8
10 3/4	16	15	7	8 1/2

Le test est épais, solide, d'un brun marron, orné d'une étroite bande brune médiane. Cette bande reste ordinairement bien visible sur les individus subfossiles. Le test est garni de stries longitudinales fines et irrégulières, à peine moins développées en dessous qu'en dessus.

Ile Maurice : District de Moka et vallée des Prêtres, dans les endroits un peu humides, sous les pierres ; peu commun [P. CARIÉ] ; = Sans indication précise de localité : [DE GRATELOUP, *loc. supra cit.*, 1841, p. 399 ; = L. PFEIFFER, *loc. supra cit.*, 1848, p. 34 ; = ALBERS, *loc. supra cit.*, 1850, p. 109 ; = W. H. BENSON, *loc. supra cit.*, 1853, p. 31] ; = « Quartier de Moka, sur le versant intérieur du Pouce ; on la trouve sous les pierres, dans une circonscription assez restreinte » [E. VESCO, *in* : A. MORELET, *loc. supra cit.*, 1860, p. 55] ; = Moka [G. NEVILL, *loc. supra cit.*, 1878, p. 44].

MICROSTYLODONTA ODONTINA Morelet.

Pl. I, fig. 4, 5, 6, et fig. 10, dans le texte.

1851 *Helix odontina* MORELET. *Revue et Magasin de Zoologie*. p. 319.
1853 *Helix odontina* PFEIFFER. *Monograph. Heliceor. vivent.*, III. p. 34. n° 53.
1853 *Helix suffulta* BENSON, *Annals and Magaz. Natur. History*, London, XI, p. 31.
1855 *Stylodonta (Erepta) suffulta* ADAMS. *Genera of recent Mollusca*, p. 187.
1855 *Erepta odontina* PFEIFFER, *Malakozoolog. Blätter*, p. 128.
1858 *Helix suffulta* REEVE, *Conchologia Iconica*, sp. 1175.

1859 *Helix odontina* PFEIFFER, *Monograph. Heliceor. vivent.*, IV, p. 15,
      n° 58.
1859 *Helix suffulta* PFEIFFER, *Monograph. Heliceor. vivent.*, IV, p. 241,
      n° 1538.
1860 *Helix odontina* MORELET, *Séries Conchyliologiques*, II, *Iles Orientales
      d'Afrique* ; p. 55, n° 8.
1868 *Helix odontina* PFEIFFER, *Monograph. Heliceor. vivent.*, V, p. 55,
      n° 72 et p. 465, n° 72.
1868 *Helix suffulta* PFEIFFER, *Monograph. Heliceor. vivent.*, V, p. 312,
      n° 2046.
1877 *Helix odontina* LIÉNARD, *Catalogue Mollusques Maurice*, p. 58, n° 790.
1878 *Nanina (Erepta) odontina* NEVILL, *Handlist Mollusca Indian Museum
      Calcutta*, p. 44, n° 226.
1880 *Pachystyla odontina* MARTENS, Mollusken, *in* : K. MÖBIUS, *Beiträge z.
      Meeresfauna d. Insel Mauritius...*, Berlin, p. 192.
1885 *Nanina (Pachystyla) odontina* TRYON, *Manual of Conchology*, 2ᵉ série,
      Pulmonata, II, p. 27, pl. VI, fig. 5-6.
1909 *Pachystyla odontina* KOBELT, *Abhandl. d. Senckenberg. Naturforsch.
      Gesellschaft Frankfurt-a. M.*, XXXII, p. 93.

A ce tableau synonymique, il faut probablement ajouter
encore l'*Helix Lightfooti* Pfeiffer (1) indiqué, par erreur,
comme originaire des environs de Brisbane (Australie).

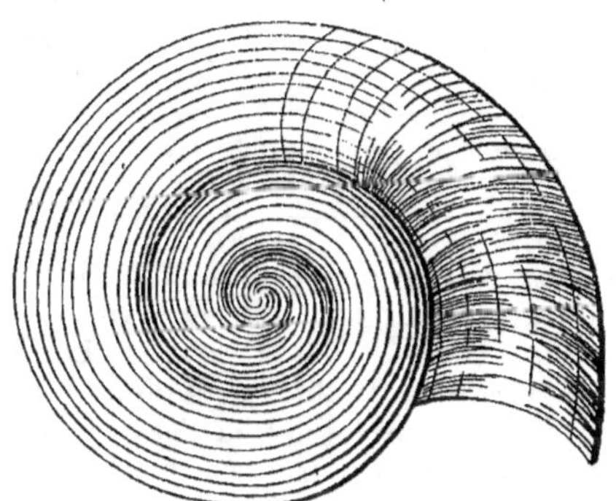

Fig. 10. — *Microstylodonta odontina* Morelet.
Ile Maurice [M. P. CARIÉ]. Sculpture des tours embryonnaires ; × 40.

Le *Microstylodonta odontina* Morelet est une espèce assez
constante, mais dont la hauteur proportionnelle de la spire
varie quelque peu. Il existe, en effet, des formes *elata* (diamètre maximum : 10 millimètres, diamètre minimum : 9 milli-

(1) *Helix Lightfooti* PFEIFFER, *Proceedings Zoological Society of London*,
1852, p. 150 ; et *Monographia Heliceor. vivent.*, III, [1853], p. 150, n° 779 ;
IV, [1859], p. 172, n° 1072 et V [1868], p. 342, n° 1463 et p. 494, n° 1463.
Cette coquille a été figurée par L. REEVE [*Conchologia Iconica*, London, pl.
CXXIX, fig. 779] sous ce même nom d'*Helix Lightfooti*.

mètres, hauteur : 8 3/4 millimètres) et *depressa* (diamètre
maximum : 10 millimètres, diamètre minimum : 9 millimètres, hauteur : 6 millimètres) d'ailleurs réunies par tous les
intermédiaires.

La spire, relativement élevée, se compose de 6 à $6\frac{1}{2}$ tours
bien arrondis. La dent du bord ombilical est placée obliquement ; elle est plus ou moins saillante suivant les individus.
La taille varie dans les proportions indiquées au tableau suivant :

Hauteur totale	Diamètre maximum	Diamètre minimum	Hauteur de l'ouverture	Diamètre de l'ouverture	Observations
mm.	mm.	mm.	mm.	mm.	
8 3/4	11	10	5 1/2	6	
8 3/4	10	9	5 1/2	6	forma *alta*
7 1/2	10	9 1/4	5 1/4	6	
6 1/2	10	9	5	5 3/4	forma *depressa*
6 1/2	8	7 1/2	4 3/4	5 3/4	forma *minor* (1)
6	8	?	?	?	D'après G. W Tryon
4	8	?	?	?	D'après A. Morelet

(1) Var. *minor*, coquille à spire très haute, avec les tours mieux étagés
restant cependant toujours bien arrondis.

Le test est un peu mince, légèrement brillant, d'un corné
verdâtre ; il est garni, sur les tours embryonnaires, de *stries
spirales assez fortes, régulières et serrées*. Les autres tours
montrent des stries longitudinales obliques, assez serrées,
subrégulières, un peu plus faibles en dessous qu'en dessus et
des stries spirales beaucoup plus rares et moins marquées que
sur les tours embryonnaires et disparaissant au dernier tour.
Je figure (fig. 10, dans le texte) la sculpture spirale des tours
embryonnaires, caractère qui n'avait jamais été signalé.

Ile Maurice : Montagne du Pouce, vallée des Prêtres [P.
Carié et Thirioux] ; = Sans indication précise de localité :
[E. Liénard, *loc. supra cit.*, 1877, p. 58] := « ...Sur le versant intérieur des mornes qui forment autour de l'île un rem-
part de ceinture » [E. Vesco, *in* A. Morelet, *loc. supra cit.*,
1860, p. 56] := Montagne du Pouce [G. Nevill, *loc. supra
cit.*, 1878, p 44].

MICROSTYLODONTA THIRIOUXI, Germain, *nov. sp.*

Pl. VI. fig. 19 à 22.

1918 *Stylodonta Thiriouxi* GERMAIN. *Bulletin Muséum Hist. natur. Paris*,
XXIV, n° 7. (Décembre), p. 523.

Coquille très étroitement perforée (ombilic absolument ponctiforme, presque entièrement recouvert par la patulescence du bord columellaire), franchement conique en dessus, subconvexe-déprimée en dessous ; spire formée de 7 tours convexes à croissance lente, régulière, séparés par des sutures bien marquées ; dernier tour médiocre, à peu près aussi convexe en dessus qu'en dessous, *très fortement anguleux* (angulosité formant presque une carène) *dans sa partie médiane*, non dilaté à son extrémité ; ouverture semi-ovalaire transverse, à bords marginaux éloignés réunis par une faible callosité ; bord externe très convexe avec une angulosité marquée au point où la carène du dernier tour atteint le péristome ; bord columellaire un peu élargi, légèrement réfléchi sur l'ombilic, garni d'une denticulation petite mais bien saillante (1) ; péristome épaissi avec un bourrelet interne.

Hauteur totale	Diamètre maximum	Diamètre minimum	Hauteur de l'ouverture	Diamètre de l'ouverture
mm.	mm.	mm.	mm.	mm.
8	10 1/2	9 2/3	4 1/4	5
8	10 1/2	9 1/2	4 1/2	6
7	10	9	4 1/4	5 1/2
7	9 1/2	9	4	5

Test un peu épais, assez solide, montrant, en dessus : des stries longitudinales médiocres, très inégales, irrégulières, très obliquement subonduleuses, coupées de stries fines, subrégulières, plus accentuées et plus serrées en haut des tours près des sutures : — et, en dessous : des stries longitudinales assez fortes, serrées, onduleuses, un peu atténuées vers l'ombilic.

Cette espèce ressemble au *Microstylodonta stylodon* Pfeiffer, mais elle est de forme bien plus conique en dessus, moins convexe en dessous ; son dernier tour est *fortement anguleux* ou

______

(1) Cette denticulation est analogue à celle observée chez le *Microstylodonta stylodon* Pfeiffer.

même subcaréné ; son ouverture est plus transverse et sa
taille beaucoup plus petite. Elle se rapproche, comme dimensions, du *Microstylodonta odontina* Morelet, mais ce dernier est
plus convexe en dessus avec un dernier tour proportionnellement plus petit et régulièrement arrondi.

Ile Maurice : Peterboth, rare, entre 1.200 et 1.500 pieds
au-dessus du niveau de la mer [= 350 mètres à 450 mètres
environ]. Subfossile [Thirioux].

Genre **CALDWELLIA** H. Adams, 1873 (1).

CALDWELLIA PHILYRINA Morelet.

1851 *Helix philyrina* Morelet, *Revue et Magasin de Zoologie*, Paris, p. 218.
1851 *Helix mucronata* Reeve, *Conchologia Iconica*, London, pl. XLIII, fig. 197.
1852 *Helix mucronata* Pfeiffer, *Proceedings Zoological Society of London*, p. 149.
1853 *Helix philyrina* Pfeiffer, *Monograph. Heliceor. vivent.*, III, p. 36, n° 64.
1859 *Helix phylirina* Pfeiffer, *Monograph. Heliceor. vivent.*, IV, p. 18, n° 89.
1860 *Helix philyrina* Morelet, *Séries Conchyliologiques; II, Iles Orientales d'Afrique*, p. 58.
1868 *Helix philyrina* Pfeiffer, *Monograph. Heliceor. vivent.*, V, p. 59, n° 110.
1873 *Caldwellia phylirina* H. Adams, *Proceedings Zoological Society of London*, p. 209.
1874 *Helix phylirina* Binney, *Proceedings Academy Natur. Sciences of Philadelphia*, p. 48.
1877 *Helix phylirina* Liénard, *Catalogue Mollusques Maurice*, p. 57, n° 792.
1878 *Nanina (Caldwellia) philyrina* Nevill, *Handlist Mollusca Indian Museum Calcutta*, I, p. 46, n° 242.
1880 *Pachystyla (Caldwellia) philyrina* Martens, Mollusken, in : K. Möbius, *Beiträge z. Meeresfauna d. Insel Maurilius...*, Berlin, p. 194.
1886 *Nanina (Caldwellia) philyrina* Tryon, *Manual of Conchology*, 2° série, *Pulmonata*, II, p. 27, pl. IV, fig. 74 (2).
1892 *Ariophanta (Caldwellia) philyrina* Baker, *Proceedings Rochester Academy of Sciences*, II, p. 21, n° 19.
1894 *Helix philyrina* Kobelt, *Die Familie der Heliceen*, IV. in : Martini et Chemnitz, *Systemat. Conchylien-Cabinet*, 2° édit., p. 618, n° 12-39, taf. CLXXVIII, fig. 16-18.
1909 *Pachystyla philyrina* Kobelt, *Abhandl. d. Senckenberg. Naturforsch. Gesellschaft Frankfurt a. M.*, XXXII, p. 93.

A. Morelet donne à cette espèce de 17 à 18 millimètres de
diamètre maximum et L. Reeve jusqu'à 27 millimètres, ce

---

(1) Adams (H.), *Proceedings Zoological Society of London*, 1873, p. 209.
(2) Le coloris de cette figure est très médiocre.

qui est tout à fait exceptionnel. L'individu recueilli par M.
P. Carié a seulement 15 millimètres de diamètre maximum,
12 millimètres de diamètre minimum et 9 ½ millimètres de
hauteur. L'ouverture mesure 8 millimètres de diamètre maximum et 7 millimètres de hauteur. Le test est membraneux,
très fragile, absolument transparent et d'un beau jaune doré.
Il est orné de stries longitudinales assez fortes, très obliquement onduleuses, irrégulières et inégalement espacées, coupées de stries spirales bien plus régulières, assez serrées,
subégales et visibles même sur les premiers tours.

Ile Maurice : Curepipe ; rare [P. Carié] ; = « Trou au Cerf,
sur les arbustes et les rochers humides » [E. Vesco, *in* : A.
Morelet, *loc. supra cit.*, 1851, p. 218 ; et 1860, p. 58] ; =
L. Pfeiffer, *loc. supra cit.*, 1852, p. 149 ; = E. Liénard, *loc.
supra cit.*, 1877, p. 57 ; = « Savanne » [E. Dupont et G.
Nevill, *in* : G. Nevill, *loc. supra cit.*, 1878, p. 46] ; =
« Rare » [F. C. Baker, *loc. supra cit.*, 1892, p. 21].

Caldwellia imperfecta Deshayes.

1863 *Helix imperfecta* Deshayes, *Catalogue Mollusques Réunion*, p. E. 89,
        n° 281, pl. X, fig. 24-26.
1868 *Helix imperfecta* Pfeiffer, *Monograph. Heliceor. vivent.*, V, p. 57,
        n° 89, a.
1870 *Nanina imperfecta* Nevill, *Journal Asiatic Society of Bengal*, XXXIX,
        part II, p. 404.
1877 *Nanina imperfecta* Liénard, *Catalogue Mollusques Maurice*, p. 56,
        n° 781.
1878 *Nanina (Caldwellia) imperfecta* Nevill, *Handlist Mollusca Indian Mu-
        seum Calcutta*, I, p. 45, n° 240.
1880 *Pachystyla (Caldwellia) imperfecta* Martens, *Mollusken* in K. Möbius,
        Beiträge z. Meeresfauna d. Insel Mauritius..., Berlin, p.
        194.
1886 *Nanina (Caldwellia) imperfecta* Tryon, *Manual of Conchology*, 2° série,
        Pulmonata, II, p. 28, pl. V. fig. 81-82.
1909 *Pachystyla imperfecta* Kobelt, *Abhandl. d. Senckenberg. Naturforsch.
        Gesellschaft Frankfurt a. M.*, XXXII, p. 93.

Voisine du *Caldwellia philyrina* Morelet, cette espèce est
plus petite (diamètre maximum : 11 millimètres ; hauteur :
7 millimètres) ; sa spire comprend 5 tours à croissance très
rapide (1), le dernier très grand, bien plus convexe en dessous qu'en dessus, muni d'une carène médiane aiguë et saillante. L'ouverture est subquadrangulaire, un peu plus large
que haute, bordée d'un péristome mince et tranchant.

(1) Le sommet est mamelonné ; les tours embryonnaires sont petits.

Le test (1) est mince, pellucide, transparent, d'un brun
corné pâle, parfois un peu verdâtre en dessous ; il est garni
de stries longitudinales fines, assez serrées, obliques, légèrement onduleuses, coupées de stries spirales fines et délicates (2).

Ile Maurice : « Sur le sol, parmi la végétation en décom-
position » [G. Nevill., *loc. supra cit.*, 1870, p. 404 ;=G.
Nevill., *loc. supra cit.*, 1878, p. 45].

Ile de La Réunion : L. Maillard, *in* : G. P. Deshayes, *loc.
supra cit.*, 1863, p. E. 89;= « Rare et localisé, à environ 2.000
pieds [=665 mètres] au-dessus du niveau de la mer, dans les
bois humides (3) » [G. Nevill, *loc. supra cit.*, 1870, p. 404] ;
= G. Nevill, *loc. supra cit.*, 1878, p. 45.

Caldwellia cernica H. Adams.

Fig. 11, 12, dans le texte.

1868 *Nanina (Rotula) cernica* H. Adams, *Proceedings Zoological Society of
    London*, p. 12, pl. IV, fig. 3.
1868 *Nanina (Rotula) cernica* Nevill, *Proceedings Zoological Society of
    London*, p. 258.
1876 *Helix cernica* Pfeiffer, *Monograph. Heliceor. vivent.*, VII, p. 70.
1878 *Nanina (Caldwellia) cernica* Nevill, *Handlist Mollusca Indian Museum
    Calcutta*, I, p. 45, n° 341.
1880 *Pachystyla (Caldwellia) cernica* Martens, Mollusken, *in* : K. Möbius,
    Beiträge z. Meeresfauna d. Insel Mauritius..., Berlin, p.
    194.
1886 *Nanina (Caldwellia) cernica* Tryon, *Manual of Conchology*, 2° série,
    Pulmonata, II, p. 28, pl. V. fig. 83.
1894 *Helix cernica* Pfeiffer, Die Familie der Heliceen, IV, *in* Martini et
    Chemnitz, *Systemat. Conchylien-Cabinet*, 2° Edit., p.
    618, n° 1240, taf. CLXXVII, fig. 19-21.
1909 *Pachystyla cernica* Kobelt, *Abhandl. d. Senckenberg. Naturforsch.
    Gesellschaft Frankfurt a. M.*, XXXII, p. 93.

Coquille très mince, presque membraneuse, fragile, transparente, d'un jaune verdâtre clair, presque vert olive en
dessous ; sommet obtus d'un brun rougeâtre brillant.
Diamètre maximum : 6 3/4 millimètres ; diamètre minimum : 6 millimètres ; hauteur : 4 1/4 millimètres ; dia-

(1) La coquille est imperforée.
(2) La sculpture de cette espèce est beaucoup plus délicate que celle du
Caldwellia philyrina Morelet.
(3) G. Nevill n'a observé aucune différence entre les individus de l'île
Maurice et ceux de l'île de La Réunion.

mètre de l'ouverture : 3 millimètres ; hauteur de l'ouverture : 2 ½ millimètres (1).

La sculpture de cette espèce n'a jamais été étudiée. Elle

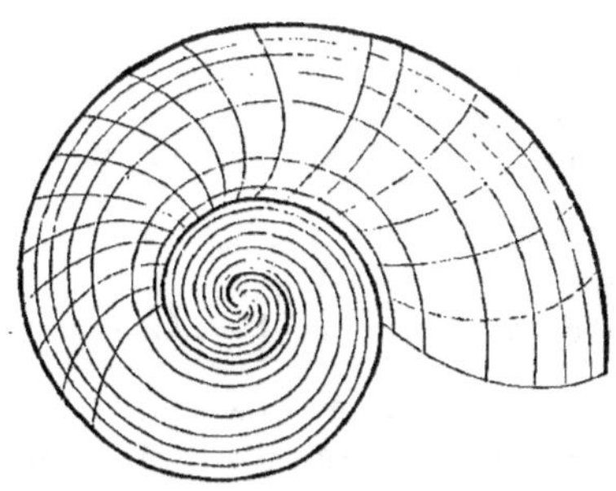

Fig. 11. — *Caldwellia cernica*. H. **Adams.**
Ile Maurice [M. P. Carié]. Sculpture embryonnaire ; × 30,

se compose, sur les tours embryonnaires (fig. 11, dans le
texte), de stries spirales bien marquées mais peu nombreuses
et assez espacées. Les autres tours ont des stries longitudinales

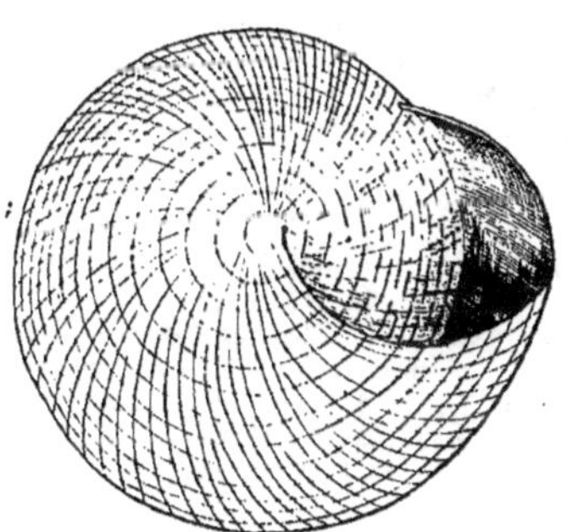

Fig. 12. — *Caldwellia cernica* H. **Adams.**
Ile Maurice [M. P. Carié]. Schéma de la coquille, vue en dessous,
pour montrer la sculpture ; × 8.

costulées, saillantes, très obliquement subonduleuses, d'abord
subrégulières et subégales, puis de plus en plus irrégulières

(1) Le type décrit par H. Adams (*loc. supra cit.*, 1868, p. 12) mesure 10
millimètres de diamètre maximum, 8 millimètres de diamètre minimum
et 8 millimètres de hauteur.

et espacées (1) à mesure qu'on approche de l'ouverture. En dessous les stries longitudinales sont fines et irrégulières, coupées de nombreuses stries spirales subégales et relativement fortes (fig. 12, dans le texte).

Cette espèce est surtout voisine du *Caldwellia imperfecta* Deshayes dont elle se distingue par sa forme proportionnellement bien plus haute, plus conique et par son ouverture plus étroite.

Les côtés du corps de l'animal sont garnis de points blancs groupés en une bande s'étendant sur la partie caudale ; le pied est blanchâtre ; les tentacules sont noirs [G. Nevill (2)].

Ile Maurice : Environs de Curepipe, rampant sur les débris végétaux ; rare [P. Carié] ; = Sans indication de localité : [G. Nevill, *in* : H. Adams, *loc. supra cit.*, 1868, p. 13] ; = « Vacoa, sur le sol » [G. Nevill, *loc. supra cit*, 1868, p. 258, et 1878, p. 43].

CALDWELLIA BORYI Morelet.

Pl. VI, fig. 5.

1821 *Helix (Cochlohydra) angularis* de Férussac, *Tableaux systématiques*,
           p. 37, n° 13 (*nomen nudum*).
1875 *Helix Boryana* Morelet, *Journal de Conchyliologie*, XXIII. p. 31.
1876 *Helix Boryana* Pfeiffer, *Monograph. Heliceor. vivent.*, VII, p. 522.
1880 *Pachystyla (Caldwellia) Boryana* Martens, *Mollusken, in* K. Möbius,
           Beiträge z. Meeresfauna d. Insel Mauritius..., Berlin,
           p. 194.
1886 *Nanina (Caldwellia) Boryana*, Tryon, *Manual of Conchology*, 2° série,
           Pulmonata, II, p. 28.
1894 *Helix Boryana* Pfeiffer, Die Familie der Heliceen, IV, *in* : Martini
           et Chemnitz, *Systemat. Conchylien-Cabinet*, 2° édit.,
           p. 619, n° 1241, taf. CLXXVIII, fig. 22-23.
1909 *Pachystyla Boryana* Kobelt, *Abhandl. d. Senckenberg. Naturforsch.*
           Gesellschaft Frankfurt a. M., XXXII, p. 93.

L'*Helix angularis* de Férussac est certainement cette espèce. Le type de l'auteur, actuellement au Muséum d'Histoire naturelle de Paris, est étiqueté, de la main d'A. de Férussac :

         « *H. angularis*
         Ile de France. »

(1) En même temps, les stries spirales deviennent moins fortes et moins serrées.

(2) Nevill (G.), Notes on some of the species of Land Mollusca inhabiting Mauritius and the Seychelles, *Proceedings Zoological Society of London*, 23 avril 1868, p. 258.

C'est une coquille imperforée, globuleuse conique, un peu subtectiforme en dessus (Pl. VI, fig. 5), assez convexe en dessous ; la spire comprend 4 tours, les trois premiers très petits, convexes (le premier obtus, submamelonné), séparés par des sutures bien marquées, le dernier très grand, formant presque toute la coquille, muni d'une carène médiane filiforme et saillante allant en s'atténuant jusqu'au péristome ; l'ouverture est très oblique, subarrondie, ample et à bords marginaux un peu écartés ; le péristome est simple et tranchant.

Les principales mensurations de cette coquille sont les suivantes :

Longueur : 10 millimètres ; diamètre maximum : 10 millimètres; diamètre minimum : 6 millimètres; hauteur de l'ouverture : 7 millimètres; diamètre de l'ouverture : 6 millimètres.

Le test est mince, pellucide, fragile, d'un corné jaunâtre un peu ambré et absolument transparent. Les premiers tours sont garnis de stries spirales serrées, très délicates qui, peu à peu, deviennent plus saillantes. Aux deux derniers tours ces stries spirales sont très marquées, subégales, serrées, équidistantes et à peine atténuées en dessous. Elles sont coupées de stries longitudinales fortement obliques, irrégulières et assez fines.

On voit, par cette description, combien sont faibles les différences qui séparent le type de DE FÉRUSSAC de celui de A. MORELET. Elles tiennent d'ailleurs surtout à ce fait que l'exemplaire sur lequel DE FÉRUSSAC a fondé son espèce n'est pas parfaitement adulte. A. MORELET donne (*Journal de Conchyliologie*, 1875, p. 31), à son *Helix Boryi*, les dimensions suivantes :

« *Diam. maj.* 15, *min.* 11 ; *all.* 15 mill. »

Ces mensurations correspondent, toutes proportions gardées, à celles de l'*Helix angularis* de Férussac. D'autre part, A. MORELET attribue à son espèce 5 tours convexes, le dernier enflé : «...*obscure angulatus, infra angulum desinecens* »; ce caractère tient évidemment à l'état adulte de la coquille décrite.

Le Dr. W. KOBELT a donné une figuration exacte de cette espèce (1), figuration qui rend bien le port de la coquille. On y voit également une carène bien marquée au dernier tour et la comparaison avec la fig. 5 (pl. VI) de ce mémoire, montre nettement l'identité des deux espèces (2).

(1) Dans la nouvelle édition de MARTINI et CHEMNITZ (Cf. *supra*).
(2) Le coloris de la figure donnée par le Dr W. KOBELT n'est pas très exact ; il est trop sombre.

Ile Maurice : Sans indication précise de localité [E. Dupont, *in* : A. Morelet, *loc. supra cit.*, 1875, p. 31] ; = Collection De Férussac, au Muséum National d'Histoire naturelle
de Paris.

Genre **PSEUDOCALDWELLIA** Germain, 1918 (1), *nov. gen.*

Les espèces du genre *Pseudocaldwellia* se rapprochent de
celles du genre *Caldwellia* par les caractères suivants :

1° La forme générale plus ou moins turbinée de la coquille
dont le dernier tour est beaucoup plus convexe en dessous
qu'en dessus ;

2° La carène médiane très saillante du dernier tour ;

3° La forme de l'ouverture ;

4° Le test mince, pellucide, absolument transparent.

Mais elles se distinguent :

1° Par leur spire à *tours plus nombreux et à enroulement
beaucoup plus lent*, le dernier tour restant très petit et à peine
plus grand que le pénultième chez les *Pseudocaldwellia*,
tandis qu'il est très grand et largement dilaté à l'extrémité
chez les *Caldwellia* ;

2° Par la sculpture simplement striée longitudinalement
et non réticulée comme chez les *Caldwellia.*

En résumé, les *Pseudocaldwellia* sont des *Caldwellia* à tours
de spire plus nombreux, s'enroulant très lentement et fort
régulièrement — et à sculpture dépourvue de stries spirales.

Type : *Helix Barclayi* Benson.

PSEUDOCALDWELLIA BARCLAYI Benson.

1850 *Helix Barclayi* Benson, *Annals and Magaz. Natur. Hist. London*, 2ᵉ
         série, **VI**, p. 252.
1852 *Helix Barclayi* Reeve, *Conchologia Iconica*, pl. CLXXIV, fig. 1178.
1853 *Helix Barclayi* Pfeiffer, *Monograph. Heliceor. vivent.*, **III**, p. 58,
         n° 177.
1855 *Trochomorpha Barclayi* Pfeiffer. *Malakozoolog. Blätter*, p. 132.
1859 *Helix Barclayi* Pfeiffer, *Monograph. Heliceor. vivent.* **IV**, p. 35,
         n° 217.
1863 *Helix Eudeli* Deshayes. *Catalogue Mollusques Réunion*, p. 87, pl. X,
         fig. 18-19.
1868 *Helix Barclayi* Pfeiffer *Monograph. Heliceor. vivent.*, **VI**, p. 89,
         n° 299.

(1) Germain (Louis). Contributions à la faune malacologique de Madagascar; VI : Sur la classification de quelques Gastéropodes Pulmonés des îles
de Madagascar et Mascareignes; *Bulletin Muséum Hist. natur. Paris;* XXIV,
n° 7, Décembre 1918, p. 518.

1870 *Helix Eudeli* Nevill., *Journal Asiatic Society of Bengal*, XXXIX, part
        II. (*Natural History*, etc...), Calcutta, p. 404, n° 5.
1870 *Helix Barclayi* Nevill., *loc. supra. cit.*, XXXIX, part II, p. 405, n° 8.
1877 *Helix Barclayi* Liénard, *Catalogue Mollusques île Maurice*, p. 56,
        n° 776.
1878 *Nanina (Microcystis) barclayana* Nevill, *Handlist Mollusca Indian Mu-
        seum Calcutta*, I. p. 41, n° 202.
1880 *Helix (Pella?) Barclayi* Martens, Mollusken, *in* : K. Möbius *Beiträge
        z. Meeresfauna d. Insel Mauritius...*, Berlin, p. 196.
1886 *Nanina (Pachystyla) Barclayi* Tryon, *Manual of Conchology*, 2e série,
        Pulmonata, II, p. 25, pl. VI, fig. 1-2.
1909 *Helix (Pella) barclayi* Kobelt, *Abhandl. d. Senckenberg. Naturforsch.
        Gesellschaft Frankfurt a. M.*, XXXII, p. 93.
1918 *Pseudocaldwellia Barclayi* Germain, *Bulletin Muséum Hist. natur.
        Paris*, XXIV, p. 518.

Coquille subglobuleuse turbinée, très étroitement perforée ; spire conoïde formée de 5 ½-6 tours étroits, peu convexes, à croissance très lente et très régulière, séparés par des
sutures subcanaliculées ; sommet obtus ; dernier tour très
médiocre et, en dessus, à peine plus grand que l'avant-dernier, fortement caréné à la périphérie, plus convexe en dessous de la carène qu'en dessus; ouverture *relativement grande*,
plus large que haute, obliquement semi-lunaire, *très anguleuse sur son bord externe* au point où la carène aboutit au
péristome ; *bords marginaux très écartés* ; bord columellaire nettement élargi (1) vers l'ombilic ; péristome tranchant.

Diamètre maximum : 4-5 millimètres ; diamètre minimum : 3 ½-4 millimètres ; hauteur : 2 ½-3 ½ millimètres.

Test *très mince, transparent*, d'un brun corné clair, garni
de stries longitudinales obliques, généralement fines et serrées, quelquefois un peu plus saillantes (2).

L'*Helix Eudeli* Deshayes, qui est la forme de l'île de la
Réunion, est certainement synonyme : elle est ordinairement
un peu plus grande et son test est plus finement striolé, plus
brillant et comme poli.

Ile Maurice : Quartier de Moka ; assez rare [Thirioux] ;
= Sur les pierres, colline de Moka [Barclay, *in* : Benson, *loc.*

----

(1) Mais seulement sur une très petite longueur.
(2) G. Nevill (On the Land Shells of Bourbon, with descriptions of a few
new species; *Journal Asiatic Society of Bengal*, 2e part. (*Natural History*),
XXXIX, Calcutta, 1878, p. 405) a vu l'animal de cette espèce qu'il décrit
ainsi : « Tentacles iron grey, posterior of foot white, the rest of the animal
the same, with numerous and regular dark grey streaks showing very
distinctly though the transparent shell in a transverse pattern ».

supra cit., 1850, p. 252] ; = Sans localité : [G. Nevill, *loc. supra cit.*, 1877, p. 56].

Ile de la Réunion : L. Maillard, *in* : G. P. Deshayes, *loc. supra cit.*, 1863, p. E. 87 ; = E. Liénard, *loc. supra cit.*, 1877, p 56 ; = « A l'île de la Réunion, j'ai trouvé cette espèce plutôt localisée sur d'énormes rochers de forme arrondie ; elle est indiscernable de la forme de l'île Maurice » [G. Nevill, *loc. supra cit.*, 1870, p. 405] ; = Environs de Salazie [G. Nevill, *loc. supra cit.*, 1878, p. 41].

PSEUDOCALDWELLIA FRAPPIERI Deshayes.

1863 *Helix Frappieri* Deshayes, *Catalogue Mollusques Réunion*, p. E. 86, n° 278, pl. X, fig. 15-17.
1868 *Helix Frappieri* Pfeiffer, *Monograph. Heliceor. vivent.*, V, p. 60, n° 119 a.
1880 *Helix (Pella?) Frappieri* Martens, Mollusken, *in* : K. Möbius, *Beiträge z. Meeresfauna d. Insel Mauritius...*, Berlin, p. 196.
1886 *Nanina (Pachystyla) detecta* (part) Tryon, *Manual of Conchology*, 2° série, *Pulmonata*, II, p. 25, pl. VI, fig. 3-4 (seulement).
1909 *Helix frappieri* Kobelt, *Abhandl. d. Senckenberg. Naturforsch. Gesellschaft Frankfurt a. M.*, XXXII, p. 95.
1918 *Pseudocaldwellia Frappieri* Germain, *Bulletin Muséum Hist. natur. Paris*, XXIV, p. 518.

Coquille orbiculaire, subdiscoïde, obtuse au sommet, non ombiliquée ; spire formée de 6 tours étroits, peu convexes, à croissance lente et très régulière séparés par des sutures superficielles légèrement marginées ; dernier tour médiocre, à peine plus grand, en dessus, que l'avant dernier, plus convexe en dessous qu'en dessus, muni d'une carène médiane très marquée ; ouverture suboblique, subovalaire, un peu plus haute que large, à bords marginaux bien écartés et légèrement convergents ; péristome mince, tranchant, avec un angle très marqué sur le bord externe à l'endroit où aboutit la carène.

Diamètre maximum : 11 millimètres ; hauteur : 5 millimètres.

Test *mince, fragile*, d'un fauve brun, transparent, ayant l'apparence de la corne, garni de stries longitudinales pliciformes obliques, subrégulières et plus fines en dessous qu'en dessus.

Le *Pseudocaldwellia Frappieri* Deshayes se distingue du *Pseudocaldwellia Barclayi* Benson :

Par sa forme plus surbaissée en dessus ; par ses tours de

spire possédant le même enroulement, mais séparés par des sutures moins profondément marquées ; par sa carène moins saillante ; par l'absence d'ombilic ; par sa sculpture plus accentuée et, enfin, par sa taille plus grande.

Ile de La Réunion. — « Cette espèce paraît fort rare » [L. MAILLARD, *in* : G. P. DESHAYES, *loc. supra cit.*, 1863, p. E. 87].

Genre **PILULA** Martens, 1898 (1).

Le type de ce genre est l'*Helix praelumida* (de Férussac) Morelet, classé généralement parmi les *Helix* du sous-genre *Pella* Albers (2). Ce nom de *Pella* Albers ayant été employé ultérieurement doit être remplacé par celui de *Trachycystis* Pilsbry (3) qui lui est rigoureusement synonyme. Il renferme des espèces de la famille des ENDODONTIDAE dont beaucoup appartiennent à la faune de l'Afrique Australe.

Au contraire, l'*Helix praelumida* (de Férussac) Morelet et les espèces voisines (*Helix praelumida* var. *maheensis* Martens et var. *silhouellensis* Martens, *Helix Cordemoyi* Nevill) appartiennent à la famille des ARIOPHANTIDAE [= NANINIDAE] et c'est pour elles que le Dr. E. von MARTENS a créé le sous-genre *Pilula* qu'il classe, à tort, parmi les *Helix*. Une autre espèce, l'*Helix cyclaria* Morelet, aujourd'hui éteinte mais qui est peut-être une des formes ancestrales de l'*Helix praelumida* (de Férussac) Morelet appartient au même groupe, mais elle me paraît le type d'un sous-genre particulier auquel j'attribue le nom de *Propilula*.

En résumé, je considère les *Pilula*, auxquels j'attribue une valeur générique, comme constitués de la manière suivante :

Genre **PILULA** (Martens 1898) Germain, *emend.* 1918.

§ I. PILULA sensu stricto.

Pilula (Pilula) praelumida (de Férussac) Morelet. Ile de La Réunion.

(1) *Helix*, sous-genre *Pilula* MARTENS, Seychellen-Mollusken, *Mitteil. aus der Zoolog. Sammlung des Museums für Naturkunde Berlin*, I, h. I, Berlin, 1898, p. 16.

(2) ALBERS (J. C.), *Die Heliceen*. Ed. 2 (par E. von MARTENS), Berlin, 1860, p. 84. Non *Pella*, STEPHENSON 1832, genre de Coléoptères.

(3) PILSBRY (H. A.) in TRYON (W. G.), *Manual of Conchology*, 2e série, *Pulmonata*, VIII, 1892, p. 136.

Pilula (Pilula) praetumida var. *maheensis* Martens. Iles
Seychelles.
Pilula (Pilula) praetumida var. *silhouettensis* Martens. Iles
Seychelles.
Pilula (Pilula) Cordemoyi Nevill. Ile de La Réunion.

§ II. PROPILULA Germain, 1918, *nov. subgen.*

Pilula (Propilula) cyclaria Morelet. Ile Maurice (subfossile).

I. § I. PILULA sensu stricto.

PILULA (PILULA) PRAETUMIDA (de Férussac) Morelet.

Pl. IV, fig. 38 à 40.

1827 *Helix (Helicella) praetumida* DE FÉRUSSAC, *Bulletin universel sciences
naturelles*, X, p. 303, n° 26.
1848 *Helix praetumida* PFEIFFER, *Monograph. Heliceor. vivent.*, I, p. 434
(*nomen nudum*).
1860 *Helix praetumida* MORELET, *Séries Conchyliologiques*, II, *Iles Orientales d'Afrique*, p. 64. n° 30, pl. IV, fig. 10.
1868 *Helix praetumida* PFEIFFER, *Monograph. Heliceor. vivent.*, V, p. 469,
n° 407 a.
1870 *Nanina praetumida* NEVILL, *Journal Asiatic Society of Bengal*, XXXIX,
part II, (*Natural History*), Calcutta, p. 408, n° 16.
1878 *Nanina praetumida* NEVILL, *Handlist Mollusca Indian Museum Calcutta*, I, p. 28, n° 72.
1880 *Helix (Pella) praetumida* MARTENS, Mollusken, *in* : K. MÖBIUS, *Beiträge z. Meeresfauna d. Insel Mauritius...*, Berlin, p.
195.
1886 *Nanina (Macrochlamys) praetumida* TRYON, *Manual of Conchology*, 2°
série, *Pulmonata*, II, p. 106, pl. XXXVI, fig. 52-54.
1898 *Helix (Pilula) praetumida* MARTENS, *Mitteil. Zoolog. Sammlung d.
Museums für Naturk. Berlin*, I, part. I, p. 16.
1909 *Helix (Pella) praetumida* KOBELT, *Abhandl. d. Senckenberg. Naturforsch. Gesellschaft Frankfurt a. M.*, XXXII, p. 95.
1918 *Pilula (Pilula) praetumida* GERMAIN, *Bulletin Muséum Hist. natur.
Paris*, XXIV, n° 7, Décembre, p. 519.

Coquille presque plane en dessus, bien convexe en dessous ; spire formée de 6 tours peu convexes à enroulement
extrêmement lent en dessus, séparés par des sutures *profondes et canaliculées*; dernier tour très grand, très convexe
en dessous; ombilic profond, étroit, subcirculaire, un peu
recouvert par la patulescence du bord apertural ; ouverture
semi-ovalaire, aussi haute que large, à bords marginaux
éloignés ; péristome mince et tranchant.

Diamètre maximum : 8-9 millimètres ; diamètre minimum : 6-7 millimètres; hauteur : 4 ½-6 ½ millimètres; dia-

mètre de l'ouverture égal à la hauteur de l'ouverture : 4 millimètres.

Test mince, fragile, brillant (les premiers tours quelquefois irisés près du sommet), fauve jaunâtre, transparent ;
tours embryonnaires presque lisses; autres tours garnis de très
fines stries longitudinales serrées, peu obliques, inégales,
coupées de *stries spirales extrêmement fines ;* même sculpture réticulée en dessous, mais encore plus délicate et atténuée vers l'ombilic.

D'après G. Nevill, l'animal est blanc, avec de nombreuses
ponctuations d'un gris foncé, principalement sur le cou ;
les tentacules sont gris fer.

Le Dr. E. von Martens a institué, pour cette espèce, le sous-
genre *Pilula;* mais il le classe dans le genre *Helix* ce qui est
certainement une erreur. Le *Pilula praelumida* de Férussac
appartient à la famille des Nanidae.

Aux îles Seychelles vivent deux variétés décrites par le Dr.
E. von Martens.

La première, variété *maheensis* Martens (1), est de forme
générale subglobuleuse déprimée ; sa spire est formée de
4 $\frac{1}{2}$ tours à croissance très lente et bien régulière avec un
dernier tour très étroit, mais bien développé en hauteur et
subconvexe ; l'ouverture, fort petite, est semi-lunaire et à
bords marginaux écartés ; le bord columellaire est subvertical, élargi en haut et légèrement réfléchi sur un ombilic
ponctiforme. Diamètre maximum : 5 millimètres ; diamètre minimum : 4 millimètres ; hauteur : 4 millimètres ;
hauteur de l'ouverture : 3 millimètres ; diamètre de l'ouverture : 2 $\frac{1}{2}$ millimètres. Cette variété vit à l'île Mahé, entre
500 et 800 mètres au-dessus du niveau de la mer [Dr. A.
Brauer].

La seconde, variété *silhouettensis* Martens (2) est une forme
beaucoup plus petite, atteignant seulement 4 millimètres de
diamètre et 3 millimètres de hauteur, vivant à l'île Silhouette
et, avec la précédente variété, à l'île Mahé [Dr. A. Brauer].
Elle n'est pas sans analogies avec le *Pilula Cordemoyi* Nevill.

(1) Sous le nom de *Helix (Pilula) praelumida* var. *Mahesiana* Martens
[*loc. supra cit.*, I, part. I, 1898, p. 1, taf. II, fig. 13]. Dans le même volume de ce recueil, F. Wiegmann a donné quelques détails anatomiques et
figuré la radula de cette variété (*loc. cit.*, 1898, p. 68, fig. de la radula à
à la p. 69).

(2) Sous le nom de *Helix (Pilula) praelumida* var. *Silhouettae* Martens
[*loc. supra cit.*, 1898, p. 17; et F. Wiegmann, *id.*, p. 69, fig. de la radula à
la p. 70].

Le *Pilula praetumida* de Férussac typique n'a été représenté que par A. Morelet ; l'iconographie de cet auteur n'est pas très exacte et se rapporte, très vraisemblablement, à un individu peu adulte. Je crois donc utile de figurer à nouveau cette espèce d'après un exemplaire recueilli par M. P. Carié (Pl. IV, fig. 38 à 40).

Ile de La Réunion : Environs de Saint-Pierre [Majastre] ; = Sans localité précise [S. Rang, *in :* D'A. de Férussac, *loc. supra cit.*, 1827, p. 303] ; = «...paraît rare ; nos spécimens ont été recueillis au Brûlé de Saint-Denis, sur les points humides et boisés, à 500 mètres au-dessus du niveau de la mer » [E. Vesco, *in :* A. Morelet, *loc. supra cit.*, 1860, p. 65] ;—« Pas rare, mais très localisé; trouvé à une grande élévation, dans les bois humides, sous les buissons et parmi les végétaux morts » [G. Nevill, *loc. supra cit.*, 1870, p. 408];=Salazie [G. Nevill, *loc. supra cit.*, 1878, p. 28].

PILULA (PILULA) CORDEMOYI Nevill.

1870 *Nanina Cordemoyi* Nevill, *Journal Asiatic Society of Bengal*, XXXIX, part II, (*Natural History*), Calcutta, p. 407, n° 17.
1877 *Helix Cordemoyi* Pfeiffer, *Monograph. Heliceor. vivent.*, VII, p. 111.
1878 *Nanina cordemoyi* Nevill, *Handlist Mollusca Indian Museum Calcutta*, I, p. 28, n° 73.
1880 *Helix (Pella) Condemoyi* Martens, Mollusken, *in :* K. Möbius, *Beiträge z. Meeresfauna d. Insel Mauritius...*, Berlin, p. 195.
1886 *Nanina (Macrochlamys) Cordemoyi* Tryon, *Manual of Conchology*, 2° série, Pulmonata, II, p. 107 (*incert. sedis*).
1909 *Helix condemoyi* Kobelt, *Abhandl. d. Senckenberg. Naturforsch. Gesellschaft Frankfurt a. M.*, XXXII, p. 95.
1918 *Pilula (Pilula) Cordemoyi* Germain, *Bulletin Muséum Hist. natur. Paris*, XXIV, n° 7, p. 519.

Le *Pilula Cordemoyi* Nevill est une espèce presque inconnue. Elle n'a jamais été figurée et G. Nevill a seulement donné sur elle les quelques renseignements suivants :

Coquille presque exactement semblable à celle du *Pilula praetumida* de Férussac, mais un peu plus petite (diamètre maximum : 8 $\frac{1}{2}$ millimètres ; hauteur : 6 millimètres) ; spire ne comprenant que 5 tours non comprimés, séparés par des sutures non canaliculées ; ombilic un peu plus élargi ; test avec, au dernier tour, une assez large bande brune peu distincte (1).

(1) G. Nevill ajoute (*loc. supra cit.*, 1870, p. 409) : « I have named this shell after M. Jacob de Cordemoy, a well known botanist at Bourbon ».

Il est difficile, sur ces seules données, de se faire une idée exacte du *Pilula Cordemoyi* Nevill qui vit avec le *Pilula praetumida* de Férussac et, ajoute G. Nevill, « sous les mêmes buissons ».

Ile de La Réunion : Dans les bois humides, sous les végétaux morts, à une grande élévation [G. Nevill, *loc. supra cit.*, 1870, p. 408 et p. 409] ; = Environs de Salazie [G. Nevill, *loc. supra cit.*, 1878, p. 28].

§ II. PROPILULA Germain, 1918 (1), *nov. subgen.*

Pilula (Propilula) cyclaria Morelet.

Pl. VI, fig. 23 à 25.

1875 *Helix cyclaria* Morelet, *Journal de Conchyliologie*, XXIII, p. 31.
1877 *Helix cyclaria* Pfeiffer, *Monograph. Heliceor. vivent.*, VII, p. 531.
1880 *Helix (Pella) cyclaria* Martens, Mollusken, *in* : K. Möbius, *Beiträge z. Meeresfauna d. Insel Mauritius...*, Berlin, p. 195, taf. XIX, fig. 3 à 5.
1887 *Helix (Pella) cyclaria* Tryon, *Manual of Conchology*, 2° série, *Pulmonata*, III, p. 108, pl. XXI, fig. 95-97.
1892 *Helix (Pella) cyclaria* Pilsbry, *in* : Tryon, *Manual of Conchology*, 2° série, VIII, p. 135.
1894 *Helix cyclaria* Kobelt, Die Familie der Heliceen, IV, *in* : Martini et Chemnitz, *Systemat. Conchylien-Cabinet*, 2° Edit., p. 616, n° 1236, taf. CLXXVIII, fig. 7-9.
1900 *Helix (Pella) cyclaria* Kobelt, *Abhandl. d. Senckenberg. Naturforsch. Gesellschaft Frankfurt a. M.*, XXXII, p. 93.
1918 *Pilula (Propilula) cyclaria* Germain, *Bulletin Muséum Hist. natur. Paris*, XXIV, n° 7, p. 519.

Tout en conservant les caractères si spéciaux qui ne permettent de la confondre avec aucune autre, cette espèce offre cependant un certain polymorphisme portant à la fois sur la taille, sur la spire et sur le test.

α) *Taille*. — Le polymorphisme de taille est mis en évidence par le tableau de la page 142.

β) *Spire*. — Dans la figuration donnée par le Dr. E. von Martens, la spire est légèrement élevée en dessus du plan du dernier tour. Cette forme est la plus répandue ; cependant il arrive, assez fréquemment, que l'enroulement des premiers tours est planorbique et qu'ils ne dépassent pas sensiblement

____

(1) Germain (Louis). *Contributions faune malacologique de Madagascar*, VI : Sur la classification de quelques Mollusques Pulmonés des îles Mascareignes et description d'espèces nouvelles de cet archipel ; *Bulletin Muséum Hist. natur. Paris*, XXIV, n° 7, Décembre 1918, p. 519.

Hauteur totale	Diamètre maximum	Diamètre minimum	Hauteur de l'ouverture	Diamètre de l'ouverture (1)
mm.	mm.	mm.	mm.	mm.
13	22	19	12 1/2	12 3/4
12 1/2	19 1/2	17	11	11 1/4
12 1/4	21	18 1/2	12	12
12 1/4	23	20	12 1/2	13
12	21 1/2	19	12	11
12	20 1/2	18	12	11
12	20 1/4	19	11 1/2	11
11 1/2	21	18 1/2	11	12
11 1/2	19 1/2	17 3/4	11	10
10 3/4	20	17 1/2	10 3/4	11

(1) Étant donné la forme spéciale de l'ouverture chez cette espèce, le diamètre maximum est pris au niveau de l'ombilic.

le plan des autres tours. Cette tendance peut même s'exagérer, les premiers tours étant subconcaves en dessus (1). Toujours bien arrondi, le dernier tour est beaucoup moins variable.

γ) *Test.* — Le test est peu fragile, bien que médiocrement

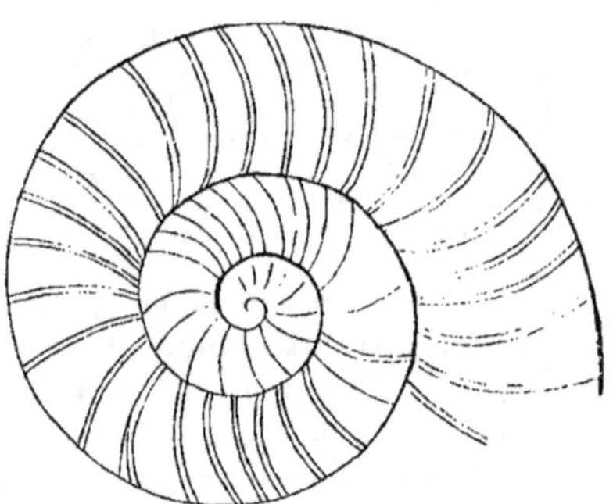

Fig. 13. — *Pilula (Propilula) cyclaria* Morelet.
Ile Maurice [M. P. Carié]. Schéma de la sculpture des tours embryonnaires et des premiers tours de spire; × 12.

épais. Quelques exemplaires ont conservé des traces d'une coloration jaunâtre ou marron clair avec un sommet marron assez brillant. Les tours embryonnaires sont finement striés ; les autres sont ornés de costules élevées, obliques,

(1) Ce cas est, d'ailleurs, tout à fait exceptionnel.

plus saillantes contre les sutures (fig. 13, dans le texte), espacées et assez irrégulières ; en dessous ces costules se résolvent en stries longitudinales médiocres, irrégulières, inégales et atténuées vers l'ombilic.

Quelques individus anormaux présentent d'intéressantes particularités. L'un d'eux a les bords marginaux de l'ouverture réunis par une très forte callosité blanche, fort irrégulièrement secrétée, avec un test très inégalement costulé sur la partie terminale du dernier tour. Chez un autre, les tours sont, en dessus, garnis d'une carène saillante tournant avec la spire et située à la partie supérieure de ces tours très près de la suture.

Ile Maurice : Commun dans les éboulis au Pouce et aux Pailles, entre 1.000 et 1.500 pieds [=330 et 500 mètres environ] ; subfossile [THIRIOUX] ;=Sans indication de localité, subfossile [E. DUPONT, *in* : A. MORELET, *loc. supra cit.*, 1875, p. 31 ;=Prof. K. MÖBIUS, *in* : Dr. E. von MARTENS, *loc. supra cit.*, p. 195].

Genre **MACROCHLAMYS** Benson, 1832 (1).

MACROCHLAMYS INDICA Pfeiffer.

1846 *Helix indica* PFEIFFER, *Symbol. ad histor. Heliceorum*, III, p. 66 [non BENSON].
1848 *Helix indica* PFEIFFER, *Monograph. Heliceor. vivent.*, I, p. 80, n° 187.
1853 *Helix indica* REEVE, *Conchologia Iconica*, pl. LXXXIII, fig. 448 et pl. CLXXXVI, fig. 1290.
1853 *Helix indica* PFEIFFER, *Monograph. Heliceor vivent.*, III, p. 78, n° 299.
1855 *Iberus indicus* H. et A. ADAMS, *Genera of recent Mollusca*, p. 212.
1855 *Rotula indica* PFEIFFER, *Malakozoolog. Blätter*, II, p. 131.
1855 *Nanina indica* GRAY, *Catalogue of Pulmonata... British Museum*, Part I, p. 87.
1859 *Helix indica* PFEIFFER, *Monograph. Heliceor. vivent.*, IV, p. 67, n° 404.
1868 *Helix indica* PFEIFFER, *Monograph. Heliceor. vivent.*, V, p. 131, n° 569.
1876 *Helix indica* HANLEY et THEOBALD, *Conchologia Indica*, p. VIII et p. 26, pl. LV, fig. 10.
1878 *Nanina indica* NEVILL, *Handlist Mollusca Indian Museum Calcutta*, I, p. 31, n° 100.
1886 *Nanina (Hemiplecta) indica* TRYON, *Manual of Conchology*, 2° série, *Pulmonata*, II, p. 42, pl. XXIII, fig. 46.
1886 *Nanina (Macrochlamys) indica* TRYON, *loc. supra cit.*, p. 98, pl. XXXIII, fig. 63.

(1) BENSON (W. H.), *Journal Asiatic Society of Bengal*, 1832, p. 13 et p. 76 (type : *Macrochlamys indica* Benson [= *Macrochlamys vitrinoides* Deshayes + *Macrochlamys petrosa* Hutton]).

Le *Macrochlamys indica* Pfeiffer est une espèce de l'Inde introduite à l'île Maurice à la faveur des échanges commerciaux. D'après H. H. Godwin-Austen (1), ce Mollusque est aujourd'hui parfaitement acclimaté et doit être considéré comme appartenant désormais à la faune de l'île.

Genre **MICROCYSTIS** Beck, 1837 (2).

§ 1.

Microcystis nitella Morelet.

Pl. I, fig. 1 à 3.

1843 *Helix nitida* Scanzin, Catalogue Coquilles îles de France, Bourbon, Madagascar. *Mémoires Soc. hist. natur. Strasbourg*, III, p. 16 [non Müller].

1851 *Helix nitella* Morelet, *Revue et Magasin de Zoolog.*, p. 219.

1853 *Helix nitella* Pfeiffer, *Monograph. Heliceor. vivent.*, III, p. 64, n° 212.

1859 *Helix nitella* Pfeiffer, *Monograph. Heliceor. vivent.*, IV, p. 49, n° 281.

1860 *Helix nitella* Morelet, *Séries Conchyliologiques*, II, *Iles Orientales d'Afrique*, p. 61, n° 16, pl.. IV, fig. 9.

1863 *Helix nitella* Deshayes, *Catalogue Mollusques Réunion*, p. 85, n° 271.

1868 *Nanina (Macrochlamys) nitella* Nevill, *Proceedings Zoological Society of London*, p. 258.

1868 *Helix nitella* Pfeiffer, *Monograph. Heliceor. vivent.*, V, p. 469, n° 400.

1877 *Helix nitella* Liénard, *Catalogue Mollusques Maurice*, p. 57, n° 789.

1878 *Nanina (Microcystis) nitella* Nevill, *Handlist Mollusca Indian Museum Calcutta*, I, p. 40, n° 180.

1880 *Microcystis nitella* Martens, Mollusken, *in* : K. Möbius, *Beiträge z. Meeresfauna d. Insel Mauritius...*, Berlin, p. 190.

1886 *Nanina (Macrochlamys) nitella* Tryon, *Manual of Conchology*, 2° série, *Pulmonata*, II, p. 106, pl. XXXV, fig. 46-48.

1909 *Microcystis nitella* Kobelt, *Abhandl. d. Senckenberg. Naturforsch. Gesellschaft Frankfurt a. M.*, XXXII, p. 93.

Le *Microcystis nitella* Morelet est une espèce communément répandue à l'île Maurice qui, par son aspect général, rappelle tout à fait le *Hyalinia nitida* Müller (3) de nos pays.

La coquille, très étroitement perforée, a une forme générale assez surbaissée ; sa spire se compose de 5 tours convexes à croissance assez rapide, séparés par des sutures bien mar-

(1) Godwin-Austen (H. H.). The Dispersal of Land Shells by the Agency of Man ; *Proceedings Malacological Society of London*, VIII, 1908, pp. : 146-147.

(2) Beck, *Index Molluscorum...*, 1837, p. 2.

(3) Müller (O. F.). *Vermium terrest. et fluv. histor.*, II, 1774, p. 32. (*Helix nitida*).

quées et *nettement marginées*, avec un dernier tour relativement grand et comprimé.

La taille atteint, chez les plus grands individus, 9 millimètres de diamètre maximum, 8 millimètres de diamètre minimum et 4 millimètres de hauteur. L'ouverture a 5 millimètres de diamètre maximum et 4 millimètres de hauteur. A. Morelet donne les dimensions suivantes qui me paraissent peu exactes, en ce qui concerne le diamètre minimum tout au moins : 9 millimètres de diamètre maximum et 6 millimètres de diamètre minimum. Avec ces dimensions, la coquille aurait une forme très différente de celle qu'elle a en réalité ; d'ailleurs ces mensurations sont contredites par la fig. 9 (pl. IV) de l'ouvrage de A. Morelet qui accuse 7 millimètres de diamètre maximum et 6 millimètres de diamètre minimum.

Le test est mince, léger, fragile, absolument transparent, d'un magnifique corné brillant jaune verdâtre (pl. I, fig. 1 à 3), plus coloré et plus brillant en dessous qu'en dessus (1). A. Morelet donne le test comme lisse : « *Testa... nitida, laevis, pallide fulva...* ». En réalité on observe, sur les premiers tours, une sculpture réticulée extrêmement délicate, qui se résout, sur les tours suivants, en stries longitudinales très fines, obliques, serrées et irrégulières. En dessous les stries longitudinales sont encore plus fines, plus irrégulières et tout à fait inégales.

D'après G. Nevill (2), l'animal est jaune safran avec le pied jaune clair. Les tentacules sont noirs ainsi qu'une petite partie du corps à la base de ces organes.

Ile Maurice : Sur le gazon et les plantes basses, aux environs de Curepipe ; commun [P. Carié] ; = Sommet de la montagne du Pouce [E. Vesco, *in* : A. Morelet, *loc. supra cit.*, 1860, p. 62] ; = Montagne du Pouce, sur le gazon [G. Nevill, *loc. supra cit.*, 1868, p. 258] ; = E. Liénard, *loc. supra cit.*, 1877, p. 57 ; = G. Nevill, *loc. supra cit.*, 1878, p. 40.

Ile de la Réunion : V. Sganzin, *loc. supra cit.*, 1843, p. 16 ; = L. Maillard, *in* : G. P. Deshayes, *loc. supra cit.*, 1863, p. 85.

(1) Le coloris des figures de l'ouvrage de A. Morelet (*loc. supra cit.*, 1860) est beaucoup trop jaune.

(2) Nevill (G.). Notes on some of the species of Land Mollusca inhabiting Mauritius and the Seychelles; *Proceedings Zoological Society of London*, 23 avril 1868, p. 258.

MICROCYSTIS VIRGINIA Morelet.

1860 *Helix Virginia* MORELET, *Séries Conchyliologiques*, II, *Iles Orientales d'Afrique*, p. 62, n° 17, pl. IV, fig. 8.

1868 *Helix Virginia* PFEIFFER, *Monograph. Heliceor. vivent.*, V, p. 469, n° 393 *a*.

1868 *Nanina (Macrochlamys) virginia* NEVILL, *Proceedings Zoological Society of London*, p. 257.

1877 *Helix virginia* LIÉNARD, *Catalogue Mollusques Maurice*, p. 58, n° 805.

1878 *Nanina (Microcystis) virginea* NEVILL, *Handlist Mollusca Indian Museum Calcutta*, I, p. 40, n° 183.

1880 *Microcystis Virginia* MARTENS, *Mollusken*, in : K. Möbius, *Beiträge z. Meeresfauna d. Insel Mauritius...*, Berlin, p. 190.

1885 *Nanina (Macrochlamys) virginia* TRYON, *Manual of Conchology*, 2° série, *Pulmonata*, II, p. 106, pl. XXXV, fig. 43-45.

1886 *Helix (Pella) virginica* KOBELT, *Abhandl. d. Senckenberg. Naturforsch. Gesellsch. Frankfurt a. M.*, XXXII, p. 93.

Les plus grands individus que j'ai examinés mesurent 9 $\frac{1}{2}$-10 $\frac{1}{2}$ millimètres de diamètre maximum, 9-9 $\frac{1}{2}$ millimètres de diamètre minimum et 5-5 3/4 millimètres de hauteur. Ces dimensions sont un peu plus fortes que celles indiquées par A. MORELET : 9 millimètres de diamètre maximum, 8 millimètres de diamètre minimum et 5 millimètres de hauteur. Par ailleurs, cet auteur donne 6 tours de spire à son espèce ; les nombreux individus recueillis par M. P. CARIÉ en ont généralement 6, mais aussi, quelquefois, 6 $\frac{1}{2}$. Ces tours de spire sont un peu convexes, avec le dernier grand, *comprimé* à la périphérie, mais nullement caréné ou même subcaréné. La hauteur relative de la spire varie légèrement suivant les échantillons.

Le test est mince, fragile, transparent, roussâtre. La sculpture est fort délicate : « les stries sont régulières et très superficielles ; on les distingue seulement à la jonction des tours ainsi qu'à la base de la coquille où elles se manifestent par un rayonnement vague, plus ou moins apparent, selon le jeu de la lumière » [A. MORELET, *loc. supra cit.*, 1860, p. 62]. En fait, il existe bien une sculpture continue, mais elle est difficile à voir étant donné son extrême délicatesse. Elle se compose, sur les premiers tours, de très fines stries longitudinales coupées de fines stries spirales et, sur les autres tours, de stries longitudinales un peu plus fortes, obliques et irrégulières, coupées de rares stries spirales. En dessous les stries longitudinales sont également fines et délicates.

Cette espèce est très voisine du *Microcystis nitella* Morelet. Elle est sensiblement de même taille ou quelquefois un peu plus grande, à peu près de même couleur et montre le même test et des caractères sculpturaux identiques ; mais le *Microcystis virginia* Morelet est proportionnellement plus élevé, sa spire possède un tour de plus et ses tours, plus convexes, sont séparés par des sutures moins marginées, enfin l'ombilic est un peu moins ponctiforme. Ces différences sont bien faibles et on serait tenté de réunir les deux espèces si G. NEVILL n'avait observé l'animal. Or, tandis que celui du *Microcystis nitella* Morelet est jaune safran avec une sole pédieuse jaune clair et des tentacules noirs, celui du *Microcystis virginia* Morelet est noir avec une sole pédieuse gris fer et des tentacules noirs (1). Il y a donc lieu de maintenir les deux espèces.

Ile Maurice : Presque aussi commune que l'espèce précédente avec laquelle on la rencontre sur le gazon, les plantes basses, dans les endroits humides des environs de Curepipe [P. CARIÉ] ; = Sous les feuilles mortes, dans les ravins humides et boisés de la Montagne du Pouce [E. VESCO, *in* : A. MORELET, *loc. supra cit.*, 1860, p. 63] ; = Sur les arbustes et sur le gazon [G. NEVILL, *loc. supra cit.*, 1868, p. 257] ; = E. LIÉNARD, *loc. supra cit.*, 1877, p. 58; = G. NEVILL., *loc. supra cit.*, 1878, p. 40.

Iles Seychelles : E. LIÉNARD, *loc. supra cit.*, 1877, p. 90.

MICROCYSTIS PROLETARIA Morelet.

1827 *Helix nulla* DE FÉRUSSAC, *Bulletin univers. sciences*, X, p. 302.
1860 *Helix proletaria* MORELET, *Séries Conchyliologiques*, II, *Iles Orientales d'Afrique*, p. 60, n° 14, pl. IV, fig. 4.
1863 *Helix proletaria* DESHAYES, *Catalogue Mollusques Réunion*, p. 85, n° 273.
1868 *Helix proletaria* PFEIFFER, *Monograph. Heliceor. vivent.*, V, p. 467, n° 264 a.
1868 *Nanina (Macrochlamys) Geoffreyi* H. ADAMS, *Proceedings Zoological Society of London*, p. 289, pl. XXVIII, fig. 5.
1870 *Nanina Geoffreyi* NEVILL, *Journal Asiatic Society of Bengal*, XXXIX, part II, p. 406.
1876 *Helix Geoffreyi* PFEIFFER, *Monograph. Heliceor. vivent.*, VII, p. 122.
1877 *Helix proletaria* LIÉNARD, *Catalogue Mollusques Maurice*, p. 57.
1878 *Nanina (Microcystis) Geoffreyi* NEVILL, *Handlist Mollusca Indian Museum Calcutta*, p. 40, n° 181.
1880 *Microcystis proletaria* MARTENS, *Mollusken*, *in* : K. MÖBIUS, *Beiträge z. Meeresfauna d. Insel Mauritius...*, Berlin, p. 190.
1886 *Nanina (Macrochlamys) Geoffreyi* TRYON, *Manual of Conchology*, 2ᵉ série. *Pulmonata*, II, p. 106, pl. XXXVI, fig. 55-56.

(1) NEVILL (G.). Notes on some of the species of Land Mollusca inhabiting Mauritius and the Seychelles, *Proceedings Zoological Society of London*, 23 avril 1868, p. 257.

1886 *Nanina (Macrochlamys) proletaria* Tryon, *loc. supra cit.*, II, p. 106,
pl. XXXVI, fig. 57-59.
1909 *Microcystis proletaria* Kobelt, *Abhandl. d. Senckenb. Naturforsch.
Gesellschaft Frankfurt a. M.*, XXXII, p. 93.

Assez voisine du *Microcystis virginia* Morelet, cette espèce
s'en distingue par sa spire notablement plus haute (1) et par
son *dernier tour nettement caréné* à la périphérie. La taille
atteint 10 millimètres de diamètre maximum, 9 millimètres
de diamètre minimum et 6 millimètres de hauteur. Le test
est mince, corné, semi-transparent, d'un fauve brunâtre;
il est orné de stries longitudinales fines, irrégulières et un
peu crispées.

Le *Microcystis Geoffreyi* H. Adams est certainement synonyme. Le type décrit par H. Adams et qui mesure 9 millimètres de diamètre maximum, 8 millimètres de diamètre minimum et 5 millimètres de hauteur, ne diffère pas sensiblement
du *Microcystis proletaria* Morelet et présente, comme ce dernier, une sculpture réticulée très délicate (2). D'après les
observations de G. Nevill, il n'existe pas non plus de différences dans l'animal (3).

Ile Maurice [E. Vesco, *in :* A. Morelet, 1860, p. 60].

Ile de la Réunion [S. Rang, *in :* de Férussac, 1827, p.
302 ; = G. Nevill, *in :* H. Adams, 1868, p. 290 ; = L. Maillard, *in :* G. P. Deshayes, *loc. supra cit.*, 1863, p. 85]. =
Abondant à Salazie, sous les feuilles mortes, les pierres, etc...,
dans les bois humides [G. Nevill, *loc. supra cit.*, 1870, p.
406 : et 1878, p. 40].

(1) La spire du *Microcystis proletaria* Morelet, également composée de 6
tours, a la forme d'un cône surbaissé.

(2) « N. testa minute perforata... sublente minutissime spiraliter striatula, longitudinaliter obsolete irregulariter striata, olivacea-fulva;... » [H.
Adams, Descriptions of some new Species of Shells collected by Nevill,
at Mauritius, the Isle of Bourbon, and the Seychelles; *Proceedings Zoological Society of London*, 23 avril 1868, p. 289].

(3) H. Adams avait indiqué [*loc. supra cit.*, 23 avril 1868, p. 290] d'après
une note de G. Nevill que l'animal du *Microcystis Geoffreyi* H. Adams
était d'un noir uniforme tandis que celui du *Microcystis virginia* Morelet
était noir et jaune. Cette erreur a été rectifiée par G. Nevill lui-même.
[On the Land Shells of Bourbon, with descriptions of a few new species;
Journal Asiatic Society of Bengal, XXXIX, part II (Natural history, etc...)
Calcutta, 1870, p. 406]. L'animal, comme celui du *Microcystis proletaria*
Morelet, est d'un jaune grisâtre tacheté de noir sur les côtes; sa sole pédieuse est jaune; enfin ses tentacules sont noirs ainsi qu'une faible partie
du corps à la base de ces organes. L'animal de cette espèce ressemble d'ail-
leurs beaucoup à celui du *Microcystis nitella* Morelet.

Microcystis Poweri H. Adams.

1868 *Nanina (Macrochlamys) Poweri* H. Adams, *Proceedings Zoological Society of London*, p. 293, pl. XXVIII, fig. 20.
1868 *Nanina villata* Power in H. Adams, *Proceedings Zoological Society of London*, p. 294 (1).
1876 *Helix Poweri* Pfeiffer, *Monograph. Helicœor. vivent.*, VII, p. 123.
1877 *Helix Poweri* Liénard, *Catalogue Mollusques Maurice*, p. 57, n° 793.
1878 *Nanina (Microcystis) poweri* Nevill, *Handlist Mollusca Indian Museum Calcutta*, p. 40, n° 179.
1880 *Microcystis Poweri* Martens, Mollusken, *in* : K. Möbius, *Beiträge z. Meeresfauna d. Insel Mauritius...*, Berlin, p. 190.
1886 *Nanina (Macrochlamys) Poweri* Tryon, *Manual of Conchology*, 2° série, *Pulmonata*, II, p. 107, pl. XXXVI, fig. 60.
1909 *Microcystis poweri* Kobelt, *Abhandl. d. Senckenberg. Naturforsch. Gesellschaft Frankfurt a. M.*, XXXII, p. 93.

De taille médiocre (8 millimètres de diamètre maximum) et de forme assez déprimée (3 ½ millimètres de hauteur), cette espèce est étroitement ombiliquée ; sa spire se compose seulement de 4 ½ tours peu convexes, le dernier subanguleux, séparés par des sutures marginées. Le test est mince, subpellucide, fragile, d'un corné verdâtre, parfois brillant, principalement en dessous. La sculpture se compose de stries longitudinales très fines coupées de stries spirales délicates donnant au test un aspect décussé.

Ile Maurice : Peter Botte Mountain [Dr. Power, *in* : H. Adams, *loc supra cit.*, 1868, p. 294] ;=Sans localité : [E. Liénard, *loc. supra cit.*, 1877, p. 57] ;=E. Dupont, *in* : G. Nevill, *loc. supra cit.*, 1878, p. 40].

Microcystis Maillardi Deshayes.

1863 *Helix Maillardi* Deshayes, *Catalogue Mollusques Réunion*, p. 86, n° 277, pl. X, fig. 12 à 14.
1870 *Nanina Maillardi* Nevill, *Journal Asiatic Society of Bengal*, XXXIX, part II, p. 406.
1876 *Helix Maillardi* Pfeiffer, *Monograph. Helicœor. vivent.*, VII, p. 111.
1878 *Nanina (Microcystis) Maillardi*, Nevill, *Handlist Mollusca Indian Museum Calcutta*, I, p. 40, n° 184.
1880 *Microcystis Maillardi* Martens, Mollusken, *in* : K. Möbius, *Beiträge z. Meeresfauna d. Insel Mauritius...*, Berlin, p. 190.
1886 *Nanina (Macrochlamys) Maillardi* Tryon, *Manual of Conchology*, 2° série, *Pulmonata*, II, p. 106, pl. XXXVI, fig. 49-50.
1909 *Microcystis maillardi* Kobelt, *Abhandl. d. Senckenberg. Naturforsch. Gesellschaft Frankfurt a. M.*, XXXII, p. 93.

(1) « For an example of this species I am indebted to the kindness of Dr. Power, who collected it. It was sent to me under the name of *villata* by which it appears it has been long known at Mauritius » [H. Adams, Descriptions of some New Species of Shells, chiefly from Ceylon. *Proceedings Zoological Society of London*, 14 mai 1868, p. 294].

Coquille discoïde, étroitement ombiliquée ; spire déprimée, composée de 5 tours convexes à croissance très lente et régulière séparés par des sutures canaliculées ; dernier tour médiocre, bien arrondi convexe, subdéprimé en dessous ; ouverture un peu oblique, semi-lunaire, plus large que haute et à bords marginaux bien écartés.

Diamètre maximum : 5 millimètres ; hauteur : 3 millimètres.

Test mince, très fragile, presque transparent, d'un fauve pâle uniforme, garni de stries longitudinales peu obliques, inégales, fines et médiocrement serrées.

Ile Maurice : Montagne du Pouce [G. Nevill, *loc. supra cit.*, 1870, p. 406, et 1878, p. 40].

Ile de la Réunion : L. Maillard, *in* : G. P. Deshayes, *loc. supra cit.*, 1863, p. 86 ; = G. Nevill, *loc. supra cit.*, 1870, p. 406 ; = Salazie [G. Nevill, *loc. supra cit.*, 1878, p. 40].

Microcystis perlucida H. Adams.

1867 *Macrochlamys perlucida* H. Adams. *Proceedings Zoological Society of London*, p. 303, pl. XIX, fig. 3.

1876 *Helix perlucida* Pfeiffer. *Monograph. Heliceor. vivent.*, VIII, p. 145.

1877 *Helix perlucida* Liénard. *Catalogue Mollusques île Maurice*, p. 57, n° 791.

1878 *Nanina (Microcystis) perlucida* Nevill, *Handlist Mollusca Indian Museum Calcutta*, I, p. 40, n° 182.

1880 *Microcystis perlucida* Martens. Mollusken, *in* : K. Möbius, *Beiträge z. Meeresfauna d. Insel Mauritius...*, Berlin, p. 190.

1886 *Nanina (Macrochlamys) perlucida* Tryon, *Manual of Conchology*, 2ᵉ série. *Pulmonata*, II, p. 107, pl. XXXVI, fig. 61.

1909 *Microcystis perlucida* Kobelt, *Abhandl. d. Senckenberg. Naturforsch. Gesellschaft Frankfurt a. M.*, XXXVII, p. 93.

Coquille de petite taille, étroitement perforée, de forme déprimée : spire formée de 5 ½ tours peu convexes, séparés par des sutures marginées : dernier tour arrondi, légèrement descendant à l'extrémité : ouverture oblique, semi-lunaire ; péristome simple ; bord columellaire un peu réfléchi sur l'ombilic.

Diamètre maximum : 6 millimètres ; hauteur maximum : 4 millimètres.

Test mince, pellucide, transparent, d'un jaune verdâtre corné brillant, presque lisse.

L'animal est très joli : son manteau est d'un jaune brillant pointillé de noir, son pied est également jaune vif et ses tentacules sont entièrement noirs.

Ile Maurice : Environs de Port-Louis, de Curepipe, dans les endroits humides, sur le gazon [P. CARIÉ] ; = Peter Botte, Grand Bassin et Trou aux Cerfs [G. NEVILL, *in* : H. ADAMS, *loc. supra cit.*, 1867, p. 303] ; = E. LIÉNARD, *loc. supra cit.*, 1877, p. 57 ; = G. NEVILL, *loc. supra cit.*, 1878, p. 40.

MICROCYSTIS MINIMA H. Adams.

1867 *Macrochlamys minima* H. ADAMS, *Proceedings Zoologial Society of London*, p. 303, pl. XIX. fig. 2 .
1876 *Helix minima* PFEIFFER, *Monograph. Heliceor. vivent.*, VII, p. 112.
1877 *Helix minima* LIÉNARD, *Catalogue Mollusques île Maurice*, p. 57, n° 786.
1878 *Nanina (Microcystis) minima* NEVILL, *Handlist Mollusca Indian Museum Calcutta*, I. p. 40. n° 188.
1880 *Microcystis minima* MARTENS, Mollusken, *in* : K. MÖBIUS, *Beiträge z. Meeresfauna d. Insel Mauritius...*, Berlin, p. 190.
1886 *Nanina (Macrochlamys) minima* TRYON, *Manual of Conchology*, 2° série, *Pulmonata*, II, p. 106, pl. XXXVI, fig. 51.
1909 *Microcystis minima* KOBELT, *Abhandl. d. Senckenberg. Naturforsch. Gesellschaft Frankfurt a. M.*, XXXII, p. 93.

Coquille très petite, subperforée, presque discoïde ; spire composée seulement de 4 tours convexes séparés par de profondes sutures ; dernier tour non descendant à l'extrémité ; ouverture peu oblique, semi-lunaire ; péristome simple et tranchant ; bord columellaire légèrement réfléchi sur l'ombilic.

Diamètre maximum : 1 1/3 millimètres ; hauteur maximum : $\frac{1}{2}$ millimètre.

Test mince, pellucide, brillant et finement strié.

Ce *Microcystis* n'est, peut-être, qu'une forme jeune d'une des précédentes espèces. Cependant H. ADAMS [*loc. supra cit.*, 1867, p. 303] pense qu'il est bien adulte : « Although this species is so minute, it appears to be adult, and is therefore deserving of record ».

Ile Maurice : Environs de Port-Louis [G. NEVILL, *in* : H. ADAMS, *loc. supra cit.*, 1867, p. 303] ; = E. LIÉNARD, *loc. supra cit.*, 1877, p. 58 ; = G. NEVILL, *loc. supra cit.*, 1878, p. 40.

§ 2.

MICROCYSTIS TYTTHULUS Germain, *nov. sp.*

Pl. III. Fig. 23, 25 et 26.

1918 *Microcystis tytthulus* GERMAIN, *Bulletin Muséum Hist. natur. Paris*, XXIV, n° 7, Décembre, p. 48.

Coquille très petite, conique en dessus, un peu convexe en dessous, avec un ombilic absolument ponctiforme ; spire composée de 4 $\frac{1}{2}$-5 tours convexes à croissance lente et régulière, séparés par des sutures très marquées et submarginées ; dernier tour médiocre, *comprimé* (mais non caréné) à *sa périphérie* (compression légèrement inframédiane et sensible jusqu'au péristome), notablement plus convexe en dessous qu'en dessus ; ouverture semi-ovalaire transverse, à bords convergents mais éloignés ; bord columellaire légèrement et triangulairement réfléchi sur l'ombilic ; péristome simple et tranchant.

Diamètre maximum : 3 millimètres ; diamètre minimum : 2-2/3 millimètres ; hauteur : 2-2 1/4 millimètres.

Test mince, fragile, transparent, d'un corné fauve un peu brillant ; tours embryonnaires à peine striés longitudinalement ; autres tours garnis de stries longitudinales saillantes, costulées, très obliques, subégales, à peu près équidistantes et plus irrégulières au dernier tour ; face inférieure de la coquille ornée de stries rayonnantes non costulées, inégales et irrégulières, coupées de stries spirales visibles seulement à un assez fort grossissement.

Cette espèce se rapproche surtout du *Microcystis subturritula* G. et H. Nevill (1), mais ce dernier est imperforé, sa spire est composée de 7 tours dont le dernier est fortement caréné et sa taille est plus grande : 4 $\frac{1}{2}$ millimètres de diamètre maximum pour 4 millimètres de hauteur. Cette espèce a été découverte, par G. Nevill, à l'île Mahé (Archipel des Seychelles), dans les ravins humides, à environ 800 pieds (= environ 270 mètres) au-dessus du niveau de la mer.

Le *Microcystis tytthulus* Germain ressemble également au *Microcystis tenuicula* H. Adams (2) de l'Inde (3), mais ce dernier est plus grand (diamètre maximum : 6 millimètres ; diamètre minimum : 5 $\frac{1}{2}$ millimètres ; hauteur : 4 $\frac{1}{2}$ millimètres), sa forme est un peu moins conique et sa sculpture beaucoup plus délicate (4).

(1) Nevill (G. et H.), Descriptions of new Mollusca from the Eastern Régions; *Journal Asiatic Society of Bengal*, XL., part II (*Natural History*) n° 1, Calcutta, 31 mars 1871, p. 7 [*Helix (Conulus) sub. turritula*].

(2) Adams (H.), Descriptions of some New Species of Land and Marine Shells ; *Proceedings Zoological Society of London*, 1868, p. 14, pl. IV, fig. 5 [*Macrochlamys tenuicula*].

(3) De Sattara, Bombay, etc... [F. Layard, *in* : H. Adams, *loc. supra cit.*, 1868, p. 15].

(4) « Testa... turbinata, tenui. *sublaevigata*, levissime spiraliter striatula.

Ile Maurice : Environs de Curepipe, dans les endroits humides [P. Carié].

Dans son Catalogue des Mollusques du Musée de Calcutta, G. Nevill a signalé une *espèce nouvelle de Microcystis* de l'île Maurice. Malheureusement l'auteur se contente d'écrire :

> « 185. *Nanina (Microcystis)*, n. sp.
>
> « Mauritius ; coll. G. Nevill, Esq. (1). »

Ce *Microcystis* étant resté inédit n'est cité que pour mémoire.

Famille des **ENDODONTIDAE**.

Genre **TACHYPHASIS** Germain, 1918 (2).

J'ai réuni, sous le nom générique de *Tachyphasis*, les espèces des îles Mascareignes appartenant à la famille des Endodontidae et dont les formes les plus voisines se retrouvent dans l'Inde et en Océanie. Ces espèces, qui font aussi bien partie de la faune actuelle que de la faune quaternaire récente, ont été placées autrefois dans les *Helix* ou dans les *Nanina*. Les auteurs modernes les classent parmi les *Patula* ou, plus souvent encore, parmi les *Phasis* et les *Trachycystis*, genres qui ont de nombreux représentants dans l'Afrique Australe.

Ces classifications ne sont pas satisfaisantes et je réunis les Endodontidae des îles Mascareignes dans le nouveau genre *Tachyphasis*. Les espèces s'y répartissent en deux séries :

a. *Tachyphasis* sensu stricto.

§ a.

Tachyphasis (Tachyphasis) Caldwelli (Barclay) Benson. Ile Maurice.

Tachyphasis (Tachyphasis) planorbina Germain. Ile Maurice (subfossile).

Tachyphasis (Tachyphasis) Newtoni Nevill. Ile Maurice (subfossile).

---

rufo-cornea, diaphana, nitida...» [H. Adams, *loc. supra cit.*, 1868, p. 14].

(1) Nevill (G.) *Handlist Mollusca Indian Museum Calcutta*, I, Calcutta, 1878, p. 40.

(2) Germain (Louis), *Bulletin Muséum Hist. natur. Paris*, XXIV, 1918, p. 519-520.

§ b.

Tachyphasis (Tachyphasis) vorticella H. Adams. Ile Maurice.

Tachyphasis (Tachyphasis) salaziensis Nevill. Ile de La Réunion.

β. Pseudophasis Germain, nov. subgen.

Tachyphasis (Pseudophasis) Nevilli H. Adams. Ile Maurice (vivant et subfossile).

Tachyphasis (Pseudophasis) seliliris Benson. Ile Maurice (vivant et subfossile).

§ I. TACHYPHASIS sensu stricto.

§ 1.

Tachyphasis (Tachyphasis) Caldwelli (Barclay) Benson.

1859 *Helix Caldwelli* Barclay. mss *in* Benson, *Annals and Magaz. Natur. History*, London. 3e série. III, p. 98.

1859 *Helix Caldwelli* Pfeiffer. *Malakozoolog. Blätter*. VI, p. 12.

1860 *Helix Paulus* Morelet, *Séries Conchyliologiques. II. Iles Orientales d'Afrique.* p. 63, n° 18, pl. IV, fig. 7.

1868 *Helix Caldwelli* Pfeiffer, *Monograph. Heliceor. vivent.,* V, p. 245. n° 1504.

1868 *Helix Paulus* Pfeiffer. *Monograph. Heliceor. vivent.,* V, p. 473. n° 748 a.

1868 *Stylodon (Erepta) Caldwelli* Nevill, *Proceedings Zoological Society of London,* p. 258.

1874 *Helix Caldwelli* Binney, *Proceedings Academy Natural Sciences of Philadelphia,* p. 48.

1877 *Helix Caldwelli* Liénard, *Catalogue Mollusques Maurice,* p. 56, n° 777.

1878 *Nanina (Erepta ?) Caldwelli* Nevill, *Handlist Mollusca Indian Museum Calcutta,* I, p. 44, n° 227.

1880 *Helix (?) Caldwelli* Martens, *Mollusken. in :* K. Möbius, *Beiträge z. Meeresfauna d. Insel Mauritius....* Berlin, p. 195.

1886 *Nanina (Erepta) Caldwelli* Tryon, *Manual of Conchology,* 2e série, *Pulmonata,* II, p. 27.

1886 *Stylodonta Caldwelli* Tryon, *loc. cit.,* II, p. 218.

1887 *Helix (Patula) Caldwelli* Tryon, *loc. supra cit.,* III, p. 27, pl. IV, fig. 42-44.

1894 *Phasis (Trachycystis) Caldwelli* Pilsbry, *in :* Tryon, *loc. supra cit.,* IX, p. 38.

1909 *Pachystyla Caldwelli* Kobelt, *Abhandl. d. Senckenberg. Naturforsch. Gesellschaft Frankfurt a. M.,* XXXII, p. 93.

1918 *Tachyphasis (Tachyphasis) Caldwelli* Germain, *Bulletin Muséum Hist. natur. Paris,* XXIV, p. 520.

Cette espèce est fort bien caractérisée par sa remarquable sculpture. « Les premiers tours sont lisses », dit A. Morelet [*loc. supra cit.,* 1860, p. 63], « mais à partir du second commence une succession de petites côtes saillantes, élégamment arquées, qui se prolongent sur la face inférieure et vont se perdre dans la cavité ombilicale en décrivant une légère sinuosité. Ces côtes sont toutes égales et ne s'affaiblissent point par dessous la coquille, comme il arrive ordinairement : au contraire, elles paraissent plus nettes, parce qu'elles sont moins rapprochées, quelques-unes se terminant à la périphérie du dernier tour ».

Dans leur ensemble, ces remarques sont exactes. Cependant les tours embryonnaires ne sont pas lisses : ils montrent une sculpture réticulée de la plus grande délicatesse. Quelquefois, les stries longitudinales des derniers tours ne sont que subcostulées.

L'allure de la spire est variable. Typiquement, elle est « orbiculato-depressa » avec un dernier tour arrondi ; mais on observe des individus à spire conique, d'autres à spire tout à fait déprimée. De plus, le dernier tour, toujours comprimé, parfois subcaréné en haut, montre, chez quelques rares individus, une sorte de carène filiforme plus ou moins marquée. Entre cette dernière modalité et le type à tours subarrondis on observe, d'ailleurs, tous les intermédiaires.

Les plus grands échantillons mesurent 8-9 millimètres de diamètre maximum, 6-7 ½ millimètres de diamètre minimum et 3 1/4-4 millimètres de hauteur (1).

Ile Maurice : Environs de Port-Louis [Thirioux] et de Curepipe [P. Carié]: commun, sous les pierres ou sur le sol, rampant sur le gazon; retrouvé à l'état subfossile [Thirioux]; = « Found under the roots of trees in a previously unexplored forest on the heights of « Plaines Wilhem », towards the head of Tamarind River and of the gorges of the Black River, by Professor Caldwell, of the Royal College, Port-Louis, and named after its zealous discover at the request of Sir D. Barclay » [W. H. Benson, *loc. supra cit.*, 1859, p. 98]; = L. Pfeiffer, *loc. supra cit.*, 1859, p. 12; = « Sous les pierres, quartier de Moka » [E. Vesco, *in* : A. Morelet, *loc. supra cit.*, 1860, p. 64] ; = « Montagne du Pouce, toujours sur le sol » [G. Nevill, *loc. supra cit.*, 1868, p. 258 ; et, 1878, p. 44] ; = E. Liénard, *loc. supra cit.*, 1877, p. 56 ; = Prof. K. Möbius, *in* : Dr. E. von Martens, *loc. supra cit.*, 1880, p. 195.

---

(1) Le type décrit par W. H. Benson (*loc. supra cit.*, 1859, p. 98) mesure 9 millimètres de diamètre maximum, 7 ½ millimètres de diamètre minimum et 3 ½ millimètres de hauteur.

Tachyphasis (Tachyphasis) planorbina Germain, *nov. sp.*

Pl. VI. fig. 26 à 31.

1918 *Tachyphasis (Tachyphasis) planorbina* Germain, *Bulletin Muséum Hist. natur. Paris*, XXIV. p. 520 et p. 523.

Coquille très largement ombiliquée (ombilic circulaire, infundibuliforme, laissant voir toute la spire), *planorbique en dessus*, subconvexe en dessous ; spire plane composée de 6-6 ½ tours subconvexes à croissance lente et régulière, séparés par des sutures très marquées ; dernier tour médiocre, arrondi, plus convexe en dessous qu'en dessus, très légèrement dilaté à son extrémité ; ouverture semi-lunaire transverse, à bords éloignés, à peine convergents, avec, à la base, *une denticulation triangulaire large et assez saillante* ; péristome épaissi.

Diamètre maximum : 6 ½-7 millimètres ; diamètre minimum : 5 ½-6 millimètres ; hauteur : 2 ½-3 millimètres ; diamètre de l'ouverture : 2 ½- 2 ½ millimètres ; hauteur de l'ouverture : 2-2 millimètres.

Test un peu solide, assez épais ; tours embryonnaires avec de très fines stries longitudinales ; autres tours garnis, en dessus, de fortes costules élevées, saillantes, inégales, bien obliques, un peu serrées ; et, en dessous, de costules moins saillantes, plus serrées, inégales et subonduleuses et visibles jusqu'au fond de l'ombilic.

Ce *Tachyphasis* se distingue du *Tachyphasis Caldwelli* (Barclay) Benson : par sa forme beaucoup plus déprimée, planorbique en dessus ; par son enroulement plus lent et plus régulier ; par son ombilic beaucoup plus large par rapport au diamètre maximum de la coquille ; par la forme plus transverse, plus régulièrement semi-lunaire de son ouverture ; par sa denticulation basale beaucoup plus développée. Chez le *Tachyphasis Caldwelli* (Barclay) Benson, la denticulation basale est peu saillante, souvent obsolète et parfois même entièrement absente.

Le *Tachyphasis planorbina* Germain n'est cependant qu'une forme extrême du *Tachyphasis Caldwelli* (Barclay) Benson, forme qu'il était intéressant de signaler.

Ile Maurice : Recueilli, avec le *Tachyphasis Caldwelli* (Barclay) Benson, aux environs de Curepipe ; rare, subfossile [P. Carié].

Tachyphasis (Tachyphasis) Newtoni Nevill.

1871 *Nanina Newtoni* Nevill, *Journal Asiatic Society of Bengal*, XL, part
II (*Natural History*) Calcutta, p. 6.
1876 *Helix Newtoni* Pfeiffer, *Monograph. Heliceor. vivent.*, VII, p. 160.
1877 *Helix Newtoni* Liénard, *Catalogue Mollusques île Maurice*, p. 57,
n° 787.
1878 *Nanina (Rotula?) Newtoni* Nevill, *Handlist Mollusca Indian Museum*
Calcutta, I, p. 44, n° 223.
1880 *Helix (Patula) Newtoni* Martens, Mollusken, in : K. Möbius, *Beiträge
z. Meeresfauna d. Insel Mauritius...*, Berlin, p. 195.
1887 *Helix (Patula) Newtoni* Tryon, *Manual of Conchology*, 2e série, *Pulmonata*, III, p. 27 (classé dans les *incert. sedis*).
1894 *Phasis (Trachycystis) newtoni* Pilsbry, in : Tryon, *Manual of Conchology*, 2e série, *Pulmonata*, IX, p. 38.
1909 *Patula newtoni* Kobelt, *Abhandl. d. Senckenberg. Naturforsch. Gesellschaft Frankfurt a. M.*, XXXII, p. 93.
1918 *Tachyphasis (Tachyphasis) Newtoni* Germain, *Bulletin Muséum Hist.
natur. Paris*, XXIV, p. 520.

L'aspect général de cette petite coquille rappelle celui du
Pyramidula (Gonyodiscus) rotundata Müller (1) d'Europe. Elle
est profondément ombiliquée ; sa spire se compose de 6 tours
déprimés, séparés par des sutures très marquées et son ouverture est petite, parfois anguleuse, à peine aussi haute que
large, bordée par un péristome simple. La sculpture de la face
inférieure de la coquille comprend des stries onduleuses, étroitement serrées, saillantes, rayonnant autour de l'ombilic
mais n'arrivant pas jusqu'à la périphérie (2).

Ile Maurice : Subfossile, montagne du Pouce, très rare [G.
Nevill, *loc. supra cit.*, 1871, p. 6 ; et 1878, p. 44] ;=E.
Liénard, *loc. supra cit.*, 1877, p. 57.

§ 2.

Tachyphasis (Tachyphasis) vorticella H. Adams.

1868 *Discus vorticellus* H. Adams, *Proceedings Zological Society of London*,
p. 12, pl. IV, fig. 2-2 a.
1876 *Helix vorticella* Pfeiffer, *Monograph. Heliceor. vivent.*, VII, p. 160.
1877 *Helix vorticella* Liénard, *Catalogue Mollusques île Maurice*, p. 58,
n° 804.

(1) Müller (O. F.), *Vermium terr. et fluv. Histor.*, II, 1774, p. 29 [*Helix
rotundata*].
(2) «... A row of crenulated, fold-like, closely approximated striæ, which
surround the umbilicus and extend over about two thirds of the base » [G.
Nevill, *Descriptions of new Mollusca from the Eastern Regions*, *Journal
Asiatic Society of Bengal*, XL, part II (*Natural History*), Calcutta, 1871,
p. 6].

1878 *Helix (Patula) vorticella* Nevill, *Handlist Mollusca Indian Museum
    Calcutta*, I, p. 66, n° 7.
1880 *Helix (Patula) vorticella* Martens, Mollusken, *in :* K. Möbius, *Bei-
    träge z. Meeresfauna d. Insel Mauritius...*, Berlin,
    p. 195.
1887 *Helix (Patula) vorticella* Tryon, *Manual of Conchology*, 2° série, *Pul-
    monata*, II, p. 53, pl. VII, fig. 100 et fig. 1.
1894 *Phasis (Trachycystis) vorticella* Pilsbry, *in :* Tryon, *Manual of Con-
    chology*, 2° série, *Pulmonata*, IX, p. 39.
1909 *Patula vorticella* Kobelt, *Abhandl. d. Senckenberg. Naturforsch.
    Gesellschaft Frankfurt. a. M.*, XXXII, p. 93.
1918 *Tachyphasis (Tachyphasis) salaziensis* Germain, *Bulletin Muséum
    Hist. natur. Paris*, XXIV, p. 520.

Coquille très petite, assez largement ombiliquée (ombilic
atteignant le tiers du diamètre total de la coquille) ; spire
formée de seulement $4 \frac{1}{2}$ tours convexes séparés par des sutures
bien marquées ; dernier tour subdéprimé en dessus, subanguleux à sa périphérie, non descendant à l'extrémité : ouverture oblique à peu près subcirculaire, à bords convergents et
rapprochés ; bord columellaire légèrement dilaté ; bord
droit subsinueux.

Diamètre maximum : 2 1/4 millimètres ; diamètre minimum : 2 millimètres ; hauteur : 3/4 millimètre.

Test mince, fauve, garni de stries costulées et obliques.

Ile Maurice : « Bamboo District » [G. Nevill, *in :* H.
Adams, *loc. supra cit.*, 1868, p. 12] ; = E. Liénard, *loc. supra
cit.*, 1877, p. 58 ; = G. Nevill, *loc. supra cit.*, 1878, p. 66.

Tachyphasis (Tachyphasis) salaziensis Nevill.

1870 *Helix Salaziensis* Nevill, *Journal Asiatic Society of Bengal*, XXXIX,
    part II, *(Natural History)*, Calcutta, p. 405, n° 9.
1877 *Helix Salaziensis* Pfeiffer, *Monograph. Heliceorum vivent.*, VII,
    p. 138.
1878 *Helix (Patula) salaziensis* Nevill, *Handlist Mollusca Indian Museum
    Calcutta*, I, p. 66, n° 6.
1880 *Helix (Patula) Salaziensis* Martens, Mollusken, *in :* K. Möbius, *Bei-
    träge z. Meeresfauna d. Insel Mauritius...*, Berlin,
    p. 195.
1886 *Hyalinia (Conulus) Salaziensis* Tryon, *Manual of Conchology*, 2° sé-
    rie, *Pulmonata*, II, p. 176 *(incert. sedis)*.
1909 *Patula salaziensis* Kobelt, *Abhandl. d. Senckenberg. Naturfosch.
    Gesellschaft Frankfurt a. M.*, XXXII, p. 95.
1918 *Tachyphasis (Tachyphasis) vorticella* Germain, *Bulletin Muséum Hist.
    nat. Paris*, XXIV, p. 520.

Coquille de très petite taille, largement et profondément
ombiliquée, de forme subturbinée, assez convexe en dessous ;

spire formée de 4 ½ tours assez convexes ; ouverture petite, bordée par un péristome simple et tranchant.

Hauteur : 4 ½ millimètres ; diamètre : 2 millimètres.

Test mince, fragile et corné, garni de stries transversales écartées, aigües et présentant, même sous un faible grossissement, une apparence lamelleuse.

Insuffisamment décrite par G. NEVILL, cette espèce se rattache cependant aux *Tachyphasis* par son ombilic largement ouvert et son système de sculpture. Sa forme générale turbinée est analogue à celle de quelques *Kaliella*.

Ile de la Réunion : Environs de Saint-Pierre [MAJASTRE] ; =Sous les pierres et sur le srochers, près du village de Salazie, à environ 11.000 pieds (=3.300 mètres environ) au-dessus du niveau de la mer (1), en compagnie du *Pseudocaldwellia Barclayi* Benson [G. NEVILL, *loc. supra cit.*, 1870, p. 405].

§ II. PSEUDOPHASIS Germain, 1918 (1).

TACHYPHASIS (PSEUDOPHASIS) NEVILLI H. Adams.

Pl. II. fig. 26-27 et Pl. III, fig. 35.

1867 *Stylodonta Nevilli* H. ADAMS, *Proceedings Zoological Society of London*, p. 304, pl. XIX, fig. 5.
1877 *Helix Nevilli* PFEIFFER. *Monograph. Heliceor. vivent.*, VII, p. 92.
1877 *Helix Nevilli* LIÉNARD, *Catalogue Coquilles île Maurice*, p. 57, n° 788.
1878 *Nanina (Rotula) Nevilli* NEVILL. *Handlist* **Mollusca,** *Indian* **Museum** *Calcutta*, p. 43, n° 218.
1880 *Pachystyla Nevilli* MARTENS, Mollusken, *in :* K. MÖBIUS, *Beiträge z. Meeresfauna d. Insel Mauritius....* Berlin. p. 192.
1886 *Nanina (Pachystyla) Nevilli* TRYON, *Manual of Conchology*, 2° série, *Pulmonata*, II, p. 25, pl. VI, fig. 98.
1909 *Pachystyla nevilli* KOBELT, *Abhandl. d. Senckenberg. Naturforsch. Gesellschaft Frankfurt a. M.*, XXXII, p. 93.
1918 *Tachyphasis (Pseudophasis) Nevilli* GERMAIN, *Bulletin Muséum Hist. natur. Paris*, XXIV, p. 520.

La sculpture de cette espèce mérite une description détaillée. Le test est relativement mince, médiocrement solide, même chez les individus subfossiles ; il est d'un brun jaunâtre chez les individus vivants. Les tours embryonnaires, d'un jaune marron très brillant, sont presque lisses : on y dis-

(1) G. NEVILL (*loc. supra cit.*, 1870, p. 405) ajoute que cette localité, une des plus favorables pour le naturaliste qu'il ait visitée entre les tropiques, est remarquable par sa belle végétation composée notamment de superbes Orchidées et de magnifiques Fougères.

(1) GERMAIN (LOUIS). *Bulletin Muséum Hist. natur. Paris*, XXIV, n° 7, décembre 1918, p. 520.

tingue seulement des stries longitudinales d'une grande ténuité, un peu obliques et irrégulières. Sur les tours suivants se montrent des stries longitudinales costulées, saillantes, très espacées, obliquement onduleuses ; elles sont coupées par des stries spirales bien plus fines, moins nombreuses et subégales ; à l'intersection de ces deux ordres de stries, les stries costulées longitudinales présentent un épaississement nettement marqué. L'ensemble offre ainsi un aspect granuleux. Enfin ce système sculptural est complété, en dessus, par des stries longitudinales très fines et serrées s'intercalant, en nombre irrégulier, entre les stries longitudinales costulées. En dessous la sculpture comprend seulement des stries longitudinales subonduleuses, assez espacées, fortes et inégales, entre lesquelles se placent des stries longitudinales beaucoup plus fines et en nombre variable.

La taille semble bien constante : les dimensions principales de quelques individus, indiqués dans le tableau suivant, montrent le peu d'étendue des variations de taille.

Hauteur totale	Diamètre maximum	Diamètre minimum	Hauteur de l'ouverture	Diamètre de l'ouverture
mm.	mm.	mm.	mm.	mm.
7 1/4	12 1/2	11	5	6
7	12	10 1/2	5	6
7	12	10 1/3	5	6
7	11 3/4	10 1/4	4 4/5	6

Les rares variations qu'il est possible d'observer portent sur le plus ou moins de développement de l'ombilic. Typiquement ponctiforme, il s'élargit chez certains exemplaires constituant un mode *macroporus* parfois assez net. Mais il convient d'ajouter que sur une série nombreuse d'échantillons on passe insensiblement de cette dernière forme au type.

Ile Maurice : Montagne du Pouce ; vallée des Prêtres ; subfossile [Turrioux] := Montagne du Pouce [G. Nevill, *in* : H. Adams, *loc. supra cit.*, 1867, p. 304] ;= E. Liénard, *loc. supra cit.*, 1877, p. 57 ;= Montagne du Pouce [G. Nevill, *loc. supra cit.*, 1878, p. 43].

Tachyphasis (Pseudophasis) setiliris Benson.

1827 *Helix turbida* de Férussac, *Bulletin univ. sciences naturelles*, X, Paris, p. 303.

1859 *Helix setiliris* Benson, *Annals and Magaz. Natur. History*, London, 3º série, III, p. 99.
1859 *Helix setiliris* Martens, *Maiakozoolog. Blätter*, p. 28.
1863 *Helix Vinsoni* Deshayes, *Catalogue Mollusques Réunion*, p. E. 88, nº 279, pl. X, fig. 20-23.
1868 *Helix setiliris* Pfeiffer, *Monograph. Heliceor. vivent.*, V, p. 356, nº 2329.
1868 *Helix Vinsoni* Pfeiffer, *Monograph. Heliceor. vivent.*, V, p. 482, nº 1125 a.
1870 *Nanina setiliris* Nevill, *Journal Asiatic Society of Bengal*, XXXIX, part II, (*Natur. History*, etc.) Calcutta, p. 404, nº 7.
1878 *Nanina (Rotula?) setiliris* Nevill, *Handlist Mollusca Indian Museum* Calcutta, I, p. 44, nº 224.
1880 *Helix (Pella) setiliris* Martens, Mollusken, *in* : K. Möbius, *Beiträge z. Meeresfauna d. Insel Mauritius...*, Berlin, p. 195.
1886 *Nanina (Sessara) setiliris* Tryon, *Manual of Conchology*, 2º série, *Pulmonala*, II, p. 133, pl. XLIV, fig. 52-53.
1909 *Helix (Pella) setiliris* Kobelt, *Abhandl. d. Senckenberg. Naturforsch. Gesellschaft Frankfurt a. M.*, XXXII, p. 93.
1918 *Tachyphasis (Pseudophasis) setiliris* Germain, *Bulletin Muséum Hist. natur. Paris*, XXIV, p. 520.

Coquille de forme discoïde, presque plate en dessus, bien plus convexe en dessous ; spire composée de 6-6 ½ tours convexes à croissance très lente et très régulière, le dernier à peine plus grand que l'avant-dernier, légèrement subanguleux, bien plus convexe dessous que dessus ; sutures profondes et canaliculées; ombilic étroit et profond, s'évasant en entonnoir ; ouverture petite, obliquement subovalaire, plus large que haute ; bord columellaire légèrement réfléchi ; péristome bordé d'un faible bourrelet blanchâtre.

Diamètre maximum : 7-8 millimètres; diamètre minimum : 6 ½-7 millimètres ; hauteur : 4-5 millimètres.

Test mince, transparent, fragile, d'un corné fauve assez foncé.

La sculpture de cette espèce est fort curieuse et très caractéristique. Les tours embryonnaires sont très légèrement striés longitudinalement ; les tours suivants montrent de petites lamelles longitudinales subépidermiques assez espacées, presque régulières, obliques et onduleuses, un peu moins accentuées en dessous où elles s'avancent jusqu'à l'ombilic. Sur ces lamelles se dressent des poils raides, assez longs et recourbés à leur extrémité.

Ile Maurice : Dans les bois humides, parmi les détritus végétaux, notamment aux environs de Curepipe : assez rare [P. Carié] :—Dans les bois (1) [W. H. Benson, *loc. supra*

(1) W. H. Benson (*loc. supra cit.*, 1859, p. 99) précise que cette espèce a

cit., 1859, p. 99] ; = Sur la terre, parmi les débris végétaux, rare [G. Nevill, *loc. supra cit.*, 1870, p. 404] ; = Sans localité [G. Nevill, *loc. supra cit.*, 1878, p. 44].

Ile de la Réunion : [S. Rang, *in* : de Férussac, *loc. supra cit.*, 1827, p. 303 ; = Dr. Vinson, *in* : G. P. Deshayes, *loc. supra cit.*, 1863, p. E. 89] ; = Vers 2.000 pieds (= 660 mètres environ), rare et localisé dans les bois humides [G. Nevill, *loc. supra cit.*, 1870, p. 404] ; = Salazie [G. Nevill, *loc. supra cit.*, 1878, p. 44].

Famille des **EULOTIDAE**

Genre **EULOTA** Hartmann, 1842 (1).

§ 1. EULOTA sensu stricto.

EULOTA (EULOTA) SIMILARIS de Férussac.

1821 *Helix (Helicogena) similaris* de Férussac, *Tableaux systématiques;* p. 47, n° 262.
1821 *Helix addita* de Férussac, *Tableaux systématiques;* p. 71.
1820-1851 *Helix similaris* de Férussac et Deshayes, *Hist. gén. partic. Mollusques;* 1, p. 171, pl. 25 B, fig. 1, 4; pl. 27 A, fig. 1 à 5.
1820-1851 *Helix addita* de Férussac et Deshayes, *loc. supra cit.;* pl. 25 B, fig. 2-3.
1827 *Helix similaris* de Férussac, *Bulletin sciences naturelles;* X, p. 301.
1831 *Helix similaris* Rang, *Annales sciences naturelles* XXIV, p. 15.
1834 *Helix Woodiana* Lea, *Observat. of the Genus Unio,* I, p. 169, pl. XIX, fig. 69.
1835 *Helix translucens* King, *Zoological Journal,* V, p. 339.
1835-1843 *Helix similaris* d'Orbigny, *Voyage Amérique méridionale,* p. 243.
1837 *Bradybœna similaris* Beck, *Index Molluscorum,* p. 18, n° 1.
1840 *Helix similaris* Dufo, *Annales sciences naturelles,* 2° série, XIV, p. 198.
1845 *Helix similaris* Catlow et Reeve, *Concholog. Nomencl.,* p. 135.
1846 *Helix similaris* Pfeiffer, *Helic. in* : Martini et Chemnitz, *System. Conchylien-Cabinet;* 2° édit., p. 341, n° 343, taf. LX (2), fig. 13 à 16.

été découverte par J. Caldwell dans la même région que le *Tachyphasis (Tachyphasis) Caldwelli* (Barclay) Benson, c'est-à-dire : «... under the roots of trees in a previously unexplored forest in the heights of Plaines Wilhem, toward the head of Tamarind River and of the gorges of the Black River ».

(1) Hartmann (J. D. W.), *Erd-und Süsswasser-Gasteropoden der Schweiz,* St Gallen, 1844, p. 179. (type : *Helix fruticum* Linné).

(2) Indiqué par erreur, dans le texte (p. 341), taf. LIX, fig. 13 à 16.

1846 *Helix squalida* Zeigler, mss *in* : Pfeiffer, *loc. supra cit.*, p. 341.
1848 *Helix similaris* Pfeiffer, *Monograph. Heliceor. vivent.*, I, p. 336, n° 884.
1849 *Helix similaris* Mousson, *Moll. Java*, p. 21, taf. II, fig. 4-5.
1850 *Fruticicola similaris* Albers, *Die Heliceen*, p. 70.
1850 *Helix (Eulota) similaris* Mörch, *Catal. Kierulf*, p. 2.
1850 *Helix epixantha* Pfeiffer, *Zeitschrift für Malakozool.*, p. 70.
1851 *Helix Brardiana* Pfeiffer, *Proceedings Zoological Society of London*, p. 253, n° 8.
1851 *Helix similaris* Reeve, *Conchologia Iconica*, pl. XXXIV, fig. 149 a-149 b.
1851 *Helix Brardiana* Reeve, *Conchologia Iconica*, pl. CVIII, fig. 604.
1852 *Helix similaris* Reeve, *Conchologia Iconica*, pl. CXXVII, fig. 767 a-767 b.
1855 *Nanina epixantha* Gray, *Catal. Pulmonata British Museum*, p. 94.
1855 *Helix similaris* Martens, *Mollusken, in :* von d. Decken, *Reisen in Ostafrika*, III, p. 56.
1853 *Helix epixantha* Pfeiffer, Helic., *in* : Martini et Chemnitz, *System. Conchylien-Cabinet*, 2° édit., p. 349 n° 869, taf. CXXXIV, fig. 13 à 15.
1853 *Helix epixantha* Pfeiffer, *Monograph. Heliceor. vivent.*, III, p. 84, n° 343.
1853 *Helix Brardiana* Pfeiffer, *Monograph. Heliceor. vivent.*, III, p. 228, n° 1294.
1853 *Helix similaris* Pfeiffer, *Monograph. Heliceor. vivent.*, III, p. 227, n° 1292.
1854 *Helix (?) Stimpsoni* Pfeiffer, *Proceed. Zoological Society of London*, p. 149.
1854 *Helix Stimpsoni* Reeve, *Conchologia Iconica*, pl. CXCV, fig. 1370.
1855 *Camaena brardiana* Pfeiffer, *Malakozool. Blätter*, II, p. 138.
1859 *Helix epixantha* Pfeiffer, *Monograph. Heliceor. vivent.*, IV, p. 76, n° 453.
1859 *Helix similaris* Pfeiffer, *Monograph. Heliceor. vivent.*, IV, p. 267, n° 1702.
1859 *Helix Stimpsoni* Pfeiffer, *Monograph. Heliceor. vivent.*, IV, p. 289.
1859 *Helix Brardiana* Pfeiffer, *Monograph. Heliceor. vivent.*, IV, p. 268, n° 1706.
1860 *Helix similaris* Morelet, *Séries Conchyliologiques*, II, *Iles Orientales Afrique*, p. 58, n° 13.
1861 *Dorcasia similaris* Albers, *Die Heliceen* [2° édit. par E. von Martens], p. 107, 108.
1861 *Helix genuilabris* Martens, *Malakozool. Blätter*, VII, p. 33.
1863 *Helix Arcasiana* Crosse et Debeaux, *Journal de Conchyliologie*, XI, p. 386.
1863 *Helix Borbonica* Deshayes, *Mollusques Réunion*, p. 85, pl. X, fig. 9-11.
1864 *Helix Arcasiana* Crosse et Debeaux, *Journal de Conchyliologie*, XII, p. 316, pl. XII, fig. 4.
1867 *Helix similaris* Martens, *Ostasiat. Landschnecken (Preuss. Exped. Ostasiat.)*, p. 19, 43 et 270.
1868 *Helix similaris* Cox, *Mon. Austral. Landshells*, p. 58, pl. IX, fig. 14.
1868 *Helix epixantha* Pfeiffer, *Monograph. Heliceor. vivent.*, V, p. 141, n° 642.
1868 *Helix Stimpsoni* Pfeiffer, *Monograph. Heliceor. vivent.*, V, p. 378, n° 2481.
1868 *Helix similaris* Pfeiffer, *Monograph. Heliceor. vivent.*, V, p. 340, n° 2276, et p. 502.

1868 *Helix Brardiana* Pfeiffer, *Monograph. Heliceor. vivent.*, V, p. 349,
            n°2281.
1868 *Helix similaris* var. β *maculis opacis luteis variegata*, Pfeiffer, *Mo-
            nograph. Heliceor. vivent.*, V, p. 502.
1868 *Helix borbonica* Pfeiffer, *Monograph. Heliceor. vivent.*, V, p. 504,
            n° 2481 a.
1868 *Helix (Dorcasia) similaris* Nevill, *Proceedings Zoological Society
            London*, p. 62.
1869 *Helix similaris* Hidalgo, *Viajo al Pacifico*, p. 20.
1869 *Galaxias similaris* Frauenfeld, *Verhandl. k.-k. Zoolog. Botan. Ge-
            sellsch. Wien*, XIX, p. 875.
1870 *Helix similaris* Nevill, *Journal Asiatic Society of Bengal*, XXXIX,
            part II (*Natural History*), p. 404.
1871 *Helix (Fruticicola) similaris* Stoliczka, *Journal Asiatic Society of
            Bengal*, XLII, p. 26.
1871 *Hygromia similaris* Pease, *Proceed. Zoological Society London*, p.
            474.
1871 *Helix similaris* Bland et Binney, *American Journal of Conchology*,
            p. 176.
1874 *Helix similaris* Crosse, *Journal de Conchyliologie*, XXII, p. 230,
            n° 7.
1875 *Helix similaris* Morelet, *Séries Conchyliologiques*, IV, *Indo-Chine*,
            p. 251.
1875 *Helix similaris* Morelet, *Journal de Conchyliologie*, XXIII, p. 24,
            n° 2.
1876 *Helix similaris* Pfeiffer, *Monograph. Heliceor. vivent.*, VII, p. 401.
1876 *Helix stimpsoni* Pfeiffer, *Monograph. Heliceor. vivent.*, VII, p. 439.
1876 *Helix borbonica* Pfeiffer, *Monograph. Heliceor. vivent.*, VII, p. 439.
1877 *Helix similaris* Liénard, *Catalogue Mollusques Maurice*, p. 57, n° 799
            et p. 80, n° 103.
1878 *Helix (Planispira) similaris* Nevill, *Handlist Mollusca Indian Museum
            Calcutta*, p. 79, n° 134.
1880 *Helix (Fruticicola) similaris* Martens. Mollusken, *in* : K. Möbius. *Bei-
            träge z. Meeresfauna d. Insel Mauritius...*, Berlin,
            p. 196.
1887 *Helix (Dorcasia) similaris* Tryon, *Manual of Conchology*, 2ᵉ série,
            Pulmonata, I, p. 205, pl. 46, fig. 27-30 et pl. 47,
            fig. 33-37.
1887 *Helix (Dorcasia) similaris* var. *Borbonica* Tryon, *Manual of Concho-
            logy*, 2ᵉ série, *Pulmonata*, III, p. 206, pl. XLVII,
            fig. 34-35.
1887 *Helix (Dorcasia) Brardiana* Tryon, *Manual of Conchology*, 2ᵉ série,
            Pulmonata, III, p. 210, pl. LII, fig. 97.
1891 *Helix (Fruticicola) similaris* Fischer, *Soc. hist. natur. Autun.* p. 111.
1894 *Eulota (Eulota) brardiana* Pilsbry, *in* : Tryon, *Manual of Conchology*,
            2ᵉ série, *Pulmonata*, IX, p. 204.
1894 *Eulota (Eulota) similaris* Pilsbry, *in* : Tryon, *Manual of Conchology*,
            2ᵉ série, *Pulmonata*, IX, p. 205.
1894 *Eulota (Eulota) similaris* forma *borbonica* Pilsbry, *in* : Tryon, *Ma-
            nual of Conchology*, 2ᵉ série, IX, p. 205.
1898 *Helix (Eulotella) similaris* Martens, *Mollusk. d. Seychellen*, *Mittheil-
            ung. Zoolog. Sammlung d. Museums f. Naturkunde
            in Berlin*, I, Heft I, p. 17, et Wiegmann, id., p. 72, taf.
            III, fig. 4 et taf. IV, fig. 1.
1904 *Eulota similaris* Fischer et Dautzenberg, *Catalogue Mollusques Indo-
            Chine (Mission Pavie)*, p. 403.
1905 *Helix (Eulota) similaris* Dautzenberg et Fischer, *Journal de Conchy-
            liologie*, LIII, p. 95.

1909 *Helix similaris* Kobelt, *Abhandl. d. Seckenberg. Naturforsch. Gesellschaft Frankfurt a. M.*, XXXII, p. 93.

Quelques individus de cette espèce cosmopolite ont été recueillis par M. P. Carié. Les uns sont ornés d'une bande brune périphérique et ont un test mince ; les autres, dont le test est en général plus solide, sont d'un brun marron assez brillant ; leur ouverture est bordée d'un péristome blanc parfois légèrement réfléchi. Les plus grands individus ont 17 millimètres de diamètre maximum, 15 millimètres de diamètre minimum et 12 millimètres de hauteur. Un specimen, dont la spire est particulièrement élevée, mesure 14 millimètres de hauteur pour 15 millimètres de diamètre, mais son enroulement est anormal à partir du milieu de l'avant-dernier tour et la seconde moitié du dernier tour est fortement descendante. Cette coquille montre un commencement de scalarité, cas fréquent chez nombre d'espèces de l'île Maurice.

L'*Helix Brardi* Pfeiffer est certainement synonyme. Cette coquille, qui habite surtout l'île de la Réunion, se distingue de l'*Eulota similaris* de Férussac par son dernier tour plus ou moins anguleux à la périphérie et par son test mince, d'un fauve marron maculé de taches opaques jaunâtres (1). Les différences sont donc bien faibles et d'ailleurs, ainsi que l'a fait remarquer A. Morelet dès 1860, « toutes les modifications connues de l'*Helix similaris*, tantôt épaisse, tantôt mince et diaphane, unicolore ou fasciée, arrondie ou anguleuse à la circonférence se reproduisent chez l'*Helix Brardiana*... (2) ».

L'*Helix borbonica* Deshayes n'est pas non plus spécifiquement distinct de l'*Eulota similaris* de Férussac. C'est une coquille généralement de taille un peu plus petite, ne dépassant pas 12 millimètres de diamètre maximum et 10 millimètres de hauteur, dont le test est mince, corné, semi-transparent, d'un jaune marron clair avec, au dernier tour, une *très large fascie brune* « dont les bords se fondent insensible-

---

(1) Les exemplaires décrits par L. Pfeiffer (*loc. supra cit.*, 1851, p. 253) mesuraient 14 millimètres de diamètre maximum, 12 millimètres de diamètre minimum et 8 ½ millimètres de hauteur . Ils provenaient de l'île Bourbon et appartenaient à la collection H. Cuming. M. P. Carié a recueilli, à l'île de la Réunion, un exemplaire se rapportant assez bien à cette forme : sa coquille est mince, son dernier tour légèrement anguleux à la périphérie et son ouverture bordée d'un bourrelet blanchâtre peu accentué.

(2) Morelet (A.), *Séries Conchyliologiques*, II, *Iles Orientales d'Afrique*, Paris, 1860, p. 59.

ment dans la couleur générale ; elle occupe près de la moitié
de la surface de ce dernier tour ; elle se retrouve à la base
des tours précédents, et remonte ainsi jusque près du sommet (1) ». C'est probablement cette simple mutation *ex colore*
que G. Nevill désigne sous le nom de variété B (2), la variété
A de ce même auteur étant, sans doute, la variété γ *major*
de L. Pfeiffer (3).

Ile Maurice : Commun dans un grand nombre de localités
de l'île, vivant sur les arbustes, les broussailles, etc.... même
au bord de la mer [P. Carié] ; = D. W. Barclay, *in :* L.
Pfeiffer, *loc. supra cit.*, 1848, p. 336 (4) ; = « Extrêmement
commun à Maurice » [E. Vesco, *in :* A. Morelet, *loc. supra
cit.*, 1860, p. 59] ; = E. Liénard, *loc. supra cit.*, 1877, p. 57 ;
= G. Nevill, *loc. supra cit.*, 1878, p. 79 (5)].

Ile de la Réunion : Commun, notamment aux environs de
Saint-Pierre [Majastre] ; = « Bourbon, où cette espèce est
très commune dans les jardins et sur les haies d'acacia. La var.
sans bandes a un animal grisâtre » [S. Rang, *in :* D'A. de
Férussac, *loc. supra cit.*, 1827, p. 301] ; = Dufo et S. Rang,
loc. supra cit., 1831, p. 15 ; = « Extrêmement commun à l'île
Bourbon » [E. Vesco, *in :* A. Morelet, *loc. supra cit.*, 1860,
p. 59] ; = L. Maillard, *in :* G. P. Deshayes, *loc. supra cit.*,
1863, p. E. 85 (var. *borbonica* Deshayes) ; = « Très commun
dans toutes les parties de l'île de la Réunion » [G. Nevill,
loc. supra cit., 1870, p. 404] ; = G. Nevill, *loc. supra cit.*,
1878, p. 79.

Ile Rodrigue : « Espèce très commune aux environs de
Port-Mathurin et semblable aux échantillons de Maurice et
de Bourbon (6) » [A. Desmazures, *in :* H. Crosse, *loc. supra*

(1) Deshayes (G. P.), *Catalogue des Mollusques de l'île de la Réunion*
(Bourbon), Paris, 1863, p. E, 85.

(2) Nevill (G.), *Journal Asiatic Society of Bengal*, XXXIX, part II (*Natural History*), Calcutta, 1870, p. 404. L'auteur ajoute les détails suivants
sur la coloration de l'animal : « Animal light brown, closely mottled with
minute, pale yellowish spots, tentacles brown ».

(3) Pfeiffer (L.), *Monographia Heliceorum viventium*, Lipsiae, I, 1848,
p. 336. Cette forme *major* atteint 19-20 millimètres de diamètre maximum
et 12 millimètres de hauteur.

(4) La coquille signalée ici par L. Pfeiffer est une forme « δ *minima*,
diam. maj. 14, min. 12, alt. 10 mill. »

(5) G. Nevill cite, en outre, une « variété *brandiana* Férussac » qui est
probablement l'*Helix Brardi* Pfeiffer.

(6) H. Crosse (*loc. supra cit.*, 1874, p. 230). ajoute : « La forme de
Rodriguez est d'un brun corné uniforme, et son dernier tour est légèrement anguleux. Les variétés à bandes ne paraissent pas exister dans l'île ».

cit., 1874, p. 230] ;=Bewsher, *in* : A. Morelet, *loc. supra
cit.*, 1875, p. 24.

Iles Seychelles : S. Rang, *loc. supra cit.*, 1831, p. 15 ;=V.
d. Decken, *in* : Dr. E. von Martens, *loc. supra cit.*, 1855, p.
56 ;=« Abondant, mais toujours près des terres cultivées »
[G. Nevill, *loc. supra cit.*, 1869, p. 62] ;=A. Desmazures,
in : H. Crosse, *loc. supra cit.*, 1874, p. 230 ;=E. Liénard,
loc. supra cit., 1877, p. 80 ;=G. Nevill, *loc. supra cit.*, 1878,
p. 79 ;=Dr. A. Brauer, *in* : Dr. E. von Martens, *loc. supra
cit.*, 1898, p. 17 et p. 29.

En dehors de ces îles, l'*Eulota* (*Eulota*) *similaris* de Férussac
vit dans de nombreuses régions où il est souvent fort abondant : Afrique australe, République Argentine, Brésil, Antilles, Bengal, Cochinchine, Chine, etc... Il se retrouve jusqu'aux îles Sandwich.

Famille des **HELICIDAE**

Genre **HELIX** Linné, 1758 (1).

§ I. CRYPTOMPHALUS Agassiz, 1837 (2).

Helix (Cryptomphalus) aspersa Müller.

1774 *Helix aspersa* Müller, *Verm. terr. et fluv. Histor.*, II, p. 59.
1855 *Helix aspersa* Moquin-Tandon, *Hist. natur. Mollusques terr. fluv.
France*, II, p. 174, pl. XIII, fig. 14 à 32.
1869 *Helix aspersa* Martens, Mollusken, *in* : v. d. Decken, *Reisen in Ost-
Afrika*, III, p. 56.
1878 *Helix (Pomatia) aspersa* Nevill, *Handlist Mollusca Indian Museum
Calcutta*, I, p. 97, n° 337.
1908 *Helix (Cryptomphalus) aspersa* Germain, *Etude Mollusques* Henri
Gadeau de Kerville *Khroumirie*, p. 150.
1912 *Helix (Cryptomphalus) aspersa* Connolly, *Annals South African
Museum*, XI, part III, p. 160, n° 299.
1915 *Helix (Cryptomphalus) aspersa* Connolly, *Annals South African
Museum*, XIII, part V, p. 187.

La distribution géographique de l'*Helix* (*Cryptomphalus*)
aspersa Müller s'étend de plus en plus par suite de la facilité
avec laquelle cette espèce s'adapte aux climats les plus
divers (3). Elle a été signalée pour la première fois à l'île

(1) Linné (C.), *Systema Naturae*, Ed. X, 1758, p. 645 et p. 768.
(2) Agassiz, *Nouveaux Mémoires Soc. Helvétique sciences naturelles*, I,
1837, p. 5.
(3) Pour la dispersion de l'*Helix aspersa* Müller, Cf. : Germain (Louis),
Sur la distribution géographique de l'Helix aspersa, *Feuille des Jeunes Naturalistes*, Paris, 1906; et, *loc. supra cit.*, 1908, pp. 157-162.

Maurice par E. Dupont [*in* : G. Nevill, 1878, p. 97]. Elle y est aujourd'hui commune et M. P. Carié en a recueilli de nombreux individus.

L'*Helix aspersa* Müller vit également aux îles Seychelles [V. d. Decken, *in* : Dr. E. von Martens, *loc. supra cit.*, 1869, p. 56]. Il est commun au Cap où plusieurs individus senestres ont été découverts [Cf. : M. Connolly, *loc. supra cit.*, 1912, p. 161 ; et 1915, p. 187].

Genre **VALLONIA** Risso, 1826 (1).

Vallonia pulchella Müller.

1774 *Helix pulchella* Müller, *Verm. terr. et fluv. Histor.*, II, p. 30.
1855 *Helix pulchella* Moquin-Tandon, *Hist. natur. Mollusques terr. fluv. France*, II, p. 140, pl. XI, fig. 28-34.
1882 *Helix pulchella* Morelet, *Journal de Conchyliologie*, XXX, p. 95, n° 10.
1893 *Vallonia pulchella* Pilsbry, *in* : Tryon, *Manual of Conchology*, 2ᵉ série, *Pulmonata*, VIII, p. 248, pl. XXXII, fig. 1 à 5; et IX, (1894), p. 283.

A. Morelet est le seul auteur qui ait, jusqu'ici, signalé cette espèce européenne à l'île Maurice. Encore est-il possible que cette coquille introduite soit une espèce voisine, le *Vallonia excentrica* Sterki (2), qui s'est acclimaté en de nombreuses localités de l'Afrique australe (3).

(1) Risso (A.), *Histoire natur. princip. product. Europe méridionale*, IV, 1826, p. 101. (pour le *Vallonia rosalia* Risso = *Helix pulchella* Müller).

(2) *Vallonia excentrica* Sterki, *Proceedings Academy Natur. sciences Philadelphia*, 1893, p. 252 et p. 278, pl. VIII, fig. B, M. [= *Vallonia minuta* Say, *Journ. Portland Soc. Natur. History*, I, 1864, p. 21 (pars.); = *Vallonia excentrica* Pilsbry, *in* : Tryon, *Manual of Conchology*, 2ᵉ série, *Pulmonata*, VIII, 1893, p. 249, pl. XXXII, fig. 6-9].

(3) Cf. : M. Connolly, A Revised Reference List of South African Non-marine Mollusca; with Descriptions of New Species in the South African Museum; *Annals South African Museum*, XI, part III, 1912, p. 160; et : Notes on South African Mollusca, V, *ibid.*, XV, part V, 1915, p. 186.

Famille des **BULIMINIDAE**

[=ENIDAE   B. B. Woodward, 1903]

Genre **RACHIS** Albers, 1850 (1).

RACHIS (RACHIS) VENUSTUS Morelet.

1861 *Bulimus venustus* MORELET, *Journal de Conchyliologie*, IX, p. 46.
1863 *Bulimus venustus* DESHAYES, *Catalogue Mollusques Réunion*, p. E.
     90, n° 284.
1868 *Bulimus venustus* PFEIFFER, *Monograph. Heliceor. vivent.*, VI, p.
     62, n° 529.
1870 *Bulimus venustus* NEVILL, *Journal Asiatic Society of Bengal*, XXXIX,
     part II, (*Natural History*), *Calcutta*, p. 410, n° 19.
1880 *Bulimus (Rachis) venustus* MARTENS, Mollusken, *in* : K. Möbius, *Bei-*
     träge z. Meeresfauna d. Insel Mauritius..., Berlin, p.
     198.
1900 *Buliminus (Rachis) venustus* KOBELT, *Die Familie* BULIMINIDAE, *in* :
     MARTINI et CHEMNITZ, *Systemat. Conchylien-Cabinet*,
     2° édit., *Nürnberg*, I, 13², p. 665, n° 321, taf. CII,
     fig. 4-5.

Coquille ombiliquée, de forme ovalaire bien allongée ;
spire conique formée de 7 tours peu convexes ; sommet aigu ;
ouverture ovalaire, subanguleuse en haut ; columelle presque
droite, colorée en pourpre vif; péristome réfléchi.

Longueur : 21 millimètres ; diamètre : 9 millimètres.

Test solide, presque lisse, d'un jaune brillant, avec de rares
ponctuations brunes irrégulièrement distribuées et une fascie peu apparente au dernier tour ; sommet d'un bleu foncé
presque noir ; intérieur de l'ouverture d'un rouge pourpré (2).

Ile de la Réunion : L. MAILLARD, *in* : G. P. DESHAYES, *loc.
supra cit.*, 1863, p. E. 90.

Cette espèce, originaire de l'île Mayotte dans l'archipel des
Comores [A. MORELET, *loc. supra cit.*, 1861, p. 46], n'a jamais
été retrouvée à l'île de la Réunion. G. NEVILL, après l'y avoir
vainement cherchée, pense que L. MAILLARD a dû envoyer,
par inadvertance, quelques coquilles des îles Comores, coquilles considérées par G. P. DESHAYES comme provenant de l'île
de la Réunion.

(1) ALBERS (J. C.), *Die Heliceen*, Berlin, 1850, p. 182; et : 2° édit., par
le DR. E. VON MARTENS, Leipzig, 1860 (1861), p. 230.
(2) Il existe une variété *ex colore* ainsi définie par A. MORELET (*loc. supra
cit.*, 1861, p. 46) :
  « β) *Fascia purpurea latiore concomitante* ».

Rachis (Rachis) sanguineus Barclay.

1857 *Bulimus sanguineus*, Barclay, in : Benson, *Annals and Magazine
Natur. History*, London, XIX, p. 328.
1859 *Bulimus sanguineus* Pfeiffer, *Monograph. Heliceor. vivent.*, IV, p.
472, n° 828.
1868 *Bulimus sanguineus* Pfeiffer, *Monograph. Heliceor. vivent.*, VI, p.
115, n° 981.
1877 *Bulimus sanguineus* Liénard, *Catalogue Mollusques île Maurice*, p.
54, n° 750.
1878 *Buliminus (Rhachis) sanguineus* Nevill, *Handlist Mollusca Indian Museum Calcutta*, I, p. 130, n° 30.
1880 *Buliminus (Rhachis) sanguineus* Martens, Mollusken, *in* : K. Möbius,
Beiträge z. Meeresfauna d. Insel Mauritius..., Berlin,
p. 198 .
1900 *Buliminus (Rhachis) sanguineus* Kobelt, Die Familie Buliminidae, *in*
Martini et Chemnitz. *Systemat. Conchylien-Cabinet.*
2° Edit., Nürnberg, I, 132, p. 753, n° 427, taf. CX,
fig. 20-22.

Cette espèce atteint 20 millimètres de longueur pour 11
millimètres de diamètre maximum. Elle est de forme ovalaire
pyramidale, un peu courte, avec un dernier tour bien développé. Le sommet est aigu. Le test est mince, fragile, à peu
près transparent, d'un jaune pâle, quelquefois rosé, orné de
flammules fauves un peu obliques ; il est garni de stries longitudinales irrégulières, coupées de stries spirales très fines.

Ile Maurice : Environs de Moka [Sir D. W. Barclay, *in :*
W. Benson, *loc. supra cit.*, 1857, p. 328] ; = « Mont Oriz »
[G. Nevill, *loc. supra cit.*, 1878, p. 130] ; = Sans localité :
E. Liénard, *loc. supra cit.*, 1877, p. 54.

Rachis (?) vesiculatus Benson.

1859 *Bulimus vesiculatus* Benson, *Annals and Magaz. of Natur. History*,
London, 3ᵉ sér. III, p. 99.
1859 *Bulimus vesiculatus* Benson, *Malakozoolog. Blätter*, p. 41.
1868 *Bulimus sanguineus* Pfeiffer, *Monograph. Heliceor. vivent.*, VI, p.
67, n° 582.
1880 *Buliminus (Chondrula ?) vesiculatus* Martens, Mollusken, *in* : K.
Möbius, *Beiträge z. Meeresfauna d. Insel Mauritius...*,
Berlin, p. 199.
1909 *Buliminus (?) vesiculatus* Kobelt, *Abhandl. d. Senckenberg. Naturforsch. Gesellschaft Frankfurt a. M.*, XXXII, p. 93.

Cette espèce n'est connue que par l'exemplaire type (1)
ainsi décrit par W. H. Benson (*loc. supra cit.*, 1859, p. 99) :

(1) Encore cet exemplaire a-t-il son ouverture partiellement brisée.

« Testa anguste rimato-perforata, ovato-acuta, oblique rugulosa, rugis subtus dense pustulato-rugosis, fulvo-castanea ; spira convexo-conica, dimidium testae, superante, apice obtusiusculo, sutura impressa ; anfractibus 5 ½ convexiusculis, ultimo circa umbilicum compresso ; apertura ovata, 3/7 longitudinis testae aequante, peristomate reflexiusculo albido, margine parietali dente angulari obtuso minuto. Long. 13, diam. 7, apert. 6 mill. longa. »

La position de ce *Buliminus* reste tout à fait incertaine. W. H. Benson dit bien qu'il semble voisin du *Buliminus (Coccoderma) reticulatus* Reeve (1), mais il ajoute que la présence d'une denticulation pariétale indique des affinités avec le *Bulimus tululus* Benson (2), de l'Inde. Il est actuellement impossible de se faire une opinion, cette espèce n'ayant été ni figurée, ni retrouvée à l'île Maurice.

Ile Maurice : Très rare « under the roots of trees in a previously unexplored forest in the heights of Plaine Wilhelm, toward the head of Tamarind River and of the gorges of the Black River » avec *Tachyphasis (Pseudophasis) setiliris* Benson [D. W. Barclay, *in* : W. H. Benson, *loc. supra cit.*, 1859, p. 99].

Famille des **PUPIDAE**

[=VERTIGINIDAE B. B. Woodward, 1903 ; = GASTROCOPTINAE H. A. Pilsbry, 1917].

Genre **GASTROCOPTA** Wollaston 1878 (3).

§ I. FALSOPUPA Germain 1918 (4).

§ 1.

Gastrocopta (Falsopupa) exigua H. Adams.

1868 *Pupa (Pupilla) exigua* H. Adams, *Proceedings Zoological Society of London*, p. 13, pl. IV, fig. 4.

(1) Reeve (L.). *Conchologia Iconica*, pl. LXIV, fig. 443. (*Bulimus reticulatus*; espèce de l'Afrique occidentale d'après H. Cuming, mais habitant, en réalité, le Japon.
(2) Benson (W. H.), *in* : Reeve (L.). *Conchologia Iconica*, pl. LXXXIV, fig. 625 (*Bulimus tululus*) [= *Pupa tulula* S. Hanley et W. Theobald, *Conchologia Indica*, 1876, p. X et p. 63, pl. CLVI, fig. 6].
(3) *Gastrocopta* Wollaston, *Testacea Atlantica*, 1878, p. 515.
(4) *Falsopupa* Germain, *Bulletin Muséum Hist. natur. Paris*, 1918, p. 521.

1877 *Pupa exigua* Pfeiffer, *Monograph. Heliceor. vivent.*, VIII, p. 394.
1880 *Pupa (Vertigo) exigua* Martens, *Mollusken, in :* K. Möbius, *Beiträge z. Meeresfauna d. Insel Mauritius...*, Berlin, p. 200.
1909 *Pupilla exigua* Kobelt, *Abhandl. d. Senckenberg. Naturforsch. Gesellschaft Frankfurt a. M.*, XXXII, p. 93.
1918 *Falsopupa exigua* Germain, *Bulletin Muséum Hist. natur. Paris*, XXIV, n° 7, p. 521.

Coquille ovalaire cylindracée à sommet obtus ; spire formée de 5 tours convexes, le dernier légèrement subanguleux à la périphérie ; ombilic en fente étroite et profonde ; ouverture subovalaire, verticale, garnie de 4 denticulations : une dent pariétale saillante, une dent aperturale et deux dents très petites et enfoncées sur le bord externe de l'ouverture ; péristome un peu épaissi et réfléchi.

Longueur : 1 ½ millimètre ; diamètre : 3/4 millimètre.

Test mince, d'un fauve corné, garni de très fines stries longitudinales.

Ile Maurice : Bamboo [G. Nevill, *in :* H. Adams, *loc. supra cit.*, 1868, p. 13].

Gastrocopta (Falsopupa) microscopica Nevill.

1869 ? *Carychium mauritianum* Nevill, *Proceedings Zoological Society of London*, p. 62.
1869 *Carychium sp. n.* ? Nevill, *Proceedings Zoological Society of London*, p. 65, n° 21.
1878 *Pupa (Vertigo) microscopica* Nevill, *Handlist Mollusca Indian Museum Calcutta*, I, p. 197, n° 93.
1880 *Pupa (Vertigo) microscopica* Martens, *Mollusken, in :* K. Möbius, *Beiträge z. Meeresfauna d. Insel Mauritius...*, Berlin, p. 200.
1898 *Pupa microscopica* Martens, *Seychellen-Mollusken; Mitteil. Zoologischen Museum Berlin*, I. p. I, p. 25, taf. II, fig. 19.
1909 *Pupilla microscopica* Kobelt, *Abhandl. d. Senckenberg. Naturforsch. Gesellschaft Frankfurt a. M.*, XXXII, p. 93.
1909 *Vertigo microscopica* Kobelt, *loc. supra cit.*, p. 95.
1917 *Gastrocopta microscopica* Pilsbry in Tryon, *Manual of Conchology*, 2° série, *Pulmonata*, XXIV, p. 131, n° 76, pl. XXIII, fig. 8, 13, 14 et 15.
1918 *Falsopupa microscopica* Germain, *Bulletin Muséum Hist. natur. Paris*, XXIV, n° 7, p. 521.

Coquille de forme subcylindrique ovoïde à sommet subaigu ; spire formée de 5 tours assez convexes à croissance lente et régulière, le dernier médiocre ; ouverture vaguement subquadrangulaire, garnie de 5 denticulations : une dent pariétale recourbée et saillante, une dent columellaire robuste et saillante située vers le milieu du bord columellaire, une dent basale très enfoncée, deux dents sur le bord externe, petites et très enfoncées ; péristome épaissi et subréfléchi.

Longueur : 2 ½ millimètres ; diamètre : 1 millimètre ; hauteur de l'ouverture : 2/3 millimètre.

Test d'un corné brun foncé, garni de stries longitudinales d'une grande délicatesse.

Le *Gastrocopta* (*Falsopupa*) *microscopica* Nevill se distingue du *Gastrocopta* (*Falsopupa*) *exigua* H. Adams par sa taille plus grande ; par sa forme plus ovoïde et, proportionnellement, moins allongée et par son ouverture munie de 5 denticulations dont une basale qui manque chez le *Gastrocopta exigua* H. Adams.

Ile Maurice : Port-Louis, sur les vieux bois [G. NEVILL, *loc. supra cit.*, 1878, p. 197].

Ile de la Réunion : A. MORELET, *in* : G. NEVILL, *loc. supra cit.*, 1878, p. 197.

Iles Seychelles : Ile Praslin, près de l'église protestante [G. NEVILL, *loc. supra cit.*, 1869, p. 65 ; et : 1878, p. 197] ;= Ile Mahé [G. NEVILL, *loc. supra cit.*, 1878, p. 197] ;= Ile aux Frégates [Dr. A. BRAUER, *in* : Dr. E. von MARTENS, *loc. supra cit.*, 1898, p. 25].

GASTROCOPTA (FALSOPUPA) LIENARDI Crosse.

1873 *Pupa Lienardiana* CROSSE, Journal de Conchyliologie, XXI, p. 140, n° 8.

1874 *Pupa Lienardiana* CROSSE, Journal de Conchyliologie, XXII, p. 228, n° 5, pl. VIII, fig. 4.

1877 *Pupa Lienardi* LIÉNARD, Catalogue Mollusques île Maurice, p. 55.

1877 *Pupa Lienardiana* PFEIFFER, Monograph. Heliceor. vivent., VIII, p. 394.

1880 *Pupa* (*Vertigo*) *Lienardiana* MARTENS, Mollusken, *in* : K. MÖBIUS, Beitrage z. Meeresfauna d. Insel Mauritius..., Berlin, p. 300.

1909 *Pupilla Lienardi* KOBELT, Abhandl. d. Seckenberg. Naturforsch. Gesellschaft Frankfurt a. M., XXXII, p. 93.

1909 *Pupa lienardi* KOBELT, loc. supra cit., p. 93.

1917 *Gastrocopta Lienardina* PILSBRY, *in* : TRYON, Manual of Conchology, 2e série, Pulmonata, XXIV, p. 132, n° 77, pl. XVIII, fig. 9-10.

1918 *Falsopupa Lienardi* GERMAIN, Bulletin Muséum Hist. natur. Paris, XXIV, n° 7, 521.

Coquille de forme ovale oblongue à sommet obtus et arrondi ; spire formée de 5 tours assez plans, séparés par des sutures bien marquées ; dernier tour arrondi à la base ; ouverture subverticale, semi-lunaire arrondie munie de 4 dents : une dent pariétale saillante ayant tendance à se partager en deux ; une dent columellaire médiocre placée à angle droit avec la dent pariétale ; deux dents très petites sur le bord externe, l'inférieure très voisine de la base de l'ouverture ; péristome à peine épaissi, blanchâtre, subréfléchi.

Longueur : 1 ½ millimètre ; diamètre maximum : 3/4 millimètre.

Test mince, translucide, assez brillant, corné jaunâtre, presque lisse.

Cette espèce est certainement voisine du *Gastrocopta (Falsopupa) microscopica* Nevill dont elle se distingue :

Par sa taille plus petite et, proportionnellement, plus large (1) ; par sa forme plus ovoïde ; par ses tours de spire moins convexes ; par son ouverture dont les dents sont différentes : la dent pariétale est moins recourbée et tend à devenir bifide à son extrémité, la dent columellaire est beaucoup plus petite ; enfin par son péristome bien moins épaissi.

H. A. PILSBRY (*loc. supra cit.*, 1917, p. 133, n° 77 *a*, pl. XXIII, fig. 11) a décrit, sous le nom de *Gastrocopta lienardiana eudeli* Pilsbry une variété de l'île de la Réunion qui se sépare du type par sa forme plus ventrue, avec un dernier tour et une ouverture proportionnellement plus larges. La coquille, qui a 4 1/3 tours de spire, atteint 1 3/4 millimètre de longueur sur 0,9 millimètre de diamètre.

Ile Maurice : Sous les écorces d'arbres, à Curepipe [P. CARIÉ] ; =Sans localité : E. DUPONT, *in :* H. CROSSE, *loc. supra cit.*, 1873, p. 140.

Ile de la Réunion : A. MORELET, *in :* H. A. PILSBRY, *loc. supra cit.*, 1917, p. 133 (var. *Eudeli* Pilsbry).

Ile Rodrigue : Pointe aux Coraux [A. DESMAZURES, *in :* H. CROSSE, *loc. supra cit.*, 1873, p. 140 ; et 1874, p. 229 ;= E. LIÉNARD, *loc. supra cit.*, 1877, p. 55].

GASTROCOPTA (FALSOPUPA) DESMAZURESI Crosse.

1873 *Pupa Desmazuresi* CROSSE, *Journal de Conchyliologie*, XXI, p. 140, n° 7.

1874 *Pupa Desmazuresi* CROSSE, *Journal de Conchyliologie*, XXII, p. 227, n° 4, pl. VIII, fig. 3.

(1) Pour une même longueur de 2 ½ millimètres, la largeur maximum du *Gastrocopta (Falsopupa) Lienardi* Crosse est de 1 millimètre tandis que celle du *Gastrocopta (Falsopupa) microscopica* Nevill n'est que de 0,6 millimètre.

1877 *Pupa Desmazuresi* Pfeiffer, *Monograph. Heliccor. vivent.*, VIII, p. 377.
1880 *Pupa (Pupilla) Desmazuresi* Martens, Mollusken, *in* : K. Möbius, *Beiträge z. Meeresfauna d. Insel Mauritius...*, Berlin, p. 200.
1909 *Pupa desmazuresi* Kobelt, *Abhandl. d. Senckenberg. Naturforsch. Gesellschaft Frankfurt a. M.*, XXXII, p. 96.
1918 *Falsopupa Desmazuresi* Germain, *Bulletin Muséum Hist. natur. Paris*, XXIV, n° 7, p. 521.

Coquille ombiliquée, brièvement cylindrique et à sommet obtus ; spire formée de 6 tours à peine convexes séparés par des sutures bien marquées ; dernier tour arrondi et atténué à la base ; ouverture subverticale subovalaire avec 4 denticulations : une dent pariétale médiocre, recourbée, une dent columellaire petite, placée perpendiculairement à la précédente ; deux dents sur le bord externe, très petites et très enfoncées l'une tout à fait rudimentaire ; péristome subréfléchi d'un blanc rosé clair.

Longueur : 2 1/4 millimètres ; diamètre maximum : 1 millimètre.

Test mince, translucide, d'un fauve corné clair légèrement luisant, garni de stries longitudinales très fines et subobliques.

Cette espèce, voisine des précédentes, se distingue par sa forme subcylindrique un peu allongée et par la disposition des dents aperturales, notamment par la taille exigüe des dents du bord externe.

Ile Rodrigue : « La Pointe aux Coraux » [A. Desmazures, *in* : H. Crosse, *loc. supra cit.*, 1873, p. 140, et 1874, p. 228].

§ 2.

Gastrocopta [Falsopupa (?)] **borbonica** H. Adams.

1868 *Vertigo (Alaea) Borbonica* H. Adams, *Proceedings Zoological Society of London*, p. 290, pl. XXVIII, fig. 8.
1870 *Vertigo (Alaea) Borbonica* Nevill, *Journal Asiatic Society of Bengal*, XXXIX, part II, (*Natural History*), Calcutta, p. 413, n° 219.
1877 *Pupa borbonica* Pfeiffer, *Monograph. Heliceor. vivent.*, VIII, p. 394.
1878 *Pupa (Vertigo) borbonica* Nevill, *Handlist Mollusca Indian Museum Calcutta*, I, p. 196, n° 88.
1880 *Pupa (Vertigo) Borbonica* Martens, Mollusken, *in* : K. Möbius, *Beiträge z. Meeresfauna d. Insel Mauritius...*, Berlin, p. 200.
1909 *Vertigo borbonica* Kobelt, *Abhandl. d. Senckenberg. Naturforsch. Gesellschaft Frankfurt a. M.*, XXXII, p. 95.

Coquille ovalaire oblongue à sommet obtus ; spire conique formée de 5 tours assez convexes séparés par des sutures bien marquées ; dernier tour arrondi, subcomprimé à la base ; ouverture ovalaire, subverticale, ornée de 4 denticulations : une dent pariétale comprimée et saillante ; une dent columellaire profondément située et deux dents sur le bord externe la supérieure très petite ; bords marginaux convergents, réunis par une faible callosité ; bord externe subsinueux ; péristome subépaissi, légèrement réfléchi, d'un blanc grisâtre.

Longueur : 2 ½ millimètres ; diamètre maximum : 1 1/3 millimètre.

Test mince, d'un roux fauve, garni de stries longitudinales très délicates.

La position de cette espèce est encore incertaine. Je la classe, provisoirement, dans le genre *Gastrocopta* dont elle se rapproche par l'ensemble de ses caractères.

Ile de la Réunion : Environs de Saint-Denis, sous les pierres [MAJASTRE] ; = Sans localité précise [G. NEVILL, *in* : H. ADAMS, *loc. supra cit.*, 1868, p. 290] ; = Très localisé, sous de grandes masses de pierres, à une grande élévation au-dessus du niveau de la mer [G. NEVILL, *loc. supra cit.*, 1870, p. 413] ; = Environs de Salazie [G. NEVILL, *loc. supra cit.*, 1878, p. 196].

Genre **PAGODELLA** H. Adams, 1867 (1).

PAGODELLA VENTRICOSA H. Adams.

1867 *Pupa (Pagodella) ventricosa* H. ADAMS, *Proceedings Zoological Society of London*, p. 304, pl. XIX, fig. 6.
1868 *Pupa ventricosa* PFEIFFER, *Monograph. Heliceor. vivent.*, VI, p. 308, n° 136 a.
1878 *Pupa (Pagodella) ventricosa* NEVILL, *Handlist Mollusca Indian Museum Calcutta*, I, p. 95, n° 78.
1880 *Pupa (Pagodella) ventricosa* MARTENS, Mollusken, *in* : K. MÖBIUS, *Beiträge z. Meeresfauna d. Insel Mauritius...*, Berlin, p. 200.
1909 *Pagodella ventricosa* KOBELT, *Abhandl. d. Senckenberg. Naturforsch. Gesellschaft Frankfurt a. M.*, XXXII, p. 93.

Coquille ovalaire subconique avec un ombilic en fente étroite et profonde ; spire formée de 5 tours un peu convexes,

(1) ADAMS (H.), *Proceedings Zoological Society of London*, 1867, p. 304. [*Pupa*, sous genre *Pagodella*].

le dernier ventru, arrondi ; sutures bien marquées ; ouverture subovalaire, avec deux dents pariétales, l'une saillante, l'autre petite près de l'insertion supérieure du bord externe ; bords marginaux réunis par une callosité blanchâtre ; bord externe subsinueux ; bord columellaire dilaté en haut ; péristome subtranchant.

Longueur : 2 ½ millimètres ; diamètre maximum : 1 3/4 millimètre.

Test peu épais, fauve clair, garni de fines stries longitudinales obliques et serrées.

Ile Maurice : Environs de Moka, sous les pierres [P. Carié et Thirioux ; = « The Moka Ravines » [G. Nevill, *in :* H. Adams, *loc. supra cit.*, 1867, p. 304] ; = « Vacoa and Reduit Ravine » [G. Nevill, *loc. supra cit.*, 1878, p. 195].

Variété incerta Nevill.

1870 *Vertigo (Pagodella) incerta* Nevill, *Journal Asiatic Society of Bengal*, XXXIX, part II. (*Natural History*), Calcutta, p. 413, n° 30.
1877 *Pupa incerta* Pfeiffer, *Monograph. Heliceor. vivent.*, VIII, p. 370.
1878 *Pupa (Pagodella) incerta* Nevill, *Handlist Mollusca Indian Museum Calcutta*, I, p. 195, n° 79.
1880 *Pupa (Pagodella) incerta* Martens, *Mollusken*, *in :* K. Möbius, *Beiträge z. Meeresfauna d. Insel Mauritius..*, Berlin, p. 200.
1909 *Vertigo incerta* Kobelt, *Abhandl. d. Senckenberg. Naturforsch. Gesellschaft Frankfurt a. M.*, XXXII, p. 95.

La coquille de cette variété ressemble presque absolument à celle du type, mais les denticulations de l'ouverture sont notablement différentes. Il existe, en effet, en dehors des deux dents pariétales, une *dent bien développée* — et parfois une autre, beaucoup plus petite, placée contre la première — à l'intérieur du bord externe de l'ouverture. Le bord columellaire est également un peu plus dilaté.

Il est évident que le *Pagodella incerta* Nevill représente, à l'île de la Réunion, le *Pagodella ventricosa* H. Adams de l'île Maurice. Le premier doit être rattaché au second comme variété. G. Nevill n'était d'ailleurs pas très fixé sur la valeur réelle de son espèce et il considérait ces deux Pagodelles comme ayant une origine commune. Il est bon de noter, cependant, qu'il n'a jamais observé, chez le *Pagodella ventricosa* H. Adams, de dents sur le bord externe de l'ouverture :

« ...Of the latter [*Pagodella ventricosa* H. Adams], I found

about 4o specimens, to all appearance full grown and in first
rate condition, some of them, to my mind, very old specimens, in none of them were there any signs of any teeth wha-
tewer within the outer margin of the aperture ! Of the Bourbon species, I only found 5 specimens, one evidently young,
the other 4 full grown and all showing the peculiar charac-
ters...

Still the ressemblance is so striking, that I think no natu-
ralist would hesitate to avow, that they must at no very
remote period have had a common origin... » [*loc. supra
cit.*, 1870, p. 412].

Ile de la Réunion : Rare, avec *Ennea pupula* Deshayes, aux
environs de Salazie [G. NEVILL, *loc. supra cit.*, 1870, p. 412 :
et 1878, p. 195].

Famille des **ACHATINIDAE**

Genre **ACHATINA** de Lamarck, 1799 (1).

ACHATINA (ACHATINA) PANTHERA de Férussac.

Pl. X, fig. 3-4; pl. XI, fig. 2 et pl. XIII, fig. 5-6.

1810 *Achatinus* sp. D. DE MONTFORT, *Conchyliologie systématique*, II, p.
418 (1).
1820-1851 *Helix (Cochlitoma) panthera* DE FÉRUSSAC, *Tableaux systématiques*, p. 49, n° 349 (*nomen nudum*).
1825 *Helix (Cochlitoma) panthera* DE FÉRUSSAC, *Hist. gén. part. Mollusques
terr. fluv.*, II, p. 159, pl. CXXVI, fig. 1-2 et pl.
CXXXII, fig. 1-2 .
1838 *Achatina panthera* DE LAMARCK, *Hist. natur. animaux sans Vertèbres,*
Ed. II, [par G. P. DESHAYES], VIII, p. 309.

(1) LAMARCK (J. B. M. de). Prodrome nouvelle classification Coquilles,
Mémoires Société Hist. natur. Paris, 1779, p. 75 [= *Ampulla* BOLTEN,
Museum Boltenianum, Ed. I (1792) p. 110 et Edit. II (1819), p. 78, (*part*) ;
= *Chersina* HUMPHREY *Museum Calonnianum*, 1797, p. 62, (*part*) ; = *Acha-
tium* LINK, *Beschreib. Rostock Sammlung*, 17 mai 1807, p. 17 (*part*) ; =
Achatinus DENYS DE MONTFORT, *Conchyliologie systématique*, Paris, 1810,
II, p. 418 ; = *Cochlitoma* DE FÉRUSSAC, *Tableaux systématiques...*, Paris,
1821, p. 48 (*part*) ; = *Oncaea* GISTEL, *Handbuch der Naturgeschichte aller
drei Reiche*, 1850, p. 550 ; = *Parachatina* BOURGUIGNAT, *Mollusques Afrique
équatoriale*, Paris, mars 1889, p. 73 ; = *Serpaea* BOURGUIGNAT, loc. supra
cit., p. 74 et p. 85; = *Pintoa* BOURGUIGNAT, *loc. supra cit.*, p. 80; = *Ur-
ceus* (Klein) JOUSSEAUME, *Bulletin société zoologique de France*, IX, 1884,
p. 171].
(2) La figure seulement.

1846 *Achatina lamarckiana* PFEIFFER, *Proceedings Zoological Society of London*, p. 115.

1847 *Achatina lamarckiana* PFEIFFER, *Annals and Magaz. Natural History London*, XIX, p. 269.

1848 *Achatina panthera* PFEIFFER, *Monograph. Heliceor. vivent.*, II, p. 252, n° 22.

1848 *Achatina lamarckiana* PFEIFFER, *Monograph. Heliceor. vivent.*, II, p. 253.

1849 *Achatina panthera* REEVE, *Conchologia Iconica*, V, pl. III, fig. 12.

1850 *Achatina (Archachatina) panthera* ALBERS, *Die Heliceen*, p. 190.

1853 *Achatina panthera* PFEIFFER, *Monograph. Heliceor. vivent.*, III, p. 487, n° 43.

1853 *Achatina lamarckiana* PFEIFFER, *Monograph. Heliceor. vivent.*, III, p. 483, n° 26.

1858 *Achatina panthera* BENSON, *Journal de Conchyliologie*, VII, p. 267.

1859 *Achatina lamarckiana* PFEIFFER, *Monograph. Heliceor. vivent.*, IV, p. 601, n° 10.

1859 *Achatina panthera* PFEIFFER, *Monograph. Heliceor. vivent.*, IV, p. 603, n° 32.

1860 *Achatina panthera* MORELET, *Séries Conchyliologiques*, II, *Iles Orientales d'Afrique*, p. 69, n° 28.

1860 *Achatina panthera* PFEIFFER, *in :* MARTINI et CHEMNITZ, *Systemat. Conchylien-Cabinet*, 2e éd., p. 327, taf. XXVIII, fig. 1.

1865 *Achatina panthera* DOHRN, *Proceedings Zoological Society of London*, p. 232.

1868 *Achatina lamarckiana* PFEIFFER, *Monograph. Heliceor. vivent.*, VI, p. 213.

1868 *Achatina panthera* PFEIFFER, *Monograph. Heliceor. vivent.*, VI, p. 217 n° 46.

1877 *Achatina panthera* LIÉNARD, *Catalogue Mollusques île Maurice*, p. 54, n° 748.

1878 *Achatina panthera* DUPONT, *in :* MORELET, *Journal de Conchyliologie*, XXVI, p. 171.

1878 *Achatina pantherina* NEVILL, *Handlist Mollusca Indian Museum Calcutta*, I, p. 145, n° 4.

1879 *Achatina panthera* GIBBONS, *Journal of Conchology*, II, p. 143.

1879 *Achatina panthera* BOURGUIGNAT, *Mollusques Egypte, Abyssinie, etc...*, p. 9.

1880 *Achatina panthera* MARTENS, Mollusken, *in :* K. MÖBIUS, *Beiträge z. Meeresfauna d. Insel Mauritius...*, Berlin, p. 198.

1889 *Achatina panthera* MARTENS, *Sitzungsber. Gesellsch. Naturf. Freunde* Berlin, p. 164.

1889 *Achatina panthera* BOURGUIGNAT, *Mollusques Afrique équatoriale*, Paris, mars 1889, p. 75.

1890 *Achatina panthera* MARTENS, *Sitzungsb. Gesellsch. Naturf. Freunde in Berlin*, p. 86.

1892 *Achatina mossambica* BRANCSIK, *Jahrb. d. Naturwissensch. Vereins d. Trencsiner Comitats*, XV, p. 116, taf. VI, fig. 2-2 a-2 b et taf. X, fig. 2 a-2b.

1894 *Achatina panthera* ANCEY, *Mémoires soc. zoologique France*, VII, p. 219.

1897 *Achatina panthera* MARTENS, *Beschalte Weichthiere Deutsch-Ost-Afrik.*, Berlin, p. 83.

1898 *Achatina panthera* MARTENS, *Seychellen-Mollusken. Mitteil. Zoolog. Sammlung d. Museums für Naturkunde Berlin*, I, part I, p. 22.

1898 *Achatina panthera* Wiegmann *in :* MARTENS, *loc. supra cit.*, p. 85

et suiv. (fig. de la radula p. 86, de l'otocyste, p. 89),
pl. IV, fig. 5-6.

1899 *Achatina panthera* SMITH, *Proceedings Zoological Society of London*,
p. 589, pl. XXXIV, fig. 1.

1899 *Achatina panthera* var. *minor* JUXON, *Bullet. société Vaudoise*, XXXV,
p. 278.

1904 *Achatina panthera* PILSBRY *in* : TRYON, *Manual of Conchology*, 2e
série, *Pulmonata*, XVII, p. 41, n° 40, pl. XXXIX, fig.
32.

1909 *Achatina panthera* KOBELT, *Abhandl. d. Senckenberg. Naturforsch.
Gesellsch. Frankfurt a. M.*, XXXII, p. 93 et p. 94.

1912 *Achatina panthera* CONNOLLY, *Annals South African Museum*, XI,
part III, p. 197, n° 389.

1918 *Achatina (Achatina) panthera* GERMAIN. *Bulletin Muséum Hist. natur.
Paris*, XXIV, n° 5, p. 364.

L'*Achatina (Achatina) panthera* de Férussac est une coquille
solide, épaisse et pesante, atteignant parfois jusqu'à 170 millimètres de longueur, mais dont la taille varie, le plus souvent, entre 120-150 millimètres de longueur et 65-75 millimètres de diamètre. Les flammules du test sont subverticales,
brunes ou lie de vin et leur disposition change avec les individus considérés. L'intérieur de l'ouverture est ordinairement
bleuâtre, le bord columellaire, toujours très épaissi, et le callus qui unit les bords marginaux de l'ouverture sont teintés
de rose plus ou moins vif.

H. A. PILSBRY a décrit une variété, autrefois recueillie à
l'île Maurice, et faisant partie de la collection H. CUMING. Cette
variété *chrysoderma* Pilsbry (1) est une coquille mince et
légère présentant au dernier tour, sur un fond jaune brillant,
des bandes longitudinales étroites, irrégulièrement distribuées
et d'un brun rougeâtre. Les autres tours de spire sont blanchâtres et ornés de larges flammules un peu obliques, également rougeâtres et beaucoup plus étroites en haut des tours.
L'ouverture, intérieurement de couleur chair, a ses bords
marginaux réunis par une mince callosité blanche. La columelle, qui est étroite et délicate, est également teintée de rose
chair.

Les deux exemplaires recueillis par H. CUMING en 1852, mesurent : le premier, 126 millimètres de longueur et 58 millimètres de diamètre (hauteur de l'ouverture : 68 millimètres)
et le second, 115 millimètres de longueur sur 56 millimètres

(1) PILSBRY (H. A.), *Manual of Conchology*, 2e série, *Pulmonata*, XVII.
p. 46, pl. XLI, fig. 5-6. H. A. PILSBRY donne, avec un point de doute
d'ailleurs, comme synonymes de cette variété :
« ? *A. acuta* REEVE, Conch. Icon., V. pl. 3, fig. 14, note de Lamarck.
— ? *A. fulica* REEVE. pl. 2. fig. 8 ».

de diamètre (hauteur de l'ouverture : 62 millimètres).

L'*Achatina* (*Achatina*) *panthera* de Férussac, présente souvent des malformations ou des monstruosités. M. P. Carié en a recueilli trois particulièrement intéressantes.

La première est une coquille étroitement allongée, atteignant 74 millimètres de longueur pour seulement 36 millimètres de diamètre maximum et 34 millimètres de diamètre minimum (longueur de l'ouverture : 27 millimètres ; diamètre de l'ouverture : 18 millimètres). Les premiers tours de spire sont presque réguliers mais beaucoup moins convexes que dans les exemplaires normaux. Par contre, les deux derniers tours sont très fortement carénés en haut et immédiatement en dessous de la suture. (Pl. XIII, fig. 5-6.) L'examen de l'échantillon montre que cette anomalie est due à un bri accidentel de la coquille. M. Ph. Dautzenberg a signalé une monstruosité analogue sous le nom d'*Achatina panthera* de Férussac monstr. *angulatum* (1). Elle provient également de l'île Maurice, mais l'exemplaire figuré est bien plus ventru (longueur : 65 millimètres ; diamètre : 40 millimètres).

La seconde anomalie est représentée, dans la collection de M. P. Carié, par un unique individu. C'est une très grosse coquille *pondéreuse* au test bien plus épais que dans le type et de forme particulièrement ventrue. La longueur n'est, en effet, que de 65 millimètres pour un diamètre maximum de 65 millimètres et un diamètre minimum de 51 millimètres. L'ouverture mesure 50 millimètres de hauteur et 33 millimètres de diamètre. La spire est très courte, le dernier tour étant énorme, très ventru et fort irrégulièrement et grossièrement strié longitudinalement. L'ouverture est ovalaire allongée ; son bord externe est d'abord *concave*, puis largement convexe ; le bord columellaire, irrégulièrement épaissi est subvertical et teinté de rose. Enfin la coquille est assez largement ombiliquée. (Pl. XI, fig. 2.)

Cette forme curieuse, nommée monstr. *umbilicatum* par H. Rolle (2), rappelle l'*Achatina rediviva* Mabille dont nous parlerons plus loin. Elle avait été signalée à l'île Maurice par H. Rolle (3) et M. Ph. Dautzenberg en possède, dans sa riche

----

(1) Dautzenberg (Ph.), Déformations chez quelques Mollusques pulmonés, *Journal de Conchyliologie*, LVIII, 1910, p. 314, pl. XIV, fig. 1. — Rolle (H.), Über einige abnorme Landschnecken, *Abhandl. d. Senckenberg. Naturforsch. Gesellschaft Frankfurt a. M.*, XXXII, 1909.

(2) Rolle (H.), in Dautzenberg (Ph.), *loc. supra cit.*, 1910, p. 315, pl. XIV, fig. 3.

(3) Rolle (H.), *loc. supra cit.*, 1909.

collection, deux exemplaires provenant de l'île de Madagascar.

Le troisième cas est une monstruosité véritable. M. P. Carié a recueilli, à l'île Maurice, deux beaux exemplaires senestres de l'*Achatina* (*Achatina*) *panthera* de Férussac. Ils sont de taille moyenne (longueur : 90-91 millimètres) et leur enroulement est absolument régulier (1) (Pl. X, fig. 3-4.)

Quelques autres anomalies ou monstruosités ont encore été signalées chez cette espèce, notamment par Ph. Dautzenberg et H. Rolle. L'une, sous le nom de monstr. *canaliculatum* (2) est une coquille possédant une canaliculation étroite immédiatement au-dessous de la suture. Une autre (monstr. *contabulatum* (3) est une monstruosité scalariforme « à rampe subsuturale large et plane ». Elle a été recueillie par V. de Robillard. Enfin, une dernière, monstr. *compressum* (4), est remarquable par sa forme allongée, comprimée latéralement et d'aspect bulimoïde. M. Ph. Dautzenberg en possède un individu provenant de l'île Maurice.

Ile Maurice :

Habite dans toute l'île, depuis le littoral jusqu'à une altitude de 300 mètres environ. Commun, et, par endroit très commun, ce Mollusque sort par les temps de pluie et rampe sur les troncs d'arbres où se réunissent souvent de nombreux individus [P. Carié].

L'*Achatina* (*Achatina*) *panthera* de Férussac est certainement d'introduction récente à l'île Maurice. Son acclimatement daterait, d'après Sir H. Barclay [*in* : Benson, *loc. supra cit.*, 1858, p. 267] de 1847 ; il est sans doute beaucoup plus ancien. Cette coquille a été signalée dans l'île par presque

(1) Cette monstruosité *sinistrorsa* a déjà plusieurs fois été signalée chez l'*Achatina panthera* de Férussac, notamment par E. R. Sykes [Variation in recent Mollusca, *Proceedings Malacological Society of London*, VI, 1905, p. 190, (de Madagascar)], par C. F. Ancey [Observations sur les Mollusques gastéropodes senestres; *Bulletin scientifique France et Belgique*, 1906, p. 190 [de Madagascar], par Ph. Dautzenberg [Sur quelques cas tératologiques, *Journal de Conchyliologie*, LVII, 1909, p. 41, n° 5, pl. I, fig. 3; et *loc. supra cit.*, 1910, p. 315 (de l'île Maurice)] et par H. Rolle [*loc. supra cit.* 1909, taf. XVII, fig. 2].

(2) Dautzenberg (Ph.), *loc. supra cit.*, 1910, p. 314.

(3) Rolle (H.), in : Dautzenberg (Ph.), *loc. supra cit.*, 1910, p. 314. Monstruosité figurée par H. Rolle [*loc. supra cit.*, 1909, taf. XVII, fig. 1 A, 1 B].

(4) Rolle (H.), in : Dautzenberg (Ph.), *loc. supra cit.*, 1910,, p. 315, pl. XIV, fig. 2.

tous les naturalistes qui se sont occupés de sa faune. Citons E. Liénard, [*loc. supra cit.*, 1877, p. 54], G. Nevill [*loc. supra cit.*, 1878, p. 145], E. Dupont [*in* : A. Morelet, *loc. supra cit.*, 1878, p. 171] qui ajoute : « Introduit dans l'île, il y a une vingtaine d'années, a remplacé presque partout l'*Achatina fulica* », E. Vesco [*in* : A. Morelet, *loc. supra cit.*, 1860, p. 89], etc...

Ile de la Réunion : Egalement introduit et communément répandu.

L'*Achatina panthera* de Férussac est une espèce répandue dans toute l'Afrique orientale — mais principalement dans les régions côtières — depuis Delagoa-Bay jusqu'au Nord de Zanzibar. Elle est plus rare à l'intérieur des terres, où elle a été signalée jusqu'à l'extrémité sud du lac Nyassa (1). Elle vit également au Transvaal, au Lorenzo Marques et dans la Rhodésie [M. Connolly, *loc. supra cit.*, 1912, p. 198]. Elle est également commune à Madagascar ; enfin elle a été introduite à Mahé (Seychelles) où elle n'est pas rare sur les terres basses, jusque vers 300-400 mètres d'altitude, mais seulement dans les parties cultivées de l'île [Dr. A. Brauer, *in* : Dr. E. von Martens, *loc. supra cit.*, 1898, p. 22 (2)].

Achatina (Achatina) fulica de Férussac.

Pl. X, fig. 1-2; pl. XI, fig. 1 et pl. XII, fig. 1 et 2.

1821 *Helix (Cochlitoma) fulica* de Férussac, *Tableaux systématiques*, p. 49, n° 347.

1821 *Helix (Cochlitoma) borbonica* de Férussac, *Tableaux systématiques*, p. 49, n° 346 (*nomen nudum*).

1821 *Helix (Cochlitoma) zebrina* de Férussac, *Tableaux systématiques*, p. 49, n° 348 (*nomen nudum*).

1821-1851 *Helix (Cochlitoma) fulica* de Férussac, *Histoire nat. gén. part. Mollusques terr. fluv.* pl. CXXIV A, fig. 1 et pl. CXXV, fig. 3-5.

1822 *Achatina mauritiana* de Lamarck, *Hist. natur. animaux sans vertèbres*, VI, part. II, p. 129.

1827 *Helix (Cochlitoma) fulica* de Férussac, *Bulletin universel sciences natur.*, X, p. 303, n° 28.

1830 *Achatina couroupa* Lesson, *Voyage de la Coquille, Zoologie* II, p. 318, pl. IX, fig. 2.

(1) A Zamba vers 5.000 pieds (= 1.520 mètres environ) au-dessus du niveau de la mer.

(2) Les plus gros exemplaires recueilis à Mahé par le Dr. A. Brauer mesurent 109 millimètres de longueur et 57 millimètres de diamètre maximum (ouverture : 60 millimètres de hauteur sur 40 millimètres de largeur).

1832 *Achatina mauritiana* Quoy et Gaimard. *Voyage de l'Astrolabe, Zoologie,* II, p. 152, pl. XI, fig. 10-15 et pl. XLIX, fig. 21.

1837 *Achatina zebra* var. *macrostoma* Beck, *Index Molluscorum,* p. 75 [d'après Seba, *Thesaurus,* III, 1837, pl. 71, fig. 4-5].

1837 *Achatina mauritiana* Beck, *Index Molluscorum,* p76, n° 11.

1838 *Achatina mauritiana* de Lamarck, *Hist. natur. animaux sans vertèbres,* Ed. II [par G. P. Deshayes], VIII, p. 297.

1838 *Achatina mauritiana* Potiez et Michaud, *Galerie Mollusques Douai,* I, p. 129, pl. XI, fig. 11-12.

1843 *Achatina mauritiana* Scanzin, Catalogue Coquilles îles de France, Bourbon, Madagascar; *Mémoires Soc. hist. natur. Strasbourg,* III, p. 17.

1848 *Achatina fulica* Pfeiffer, *Monograph. Heliceor. vivent.,* II, p. 254, n° 28.

1849 *Achatina fulica* Reeve, *Conchologia Iconica,* V, pl. II, fig. 8.

1849 *Achatina fulica* Philippi, *Abbild. und Beschreib... Conchylien,* III, p. 30, taf. XXI, fig. 3.

1850 *Achatina (Archachatina) fulica* Albers, *Die Heliceen,* p. 190.

1853 *Achatina fulica* Pfeiffer, *Monograph. Heliceor. vivent.,* III, p. 488, n° 46.

1858 *Achatina fulica* Benson, *Journal de Conchyliologie,* VII, p. 266.

1859 *Achatina fulica* Pfeiffer, *Monograph. Heliceor. vivent.,* IV, p. 603, n° 35.

1860 *Achatina fulica* Morelet, *Séries Conchyliologiques,* II, *Iles Orientales d'Afrique,* p. 70, n° 29.

1863 *Achatina fulica* Deshayes, *Catalogue Mollusques Réunion,* p. E. 90, n° 285.

1868 *Achatina fulica* Pfeiffer, *Monograph. Heliceor. vivent.,* VI, p. 317, n° 49.

1869 *Achatina fulica* Nevill, *Proceedings Zoological Society of London,* p. 64, n° 11.

1869 *Achatina fulica* Martens in : v. d. Decken, *Reisen in Ostafrika,* III, p. 58, taf. II, fig. 1.

1877 *Achatina fulica* Liénard, *Catalogue Mollusques île Maurice,* p. 54, n° 746 et p. 80, n° 113.

1877 *Achatina fulica* Morelet, *Journal de Conchyliologie,* XXV, p. 335.

1877 *Achatina fulica* Semper, *Reisen im Archipel der Philippinen,* II, part. III. *Landmollusken,* p. 143, n° 3, taf. XII, fig. 17. (appareil génital).

1877 *Achatina fulica* Pfeiffer Monograph. *Heliceor. vivent.,* VIII, p. 266.

1878 *Achatina fulica* Nevill, *Handlist Mollusca Indian Museum Calcutta,* I, p. 145, n° 5.

1879 *Achatina fulica* Gibbons, *Journal of Conchology,* II, p. 143.

1880 *Achatina fulica* Martens. Mollusken, in : K. Möbius, *Beiträge z. Meeresfauna d. Insel Mauritius...,* Berlin, p. 197.

1881 *Achatina fulica* Crosse, *Journal de Conchyliologie,* XXIX, p. 196.

1889 *Achatina fulica* Pfeiffer, *Jahrb. Hamburgischen Wissensch. Anstalten,* IV, p. 24.

1890 *Achatina fulica* Crosse et Fischer, *Hist. Mollusques Madagascar in* : A. Grandidier, *Histoire phys. natur. et pol. Madagascar,* XXV, Atlas (seul paru), pl. XX, fig. 1-2.

1892 *Achatina fulica* Brancsik, *Jahrb. d. Naturwissensch. Vereins d. Trencsiner Comitats,* XV, p. 204, taf. VI, fig. 6, 7.

1897 *Achatina fulica* Martens. *Beschalte Weichthiere Deutsch-Ost-Afrik..,* p. 89.

1901 *Achatina rediviva* Mabille, *Bulletin société philomatique Paris,* 9° série, III, p. 57.

1904 *Achatina fulica* Pilsbry, *in* : Tryon, *Manual of Conchology*, 2ᵉ série,
     Pulmonata, XVII, p. 55, nº 49, pl. XXXVI, fig. 18, 19,
     20 et pl. XXXVII, fig. 21, 22, 23 et 24.
1912 *Achatina fulica* Connolly, *Annals South African Museum*, XI, part
     III, p. 193, nº 377.

La coquille de l'*Achatina* (*Achatina*) *fulica* de Férussac est
relativement mince, bien que solide ; elle est jaunâtre, ornée
de bandes longitudinales peu obliques, plus ou moins étroites, disposées sans ordre et d'un brun rougeâtre. Le test est
finement décussé sur les tours médians, mais le dernier tour,
très arrondi convexe, est dépourvu de stries spirales.

Comme l'*Achatina* (*Achatina*) *panthera* de Férussac, l'*Achatina* (*Achatina*) *fulica* de Férussac est fréquemment anormal.
La plus intéressante de ces monstruosités a été décrite, en
1900, par J. Mabille sous le nom d'*Achatina rediviva* nov.
sp. (1).

« Testa magna, late umbilicata, crassa, solida, ovoidea,
parum nitente, subepidermite luteola, decidua, albescente :
strigisque rufis, latis, undique strigata, striis longitudinalibus
parum perspicius ; spira conico-elata ; apice obtuso ; anfractibus 7 primis convexo-depressis, sensim et regulariter cres-
centibus, sutura lineari separatis ; ultimo maximo, turgidis-
simo, fere dimidiam partem altitudinis aequante, ad apertura
paululum descendente, versus suturam sat regulariter cris-
pato ; apertura subrecta, ovato-elongata, margine columellari incrassato, ad umbilicum revoluto ; externo longe
arcuato ; columella crassa, torta, ad basin truncata.

« Alt. 72-82 mill., diam. 58-67 mill. — Ile de France, MM.
Rang et Desjardins, 1831, in : Coll. Museum Paris.

Quatre exemplaires de cette coquille, étiquetés *Achatina
rediviva* par J. Mabille lui-même, existent dans les collections malacologiques du Muséum d'Histoire naturelle de
Paris. Toutes proviennent de l'île Maurice. Deux ont été
recueillies par S. Rang en 1831 :

La première est de grande taille puisqu'elle atteint 88 millimètres de longueur, 61 millimètres de diamètre maximum
et 55 millimètres de diamètre minimum. Son ouverture a 50
millimètres de hauteur et 38 millimètres de diamètre. Les
tours de spire chevauchent légèrement les uns sur les autres,
le dernier est très globuleux ventru et son développement
terminal fort irrégulier par suite d'une brisure accidentelle

---

(1) Mabille (J.). Testarum novarum diagnoses, *Bulletin société philomatique*, Paris, 9ᵉ série, III, nº 2, 1900, p. 57.

de la coquille. La columelle, excessivement tordue, fait
paraître l'ombilic fort large (Pl. XI, fig. 1). Ç'est la forme
la plus anormale que j'aie vue. Elle se rapproche d'un
exemplaire plus petit, recueilli par M. P. Carié, mesurant 68
millimètres de longueur, 48 millimètres de diamètre maximum et 44 millimètres de diamètre minimum (ouverture :
36 millimètres de hauteur et 25 millimètres de diamètre). Il
est presque aussi globuleux, mais son ouverture est plus régulière, sa columelle moins incurvée et son ombilic à peine
ouvert. Les quatre premiers tours de spire sont normaux,
mais les autres ont un enroulement tout à fait irrégulier et
chevauchent fortement les uns sur les autres. (Pl. XII, fig. 2.)

La deuxième coquille recueillie par S. Rang est une forme
jeune, mesurant seulement 56 millimètres de longueur ; sa
spire possède un enroulement presque régulier, tandis que
le dernier tour est fortement ventru et que l'ombilic, partiellement recouvert, est en fente allongée.

Quant aux deux exemplaires de Desjardins (1831), ils sont
sensiblement de même taille :

α) long. : 65 $\frac{1}{2}$ mill. ; diam. max. : 45 $\frac{1}{2}$ mill. ; diam.
min. : 37 mill. ; haut. ouv. : 36 $\frac{1}{2}$ mill. ; diam. ouv. : 25
mill.

β) long. : 64 mill. ; diam. max. : 46 mill. ; diam. min. :
38 mill. ; haut. ouv. : 35 mill. ; diam. ouv. : 24 $\frac{1}{2}$ mill.

Tandis que l'échantillon α a les tours supérieurs normalement enroulés, l'individu β les a déviés à la fois de gauche à
droite et d'avant en arrière. Tous deux ont un dernier tour
très ventru globuleux avec columelle tordue, mais l'exemplaire α possède une columelle plus tordue et un ombilic bien
ouvert, tandis que le specimen β a une columelle moins incurvée et un ombilic presque fermé.

Chez toutes les coquilles, dont il vient d'être question, la
columelle n'est pas tronquée à la base ; elle rappelle, par ses
caractères, celle des espèces du genre *Limicolaria*.

Cette monstruosité, qui semble fréquente à l'île Maurice,
est, comme on vient de le voir, fort variable. Elle est d'ailleurs connue depuis fort longtemps. Le baron d'A. de Férussac est, je crois, le premier qui en ait parlé.

L'*Achatina* (*Achatina*) *fulica* de Férussac se trouve aussi,
dit-il, « ...à l'île de France, d'où M. Rang a rapporté trois
individus d'une monstruosité fort remarquable. Ces individus sont raccourcis dans le sens de l'axe, le dernier tour est
plus renflé, plus arrondi. Cette supériorité d'extension dans

le sens du diamètre du cône spiral, produit un accident singulier chez ces individus : l'axe columellaire dont nous avons déjà expliqué la formation ailleurs (*Introd. à la Fam. des Limaçons*), se dédouble et forme un ombilic très caractérisé : le sommet de la spire est souvent infléchi (1) ».

Il ne peut subsister le moindre doute sur l'identité de l'*Achatina rediviva* J. Mabille et de cette monstruosité qui fut figurée, en 1849, par L. REEVE (2) et que L. PFEIFFER baptisa du nom de var. E. *umbilicata* (3). Elle a été, depuis, signalée plusieurs fois :

En 1869, par le Dr. E. von MARTENS (4), d'après un exemplaire recueilli aux îles Seychelles par Von der DECKEN ;

En 1878, par G. NEVILL (5), d'après des individus recueillis, à l'île Maurice, par E. DUPONT et G. NEVILL ;

Enfin, en 1910, par M. PH. DAUTZENBERG (6) qui possède deux individus de cette monstruosité récoltés, l'un à Madagascar et l'autre à l'île Maurice [Collect. LESOURD] et qui a eu, en communication, trois autres specimens provenant des îles Seychelles (H. ROLLE) (7).

Parmi les autres monstruosités de l'*Achatina fulica* de Férussac, il faut signaler une très belle forme subscalaire recueillie par M. P. CARIÉ. C'est une coquille bien adulte mais de petite taille : longueur 74 millimètres ; diamètre maximum : 36 millimètres ; diamètre minimum : 34 millimètres ; hauteur

(1) FÉRUSSAC (d'A. de). Catalogue des espèces de Mollusques terrestres et fluviatiles, recueillis par M. RANG, dans un voyage aux grandes Indes, *Bulletin universel sciences naturelles*, Paris, X, 1827, p. 303.

(2) REEVE (L.). *Conchologia Iconica*, vol. V, London, 1849, pl. XI, fig. 8 c. (exempl. de la Coll. CUMING).

(3) PFEIFFER, (L.). *Monographia Heliceorum viventium*, vol. III, Lipsiæ, 1853, p. 488 [*Achatina fulica* var. E. *Umbilicata*]. L. PFEIFFER, avait déjà mentionné cette forme dès 1848 : « ε)   ? Anfractu ultimo **ventroso**, fere globoso, juxta columellam umbilico rugoso, non pervio instructo. — Long. 96 diam. 53 apert. 52 mill. longa 31 lata (Mus. Cuming) » et en note infra paginale : « Haec testa rarissima, forsan unica (« found only in the voods of « Les Trois Ilots » South-East district, island of Mauritius » sir D. Barclay) a charactere generico discrepans, attamen caetorum A. fulicæ simillima, nonnisi forma monstrosa hujus speciei mihi esse videtur » [*Monographia Heliceorum viventium*, vol. II, Lepsiæ, 1848, p. 254].

(4) MARTENS (Dr. E. von), in : V. d. DECKEN, Reisen in Ost-Afrika 1869, taf. II, fig. 1b-1c.

(5) NEVILL, (G.). *Handlist Mollusca Indian Museum Calcutta*, I, Calcutta, 1878, p. 145 (var. *umbilicata*).

(6) DAUTZENBERG (Ph.). Déformations chez quelques Mollusques pulmonés, *Journal de Conchyliologie*, LVIII, 1910, p. 316.

(7) Cette monstruosité a également été figurée par H. A. PILSBRY, *Manual of Conchology*, 2° série, *Pulmonata*, XVII, pl. XXXVII, fig. 22.

de l'ouverture : 27 millimètres ; diamètre de l'ouverture :
18 millimètres. Les tours de spire supérieurs ont un enroulement normal et, seuls, les trois derniers, sont scalaires. L'anomalie provient d'un bris très visible à partir duquel les tours
se sont développés d'une manière différente : ils sont beaucoup plus convexes, leur ornementation picturale n'est pas
la même et le test est bien plus épais, plus solide. L'ouverture est remarquable par sa forme subarrondie et, dans son
ensemble, la coquille est fort élancée (Pl. X, fig. 1-2).
Cette monstruosité scalaire a été signalée déjà, notamment
par G. Nevill (1), H. Rolle (2) et Ph. Dautzenberg (3).

Une monstruosité à suture caniculée, analogue à celle
précédemment décrite chez l'*Achatina* (*Achatina*) *panthera*
de Férussac, a été figurée par H. Rolle (4). Enfin C. F. Ancey (5) a décrit une forme senestre, seul exemple connu,
chez l'*Achatina fulica* de Férussac, de cette anomalie relativement fréquente chez l'*Achatina panthera* de Férussac.

H. A. Pilsbry a décrit, sous le nom de variété *coloba* (6),
une forme de très petite taille (longueur : 58 millimètres,
diamètre : 30 ½ millimètres) encore plus petite que la var.
β *minor* de L. Pfeiffer [*Monogr. Heliceor. vivent.*, III, 1853,
p. 488] (longueur : 78 millimètres, diamètre : 35 millimètres) et qui présente, sur un fond jaunâtre, des flammules
étroites, subverticales, d'un brun rougeâtre, plus larges sur
l'avant-dernier tour que sur le dernier.

L'*Achatina* (*Achatina*) *fulica* de Férussac est une espèce de
l'île de Madagascar et de l'Ouest Africain (surtout de l'île de
Zanzibar), très anciennement introduite et acclimatée aux
îles Mascareignes. Déjà, en 1824, Lesson [*loc. supra cit.*,
1830, p. 318] la trouve « prodigieusement commune » à l'île
Maurice où, connue sous le nom indigène de *couroupa*, elle

(1) Nevill (G.), *loc. supra cit.*, 1878, p. 145 [*Achatina panthera* var.
scalaroides (*nomen nudum*)]. De l'île Maurice [G. Nevill].

(2) Rolle (H.). Uber einige abnorme Landschnecken. *Abhandl. d. Senckenberg. Naturforsch. Gesellschaft Frankfurt a. M.*, XXXII, 1909, taf.
XVII, fig. 4. Des îles Seychelles.

(3) Dautzenberg (Ph.). *loc. supra cit.*, LVIII, 1910, p. 316. De l'île Praslin (Seychelles) [Ch. Alluaud] et de l'île de Madagascar [Coll. Lesourd].

(4) Rolle (H.), *loc. supra cit.*, 1909, taf. XVII, fig. 3.

(5) Ancey (C. F.). Observations sur les Mollusques Gastéropodes senestres; *Bulletin scientifique France et Belgique*, 1906, p. 190.

(6) Pilsbry (H. A.). *loc. supra cit.*, XVII, 1904, p. 58, n° 49 a, pl.
XXXVII, fig. 21.

est employée comme aliment. Le baron d'A. DE FÉRUSSAC [*loc. supra cit.*, 1827, p. 3o3 et p. 3o4] explique ainsi cette introduction : « Il paraît certain que cette espèce a été importée à Bourbon, où elle est dégénérée pour sa force surtout. M. Rang en a recueilli la tradition sur les lieux mêmes, d'où nous en avions déjà reçu les détails il y a longtemps, et de diverses personnes. On raconte que Mme Mothey, femme de l'intendant, étant attaquée d'une affection de poitrine, on lui ordonna du bouillon de limaçons ; on fut obligé d'envoyer à Sainte-Marie pour en avoir, et le mari de cette dame désirant conserver toujours ce remède sous sa main, en fit nourrir dans un jardin, d'où ils se sont répandus dans toute l'île. On la ramasse en grande quantité au jardin du roi, à Saint-Denis ». Et plus loin : « M. Rang a recueilli des traditions qui ne laissent aucun doute que cette coquille n'ait été également importée à l'île de France, où elle paraît avoir moins dégénéré qu'à Bourbon... ». Mais il est probable que l'introduction, aux îles Mascareignes, est beaucoup plus ancienne. Quoiqu'il en soit, cette espèce y est maintenant très commune et elle vit dans les jardins et dans tous les lieux boisés, sur les troncs d'arbres, les tiges des plantes et, notamment, les tiges des Bananiers (1).

Enfin l'*Achatina* (*Achatina*) *fulica* de Férussac a été introduit, de Maurice à Calcutta (Indes anglaises), par W. BENSON en 1847. [BENSON, *loc. supra cit.*, 1858, p. 266]. Il s'y est parfaitement maintenu depuis [G. NEVILL, *loc. supra cit.*, 1878, p. 145 ; Dr. C. SEMPER, *loc. supra cit.*, 1877, p. 143 ; H. A. PILSBRY, *loc. supra cit.*, 1904, p. 58]. Plus récemment, la même espèce a été introduite au Natal (environs de Durban) [M. CONNOLLY, *loc. supra cit.*, 1912, p. 194] avec des plantes ornementales importées de l'île Maurice.

(1) Tous les auteurs qui se sont occupés de la faune des îles Mascareignes, des îles Seychelles et des îles Comores ayant signalé cette espèce, il me paraît inutile de donner la liste des références, comme je le fais pour les autres espèces. Je signalerai, cependant, que l'*Achatina fulica* de Férussac n'a pas encore été indiqué à l'île Rodrigue.

Famille des **STENOGYRIDAE**

Genre **SUBULINA** Beck, 1837 (1).

SUBULINA (SUBULINA) OCTONA Chemnitz.

Fig. 14, dans le texte.

1786 *Helix octona Indiæ occidentalis*, CHEMNITZ, *Systemat. Conchylien-Cabinet*, IX, part. II, p. 120, taf. CXXXVI, fig. 1264.
1792 *Bulimus octonus* BRUGUIÈRE, *Encyclopédie méthodique*, Vers, I, p.
325, n° 47.
1817 *Helix octona* DILLWYN, *Descript. Catal. of recent Shells*, II, p. 954
[non LINNÉ].
1817 *Achatina crotallaria* SCHUMACHER, *Essai nouv. système habital. vers
testacés*, p. 202.
1822 *Bulimus octonus* DE LAMARCK, *Hist. natur. animaux sans vertèbres*,
VI, part. II, p. 125, n° 27.
1825 *Achatina octona* GRAY, *Annals of Philosophy*, IX, p. 414.
1830 *Columna octona* MENKE, *Synopsis Molluscorum*, Ed. 2, p. 29.
1832 *Columna octona* JAN, *Catalogus in IV Sectiones divisus...*, sectio II,
pars I, Parmæ, p. 4 .
1837 *Subulina octona* BECK, *Index Molluscorum*, p. 77, n° 8.
1837 *Subulina crotalaria* BECK, *Index Molluscorum*, p. 77, n° 10.
1838 *Bulimus octonus* DE LAMARCK, *Hist. natur. animaux sans vertèbres*,
Edit. II [par G. P. DESHAYES], VIII, p. 233, n° 27.
1838 *Achatina octona* POTIEZ et MICHAUD, *Galerie Mollusques Douai*, I, p.
129, pl. XI, fig. 3.
1839 *Achatina novenaria* ANTON, *Verzeichniss der Conchylien*, p. 44, n°
1601.
1840 *Macrospira octona* SWAINSON, *Treatise on Malacology*, p. 335.
1840 *Achatina octona* D'ORBIGNY, *Voyage Amérique méridionale, Mollusques*, p. 260.
1841 *Achatina octona* D'ORBIGNY, *Mollusques Cuba*, in : RAMON DE LA SAGRA,
Hist. Cuba, p. 168, pl. XI, fig. 4-6.
1841 *Columna octona* VILLA, *Disposit. Systemat.*, p. 20.
1848 *Achatina octona* PFEIFFER, *Monograph. Heliceor. vivent.*, II, p. 266,
n° 65.
1849 *Achatina octona* REEVE, *Conchologia Iconica*, VI, pl. XVII, fig. 84.
1852 *Achatina octona* PFEIFFER, in : MARTINI et CHEMNITZ, *Systemat.Conchy-
lien-Cabinet*, 2e édit., p. 342, taf. XXXVII, fig. 19-20.
1853 *Achatina octona* PFEIFFER, *Monograph. Heliceor. vivent.*, III, p. 501,
n° 115.
1854 *Stenogyra (Subulina) octona* SHUTTLEWORTH, *Mittheil. natur. Gesellsch. Bern*, (Diagn. neuer Moll., n° 6), p. 141.
1855 *Sira octona* SCHMIDT, *Die Geschlechtsapparat der Stylommatophoren*,
Berlin, p. 5 et 42.
1855 *Subulina octona* H. et A. ADAMS, *Genera of recent Mollusca*, II, p.
110, pl. LXXI, fig. 3 a.

(1) *Subulina* (partim) BECK, *Index Molluscorum*, 1837, p. 76 [= *Macrospira* (partim) SWAINSON *Shells and Shells fish.*, p. 335 ; = *Stenogyra*
(part.) = *Achatina* (part.) = *Bulimus* (part.) des anciens auteurs.].

1859 *Achatina octona* PFEIFFER, *Monograph. Heliceor. vivent.*, IV, p. 613,
    n° 102.
1860 *Achatina octona* MORELET, *Séries Conchyliologiques*, II, *Iles Orien-*
    tales d'Afrique, p. 72, n° 32.
1861 *Achatina octona* TRISTRAM, *Proceedings Zoological Society of London*,
    p. 230.
1868 *Achatina octona* MORELET, *Voyage Welwitsch, Mollusques*, p. 80, pl.
    VI, fig. 5.
1868 *Achatina octona* PFEIFFER, *Monograph. Heliceor. vivent.*, VI, p. 233,
    n° 152.
1870 *Achatina octona* TATE, *American Journal of Conchology*, V, p. 157.
1870 *Achatina octona* HIDALGO, *Viaje al Pacifico*, p. 138.
1872 *Subulina crotalaria* MÖRCH, *Journal de Conchyliologie*, p. 337.
1873 *Subulina octona* MARTENS, *Binnenmollusk. Venezuelas*, p. 35.
1878 *Subulina octona* FISCHER et CROSSE, *Mollusques Mexique etc.*, I, p.
    639, pl. XXV, fig. 15-15 a.
1878 *Subulina (Stenogyra) octona* NEVILL, *Handlist Mollusca Indian Mu-*
    seum Calcutta, I, p. 172, n° 103.
1879 *Subulina guayaquilensis* MILLER, *Malakozoolog. Blätter*, N. F., I, p.
    126, taf. XIII, fig. 5.
1881 *Stenogyra octona* BINNEY, *Ann. New-York Acad. of Sciences*, III, p.
    100.
1889 *Stenogyra octona* CROSSE, *Journal de Conchyliologie*, p. 100.
1889 *Stenogyra octona* MORELET, *Journal de Conchyliologie*, p. 363.
1890 *Subulina octona* BOETTGER, *Nachrichtsbl. d. deutschen Malakozool.*
    Gesellsch., p. 90.
1890 *Subulina octona* PILSBRY, *The Nautilus*, VIII, p. 37.
1891 *Stenogyra octona* MARTENS, in : MAX WEBER, *Ergebn. eine Reise in*
    Niederlandisch Ost-Indien, II, p. 244.
1892 *Subulina octona* PILSBRY, *The Nautilus*, VI, p. 107.
1892 *Subulina octona* CROSSE, *Journal de Conchyliologie*, p. 29.
1894 *Stenogyra (Subulina) octona* WIEGMANN in MAX WEBER, *Zool. Ergebn.*
    Reise in Niederländisch Ost-Indien, III, 1, p. 210, taf.
    XV, fig. 18-26 et taf. XVI, fig. 1 à 7.
1894 *Subulina octona* PILSBRY, *The Nautilus*, VIII, p. 37.
1895 *Subulina octona* SMITH, *Proceedings Malacolog. Society of London*,
    I, p. 309, 317 et 322.
1897 *Subulina octona* BIOLLEY, *Moluscos terr. y fl. r. Costa Rica*, p. 15.
1897 *Subulina octona* MARTENS, *Beschalle Weichthiere Deutsch-Ost-Afrik.*,
    p. 123.
1898 *Subulina octona* SYKES, *Journal of Malacology*, VII, p. 91.
1898 *Subulina octona* MARTENS, *Land and Freshwater Mollusca; Biologia*
    Centrali-Americana, p. 298.
1898-1900 *Subulina octona* MARTENS et WEIGMANN, *Seychellen-Mollusken*,
    in : *Mittheil. Zool. Sammlung Mus. f. Naturkunde in*
    Berlin, p. 23.
1899 *Stenogyra octona* DAUTZENBERG, *Annales soc. malacologique Belgique*
    (Mémoires) XXXIV, p. 6, pl. I, fig. 3.
1900 *Stenogyra octona* DAUTZENBERG, *Mémoires Société Zoologique France*,
    XIII, p. 153.
1906 *Subulina octona* PILSBRY, in : TRYON, *Manual of Conchology*, 2ᵉ série,
    Pulmonata, XVIII, p. 72, n° 1, pl. XII, fig. 8-9, et
    p. 222, n° 1, pl. XXXIX, fig. 28 à 37 et 39-40.
1907 *Subulina octona* GERMAIN, *Mollusques terr. et fluv. Afrique centrale*
    française, p. 490.
1908 *Subulina octona* GERMAIN, *Mollusques E. Foa lac Tanganyika et ses*
    environs, p. 28.

1911 *Subulina octona* Germain, *Bulletin Muséum Hist. natur. Paris*, XVII, p. 322.
1912 *Subulina octona* Connolly, *Annals South African Museum*, XI, part III, p. 210, n° 425.

Les exemplaires de l'île Maurice que j'ai examinés ont 9 ou 10, rarement 10 $\frac{1}{2}$ tours de spire. Leur test est luisant, d'un jaune ambré parfois un peu fauve, subtransparent ; les premiers tours montrent des stries limitées à la région de la suture; les autres tours sont garnis de stries longitudinales fines, irrégulières, inégales, assez serrées, subobliques et plus accentuées contre la suture.

Les dimensions et le nombre de tours de spire varient beaucoup suivant les localités, ainsi que le montre le tableau suivant :

Longueur totale	Diamètre maximum	Diamètre minimum	Hauteur de l'ouverture	Diamètre de l'ouverture	Nombre de tours	Localités
mm.	mm.	mm.	mm.	mm.		
21-23	5	»	4 1/3-4 4/5	»	10-11	Saint-Domingue (1) (Antilles).
21	4 1/5	»	4	»	10	Tabasco (1).
15-18	4-5	3 1/2-4 1/2	4-5	2 1/3-2-1/2	9-10	Afrique équatoriale.
15 1/2	4	»	»	»	8 1/2	Ceylan (2).
13	3 4/5	»	3 1/2	»	7 1/2	Sumatra (2).
19	4 1/2	»	4 1/3	»	9	Ternate (2).
12	3 1/3	»	»	»	7 1/2	Seychelles (2).
17 3/4	4 1/4	4	3 1/2	2 1/2	10	Ile Maurice.
16 1/2	4 1/5	3 5/6	3 3/4	2 1/2	10	
16 1/2	4	3 4/5	3 2/3	2 1/4	9 1/2	
15 1/2	4 1/4	4	3 1/2	2 1/3	9	

(1) D'après H. A. Pilsbry, *loc. supra cit.*, XVIII, 1906, p. 222.
(2) D'après H. A. Pilsbry, *loc. supra cit.*, XVIII, 1906, p. 72-73.

L'animal des individus recueillis à l'île Maurice par M. P. Carié est d'un jaune safran; le mufle, largement tronqué en avant est également jaune safran ; les tentacules sont subcylindriques et de la même couleur, mais plus clairs; le pied, long de 7 millimètres, large au maximum de 1 1/4 millimètre, bien pointu en arrière, est ridé transversalement de cha-

que côté d'un sillon longitudinal médian très marqué ; il
est d'un jaune safran plus foncé que le reste de l'animal.

Quelques individus possédaient des œufs en petit nombre
(4-5). Ceux-ci sont ovoïdes, parfois même subsphériques :
leur plus grand diamètre varie de $1\frac{1}{2}$ à 2 millimètres mais ne
dépasse guère, le plus souvent, 1,8 millimètre. Ces œufs sont
groupés comme l'indique la figure 14. Ils sont d'un jaune
blanchâtre clair avec une surface légèrement granuleuse.

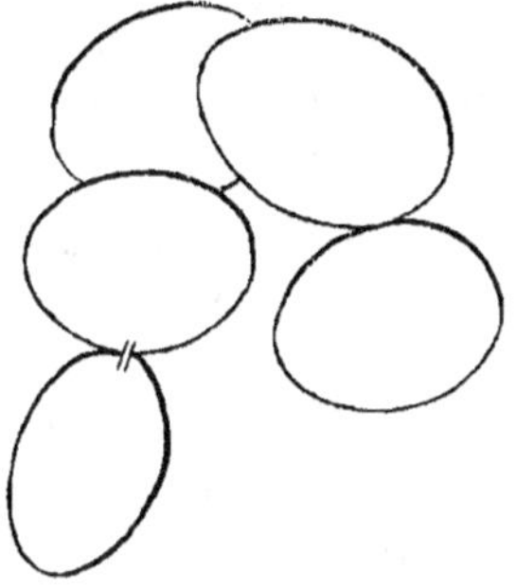

Fig. 14. — *Subulina octona* Chemnitz Ile Maurice [M. P. Carié].
Groupe d'œufs ; × 10.

Ile Maurice :

Environs de Curepipe, dans les endroits humides ; peu
commun [P. Carié] ;=Ch. Alluaud, *in :* Ph. Dautzenberg,
loc. supra cit., 1899, p. 7.

Originaire de l'Amérique tropicale où il est très répandu,
non seulement sur le continent, mais encore aux Antilles et
dans les Archipels des Bermudes et des Bahamas, le *Subulina
octona* Chemnitz est une espèce que l'on peut aujourd'hui
considérer comme ubiquiste dans les zones tropicales et sub-
tropicales. Elle semble principalement se transmettre avec
les cultures et elle se propage avec une très grande rapidité
dans le voisinage des centres d'agriculture tropicale. Elle
s'acclimate aussi avec beaucoup de facilité dans les serres
chaudes : c'est ainsi qu'elle a été signalée dans les serres de
Philadelphie [H. A. Pilsbry, *The Nautilus*, VI, p. 107; et
VIII, p. 137], de Kew et de Manchester en Angleterre [Sykes,
loc. supra cit., 1898, p. 91], de Copenhague au Danemark

[H. Sell, *Nachrichtsblatt d. deutsch. Malakolozool. Gesell-schaft*, 1905, p. 4o] et, j'ajouterai, au Muséum d'Histoire naturelle de Paris.

Actuellement, le *Subulina octona* Chemnitz vit en Nouvelle-Calédonie [H. Crosse, *loc. supra cit.*, 1889, p. 100], aux Nouvelles-Hébrides [J. J. Walker, *in* : Sykes, *Proceedings Malacological Society London*, V, 1898, p. 198], aux environs de Manille, dans l'île de Luçon [Dr. O. Möllendorff], aux îles de Java [Ad. Strubell, *in* : Dr. O. Boettger, *loc. supra cit.*, 1890, p. 147], de Sumatra [Dr. M. Weber, *in* : Dr. E. von Martens, *loc. supra cit.*, 1891, p. 244; = Dr. Weyers, *in* : Pn. Dautzenberg, *loc. supra cit.*, 1899, p. 7], etc... Il est également connu à l'île de Ceylan [O. Collett].

Enfin, en Afrique et dans les îles voisines, ce *Subulina* est actuellement signalé dans les contrées suivantes :

Il vit, dans les régions côtières de l'Ouest, depuis la Séné-gambie et le Dahomey [L. Germain, *loc. supra cit.*, 1911, p. 322] jusqu'à l'Angola [Dr. F. Welwitsch, *in* : A. More-let, *loc. supra cit.*, 1868, p. 80] ; il habite également le bassin du Chari [A. Chevalier, Dr. Decorse, *in* : L. Germain, *loc. supra cit.*, 1907, p. 490], les environs du lac Tanganyika [E. Foa, *in* : L. Germain, *loc. supra cit.*, 1908, p. 28], la région de Zanzibar [E. Vesco, *in* : A. Morelet, *loc. supra cit.*, 1860, p. 72 ; = Dr. E. von Martens, *loc. supra cit.*, 1897, p. 123], la Rhodésie, aux environs des chutes Victoria [Dixey et Longstaff, *Transact. Entomological Society of London*, 1907, p. 361]. On le retrouve enfin aux îles de Madagas-car et de Nossi-Bé [A. Stumpff, *in* : Dr. O. Boettger, *loc. supra cit.*, 1890, p. 90] et dans l'archipel des Seychelles [Dr. A. Brauer, *in* : Dr. von Martens, *loc. supra cit.*, 1898, p. 23 ; = Ch. Alluaud, *in* : Pn. Dautzenberg, *loc. supra cit.*, 1899, p. 7].

Genre **OPEAS** Albers, 1850 (1).

§ 1.

Opeas gracile Hutton.

1832 *Helix clavulus* Quoy et Gaimard. *Voyage de l'Astrolabe, Zoologie*, II, p. 133, pl. XI, fig. 30-33.
1834 *Bulimus gracilis* Hutton. *Journal Asiatic Society of Bengal*, III, Calcutta, p. 93 et p. 84, n° 5.

(1) *Opeas* Albers, *Die Heliceen*, 1850, p. 175, et 2° Edit. (par le Dr. E. von Martens) 1860, p. 265; Herrmannsen, *Indicis Generum Malacol.*, Suppl., Décembre 1852, p. 96.

1839 *Achatina subula* PFEIFFER, in WIEGMANN's *Arch. f. Naturgeschichte*,
    I, p. 352.
1841 *Bulimus subula* PFEIFFER, *Symbol. ad Hist. Heliceor.* I, p. 85.
1841 *Bulimus octonoides* D'ORBIGNY, Mollusques Cuba, in RAMON DE LA
    SAGRA, Hist. Cuba, I, p. 177, pl. XI *bis*, fig. 22-24
    [non C. B. ADAMS].
1846 *Bulimus indicus* PFEIFFER, *Proceedings Zoological Society of London*,
    p. 40.
1848 *Bulimus gracilis* PFEIFFER, *Monograph. Heliceor. vivent.*, II, p. 157,
    n° 410.
1848 *Bulimus indicus* PFEIFFER, *Monograph. Heliceor. vivent.*, II, p. 157,
    n° 411.
1848 *Bulimus subula* PFEIFFER, *Monograph. Heliceor. vivent.*, II, p. 158,
    n° 413.
1849 *Bulimus cereus* REEVE, *Conchologia Iconica*, pl. XVII, fig. 81.
1849 *Bulimus gracilis* REEVE, *Conchologia Iconica*, pl. LXIX, fig. 495.
1849 *Bulimus apex* MOUSSON, *Land-und Süsswasser-Mollusken Java*, p. 35,
    taf. IV, fig. 5.
1850 *Bulimus gracilis* PFEIFFER in MARTINI et CHEMNITZ, *Systemat. Con-
    chylien-Cabinet*, p. 79, taf. XXI, fig. 18.
1851 *Bulimus hortensis* C. B. ADAMS, *Contrib. to Conchology*, n° 9, p. 168.
1853 *Bulimus gracilis* PFEIFFER, *Monograph. Heliceor. vivent.*, III, p. 399,
    n° 604.
1853 *Bulimus subula* PFEIFFER, *Monograph. Heliceor. vivent.*, III, p. 399,
    n° 605.
1859 *Bulimus gracilis* PFEIFFER, *Monograph. Heliceor. vivent.*, IV, p. 458,
    n° 719.
1859 *Bulimus subula* PFEIFFER, *Monograph. Heliceor. vivent.*, IV, p. 458,
    n° 721.
1863 *Bulimus subula* CROSSE et FISCHER, *Journal de Conchyliologie*, p. 36,
    pl. XIV, fig. 6.
1868 *Bulimus gracilis* PFEIFFER, *Monograph. Heliceor. vivent.*, VI, p. 96,
    n° 836.
1868 *Bulimus subula* PFEIFFER, *Monograph. Heliceor. vivent.*, VI, p. 97,
    n° 840.
1872 *Limicolaria Bourguignati* PALADILHE, *Annali Museo Civico di Storia
    Naturale Genova*, III, p. 18, tav. I, fig. 13-14.
1874 *Stenogyra gracilis* CROSSE, *Journal de Conchyliologie*, p. 329.
1876 *Bulimus gracilis* HANLEY et THEOBALD, *Conchologia Indica*, pl. XXIII,
    fig. 4.
1876 *Stenogyra octonula* WEINLAND, *Malakozool. Blätter*, XXIII, p. 171,
    pl. II, fig. 7-8.
1877 *Stenogyra gracilis* NEVILL, *Journal Asiatic Society of Bengal*, XLVI,
    part II, (*Natural History*), Calcutta, p. 25.
1877 *Bulimus subula* PFEIFFER, *Monograph. Heliceor. vivent.*, VIII, p. 136.
1877 *Bulimus octonulus* PFEIFFER, *Monograph. Heliceor. vivent.*, VIII, p.
    613.
1878 *Stenogyra (Opeas) gracilis* NEVILL, *Handlist Mollusca Indian Museum
    Calcutta*, I, p. 164, n° 16.
1878 *Opeas subula* FISCHER et CROSSE, *Mission scientifique Mexique*, etc...,
    I, p. 600, pl. XXVI, fig. 7.
1879 *Opeas acutius* MILLER, *Malakozool. Blätter*, N. F., I, p. 124, pl. XIII,
    fig. 3.
1881 *Opeas gracile* CROSSE, *Journal de Conchyliologie*, p. 301.
1889 *Opeas gracile* JOUSSEAUME, *Bulletins Société Malacologique France*,
    VI, p. 358.

1890 *Stenogyra gracilis* BOETTGER, *Nachrichtsblatt d. deutschen Malako-zoolog. Gesellschaft*, p. 89.
1891 *Opeas gracile* BOETTGER, *Bericht Senckenberg. Naturforsch. Gesellsch. Frankfurt a. M.*, p. 272.
1891 *Stenogyra gracilis* MARTENS, *Landschnecken des Indischen Archipels*, in MAX WEBER, *Zoolog. Ergebn. einer Reise in Niederl. Ost-As.*, II, p. 243.
1895 *Opeaz gracile* GODWIN-AUSTEN, *Proceedings Zoological Society of London*, p. 443.
1898 *Opeas subula* MARTENS, *Mollusca. in : Biologia Centrali-Americana*, p. 291 et p. 637, pl. XVIII, fig. 3.
1901 *Opeas subula* MOLLENDORFF, *Annuaire Musée Zoolog. Académie Sciences Saint-Pétersbourg*, VI, p. 390.
1903 *Opeas gracile* BLANFORD, *Proceedings Malacological Society of London*, V, p. 280.
1905 *Opeas indicus* DAUTZENBERG, *Journal de Conchyliologie*, LIII, p. 102.
1906 *Opeas gracile* PILSBRY, *in :* TRYON, *Manual of Conchology,* 2ᵉ série, *Pulmonata*, XVIII, p. 125, n° 1 et p. 198, n° 3, pl. XVIII, fig. 3, 4, 5 et 6, et pl. XXVIII. fig. 70.

La coquille de cette espèce bien connue est perforée, composée de 12 tours de spire bien convexes séparés par des sutures souvent crénelées ; l'ouverture est semi-ovalaire ; le bord columellaire, subvertical, est bien élargi en haut et largement réfléchi.

La taille varie de 8 à 13 millimètres de longueur pour 2 1/4 à 3 1/2 millimètres de diamètre maximum. Les individus jusqu'ici recueillis à l'île Maurice ne dépassent pas 8 millimètres.

Le test est mince, transparent, d'une couleur cornée très pâle ; il est bien distinctement strié.

Ile Maurice : H. A. PILSBRY, *in :* G. W. TRYON, *loc. supra cit.*, 1906, p. 129]. Espèce introduite par le commerce.

L'*Opeas gracile* Hutton est une espèce répandue dans les régions tropicales des deux hémisphères. En Amérique, elle vit dans toutes les Antilles, dans l'Amérique centrale et dans l'Amérique du Sud jusqu'à Para et à Guayaquil, c'est-à-dire qu'elle ne dépasse guère l'Amazone.

Dans l'Ancien Monde, cette espèce est spécialement caractéristique de la région occidentale (1), mais elle vit également en Polynésie et s'étend, au Nord-Est, jusqu'au Japon. Vers l'Ouest, l'*Opeas gracile* Hutton atteint non seulement l'île Maurice, mais encore Aden et Suez (2) [Dr. F. JOUSSEAUME,

(1) Telle que la définit WALLACE.
(2) La forme de Suez a été nommée *Opeas ægyptiaca* (BOURGUIGNAT mss) par le Dr. F. JOUSSEAUME, *Bulletins société malacologique de France*, VII, 1890, p. 101, pl. III, fig. 4-6.

loc. supra cit., 1889, p. 358], peut être l'Abyssinie et certainement l'Afrique orientale anglaise (1) [CHARLES ELIOT, *in :* H. A. PILSBRY, *loc. supra cit.*, 1906, p. 129].

OPEAS CLAVULINUM Potiez et Michaud.

1838 *Bulimus clavulinus* POTIEZ et MICHAUD, *Galerie Mollusques Douai*, I, p. 136, pl. XIV, fig. 9-10.
1849 *Bulimus clavulinus* REEVE, *Conchologia Iconica*, V, pl. LXXX, fig. 595.
1852 *Bulimus clavulinus* KÜSTER in MARTINI et CHEMNITZ, *Systemat. Conchylien-Cabinet.* n° 80, taf. XX, fig. 7-8.
1853 *Bulimus clavulinus* PFEIFFER, *Monograph. Heliceor. vivent.*, III, p. 394, n° 571.
1859 *Bulimus clavulinus* PFEIFFER. *Monograph. Heliceor. vivent.*, IV, p. 654, n° 685.
1860 *Bulimus clavulinus* MORELET, *Séries Conchyliologiques*, II, *Iles Orientales d'Afrique*, p. 68, n° 27.
1868 *Bulimus clavulinus* PFEIFFER, *Monograph. Heliceor. vivent.*, VI, p. 94, n° 799.
1869 *Stenogyra clavulina* NEVILL, *Proceedings Zoological Society of London*, p. 64.
1870 *Stenogyra (Opeas) clavulina* NEVILL.. *Journal Asiatic Society of Bengal*, XXXIX, part II, (Natur. History, etc...), Calcutta, p. 409. *(part)*.
1877 *Bulimus clavulinus* LIÉNARD, *Catalogue Mollusques île Maurice*, p. 79, n° 99.
1878 *Stenogyra (Opeas) clavulina* NEVILL, *Handlist Mollusca Indian Museum Calcutta.*, p. 165, n° 21.
1880 *Stenogyra (Opeas) clavulina* MARTENS, *Mollusken*, in . K. MÖBIUS, *Beiträge z. Meeresfauna d. Insel Mauritius...*, Berlin, p. 199.
1898 *Opeas clavulinum* MARTENS. *Land-und Süsswasser-Mollusken der Seychellen Mittheil. Zoolog. Sammlung Mus. f. Naturkunde Berlin*, I, p. 23.
1906 *Opeas clavulinum* PILSBRY. *in* TRYON. *Manual of Conchology*, 2° série, *Pulmonata*, XVIII. p. 135, n° 3, pl. XXIII. fig. 17, 21 et 22.
1909 *Stenogyra clavulina* KOBELT. *Abhandl. d. Senckenberg. Naturforsch. Gesellschaft Frankfurt a. M.*, XXXII, p. 93.

Coquille assez largement perforée, turriculée ; spire composée de 6-7 tours peu convexes séparés par des sutures non crénelées ; sommet obtus ; ouverture subpyriforme ovalaire, très anguleuse en haut ; péristome simple et tranchant.

Longueur : 7-8 millimètres ; diamètre : 2-2 $\frac{1}{2}$ millimètres.

Test d'un corné jaunâtre pâle et brillant, garni de très fines stries longitudinales.

Cette espèce est voisine de l'*Opeas mauritianensis* Pfeiffer.

____

(1) Sur la côte orientale, à Takaungu.

mais elle est plus petite et moins longuement élancée. L'ouverture est la même que chez l'*Opeas gracile* Hutton.

G. Nevill a séparé *deux formes* de l'*Opeas clavulinum* Potiez et Michaud :

« A. Whorls seven, the last one especially not quite so tumid as in the next variety. Bourbon, Maurice and Seychelles.

« Long. 8 ½ ; diam. maj. 3 ; apert. long. 2 3/4 ; lat. 1 ½ mill. »

« B. Whorls 6, broader in proportion to their length than those of the preceding. Maurice and Seychelles.

« Long. 6 ; diam. maj. 2 2/3 ; apert. long. 2 1/4, lat. 1 1/4 mill. (1). »

La forme A se rapporte à l'*Opeas mauritianensis* Pfeiffer et la forme B à l'*Opeas clavulinum* Potiez et Michaud.

Ile Maurice : Environs de Moka et de Curepipe, dans les endroits humides [P. Carié] ;=Moka [S. Barclay, *in* : L. Reeve, *loc. supra cit.*, 1849, p. 595 ;=sous les pierres humides et les vieilles écorces, commun, E. Vesco, *in* : A. Morelet, *loc. supra cit.*, 1860, p. 69 ;=G. Nevill, *loc. supra cit.*, 1875, p. 165.]

Ile de la Réunion : [Potiez et Michaud, *loc. supra cit.*, 1838, p. 136 ;=E. Vesco, *in* : A. Morelet, *loc. supra cit.*, 1860, p. 69.]

Iles Seychelles : [E. Liénard, *loc. supra cit.*, 1877, p. 79 ;= Dr. A. Brauer, *in* : Dr. E. von Martens, *loc. supra cit.*, 1898, p. 23 (Mahé).]

Iles Comores : [E. Vesco, *in* : A. Morelet, *loc. supra cit.*, 1860, p. 69 ;=G. Nevill, *loc. supra cit.*, 1878, p. 165.]

Madagascar : sans localité précise [E. Vesco, *in* : A. Morelet, *loc. supra cit.*, 1869, p. 69.]

Opeas mauritianensis Pfeiffer.

1852 *Bulimus mauritianus* Pfeiffer, *Proceedings Zoological Society of London*, p. 150.
1852 *Bulimus mauritianus* Küster, *in* : Martini et Chemnitz, *Systemat. Conchylien-Cabinet*, p. 86, n° 99, taf. XXX, fig. 15-16.
1853 *Bulimus mauritianus* Pfeiffer, *Monograph. Heliceor. vivent.*, III, p. 402, n° 622.
1859 *Bulimus mauritianus* Pfeiffer, *Monograph. Heliceor. vivent.*, IV, p. 462, n° 745.

(1) Nevill (G.). On the Land shells of Bourbon, with descriptions of a few new species, *Journal Asiatic Society of Bengal*, XXXIX, part II, (*Natural History*, etc.) Calcutta, 1870, p. 409.

1860 *Bulimus mauritianus* Morelet, *Séries Conchyliologiques*, II. *Iles Orientales d'Afrique*, p. 69.

1868 *Bulimus mauritianus* Pfeiffer, *Monograph. Helicœor. vivent.*, VI, p. 100, n° 869.

1869 *Subulina mauritiana* Nevill., *Proceedings Zoological Society of London*, p. 64.

1870 *Stenogyra (Opeas) clavulinus* Nevill., *Journal Asiatic Society of Bengal* XXXIX, part II, (*Natural History*), Calcutta, p. 409, n° 18 (*part!*).

1877 *Bulimus Mauritianus* Liénard, *Catalogue Mollusques île Maurice*, p. 54, n° 749.

1878 *Stenogyra (Opeas) mauritiana* Nevill., *Handlist Mollusca Indian Museum Calcutta*, I, p. 165, n° 22.

1880 *Stenogyra (Opeas) Mauritiana* Martens, Mollusken, *in :* K. Möbius, *Beiträge z. Meeresfauna d. Insel Mauritius...*, Berlin, p. 199.

1906 *Opeas mauritianum* Pilsbry, *in :* Tryon, *Manual of Conchology*, 2° série, *Pulmonata*, XVIII, p. 133, n° 2, pl. XVII, fig. 92 à 96.

1909 *Stenogyra mauritiana* Kobelt, *Abhandl. d. Seckenberg. Naturfosch. Gesellschaft Frankfurt a. M.*, XXXII, p. 93.

Coquille très élancée, subperforée : spire formée de 8 tours (1) assez convexes, le dernier égalant environ le tiers de la hauteur totale ; ouverture verticale, ovalaire oblongue. Longueur : 7, 10, 10 $\frac{1}{2}$ millimètres ; diamètre : 2 $\frac{1}{2}$, 3, 3 $\frac{1}{2}$ millimètres ; hauteur de l'ouverture : 3, 3 $\frac{1}{2}$ millimètres.

Test corné clair variant du blond jaunâtre au marron clair, très brillant, garni de petites stries longitudinales fines, subverticales, inégales et souvent accentuées aux sutures.

Ile Maurice : Commun et, par endroits, très commun, sous les pierres, les amas de détritus végétaux, les écorces, etc..., dans tous les endroits humides des environs de Curepipe, Moka, Port Louis, etc... [P. Carié] : = Sous les pierres humides et les vieilles écorces [G. Nevill, *loc. supra cit.*, 1869, p. 64, et 1878, p. 165]; = sans indication de localité [E. Liénard, *loc. supra cit.*, 1877, p. 54] ; = Petit Sable [K. Möbius, *in :* Dr. E. von Martens, *loc. supra cit.*, 1880, p. 199].

Ile de la Réunion : Sans indication de localité [G. Nevill, *loc. supra cit.*, 1869, p. 64].

Iles Seychelles : Iles Mahé et Silhouette [G. Nevill, *loc. supra cit.*, 1869, p. 64].

Cette espèce a été introduite à Maui, dans les îles Havaï

---

(1) Dans sa description originale, L. Pfeiffer [*Proceedings Zoolog. Society of London*, 1852, p. 150], n'ayant étudié que des individus peu adultes, donne seulement 7 tours de spire à cette espèce.

[H. A. Pilsbry, *loc. supra cit.*, 1906, p. 134]. Elle a été récoltée également à Washington (Etats-Unis) (1).

Opeas Swifti Pfeiffer.

1852 *Bulimus Swiftianus* Pfeiffer, *Zeitschr. für Malakozool.*, p. 150.
1853 *Bulimus Swiftianus* Pfeiffer, *Monograph. Heliceor. vivent.*, III, p. 399, n° 606.
1855 *Subulina Swiftiana* Adams, *Genera of recent Mollusca*, p. 111.
1855 *Bulimus Swiftianus* Pfeiffer, *in :* Martini et Chemnitz, *Systemat. Conchylien-Cabinet*, 2° édit., p. 256, n° 364, taf. LXIX, fig. 9-11.
1859 *Bulimus Swiftianus* Pfeiffer, *Monograph. Heliceor. vivent.*, IV, p. 460, n° 727.
1868 *Bulimus Swiftianus* Pfeiffer, *Monograph. Heliceor. vivent.*, VI, p. 99, n° 849.
1906 *Opeas Swiftianum* Pilsbry, *in :* Tryon, *Manual of Conchology*, 2° série, *Pulmonata*, XVIII, p. 157, n° 34, pl. XXIII, fig. 26.

Par sa forme générale, cette espèce rappelle l'*Opeas gracile* Hutton, mais elle est *imperforée* (2), la réflexion de la columelle recouvrant entièrement l'ombilic ; sa spire, plus élancée, ne comprend que 7 ½ tours (3) ; sa suture n'est *pas crénelée ;* enfin son test est plus lisse, la sculpture se composant de *stries longitudinales très faibles.*

Longueur : 7-7 ½ millimètres ; diamètre : 2 millimètres ; hauteur de l'ouverture : 2 millimètres.

Ile Maurice : L'*Opeas Swifti* Pfeiffer, originaire des Antilles (île de Saint-Thomas), a été introduit accidentellement à l'île Maurice [G. Nevill].

§ 2.

Opeas javanicum Reeve.

1849 *Achatina javanica* Reeve, *Conchologia Iconica*, V, pl. XVII, fig. 79.
1853 *Achatina javanica* Pfeiffer, *Monograph. Heliceor. vivent.*, III, p. 493, n° 69.
1859 *Achatina javanica* Pfeiffer, *Monograph. Heliceor. vivent.*, IV, p. 610, n° 83.

(1) « I have also specimens collected in Washington, D. C., probably from a greenhouse. They were sent about twenty years ago by Rev. E. Lehnert, a reliable and at that time well-known collector » [H. A. Pilsbry, *Manual of Conchology*, 2° série, *Pulmonata*, XVIII, *Philadelphia*, 1906, p. 134].
(2) La coquille de l'*Opeas gracile* Hutton est *perforée.*
(3) On en compte ordinairement 10, quelquefois 9, rarement 12, chez l'*Opeas gracile* Hutton.

1868 *Achatina javanica* Pfeiffer, *Monograph. Heliceor. vivent.*, **VI**,
     p. 230, n° 127.
     Stenogyra javanica Martens, *Ostasiat. Zoolog. Landschn.*, p. 30, 377,
     pl. XXII, fig. 11.
1877 *Stenogyra javanica* Martens, *Sitzungsb. Gesellsch. Naturf. Freunde
     Berlin*, p. 105.
1891 *Opeas clavulinum* Boettger, *Nachrichtsblatt d. Deutschen Malako-
     zoolog. Gesellsch.*, p. 179 [non Potiez et Michaud].
1891 *Opeas clavulinum* Boettger, *Bericht Senckenberg. Naturforsch.
     Gesellsch. Frankfurt a. M.*, p. 271.
1897 *Hapalus javanicus* Martens, *Beschalte Weichthiere Deutsch-Ost-
     Afrik.*, p. 130.
1906 *Opeas javanicum* Pilsbry in Tryon, *Manual of Conchology*, 2° série,
     Pulmonata, XVIII, p. 138, n° 4, pl. XII, fig. 14, 16,
     pl. XVI, fig. 81, 88 et pl. XXII, fig. 9.

Les individus vivant à l'île Maurice atteignent jusqu'à 15
millimètres de longueur et 4 1/10 de diamètre maximum,
leur ouverture ayant 4 millimètres de hauteur, (l'espèce mesure,
généralement, de 10 à 13 millimètres de hauteur). Ils ont 9 $\frac{1}{2}$
tours de spire et leur sculpture est formée de stries très visibles,
très pressées les unes contre les autres comme chez les échantillons provenant de l'Océanie. Cette sculpture rappelle celle
des *Prosopeas*.

Ile Maurice : [Dr. O. Boettger, *loc. supra cit.*, 1891, p.
271]. Introduit.

L'*Opeas javanicum* Reeve est une espèce à grande dispersion
géographique. On la connaît, non seulement en Océanie (Sumatra, Java, Flores, Adenare, Ternate, Cebu, Mindanao, îles
Hawaï (1), etc...) mais encore à Ceylan, en Chine (notamment à Canton, Hongkong, îles Formose et d'Amoy, etc...)
et au Japon.

§ 3.

Opeas micra d'Orbigny.

1835 *Helix (Cochlitoma) micra* d'Orbigny, *Revue et Magas. Zoologie*, p. 9.
1837 *Obeliscus micra* Beck, *Index Molluscorum*, p. 62, n° 12.
1841 *Bulimus micra* d'Orbigny, *Voyage Amérique méridionale, Mollusques*,
     p. 262, pl. XLI, fig. 18 à 20.
1845 *Bulimus octonoides* C. B. Adams, *Proceedings Boston Society Natur.
     History*, p. 12 [non A. d'Orbigny].

(1) D'après H. A. Pilsbry et Sykes [in : H. A. Pilsbry, *Manual of Conchology*, 2° série, *Pulmonata*, XVIII, Philadelphie, 1906, p. 139] la forme
des îles Hawaï, l'*Opeas henshawi* Sykes [*Proceedings Malacological Society
a. London*, VI, Juin, 1904, p. 112, fig. 2] est synonyme.

1848 *Bulimus octonoides* PFEIFFER, *Monograph. Heliceor. vivent.*, **II**, p. 160, n° 431.

1848 *Bulimus micra* PFEIFFER, *Monograph. Heliceor. vivent..*, II. p. 165, n° 436.

1849 *Bulimus micra* REEVE, *Conchologia Iconica*, V, pl. XIV, fig. 78 et pl. LXXIX, fig. 579.

1849 *Bulimus octonoides* REEVE, *Conchologia Iconica*, V, pl. LXXXIV, fig. 593.

1850 *Achatina (Subulina) octonoides* ALBERS, *Die Heliceen*, p. 195.

1851 *Bulimus subula* BINNEY, *Terrestrial Air Breath. Mollusks of the Unit. States*, II. p. 385, pl. LIII. fig. 4.

1851 *Bulimus contractus* F. POEY, *Memorias sobre la historia natural de la isla de Cuba*, I, p. 205, 212, pl. XXVI, fig. 19-21.

1853 *Bulimus octonoides* PFEIFFER, *Monograph. Heliceor. vivent.*, III, p. 400, n° 608.

1853 *Bulimus micra* PFEIFFER, *Monograph. Heliceor. Vivent.*, III, p. 400, n° 613.

1859 *Bulimus octonoides* PFEIFFER, *Monograph. Heliceor. vivent.*, IV, p. 460.

1859 *Bulimus micra* PFEIFFER, *Monograp. Heliceor. vivent..* IV, p. 462, n° 737.

1868 *Bulimus octonoides* PFEIFFER, *Monograph. Heliceor. vivent.*, **VI**, p. 99.

1868 *Bulimus micra* PFEIFFER, *Monograph. Heliceor. vivent.*, VI, p. 100, n° 862.

1878 *Stenogyra (Opeas) octonoides* NEVILL., *Handlist Mollusca Indian Museum Calcutta*, I, p. 163, n° 8.

1879 *Opeas dresseli* MILLER. *Malakozoolog. Blätter. N. F..* I, p. 193, taf. XIV, fig. 1.

1883 *Stenogyra octonoides* MAZÉ, *Journal de Conchyliologie*, p. 6 et p. 41.

1892 *Opeas octonoides* CROSSE. *Journal de Conchyliologie.* p. 38 et p. 62.

1894 *Stenogyra (Opeas) striosa* HENDERSON, *The Nautilus*, VIII, p. 20, n° 114.

1895 *Opeas micra* SMITH, *Proceedings Malacological Society of London*, I, p. 309, 318 et 322.

1898 *Opeas octonoides* MARTENS, *Land and Freshwater Mollusca. Biologia Centrali-Americana*, p. 293, pl. XVII. fig. 9.

1906 *Opeas micra* PILSBRY, in : TRYON, *Manual of Conchology. 2e série. Pulmonata*, XVIII, p. 193, n° 2, pl. XXVII, fig .49, 56 et 57.

Coquille perforée, allongée, turriculée à sommet très obtus : spire formée de 7-8 tours convexes; ouverture ovalaire à péristome mince et tranchant; bord columellaire subrectiligne.

Longueur : 6-8 millimètres (1); diamètre : 2-2 ½ millimètres.

Test mince, transparent, jaune blanchâtre, garni d'une

(1) La taille atteint exceptionnellement, à l'île de Cuba, 9 ½ millimètres de longueur et 2.7 millimètres de diamètre. La spire possède alors 8 ½ tours et le test est plus irrégulièrement sculpté. C'est la forme nommée *contracta* par F. POEY [*Memorias sobre la historia natural de la isla de Cuba*, I, 1851, p. 205].

sculpture très accentuée ; les 2, 2 ½ premiers tours lisses, les autres ornés de *petites côtes saillantes et élevées*, assez espacées et ordinairement plus saillantes près des sutures.

Cette espèce, bien caractérisée par sa sculpture, est celle dont la distribution couvre, en Amérique, la plus vaste étendue. Elle vit dans une grande partie de l'Amérique du Sud (Brésil et île Fernando Noronha, Bolivie, Equateur, Colombie, Venezuela et île de la Trinité, Guyane), dans l'Amérique Centrale (Costa-Rica, Nicaragua, Honduras, Yucatan et une grande partie du Mexique) et presque toutes les Antilles(Grenade, Grenadines, Barbades, Saint-Vincent, Sainte-Lucie, Guadeloupe, Antigua, Saint-Bartholomew, Saint-John, Sainte-Croix, Porto-Rico, Haïti, Jamaïque et Cuba). Elle vit également en Floride et a été introduite aux environs de Charlestown [BINNEY] et jusqu'aux îles Bermudes [HEILPRIN].

Ile Maurice : [G. NEVILL]. Introduit.

Famille des **FERUSSACIDAE**

Genre **FERUSSACIA** Risso, 1826 (1).

§ I. FERUSSACIA sensu stricto (2).

FERUSSACIA (FERUSSACIA) BARCLAYI Pfeiffer.

1855 *Spiraxis Barclayi* PFEIFFER, *Proceedings Zoological Society of London*,
    p. 99.
1859 *Spiraxis Barclayi* PFEIFFER, *Monograph. Heliceor. vivent.*, IV, p. 580,
    n° 57.
1868 *Spiraxis Barclayi* PFEIFFER, *Monograph. Heliceor. vivent.*, VI, p. 197,
    n° 75.
1877 *Glandina vesiculata* BENSON, in : SEMPER, *Reisen im Archipel der Philippinen, Landschnecken*, III, p. 135.
1877 *Spiraxis Barclayi* LIÉNARD, *Catalogue Mollusques Ile Maurice*, p. 54,
    n° 744.
1878 *Ferussacia barclayi* NEVILL, *Handlist Mollusca Indian Museum Calcutta*, I, p. 161, n° 4.
1880 *Cionella (Ferussacia) Barclayi* MARTENS, *Mollusken*, in : K. MÖBIUS,

---

(1) RISSO (A.), *Histoire naturelle des principales produc. Europe méridionale*, etc., IV, 1826, p. 80 (*Ferussacia*) [Non *Ferussacia Lenfroy*, 1828].
(2) RISSO (A.), *loc. supra cit.*, IV, p. 80 [= *Vediantius* RISSO, *loc. supra cit.*, IV, 1826, p. 81; = *Folliculiana* BOURGUIGNAT, *Revue et Magasin Zoologie*, 1864, p. 201; = *Pseudostreptostyla* NEVILL, *Proceedings Zoological Society of London*, 1880, p. 665; = *Folliculina* WESTERLUND, *Fauna d. in d. paläarct. region Binnenconchylien*, III, 1887, p. 154].

Beiträge z. Meeresfauna d. Insel Mauritius..., Berlin,
p. 199.
1908 *Ferussacia Barclayi* Pilsbry, in : Tryon. *Manual of Conchology*, 2ᵉ
série, *Pulmonata*, XIX, p. 233, n° 16, pl. XLII, fig. 66,
67, 70 et 71.
1909 *Cionella barclayi* Kobelt, *Abhandl. d. Senckenberg. Naturforsch.
Gesellschaft Frankfurt a. M.*, XXXII, p. 93.

Coquille de forme ovalaire oblongue ; spire composée de
5, 5 ½ tours à croissance d'abord régulière, puis rapide ; dernier tour très grand, égalant environ la moitié de la hauteur
totale; ouverture verticale, subpyriforme, très anguleuse en
haut, bien arrondie en bas.

Longueur : 8-10 millimètres; diamètre : 3 ½-4 millimètres; hauteur de l'ouverture : 4-4 ½ millimètres; diamètre
de l'ouverture : 2-2 1/4 millimètres.

Test mince, brillant, d'un corné fauve clair.

Animal très actif, d'un jaune brillant.

Cette Férussacie ne se distingue guère d'une espèce européenne, le *Ferussacia (Ferussacia) folliculus* Gronovius (1),
que par son dernier tour légèrement plus ventru et son ouverture un peu plus large. Il est fort probable qu'il s'agit de
l'introduction, relativement récente, d'une Férussacie européenne qui, peu à peu, s'est acclimatée à l'île Maurice. Cette
opinion est également celle de H. A. Pilsbry : « I am much
inclined to believe that this species in an importation from
southern France. It would otherwise be very difficult to
account for its occurence in Mauritius (2). »

G. Nevill a signalé une forme senestre de cette espèce qui
vit en colonies sous les gros blocs de pierre (3).

(1) *Helix folliculum* Gronovius, *Zoophylacium Gronovianum*, part III,
1781, tabul. explic., p. V, tab. XIX, fig. 15-16. [= *Helix folliculus* Gmelin,
Systema natur., Ed. XIII, 1789, p. 3654 = *Physa scaluriqum* Draparnaud,
Histoire Mollusques terr. flur, France, 1805, p. 56, pl. III, fig. 14-15; =
Achatina risso Deshayes, *Encyclop. méthod.*, Vers, II, 1830, p. 12;=*Achatina folliculus* Pfeiffer, *Monograph. Helicear. vivent.*, II, 1848, p. 283; =
Ferussacia folliculus Bourguignat, *Aménités malacologiques*, I, 1856, p.
197, et *Malacol. terr. et flur. Château d'If*, 1860, p. 22, pl. II, fig. 1-3; =
Lovea folliculus Wollaston, *Testacea Atlantica*, 1878, p. 247 ; = *Lovea
Wollastoni* Watson, *Proceedings Zoological Society of London*, 1877,
p. 334].

(2) Pilsbry (H. A.), *Manual of Conchology*, 2ᵉ série, *Pulmonata*, XIX,
Philadelphia, 1908, p. 233.

(3) Nevill (G.), *Handlist Mollusca Indian Museum Calcutta*, I, Calcutta,
1878, p. 161. G. Nevill ajoute que cette espèce est connue sous le nom de
« *Glandina vesiculata* » à l'île Maurice : «... as a shell sent by me labelled
« *Glandina vesiculata* » Bens., this was the name under which the form
was known at Mauritius, and used by me before I ad access to any conchological works »

Ile Maurice : Sans indication de localité [Sir D. W. BAR-
CLAY (Collect. H. CUMING), *in* : L. PFEIFFER, *loc. supra cit.*,
1855, p. 99] ;=Mont Oriz et Moka [G. NEVILL, *loc. supra
cit.*, 1878, p. 161].

Genre **CAECILIOIDES** (Férussac) Herrmannsen, 1846 (1).

§ I. GEOSTILBIA Crosse, 1867 (2).

CAECILIOIDES (GEOSTILBIA) MAURITIANENSIS H. Adams.

1868 *Acicula mauritiana* H. ADAMS, *Proceedings Zoological Society of Lon-
    don*, p. 290, pl. XXVIII, fig. 7.
1877 *Acicula mauritiana* PFEIFFER, *Monograph. Heliceor. vivent.*, **VIII**,
    p. 295.
1877 *Acicula mauritiana* LIÉNARD, *Catalogue Mollusques île Maurice*, p. 81,
    n° 114.
1878 *Caecilianella (Geostilbia) mauritiana* NEVILL, *Handlist Mollusca In-
    dian Museum Calcutta,*, I, p. 163, n° 7.
1880 *Caecilianella Mauritiana* MARTENS, *Mollusken, in* : K. MÖBIUS,
    Beiträge z. Meeresfauna d. Insel Mauritius..., Berlin,
    p. 199.
1908 *Caecilioides (Geostilbia) mauritiana* PILSBRY, *in* : TRYON, *Manual of
    Conchology*, 2° série, *Pulmonata*, **XX**, p. 47, n° 43,
    pl. IV, fig. 69.
1909 *Caecilianella mauritiana* KOBELT, *Abhandl. d. Senckenberg. Natur-
    forsch. Gesellschaft Frankfurt a. M.*, **XXXII**, p. 93.

Petite coquille imperforée, subcylindrique subulée à sommet très obtus ; spire formée de 5 tours séparés par des sutures marginées, le dernier dilaté à la base ; columelle arquée,
légèrement tronquée à la base ; ouverture subpyriforme, très
anguleuse en haut ; péristome simple et tranchant.

Longueur : 4 millimètres ; diamètre : 1 millimètre ; hauteur de l'ouverture : 1, 3 millimètre.

Test mince, hyalin et brillant.

Cette espèce n'est bien certainemnet que la forme repré-

---

(1) HERRMANNSEN, *Indicis Generum Malac.*, I, 1846, p. 150 [= *Acicula*
Russo, *Hist. natur. princip. product. Europe méridionale*, IV, 1826, p. 81
(non *Acicula* HARTMANN, 1821) = *Cécilioïde* DE BLAINVILLE, *Dictionnaire
sciences natur.* VII, 1817, p. 332 (sans nom latin; *pour les Cecilioides (err.
typ. : ceclionides) de* D'A. DE FÉRUSSAC = *Belonis* HARTMANN, *Erd-und Süss-
wasser-Gasterop. d. Schweitz*, 1841, p. 48 (pour *Belonis acicula* cité sans
nom d'auteur ni description) = *Aciculina* WESTERLUND, *Fauna d. paläarct.
region Binnenconchylien.* III, 1887, p. 175 = *Caecilianella* BOURGUIGNAT,
Revue et Magasin de Zoologie, VIII, 1856, p. 378.

(2) CROSSE (H.), *Journal de Conchyliologie*, XII, Paris, 1864, p. 184.

sentative du *Caecilioides* (*Geostilbia*) *Gundlachi* Pfeiffer (1)
ou mieux encore, de sa variété *caledonica* Crosse (2).

Le Dr. E. von Martens rapporte l'*Acicula mauritiana* H.
Adams à son *Hapalus Braueri* (3) de l'île Mahé (Seychelles). Je
crois ce rapprochement erroné et je pense, avec H. A. Pilsbry, que l'espèce décrite et figurée par le Dr. E. von Martens
est un *Opeas* très voisin, si même il est réellement distinct,
de l'*Opeas Goodalli* Miller (4), petite coquille américaine acclimatée en de nombreux points du globe fort éloignés les uns
des autres : Iles du Cap Vert, île Sainte-Hélène, île Rodriguez
(Seychelles), îles Hawaï, etc... (5).

Ile Maurice : Montagne du Pouce [G. Nevill, *loc. supra
cit.*, 1878, p. 163].

Iles Seychelles : Mahé, Silhouette [G. Nevill, *loc. supra
cit.*, 1878, p. 163].

Caecilioides (Geostilbia) sp.

1878 *Caecilianella* (*Geostilbia*) *nov. sp.* Nevill, *Handlist Mollusca Indian
Museum Calcutta*, I, p. 163, n° 6.
1880 *Caecilianella* (*Geostilbia*) *nov. sp.* Martens, Mollusken, *in* : K. Möbius,
Beiträge z. Meeresfauna d. Insel Mauritius..., Berlin,
p. 199.

Je signale, pour mémoire, cette espèce qui n'a jamais été ni
décrite, ni figurée, mais seulement citée par G. Nevill comme
ayant été recueillie à la Montagne du Pouce (île Maurice). Les
deux exemplaires types font partie des Collections de l'*Indian
Museum* (*Natural History*), à Calcutta.

(1) *Achatina Gundlachi* Pfeiffer, *Zeitschrift für Malakozool.*, 1850,
p. 80 et in : Martini et Chemnitz, *Systemat. Conchylien-Cabinet* : 2° édit.
Bulimus, p. 358, pl. XXVIII, fig. 10-11. Espèce des Antilles.
(2) *Geostilbia caledonica* Crosse, *Journal de Conchyliologie*, XV, 1867,
p. 186, pl. VII, fig. 4. Cette coquille n'est fort probablement qu'une *forme
acclimatée du Caecilioides* (*Geostilbia*) *Gundlachi* Pfeiffer.
(3) Martens (Dr. E. von), Land-und Süsswasser-Mollusken der Seychellen, *Mitteil. d. Zoolog. Sammlung d. Museums für Naturkunde in Berlin*,
I, Heft I, 1898, p. 24, taf. II, fig. 18.
(4) *Helix Goodalli* Miller, A list of the freswater and landshells occu-
ring in the environs of Bristol, etc..., *Annals of Philosophy*, n. s., III,
1822, p. 381 [= *Bulimus Goodalli* Gray in Turton, *Manual Land and
Fresh-Water Shells British Islands*, n. éd., 1840, p. 6, pl. VI, fig. 61.
(5) Cette espèce a été décrite sur des spécimens *acclimatés* en Angleterre,
dans les serres chaudes des environs de Bristol, sur des *Bromeliacées*. On
la trouve, encore aujourd'hui, dans les serres des environs de Londres,
Manchester, etc.... Elle a été décrite à nouveau sous un grand nombre de
noms (voir à ce sujet, H. A. Pilsbry, *Manual of Conchology*, etc..., 2°
série, *Pulmonata*, t. XVIII, Philadelphia, 1906, p. 200 et suiv.].

Famille des **TORNATELLIDAE**

Genre **TORNATELLINA** Beck, 1837 (1).

Tornatellina cernica Benson.

1850 *Tornatellina cernica* Benson, *Annals and Magaz. Natural History,
London*, 2° série, VI, p. 354.

1852 *Tornatellina cernica* Küster, in Martini et Chemnitz, *Systemat. Conchylien-Cabinet*, 2° édit., p. 155, n° 15, taf. XVIII,
fig. 30-31.

1852 *Tornatellina Mauritiana* Pfeiffer, *Proceedings Zoological Society of
London*, p. 150.

1853 *Tornatellina Cernica* Pfeiffer, *Monograph. Heliceor. vivent.*, III,
p. 526, n° 20.

1853 *Achatina minutissima* Barclay mss, in Pfeiffer, *Monograph. Heliceor. vivent.*, III, p. 526.

1855 *Leptinaria cernica* H. et A. Adams, *Genera of recent Mollusca*, p. 140.

1855 *Achatina Cernica* Pfeiffer, *Malakozoolog. Blätter*, II, p. 170.

1859 *Tornatellina cernica* Pfeiffer, *Monograph. Heliceor. vivent.*, IV,
p. 652, n° 20.

1868 *Tornatellina cernica* Pfeiffer, *Monograph. Heliceor, vivent.*, VI,
p. 264, n° 29.

1870 *Tornatellina (Leptinaria) cernica* Nevill, *Journal Asiatic Society of
Bengal*, XXXIX, part II (*Natural History*), Calcutta,
p. 413, n° 31.

1878 *Tornatellina cernica* Nevill, *Handlist Mollusca Indian Museum Calcutta*, I, p. 160, n° 5.

1880 *Tornatellina cernica* Martens, *Mollusken, in : K. Möbius, Beiträge
z. Meeresfauna d. Insel Mauritius...*, Berlin, p. 199.

1909 *Tornatellina cernica* Kobelt, *Abhandl. d. Senckenberg. Naturforsch.
Gesellschaft Frankfurt a. M.*, XXXII, p. 93 et 95.

1909 *Tornatellina mauritiana* Kobelt, *loc. supra cit.*, p. 93.

Coquille petite, très ventrue globuleuse, spire obtuse, subconique, formée de 4-4 $\frac{1}{2}$ tours bien convexes, le dernier très
grand, globuleux convexe, formant les 2/3 environ de la
coquille ; ouverture subpyriforme ovalaire, aigüe en haut,
bien arrondie en bas, avec une lamelle pariétale médiane et
comprimée et une dent columellaire petite et bipartite ; bord
columellaire incurvé et un peu élargi ; péristome droit et
aigu.

Longueur : 4 millimètres ; diamètre : 2 $\frac{1}{2}$ millimètres ;
hauteur de l'ouverture : 2 millimètres.

Test presque pellucide, corné jaunâtre clair, garni de stries

(1) Genre *Achatina*, sous-genre *Tornatellina* Beck, *Index Molluscorum*,
1837, p. 80 [= *Strobilus* (comme sous-genre de *Clausilia*) Anton, *Verzeichniss der Conchylien*, 1839, p. 46; = *Elasmatina* Petit, *Proceedings
Zoological Society of London*, 1843, p. 2;= *Tornatellina* Pfeiffer, *Symbol.
ad hist. Heliceor. vivent.*, II, 1842, p. 5 et p. 130; et : III, 1846, p. 60].

longitudinales très fines coupées de stries spirales encore plus
délicates (1).

Ile Maurice : Moka [W. H. BENSON, *loc. supra. cit.*, 1850,
p. 254] ; = « Reduit Ravine and Vacoa » [G. NEVILL, *loc. supra
cit.*, 1878, p. 160].

Ile de la Réunion : « Cette intéressante espèce est parfaitement identique avec la forme de Maurice, décrite par W. H.
BENSON. Je la trouve à une grande altitude, avec le *Vertigo
borbonica* H. Adams » [G. NEVILL, *loc. supra cit.*, 1870, p.
413] ; = Environs de Salazie [G. NEVILL, *loc. supra cit.*, 1878,
p. 160].

(1) Le test est ainsi décussé, mais sa sculpture est si délicate que la
coquille semble lisse.

ELASMOGNATHA

Famille des **HYALIMACIDAE**

Genre **HYALIMAX** H. et A. Adams, 1855 (1).

HYALIMAX PERLUCIDUS Quoy et Gaimard.

Fig. 15, 16 dans le texte.

1832 *Limax perlucidus* QUOY et GAIMARD, *Voyage de l'Astrolabe, Zoologie*,
II, p. 146, pl. XIII, fig. 10-13.
1836 *Limax perlucidus* DE LAMARCK, *Hist. natur. animaux sans vertèbres*,
2ᵉ édit., [par G. P. DESHAYES], VII, p. 724, n° 18.
1850 *Limax perlucidus* GRAY, *Figures of Molluscous animals*, pl. LXXIV,
fig. 7.
1855 *Drusia perlucida* GRAY, *Catalogue Pulmonata British Museum*, p. 59.
1855 *Hyalimax perlucidus* H. et A. ADAMS, *Genera of recent Mollusca*, II,
p. 219.
1879 *Hyalimax perlucidus* FISCHER, *Journal de Conchyliologie*, XX, p. 205,
n° 1.
1878 *Hyalimax perlucidus* NEVILL, *Handlist Mollusca Indian Museum Calcutta*, I, p. 216, n°1.
1880 *Hyalimax perlucidus* MARTENS, Mollusken, *in* : K. MÖBIUS, *Beiträge
z. Meeresfauna d. Insel Mauritius...* Berlin, p. 306.
1885 *Hyalimax perlucidus* HEYNEMANN, *Jahrb. d. Deutschen Malakozool.
Gesellschaft*, XII, p. 296 et p. 318.
1893 *Hyalimax perlucidus* COCKERELL et COLLINGE, *Check-List of the Slugs
London*, p. 21, n° 619 (*The Conchologist*, vol. II).
1909 *Hyalimax perlucidus* KOBELT, *Abhandl. d. Seckenberg. Naturforsch.
Gesellschaft Frankfurt a. M.*, XXXII, p. 93.
1910 *Hyalimax perlucidus* SIMROTH, Lissopode Nacktschnecken, *in* : DR.
A. VOELTZKOW, *Reisen in Ostafrika* (1903-1905) II, Stuttgart, p. 579, taf. XXV, fig. 5-19.

Animal allongé, assez bombé, *bien effilé* et très vaguement
subcaréné dorsalement sur la région caudale; manteau très
grand, débordant partout la coquille, de forme elliptique
allongée, *presque lisse*, avec seulement quelques rares ponctua-

<hr>

(1) *Hyalimax* H. et A. ADAMS, *Genera of recent Mollusca*, II, 1855, p. 219
[= *Drusia* (part) GRAY, *Catalogue of Pulmonata in the Collect. of the British Museum*, part I, 1855, p. 60].

tions à peine sensibles; pied large, unicolor; tête nettement
séparée (en dessous) du reste du corps par un sillon très marqué; bouche grande, irrégulièrement elliptique allongée; orifice
pulmonaire (o. p., fig. 15, dans le texte) étroit et arrondi,
situé vers le milieu du manteau, très près du bord droit de
la coquille; orifice génital (o. g., fig. 15, dans le texte) très
petite, en fente subelliptique; tentacules subcylindriques, d'un
jaune grisâtre très clair, presque transparents.

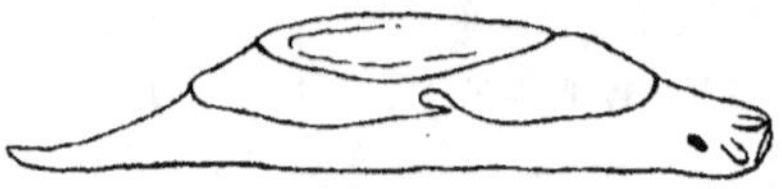

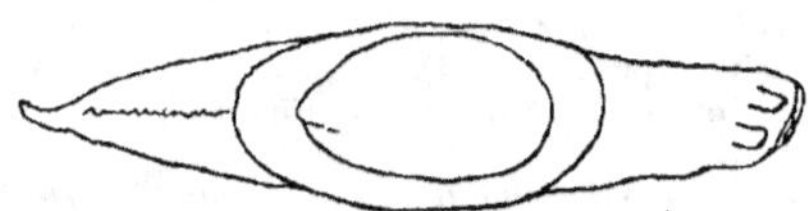

Fig. 15, 16. — *Hyalimax perlucidus.* Quoy et Gaimard.
Ile Maurice [M. P. Carié]. L'animal vu sur le côté et en dessus (d'après un individu
conservé dans l'alcool); grandeur naturelle.

Longueur : 22 millimètres; diamètre maximum : 7 millimètres; épaisseur maximum : 5 millimètres (animal conservé
dans l'alcool).

Coloration d'un jaune grisâtre très clair, presque blanc,
avec quelques rares ponctuations jaunâtres et une étroite zonule
légèrement plus foncée sur la carène caudale; manteau plus
gris, vaguement teinté de bleuâtre (1); pied jaune clair un peu
ochracé. Tout l'animal, de consistance assez gélatineuse, est
comme translucide.

Coquille ovalaire elliptique, longue de 9 millimètres, large
de 6 millimètres, à sommet postérieur submédian; bord antérieur très largement arrondi; test fragile, presque pellucide,
transparent, d'une jaune clair, garni de stries concentriques
fines et subrégulières.

(1) La différence de coloris est très sensible entre le manteau et le reste
du corps. Le manteau, beaucoup moins jaune, d'un gris vaguement bleuté,
se détache ainsi nettement bien que restant dans des tons très pâles.

Ile Maurice : Curepipe, un exemplaire [P. Carié]; = Montagne du Pouce [Quoy et Gaimard, *loc. supra cit.*, 1832, p. 146; = Montagne du Pouce [G. Nevill, *loc. supra cit.*, 1878, p. 216].

Hyalimax mauritianensis de Férussac.

1827 *Parmacella mauritius* de Férussac, *Bulletin universel sciences natur.*, X, p. 300, n° 3.

1829 *Parmacella sp.* Rang, *Manuel hist. natur. Mollusques*, p. 155, pl. IV, fig. 5-7.

1837 *Parmacella Mauritius* Anonyme, *Catalogue Collection Coquilles formée par baron d'Aud. de Férussac*, Paris, p. 1.

1855 *Drusia mauritiana* Gray, *Catalogue Pulmonata British Museum*, p. 60.

1855 *Pelletia Mauritius* Fischer, *Mélanges de Conchyliologie*, III, p. 55, n° 9, (*Actes Société linnéenne Bordeaux*, XX, p. 387).

1872 *Hyalimax Mauritianus* Fischer, *Journal de Conchyliologie*, XX, p. 302, et p. 305, n° 2.

1877 *Parmacella Mauritiana* Liénard, *Catalogue Mollusques île Maurice*, p. 54, n° 745.

1880 *Hyalimax mauritianus* Martens, Mollusken; in : K. Möbius, *Beiträge z. Meeresfauna d. Insel Mauritius...*, Berlin, p. 206.

1885 *Hyalimax mauritianus* Heynemann, *Jahrb. d. Deutschen Malakozoolog. Gesellschaft, Frankfurt a. M.*, p. 296 et p. 318.

1893 *Hyalimax mauritianus* Cockerell et Collinge, *Check-List of the Slugs*, London, p. 21, n° 618 (*The Conchologist*, Vol. II).

1909 *Hyalimax mauritianus* Kobelt, *Abhandl. d. Senckenberg. Naturforsch. Gesellschaft Frankfurt a. M.*, XXXII, p. 93.

Animal allongé, assez bombé, relativement effilé postérieurement ; pied très large, aigu à son extrémité postérieure ; manteau très grand, débordant de toutes parts la coquille, *garni de tubercules saillants et très rapprochés.*

Orifice pulmonaire arrondi, situé tout près du bord droit de la coquille, à peu près vers le milieu du bord droit du manteau; orifice génital très petit.

Coquille convexe en dessus, dilatée et arrondie en avant, rétrécie en arrière; sommet terminal et postérieur. Test mince, luisant, transparent, d'un corné jaunâtre clair, garni de stries concentriques bien marquées et de quelques stries rayonnantes irrégulières et peu marquées.

Cette espèce se distingue du *Hyalimax pellucidus* Quoy et Gaimard par sa coloration plus sombre; *par son manteau garni de tubercules saillants alors qu'il est lisse chez le* Hyalimax *perlucidus Quoy et Gaimard;* par sa coquille plus arrondie en arrière et à sommet moins saillant.

Ile Maurice : Sur le bord des torrents [S. Rang, in : D'A. de Férussac, *loc. supra cit.*, 1827, p. 300] ; = Sans localité précisc [BLAND et BINNEY, A. MORELET, *in* : P. FISCHER, *loc. supra cit.*, 1872, p. 202].

HYALIMAX MAILLARDI Fischer.

1863 *Osselet interne d'un Limacien* DESHAYES, *Catalogue Mollusques Réunion*, p. E. 90, n° 283.
1867 *Hyalimax Maillardi* FISCHER, *Journal de Conchyliologie*, XV, p. 218, pl. X, fig. 5-9.
1878 *Hyalimax Maillardi* NEVILL., *Handlist Mollusca Indian Museum Calcutta*, I, p. 216.
1880 *Hyalimax Maillardi* MARTENS, Mollusken, *in* : K. MÖBIUS, *Beiträge z. Meeresfauna d. Insel Mauritius...*, Berlin, p. 206.
1880 *Succinea unguicula* Valenciennes, *mss. in Museum Paris*, *in* : MARTENS, *loc. supra cit.*, p. 206.
1885 *Hyalimax Maillardi* HEYNEMANN, *Jahrb. d. Deutschen Malakozoolog. Gesellschaft. Frankfurt a. M.*, XII, p. 296 et p. 318.
1893 *Veronicella andreana* COCKERELL et COLLINGE, *Check-List of Slugs*, London, p. 21, n° 617 [*The Conchologist*, vol. II].
1909 *Hyalimax Maillardi* KOBELT, *Abhandl. d. Senckenberg. Naturforsch. Gesellschaft Frankfurt a. M.*, XXXII, p. 94.

Animal allongé, long d'environ 15 millimètres, assez effilé en arrière; manteau très grand, recouvrant la coquille de toute part; pied assez large, terminé en pointe postérieurement; orifice pulmonaire vers le milieu du rebord du manteau (côté droit); orifice génital situé, à droite, à peu près à égale distance du grand tentacule et du bord du manteau.

Coquille elliptico ovalaire, « très mince, un peu bombée à la face supérieure, et qui paraît manquer de rudiment spiral... » [P. FISCHER, *loc. supra cit.*, 1867, p. 219] (1).

Ile de la Réunion. L'osselet interne d'un Limacien, dont parle G. P. DESHAYES [*loc. supra cit.*, 1863, p. E. 90], et recueilli par L. MAILLARD, est vraisemblablement cette epèce; = L. MAILLARD, *in* : P. FISCHER, *loc. supra cit.*, 1867, p. 218; = Salazie [G. NEVILL, *loc. supra cit.*, 1878, p. 216].

(1) Le *Hyalimax Maillardi* Fischer ressemble beaucoup au *Hyalimax mauritianensis* de Férussac dont il se distingue, d'après P. FISCHER [*loc. supra cit.*, 1872, p. 205] par les caractères de la plaque linguale : « Les différences [du *Hyalimax mauritianensis*] avec... la plaque linguale de Hyal. Maillardi sont : la brièveté des cuspides chez le Parmacella Mauritius, l'étroitesse de la base de la dent, l'absence (non constante cependant) d'une denticulation au bord interne de la cuspide interne; enfin la présence d'un appendice supérieur continuant la base de la dent, et qui est moins visible chez l'Hyal. Maillardi. Dans cette dernière espèce la mâchoire est striée plus fortement, et son bord inférieur porte une saillie médiane assez prononcée ».

**
***

M. P. Carié m'a remis un Hyalimax absolument desséché, dont il est impossible de préciser les caractères de l'animal. Il a été recueilli, dans la plaine des Cafres (île de La Réunion) par Majastre. La coquille, à peu près intacte, correspond à la description suivante :

Coquille (fig. 17, dans le texte) longue de 7 1/4 **millimètres**, large, au maximum, de 5 millimètres, légèrement bombée, de forme ovalaire elliptique; sommet postérieur submédian; bord antérieur largement arrondi; bord droit avec une angulosité bien marquée vers le tiers postérieur.

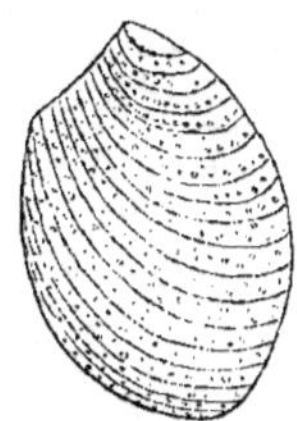

Fig. 17. — *Hyalimax*, sp. ind.
Ile de La Réunion [M. P. Carié]. Coquille ; × 4 environ.

Test un peu épais, solide, d'un brun roux assez foncé passant au marron sur la région antérieure, garni de stries concentriques bien marquées, inégales et assez serrées (fig. 17, dans le texte).

On observe, sur le test, des pustules saillantes, arrondies, un peu inégales, disposées sans ordre apparent et qui doivent provenir du manteau de l'animal. En séchant, le manteau s'est sans doute étroitement appliqué contre la coquille et ses granulations sont restées apparentes.

A quelle espèce se rapporte cette coquille? Il est impossible de le dire, en l'absence de tout renseignement sur l'animal. Par sa forme, la nature de son test et sa sculpture, la coquille diffère de celle du *Hyalimax Maillardi* Fischer; mais, d'autre part, le manteau granuleux semble rapprocher cet animal du *Hyalimax mauritianensis* de Férussac (1). Peut-être s'agit-il d'une espèce nouvelle. (*Hyalimax Cariei* n. sp.)

Ile de La Réunion : Plaine des Cafres [Majastre].

----

(1) Cependant la coquille qui vient d'être décrite diffère beaucoup de celle du *Hyalimax mauritianensis* de Férussac.

Genre **PARMARION** Fischer, 1855 (1).

Parmarion Rangi de Férussac.

1827 *Arion Rangianus* de Férussac, *Bulletin universel Sciences naturelles*, X, p. 300, n° 2.
1829 *Parmacella Rangianus* Rang, *Manuel histoire natur. Mollusques*, p. 155.
1855 *Drusia Rangiana* Gray, *Catalogue Pulmonata... British Museum*, I, p. 60.
1855 *Parmacella Rangiana* H. et A. Adams, *Genera of recent Mollusca*, II, p. 122.
1855 *Parmacella (Parmarion) Rangianus* Fischer, *Mélanges de Conchyliologie*, III, p. 57, n° 17, (*Actes Société Linnéenne Bordeaux*, XX, p. 389).
1880 *Hyalimax Rangianus* Martens, *Mollusken, in :* K. Möbius, *Beiträge z. Meeresfauna d. Insel Mauritius..*, Berlin, p. 206.
1885 *Parmarion Rangianus* Tryon, *Manual of Conchology*, 2ᵉ série, *Pulmonata*, I, p. 167 (classé dans les espèces incertaines).
1893 ? *Hyalimax Rangianus* Cockerell et Collinge, *Check-List of the Slugs*, London, p. 53 (*The Conchologist*. Vol. II).
1909 *Arion rangianus* Kobelt, *Abhandl. d. Senckenberg. Naturforsch. Gesellsch. Frankfurt a. M.* XXXII, p. 93.

Le *Parmarion Rangi* de Férussac est une espèce à peu près inconnue. Elle n'a jamais été figurée et les seuls renseignements que nous possédions à son sujet sont les suivants, publiés, en 1827, par d'A. de Férussac (*loc. supra cit.*, p. 300) :

« Cette espèce forme, avec une autre plus grande (*Arion extraneus* nob.), un groupe bien distinct dans le genre Arion, par le caractère de la troncature de la partie postérieure du corps et le pore muqueux, en forme de boutonnière, qui occupe toute la hauteur de cette troncature. Une carène très prononcée règne tout le long du dos de la plus grande de ces espèces, du bouclier jusqu'à la troncature. Enfin au lieu d'une couche de poussière graveleuse dans la cuirasse, on y trouve une pellicule cornée mince, sans apparence de spire... »

On voit que la présence d'un pore muqueux caudal très développé et la présence d'une coquille interne mince et légère permettent de rapporter cette espèce au genre *Parmarion*. Mais cette attribution n'est même pas certaine et il convient d'attendre une étude des caractères anatomiques du *Parmarion Rangi* de Férussac pour être fixé sur ses véritables affinités.

(1) *Parmarion* (comme sous-genre de *Parmacella*), P. Fischer, *Mélanges de Conchyliologie*, III, Bordeaux, 1855, p. 55 (*Actes Société linnéenne Bordeaux*, XX, 1855, p. 387). [= *Drusia* (part) Gray, *Catalogue of Pulmonata in the Collect. of the British Museum*, part I, London, 1855, p. 60; = *Girasia* (part) Gray, *loc. supra cit.*, 1855, p. 60; = *Rigasia* (part) Gray, in : H. et A. Adams, *Genera of recent Mollusca*, II, 1858, p. 640; = *Parmacella* (part) auct.].

Ile Maurice : Sur le bord des torrents [S. RANG, *in : DE FÉRUSSAC, loc. supra cit.*, 1827, p. 300].

Famille des **SUCCINEIDAE**

Genre **SUCCINEA** Draparnaud, 1801 (1).

SUCCINEA (AMPHIBINA) MASCARENENSIS Nevill.

1827 *Helix (Cochlohydra) elongata*, variété DE FÉRUSSAC, *Bulletin univers. sciences naturelles*, X, p. 301.

1863 ? *Succinea striata* (KRAUSS?) DESHAYES, *Catalogue Mollusques île Réunion*, Paris, p. 90.

1869 *Succinea striata* NEVILL, *Proceedings Zoological Society of London*, p. 64. [non KRAUSS].

1870 *Succinea Mascarenensis* NEVILL, *Journal Asiatic Society of Bengal*, XXIX, p. 414.

1873 *Succinea Nevilli* CROSSE, *Journal de Conchyliologie*, XXI, p. 141.

1874 *Succinea Nevilli* CROSSE, *Journal de Conchyliologie*, XXII, p. 231, pl. VIII, fig. 2.

1875 *Succinea Mascarenensis* MORELET, *Journal de Conchyliologie*, XXIII, p. 25.

1877 *Succinea ? Striata* LIÉNARD, *Catalogue Mollusques Maurice*, p. 81, n° 115 [non KRAUSS].

1878 *Succinea mascarenensis* NEVILL, *Handlist Mollusca Indian Museum Calcutta*; p. 213, n° 48.

1880 *Succinea Mascarenensis* MARTENS, Mollusken, *in : K. Möbius, Beiträge z. Meeresfauna d. Insel Mauritius...*, Berlin, p. 205.

1882 *Succinea Mascarenensis* MORELET, *Journal de Conchyliologie*, XXX, p. 98, n° 15.

1898 *Succinea Mascarena* MARTENS, *Seychellen-Mollusken, Mitteil. d. Zoolog. Sammlung d. Museums d. Naturkunde in Berlin*, I, Heft I, p. 15, taf. II, fig. 17; et WIEGMANN, id., p. 92 (fig. de la radule, p. 93).

1909 *Succinea mascarensis* KOBELT, *Abhandl. d. Senckenberg. Naturforsch. Gesellschaft Frankfurt a. M.*, XXXII, p. 93.

A. MORELET dit qu'il existe deux espèces de Succinées aux îles Mascareignes : l'une est le *Succinea mascarenensis* Nevill (2); l'autre, « vivant aux îles Maurice et Bourbon, est plus petite, très fragile, presque incolore, et compte moins de 3 tours de

---

(1) *Succinea* DRAPARNAUD, *Tableau Mollusques terr. fluviat. France*, 1801, p. 32 et p. 55; et : *Histoire Mollusques terr. fluviat. France*. 1805, p. 24, p 28 et p. 58.

(2) Qui « compte un peu plus de trois tours de spire et mesure jusqu'à 9 millimètres de longueur sur 5 de large; sa couleur est d'un fauve pâle; son péristome, légèrement épaissi, est bordé de rougeâtre; sa spire est fortement tordue ». [A. MORELET. Observations critiques sur le Mémoire de M. E. v. MARTENS, intitulé : Mollusques des Mascareignes et des Séchelles; *Journal de Conchyliologie*, Paris, XXX, 1882 (1er Avril). p. 98-99].

spire; elle est plus ventrue, plus courte, et n'atteint guère que 7 millimètres de longueur sur 4 ½ de largeur. L'étude très attentive que j'ai faite de cette coquille m'a convaincu qu'elle ne différait en rien de la *Succinea concisa* (1) des côtes d'Afrique... Comme cette dernière elle se revêt d'un enduit terreux, noirâtre, assez tenace, qui la rend absolument méconnaissable...

« C'est vraisemblablement à la *S. Mascarenensis* que se rapporte l'*Helix (Cochlohydra) elongata*, citée par Férussac dans le Bull. univ. des sciences (année 1827), comme provenant de l'île Maurice. A ma connaissance, elle n'y a pas été signalée depuis... (2) ».

Ainsi, pour A. Morelet, l'espèce de l'île Maurice serait son *Succinea concisa* des régions côtières de l'Ouest africain (Congo, Gabon, Guinée, Cameroun, etc...), et des îles du Golfe de Guinée. Cette assimilation est tout à fait douteuse, d'autant que l'unique exemplaire, recueilli à l'île Maurice par M. P. Carié, est bien certainement distinct du *Succinea concisa* Morelet dont il se différencie par sa spire beaucoup plus tordue et sa sculpture très accentuée. Cet individu, de petite taille (longueur : 5 ½ millimètres; diamètre maximum : 4 millimètres; hauteur de l'ouverture : 4 millimètres; diamètre maximum de l'ouverture : 3 millimètres), possède un test très mince, très fragile, d'un corné blond un peu verdâtre, absolument transparent, garni de stries longitudinales subpliciformes, obliques, accentuées aux sutures.

Tous ces caractères correspondent assez nettement à ceux attribués par G. Nevill au *Succinea mascarenensis* (3';

(1) *Succinea concisa* Morelet, *Revue et Magazin Zoologie*, Paris, 1848, p. 351; = *Succinea spurca* Gould, *Proceedings Boston Society Natur. hist.*, III, 1850, p. 193; = *Succinea concisa* Pfeiffer, in : Martini et Chemnitz, *Systemat. Conchylien-Cabinet*, 2ᵉ édit., Nürnberg, 1854, p. 46, taf. IV, fig. 44-46; = *Succinea concisa* Morelet, *Séries Conchyliologiques*, I, Paris, 1858, p. 11, n° 2, pl. III, fig. 7. = *Succinea concisa* Germain, *Annali del Museo Civico di Storia Naturale di Genova*; ser. 3ᵉ, Vol. V (XLV), 15 sept. 1912, p. 385.

(2) Morelet (A), *loc. supra cit.*, 1882, p. 99.

(3) Dans son *Catalogue des Mollusques de l'île de la Réunion* (Bourbon) Extrait des : *Notes sur l'île de la Réunion par L. Maillard*, t. II, Paris, 1863], G. P. Deshayes cite, p. 90, n° 282 : « *Succinea striata*? Krauss ». Il ne s'agit bien certainement pas du véritable *Succinea striata* Krauss [*Die Südafrikanischen Mollusken*, Stuttgart, 1848, p. 73, taf. IV, fig. 16], espèce de l'Afrique Australe. A. Morelet, [*loc. supra cit.*, 1882, p. 100] pense qu'il s'agit peut-être de son *Succinea concisa*. Je crois plutôt que la Succinée signalée par G. P. Deshayes est une espèce encore inconnue.

aussi ai-je rapporté à cette dernière espèce la Succinée recueillie par M. P. Carié (1).

Ile Maurice : Environs de Port-Louis; un exemplaire [P. Carié];=sans indication de localité [G. Nevill, *loc. supra cit.,* 1878, p. 213].

Ile de La Réunion : Sans indication de localité [L. Maillard, *in :* G. P. Deshayes, *loc. supra cit.,* 1848, p. 90].

Ile Rodrigue : Sans indication de localité [H. Crosse, *loc. supra cit.,* 1873, p. 141 et 1874, p. 231].

Iles Seychelles : Iles Praslin, Silhouette et Mahé [G. Nevill, *loc. supra cit.,* 1878, p. 213];=Ile Mahé, en diverses localités et jusqu'à 500 mètres d'altitude [A. Brauer, *in :* Dr. E. von Martens, *loc. supra cit.,* 1898, p. 25].

DITREMATA

Famille des VERONICELLIDAE

[= VAGINULIDAE, auct.]

Genre VERONICELLA De Blainville, 1817 (1).

VERONICELLA PUNCTULATA de Férussac.

1827 *Vaginulus punctulatus* DE FÉRUSSAC, *Bulletin universel sciences naturelles*, X, p. 399, n° 1.
1829 *Onchidium punctulatus* RANG, *Manuel hist. natur. Mollusques*, p.
152 (2).
1871 *Vaginula punctulatus* FISCHER, *Nouvelles Archives du Muséum*, VII,
p. 155.
1878 *Vaginulus punctulatus* NEVILL, *Handlist Mollusca Indian Museum Calcutta*, I, p. 199, n° 4.
1880 *Vaginulus punctulatus* MARTENS, Mollusken, *in : K. Möbius, Beiträge
z. Meeresfauna d. Insel Mauritius...*, Berlin, p. 306.
1885 *Vaginula punctulata* HEYNEMANN, *Jahrb. d. deutschen Malakozoolog.
Gesellschaft.*, XII, p. 89, 124, 127, 396 et p. 329.
1893 *Veronicella punctulata* COCKERELL et COLLINGE, *Check-List of the
Slugs*, London, p. 30, n° 513 (*The Conchologist*,
Vol. II).
1895 *Vaginula punctulata* ? SIMROTH, *Nacktschnecken, Deutsch-Ost-Afrika*,
IV, p. 13.
1909 *Vaginulus punctulatus* KOBELT, *Abhandl. d. Senckenberg. Naturforsch.
Gsellschaft Frankfurt a. M.*, XXXII, p. 94.

(1) *Veronicella* DE BLAINVILLE, *Journal de Physique*, Décembre 1817, p.
440, pl. VI, fig. 1-2. DE BLAINVILLE, qui avait d'abord attribué aux Véronicelles une coquille située au tiers postérieur du corps, corrigea plus tard
cette erreur (*Dictionnaire sciences naturelles;* article : Mollusques, XXXII,
1824, p. 257) et montra l'identité du genre *Veronicella* et du genre *Vaginula* créé, entre temps, par DE FÉRUSSAC [*Tableaux systématiques de la
famille des Limaciens*, Paris, 1821, p. 13] (= *Vaginulus* de Férussac, err.
typogr.)
(2) « M. de Férussac a établi le genre Vaginule pour des Mollusques qui
ne paraissent différer en rien des Onchidies;... nous avons pu nous convaincre sur les V. *punctulatus* et *Kraussi* que nous avons vues vivantes, et
que nous avons communiquées à M. de Férussac, que les animaux de ce
dernier genre (Vaginule) se rapportent parfaitement à la caractéristique des
Onchidies » [S. RANG, *Manuel de l'histoire naturelle des Mollusques*, Paris,
Mai 1829, p. 152]. Aussi S. RANG place-t-il l'espèce de l'île Maurice dans le
genre *Onchidium*.

Cette Véronicelle est peu connue. D'A. de Férussac dit seulement : « L'île de France ! Cette jolie et nouvelle espèce, dont M. Rang a rapporté un beau dessin et une description, est très distincte de toutes celles que nous avons fait connaître dans notre *Histoire des Mollusques*. » D'autre part, S. Rang semble avoir oublié ou confondu les localités, car il dit n'avoir rencontré les *Vaginulus punctulatus* de Férussac et *Vaginulus Kraussi* de Férussac qu'à Bourbon et à la Martinique où ils vivent dans les bois et les jardins sous les vieux troncs renversés (1).

Ile Maurice : Environs de Port-Louis [G. Nevill, *loc. supra cit.*, 1878, p. 199];= Sans localité [S. Rang, *in* : D'A. de Férussac, *loc. supra cit.*, 1827, p. 299].

Veronicella elegans Heynemann.

1885 *Vaginulus elegans* Heynemann, *Jahrb. d. Deutschen Malakozool. Gesellschaft*. XI. p. 119 et p. 127.
1885 *Vaginula elegans* Semper, *Reisen im Archipel d. Philippinem*, II. part. III. *Landmollusken*. Heft VII. p. 319, taf. XXV, fig. 12, et taf. XXVII, fig. 21.
1893 *Veronicella elegans* Cockerell. et Collinge. *Check-List of Slugs*, London, p. 20, nº 509 (*The Conchologist*, *Vol.* II).

Assez épaisse, à peu près aussi effilée en avant qu'en arrière, cette espèce est d'un brun tirant sur le jaune, tachetée de points d'un marron noirâtre irrégulièrement placés. Une étroite bande jaune clair court, d'avant en arrière, sur le milieu du corps. Le pied est jaunâtre, un peu ochracé; les tentacules supérieurs sont d'un gris bleuâtre foncé et les tentacules inférieurs de même couleur, mais plus clairs.

Longueur total : 36-40 millimètres ; longueur du pied : 33-37 millimètres; largeur maximum : 14-16 millimètres; épaisseur maximum : 4 $\frac{1}{2}$-5 millimètres.

Ile Maurice : [Salmin, *in* : Dr. C. Semper, *loc. supra cit.*, 1855, p. 319].

Iles Seychelles : [Dr. K. Möbius, *in* : Dr. C. Semper, *loc. supra cit.*, 1885, p. 319].

Veronicella Andreai Semper.

1855 *Vaginula Andreana* Semper. *Reisen im Archipel d. Philippinem*. II. part. III. *Landmollusken*, II. VII. p. 331, nº 33. taf. XXV. fig. 10 et taf. XXVII, fig. 22.

(1) Rang (S.), *loc. supra cit.*, 1829, p. 152.

1893 *Veronicella andreana* Cockerell et Collinge, *Check-List of Slugs*, London, p. 20, n° 515 (*The Conchologist*, II).
1895 *Vaginula Andreæ* Simroth, *Nacktschnecken, Deutsch-Ost-Afrika*, IV, p. 13.

Corps modérément bombé, assez effilé en avant, arrondi et un peu moins effilé en arrière, de couleur blanchâtre ou légèrement jaunâtre, maculé de points marrons; pied d'un jaune ochracé.

Longueur totale : 35-37 millimètres; largeur maximum : 15-17 millimètres; épaisseur maximum : 4-4 ½ millimètres.

Ile Maurice : [Andrea (Musée de Copenhague), *in* : Dr. C. Semper, *loc. supra cit.*, 1885, p. 319].

Veronicella Maillardi Fischer.

Fig. 18. 19. 20 dans le texte.

1872 *Vaginulus Maillardi* Fischer, *Journal de Conchyliologie*, XX, p. 144, n° 2.
1872 *Vaginulus Maillardi* Fischer, *Nouvelles Archives du Muséum*, VII, p. 154.
1878 *Vaginulus maillardi* Nevill, *Handlist Mollusca Indian Museum Calcutta*, I, p. 199, n° 2.
1880 *Vaginulus Maillardi* Martens, *Mollusken, in* : K. Möbius, *Beiträge z. Meeresfauna d. Insel Mauritius...*, Berlin, p. 206.
1885 *Vaginula Maillardi* Heynemann, *Jahrb. d. Deutschen Malakozoolog. Gesellschaft Frankfurt a. M.*, XII, p. 89, 90. 124. 126. 296 et 329.
1893 *Veronicella Maillardi* Cockerell et Collinge, *Check-List of Slugs*, London, p. 20, n° 516 (*The Conchologist*, II).
1895 *Vaginula Maillardi* Simroth, *Nacktschnecken, Deutsch-Ost-Afrik.*, IV, p. 13.
1909 *Vaginulus maillardi* Kobelt, *Abhandl. d. Senckenberg. Naturforsch. Gesellschaft Frankfurt a. M.*, XXXII, p. 95.

Animal allongé, un peu atténué, arrondi en avant, bien arrondi et à peine atténué en arrière, assez fortement et presque régulièrement granuleux en dessus. En dessus, coloration d'un gris bleuâtre très sombre, presque noire, plus foncée sur les côtés, avec une étroite zonule longitudinale et médiane d'un jaune clair; en dessous, le corps est d'un gris beaucoup plus clair, jaunacé (1) et plus finement granuleux qu'en dessus.

Le plan locomoteur est d'un jaune ochracé assez clair; il atteint, en largeur, le tiers environ de la largeur totale de l'animal; il est nettement séparé par un sillon et montre de

(1) La coloration est plus foncée sur les bords.

nombreuses stries transversales profondes, inégales, serrées et un peu irrégulières. Après s'être rétréci, le plan locomoteur se termine à environ 1 $\frac{1}{2}$ millimètre de l'extrémité postérieure du pied.

Les tentacules supérieurs sont subcylindriques, d'un gris ardoisé un peu foncé; les tentacules inférieurs sont de la même teinte. L'orifice anal, de forme elliptique très allongée, dépasse légèrement 1 $\frac{1}{2}$ millimètre de diamètre maximum; il est fortement festonné sur ses bords et situé un peu à gauche de l'extrémité postérieure du pied. L'orifice génital femelle est petit (diamètre : 1 $\frac{1}{2}$ millimètre environ), arrondi et placé, à gauche du pied, notablement en dessous du milieu du corps.

Longueur totale du corps	37 mm.	33 mm.
Largeur maximum du corps	14 —	13 —
Epaisseur maximum	8 1/2 —	9 —
Largeur maximum du pied	5 1/2 —	5 —
Distance de l'orifice génital femelle à		
l'extrémité postérieure du pied. . . .	18 —	13 —

Ces dimensions correspondent à des individus conservés dans l'alcool. Elles sont beaucoup plus petites que celles de l'exemplaire décrit pas P. Fischer, puisque cet auteur indique 63 millimètres de longueur et 20 millimètres de largeur (1).

Le *Veronicella Maillardi* est une espèce connue seulement par la brève description de P. Fischer (2) qui n'a donné aucun détail anatomique. M. P. Carié ayant adressé au Laboratoire de Malacologie du Muséum d'Histoire naturelle de Paris deux individus bien conservés, j'ai pu décrire plus complètement cette espèce.

Appareil digestif. -- Le bulbe buccal est blanchâtre, médiocrement musculeux, subsphérique, long de 2 2/3 à 3 millimètres. Un œsophage (œ, fig. 18, dans le texte) très court

(1) Pour des exemplaires également conservés dans l'alcool [P. Fischer, Diagnoses specierum ad genus Vaginulam pertinentium, *Journal de Conchyliologie*, XX, 1872, p. 144].

(2) « Corpus elongatum, crassum, antice et postice rotundatum, lateraliter carinatum; pallium supra minutissime punctato-impressum, unicolor, nigrescens, linea longitudinali obsolete sulcatum, infra eodem colore lineatum: pes pallidus, luteus, angustus.

« β Pallidior, sed unicolor, magis granulosa »

A cette diagnose [*loc. supra cit.*, 1872, p. 144] le Dr. P. Fischer, n'ajoute rien de plus dans son Mémoire des *Nouvelles Archives du Muséum* (1872, p. 154]. Le Dr. D. F. Heynemann semble ne pas avoir connu cette espèce puisqu'il reproduit seulement la description originale dans son mémoire : *Ueber die Vaginula-Arten Afrika's (Jahrbüch. der Deutschen Malakozoolog. Gesellschaft, Frankfurt a. M.*, XII, 1885, p. 90).

y fait suite et débouche dans une poche stomacale antérieure
(*ps*) très longue, d'abord fortement élargie, puis un peu rétrécie (1), aboutissant à un volumineux estomac (*st*, fig. 18,

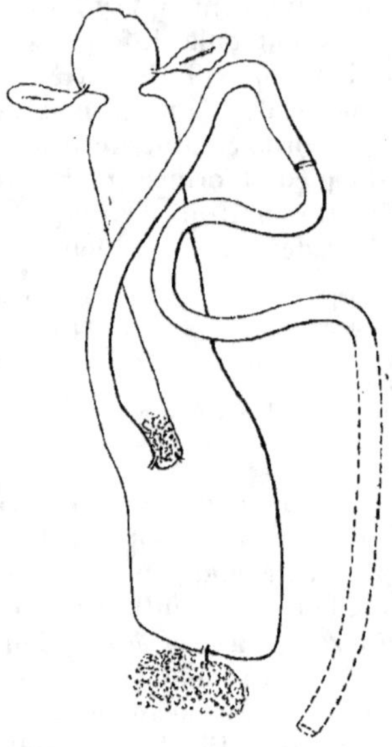

Fig. 18. — *Veronicella Maillardi*, Fischer.
Ile de La Réunion [M. P. Carié]. Appareil digestif; × 3,5 environ.

dans le texte) de forme subcylindrique allongée (longueur :
9 ½ millimètres, largeur : 8 ½ millimètres). Toute cette partie
du tube digestif est formée de téguments extrêmement minces
et fragiles d'une coloration grise, foncée. L'estomac, à peine
plus résistant, est gris fer, plus clair et comme irisé. L'intestin
en sort à gauche. D'abord assez large, il se rétrécit brusquement et conserve ensuite, sur toute sa longueur, un calibre
uniforme. Il remonte sensiblement au niveau du bulbe buccal,
puis décrit brusquement une première anse; il redescend pour
se courber à nouveau après avoir traversé une bride muscu-
laire (*bm*, fig. 18, dans le texte) qui le maintient contre la
paroi du corps. L'intestin décrit alors une seconde anse, puis

(1) Mais conservant une largeur relativement grande (en moyenne de
4 millimètres) jusqu'à l'estomac.

une troisième bien en dessus de l'estomac proprement dit.
Enfin le rectum pénètre dans les téguments pour aboutir à
l'anus. Il convient de remarquer le point de pénétration dans
les téguments : contrairement à ce qui s'observe chez la plupart des Véronicelles, il est ici placé sensiblement au milieu
du corps.

Les glandes salivaires sont aplaties (*gl. s.*, fig. 18, dans
le texte) et d'un brun rougeâtre. Le foie, très volumineux,
occupe presque toute la cavité viscérale et englobe tous les
organes. D'un brun chocolat assez foncé, il est constitué par
deux masses principales : une postérieure (*m. p. f.*, fig. 18,
dans le texte), relativement peu volumineuse débouchant par
un étroit et court canal à la partie inférieure de l'estomac; et
une antérieure (*m. a. f.*) très volumineuse, enrobant toutes les
anses. intestinales. J'ai vu deux canaux excréteurs sortir de
cette partie du foie : l'un (*c. f. a.*), débouchant à l'entrée de
l'estomac, l'autre (*c'. f'. a'.*), s'ouvrant à la sortie de l'intestin.

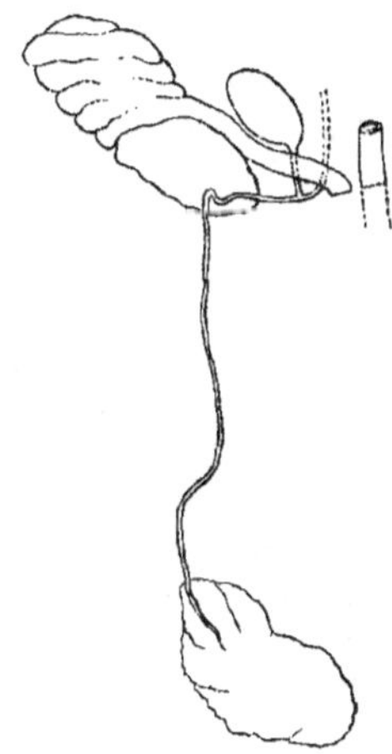

Fig. 19. — *Veronicella Maillardi*, Fischer.
Ile de La Réunion [M. P. Carié] Partie postérieure de l'appareil génital ; × 5.

Appareil génital. — La glande hermaphrodite (*gl. h.*,
fig. 19, dans le texte), noyée dans la masse du foie, est
assez volumineuse : longue de près de 4 millimètres, elle est
de forme ovalaire aplatie et d'un jaune grisâtre clair. Il en

sort un canal déférent (*c. d.*) délié, blanc, à peu près sans
méandres et qui s'élargit un peu au voisinage de la glande
albuminipare (*gl. a.*, fig. 19, dans le texte). Celle-ci, peu
développée (longueur : 3 millimètres), jaunâtre, est surmontée
d'un oviducte *o. v.* (fig. 19, dans le texte) peu volumineux, brun chocolat clair, se terminant par un vagin court,
relativement gros et à peine élargi au voisinage de l'orifice
femelle. Le réservoir séminal *v. s.* est ovalaire allongé, long
d'environ 2 millimètres et de couleur café au lait.

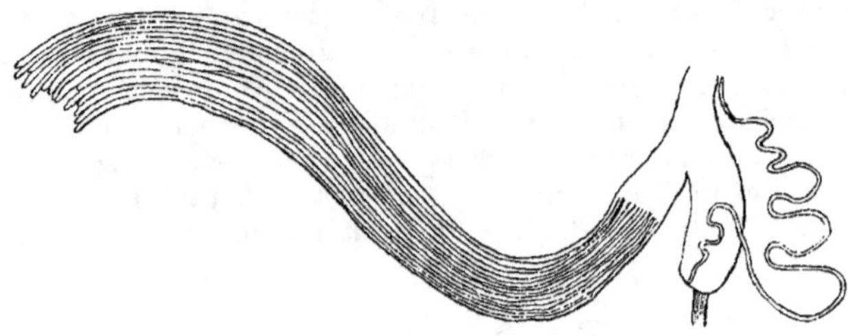

Fig. 20. — *Veronicella Maillardi.* Fischer.
Ile de La Reunion [M. P. Carié]. Partie antérieure de l'appareil génital ;
× 7 environ.

Le canal déférent s'enfonce dans le tégument au voisinage
de l'orifice femelle et redevient libre à la base du tentacule
supérieur droit; il est extrêmement fin et délié; d'abord rectiligne, il décrit ensuite de nombreux méandres et s'enfonce dans
le fourreau de la verge presque à l'extrémité de cet organe.
Les glandes multifides (*gl. m.*, fig. 20, dans le texte), sont
particulièrement développées. On en compte 15 de longueurs
un peu inégales. Les plus grandes ont 10 millimètres et les
plus petites 9 millimètres; elles ont la forme de tubes très fins,
à peu près également calibrés, collés les uns contre les autres,
régulièrement cylindriques, terminés très légèrement en mas-
sue. Les glandes multifides sont d'un jaune assez clair.

Avec un individu provenant de Mon Désert (île de La Réunion), M. P. Carié a recueilli un certain nombre d'œufs. Ils
sont d'une forme ovalaire un peu allongée [longueur : de 4 à
4 ½ millimètres; largeur maximum : de 2 à 2 ½ millimètres],
d'un beau jaune doré et entourés d'une masse gélatineuse,
absolument transparente, également ovalaire allongée [lon-
gueur : 7 à 8 millimètres; diamètre : 4 à 4 ½ millimètres].

Ces œufs sont réunis par des filaments de même nature que la masse gélatineuse, inégaux et assez déliés.

En résumé le *Veronicella Maillardi* Fischer présente quelques caractères anatomiques très particuliers :

α) L'intestin s'enfonce dans les téguments vers le milieu du corps;

β) Le canal déférent est relativement court entre la glande hermaphrodite et le point où il s'enfonce dans les téguments, puisqu'il ne présente pas de méandres, ce qui est très rare chez les Véronicelles ;

γ) La glande albuminipare et l'oviducte sont peu développés;

δ) Par contre, les glandes multifides ont pris un développement considérable.

Ile de la Réunion : Plaine des Cafres; environs de Saint-Pierre [MAJASTRE];=L. MAILLARD, *in* : P. FISCHER, *loc. supra cit.*, 1872, p. 144; et 1872, p. 154;=Salazie [G. NEVILL, *loc. supra cit.*, 1878, p. 199].

VERONICELLA TRILINEATA Semper.

1885 *Vaginula (Maillardi Fischer?) trilineata* SEMPER, *Reisen im Archipel Philippinen*, II. part. III. *Landmollusken*, II. VII, p. 320, n° 32, taf. XXV, fig. 8 et taf. XXVII, fig. 29.
1893 *Veronicella trilineata* COCKERELL et COLLINGE, *Check-List of Slugs*, London, p. 20, n° 514 (*The Conchologist*, II).
1895 *Vaginula trilineata* SIMROTH, *Nacktschnecken*, *Deutsch-Ost-Afrika*, IV, Berlin, p. 13.

Le Dr. C. SEMPER pense que son *Veronicella trilineata* n'est peut-être que le *Veronicella Maillardi* Fischer. Cependant l'espèce de C. SEMPER est beaucoup plus petite puisqu'elle mesure seulement 15 millimètres de longueur (individus conservés dans l'alcool); de plus, elle est d'un marron jaunâtre maculé de ponctuations noirâtres et ornée de trois bandes d'un jaune safran assez clair : l'une dorsale, les deux autres latérales. Le pied est jaune, légèrement ochracé.

Ces différences extérieures paraissent différencier assez nettement les deux espèces; cependant la question ne sera complètement résolue que le jour où l'on connaîtra l'anatomie du *Veronicella trilineata* Semper.

Ile Maurice : [Dr. C. SEMPER, *loc. supra cit.*, 1885, p. 320].

VERONICELLA RODRIGUEZENSIS Smith.

1876 *Vaginula rodericensis* SMITH, *Annals and Magazine of Natural History,*
    London, 4ᵉ série, XVII, p. 405.
1885 *Vaginula rodericensis* HEYNEMANN, *Jahrb. d. Deutschen Malakozoolog.*
    Gesellschaft Frankfurt a. M., XII, p. 89, 90, 125, 127,
    297 et p. 329.
1893 *Veronicella rodericensis* COCKERELL et COLLINGE, *Check-List of the*
    Slugs, London, p. 20, n° 512. (*The Conchologist,* vol.
    II).
1895 *Vaginula rodericensis* SIMROTH, Nacktschnecken, *Deutsch-Ost-Afrik.,*
    IV, Berlin, p. 13.

« Corpus elongatum, utrinque rotundatum, postice leviter
augustatum et acuminatum, superne rotundatum, lateraliter
carinatum; pallium supra et infra minutissime granulatum,
testaceum, irregulariter confertim nigro tessellatum vel punc-
tatum, infra paulo pallidius, marginibus lateralibus haud
nigro-punctatis; pes angustus latitudinis corporis 1/4 adae-
quans, testaceus, usque ad extremitatem corporis fere productus; tentacula oculifera nigrescentia; caput tentaculaque buc-
calia flavo-testacea; orificium femineum paulo pone medium
corporis situm.

« Long. 30 mill., diam. 10 (specim. in alcohol. serv.).

« The mantle is rather broader as the anterior extremity
than posteriorly, where it is more acutely rounded. »

Cette espèce est seulement connue par la description de
E. A. SMITH que je crois devoir reproduire.

Ile Rodrigue : Recueilli par G. GULLIVER [E. A. SMITH, *loc.*
supra cit., 1876, p. 405].

BASOMMATOPHORES

Famille des LIMNAEIDAE

Genre **LIMNAEA** de Lamarck, 1799 (1).

§ I. RADIX Denys de Montfort, 1810 (2).

Limnaea (Radix) mauritianensis Morelet

Fig. 21, dans le texte.

1875 *Limnaea Mauritiana* Morelet, *Journal de Conchyliologie*, XXIII,
    p. 33.
1877 *Limnaea rufescens* Liénard, *Catalogue Mollusques Maurice;* p. 58,
    n° 811 [non Gray].
1880 *Limnaea Mauritiana* Martens, Mollusken, *in* : K. Möbius, *Beiträge*
    z. Meeresfauna d. Insel Mauritius..., Berlin, p. 209,
    taf. XIX, fig. 9-10.
1909 *Limnaea mauritiana* Kobelt, *Abhandl. d. Senckenberg. Naturforsch.*
    Gesellschaft Frankfurt a. M., XXXII, p. 94.

Le *Limnaea (Radix) mauritianensis* Morelet présente des
analogies curieuses avec les espèces de l'Inde appartenant au
groupe du *Limnaea (Radix) acuminata* de Lamark (3) et,
notamment, avec la variété nommée, par Troschel, *Limnaea*

---

(1) *Lymnaea* de Lamarck, *Prodrome nouv. classifical. coquilles*, 1799,
p 75 et p. 180; et : *Système animaux sans vertèbres*, Paris, 1805, p. 91
[= *Limneus* Draparnaud, *Tableau Mollusques terr. fluv. France*, 1801,
p. 30 et p. 47; = *Lymnus* Denys de Montfort, *Conchyliologie systémati-*
que, II, Paris, 1810, p. 262; = *Lymnea* Risso, *Hist. natur. princ. product.*
Europe méridionale, IV, 1826, p. 94 (non : *Lymnaea* Rafinesque, 1815
[= *Poissons*]); = *Limnea* Fleming, *Hist. British Anim.*, London, 1828,
p. 273].
(2) *Radix* Denys de Montfort, *Conchyliologie systématique*, II, Paris,
1810, p. 266 [= *Radix* Mörch, *Vidensk. Meddel. Kjöb.*, 1864, p. 302].
(3) Lamarck (J. B. M. de), *Histoire Natur. animaux sans vertèbres*, Paris,
VI, part. II, Avril 1822, p. 160. Espèce figurée par B. Delessert, *Recueil*
de coquilles décrites par Lamarck... et non encore figurées, Paris, 1841,
pl. XXX, fig. 6; et par Hanley et Theobald, *Conchologia Indica*, London,
1876, p. XVI et p. 30, pl. LXIX, fig. 8-9.

amygdalus (1). La forme générale, très ovalaire allongée, est la même, mais l'espèce de l'île Maurice a une columelle plus mince, plus étroite, et ses bords sont réunis par une faible callosité blanche. Les premiers tours de spire (fig. 21, dans

Fig. 21. — *Limnaea (Radix) mauritianensis* Morelet.
Ile Maurice [M. P. Carié]. Schéma des premiers tours de spire ; × 9.

le texte) sont assez convexes, principalement le troisième. A cet égard, la figuration donnée par le Dr. E. von Martens n'est pas très exacte ; d'ailleurs les exemplaires recueillis par M. P. Carié sont notablement plus allongés et leur spire est plus acuminée que l'individu représenté par le naturaliste allemand.

Les dimensions principales de quelques specimens sont données dans le tableau suivant :

Longueur totale	Diamètre maximum	Diamètre minimum	Hauteur de l'ouverture	Diamètre de l'ouverture
19 mm.	10 1/4 mm.	7 mm.	14 mm.	7 mm.
17 —	10 —	6 1/4 —	13 —	6 4/5 —
17 —	9 1/2 —	6 1/2 —	13 —	6 2/3 —
15 —	8 —	6 —	11 1/2 —	6 —
14 1/2 — (1)	10 (1) —	? —	13 (1) —	7 (1) —

(1) D'après la fig. 9, taf. XIX, de l'ouvrage ci-dessus cité (1880) du Dr E. von Martens.

(1) Troschel in Wiegmann, *Arch. für Naturg.*, III, 1837. p. 68. Espèce figurée par le Dr. H. C. Küster, Die Gattungen Limnaeus, Amphipeplea,

Le test est mince, fragile, transparent, d'un corné plus ou moins ambré, rarement un peu rougeâtre; il est garni de très fines stries longitudinales serrées, irrégulières et assez inégales.

Ile Maurice : Commun dans tous les ruisseaux de l'île, depuis la côte jusqu'aux régions les plus élevées [P. Carié]; = Sans indication de localité [A. Morelet, *loc. supra cit.*, 1875, p. 33;=E. Liénard, *loc. supra cit.*, 1877, p. 58;=Prof. K. Möbius, *in* : Dr. E. von Martens, *loc. supra cit.*, 1880, p. 209].

Genre **ERINNA** H. et A. Adams, 1855 (1).

Erinna carinata Jousseaume.

1872 *Lantzia carinata* Jousseaume, *Revue et Magasin de Zoologie*, 2⁰ série,
    XXIII, p. 6, n⁰ 1, pl. II, fig. 5-6.
1874 *Erinna Carinata* Jousseaume, *Revue et Magasin de Zoologie*, XXXVII,
    [3⁰ série, II], p. 25.
1875 *Litholis tricarinatus* Morelet, *Journal de Conchyliologie*, XXIII,
    p. 281.
1882 *Erinna carinata* Morelet, *Journal de Conchyliologie*, XXX, p. 104,
    n⁰ 23.
1909 *Erinna carinata* Kobelt. *Abhandl. d. Senckenberg. Naturforsch.*
    Gesellschaft Frankfurt a. M., XXXII, p. 94.

Coquille cupuliforme; spire formée de $2\frac{1}{2}$ tours à croissance extra rapide, le dernier formant presque toute la coquille, muni de trois carènes spirales; ouverture très ample, subtriangulaire arrondie (2); péristome continu, intérieurement bordé d'un léger bourrelet blanc; bord postérieur se prolongeant dans l'ouverture en « ...une lamelle un peu contournée en spirale et d'environ $1\frac{1}{2}$ millimètre de largeur. Sa couleur est, comme celle du péristome, d'un blanc laiteux; elle forme, comme dans les *Lalia* et *Gundlachia*, un septum à peine ongui-

Chilina, Isidora und Physopsis, in : Martini et Chemnitz, *Systemat. Conchylien-Cabinet*, 2⁰ édit. XVII *bis*, Nürnberg, 1862, p. 35, n⁰ 49, taf. VI, fig. 15-16 (*Limnaeus amygdalum*); et par Hanley et Theobald, *loc. supra cit.*, London, 1876, p. XVI et p. 30, pl. LXIX, fig. 7 et 10.
  (1) Genre *Erinna* H. et A. Adams, *Proceedings Zoological Society of London*, 1855, p. 120 [= *Lantzia* Jousseaume, *Revue et Magasin de Zoologie*, XXIII, 1872, p. 6; = *Erinna* Dall., *Annals of the Lyceum of Natural History of New-York*, IX, 1870, p. 350].
  (2) Aux trois carènes de la surface externe correspondent, à l'intérieur de l'ouverture, trois sillons dont le médian, plus profond, forme une gouttière arrondie

culé à ses extrémités et beaucoup moins profondément placé
que dans les genres précédents (1) ».

Longueur : 8 ½ millimètres; largeur : 8 millimètres; hauteur : 5 millimètres.

Test mince, assez solide, opaque, comme gaufré, d'un brun
clair jaunâtre, recouvert d'un épiderme gris jaunâtre, garni
de stries fines, subrégulières et un peu onduleuses. Intérieur
de l'ouverture d'un brun corné clair et luisant.

D'après le Dr. F. Jousseaume, l'animal est analogue à celui
des Limnées : il est d'un gris jaune verdâtre très foncé à la
partie antérieure et moins foncé en arrière; le pied est assez
large, ovalaire; les tentacules sont triangulaires et aplatis
transversalement; enfin il existe une mâchoire centrale et
deux mâchoires latérales, comme chez les Limnées.

Cette très curieuse espèce ne peut être rapprochée que de
l'*Erinna Newcombi* H. et A. Adams, des îles Sandwich (2).
Elle semble très rare et n'a pas été retrouvée depuis sa découverte par Lantz et Morlière.

Ile de la Réunion : L'*Erinna carinata* Jousseaume a été
« trouvé dans les mousses situées entre 1.200 et 1.300 mètres
d'altitude, sur le chemin de la plaine des Chicots, au-dessus
du Brulé de Saint-Denis » [Morlière, *in* : Dr. F. Jousseaume,
loc. supra cit., 1872, p. 9].

(1) Jousseaume (Dr. F.). Description de quatre Mollusques nouveaux;
Revue et Magasin de Zoologie, XXIII, 1872, p. 7.

(2) Adams (H. et A.), *Proceedings Zoological Society of London*, 1855,
p. 120.

Famille des **PLANORBIDAE**

Genre **PLANORBIS** (Guettard) Müller, 1774 (1).

§ I. GYRAULUS Agassiz, 1837 (2).

PLANORBIS (GYRAULUS) MAURITIANENSIS Morelet.

1876 *Planorbis Mauritianus* MORELET, *Journal de Conchyliologie*, XXIV,
p. 91, n° 13, pl. III, fig. 7.
1880 *Planorbis Mauritianus* MARTENS, *Mollusken. in : K. MÖBIUS, Beiträge
z. Meeresfauna d. Insel Mauritius...*, Berlin, p. 210.
1882 *Planorbis Mauritianus, Journal de Conchyliologie*, XXX, p. 104,
n° 33.
1909 *Planorbis mauritianus* KOBELT, *Abhandl. d. Senckenberg. Naturforsch.
Gesellschaft Frankfurt a. M.*, XXXII, p. 94.

Coquille déprimée, subconvexe en dessus, concave en dessous; spire formée de 4 tours convexes séparés par de profondes sutures; dernier tour grand, subanguleux, nettement mais
faiblement dilaté à l'extrémité; ouverture peu oblique, ovalaire subarrondie.

Diam. maximum : 4 millimètres; diamètre minimum : 3
millimètres; hauteur : 2 millimètres.

Test mince, léger, roux pâle, brillant, très finement strié.

Les affinités de ce Planorbe s'établissent avec les espèces de
l'Inde appartenant au groupe du *Planorbis (Gyraulus) saigonensis* Crosse et Fischer (3), c'est-à-dire avec les *Gyraulus* dé-

(1) *Planorbis* GUETTARD, *Mémoires Académie Sciences Paris*, 1756, p. 151
[= *Planorbis* PETIVER, *Gazophylacii Naturae et Artis Decades, etc...*, Lon-
don, 1702, p. 16; = *Corelus* ADANSON, *Hist. natur. Sénégal, Coquillages*,
Paris, 1757, p. 7; = *Planorbis* MÜLLER, *Verm. terrestr. et fluv. Histor.*, II,
1774, p. 152 (= *Planorbis* + *Physa*); = *Vortex* ANONYME *in : Museum
Calonnianum*, 1797, p. 58 (non : *Vortex* OKEN, 1815); = *Cornu* SCHUMA-
CHER, *Essai nouveau système' habit. vers testacés*, Copenhague, 1817,
p. 255 (non BORY, 1--8); = *Anisus* STUDER, *Kurzes Verzeichniss... Vaterl.
Conchyl.*, 1820, p. 23 (= *Planorbis* + *Physa*)].
(2) *Gyraulus* AGASSIZ in DE CHARPENTIER, *Catalogue Mollusques terr.
fluv. Suisse (Denschr. Schweiz Gesellsch. Naturforsch.*, Neuchâtel, I),
1837, p. 21 [= *Planaria* BROWN, *Illustrations Recent Conchology Great
Britain and Ireland*, London, 1827, pl. LI, fig. 48, 49 bis (non MÜLLER,
1774); = *Trochlea*, HALDEMAN, *American Journal of Sciences*; XLII, 1841,
p. 216; = *Nautilina* STEIN, *Die lebenden Schnecken u. Muscheln d. Umge-
gend Berlin*, Berlin, 1850, p. 80 (part. = *Gyraulus* + *Armiger*)].
(3) *Planorbis saigonensis* CROSSE et FISCHER, *Journal de Conchyliologie*,
XI, p. 362, pl. XIII, fig. 7, 1863 [= *Planorbis compressus* HUTTON, *Journal
Asiatic Society of Bengal*, III, 1834, p. 93 (non MICHAUD); = *Planorbis
londanensis* MORSSON, *Land-und Süsswasser-Mollusken von Java*, 1844,
p. 44, taf. V, fig. 4 (non QUOY et GAIMARD); = *Planorbis confusus* DE
ROCHEBRUNE, *Bulletin société philomatique Paris*, 1881, p. 32].

pourvus de sculpture spirale. Le *Planorbis (Gyraulus) mauritianensis* Morelet se distingue par son enroulement particulier, ses sutures profondes et sa petite taille.

Ile Maurice : Mares et ruisseaux : Bamboo, Mon Désert, Curepipe; commun [P. Carié];=Sans indication de localité [E. Dupont, *in* : A. Morelet, *loc. supra cit.*, 1876, p. 91].

Planorbis (Gyraulus) rodriguezensis Crosse.

1873 *Planorbis Rodriguezensis* Crosse, *Journal de Conchyliologie*, XXI,
        p. 144, n° 15.
1874 *Planorbis Rodriguezensis* Crosse, *Journal de Conchyliologie*, XXII,
        p. 232, n° 10, pl. VIII, fig. 8.
1880 *Planorbis Rodriguezensis* Martens, Mollusken, *in* : K. Möbius, *Beiträge z. Meeresfauna d. Insel Mauritius...*, Berlin,
        p. 210.
1886 *Planorbis Rodriguezensis* Clessin, Die Famil. der Limnaeiden, *in* :
        Martini et Chemnitz, *Systemat. Conchylien-Cabinet*,
        2° édit., p. 216, n° 228.
1909 *Planorbis rodriguezensis* Kobelt, *Abhandl. d. Senckenberg. Naturforsch. Gesellschaft Frankfurt a. M.*, XXXII, p. 96.

Coquille lenticulaire déprimée, *largement ombiliquée* en dessous; spire formée de 3 tours assez plans, à croissance rapide, séparés par des sutures bien marquées; dernier tour très grand, arrondi, *fortement dilaté à son extrémité;* ouverture peu oblique, ovalaire transverse, blanchâtre à l'intérieur; bords marginaux réunis par une faible callosité; péristome mince et tranchant.

Diamètre maximum : 3 $\frac{1}{2}$ millimètres ; diamètre minimum : 2 3/4 millimètres; hauteur totale : 1 millimètre.

Test mince, léger, translucide, d'un jaune olivâtre clair, garni de stries d'accroissement extrêmement fines.

H. Crosse rapproche son *Planorbis rodriguezensis* du *Planorbis (Tropidiscus) trivialis* Morelet (1). Cette conception n'est pas exacte. En réalité, le *Planorbis (Gyraulus) rodriguezensis* Crosse est surtout voisin du *Planorbis (Gyraulus) mauritianensis* Morelet dont il a sensiblement la taille, mais dont il se distingue par sa spire possédant un tour de moins, par sa face inférieure bien plus profondément ombiliquée et, principalement, par son dernier tour proportionnellement plus grand et mieux dilaté à son extrémité.

(1) Morelet. (A.). *Séries Conchyliologiques*, II, *Iles Orientales d'Afrique*, Paris, novembre 1860, p. 97, n° 63, pl. VI, fig. 7. Espèce de Madagascar [E. Vesco, *in* : A. Morelet. Dr. Decorse, in *Collect. Muséum Hist. natur. Paris*, des Comores (*ile Mayotte*) [Bewsher, E. Marie] et de l'Ile d'Anjouan [Bewsher]).

Ces deux Planorbes ne sont peut-être que les variations d'un même type spécifique représentant, aux îles Mascareignes, les *Gyraulus* de l'Inde appartenant au groupe du *Planorbis (Gyraulus) saigonensis* Crosse et Fischer [= *Planorbis (Gyraulus) compressus* Hutton].

Ile Rodrigue : Source de la Rivière des Cocos [A. Desmazures, *in* : H. Crosse, *loc. supra cit.*, 1874, p. 233].

Famille des **BULLINIDAE**

Genre **BULLINUS** Adanson, 1757 (1).

§ I. ISIDORA Ehrenberg, 1831 (2).

Bullinus (Isidora) borbonicensis de Férussac.

1827 *Physa Borbonica* de Férussac, *Bulletin universel sciences natur.*, X, p. 408, n° 65.
1860 *Physa Borbonica* Morelet, *Séries Conchyliologiques*, II, *Iles Orientales d'Afrique*, p. 97, n° 64, pl. VI, fig. 5.
1869 *Physa Seychellana* Martens, *Mollusken*, *in* : v. d. Decken, *Reisen in Ostafrika*, III, p. 60, taf. II, fig. 3.
1878 *Physa borbonica* Nevill, *Handlist Mollusca Indian Museum Calcutta*, p. 230, n° 38.
1880 *Physa borbonica* Martens, *Mollusken*, *in* : K. Möbius, *Beiträge z. Meeresfauna d. Insel Mauritius...*, Berlin, p. 209.
1886 *Physa Seychellana* Clessin, *Die Familie der Limnaciden*, *in* : Martini et Chemnitz, *Systemat. Conchylien-Cabinet*, 2° édit., p. 343, n° 303, taf. XLVIII, fig. 8.
1909 *Physa borbonica* Kobelt, *Abhandl. d. Senckenberg. Naturforsch. Gesellschaft Frankfurt a. M.*, XXXII, p. 94 et p. 95.

Très commune à l'île de la Réunion, cette espèce varie quant à la forme générale qui est plus ou moins allongée. Elle atteint jusqu'à 14 millimètre de longueur sur 10 millimètres de diamètre maximum, mais la majorité des individus ne dépasse pas 10-11 millimètres de longueur, 5-6 millimètres de diamètre maximum et 4-5 millimètres de diamètre minimum.

(1) Adanson, *Histoire naturelle du Sénégal, Coquillages*, 1757, p. 5.
(2) Ehrenberg, *Symbolae physicae, seu icones et descript. animal. novor. ...Libyam, Egyptam, Nubiam, etc...*, 1831 (sans pagination) [= *Diastrophia (Guilding)* Gray, *in* : Turton, *A Manual of land and fresh water shells of the British Islands*, 2° édit., 1840, p. 16].

Le test est souvent mince, fragile, transparent; il est quelquefois plus épais et assez solide. Il est d'un fauve variant du jaune très pâle, presque blanc, au brun rougeâtre peu foncé. A. MORELET (*loc. supra cit.*, 1860, p. 97) dit que les premiers tours de spire paraissent lisses. On y distingue, cependant, de fines stries longitudinales subobliques et inégales qui, au dernier tour, deviennent plus accentuées, obliques, irrégulières et parfois plus ou moins onduleuses.

Ile Maurice : G. NEVILL, *loc. supra cit.*, 1878, p. 230.

Ile de La Réunion : Très commune, dans toutes les eaux douces de la plaine des Cafres [MAJASTRE];= « Hab. L'île Bourbon. Elle couvre toutes les pierres de cette île; son animal est d'une couleur foncée avec de nombreuses taches blanches plus ou moins circulaires, mais bien tranchées, qui généralement paraissent à travers la coquille » [S. RANG, *in* : d'A. DE FÉRUSSAC, *loc. supra cit.*, 1827, p. 408];=Collection DE FÉRUSSAC, au Muséum d'Histoire naturelle de Paris (1);= E. VESCO, *in* : A. MORELET, *loc. supra cit.*, 1860, p. 98;=G. NEVILL, *loc. supra cit.*, 1878, p. 230.

Iles Seychelles : v. D. DECKEN, *in* : Dr. E. von MARTENS, *loc. supra cit.*, 1869, p. 60.

Variété NANA Potiez et Michaud.

1838 *Physa nana* POTIEZ et MICHAUD, *Galerie Mollusques Douai*, I, p. 225, pl. XXII, fig. 15-16.
1843 *Physa borbonica* SGANZIN, *Catalogue Coquilles îles de France, Bourbon et Madagascar. Mémoires Soc. Hist. natur. Strasbourg*, III, p. 18 [non DE FÉRUSSAC].
1880 *Physa Borbonica* var. *Physa nana* MARTENS, *Mollusken, in* : K. Möbius, *Beiträge z. Meeresfauna d. Insel Mauritius...*, Berlin, p. 209, taf. XIX, fig. 11-12.

Il est impossible de séparer cette coquille du *Bullinus (Isidora) borbonicensis* de Férussac. C'est certainement cette va-

---

(1) Les exemplaires de la collection Férussac (1837) ont un test un peu épais, subtransparent, très clair, presque blanc. Peut-être ont-ils perdu une partie de leur épiderme. On y distingue, sur le dernier tour, quelques flammules longitudinales d'un jaune très clair, caractère qui ne semble pas rare chez cette espèce, car on le retrouve chez un certain nombre des exemplaires recueillis par M. P. CARIÉ. L'ouverture est garnie d'un léger bourrelet interne blanc. Les deux plus grands exemplaires ont les dimensions suivantes :
Longueur : 11 ½ et 13 millimètres; diamètre maximum : 6 ½ et 9 millimètres; diamètre minimum : 5 et 6 millimètres; hauteur de l'ouverture : 8 et 9 millimètres; diamètre de l'ouverture : 4 et 5 millimètres.

riété que A. Morelet a voulu signaler en écrivant (*loc. supra cit.*, 1860, p. 98-99) : « Ajoutons qu'il existe à Maurice une Physe plus petite que la *Borbonica*, moins lisse, d'une nuance très pâle, dont l'épiderme est souvent corrodé... ».

Ces remarques sont en partie exactes, bien qu'il existe de nombreux individus du *Bullinus borbonicensis* de Férussac aussi fortement striés que ceux de la variété *nana*. La seule différence appréciable est la taille qui, dans la variété *nana* Potiez et Michaud, ne dépasse pas 8 à 9 millimètres de longueur. D'autre part le type vit surtout à l'île de La Réunion et la variété à l'île Maurice, mais ce fait n'a rien d'absolu, G. Nevill ayant signalé le *Bullinus borbonicensis* de Férussac à l'île Maurice et M. P. Carié ayant abondamment recueilli la variété *nana* à l'île de La Réunion (1).

Le Dr .E. von Martens a représenté, sous le nom de variété *nana* Potiez et Michaud, une forme relativement trapue. Cette coquille, peu répandue, est reliée au type par de nombreux intermédiaires.

Ile Maurice : V. Sganzin, *loc. supra cit.*, 1843, p. 18;=E. Vesco, *in* : A. Morelet, *loc. supra cit.*, 1860, p. 98-99;=La Rivière Noire [Prof. K. Möbius, *in* : Dr. E. von Martens, *loc. supra cit.*, 1880, p. 210].

Ile de La Réunion : Plaine des Cafres; très nombreux individus [Majastre];=Sans indication de localité [M. Matheron, *in* : V. L. V. Potiez et A. L. G. Michaud, *loc. supra cit.*, 1838, p. 226].

§ II. PYRGOPHYSA Crosse, 1877 (2).

Bullinus (Pyrgophysa) Forskali Ehrenberg.

1827 *Physa spiralis* de Férussac. *Bullelin universel sciences natur.*, X, p. 408, n° 66 (*nomen nudum*).
1831 *Isidora Forskalii* Ehrenberg, *Symbol. phys., Moll.*, n° 3.
1856 *Physa Forskalii* Bourguignat, *Revue et Magas. Zoologie*, 2e série, VIII, p. 235.
1856 *Physa Fischeriana* Bourguignat. *Revue et Magas. Zoologie*, 2e série, VIII, p. 240. pl. II, fig. 1-3.
1866 *Physa (Isidora) Forskalii* Martens, *Malakozoolog. Blätter*, XIII, p. 6 et 100.
1867 *Physa cernica* Morelet, *Journal de Conchyliologie*, XV, p. 40, n° 4.

(1) Où elle vit avec le type.
(2) Crosse (H.). Description d'un genre nouveau de Mollusque fluviatile provenant de Nossi-Bé; *Journal de Conchyliologie*, XXVII, 1879, p. 208.

1868 *Physa Forskalii* Morelet, *Mollusques Voyage* Welwitsch, pp. 39 et
40.

1868 *Physa Fischeriana* Morelet, *Mollusques Voyage* Welwitsch, p. 40.

1869 *Physa (Isidora) Forskalii* Martens, *Malakozool. Blätter*, p. 213.

1869 *Physa (Isidora) Fischeriana* Martens, *Malakozool. Blätter*, p. 214.

1872 *Physa Forskalii* Morelet, *Annali Museo Civico d. Stor. natur. Genova*, III, p. 208.

1872 *Physa Beccarii* Paladilhe, *Annali Museo Civico d. Storia natur. Genova*, III, p. 23, tav. I, fig. 7-8.

1874 *Isidora Forskalii* Jickeli, *Fauna der Land-und Süssw.-Mollusken N.
O. Afrik.*, Dresden, p. 198, n° 130, taf. III, fig. 3 et
taf. VII, fig. 13 *a* à 13 *h*.

1878 *Physa cernica* Nevill, *Handlist Mollusca Indian Museum Calcutta*,
I, p. 231, n° 39.

1880 *Isidora Forskalii* Martens, Mollusken. *in :* K. Möbius, *Beiträge z.
Meeresfauna d. Insel Mauritius...*, Berlin, p. 210, taf.
XIX, fig. 7-8.

1883 *Physa Forskalii* Bourguignat, *Histoire malacolog. Abyssinie*, pp. 98
et 137.

1886 *Physa Forskalii* Clessin, Die Familie der Limnaciden. *in :* Martini
et Chemnitz, *Systemat. Conchylien-Cabinet*, 2° édit.,
p. 320, n° 164, taf. XXXIX, fig. 7-8.

1886 *Physa cernica* Clessin, *loc. supra cit.*, p. 324, n° 169, taf. XXXIX,
fig. 6.

1898 *Isidora Forskalii* Martens, *Beschalte Weichthiere Deutsch-Ost-Afrik.*,
Berlin, p. 141, taf. I, fig. 15.

1898 *Isidora Forskalii* Pollonera, *Bollet. Mus. Zool. ad Anatom. compar.
Torino*, XIII, p. 12.

1903 *Pyrgophysa Forskalii* Pallary, *Mollusques rec.* Innes Bey *Haut-Nil,
Bulletin Institut Egyptien*, p. 5, n° 5.

1906 *Isidora (Pyrgophysa) Forskali* Neuville et Anthony, *Annales sciences
natur., Zoologie*, VIII, p. 271 et p. 273.

1907 *Physa (Pyrgophysa) Forskali* Germain, *Mollusques Afrique centrale
française*, p. 499.

1909 *Isidora forskali* Kobelt, *Abhandl. d. Senckenberg. Naturforsch.
Gesellschaft Frankfurt a. M.*, XXXII, p. 94.

1909 *Physa cernica* Kobelt, *loc. supra cit.*, p. 94.

1912 *Isidora forskali* Connelly, *Annals South African Museum*, XI, part
III, p. 245, n° 520.

1914 *Bullinus (Pyrgophysa) Forskalii* Dautzenberg et Germain, *Revue Zoologique africaine*, IV, fasc. I, Bruxelles, p. 43.

Le *Physa spiralis* de Férussac, qui n'a jamais été décrit, est
une forme du *Bullinus (Pyrgophysa) Forskali* Ehrenberg à
peine distincte du type. Le Muséum d'Histoire naturelle de
Paris possède deux cartons de cette espèce : l'un contient cinq
individus recueillis à l'île Maurice par Peron et Lesueur
en 1809 (1); l'autre provient de la Collection Férussac (1837).
Ce dernier porte les indications suivantes, de la main du baron
d'A. de Férussac :

(1) Ces individus montrent le même polymorphisme que ceux de la
Collection Férussac. Les plus grands ont 10 millimètres de longueur sur
4 ½ millimètres de diamètre maximum. Ils ont de 5 à 6 tours de spire et
possèdent un test subopaque d'un roux ferrugineux assez fortement teinté.

« Physa spiralis, nob.
île de France
Rang 74. »

Sur une autre étiquette, d'une écriture inconnue, on peut lire :

« Ile de France
« Dans les bois sur les arbres. » (sic !)

Les exemplaires de la Collection Férussac sont à différents âges de leur développement. Les plus grands mesurent : 9-9 ½ millimètres de longueur, 4-4 millimètres de diamètre maximum et 3 1/4-3 1/3 millimètres de diamètre minimum. Leur ouverture a 4 ½-4 ½ millimètres de hauteur et 3 1/3-3 ½ millimètres de diamètre. Leur spire comprend 5 tours assez étagés, peu convexes, méplans aux sutures qui sont très marquées. Le dernier tour est grand, ovalaire-allongé. L'ouverture est oblique, ovalaire étroite, anguleuse en haut et en bas. Le test est un peu mince, subtransparent, d'un corné variant du jaune pâle au brun. Il est peu brillant et garni de très fines stries longitudinales serrées, subobliques et un peu plus accentuées au dernier tour.

La forme générale montre un polymorphisme assez étendu portant sur l'allongement plus ou moins grand de la spire (Pl. VI, fig. 6 à 13). Ce polymorphisme est des plus diffus : il n'existe pas deux exemplaires identiques.

Les jeunes [longueur : 4 3/4-5 millimètres; diamètre maximum : 2 1/3-2 ½ millimètres, diamètre minimum : 2-2 millimètres; hauteur de l'ouverture : 2 ½-2 3/4 millimètres; diamètre de l'ouverture : 1 1/3-1 ½ millimètre] n'ont que 4 tours de spire. Ils ne diffèrent pas autrement des adultes.

Le *Physa spiralis* de Férussac correspond ainsi aux formes subglobuleuses du *Bullinus (Pyrgophysa) Forskali* Ehrenberg. Il est probable que le *Physa cernica* Morelet se rattache aux formes globuleuses de la même espèce. L'auteur lui donne, en effet, 8 millimètres de longueur pour 4 millimètres de diamètre (1).

Le *Bullinus (Pyrgophysa) Forskali* Ehrenberg est une espèce tout à fait étrangère à la faune de l'île Maurice. Il est probable qu'elle y a été importée d'Afrique — où elle est fort répandue — avec les marchandises.

(1) La figure donnée par S. Clessin (*loc. supra cit.*, 1886, taf. XXXIX, fig. 6) sous le nom de *Physa cernica* Morelet, est manifestement erronée.

Ile Maurice : S. Rang, *in* : D. A. de Férussac, *loc. supra
cit.*, 1827, p. 408 (*Physa spiralis*);=A. Morelet, *loc. supra
cit.*, 1867, p. 440 (*Physa cernica*);=G. Nevill, *loc. supra cit.*,
1878, p. 230 (*Physa cernica*);=Prof. K. Möbius, *in* : Dr. E.
von Martens, *loc. supra cit.*, 1880, p. 210.

Famille des **MELAMPIDAE**

Genre **MELAMPUS** Denys de Montfort, 1810 (1).

§ 1.

Melampus fasciatus Deshayes.

1827 *Auricula monile* de Férussac, *Bulletin universel sciences naturelles,*
X. p. 408, n° 58 [non Bruguière].
1830 *Auricula fasciata* Deshayes, *Encyclopédie méthodique,* Vers, II, p. 90,
n° 8.
1832 *Auricula monile* Quoy et Gaimard, *Voyage Astrolabe, Zoologie.* II.
p. 166, pl. XIII, fig. 28 à 33.
1837 *Melampus fasciatus* Beck, *Index Molluscorum,* p. 107.
1838 *Auricula fasciata* de Lamarck, *Hist. natur. Animaux sans vertèbres,*
Ed. II [par G. P. Deshayes], VIII, p. 337, n° 25.
1838 *Auricula monile* Potiez et Michaud, *Galerie Mollusques Douai,* I,
p. 202.
1839 *Conovulus fasciatus* Anton, *Verzeichniss der Conchylien,* p. 48, n°
1774.
1844 *Auricula fasciata* Küster, Auricul. *in* : Martini et Chemnitz, *Systemat. Conchylien-Cabinet,* 2° édit., p. 33, n° 20, taf.
A, fig. 2-3 et taf. V, fig. 9 à 11.
1844 *Conovulus zonatus* Mühlfeld mss, *in* : Küster, *loc. supra cit.*, p. 33.
1849 *Auricula fasciata* Mousson, *Die Land-und Süsswasser-Mollusken von
Java,* p. 46, n° 3, taf. V, fig. 7.
1856 *Melampus fasciatus* Pfeiffer, *Monograph. Auriculaceorum vivent.*,
p. 38.

(1) *Melampus* Denys de Monfort, *Conchyliologie systématique*, II, Paris,
1810, p. 319 [= *Conovule* de Lamarck, *Extrait du cours de Zoologie du
Muséum Hist. natur. etc...*, Paris, Octobre 1812, p. 116 (sans désignation
latine, genre classé dans les Lymnéens); = *Conovula* de Férussac, *Tableaux
systématiques animaux Mollusques*, etc..., Paris, 1821, p. 104; = *Auricula*
(part) de Lamarck, *Hist. natur. animaux sans vertèbres*, VI, part. II, Paris.
avril 1822, p. 136; = *Conovule* de Blainville, *Manuel de Malacologie et de
Conchyliologie*, Paris et Strasbourg. 1825, p. 352; = *Conovulæ* Rang,
Manuel de l'hist. des Mollusques, Paris, 1829, p. 173 = *Conovulus* Beck,
Index Molluscorum.... 1837, p. 107; = *Melampus* (part) Pfeiffer, *Monographia Auriculaceorum viventium*, Cassel, 1856; et *Monographia Pneumonopomorum viventium. Supplementum tertium Monographiæ Auriculaceorum....* Cassel, 1876; = *Melampus* H. et A. Adams, *Genera of recent
Mollusca*, II, 1858, p. 244 (*Melampus* + *Tralia*)].

1858 *Tralia (Pira) fasciata* H. et A. ADAMS, *Genera of recent Mollusca,*
      II, p. 244.
1860 *Melampus fasciatus* MORELET, *Séries Conchyliologiques,* II, *Iles Orien-
      tales d'Afrique,* p. 95, n° 60; — et IV, p. 271, n° 35.
1863 *Melampus fasciatus* DESHAYES, *Catalogue Mollusques Réunion,* p. E.
      83, n° 261.
1869 *Melampus fasciatus* MOUSSON, *Journal de Conchyliologie,* XVII, p. 348.
1869 *Melampus fasciatus* NEVILL, *Proceedings Zoological Society of London,*
      p. 66.
1869 *Pira fasciata* FRAUENFELD, *Verhandl. Zoolog.-Botan. Gesellsch. Wien,*
      XIX, p. 877.
1871 *Melampus fasciatus* MARTENS et LANGKAVEL, *Südseeconchylien,* p. 55.
1871 *Melampus fasciatus* GASSIES, *Faune Conchyliologique Nouvelle-Calé-
      donie,* II, p. 111.
1872 *Melampus fasciatus* MORELET, *Annali Museo Civico Storia Naturale
      Genova,* III, p. 203.
1875 *Melampus fasciatus* MORELET, *Journal de Conchyliologie,* XXIII, p. 25,
      n° 11.
1876 *Melampus fasciatus* PFEIFFER, *Monograph. Pneumonopomorum vi-
      vent.,* IV, p .310.
1877 *Melampus fasciatus* TAPPARONE CANEFRI, *Annali Museo Civico Storia
      Naturale Genova,* IX, p. 289.
1877 *Melampus fasciatus* LIÉNARD, *Catalogue Mollusques île Maurice,* p. 58,
      n° 807.
1878 *Melampus fasciatus* TAPPARONE CANEFRI, *Bulletin Société Zoologique
      France,* p. 273.
1878 *Auricula fasciata* SOWERBY in : REEVE, *Conchologia Iconica,* sp.
1878 *Melampus fasciatus* NEVILL, *Handlist Mollusca Indian Museum Cal-
      cutta,* I, p. 216, et p. 217, n° 3.
1880 *Melampus fasciatus* MARTENS, *Mollusken, in :* K. MÖBIUS, *Beiträge z.
      Meeresfauna d. Insel Mauritius...,* Berlin, p. 208.
1883 *Melampus fasciatus* TAPPARONE CANEFRI, *Fauna Malacologica della
      Nuova Guinea, Annali Museo Civico . Storia Naturale
      Genova,* XIX, p. 227, n° 223.
1898 *Melampus fasciatus* MARTENS, *Beschalte Weichthiere Deutsch-Ost-
      Afrik.* Berlin, p. 263.
1898 *Melampus fasciatus* KOBELT, *Die Familie Auriculacea, in :* MARTINI et
      CHEMNITZ, *Systemat. Conchylien-Cabinet,* 2° édit., p. 235.
      n° 58, taf. XXIX, fig. 14-18.
1909 *Melampus fasciatus* KOBELT, *Abhandl d. Senckenberg. Naturforsch.
      Gesellschaft Frankfurt a. M.,* XXXII, p. 94, 95 et 96.

Cette espèce bien connue est très variable : les plus grands
individus atteignent 15-16 millimètres de longueur sur 8-9
millimètres de diamètre maximum; les plus petits ont encore
13-14 millimètres de longueur et 7-7 $\frac{1}{2}$ millimètres de diamètre maximum. Le test est ordinairement fauve marron
brillant, plus ou moins foncé. Parfois unicolor, il est généralement orné de 2 à 5 bandes brunes continuées aux tours supérieurs. En numérotant ces bandes en partant de la plus voisine de la suture, on constate des variations nombreuses :
12345 ; — 12340 ; — 02040 ; etc..., 1 23 45, les bandes 2
et 3 étant soudées. Il y a quelquefois une sixième bande éga-

lement brune placée très près du bord inférieur du dernier tour.

Ile Maurice : Sur la côte, aux environs de Port-Louis [P. Carié];=sans localité précise : S. Rang, *in : * d'A. de Férussac, *loc. supra cit.*, 1827, p. 408;=E. Liénard, *loc. supra cit.*, 1877, p. 58;=G. Nevill, *loc. supra cit.*, 1878, p. 217.

Ile de La Réunion : L. Maillard, *in :* G. P. Deshayes, *loc. supra cit.*, 1863, p. 83.

Ile Rodrigue : Bewsher, *in :* A. Morelet, *loc. supra cit.*, 1875, p. 25.

Le *Melampus fasciatus* Deshayes est une espèce très répandue en Océanie. Elle a été retrouvée à Ceylan [G. Nevill, *loc. supra cit.*, 1878, p. 217], dans les îles Andaman et Nicobar [J. Wood-Mason, Dr. F. Stoliczka, G. Nevill, etc...], aux îles Seychelles [G. Nevill, *loc. supra cit.*, 1869, p. 66, et : 1878, p. 217;=E. Liénard, *loc. supra cit.*, 1877, p. 81], à l'île Mayotte [E. Vesco, *in :* A. Morelet, *loc. supra cit.*, 1860, p. 95;=G. Nevill, *loc. supra cit.*, 1878, p. 217] et jusque sur la côte de Zanzibar [W. Brauns, *in :* Dr. E. von Martens, *loc. supra cit.*, 1898, p. 263].

Melampus lividus Deshayes.

1830 *Auricula livida* Deshayes, *Encyclopédie méthodique*, Vers, II, p. 91.

1837 *Melampus lividus* Beck, *Index Molluscorum*, p. 106.

1838 *Auricula livida* Lamarck. *Hist. natur. animaux sans vertèbres*, 2° éd. [par G. P. Deshayes], VIII, p. 338.

1844 *Auricula livida* Küster, *Auricul.*, *in :* Martini et Chemnitz, *Systemat. Conchylien-Cabinet*, 2° édit., p. 44, taf. VI, fig. 21 à 25.

1848 *Auricula livida* Krauss, *Die Südafrikanischen Mollusken*, p. 81.

1854 *Melampus lividus* H. et A. Adams, *Proceedings Zoological Society of London*, p. 10.

1856 *Melampus lividus* L. Pfeiffer, *Monographia Auriculaceorum vivent.*, p. 40.

1857 *Melampus lividus* L. Pfeiffer, *Catalogue of Auriculidæ British Museum*, p. 29.

1860 *Melampus lividus* Morelet, *Séries Conchyliologiques*, II, *Iles Orientales d'Afrique*, p. 94.

1863 *Melampus lividus* Deshayes, *Catalogue Mollusques Réunion*, p. E. 83, n° 260.

1875 *Melampus lividus* Morelet, *Journal de Conchyliologie*, XXIII, p. 25, n° 10.

1877 *Melampus lividus* Liénard, *Catalogue Mollusques île Maurice*, p. 58, n° 809.

1878 *Auricula livida* Sowerby in Reeve, *Conchologia Iconica*, pl. VII, fig. 58.

1878 *Melampus lividus* Nevill, *Handlist Mollusca Indian Museum Calcutta*, p. 217, n° 6.

1880 *Melampus lividus* MARTENS, Mollusken, *in* : K. MÖBIUS, *Beiträge z. Meeresfauna d. Insel Mauritius...*, Berlin, p. 208.

1882 *Melampus lividus* MORELET, *Journal de Conchyliologie*, XXX, p. 101, n° 18.

1898 *Melampus lividus* MARTENS, *Beschalte Weichtheire Deutsch-Ost-Afrik.*, Berlin, p. 264.

1909 *Melampus lividus* KOBELT, *Abhandl. d. Senckenberg. Naturforsch. Gesellschaft Frankfurt a. M.*, XXXII, pp. 94, 95 et 96.

1912 *Melampus lividus* CONNOLLY, *Annals South African Museum*, XI, part III, p. 237, n° 478.

La spire a généralement 8 tours dont les premiers ont parfois un profil en chapeau chinois. La taille varie beaucoup : elle oscille entre 15 et 28 millimètres de longueur pour 9 $\frac{1}{2}$ à 11 millimètres de diamètre, l'ouverture ayant 10 à 11 $\frac{1}{2}$, plus rarement 12 millimètres de hauteur.

Le *Melampus lividus* Deshayes a généralement 3 denticulations pariétales, un pli columellaire et 6 à 8 plis transversaux sur le bord droit de l'ouverture. On observe assez fréquemment une réduction du nombre de ces denticulations, notamment la disparition de la dent pariétale supérieure et l'effacement d'un certain nombre de plis transversaux du bord externe.

Le Doct. C. KÜSTER a signalé trois variétés, d'ailleurs peu importantes, se retrouvant un peu partout avec le type :

Var. A *fasciata* Küster [*loc. supra cit.*, 1844, p. 45, taf. VI, fig. 26]. Coquille avec trois fascies subégales d'un gris bleuâtre.

Var. B *ovata* Küster [*loc. supra cit.*, 1844, p. 45, taf. VI, fig. 24-25]. Coquille de forme mieux ovalaire, à spire plus élevée; test marron orné, au dernier tour, d'une fascie de couleur châtain placée contre la suture.

Var. C *cærulea* Küster [*loc. supra cit.*, 1844, p. 45, taf. VI, fig. 22-23]. Coquille plus petite; test d'un bleu ardoisé foncé passant au marron vers la base; sommet d'un pourpre bleuâtre.

Ile Maurice : H. CUMING, *in* : L. PFEIFFER, *loc. supra cit.*, 1856, p. 40;=E. VESCO, *in* : A. MORELET, *loc. supra cit.*, 1860, p. 94;=E. LIÉNARD, *loc. supra cit.*, 1877, p. 58;=G. NEVILL, *loc. supra cit.*, 1878, p. 217.

Ile de La Réunion : L. MAILLARD, *in* : G. P. DESHAYES, *loc. supra cit.*, 1863, p. E. 83.

Ile Rodrigue : BEWSHER, *in* : A. MORELET, *loc. supra cit.*, 1875, p. 25.

En dehors des îles Mascareignes, le *Melampus lividus* Deshayes vit encore aux îles Seychelles [G. Nevill, *loc. supra cit.*, 1869, p. 66; et 1878, p. 217; = E. Liénard, *loc. supra cit.*, 1877, p. 58], à l'île Comore [E. Vesco, *in :* A. Morelet, *loc. supra cit.*, 1860, p. 94 ; = G. Nevill, *loc. supra cit.*, 1878, p. 217] et au Natal [F. Krauss, *loc. supra cit.*, 1848, p. 81; = H. C. Burnup, M. Connolly, *loc. supra cit.*, 1912, p. 227]. Il a été signalé aux îles Nicobar [Dr. F. Stoliczka et F. A. de Roepstorffin, *in :* G. Nevill, *loc. supra cit.*, 1878, p. 217].

Melampus carneus Morelet.

1882 *Melampus carneus* Morelet, *Journal de Conchyliologie*, XXX, p. 101, n° 19, pl. IV, fig. 6.
1898 *Melampus carneus* Kobelt, Die Familie Auriculacea, *in :* Martini et Chemnitz, *Systemat. Conchylien-Cabinet*, 2° édit., p. 206, n° 25, taf. XXIII, fig. 15-16.

Le *Melampus carneus* Morelet est extrêmement voisin du *Melampus lividus* Deshayes dont il ne constitue bien certainement qu'une variété. C'est une coquille subconique, formée de 10 tours de spire presque plans séparés par des sutures linéaires; le dernier tour, formant environ les 4/5 de la coquille, est bien renflé supérieurement. L'ouverture est allongée, étroitement subpyriforme; elle est garnie de deux plis pariétaux, l'inférieur très petit, d'un pli columellaire saillant et de 6-7 plis plus ou moins empâtés sur le bord externe. La longueur est de 20 millimètres et le diamètre maximum de 11 millimètres. L'ouverture atteint 16 millimètres de hauteur.

A. Morelet a lui-même comparé son espèce au *Melampus lividus* Deshayes mais, dit-il, «... sa spire est plus courte, et son dernier tour beaucoup plus renflé supérieurement, en sorte qu'elle n'est point ovale, mais conique. Sa couleur, en outre, est différente; cependant on rencontre des sujets d'un gris cendré dont la columelle est alors tachée de brun-marron sur le bord. Ce qui distingue surtout ce *Melampus* du *lividus*, c'est qu'il n'a que deux plis au lieu de trois sur la paroi de l'ouverture. Il n'est pas inutile de remarquer que le caractère tiré des plis pariétaux n'est pas toujours constant chez les Melampus; mais il y a corrélation entre les espèces. Ainsi le *M. carneus*, qui ne compte que deux plis pariétaux, en laisse quelquefois apercevoir un troisième à l'état rudimentaire; et le *lividus*, qui en a trois, en montre aussi parfois un quatrième naissant (1). »

(1) Morelet (A.), *loc. supra cit.*, 1882, p. 102.

Ile Maurice : E. Dupont, *in* : A. Morelet, *loc. supra cit.*,
1882, p. 102].

Melampus Pfeifferi Morelet.

1860 *Melampus Pfeifferianus* Morelet, *Séries Conchyliologiques*, II, *Iles
        Orientales d'Afrique*, p. 95, n° 61, pl. VI, fig. 6. [non
        Melampus Pfeifferi Pfeiffer (1)].
1876 *Melampus pfeifferianus* Pfeiffer, *Monograph. Pneumonopomorum
        vivent.*, IV, p. 306.
1878 *Melampus lividus* var. *pfeifferiana* (?) Nevill, *Handlist Mollusca In-
        dian Museum Calcutta*, I, p. 217.
1898 *Melampus pfeifferianus* Kobelt, Die Familie Auriculacea, *in* : Mar-
        tini et. Chemnitz, *Systemat. Conchylien-Cabinet*, 2°
        édit., p. 231, n° 54, taf XXIX, fig. 5-7.

Coquille fusoïde; spire formée de 10 tours plans séparés
par une suture linéaire, les premiers constituant un cône
régulier et aigu; dernier tour d'abord comprimé, puis légèrement renflé et diminuant ensuite graduellement de diamètre;
ouverture étroitement allongée, avec deux plis pariétaux peu
saillants (2) et un pli columellaire contourné en spirale; bord
externe intérieurement bordé d'une forte callosité d'un blanc
bleuâtre garnie de 6-7 plis transversaux.

Longueur : 15 millimètres; diamètre maximum : 7 millimètres; hauteur de l'ouverture : 10 1/4 millimètres.

Test solide, brillant, d'un gris ardoisé quelquefois rougeâtre surtout vers la base, orné d'une zonule étroite, pâle,
peu apparente, supramédiane et de quelques flammules « d'un
jaune clair rayonnant obliquement autour de la suture du
dernier tour ».

G. Nevill [*loc. supra cit.*, 1878, p. 217] considère le *Melampus Pfeifferi* Morelet comme une variété du *Melampus lividus*
Deshayes. Les deux coquilles sont cependant bien différentes
et l'espèce de A. Morelet paraît nettement caractérisée par sa
forme fusoïde, sa spire allongée et son dernier tour fortement
rétréci.

Ile Maurice : Sur les plantes au bord de la mer, environs
de Port-Louis [P. Carié]; = sans localité précise : G. Nevill,
loc. supra cit., 1878, p. 217.

___

(1) *Monographia Pneumonopomorum viventium*, IV, 1876, p. 319, qui
est le *Laimodonta Pfeifferi* Dunker [*Moll. Japon.*, p. 25, taf. II, fig. 19],
espèce du Japon.
(2) Ces plis sont placés un peu au-dessous du milieu de la paroi pariétale.

Ile Mayotte : [E. Vesco, *in* : A. Morelet, *loc. supra cit.*, 1860, p. 96];=Iles Seychelles [G. Nevill, *loc. supra cit.*, 1878, p. 217].

Melampus castaneus Mühlfeld.

1818 *Voluta castanea* Mühlfeld, *Magazin d. Gesellsch. d. Naturforsch. Freunde in Berlin*, VII, p. 4, taf. I, fig. 2.

1844 *Auricula fusca* Philippi *in* Küster, *Auricul.*, *in* : Martini et Chemnitz, *Systemat. Conchylien-Cabinet*, p. 38, n° 27, taf. V, fig. 18-20.

1844 *Conovulus fuscus* Philippi mss *in* : Küster, *loc. supra cit.*, p. 38.

1848 *Melampus leucodon* A. Adams et Reeve, *The Zoology of the Voyage of H. M. S. Samarang*, I, *Mollusca*, p. 55, pl. IV, fig. 17.

1856 *Melampus castaneus* Pfeiffer, *Monograph. Auriculaceorum vivent.*, p. 30.

1863 *Melampus fuscus* Deshayes, *Catalogue Mollusques Réunion*, p. E. 83, n °259.

1877 *Melampus fuscus* Liénard, *Catalogue Mollusques île Maurice*, p. 58, n° 808.

1878 *Melampus castaneus* Nevill, *Handlist Mollusca Indian Museum Calcutta*, I, p. 216, n° 2.

1878 *Melampus fuscus* (?) Nevill, *loc. supra cit.*, I, p. 217, n° 7.

1880 *Melampus castaneus* Martens, *Mollusken*, *in* : K. Möbius, *Beiträge z. Meeresfauna d. Insel Mauritius...*, Berlin, p. 208.

1909 *Melampus castaneus* Kobelt, *Abhandl. d. Senckenberg. Naturfosch. Gesellschaft Frankfurt a. M.*, pp. 94 et 95.

Coquille ovalaire oblongue; spire formée de 6 tours presque plans, le dernier très grand ; ouverture oblique, pyriforme très étroite; deux plis pariétaux, l'inférieur bien plus petit; un pli columellaire saillant; bord externe avec un bourrelet interne d'un blanc bleuâtre brillant garni de 6-8 plis peu saillants et très enfoncés.

Longueur : 10 $\frac{1}{2}$-12 millimètres; diamètre maximum : 6 $\frac{1}{2}$-7 millimètres; diamètre minimum : 5 3/4-6 millimètres.

Test solide, épais, d'un brun marron ou chocolat brillant, garni de stries longitudinales fines, irrégulières, un peu serrées et à peine obliques.

Ile Maurice : E. Liénard, *loc. supra cit.*, 1877, p. 58;= G. Nevill, *loc. supra cit.*, 1878, p. 216 et p. 217.

Ile de La Réunion : L. Maillard, *in* : G. P. Deshayes, *loc. supra cit.*, 1863, p. E. 83.

Cette espèce des îles Sandwich et de l'île Célèbes, vit également dans les îles Nicobar [Dr. F. Stoliczka, *in* : G. Nevill, *loc. supra cit.*, 1878, p. 216], à l'île de Ceylan et aux environs d'Aden [G. Nevill, *loc. supra cit.*, 1878, p. 216].

Melampus avellanus Morelet.

1882 *Melampus avellana* MORELET, *Journal de Conchyliologie*, XXX, p. 102,
      n° 20, pl. IV, fig. 7.
1898 *Melampus avellana* KOBELT. Die Familie Auricu'acea, *in : MARTINI et
      CHEMNITZ, Systemat. Conchylien-Cabinet, 2° édit., p.
      207, n° 26, taf. XXIII, fig. 17-18.*

Coquille ovalaire globuleuse; spire formée de 10 tours très
peu convexes séparés par des sutures linéaires; dernier tour
très grand, ovalaire, formant plus des 5/7 de la coquille, atténué à la base; ouverture très étroitement subpyriforme allongée, avec deux plis pariétaux et un pli columellaire assez saillants; bord externe avec une callosité interne blanchâtre garnie de 6-7 plis.

Longueur : 14 millimètres; diamètre maximum : 9 millimètres; hauteur de l'ouverture : 10 millimètres.

Test solide, d'un marron brillant généralement orné, *à la
base du dernier tour*, d'une large bande jaune peu apparente;
les deux premiers tours lisses et brillants, les autres garnis
de très fines stries longitudinales un peu serrées et sub
obliques.

Cette espèce, qui rappelle le *Melampus castaneus* Mühlfeld,
s'en distingue principalement : par sa forme plus globuleuse;
par sa spire plus courte, terminée en cône obtus et arrondi
et par ses denticulations pariétales un peu plus saillantes.
Par contre, ces deux *Melampus* sont sensiblement de même
taille et de même coloration et le *Melampus avellanus* Morelet
n'est peut-être qu'une forme représentative du *Melampus
castaneus* Mühlfeld (1).

Ile Maurice : « D'après échantillon de la Collection PETIT
DE LA SAUSSAYE » [A. MORELET, *loc. supra cit.*, 1882, p. 103].

Melampus luteus Quoy et Gaimard.

1832 *Auricula lutea* QUOY et GAIMARD, *Voyage de l'Astrolabe, Zoologie*,
      II, p. 163, pl. XIII, fig. 25 à 27.
1837 *Melampus luteus* BECK, *Index Molluscorum*, p. 106.
1838 *Auricula lutea* DE LAMARCK, *Hist. natur. animaux sans vertèbres*, Ed.
      II, [par G. P. DESHAYES], VIII, p. 338.
1844 *Auriculea lutea* KÜSTER, Auricul., *in : MARTINI et CHEMNITZ, Syste-
      mat. Conchylien-Cabinet, 2° édit., p. 39, taf. VI, fig. 1
      à 3.*

(1) Le *Melampus avellanus* Morelet, décrit sur un échantillon, n'a jamais
été retrouvé. Il faut attendre l'étude de nouveaux matériaux pour se faire
une idée exacte de la valeur de cette espèce.

1849 *Auricula lutea* Mousson, *Die Land-und Süsswasser-Mollusken von Java*, p. 47, n° 4, taf. V, fig. 6.

1854 *Melampus luteus* H. et A. Adams, *Proceedings Zoological Society of London*, p. 10.

1856 *Melampus luteus* Pfeiffer, *Monograph. Auriculaceorum vivent.*, p. 37.

1858 *Melampus luteus* H. et A. Adams, *Genera of Recent Mollusca*, II, p. 243.

1863 *Melampus luteus* Deshayes, *Catalogue Mollusques Réunion*, p. E. 83, n° 258.

1871 *Melampus luteus* Pease, *Proceedings Zoological Society of London*, p. 447.

1871 *Melampus luteus* Martens et Langkavel, *Südseeconchylien*, p. 55.

1877 *Melampus luteus* Liénard, *Catalogue Mollusques île Maurice*, p. 99, n° 230.

1878 *Melampus luteus* Tapparone Canefri, *Bulletin Société Zoologique France*, p. 273.

1878 *Melampus luteus* Nevill, *Handlist Mollusca Indian Museum Calcutta*, I, p. 217, n° 6.

1880 *Melampus luteus* Martens, *Mollusken*, in : K. Möbius, *Beiträge z. Meeresfauna d. Insel Mauritius...*, Berlin, p. 208.

1883 *Melampus luteus* Tapparone Canefri, *Fauna Malacologica della Nuova Guinea*, *Annali Museo Civico di Storia Naturale Genova*, XIX, p. 230, n° 229.

1909 *Melampus luteus* Kobelt, *Abhandl. d. Senckenberg. Naturforsch. Gesellschaft Frankurt a. M.*, XXXII, pp. 94 et 95.

A. Mousson a distingué deux variétés parmi les nombreux individus de cette espèce recueillis, à l'île de Java, par le Doct. Zöllinger.

α) *minor*. « T. fulvo-lutescens, summo spirae livido, spira conica. »[A. Mousson, *loc. supra cit.*, 1849, p. 47, taf V, fig. 6]. Longueur : 17 millimètres; diamètre maximum : 10 millimètres; hauteur de l'ouverture : 14 millimètres; diamètre de l'ouverture : 4 millimètres (1).

β) *major*. « T. crassiuscula, lutescens, spira obtuse conica.» [A. Mousson, *loc. supra cit.*, 1849, p. 47, taf. V, fig. 5]. Longueur : 21 millimètres; diamètre maximum : 12 millimètres; hauteur de l'ouverture : 15 $\frac{1}{2}$ millimètres; diamètre de l'ouverture : 5 millimètres (1).

Très répandu en Océanie, le *Melampus luteus* Quoy et Gaimard reste rare dans les îles Mascareignes où il a été signalé dans les îles suivantes :

Ile Maurice : Bords de la mer aux environs de Port-Louis [P. Carié];=sans localité précise : G. Nevill, *loc. supra cit.*, 1878, p. 217.

---

(1) Le diamètre maximum de l'ouverture donné ici ne tient pas compte de la largeur du bord columellaire mais comprend l'épaisseur du péristome.

Ile de La Réunion : L. MAILLARD, *in* : G. P. DESHAYES, *loc. supra cit.*, 1863, p. E. 83.

En Océanie cette espèce est connue de Java [Dr. ZÖLLINGER, *in* : A. MOUSSON, *loc. supra cit.*, 1849, p. 47] et des îles voisines, de la Nouvelle Guinée [J. RAFFRAY, L. MARIA D'ALBERTIS, etc...], de Vanikoro [QUOY et GAIMARD], de la Nouvelle-Calédonie et de ses dépendances [MONTROUZIER, GASSIES, etc...], de Tahiti [MITCHELL], de l'île Ellice [A. MOUSSON] etc..., et, en général, de toutes les îles de la mer du Sud. On la retrouve également aux îles Chagos [E. LIÉNARD et G. NEVILL, *in* : G. NEVILL, *loc. supra cit.*, 1878, p. 217].

MELAMPUS CAFFER Küster.

1844 *Auricula caffra* KÜSTER, *Auricul. in* : MARTINI et CHEMNITZ, *Systemat. Conchylien-Cabinet*, 2° édit., p. 36, taf. V, fig. 7.

1844 *Auricula caffra* KRAUSS, *Die Südafrikanischen Mollusken*, Stuttgart, p. 82.

1854 *Melampus ater* H. et A. ADAMS, *Proceedings Zoological Society of London*, p. 10.

1856 *Melampus caffer* PFEIFFER, *Monograph. Auriculaceorum vivent.*, p. 40.

1857 *Melampus caffer* PFEIFFER, *Catalogue of Auriculidae British Museum*, p. 39.

1858 *Melampus ater* H. et A. ADAMS, *Genera of recent Mollusca*, II, p. 243.

1860 *Melampus caffer*, MORELET, *Séries Conchyliologiques*, II, *Iles Orientales d'Afrique*, p. 94, n° 59.

1869 *Melampus caffer* NEVILL, *Proceedings Zoological Society of London*, p. 66.

1871 *Melampus caffer* MARTENS et LANGKAVEL, *Südseeconchylien*, p. 56, taf. III, fig. 11.

1877 *Melampus caffer* LIÉNARD, *Catalogue Mollusques île Maurice*, p. 81, n° 122.

1878 *Auricula caffra* SOWERBY, *in* : REEVE, *Conchologia Iconica*, pl. VII, fig. 53.

1878 *Melampus caffer* NEVILL, *Handlist Mollusca Indian Museum Calcutta*, I, p. 216, n° 1.

1880 *Melampus caffer* MARTENS, *Mollusken, in* : K. MÖBIUS, *Beiträge z. Meeresfauna d. Insel Mauritius...* Berlin, p. 208.

1883 *Melampus caffer* TAPPARONE CANEFRI, *Fauna Malacologica della Nuova Guinea, Annali Museo Civico Storia Naturale Genova*, XIX, p. 239, n° 326.

1884 *Melampus caffer* GARRETT, *Journal Academy Natur. sciences of Philadelphia*, IX, p. 89.

1890 *Melampus caffer* MÖLLENDORFF, *Bericht Senckenberg. Naturforsch. Gesellschaft Frankfurt a. M.*, p. 254.

1912 *Melampus caffer* CONNOLLY, *Annals South African Museum*, XI, part. III, p. 396, n° 476.

Les plus grands individus atteignent 12 à 14 millimètres de longueur sur 7 à 8 millimètres de diamètre maximum. Les

plus petits ne dépassent pas 10 millimètres de longueur pour
5 ou 5 ½ millimètres de diamètre maximum. Ils correspondent
à la variété *minor* Küster (1), répandue un peu partout avec
le type.

Le test est très épais, solide, d'un jaune marron clair assez
brillant orné, au dernier tour, de deux fascies brunes relativement larges. La fascie supérieure, qui a environ 2 millimètres de largeur, est placée contre la suture et se continue
aux tours supérieurs; la fascie inférieure, d'environ 1 millimètre de large, est inframédiane. Les stries longitudinales
sont subverticales, médiocres et inégales; elles deviennent
beaucoup plus saillantes au voisinage immédiat de l'ouverture.

Ile Maurice : Environs de Port-Louis [P. Carié].

Très répandue en Océanie [Iles Philippines (H. Cuming),
Nouvelle-Guinée (J. Raffray, L. Maria d'Albertis, etc...),
Nouvelle-Calédonie et ses dépendances (Montrouzier, Gassies,
etc...), Tahiti (Robillard), îles Loyalty (F. L. Layard) etc...],
cette espèce vit également à l'île de Ceylan [G. Nevill, *loc.
supra cit.*, 1878, p. 216], aux îles Andaman et Nicobar [Dr.
F. Stoliczka, J. Wood-Mason et G. Nevill, *in : G. Nevill,
loc. supra cit.*, 1878, p. 216] et, dans les îles de la région
malgache, aux Seychelles [G. Nevill, *loc. supra cit.*, 1869,
p. 66; et 1878, p. 216; Dr. E. von Martens, *loc. supra cit.*,
1880, p. 208] et à l'île Mayotte [E. Vesco, *in : A. Morelet,
loc. supra cit.*, 1860, p. 94]. Enfin ce même *Melampus* a été
signalé au Natal (embouchure de la rivière Umlaas) par F.
Krauss [*loc. supra cit.*, 1848, p. 82].

Melampus Duponti Morelet.

1875 *Melampus Dupontianus* Morelet, *Journal de Conchyliologie*, XXIII,
    p. 25, n° 12, pl. I, fig. 2.
1876 *Melampus dupontianus* Pfeiffer, *Monograph. Pneumonopomorum
    vivent.*, IV, p. 311.
1880 *Melampus Dupontianus* Martens, Mollusken, *in : K. Möbius, Beiträge
    z. Meeresfauna d. Insel Mauritius...*, Berlin, p. 208.

(1) Küster (Dr. C.), Auricul., in : Martini et Chemnitz, *Systemat. Conchylien-Cabinet*, 2e édit., Nürnberg, 1844, p. 36, taf. V, fig. 6-8 (*Auricula
caffra var. minor*) [= *Conovulus ater* Mühlfeld, *in : Anton, Verzeichniss
der Conchylien*, 1839, p. 48, n° 1773 (*nomen nudum; non Melampus ater
H. et A. Adams*); = var. β *testa minor, tota fusca* Tapparone Canefri,
Annali Museo Civico Storia Naturale di Genova, XIX, 1883, p. 229; =
Melampus caffer var. minor Connolly, *Annals South African Museum*, XI,
part III, 1912, p. 227].

1898 *Melampus dupontianus* Kobelt. Die Familie Auriculacea, *in* : Martini et Chemnitz, *Systemat. Conchylien-Cabinet*, 2° édit., p. 208, n° 38, taf. XXIII, fig. 21-22.
1909 *Melampus dupontianus* Kobelt. *Abhandl. d. Senckenberg. Naturforsch. Gesellschaft Frankfurt a. M.*, XXXII, pp. 94 et 96.

Coquille de forme régulièrement ovalaire; spire composée de 8-9 tours presque plans, le dernier très grand, subovalaire allongé, atténué à la base, formant environ les 3/7 de la coquille; ouverture très étroitement subpyriforme, longuement acuminée en haut; bord columellaire avec trois denticulations pliciformes assez saillantes; bord externe avec un bourrelet interne blanc bleuâtre garni de 5 à 6 plis médiocrement saillants.

Longueur : 7-8 millimètres; diamètre mximum : 4-5 millimètres.

Test brun verdâtre ou brun grisâtre un peu brillant, orné de bandes obscures et, plus rarement, d'une large fascie jaunâtre placée un peu en dessous de la suture; stries longitudinales fines, sauf au dernier tour où elles sont assez bien accentuées; péristome rougeâtre.

Ile Maurice : Bewsher, *in* : A. Morelet, *loc. supra cit.*, 1875, p. 26.

Ile Rodrigue : Bewsher, *in* : A. Morelet, *loc. supra cit.*, 1875, p. 26 (1).

Melampus parvulus Nuttall.

1854 *Melampus parvulus* Nuttall *in* : Pfeiffer, *Malakozoolog. Blätter*, I, p. 147 (sine descript.).
1856 *Melampus parvulus* Pfeiffer, *Monograph. Auriculaceorum vivent.*, p. 24.
1857 *Melampus parvulus* Pfeiffer, *Catalogue of Auriculidae British Museum*, p. 16.
1871 *Melampus parvulus* Martens et Langkavel, *Südseeconchylien*, p. 56, taf. III. fig. 10.
1878 *Melampus parvulus* Nevill, *Handlist Mollusca Indian Museum Calcutta*, I, p. 127, n° 9.
1880 *Melampus parvulus* Martens, Mollusken, *in* : K. Möbius, *Beiträge z. Meeresfauna d. Insel Mauritius...*, Berlin, p. 209.
1898 *Melampus parvulus* Kobelt, *in* : Martini et Chemnitz, *Systemat. Conchylien-Cabinet*, 2° édit., p. 220, n° 41, taf. XXVI, fig. 5.

(1) Les individus de l'île Rodrigue sont plus petits que ceux recueillis à l'île Maurice : les premiers ont 7 millimètres de longueur tandis que les seconds atteignent 8 millimètres.

1909 *Melampus parvulus* Kobelt, *Abhandl. d. Senckenberg. Naturforsch. Gesellschaft Frankfurt a. M.*, XXXII, p. 94.
1912 *Melampus parvulus* Connolly, *Annals South African Museum*, part III, p. 228, n° 480.

Originairement décrite de l'île Oahu, cette espèce vit aux îles Sandwich et dans diverses îles du Pacifique. H. C. Burnup l'a retrouvée au Natal, dans la baie de Durban (embouchures des rivières Umlaas et Umkomaas) où M. Connolly (*loc. supra cit.*, 1912, p. 228) pense qu'elle a été introduite avec le lest des navires de commerce. Il est probable que la présence de ce Melampus à l'île Maurice est dû à la même cause.

Le *Melampus parvulus* Nuttall est une coquille d'environ 10 millimètres de longueur sur 6 millimètres de diamètre maximum. Elle est imperforée, ovalaire ventrue; sa spire est conoïde, formée de 6 à 7 tours presque plans, séparés par des sutures médiocres. Le dernier tour, qui égale environ les 3/4 de la coquille, est très renflé vers le haut et bien atténué en bas. L'ouverture est très oblique, très étroite, garnie d'un seul pli pariétal inframédian subcomprimé et d'un pli columellaire saillant. Le bord externe, épaissi intérieurement, est muni de 4-5 plis assez distants les uns des autres, bien marqués mais peu saillants. Enfin le test est mince, d'un brun fauve plus ou moins foncé, garni de stries longitudinales subverticales, médiocres et un peu irrégulières.

Ile Maurice : G. Nevill, *loc. supra cit.*, 1878, p. 217. Très probablement introduit.

§ 2.

Melampus graniferus Mousson.

Pl. IV, fig. 22-23 et pl. VII fig. 1.

1849 *Auricula granifera* Mousson, *Die Land-und Süsswasser-Mollusken von Java*, p. 46, n° 2, taf. V, fig. 9 et taf. XX, fig. 7 (1).
1854 *Auricula granosa* Hombron et Jacquinot, *Voyage au pôle Sud, Zoologie*, V, p. 38 [texte par Rousseau], Atlas, pl. IX, fig. 20-22.

(1) Non *Melampus granifer* J. C. Melvill et J. H. Ponsonby [*Proceedings Malacological Society of London*, III, 1898, p. 180] qui est une espèce différente, habitant le Natal, et que M. Connolly a figurée sous le nom de *Melampus semiaratus* Connolly [*Annals South African Museum*, XI, part III, 1912, p. 228, n° 481, pl. II, fig. 8].

1854 *Melampus (Tralia) granifer* H. et A. ADAMS, *Proceedings Zoological
        Society of London*, p. 12.
1855 *Tralia (Signia) granifera* H. et A. ADAMS, *Genera of recent Mollusca*,
        II, p. 245.
1856 *Auricula granifera* PFEIFFER, *Monographia Auriculaceorum vivent.*,
        p. 42.
1878 *Melampus granifer* TAPPARONE CANEFRI *Bulletin Société Zoologique
        France*, p. 273.
1878 *Melampus granifera* NEVILL, *Handlist Mollusca Indian Museum Cal-
        cutta*, I, p. 218, n° 16.
1880 *Melampus granifer* MARTENS, Mollusken, *in* : K. MÖBIUS, *Beiträge
        z. Meeresfauna d. Insel Mauritius...*, Berlin, p. 209.
1883 *Melampus granifer* TAPPARONE CANEFRI, Fauna Malacologica della
        Nuova Guinea, *Annali Museo Civico di Storia Naturale
        Genova*, XIX, p. 229, n° 225.
1888 *Melampus granifer* HIDALGO, *Journal de Conchyliologie*, p. 42.
1898 *Melampus granifer* KOBELT, Die Familie Auriculacea, *in* : MARTINI
        et CHEMNITZ, *Systemat Conchylien-Cabinet*, 2e édit.,
        p. 215, n° 36, taf. XXV, fig. 13-14.
1909 *Melampus granifer* KOBELT, *Abhandl. d. Senckenberg. Naturforsch.
        Gesellschaft Frankfurt a. M.*, XXXII, p. 94.

La sculpture de cette espèce comprend des stries spirales
très accentuées, assez régulières et, au dernier tour, plus serrées à la base et contre la suture qu'au milieu (1). Ces lignes
spirales sont coupées de stries longitudinales plus fines, irrégulières et obliquement subonduleuses. Le test montre ainsi
une apparence nettement granuleuse qui n'est pas bien ren-
due sur les figures jusqu'ici publiées. Je reproduis (Pl. IV,
fig. 22, 23, et Pl. VII, fig. 1) un exemplaire typique provenant de l'île Maurice.

La coquille est assez nettement glandiniforme; elle possède
7 tours de spire peu convexes (2) séparés par des sutures plus
ou moins nettement crénelées. Les individus de Maurice sont,
en général, plus petits que ceux des îles de l'Océanie : les
premiers mesurent de 9 à 10 millimètres de longueur tandis
que les seconds atteignent jusqu'à 13 millimètres.

Ile Maurice : « Trous d'eau douce » [G. NEVILL, *loc. supra
cit.*, 1878, p. 218];=Sans indication précise de localité [V.
DE ROBILLARD];=Collect. Muséum Histoire naturelle Paris,
exemplaires envoyés par G. NEVILL en 1868.

Découvert à Java par le Doct. ZÖLLINGER [A. MOUSSON, *loc.
supra cit.*, 1849, p. 46], le *Melampus graniferus* Mousson a

(1) Les stries spirales peuvent manquer complètement au milieu du dernier tour; c'est alors le *Melampus semiaratus* Connolly.
(2) Les premiers tours sont très petits et à peine développés en largeur;
le sommet est aigu.

été retrouvé en de nombreuses localités de l'Océanie : îles Philippines [H. Cuming, *in* : L. Pfeiffer, *loc. supra cit.*, 1856, p. 42], Nouvelle-Guinée [J. Raffray, *in* : E. Tapparone Canefri, *loc. supra cit.*, 1833, p. 229], etc...

Melampus corticinus Morelet.

1877 *Melampus corticinus* Morelet, *Journal de Conchyliologie*, XXV, p. 216, n° 5.
1880 *Melampus corticinus* Martens, Mollusken, *in* : K. Möbius, *Beiträge z. Meeresfauna d. Insel Mauritius...*, Berlin, p. 209.
1909 *Melampus corticinus* Kobelt, *Abhandl. d. Senckenberg. Naturforsch. Gesellschaft Frankfurt a. M.*, XXXII, p. 94.

Coquille ovalaire; spire formée de 9 tours peu convexes, le dernier égalant les 7/10 de la longueur totale, atténué à la base; sommet aigu; sutures linéaires; ouverture garnie de trois plis inégaux sur le bord columellaire; bord externe avec une callosité interne pliciforme d'un blanc bleuâtre.

Longueur : 10 millimètres; diamètre maximum : 5 ½ millimètres.

Test solide, gris roussâtre, garni de stries longitudinales *profondes*, *flexueuses*, peu régulières, coupées de *stries spirales plus fines* formant, à leur point d'insertion, des *granulations* prononcées; intérieur de l'ouverture violet.

Cette espèce se rapproche beaucoup, par sa sculpture, du *Melampus graniferus* Mousson (1); elle s'en distingue par sa forme différente, ses tours de spire plus nombreux et sa coloration.

Ile Maurice : E. Liénard, *in* : A. Morelet, *loc. supra cit.*, 1877, p. 216.

Melampus semiplicatus Pease.

1860 *Melampus semiplicatus* Pease, *Proceedings Zoological Society of London*, p. 146.
1869 *Melampus semiplicatus* Pease, *Proceedings Zoological Society of London*, p. 60.
1871 *Melampus semiplicatus* Pease, *Proceedings Zoological Society of London*, p. 477.
1876 *Melampus semiplicatus* L. Pfeiffer, *Monograph. Pneumonopomorum vivent.*, IV, p. 304.
1878 *Melampus semiplicatus* Pease, var.? (distinct species?) Nevill, *Handlist Mollusca Indian Museum Calcutta*, I, p. 218, n° 11.

(1) Cependant la sculpture du *Melampus corticinus* Morelet est plus délicate que celle du *Melampus graniferus* Mousson.

1880 *Melampus semiplicatus* MARTENS, Mollusken, *in* : K. MÖBIUS, *Beiträge z. Meeresfauna d. Insel Maurilius...*, Berlin, p. 209.

1883 *Melampus semiplicatus* TAPPARONE CANEFRI, Fauna Malacologica della Nuova Guinea; *Annali Museo Civico Storia Naturale Genova*, XIX, p. 230, n° 227.

1890 *Melampus semiplicatus* MÖLLENDORFF, *Bericht Senckenberg. Naturforsch. Gesellschaft Frankfurt a. M.*, p. 157.

1898 *Melampus semiplicatus* MARTENS, *Beschalte Weichthiere Deutsch-Ost-Afrik.*, Berlin, p. 264.

1898 *Melampus semiplicatus* KOBELT, Die Familie Auriculacea, *in* : MARTINI et CHEMNITZ, *Systemat. Conchylien-Cabinet*, 2° édit., p. 216, n° 37, taf. XXV, fig. 15-16.

1909 *Melampus semiplicatus* KOBELT, *Abhandl. d. Senckenberg. Naturforsch. Gesellschaft Frankfurt a. M.*, XXXII, p. 94.

Coquille fusiforme ovalaire; spire composée de 12 tours plans séparés par des sutures crénelées; sommet aigu; dernier tour grand, longuement ovalaire, muni d'une carène assez saillante entourant l'ombilic; ouverture subverticale, étroitement ovalaire; bord columellaire garni, à sa partie inférieure, de lamelles saillantes, transverses et comprimées; bord externe avec une callosité interne munie de quatre denticulations petites et enfoncées.

Longueur : 11-12 millimètres; diamètre maximum : 5-6 millimètres.

Test solide, jaunâtre et un peu brillant; intérieur de l'ouverture d'un marron jaunâtre peu foncé.

La sculpture de ce *Melampus* est très particulière. Elle se compose de fines stries longitudinales et de *costules longitudinales saillantes limitées à la partie supérieure des tours de spire*. Ces costules sont très élevées contre les sutures qui sont ainsi fortement crénelées. A l'avant dernier tour on compte une vingtaine de ces plis; il y en a une quinzaine au dernier tour; très saillantes près de la suture elles disparaissent sur la partie médiane pour reparaître, mais fortement atténuées et sur une très petite longueur, à la base du dernier tour, contre la carène ombilicale.

L'animal a été vu et décrit par H. PEASE (1). Il est noirâtre avec des tentacules longs, cylindriques, plus ou moins élargis à leur base et également noirâtres. Il se meut à la façon des Helices.

Ile Maurice : « Trous d'eau douce »[G. NEVILL, *loc. supra cit.*, 1878, p. 218].

----

(1) PEASE (H.), Descriptions of the Animals of certain Genera of Auriculidae; *Proceedings Zoological Society of London*, 28 janvier 1869, p. 60.

Cette espèce de l'Océanie [Nouvelle-Guinée (J. Raffray, *in* : Tapparone Canefri, *loc. supra cit.*, 1883, p. 230), îles Sandwich (H. Pease, *loc. supra cit.*, 1860, p. 146; et : 1869, p. 60)] vit également aux îles Andaman [Dr. F. Stoliczka, *in* : G. Nevill, *loc. supra cit.*, 1878, p. 218]. Enfin elle a été découverte, par le Dr. F. Stuhlmann à l'île de Zanzibar, sur la côte orientale d'Afrique [Dr. F. Stuhlmann, *in* : Dr. E. von Martens, *loc. supra cit.*, 1898, p. 264].

Genre **PEDIPES** (Adanson), de Férussac, 1821 (1).

Pedipes affinis de Férussac.

1821 *Pedipes affinis* de Férussac, *Tableaux systématiques anim. Mollusques*, p. 109, n° 4.
1837 *Pedipes affinis* Beck, *Index Molluscorum*, p. 105.
1856 *Pedipes affinis* Pfeiffer, *Monograph. Auriculaceorum vivent.*, p. 72.
1857 *Pedipes affinis* Pfeiffer, *Catalogue of Auriculidæ British Museum*, p. 54.
1863 *Pedipes affinis* Deshayes, *Catalogue Mollusques Réunion*, p. E. 83, n° 261, pl. X, fig. 5-6.
1874 *Laimodonta affinis* Jickeli, *Fauna d. Land-und Süsswasser-Mollusken Nord-Ost-Afrika's*, p. 181, n° 116, taf. VII, fig. 6.
1876 *Pedipes affinis* Pfeiffer, *Monograph. Pneumonopomorum vivent.*, IV, p. 334.
1877 *Pedipes affinis?* Liénard, *Catalogue Mollusques île Maurice*, p. 58, n° 810.
1878 *Marinula (Laimodonta) affinis* Nevill, *Handlist Mollusca Indian Museum Calcutta*, p. 220, n° 5.
1880 *Marinula (Laimodonta) affinis* Martens, *Mollusken, in* : K. Möbius, *Beiträge z. Meeresfauna d. Insel Mauritius...*, Berlin, p. 208.
1887 *Pedipes affinis* Ancey, *Bulletins Société Malacolog. France*, IV, p. 285.
1889 *Laemodonta affinis* Jousseaume, *Bulletins Société Malacolog. France*, VI, p. 361, n° 40.
1898 *Melampus (Laimodonta) affinis* Kobelt, *in* : Martini et Chemnitz, *Systemat. Conchylien-Cabinet*, 2ᵉ édit., p. 202, n° 20, taf. XXIII, fig. 7-8.
1900 *Pedipes affinis* Kobelt, *loc. supra cit.*, p. 259, n° 7.
1909 *Laimodonta affinis* Kobelt, *Abhandl. d. Senckenberg. Naturforsch. Gesellschaft Frankfurt a. M.*, XXXII, p. 94 et p. 95.
1912 *Pedipes affinis* Connolly, *Annals South African Museum*, XI, part III, p. 230, n° 484.

Coquille de forme ovalaire, ventrue vers le milieu; 4-4 $\frac{1}{2}$ tours de spire, les premiers petits, convexes, séparés par une

____

(1) Férussac (D' A. de). *Tableaux systématiques animaux Mollusques...*, suivis d'un *Prodrome général...*, Paris, 1821, p. 99 et p. 109. [= *Pedipes* Adanson, *Histoire naturelle Sénégal, Mollusques*, 1757, p. 11 (nom pré-linnéen)].

suture nettement marginée; dernier tour très grand formant
environ les 3/4 de la coquille, atténué à la base; ouverture
pyriforme allongée garnie de 4 denticulations : une dent
pariétale très grande, saillante et oblique; deux dents columellaires subégales (l'inférieure généralement un peu plus petite);
une dent sur le bord droit, grande et obtuse, située vers le
milieu, à peu près en face de la dent columellaire supérieure;
péristome avec un bourrelet interne blanc rosé; bord columellaire épaissi, blanc rosé; bord droit bien arqué au voisinage de son insertion supérieure.

Les plus grands individus mesurent :

Longueur : 6-6 1/4-6 $\frac{1}{2}$-7 millimètres.

Diamètre maximum : 3 $\frac{1}{2}$-3 3/4-4-4 millimètres.

Diamètre minimum : 3-3-3-3 1/4 millimètres.

Test épais, solide, marron rougeâtre, principalement au dernier tour (1); premiers tours garnis de stries longitudinales
fines, un peu serrées, obliques, espacées et inégales; dernier
tour avec des stries longitudinales obliquement onduleuses,
serrées et inégales et des stries spirales plus rares et moins
accentuées, surtout visibles près de la suture.

Ile Maurice : Sur la côte : Mont Désert, le Mapou [P. Ca-
rié];=Sans indication de localité : M. Desfetang, 1817, in :
Collect. Muséum Paris;=E. Liénard, *loc. supra cit.*, 1877,
p. 58;=G. Nevill, *loc. supra cit.*, 1878, p. 220.

Ile de La Réunion : L. Maillard, *in* : G. P. Deshayes, *loc.
supra cit.*, 1863, p. E. 83.

Le *Pedipes affinis* de Férussac a encore été signalé aux îles
Seychelles [G. Nevill, *loc. supra cit.*, 1878, p. 220], au Natal
[Burnup, *in* : M. Connolly, *loc. supra cit.*, 1912, p. 230], sur
la côte d'Arabie vis-à-vis de Périm [Dr. F. Jousseaume, *loc.
supra cit.*, 1889, p. 361] et aux îles Andaman [G. Nevill,
loc. supra cit., 1878, p. 220].

(1) Sur l'excellente figuration de cette espèce donnée par G. P. Deshayes
[*loc. supra cit.*, 1863, pl. X, fig. 5-6) le coloris est beaucoup trop clair. Le
ton jaune clair de la figure 5 correspond à celui des individus recueillis
morts et un peu roulés.

Genre **PLECOTREMA** H. et A. Adams, 1853 (1).

Plecotrema octanfracta Jonas.

1845 *Pedipes octanfracta* Jonas, *Zeitschr. für Malakozool.*, p. 169.
1853 *Plecotrema clausa* H. et A. Adams, *Proceedings Zoological Society of London*, p. 121.
1854 *Plecotrema clausa* Pfeiffer, *Novitates Concholog.* I, taf. V, fig. 9-11.
1856 *Plecotrema clausa* Pfeiffer, *Monogr. Auriculaceorum vivent.*, p. 103.
1871 *Plecotrema clausa* Pease, *Proceedings Zoological Society of London*, p. 469.
1872 *Plecotrema octanfracta* Jickeli, *Nachrichtsbl. d. deutschen Malakozool. Gesellschaft*, p. 65.
1876 *Plecotrema octanfracta* Pfeiffer, *Monograph. Pneumonopomorum vivent.*, IV, p. 344.
1878 *Plecotrema clausa* Nevill, *Handlist Mollusca Indian Museum Calcutta*, I, p. 224, n° 7.
1880 *Cassidula (Plecotrema) octanfracta* Martens, Mollusken, *in* : K. Möbius, *Beiträge z. Meeresfauna d. Insel Mauritius...*, Berlin, p. 207.
1899 *Plecotrema clausum* Kobelt, Die Familie Auriculacea, *in* : Martini et Chemnitz, *Systemat. Conchylien-Cabinet*, 2° édit., p. 237, n° 2, taf. XXVII, fig. 7.
1909 *Melampus octanfracta* Kobelt, *Abhandl. d. Senckenberg. Naturforsch. Gesellschaft Frankfurt a. M.*, XXXII, p. 94 et p. 96.

Coquille ovalaire conique, ventrue; spire composée de 8 tours à peine convexes, séparés par des sutures linéaires; dernier tour grand, atténué à la base, avec une carène subobtuse entourant un ombilic étroit; ouverture peu oblique, étroite, subovalaire, anguleuse en haut et en bas, à bords marginaux réunis par une forte callosité blanchâtre ou jaunacée; deux plis pariétaux transverses, comprimés; bord externe fortement épaissi avec deux denticulations internes peu saillantes et enfoncées.

Longueur : 7 millimètres; diamètre maximum : 4 millimètres; hauteur de l'ouverture : 3 3/4 millimètres.

Test solide, épais, brun marron ou roux fauve, garni de stries longitudinales obliques, irrégulières, inégales, coupées de stries spirales subcostulées, saillantes, presque régulières et équidistantes.

C'est peut-être cette espèce que G. P. Deshayes (2) a signalée, avec un point de doute, sous le nom de *Plecotrema striata*

(1) Genre *Plecotrema* H. et A. Adams, *Proceedings Zoological Society of London*, 1853, p. 120; et : *Genera of recent Mollusca*, II, 1855, p. 240.
(2) Deshayes (G. P.). *Catalogue des Mollusques de l'île de La Réunion (Bourbon)*, *in* : L. Maillard, *Notes sur l'île de La Réunion*, Paris, 1863, II, Annexe E, p. 83, n° 262.

Philippi (1) comme ayant été recueillie à l'île de la Réunion par L. MAILLARD (2).

Ile Maurice : G. NEVILL, *loc. supra cit.*, 1878, p. 224.
Ile de La Réunion : L. MAILLARD, *in* : G. P. DESHAYES, *Catalogue Mollusques Réunion*, 1863, p. E. 83. Douteux.

Cette espèce des îles Sandwich vit également en Australie, dans les Indes et aux îles Andaman. Elle a été retrouvée aux îles Seychelles [G. NEVILL, *loc. supra cit.*, 1878, p. 224].

PLECOTREMA EXIGUA H. Adams.

Pl. IV, fig. 18 à 21 et fig. 22, 23 dans le texte.

1827 *Pedipes ringens* DE FÉRUSSAC, *Bulletin universel sciences naturelles*, X, p. 408, n° 64 (*nomen nudum*).
1867 *Plecotrema exigua* H. ADAMS, *Proceedings Zoological Society of London*, p. 307, pl. XIX, fig. 15.
1876 *Plecotrema exigua* PFEIFFER, *Monograph. Pneumonopomorum vivent.*, IV, p. 345.
1878 *Plecotrema exigua* NEVILL, *Handlist Mollusca Indian Museum Calcutta*, I, p. 223, n° 1.
1880 *Cassidula (Plecotrema) exigua* MARTENS, Mollusken, *in* : K. MÖBIUS, *Beiträge z. Meeresfauna d. Insel Mauritius...*, Berlin, p. 207.
1899 *Plecotrema exiguum* KOBELT, Die Familie Auriculacea, *in* : MARTINI et CHEMNITZ, *Systemat. Conchylien Cabinet*, 2° édit., p. 241, n° 6, taf. XXVII, fig. 14.
1909 *Plecotrema exigua* KOBELT, *Abhandl. d. Senckenberg. Naturforsch. Gesellschaft Frankfurt a. M.*, XXXII, p. 94.

Coquille ombiliquée (ombilic en fente profonde), ovalaire conique à sommet mucroné; spire formée de 8 tours à peine convexes, méplans contre les sutures; dernier tour très grand, fortement atténué vers la base, muni d'une crête carénale à sa partie tout à fait inférieure; ouverture peu oblique, assez étroite, subovalaire, anguleuse en haut et en bas, à bords marginaux réunis par une épaisse callosité, garnie de 6 denticulations : 2 dents pariétales médiocres, la supérieure tuberculiforme; une dent columellaire comprimée et subtransverse; trois denticulations, petites (la supérieure très petite) et enfoncées, sur le bord externe; bord columellaire dilaté et réfléchi; péristome épaissi.

(1) C'est le *Plecotrema striata* NUTTALL *in* : PHILIPPI, *Zeitschrift für Malakozool.*, 1846, p. 98 (*Auricula striata*) [= *Plecotrema labrella* H. et A. ADAMS, *Proceedings Zoological Society of London*, 1853. p. 122].
(2) Ce renseignement a été reproduit par le Dr. W. KOBELT (*loc. supra cit.*, XXXII, 1909, p. 95.

Longueur : 6 millimètres; diamètre maximum : 3 ½ millimètres; hauteur de l'ouverture : 2 millimètres.

Test un peu épais, solide, d'un fauve pâle, garni de stries longitudinales médiocres et de fortes stries spirales saillantes, costulées et inégalement espacées.

Ile Maurice : « Trous d'eau douce » [G. NEVILL, *in* : H. ADAMS, *loc. supra cit.*, 1867, p. 307;=G. NEVILL, *loc. supra cit.*, 1878, p. 223].

*
* *

En décrivant les Mollusques terrestres et fluviatiles recueillis par S. RANG, le baron d'A. DE FÉRUSSAC (1) a *nommé*, un certain nombre d'espèces d'*Auriculidae* (2) de l'île Maurice qu'il est impossible d'identifier. Parmi celles-ci se trouve un *Pedipes ringens* de Férussac (3) dont j'ai pu retrouver les types dans les collections du Muséum d'Histoire naturelle de Paris. Ce sont quatre exemplaires d'une petite coquille étiquetés, de la main de d'A. DE FÉRUSSAC, de la manière suivante :

(1) FÉRUSSAC (d'A. de), Catalogue des espèces de Mollusques terrestres et fluviatiles, recueillis par M. Rang, dans un voyage aux Grandes Indes, *Bulletin universel des sciences naturelles*, t. X, Paris, 1827, p. 408.

(2) Ce sont, en suivant l'ordre adopté par d'A. DE FÉRUSSAC (*loc. supra cit.*, 1827, p. 408) :

« n° 60 *Auricula minuta*, nobis. — *Hab.* L'île de France.

« n° 62 *Auricula (an Pedipes ?) faciata*, nob., nov. sp. — *Hab.* L'île de France.

« n° 63 *Pedipes ovulus*, nob., var. — *Hab.* L'île de France.

« n° 64 *Pedipes ringens*, nob. — *Hab.* L'île de France. »

De ces espèces, le *Pedipes ovulus* (type) a été très succinctement décrit par d'A. DE FÉRUSSAC dans ses « *Tableaux systématiques des animaux Mollusques* [1821, p. 109] : « Elle est plus alongée que *l'afra*, lisse et polie, et n'a pas de côte interne sur le bord extérieur de l'ouverture » M. CONNOLLY (Notes on South African Mollusca, *Annals South African Museum*, XIII, part. IV, Avril 1915, p. 116) rapporte, avec beaucoup de doute, le *Pedipes ovulus* de Férussac ou *Marinula xanthostoma* ADAMS (*Proceedings Zoological Society of London*, 1854, p. 35) [= *Marinula cymbaeformis* RÉCLUZ, *in* : ADAMS, *loc. supra cit.*, 1854, p. 35], espèce de l'Australie et de la Tasmanie. Quoiqu'il en soit, la variété indiquée comme ayant été recueillie à l'île Maurice par S. RANG est encore inconnue.

(3) Non *Auricula ringens* DE LAMARCK [Mémoire sur les fossiles des environs de Paris.., *Annales du Muséum Hist. natur.* Paris, t. V, 1804, p. 435, n° 3 (tirés à part, p. 142, n° 3) et VIII, pl. LX, fig. 11, = *Auricula ringens* DESHAYES. *Description Coquilles fossiles environs de Paris*, t. II. Paris, 1824, p. 72, n° 10, pl. VIII, fig. 16-17], espèce fossile du bassin de Paris qui est probablement une *Ringicule*.

« Pedipes ringens nob.

Ile de France,

Rang) et Coll. Richard. »

Deux de ces individus appartiennent manifestement au *Plecotrema exigua* H. Adams. Je figure le mieux conservé (pl. IV, fig. 19) qui mesure seulement 5 ½ millimètres de longueur. La sculpture comporte des stries longitudinales médiocres, inégales, subverticales, coupées de très fortes stries spirales costulées, presque égales et subéquidistantes.

L'ouverture de ces deux specimens montre des détails intéressants.

Les bords marginaux sont réunis par une forte callosité sur laquelle on observe *trois denticulations pariétales* : une supérieure *a* (fig. 22, dans le texte) assez oblique, longue mais

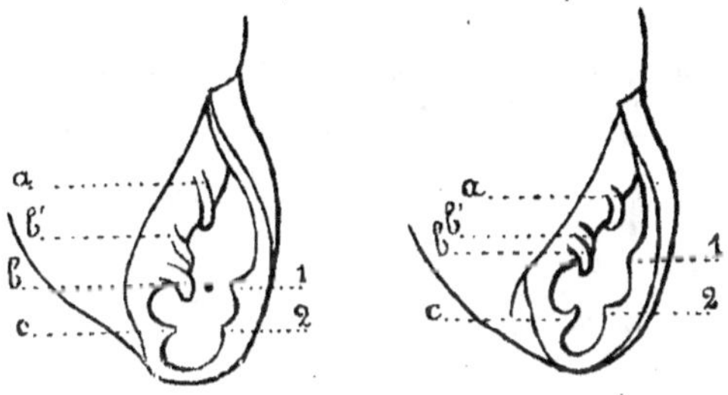

Fig. 22-23. — *Pedipes ringens* de Férussac [= *Plecotrema exigua*. H. Adams]. Ile Maurice [S. Rang]. Schémas montrant les détails de l'ouverture, d'après les cotypes de l'auteur, conservés au Muséum d'Histoire naturelle de Paris ; × 6 environ.

médiocrement saillante ; une seconde *b* bien plus saillante avec, en dessus, une troisième *b'* petite et accolée à la dent *b*. La dent columellaire *c*, située presque à la base de l'ouverture, est triangulaire et très saillante. Enfin, sur le bord externe, se trouvent deux dents médiocrement enfoncées, 1 et 2, la supérieure plus saillante, l'inférieure placée à peu près en face de la dent columellaire.

Le deuxième individu présente le même système de denticulations, mais avec quelques légères différences (Pl. IV, fig. 20). Le péristome est beaucoup plus épaissi et la dent pariétale *b'* est extrêmement petite, à peu près entièrement avortée.

Les deux autres individus nommés *Pedipes ringens* par d'A. DE FÉRUSSAC sont moins typiques. L'un est jeune, et l'autre n'atteint que 4 ½ millimètres de longueur. L'ouverture possède (fig. 23, dans le texte) également trois dents pariétales toutes comprimées et saillantes, les dents *b* et *b'* étant étroitement accolées (1). La dent columellaire *1* est saillante, triangulaire; enfin les dents du bord externe sont bien marquées, peu enfoncées, la supérieure étant un peu plus grande.

Cette ouverture est bien celle du *Plecotrema exigua* H. Adams, mais la forme générale est assez différente (Pl. IV, fig. 18), notamment celle du dernier tour, bien plus régulièrement ovalaire allongé et très atténué à la base (2).

Le test est solide, d'un marron jaunâtre clair, avec la même ornementation sculpturale (3).

PLECOTREMA PARVA H. Adams.

1867 *Cassidula parva* H. ADAMS. *Proceedings Zoological Society of London*, p. 306, pl. XIX, fig. 14.
1876 *Cassidula parva* PFEIFFER, *Monograph. Pneumonopomorum vivent.*, IV, p. 351.
1878 *Cassidula parva* NEVILL, *Handlist Mollusca Indian Museum Calcutta*, I, p. 224, n° 6.
1880 *Cassidula parva* MARTENS, Mollusken, *in* : K. MÖBIUS, *Beiträge z. Meeresfauna der Insel Mauritius...*, Berlin, p. 207.
1898 *Cassidula parva* KOBELT, Die Familie Auriculacea, *in* : MARTINI et CHEMNITZ, *Systemat. Conchylien-Cabinet*, 2° édit., p. 185, n° 18, taf. XXV, fig. 12.

Coquille subperforée, ovalaire, conique; spire formée de 6 tours subconvexes, le dernier très grand, régulièrement ovalaire, atténué à la base, avec une crête carénale médiocre entourant l'ombilic; sommet mucroné; ouverture subverticale, ovalaire, anguleuse en haut, subanguleuse en bas, à bords marginaux réunis par une callosité blanchâtre; un pli pariétal transverse, comprimé; un pli columellaire à peu près parallèle au précédent et sensiblement de même taille; bord externe avec une denticulation médiane un peu saillante; bord columellaire épaissi et dilaté; péristome réfléchi.

---

(1) Ces deux dents *b'* et *b* ainsi étroitement unies pourraient être prises en s'en tenant à un examen superficiel, pour une dent unique bifide.

(2) La forme générale rappelle ainsi celle du *Plecotrema parva* H. Adams (cf. *infra*, p. 260).

(3) Les stries longitudinales sont cependant moins prononcées, mais les stries spirales sont aussi saillantes et subrégulières.

Longueur : 4 millimètres; diamètre maximum : 2 $\frac{1}{2}$ millimètres; hauteur de l'ouverture : 2 millimètres.

Test solide, blanchâtre, jaunacé ou marron clair, garni de stries longitudinales fines et irrégulières et de stries spirales saillantes, subcostulées et à peu près également espacées.

Les caractères de cette espèce, qui rappellent ceux du *Plecotrema exigua* H. Adams, montrent qu'elle doit être classée dans le genre *Plecotrema*.

Ile Maurice : Sur le bord de la mer, à Port-Louis [P. Carié] ; = Port-Louis [G. Nevill, *in* : H. Adams, *loc. supra cit.*, 1867, p. 306; = G. Nevill, *loc. supra cit.*, 1878, p. 224].

Genre **AURICULASTRA** Martens, 1880 (1).

Auriculastra elongata Parreyss.

1844 *Auricula elongata* Parreyss, *in* : Küster, *Auriculacea*, *in* : Martini et Chemnitz, *Systemat. Conchylien-Cabinet*, 2° édit., p. 53, n° 46, taf. VIII, fig. 6-8.
1856 *Auricula elongata* Pfeiffer, *Monograph. Auriculaceorum vivent.*, p. 140.
1860 *Auricula elongata* Morelet. *Séries Conchyliologiques*, II, *Iles Orientales d'Afrique*, p. 93, n° 56.
1880 *Marinula (Auriculastra) elongata* Martens, *Mollusken*, *in* : K. Möbius, *Beiträge z. Meeresfauna d. Insel Mauritius....* Berlin, p. 207.
1909 *Marinula elongata* Kobelt, *Abhandl. d. Senckenberg. Naturforsch. Gesellschaft Frankfurt a. M.*, XXXII, p. 94.
1898 *Auriculastra elongata* Kobelt. *Die Familie Auriculacea*, *in* : Martini et Chemnitz, *Systemat. Conchylien-Cabinet*, 2° édit.. p. 96, n° 2, taf. XV fig. 17-18.

Coquille fusiforme allongée; spire conique, aigue, composée de 8 tours à peine convexes séparés par des sutures linéaires; dernier tour grand, formant plus de la moitié de la longueur totale, longuement ovàlaire, atténué à la base; ouverture oblique, oblongue pyriforme, très étroitement anguleuse en haut, arrondie en bas; bord columellaire obliquement subrectiligne, garni de deux denticulations médiocres, la supérieure plus forte et plus saillante; bord externe subconvexe; péristome médiocrement épaissi et légèrement réfléchi.

Longueur : 14-15 millimètres; diamètre : 5-6 millimètres;

(1) Martens (Dr. E. von). Mollusken, *in* : K. Möbius, *Beiträge zur Meeresfauna d. Insel Mauritius..*, Berlin, 1880, p. 207 [genre *Marinula*, sous genre *Auriculastra*, pour l'*Auricula elongata* Parreyss].

longueur de l'ouverture : 6 $\frac{1}{2}$-7 millimètres; diamètre de l'ouverture : 2-2 1/4 millimètres.

Test corné fauve assez foncé, un peu brillant, garni de stries longitudinales très fines, serrées et inégales.

Ile Maurice : « Les individus de cette espèce, recueillis à l'île Maurice, sont exactement semblables à ceux qui proviennent des îles Sandwich » [E. Vesco, *in* : A. Morelet, *loc. supra cit.*, 1860, p. 93].

L'*Auriculastra elongata* Parreyss est une espèce qui vit aux îles Sandwich.

Auriculastra Nevilli Morelet.

1878 *Auricula*, n. sp. (?) Nevill., *Handlist Mollusca Indian Museum Calcutta*, I, p. 226, n° 10 .

1882 *Auricula Neveillei* Morelet, *Journal de Conchyliologie*, XXX, p. 100, n° 17, pl. IV, fig. 5.

1898 *Auricula nevillei* Kobelt, Die Familie Auriculacea, *in* : Martini et Chemnitz. *Systemat. Conchylien-Cabinet*, 2ᵉ édit., p. 94, n° 19. taf. XV. fig. 7-8.

Coquille subconique allongée; spire aiguë, conique, formée de 8 tours à peine convexes séparés par des sutures linéaires; dernier tour très grand, très longuement ovalaire, formant environ les 3/4 de la coquille; ouverture étroitement pyriforme, très anguleuse en haut: bord columellaire obliquement tronqué avec deux denticulations, la supérieure mince et saillante, l'inférieure très petite et profondément enfoncée; péristome mince, subtranchant.

Longueur : 8 millimètres: diamètre maximum : 3 millimètres: hauteur de l'ouverture : 6 millimètres.

Test d'un corné jaunâtre médiocrement brillant, garni de stries longitudinales fines et peu régulières, coupées de stries spirales excessivement fines.

L'*Auriculastra Nevillei* Morelet est très probablement l'espèce signalée comme nouvelle, dans le *Handlist* de G. Nevill. Il est certainement voisin de l'*Auriculastra elongata* Parreyss, mais sa taille est beaucoup plus petite, son test est plus mince et de coloration moins foncée, ses denticulations aperturales sont disposées un peu différemment et son péristome mince est dépourvu d'épaississement. Par contre la forme générale est la même et les deux espèces comptent 8 tours de spire à peine convexes dont l'enroulement est identique.

Ile Maurice : Sans indication précise de localité [G. Nevill,

loc. supra cit., 1878, p. 226; = G. NEVILL, *in* : A. MORELET,
loc. supra cit., 1882, p. 101].

Genre **CASSIDULA** (de Férussac) Gray, 1847 (1).

CASSIDULA LABRELLA Deshayes.

1821 *Auricula fabula* DE FÉRUSSAC, *Tableaux systématiques*, p. 105, n° 24
     [*nomen nudum*].
1830 *Auricula labrella* DESHAYES, *Encyclopédie méthodique*, Vers, II, p. 92.
1830 *Auricula labrella* DESHAYES, *Revue et Magasin de Zoologie*, p. 14,
     pl. XIV, fig. 1 à 3.
1838 *Auricula labrella* DE LAMARCK. *Hist. natur. animaux sans vertèbres*,
     Éd. II [par G. P. DESHAYES], VIII, p. 337.
1841 *Auricula labrella* KÜSTER, Auricul., *in* : MARTINI et CHEMNITZ, *Syste-
     mat. Conchylien-Cabinet*, 2° édit., p. 22, taf. II, fig. 4-5.
1841 *Auricula Kraussi* KÜSTER, *loc. supra cit.*, p. 24, taf. III, fig. 6-8.
1846 *Cassidula labrella* PFEIFFER, *Synopsis Auricul.*, n° 114.
1848 *Auricula kraussi* KRAUSS, *Südafrikanischen Mollusken*, p. 82.
1854 *Cassidula labrella* PFEIFFER, *Malakozool. Blätter*, p. 145.
1856 *Cassidula labrella* PFEIFFER, *Monograph. Auriculaceorum vivent.*,
     p. 112.
1856 *Cassidula kraussi* PFEIFFER, *Monograph. Auriculaceorum vivent.*,
     p. 113.
1857 *Cassidula labrella* PFEIFFER, *Catalogue of Auriculidae British Museum*,
     p. 86.
1857 *Cassidula Kraussi* PFEIFFER, *Catalogue of Auriculidae British Museum*,
     p. 86.
1874 *Cassidula labrella* JICKELI, *Fauna d. Land-und Süsswasser-Mollusken.
     Nord-Ost-Afrik.*, Dresden, p. 186, n° 119.
1877 *Cassidula labrella* LIÉNARD, *Catalogue Mollusques île Maurice*, p. 58,
     n° 806.
1878 *Auricula Kraussi* SOWERBY, *in* : REEVE, *Conchologia Iconica*, pl. V,
     fig. 32.
1878 *Cassidula labrella* NEVILL, *Handlist Mollusca Indian Museum*, Cal-
     cutta, I, p. 225, n° 8.
1880 *Cassidula labrella* MARTENS, Mollusken, *in* : K. MÖBIUS, *Beiträge z.
     Meeresfauna d. Insel Mauritius...*, Berlin, p. 207.
1889 *Cassidula labrella* JOUSSEAUME, *Bulletins Société Malacologique France*,
     VI, p. 361, n° 43.
1909 *Cassidula labrella* KOBELT, *Abhandl. d. Senckenberg. Naturforsch.
     Gesellschaft Frankfurt a. M.*, XXXII, p. 94.
1912 *Cassidula labrella* CONNOLLY, *Annals South African Museum*, XI, part
     III, p. 231, n° 487.

Les individus recueillis à l'île Maurice ont une taille variant
de 9 à 11 ½ millimètres de longueur, 5 ½ à 7 1/4 millimètres

(1) *Auricula* sous-genre *Cassidula* DE FÉRUSSAC, *Tableaux systématiques
Animaux Mollusques*, Paris, 1821, p. 105 [= *Sidula* GRAY, *in* : TURTON,
Manual of the land and fresh-water Shells of British Islands, 2° édit. par
J. E. GRAY, London, 1840, p. 21; et *Synopsis of the Contents of the British
Museum*, London, p. 70 et p. 91; = *Cassidula* GRAY, *Proceedings Zoological
Society of London*, 1847, p. 175 (non *Cassidula* HUMPHREY) ; = *Rhodostoma*
SWAINSON, *A Treatise on Malacology*, London, 1848, p. 344].

de diamètre maximum et 4 2/3 à 5 3/4 millimètres de diamètre minimum. L'ouverture a de 6 à 7 1/4 millimètres de hauteur pour 3 à 3 ½ millimètres de diamètre.

Le test est fort épais, très solide; il est garni de stries longitudinales médiocres, obliquement subonduleuses, irrégulièrement coupées de stries spirales très accentuées, inégalement
espacées, s'atténuant et s'espaçant au dernier tour. Le péristome, qui est considérablement épaissi, est d'un blanc grisâtre.

Le *Cassidula labrella* Deshayes possède, en général, cinq
denticulations aperturales. Elles sont variables. Les dents
columellaires sont en forme de lamelles recourbées et très saillantes, la dent supérieure toujours plus développée que l'inférieure; la dent pariétale est plus ou moins développée : souvent très petite, elle a parfois manifestement tendance à disparaître; enfin les dents du bord droit de l'ouverture, au
nombre de deux, sont saillantes, mais la supérieure est souvent très petite, à peine visible chez quelques individus.

Ile Maurice : « L'Ile de France, Muséum, n° 303 *bis* » [D'A.
DE FÉRUSSAC, *loc. supra cit.*, 1821, p. 105]; = G. P. DESHAYES,
loc. supra cit., 1830, p. 92; = E. LIÉNARD, *loc. supra cit.*, 1877,
p. 58; = G. NEVILL, *loc. supra cit.*, 1878, *p.* 225; = *In :* Collection Muséum Hist. natur. Paris [G. NEVILL., *leg.*].

Cette espèce vit aussi au Natal [H. C. BURNUP] et au
Cap de Bonne Espérance, notamment dans les environs de
Port-Elizabeth [J. CRAWFORD]. Elle a également été signalée
par le Dr. F. JOUSSEAUME [*loc. supra cit.*, 1889, p. 361] à
Lohëiyah, sur la côte d'Arabie.

Genre **ENTERODONTA** Sykes, 1894 (1).

ENTERODONTA CONICA Pease.

1862 *Laimodonta conica* PEASE, *Proceedings Zoological Society of London,*
    p. 242.
1868 *Laimodonta conica* PEASE, *American Journal of Conchology,* IV, p.
    101, pl. XII. fig. 15.
1871 *Laimodonta conica* MARTENS et LANGKAVEL, *Südsee-Conchylien,* p. 57,
    taf. III, fig. 13.
1874 *Laimodonta Bronni* variété. JICKELI, *Fauna d. Land-und Süsswasser-*

(1) *Enterodonta* SYKES, Note on the value of Laimodonta, *Journal of Malacology*, III, 1894, p. 73 [= *Laimodonta*, auct., nom préoccupé].

>   *Conchylien Nord-Ost-Afrik.*, Dresden, p. 178, taf. VII,
>   fig. 3.
> 1876 *Melampus conicus* Pfeiffer, *Monograph. Pneumonopomorum vivent.*,
>   IV, p. 319.
> 1878 *Marinula (Laimodonta) conica* Nevill, *Handlist Mollusca Indian Mu-*
>   *seum Calcutta*, I, p. 220, n° 4.
> 1880 *Marinula (Laimodonta) conica* Martens, Mollusken, *in* : K. Möbius,
>   *Beiträge z. Meeresfauna d. Insel Mauritius...*, Berlin.
>   p. 208.
> 1882 *Marinula (Laimodonta) conica* Morelet, *Journal de Conchyliologie*,
>   XXX, p. 100, n° 16.
> 1883 *Laimodonta conica* Tapparone Canefri, Fauna Malacologica Nuova
>   Guinea, *Annali Museo Civico Storia Naturale Genova*,
>   XIX, p. 240, n° 243.
> 1898 *Melampus (Laimodonta) conicus* Kobelt, Die Familie Auriculacea,
>   *in* : Martini et Chemnitz, *Systemat. Conchylien-Cabi-*
>   *net*, 2° édit., p. 224, n° 46, taf. XXVI, fig. 14 (1).
> 1909 *Laimodonta conica* Kobelt, *Abhandl. d. Senckenberg. Naturforsch.*
>   *Gesellschaft Frankurt a. M.*, XXXII, p. 96.

Coquille ovalaire conique, allongée; spire conique élevée
composée de 8 tours subconvexes séparés par des sutures profondes; dernier tour grand, ovalaire arrondi; ouverture oblique, auriculiforme oblongue, à bords marginaux réunis par
une forte callosité jaunâtre; deux plis pariétaux parallèles,
subégaux et assez saillants; pli columellaire à peine oblique;
bord externe fortement encrassé avec un seul pli interne submédian, médiocre et assez enfoncé.

Longueur : 7 millimètres; diamètre maximum : 3 millimètres.

Test solide, d'un fauve marron plus ou moins foncé avec,
souvent, une fascie submédiane d'un marron plus foncé que
le reste de la coquille; stries longitudinales médiocres, irrégulières, inégales, coupées de stries spirales plus fortes, un
peu serrées, subrégulières, donnant au test un aspect granuleux.

H. Pease et C. Tapparone Canefri considèrent l'*Entero-*
donta anaaënsis Mousson (2) comme synonyme. Cette dernière
espèce, qui habite les îles Puamotou, est plus ventrue; sa spire
est moins longuement conique, composée de 7 ½ tours nota-

----

(1) Dans cet ouvrage, le Dr. W. Kobelt a également placé (p. 200) cette
espèce en synonymie de l'*Enterodonta Bronni* Philippi [*Zeitschrift für Ma-*
lakozool., 1846, p. 98 (*Auricula Bronni*)].

(2) *Laimodonta Anaaënsis* Mousson, *Journal de Conchyliologie*, XVII, 1869,
p. 63, pl. V, fig. 1. [= *Melampus* (?) *anaaënsis* Pfeiffer, *Monographia*
pneumonopomorum viventium, IV, 1876, p. 320 = *Melampus (Laimo-*
donta) anaaënsis Kobelt, Die Familie Auriculacea, *in* : Martini et Chemnitz. *Systemat. Conchylien-Cabinet*, 2° édit. 1898, p. 228, n° 51, taf.
XXVII, fig. 10-11].

blement plus convexes et sa sculpture est plus accentuée. Il est cependant possible que l'espèce de A. Mousson soit une forme ou une variété locale de l'*Enterodonta conica* Pease.

Ile Maurice : « In Collect. Petit de la Saussaye » [A. Morelet, *loc. supra cit.*, 1882, p. 100]. La présence de cette espèce à l'île Maurice aurait besoin d'être confirmée.

L'*Enterodonta conica* Pease a été découvert aux îles Puamotou [H. Pease, *loc. supra cit.*, 1862, p. 242;=Dr. E. von Martens et Langkavel, 1871, p. 57;=H. Pease, *in* : G. Nevill, *loc. supra cit.*, 1878, p. 220]. Il a été retrouvé depuis à la Nouvelle-Guinée [L. Maria d'Albertis, *in* : C. Tapparone Canefri, *loc. supra cit.*, 1883, p. 240 (1);=(île d'Aru près de la Nouvelle Guinée) Dr. O. Beccari, *id.*, 1883, p. 240]; aux îles Andaman [G. Nevill, *loc. supra cit.*, 1878, p. 220], aux environs de Bombay (Indes anglaises) [S. B. Fairbank, in : G. Nevill, *loc. supra cit.*, 1878, p. 220] et aux îles Seychelles [G. Nevill, *loc. supra cit.*, 1878, p. 220].

Genre **BLAUNERIA** Shuttleworth, 1854 (2).

Blauneria heteroclita Montagu.

1808 *Voluta heteroclita* Montagu. *Testacea Britann.*, *Suppl.* p. 169.
1811 *Voluta heteroclita* Laskey. *Memoirs of the Wernerian Society*, I. p. 398, pl. VIII, fig. 1-2.
1821 *Actaeon heteroclita* Fleming, *Hist. of Brit. anim.*, 1re édit., p. 337.
1840 *Achatina* (?) *pellucida* Pfeiffer. in Wiegmann, *Arch. für Naturg.*, I. p. 252.
1842 *Tornatellina cubensis* Pfeiffer, *Symbol. ad Histor. Helicœor.*, II. p. 130.
1848 *Tornatellina cubensis* Pfeiffer, *Monograph. Helicœor. vivent.*, II, p. 391, n° 3.

(1) Où vit une variété *conicoides* Tapparone Canefri [Fauna Malacologica del'a Nuova Guinea e delle Isole adiacenti, Parte I, Molluschi estramarini, *Annali del Museo Civico di Storia Naturale di Genova*, vol. XIX, Genova, 1883, p. 240] : « Testa majuscula et magis elongata, plicis duabus in labro externo intus ornata ».
(2) *Blauneria* Shuttleworth. Diagnosen neuer Mollusken, n° 6, p. 148 (*Mittheil. d. Naturforsch. Gesellsch. Bern*, 1854) [= *Voluta* (part) Montagu, *Testacea Britannica*, suppl. 1808, p. 169; = *Odostomia* (part) F. Poey, *Memorias sobre la historia natural de la isla de Cuba*, I, 1851, p. 394; = *Odostomia* (part) Shuttleworth, Catalogue of terrestrial and fluviatile Shells of Saint-Thomas, West Indies, *Annals of Lyceum of Natur. Hist. of New-York*, vol. VI, New-York, 1854, p. 74].

1851 *Odostomia? Cubensis* Poey, *Memorias sobre la historia natural de la isla de Cuba*, I, p. 394.

1853 *Tornatellina heteroclita* Forbes et Hanley, *British Mollusc.*, III, p. 526.

1854 *Achatina pellucida* Gould *in* W. G. Binney, *Terrestr. Moll. of North. America*, II, p. 294, pl. LIII, fig. 2.

1854 *Blauneria pellucida* L. Pfeiffer, *Malakozoolog. Blätter*, p. 152.

1854 *Odostomia Cubensis* Shuttleworth, *Annals of Lyceum Natur. History of New-York*, VI, p. 74.

1855 *Oleacina Cubensis* H. et A. Adams, *Genera of recent Mollusca*, II, p. 136.

1856 *Blauneria pellucida* L. Pfeiffer, *Monograph. Auriculaceorum vivent.*, p. 152.

1856 *Blauneria heteroclita* Petit de la Saussaye, *Journal de Conchyliologie*, V, p. 157.

1857 *Blauneria heteroclita* Fischer, *Journal de Conchyliologie*, V, p. 233.

1857 *Blauneria pellucida* L. Pfeiffer, *Catalogue of Auriculidae British Museum*, p. 110.

1858 *Blauneria pellucida* H. et A. Adams, *Genera of recent Mollusca*, II, p. 643, pl. CXXXVIII, fig. 8.

1859 *Blauneria pellucida* W. G. Binney, *Terrestr. Moll. of North-America*, IV, p. 175.

1865 *Blauneria pellucida* W. G. Binney, *Land and Fresh-Water Shells of North-America*, part II, Washington, p. 21, fig. 22.

1865 *Blauneria pellucida* Tryon, *American Journal of Conchology*, IV, p. 10, pl. I, fig. 13.

1876 *Blauneria heteroclita* L. Pfeiffer, *Monograph. Auriculaceorum vivent.*, suppl., p. 368.

1879 *Blauneria heteroclita* Mazé, *Journal de Conchyliologie*, XXXI, p. 27, n° 43.

1880 *Blauneria heteroclita* Fischer et Crosse, *Etudes Mollusques terr. et fluv. Mexique et Guatemala*, II, p. 9, pl. XXXIV, fig. 14-14 a et 14 b, et pl. XXXVI, fig. 1-2-3.

1882 *Blauneria pellucida* Morelet, *Journal de Conchyliologie*, XXX, p. 103, n° 21.

1882 *Blauneria heteroclita* Crosse et Fischer, *Journal de Conchyliologie*, XXX, p. 179, pl. VIII, fig. 8.

1885 *Blauneria heteroclita* Dall, *Proceedings Unit. States National Museum*, p. 287, pl. XII, fig. 6.

1900 *Blauneria heteroclita* Martens, *Land and Freshwater Mollusca, Biologia Centrali-Americana*, p. 563, n° 1.

1900 *Blauneria heteroclita* Kobelt, *Die Familie Auriculacea, in :* Martini et Chemnitz, *Systemat. Conchylien-Cabinet*, 2° édit., p. 260, n° 1, taf. XXXI, fig. 19-20.

Coquille senestre, ovalaire turriculée, acuminée; spire formée de 6 $\frac{1}{2}$ à 7 tours peu convexes, le dernier subcylindrique, sommet ventru à la base, atteignant environ les 2/3 de la hauteur totale de la coquille; sommet légèrement obtus; ouverture étroitement ovalaire, très aiguë en haut, bien arrondie en bas et extérieurement; bord columellaire court, tordu, avec une dent pariétale rentrante, obliquement subtronquée; péristome simple et tranchant.

Longueur totale : 5 millimètres; diamètre maximum :

1 2/3 millimètre; longueur de l'ouverture : 2 millimètres.

Test pellucide, poli, d'un blanc hyalin brillant, garni de stries longitudinales d'une grande ténuité.

L'animal est assez petit, d'un blanc brillant translucide; sa tête large, formant un mufle à lèvres dilatées, porte deux tentacules courts, cylindriques et transparents; le pied est un peu tronqué en avant et légèrement acuminé en arrière (1).

Les Blauneries vivent au bord de la mer, dans la zone de balancement des marées, en compagnie des *Melampus*, des *Pedipes*, des *Truncatella* et, parfois même, des *Rissoia*. L'identité du *Voluta heteroclita* Montagu et du *Blauneria pellucida* Pfeiffer ayant été reconnue, dès 1856, par Shuttleworth (2) il y a lieu de reprendre le nom le plus ancien.

Le *Blauneria heteroclita* Montagu est une coquille très commune aux Antilles (Cuba, La Jamaïque, Haïti, Porto-Rico, La Guadeloupe, Saint-Thomas, etc...); elle est beaucoup plus rare sur le continent voisin où elle est seulement connue en Floride [Hemphill] et, au Mexique, dans l'état de Yucatan [A. Morelet, *in* : P. Fischer et H. Crosse, *loc. supra cit.*, 1880, p. 10]. Elle a été très anciennement introduite en Angleterre, aux environs de Dunbar, peut-être avec des chargements de ballast [Forbes et Haxley, *loc. supra cit.*, 1853, p. 526]. L'espèce a été décrite sur des exemplaires ainsi acclimatés.

A. Morelet est le seul auteur qui ait mentionné cette coquille à l'île Maurice. « J'en ai reçu, en 1877, » dit-il, « plusieurs exemplaires de M. Dupont, ne [différant] en rien, autant qu'il m'est possible d'en juger, du *Blauneria pellucida* des Antilles » [A. Morelet, *loc supra cit.*, 1882, p. 103]. Il est évident que la présence du *Blauneria heteroclita* Montagu à l'île Maurice est due à une introduction accidentelle.

Blauneria gracilis Pease.

1860 *Blauneria gracilis* Pease, *Proceedings Zoological Society of London*,
p. 145.
1869 *Blauneria gracilis* Pease, *Proceedings Zoological Society of London*,
p. 60.

(1) D'après P. Fischer, Observations anatomiques sur des Mollusques peu connus; *Journal de Conchyliologie*, V, Janvier 1857, p. 233.
(2) *In* : Petit de la Saussaye, *Journal de Conchyliologie*, V, 1856, p. 157.

1871 *Blauneria gracilis* MARTENS et LANGKAVEL, *Südseeconchylien*, p. 57,
taf. III, fig. 14.
1876 *Blauneria gracilis* PFEIFFER, *Monograph. Pneumonopomorum vivent.*,
IV, p. 368.
1878 *Blauneria gracilis* NEVILL, *Handlist Mollusca Indian Museum Calcutta*,
I, p. 227, n° 1.
1900 *Blauneria gracilis* KOBELT, Die Familie Auriculacea, *in* : MARTINI et
CHEMNITZ, *Systemat. Conchylien-Cabinet*, 2° édit., p. 262,
n° 3, taf. XXXI, fig. 23.

Coquille senestre, très allongée fusiforme; spire composée
de 7-8 tours presque plans séparés par des sutures superficielles; dernier tour grand, assez convexe; ouverture oblongue,
contractée et anguleuse en haut, subanguleuse à la base; bord
columellaire subarqué, avec une denticulation bien marquée,
subtronquée obliquement; péristome simple et tranchant.

Longueur : 6-8 millimètres; diamètre maximum : 2-2 1/4
millimètres.

Test mince, fragile, semipellucide, corné jaunâtre très clair,
presque transparent, garni de stries longitudinales obliques,
très fines et un peu inégales.

H. PEASE (1) a observé l'animal de cette espèce et l'a trouvé
très différent de celui du *Blauneria heteroclita* Montagu. Cet
animal est petit par rapport à sa coquille; les tentacules sont
courts, un peu gros et rapprochés à leur base; les yeux sont
noirs, placés à la base postérieure des tentacules. Le pied est
petit, court, subarrondi en arrière, tronqué en avant et *divisé
par une ride transversale.* Par ce dernier caractère, le *Blauneria gracilis* Pease s'éloigne beaucoup du *Blauneria heteroclita* Montagu pour se rapprocher des espèces du genre *Leu-
conia.*

Le *Blauneria gracilis* Pease vit au bord de la mer, dans *la
zone de balancement des marées* (1). Il habite les îles Sandwich [H. PEASE, *loc. supra cit.*, 1860, p. 145].

Ile Maurice : « Sous une pierre, dans la baie de Port-Louis
[G. NEVILL, *loc. supra cit.*, 1878, p. 227]. Espèce introduite,
probablement, avec le lest des navires de commerce.

(1) PEASE (H.). Descriptions of the animals of certain Genera of Auriculidæ; *Proceedings Zoological Society of London*, 28 Janvier 1869, p. 60.
(2) H. PEASE (*loc. supra cit.*, 1869, p. 60); «... I have never found *Blauneria gracilis* on the sides or tops of stones where the tide was out, but
around their bases where the water stood in little pools. »

GASTÉROPODES PROSOBRANCHES

TAENIOGLOSSES

Famille des **REALIDAE**

Genre **OMPHALOTROPIS**, L. Pfeiffer, 1851 (1).

Le genre *Omphalotropis* a été créé, par L. Pfeiffer, en 1851 (1) et défini par le même auteur en 1852 (2). Les espèces des îles Mascareignes sont nombreuses. Je les répartis, de la manière suivante, en neuf séries :

§ 1].

Coquille conique, ovalaire allongée; dernier tour caréné; sculpture treillissée :

Omphalotropis major Morelet.

§ 2].

Coquille conique, ovalaire allongée; dernier tour caréné; sculpture composée seulement de stries longitudinales :

Omphalotropis rubens Quoy et Gaimard.

Omphalotropis rubens variété *Moreleti* Deshayes.

Omphalotropis aurantiaca Deshayes.

(1) *Omphalotropis* Pfeiffer, *Zeitschrift für Malakozoolog.*, 1851, p. 176.
(2) Dans les *Proceedings of Zoological Society of London*, Décembre 1852, p. 151 où il caractérise ainsi son nouveau genre : « Testa perforata vel anguste umbilicata, globoso-turbinata vel turrita, circa perforata vel carinata. Apertura ovalis. Peristoma disjunctum, rectum, vel expansum. Operculum tenue corneum, paucispirale ». Déjà, précédemment, L. Pfeiffer *Proceedings Zoological Society of London*, 1852, p. 61] avait introduit le nom d'*Omphalotropis* [« *Cyclostoma plicosum* (*Omphalotropis*)] mais sans description, | = *Realia* Gray, *Catalogue of Phaneropneumona, or terr. opercul. Mollusca Collect. British Museum*, p. 317; *Omphalotropis* Pfeiffer, *Monograph. pneumonopomorum rivent.*, I, 1852, p. 306; II, 1858, p. 154].

Omphalotropis **expansilabris** Pfeiffer.
Omphalotropis **Mobiusi** Martens.
Omphalotropis **albolabris** Möllendorff.

§ 3].

Coquille conique, ovalaire allongée; dernier tour ni comprimé, ni caréné; sculpture composée seulement de stries longitudinales :

Omphalotropis **variegata** Morelet.
Omphalotropis **variegata** variété *subvariegata* Germain.
Omphalotropis **picturata** H. Adams.

§ 4].

Coquille conique, globuleuse; dernier tour ni comprimé, ni caréné; sculpture composée seulement de stries longitudinales :

Omphalotropis **globosa** Benson.
Omphalotropis **Duponti** Nevill.

§ 5].

Coquille globuleuse ovalaire; dernier tour avec une carène médiane médiocre; sculpture comprenant des stries longitudinales et des ponctuations creuses disposées suivant des lignes spirales :

Omphalotropis **Rangi** (de Férussac) Potiez et Michaud.

§ 6].

Coquille subglobuleuse ovalaire; dernier tour arrondi, ni comprimé, ni caréné; sculpture formée de costules longitudinales lamelleuses :

Omphalotropis **plicosa** Pfeiffer.

§ 7].

Coquille ovalaire allongée; sculpture comprenant des stries longitudinales peu accentuées et des côtes spirales élevées, subégales, plus ou moins nombreuses et serrées :

Omphalotropis **multilirata** Pfeiffer.
Omphalotropis **multilirata** variété *littorinula* Crosse.
Omphalotropis **multilirata** variété *Hameli* Crosse.
Omphalotropis **laeniata** Crosse.

§ 8].

Coquille conique allongée; dernier tour caréné; sculpture formée de fortes costules longitudinales élevées, très obliques et irrégulières :

Omphalotropis **Cariei** Germain.

§ 9].

Coquille très allongée turriculée; sculpture formée de stries longitudinales plus ou moins saillantes.

α) dernier tour non caréné :

Omphalotropis hieroglyphica (de Férussac) Potiez et Michaud.

Omphalotropis Caldwelli **Nevill.**

β) dernier tour caréné :

Omphalotropis clavula **Morelet.**

§ I. EURYTROPIS Kobelt et Möllendorff, 1898 (1).

§ 1.

Omphalotropis (Eurytropis) major Morelet.

1866 *Hydrocena major* Morelet, *Revue et magasin de Zoologie*, XVIII, p. 63.

1876 *Hydrocena major* Pfeiffer, *Monograph. Pneumonopomorum vivent.*, IV, p. 229.

1878 *Omphalotropis major* Nevill, *Handlist Mollusca Indian Museum, Calcutta*, I, p. 319, n° 4.

1880 *Omphalotropis major* Martens, Mollusken, *in* : K. Möbius, *Beiträge z. Meeresfauna d. Insel Mauritius...*, Berlin, p. 189.

1898 *Omphalotropis (Eurytropis) major* Kobelt et Möllendorff, *Nachrichtsbl. d. deutsch. Malakozoolog. Gesellsch.*, p. 150.

1909 *Omphalotropis major* Kobelt, *Abhandl. d. Senckenberg. Naturforsch. Gesellsch. Frankfurt a. M.*, XXXII, p. 94.

Coquille ovalaire conique, ombiliquée (ombilic entouré d'une carène filiforme assez saillante); spire formée de 7 tours peu convexes, séparés par des sutures bien marquées; dernier tour grand, subarrondi, avec une carène périphérique peu accentuée; ouverture oblique, subovalaire, anguleuse en haut, à bords marginaux rapprochés et réunis par une callosité plus ou moins marquée.

Les exemplaires recueillis par M. P. Carié sont tous subfossiles; ils ont, par suite, perdu leur coloris qui, d'après A. Morelet, est d'une jaune citron très peu brillant.

La taille varie dans les proportions indiquées au tableau suivant. Le type décrit par A. Morelet mesurait : longueur : 12 millimètres; diamètre maximum : 7 millimètres; hauteur de l'ouverture : 5 $\frac{1}{2}$ millimètres ; diamètre de l'ouverture : 4 millimètres.

---

(1) Kobelt (W.) et Möllendorff (O.). Catalog. der gegenwärtig lebend bekannten Pneumonopomen, *Nachrichtsblatt d. deutschen Malakozoolog. Gesellsch.*, 1898, p. 148.

Longueur totale	Diamètre maximum	Diamètre minimum	Hauteur de l'ouverture	Diamètre de l'ouverture
13 mm.	9 3/4 mm.	7 mm.	6 3/4 mm.	5 mm.
13 —	9 1/4 —	7 —	6 3/4 —	3 3/4 —
12 4/5 —	9 1/4 —	7 3/4 —	7 —	5 —
12 2/3 —	9 1/5 —	7 —	7 —	5 —
12 1/2 —	9 1/4 —	7 —	7 —	4 4/5 —
12 1/2 —	8 4/5 —	6 1/4 —	6 1/2 —	4 3/4 —
12 1/4 —	9 1/4 —	6 1/2 —	6 3/4 —	4 3/4 —
12 1/5 —	9 1/5 —	6 1/2 —	6 3/4 —	4 1/2 —
12 —	9 —	7 —	6 1/2 —	4 1/2 —
11 1/2 —	8 1/4 —	6 —	6 —	4 —
11 1/2 —	7 4/5 —	6 —	5 —	3 3/4 —
11 —	8 1/5 —	6 —	6 1/4 —	4 1/4 —
11 —	8 —	6 —	5 3/4 —	4 —

Le test est épais, solide, crétacé; les premiers tours sont lisses; les autres sont garnis de stries longitudinales obliques, serrées, à peu près équidistantes et régulières sauf à l'extrémité du dernier tour où elles deviennent très inégales. Ces stries longitudinales sont coupées de stries spirales fines, serrées et subégales. Cette sculpture spirale n'est visible que chez de rares échantillons : elle a disparu généralement à la fossilisation et chez de nombreux individus le test est devenu presque entièrement lisse (1).

Ile Maurice : Très nombreux individus subfossiles recueillis à Vacoa, à la Montagne du Pouce, dans la vallée des Prêtres [P. Carié et Thirioux];=« Vacoas » [A. Morelet, *loc. supra cit.*, 1866, p. 63];=Montagne du Pouce (type) et Curepipe (variété) (2) [G. Nevill, *loc. supra cit.*, 1878, p. 319].

§ 2.

Omphalotropis (Eurytropis) rubens Quoy et Gaimard.

1832 *Cyclostoma rubens* Quoy et Gaimard, *Voyage Astrolabe, Zoologie*, II, p. 189, pl. XII, fig. 36-39.
1838 *Cyclostoma rubens* de Lamarck, *Hist. natur. Animaux sans vertèbres*, Édit. II [par G. P. Deshayes], VIII, p. 368.
1847 *Hydrocena* ? *rubens* Pfeiffer, *Zeitschr. für Malakozoolog.*, p. 112.

(1) Par suite de la fossilisation il est souvent difficile de reconnaître les caractères sculpturaux de cette espèce, caractères qui sont ainsi définis par A. Morelet, [*loc. supra cit.*, 1866, p. 63] : «... anfr. 7 planulati, 3 priores roseo-purpurei, ultimus plicato-striatus et liris spiralibus decussatus, interdum granoso-psoricus, versus basim ruditer strigatus... »
(2) Aucune indication n'est fournie sur cette variété restée entièrement inconnue.

1850 *Cyclostoma rubens* PFEIFFER, *Cyclostom., in :* MARTINI et CHEMNITZ,
      Systemat. Conchylien-Cabinet, 2° édit., p. 181, n° 202,
      taf. XXX, fig. 10-12.
1852 *Realia rubens* GRAY, *Catalogue of Phaneropneumona, or terr. oper-*
      cul. Mollusca Collect. British Museum, London, p. 220.
1852 *Omphalotris rubens* PFEIFFER, *Monograph. Pneumonopomorum*
      vivent., I, p. 310.
1852 *Omphalotropis rubens* PFEIFFER, *Proceedings Zoological Society of*
      London, p. 151.
1858 *Hydrocena rubens* PFEIFFER, *Monograph. Pneumonopomorum vivent.,*
      II, p. 167.
1860 *Hydrocena rubens* MORELET, *Séries Conchyliologiques,* II, *Iles Orien-*
      tales d'Afrique, p. 107, n° 80.
1863 *Hydrocena rubens* DESHAYES, *Catalogue Mollusques Réunion,* p. E. 84.
1869 *Hydrocena rubens* BLANFORD, *Annals and Magaz. Natur. Hist. Lon-*
      don; 3° sér., III, p. 340.
1869 *Omphalotropis rubens* PEASE, *Journal de Conchyliologie,* XVII, p. 140,
      n° 2.
1870 *Omphalotropis rubens* NEVILL, *Journal Asiatic Society of Bengal,*
      XXXIX, part II (*Natural History*), Calcutta, p. 415,
      n° 38.
1877 *Omphalotropis rubens* LIÉNARD, *Catalogue Mollusques île Maurice,*
      p. 60, n° 839.
1878 *Omphalotropis rubens* NEVILL, *Handlist Mollusca Indian Museum Cal-*
      cutta, I, p. 319, n° 1.
1880 *Omphalotropis rubens* MARTENS, Mollusken, *in :* K. MÖBIUS, *Beiträge*
      z. Meeresfauna d. Insel Mauritius..., Berlin, p. 188.
1898 *Omphalotropis (Eurytropis) rubens,* KOBELT et MÖLLENDORFF, *Nachri-*
      chtsbl. d. deutsch. Malakozoolog. Gesellsch., p. 151.
1909 *Omphalotropis rubens* KOBELT, *Abhandl. d. Senckenberg. Naturforsch.*
      Gesellsch. Frankfurt a. M., XXXII, p. 94 et p. 95 .

Très répandue à l'île Maurice et même à l'île de La Réunion, cette espèce est très variable, aussi bien quant à sa
forme générale que sous le rapport de son coloris. Ce dernier
est tantôt brun jaunâtre, tantôt jaune clair avec des flammules étroites et des marbrures blanches ou rougeâtres. D'autres fois le test est recouvert d'un épiderme brun marron plus
ou moins foncé qui s'exfolie facilement; la coquille prend
alors une coloration rosée. Les premiers tours sont souvent
d'un rouge vif ou d'un brun foncé. Enfin le test est, soit unicolor, soit diversement orné de marbrures blanchâtres, jaunâtres ou rougeâtres, soit enfin muni, au dernier tour, d'une
ou de deux étroites bandes marron clair placées sur la carène.

La sculpture est aussi variable. Elle se compose de stries
longitudinales généralement bien accusées, irrégulières, un
peu obliques, coupées, au dernier tour, de stries spirales très
fines. Il arrive assez souvent que les stries spirales manquent
complètement ou qu'il n'en subsiste que des vestiges; quant
aux stries longitudinales, elles sont ordinairement plus fortement accentuées, plus irrégulières et obliquement ondu-

leuses vers l'ouverture. Cette dernière est bordée d'un péristome toujours réfléchi mais à un degré très variable.

Ile Maurice : Très commun dans toutes les localités humides, rampant sur les arbustes [P. Carié];= Montagne du
Pouce [Quoy et Gaimard, *loc. supra cit.*, 1832, p. 189];=
sans localité précise [Barclay, *in :* Pfeiffer, *loc. supra cit.*,
1850, p. 181];=« Commun à Bourbon et à Maurice, sur les
arbustes, dans tous les lieux élevés qui conservent de l'humidité [E. Vesco, *in :* A. Morelet, *loc. supra cit.*, 1860, p.
107];=sans localité précise [Liénard, *loc. supra cit.*, 1877,
p. 60;=G. Nevill, *loc. supra cit.*, 1878, p. 319].

Ile de la Réunion : Environs de Saint-Pierre; plaine des
Cafres; assez commun sur les arbustes [Majastre et P. Carié];
=moins commun qu'à l'île Maurice, l'*Omphalotropis rubens*
Quoy et Gaimard a été signalé à l'île de La Réunion par tous
les auteurs que je viens de citer et, en outre, par L. Maillard
[*in :* G. P. Deshayes, *loc. supra cit.*, 1863, p. E. 84].

Variété Moreleti Deshayes.

1863 *Cyclostoma (Hydrocena) Moreleti* Deshayes, *Catalogue Mollusques Réu-
        nion*, p. E. 84, n° 265, pl. X, fig. 7-8.
1869 *Omphalotropis Moreleti* Pease, *Journal de Conchyliologie*, XVII, p. 142,
        n° 7.
1870 *Omphalotropis rubens* variété *Moreleti* Nevill, *Journal Asiatic Society
        of Bengal*, XXXIX, part II [*Natural History*], Calcutta,
        p. 415.
1876 *Omphalotropis Moreleti* Pfeiffer, *Monograph. Pneumonopomorum
        vivent.*, IV, p. 220.
1878 *Omphalotropis rubens* variété *Moreleti* Nevill, *Handlist Mollusca
        Indian Museum Calcutta*, I, p. 319.
1880 *Omphalotropis Moreleti* Martens, *Mollusken, in :* K. Möbius, *Beiträge
        z. Meeresfauna d. Insel Mauritius...*, Berlin, p. 188.
1898 *Omphalotropis (Eurytropis) Moreleti* Kobelt et Möllendorff, *Nachri-
        chtsblatt d. deutschen Malakozool. Gesellschaft*, p. 150.
1909 *Omphalotropis Moreleti* Kobelt, *Abhandl. d. Senckenberg. Naturforsch.
        Gesellschaft Frankfurt a. M.*, XXXII, p. 95.

Coquille conique allongée, ombiliquée (ombilic évasé, semi-
circulaire circonscrit par une angulosité nette mais *non saillante*); spire formée de 7 tours à croissance lente et régulière
séparés par des sutures peu marquées; dernier tour médiocre,
subglobuleux, très nettement anguleux à la périphérie, *mais
non caréné;* ouverture peu oblique; ovalaire peu allongée à
bords assez rapprochés; bord columellaire légèrement élargi.
Longueur : 6 millimètres ; diamètre : 4 millimètres.

Test de coloration variable : « sur un fond d'un jaune pâle ou fauve sont disséminées en plus ou moins grand nombre de fines marbrures ou des ponctuations confuses, tantôt brunâtres, tantôt blanchâtres, plus rarement rougeâtres »; au dernier tour, une bande brune, sur l'angulosité, est continuée contre la suture aux tours supérieurs. Les stries longitudinales sont fines et irrégulières.

L'*Omphalotropis Moreleti* Deshayes n'est bien certainement qu'une *variété locale* de l'*Omphalotropis rubens* Quoy et Gaimard s'en distinguant par sa forme plus atténuée, ses tours de spire un peu moins convexes, sa sculpture plus délicate et sa taille plus faible. De plus, la bande brune du dernier tour est généralement beaucoup mieux marquée (1).

Ile de La Réunion : L. Maillard, *in* : G. P. Deshayes, *loc. supra cit.*, p. E. 84:=G. Nevill, *loc. supra cit.*, 1870, p. 415; =« Salazie » [G. Nevill, *loc. supra cit.*, 1878, p. 319].

Omphalotropis (Eurytropis) aurantiaca Deshayes.

1834 *Cyclostoma aurantiaca* Deshayes, *Voyage Bélanger Indes*, p. 416, pl. I, fig. 16-17.
1836 *Cyclostoma aurantiacum* Th. Müller, *Synopsis testaceorum*, p. 38.
1838 *Cyclostoma aurantiaca* De Lamarck, *Hist. natur. animaux sans vertèbres*, Ed. 2 [par G. P. Deshayes], VIII, p. 373.
1846 *Cyclostoma Belangeri* Pfeiffer, *Zeitschr. für Malakozoolog.*, p. 82.
1847 *Hydrocena* ? *Belangeri* Pfeiffer, *Zeitschr. für Malakozoolog.*, p. 112.
1850 *Cyclostoma Belangeri* Pfeiffer, *Cyclostom.*, *in* : Martini et Chemnitz, *System. Conchylien-Cabinet*, 2° édit., p. 181, n° 201, taf. XXX, fig. 1 à 3.
1852 *Realia aurantiaca* Gray, *Catalogue Phaneropneumona, or terr. opercul. Mollusca Collect. British Museum*, London, p. 220.
1852 *Omphalotropis aurantiaca* Pfeiffer, *Monograph. pneumonopomorum vivent.*. I, p. 309.
1852 *Omphalotropis aurantiaca* Pfeiffer, *Proceedings Zoological Society of London*, p. 151.
1858 *Hydrocena aurantiaca* Pfeiffer, *Monograph. Pneumonopomorum vivent.*. p. 147.

(1) G. Nevill fait remarquer (*loc. supra cit.*, 1870, p. 415) l'analogie de cette variété à bande bien marquée avec une variété analogue (*borbonica*) de l'*Helix similaris* de Férussac : «... the broad brown band round the whorls as very striking and are nearly always more or less present, the Bourbon typical form also often possesses them, though not so generally; at Mauritius, on the contrary, the striped variety, is very rare indeed, in this respect presenting a remarkable analogy to Helix similaris of which Deshayes has also made a species from an extreme form... which may well be compared with his O. Moreleti in their relationship to their respective type forms.»

1869 *Omphalotropis aurantiaca* Pease, *Journal de Conchyliologie*, XVII,
p. 143, n° 11.
1878 *Omphalotropis aurantiaca* Nevill, *Handlist Mollusca Indian Museum*,
Calcutta, I, p. 320, n° 5.
1878 *Omphalotropis aurantiaca* Nevill, *Journal de Conchyliologie*, XXVI,
p. 61, n° 3.
1880 *Omphalotropis aurantiaca* Martens, Mollusken, *in* : K. Möbius, *Beitrage z. Meeresfauna d. Insel. Mauritius...*, Berlin, p. 188.
1898 *Omphalotropis (Eurytropis) aurantiaca* Kobelt et Möllendorff, *Nachrichtsbl. d. deutsch. Malakozoolog. Gesellsch.*, p. 148.
1909 *Omphalotropis aurantiaca* Kobelt, *Abhandl. d. Senckenberg. Naturforsch. Gesellschaft Frankfurt a. M.*, XXXII, fig. 94.

Certainement très voisine de l'*Omphalotropis rubens* Quoy
et Gaimard (1), cette espèce s'en distingue principalement :
Par ses tours de spire relativement convexes et non presque
plans comme chez l'*Omphalotropis rubens* Quoy et Gaimard
et par son dernier tour proportionnellement plus ventru et
moins développé en hauteur. Les deux espèces sont sensiblement de même taille.
Le coloris est également variable. Le plus souvent le test
est jaune au dernier tour, rougeâtre sur les autres, ordinairement d'un jaune pourpré parfois assez vif sur les tours embryonnaires. L'ouverture est intérieurement jaunâtre, fauve
ou rougeâtre; elle est bordée d'un péristome épaissi, subréfléchi, blanc ou rosé.
Le test est médiocrement épais, opaque, ou, quelquefois,
subtransparent; les premiers tours sont presque lisses; les
autres sont garnis de stries longitudinales obliques, très irrégulières, notablement crispées aux sutures et plus ou moins
onduleuses. Au dernier tour ces stries deviennent tout à fait
irrégulières et, souvent, fortes et assez saillantes près de l'ouverture. Elles sont coupées, sur tous les tours, de très délicates stries spirales un peu serrées, inégales et inégalement
espacées.

Ile Maurice : Primitivement découverte dans l'Inde, aux
environs de Pondichéry [Bélanger, *in* : G. P. Deshayes, *loc.
supra cit.*, 1834, p. 416], cette espèce a été indiquée, à l'île
Maurice, sans indication précise de localité, par G. Nevill
[*loc. supra cit.*, 1878, p. 320]. L'espèce signalée, par ce même
auteur [*loc. supra cit.*, 1878, p. 62], aux environs de Port-
Louis (Maurice) se rapporte non seulement à l'*Omphalotropis*

(1) La forme générale est également ovalaire conique, mais plus ventrue
chez l'*Omphalotropis aurantiaca* Deshayes qui possède le même nombre de
tours de spire (6-7) et une ouverture à peu près de même forme.

aurantiaca Deshayes, mais fort probablement aussi à l'*Omphalotropis Rangi* (de Férussac) Potiez et Michaud.

M. P. Carié a recueilli quelques individus de cette espèce
sur les arbustes, aux environs de Curepipe.

Omphalotropis (Eurytropis) expansilabris Pfeiffer.

Pl. III, fig. 8 à 11.

1852 *Cyclostoma expansilabre* Pfeiffer, *Proceedings Zoological Society of
    London*, p. 150, n° 6.
1852 *Omphalotropis expansilabris* Pfeiffer, *Proceedings Zoological Society
    of London*, p. 151.
1852 *Omphalotropis expansilabris* Pfeiffer, *Conspectus*, p. 49, n° 464.
1852 *Realia expansilabris* Gray, *Catalogue of Phaneropneumona, or terr.
    opercul. Mollusca Collect. British Museum*, London,
    p. 223.
1852 *Omphalotropis expansilabris* Pfeiffer, *Monograph. pneumonopomo-
    rum vivent.*, I, p. 312.
1853 *Cyclostoma expansilabris* Pfeiffer, *Cyclostom., in :* Martini et
    Chemnitz, *Systemat. Conchylien-Cabinet*, 2ᵉ édit., p.
    297, n° 296, taf. XXXIX, fig. 17-19.
1858 *Hydrocena expansilabris* Pfeiffer, *Monograph. Pneumonopomorum
    vivent..* p. 167.
1869 *Omphalotropis expansilabris* Pease, *Journal de Conchyliologie*, XVII,
    p. 142, n° 6.
1870 *Omphalotropis expansilabris* Nevill, *Journal Asiatic Society of Bengal*,
    XXXIX, part II (*Natural History*), Calcutta, p. 416,
    n° 40.
1878 *Omphalotropis expansilabris* Nevill, *Handlist Mollusca Indian Museum
    Calcutta*, I, p. 320, n° 6.
1880 *Omphalotropis expansilabris* Martens, Mollusken, *in :* K. Möbius, *Bei-
    träge z. Meeresfauna d. Insel Mauritius...*, Berlin, p. 188.
1898 *Omphalotropis (Eurytropis) expansilabris* Kobelt et Möllendorff,
    Nachrichtsbl. d. deutschen Malakozoolog. Gesellschaft,
    p. 149.
1909 *Omphalotropis expansilabris* Kobelt, *Abhandl. d. Senckenberg. Natur-
    forsch. Gesellschaft Frankfurt a. M.*, XXXII, p. 94
    et 95.

Coquille de petite taille, ovalaire conique, assez étroitement
ombiliquée (ombilic subcirculaire entouré d'une carène filiforme blanchâtre, médiocrement saillante); spire conique en
dessus, formée de 6 tours peu convexes séparés par des sutures bien marquées; sommet subaigu; dernier tour grand, à
peu près aussi convexe dessus que dessous, avec une carène
médiane très étroite, un peu aiguë mais médiocrement saillante, allant en s'atténuant vers le péristome; ouverture légèrement oblique, ovalaire, très anguleuse en haut, bien arrondie en bas et extérieurement, à bords marginaux rapprochés,
convergents et réunis par une faible callosité jaunâtre; bord

columellaire épaissi, élargi, blanc, obliquement arqué; péristome très épaissi, blanc et réfléchi.

Longueur totale	Diamètre maximum	Diamètre minimum	Hauteur de l'ouverture	Diamètre de l'ouverture
5 1/4 mm.	4 mm.	3 mm.	2 2/3 mm.	2 mm.
5 1/4 —	4 —	2 4/5 —	2 4/5 —	2 —
4 1/2 —	3 1/4 —	2 1/2 —	2 —	1 1/2 —
4 1/5 —	3 —	2 1/3 —	2 —	1 1/2 —

Test *épais, solide*, à peine subtransparent, terne, jaune citron avec quelques marbrures jaunacées claires peu distinctes et une étroite fascie marron clair sur la carène médiane du dernier tour visible, par transparence, à l'intérieur de l'ouverture. Cette fascie est parfois continue et se retrouve, à l'avant-dernier tour, contre la suture; elle est, d'autre fois, interrompue et constituée par des traits ou des points. Entre l'ombilic et la carène ombilicale le test présente une tache uniforme de la même couleur marron clair que la fascie. Intérieur de l'ouverture d'un blanc pur, plus rarement un peu jaunâtre. Tours embryonnaires lisses, d'un jaune assez vif et brillant; autres tours garnis de stries longitudinales très délicates, inégales, serrées, obliquement subonduleuses, non atténuées vers l'ombilic — et de quelques rares stries spirales d'une grande ténuité.

Cet *Omphalotropis* est intéressant par son coloris rappelant celui de l'*Omphalotropis taeniata* Crosse; il est principalement caractérisé par son *test épais et solide*, étant donné surtout la taille de la coquille et par son ouverture bordée d'un *péristome très fortement épaissi, largement réfléchi et d'un blanc pur*. Il est cependant possible qu'il soit simplement une forme locale de l'*Omphalotropis rubens* Quoy et Gaimard.

Ile Maurice : Curepipe, sur les arbustes; peu commun [P. CARIÉ]. Sans indication précise de localité [D. BARCLAY, *in* : L. PFEIFFER, 1852, p. 150; et 1853, p. 298];= « Rare, à une grande élévation, rampant sur le sol, dans les bois humides » [G. NEVILL, *loc. supra cit.*, 1870, p. 416];= Montagne du Pouce, Trou aux Cerfs et Savanne [G. NEVILL, *loc. supra cit.*, 1878, p. 320].

Ile de La Réunion : Sur les hauteurs, dans les bois humides [G. Nevill, *loc. supra cit.*, 1870, p. 416]; = Salazie [G. Nevill, *loc. supra cit.*, 1878, p. 320].

Omphalotropis (Eurytropis) Möbiusi Martens.

1880 *Omphalotropis Moebii* Martens. Mollusken, *in* : K. Möbius, *Beiträge z. Meeresfauna d. Insel Mauritius...*, Berlin, p. 189, taf. XIX, fig. 1.

1898 *Omphalotropis (Eurytropis) mobeii* Kobelt et Möllendorff, *Nachrichtsbl. d. deutsch. Malakozoolog. Gesellsch.*, p. 150.

1909 *Omphalotropis moebii* Kobelt, *Abhandl. d. Senckenberg. Naturforsch. Gesellsch. Frankfurt a. M.*, XXXII, p. 94.

Coquille étroitement ombiliquée, de forme ovalaire conique; spire conique, formée de $5\frac{1}{2}$ tours à peine convexes, le dernier grand, un peu plus convexe en dessous qu'en dessus, muni d'une carène médiane filiforme saillante et d'une carène assez saillante entourant l'ombilic; ouverture à peu près verticale, ovalaire subpyriforme, anguleuse en haut; péristome continu, subépaissi, blanchâtre et légèrement réfléchi.

Longueur : 6 millimètres; diamètre : 4 1/4 millimètres; hauteur de l'ouverture : 3 millimètres; diamètre de l'ouverture : 2 1/3 millimètres.

Test unicolor, d'un fauve rougeâtre clair, les deux premiers tours d'un rouge carminé assez vif et brillant; stries longitudinales obliques, subonduleuses, bien accentuées au dernier tour.

Le Dr. E. von Martens dit que son espèce ressemble à l'*Omphalotropis major* Morelet (1), mais qu'elle est considérablement plus petite; elle est, en réalité, beaucoup plus voisine de certaines formes de l'*Omphalotropis rubens* Quoy et Gaimard, dont elle n'est peut-être qu'une variété.

Ile Maurice : Bel Ombre [Dr. K. Möbius, *in* : Dr. E. von Martens, *loc. supra cit.*, 1880, p. 189].

⁂

Omphalotropis (Eurytropis) albolabris Möllendorff.

1897 *Omphalotropis albolabris* Möllendorff, *Nachrichtsbl. d. deutschen Malakozoolog. Gesellschaft*, XXIX, p. 164, n° 1.

1898 *Omphalotropis (Eurytropis) albolabris* Kobelt et Möllendorff, *Nachrichtsblatt d. deutschen Malakozoolog. Gesellschaft*, XXX, p. 148.

(1) *Vide ante*, p. 273.

Coquille ombiliquée (ombilic entouré d'une carène peu saillante), ovalaire conique; spire formée de 6 tours modérément convexes séparés par des sutures profondes et subcanaliculées; dernier tour avec une carène médiane filiforme; ouverture peu oblique, ovalaire, péristome d'un blanc pur.

Longueur : 5 1/4 millimètres; diamètre : 3 $\frac{1}{2}$ millimètres.

Test solide, rougeâtre, marbré de blanc, garni de stries longitudinales très fines.

Cet *Omphalotropis*, qui n'a jamais été figuré, est bien peu connu, la description donnée par le Dr. O. von MöLLENDORFF étant trop sommaire. Il est possible qu'il se rattache à l'*Omphalotropis rubens* Quoy et Gaimard et ne constitue qu'une variété de cette dernière espèce si répandue et dont le polymorphisme est relativement étendu.

Ile Maurice : Sans indication de localité [LAYARD, *in* : Dr. O. von MöLLENDORFF, *loc. supra cit.*, 1897, p. 165].

§ 3.

OMPHALOTROPIS (EURYTROPIS) VARIEGATA Morelet.

1866 *Hydrocena variegata* MORELET, *Revue et Magasin de Zoologie*, XVIII, p. 63.
1876 *Omphalotropis variegata* PFEIFFER, *Monograph. Pneumonopomorum vivent.*, IV, p. 241.
1878 *Omphalotropis variegata* NEVILL, *Handlist Mollusca Indian Museum Calcutta*, I, p. 319, n° 2.
1880 *Omphalotropis variegata* MARTENS, Mollusken, *in* : K. MöBIUS, *Beiträge z. Meeresfauna d. Insel Mauritius...*, Berlin, p. 188.
1898 *Omphalotropis (Eurytropis) variegata* KOBELT et MöLLENDORFF, *Nachrichtsblatt d. deutschen Malakozoolog. Gesellschaft*, p. 151.
1909 *Omphalotropis variegata* KOBELT, *Abhandl. d. Senckenberg. Naturforsch. Gesellschaft Frankfurt a. M.*, XXXII, p. 94.

Coquille ovalaire conique; spire composée de 7 tours, les 6 premiers formant un cône presque régulier, médiocrement convexes, à croissance assez rapide, séparés par des sutures bien marquées; sommet aigu; dernier tour grand, *bien arrondi, ni caréné, ni comprimé à la périphérie*, atténué à la base; ombilic relativement large, subelliptique arrondi, entouré *d'une carène filiforme blanchâtre et saillante*; ouverture un peu oblique, ovalaire subpyriforme, très anguleuse en haut, bien arrondie en bas, à bord marginaux très rapprochés et convergents réunis par une callosité d'un blanc jaunâtre; bord columellaire obliquement arqué, légèrement dilaté et réfléchi; péristome subépaissi et réfléchi.

Longueur : 8-8 $\frac{1}{2}$ millimètres; diamètre maximum : 5-5 $\frac{1}{2}$ millimètres; diamètre minimum : 4-4 1/5 millimètres; hauteur de l'ouverture : 4-4 millimètres; diamètre de l'ouverture : 2 $\frac{1}{2}$-2 $\frac{1}{2}$ millimètres.

Test un peu épais, médiocrement brillant, subopaque; les trois premiers tours rougeâtres, assez vivement colorés et brillants; les autres tours avec, sur un fond jaune rougeâtre clair, des fascies longitudinales en zigzag d'un brun marron plus foncé que le fond et des maculations petites et irrégulières; tours embryonnaires presque lisses; autres tours garnis de stries longitudinales fines, serrées, irrégulières et un peu obliques.

L'*Omphalotropis variegata* Morelet semble très rare à l'état vivant. Par contre, M. P. Carié en a recueilli de nombreux individus subfossiles. Ils sont sensiblement de même taille, puisque les plus grands atteignent 8 3/4 millimètres de longueur maximum, 5 3/4 millimètres de diamètre maximum et 4 $\frac{1}{2}$ millimètres de diamètre minimum; leurs caractères correspondent parfaitement à ceux énumérés ci-dessus et les mieux conservés gardent des traces de l'ornementation picturale qui vient d'être décrite.

Avec cette forme typique, M. P. Carié a recueilli, en assez grande abondance (1), un *Omphalotropis* de taille beaucoup plus grande mais qui, par ailleurs, présente tous les caractères de l'*Omphalotropis variegata* Morelet. Cependant la coquille est, en général, un peu plus élancée avec une ouverture légèrement mieux développée en largeur. La spire se compose également de 7 tours peu convexes dont le dernier est nettement arrondi.

Les plus grands individus mesurent :

Longueur : 11-11 $\frac{1}{2}$ millimètres; diamètre maximum : 7-7 1/4 millimètres; diamètre minimum : 5 $\frac{1}{2}$-5 2/3 millimètres; hauteur de l'ouverture : 5-5 1/4 millimètres; diamètre de l'ouverture : 3 $\frac{1}{2}$-3 3/4 millimètres;

Les plus petits specimens ont encore :

Longueur : 10 millimètres; diamètre maximum : 6 $\frac{1}{2}$ millimètres; diamètre minimum : 5 1/4 millimètres; hauteur de

___

(1) Soit à l'état subfossile, soit à l'état de coquilles mortes.

l'ouverture : 5 millimètres; diamètre de l'ouverture : 3 $\frac{1}{2}$ millimètres.

Quelques exemplaires ont gardé la trace d'une bande spirale infracarénale, probablement marron ou fauve, encore visible, par transparence, à l'intérieur de l'ouverture. Les spécimens recueillis morts et les individus subfossiles sont de même taille.

Je propose de donner, à cette variété, le nom de var, **subvariegata** Germain, *nov. var.* Elle a été recueillie, par M. P. Carié, à Curepipe.

Ile Maurice : Rare à l'état vivant, mais très abondant subfossile dans la vallée des Prêtres, des Pailles et les environs de Curepipe (type et variété *subvariegata* Germain) [P. Carié]; =Vacoa [A. Morelet, *loc. supra cit.*, 1866, p. 63];=Sans localité [G. Nevill, *loc. supra cit.*, 1878, p, 319].

Omphalotropis (Eurytropis) picturata H. Adams.

1867 *Omphalotropis picturata* H. Adams, *Proceedings Zoological Society of London.* p. 306, pl. XIX, fig. 13.
1870 *Omphalotropis picturata* Nevill, *Journal Asiatic Society of Bengal,* XXXIX. part. II [*Natural History*] Calcutta, p. 416, n° 41.
1877 *Omphalotropis picturata?* Liénard. *Catalogue Mollusques île Maurice,* p. 60, n° 840.
1878 *Omphalotropis picturata* Nevill., *Handlist Mollusca Indian Museum Calcutta,* I, p. 320, n° 11.
1880 *Omphalotropis picturata* Martens. Mollusken, *in :* K. Möbius, *Beiträge z. Meeresfauna d. Insel Mauritius...,* Berlin, p. 188.
1898 *Omphalotropis (Eurytropis) picturata* Kobelt et Möllendorff, *Nachrichtsblatt d. deutschen Malakozoolog. Gesellschaft,* p. 150.
1909 *Omphalotropis picturata* Kobelt. *Abhandl. d. Senckenberg. Naturforsch. Gesellschaft Frankfurt a. M.,* XXXII, p. 94 et 95.

L'*Omphalotropis picturata* H. Adams a parfois été considéré comme une variété de l'*Omphalotropis variegata* Morelet. Les deux espèces sont certainement très voisines et peut-être même appartiennent-elles réellement à un même type spécifique; mais la première possède seulement 6 tours de spire; sa taille est plus faible (longueur : 6 millimètres; diamètre : 2 millimètres) et, surtout, *son ombilic est entouré d'une simple angulosité fortement émoussée* et non d'une carène filiforme saillante. C'est principalement ce dernier caractère qui m'incite à considérer l'*Omphalotropis picturata*

H. Adams comme espèce distincte (1). Par ailleurs l'animal, d'après G. Nevill [*in : H. Adams, loc. supra cit.*, 1867, p. 306], est grisâtre avec les côtés d'un brun foncé, le pied est blanc et les tentacules jaunes avec des ponctuations d'un brun sombre.

Ile Maurice : Montagne du Pouce [G. Nevill, *in* : H. Adams, *loc. supra cit.*, 1867, p. 306]; = Montagne du Pouce, Vacoa et Corps de Garde [G. Nevill, *loc. supra cit.*, 1878, p. 320].

Ile de la Réunion : Très rare à l'île de la Réunion, et étroitement localisé [G. Nevill, *loc. supra cit.*, 1870, p. 416; et 1878, p. 320].

§ 4.

Omphalotropis (Eurytropis) globosa Benson.

1852 *Cyclostoma globosum* Benson *in* : Pfeiffer, *Proceedings Zoological Society of London*, p. 151, n°8.
1852 *Omphalotropis globosa* Pfeiffer, *Proceedings Zoological Society of London*, p. 151.
1852 *Omphalotropis globosa* Pfeiffer, *Conspectus*, p. 49, n° 462.
1852 *Realia globosa* Gray, *Catalogue of Phaneropneumona, or terrestr. opercul. Mollusca Collect. British Museum*, London, p. 222.
1852 *Cyclostoma globosum* Pfeiffer, *Monograph. pneumonopomorum vivent.*, I, p. 311.
1853 *Cyclostoma globosum* Pfeiffer, Cyclostom., *in* : Martini et Chemnitz, *Systemat. Conchylien-Cabinet*, p. 296, n° 295, taf. XXIX, fig. 14 16.
1858 *Hydrocena globosa* Pfeiffer, *Monograph. Pneumonopomorum vivent.*, II, p. 164.
1869 *Omphalotropis globosa* Pease, *Journal de Conchyliologie*, XVII, p. 141, n° 3.
1877 *Omphalotropis globosa* Liénard, *Catalogue Mollusques île Maurice*, p. 60, n° 837.
1878 *Omphalotropis globosa* Nevill, *Handlist Mollusca Indian Museum Calcutta*, I, p. 319, n° 3.
1880 *Omphalotropis globosa* Martens, Mollusken, *in* : K. Möbius, *Beiträge z. Meeresfauna d. Insel Mauritius...*, Berlin, p. 188.
1898 *Omphalotropis* Martens, *Seychellen-Mollusken, Mitteil. Zoolog. Sammlung d. Museums f. Naturk.* Berlin, I, part. I, p. 5.
1898 *Omphalotropis (Eurytropis) globosa* Kobelt et Möllendorff, *Nachrichtsblatt. d. deutschen. Malakozoolog. Gesellschaft*, p. 149.
1909 *Omphalotropis globosa* Kobelt, *Abhandl. d. Senckenberg. Naturforsch. Gesellschaft Frankfurt a. M.*, XXXII, p. 94.

(1) Il est cependant possible que l'étude de matériaux plus nombreux conduise à la réunion des deux espèces envisagées ici.

Coquille de forme *globuleuse conique;* spire composée de 6 tours, les 5 premiers constituant un cône presque régulier — assez convexes, à croissance régulière, séparés par des sutures bien marquées; sommet très aigu; dernier tour grand, bien développé en largeur, fortement globuleux convexe, ni caréné ni comprimé, élargi à son extrémité; ombilic de diamètre médiocre, un peu infundibuliforme, entouré d'une carène peu saillante; ouverture suboblique, ovalaire, à bords marginaux très rapprochés et convergents réunis par une mince callosité blanche, bien anguleuse en haut, bien arrondie en bas; bord columellaire obliquement arqué, légèrement dilaté et réfléchi, blanc jaunâtre brillant; péristome simple et tranchant.

Longueur totale	Diamètre maximum	Diamètre minimum	Hauteur de l'ouverture	Diamètre de l'ouverture	Observations
8 1/2 mm.	7 mm.	5 mm.	4 1/4 mm.	3 1/2 mm.	Forme vivante.
8 —	6 1/2 —	4 3/4 —	4 1/4 —	3 3/4 —	
9 —	7 1/4 —	5 1/2 —	4 1/2 —	3 1/2 —	
9 —	7 —	5 1/5 —	4 3/4 —	3 1/2 —	Forme subfossile.
8 1/2 —	7 —	4 3/4 —	4 1/2 —	3 1/3 —	
8 —	5 —	»	4 —	3 1/3 —	D'après L. Pfeiffer.

Test un peu mince, fragile, à peine subtransparent, d'un brun marron assez foncé, les premiers tours pourpres et légèrement brillants, le dernier orné de fascies longitudinales étroites, disposées en zigzag dans une direction subverticale, d'un blanc jaunâtre assez clair (1); tours embryonnaires presque lisses, les autres garnis de stries longitudinales subobliques, inégales, irrégulières, légèrement crispées aux sutures.

Comme on l'observe très souvent chez les espèces de l'île Maurice, les specimens subfossiles sont de taille plus grande que les individus vivants.

Cette espèce, qui semble rare, est bien caractérisée par la forme ventrue globuleuse de son dernier tour qui contraste avec l'aspect régulièrement conique du reste de la spire et par son élégante ornementation picturale.

(1) Les premiers tours sont unicolors; l'avant dernier possède des maculatures blanches peu nombreuses, petites, inégales et disposées sans ordre.

Ile Maurice : Curepipe, très rare vivant, sur les arbres, en compagnie des *Omphalotropis rubens* Quoy et Gaimard, *Omphalotropis aurantiaca* Pfeiffer et *Omphalotropis hiéroglyphicula* de Férussac [P. Carié]; = Quelques individus subfossiles dans les éboulis de la Montagne du Pouce [Thirioux]; = Sans localité : Dr. Barclay, *in* : L. Pfeiffer, *loc. supra cit.*, 1853, p. 296; = E. Liénard, *loc. supra cit.*, 1877, p. 60; = Le Grand Bassin [G. Nevill, *loc. supra cit.*, 1878, p. 319].

Iles Seychelles : Ile Mahé [Dr. A. Brauer, *in* : Dr. E. von Martens, *loc. supra cit.*, 1880, p. 5].

OMPHALOTROPIS (EURYTROPIS) DUPONTI Nevill.

Pl. III, fig. 14 à 16.

1878 *Omphalotropis Dupontiana* Nevill, *Handlist Mollusca Indian Museum Calcutta*, I, p. 320, n° 9.
1880 *Omphalotropis Dupontiana* Martens, Mollusken, *in* : K. Möbius, *Beiträge z. Meeresfauna d. Insel Mauritius...*, Berlin, p. 188.
1881 *Omphalotropis Dupontianus* Nevill, *Journal Asiatic Society of Bengal*, L, part II (*Natural History*), Calcutta, p. 153, pl. VI, fig. 8.
1898 *Omphalotropis (Eurytropis) dupontiana* Kobelt et Mollendorff, *Nachrichtsbl. d. Deutschen Malakozoolog. Gesellschaft*, p. 149.
1909 *Omphalotropis dupontiana* Kobelt, *Abhandl. d. Senckenberg. Naturforsch. Gesellschaft Frankfurt a. M.*, XXXII, p. 94.

Coquille conique *subglobuleuse* à sommet aigu; spire régulièrement conique en dessus, composée de 7 tours assez convexes à croissance assez rapide, séparés par des sutures profondes; dernier tour *ventru globuleux, très régulièrement arrondi; ombilic relativement large et laissant voir une partie de la spire*, entouré d'une carène très saillante; ouverture ovalaire subpyriforme, anguleuse en haut, à peine subanguleuse en bas au point où aboutit la carène ombilicale, à bords marginaux convergents, très rapprochés et réunis par une callosité blanchâtre; péristome épaissi; bord columellaire arqué, un peu dilaté et légèrement réfléchi.

Test ayant perdu, à la fossilisation, son coloris et sa sculpture. On observe cependant, chez quelques individus mieux conservés, des traces de sculpture sur le dernier tour sous forme de stries longitudinales *très régulières*, serrées et peu obliques.

L'*Omphalotropis Duponti* Nevill est une espèce nettement caractérisée par sa forme générale, son dernier tour très régulièrement arrondi convexe et par son ombilic relativement large. Elle montre, quant à la hauteur relative de la spire, un polymorphisme d'ailleurs peu étendu.

Longueur totale	Diamètre maximum	Diamètre minimum	Hauteur de l'ouverture	Diamètre de l'ouverture	Observations
6 1/2 mill.	4 1/2 mill.	3 1/2 mill.	2 1/4 mill.	1 1/2 mill.	
6 1/2 —	4 1/2 —	3 1/2 —	2 1/2 —	2 —	
6 1/2 —	4 —	3 1/3 —	2 1/2 —	1 4/5 —	
6 1/2 —	3 4/5 —	3 1/4 —	2 —	1 2/3 —	
6 mill.	4 mill.	»	»	»	D'après G. Nevill

Ile Maurice : Nombreux exemplaires recueillis subfossiles avec les *Omphalotropis rubens* Quoy et Gaimard, *Omphalotropis Caldwelli* Nevill, etc..., Montagne du Pouce; vallée des Prêtres; Le Corps de Garde [P. Carié et Thirioux]; = subfossile en compagnie des *Tropidophora Caldwelli* Nevill, *Tropidophora scabra* H. Adams, *Tropidophora mauritianensis* H. Adams, *Omphalotropis Caldwelli* Nevill, etc..., dans la terre à une faible profondeur ou sous les gros blocs de pierre, sur les pentes de la Montagne du Pouce (1) [G. Nevill, *loc. supra cit.*, 1881, p. 154]; = Subfossile, montagne du Pouce [G. Nevill, 1878, p. 320].

§ 5.

Omphalotropis (Eurytropis) Rangi (de Férussac) Potiez et Michaud.

Pl. IV, fig. 24 et Pl. VI, fig. 16.

1827 *Cyclostoma Rangii* de Férussac, *Bulletin universel sciences naturelles*, X, p. 409, n° 72 (sans description).
1838 *Cyclostoma Rangii* Potiez et Michaud, *Galerie Mollusques Douai*, I, p. 240, pl. XXIV, fig. 18-19.
1868 *Omphalotropis borbonica* H. Adams, *Proceedings Zoological Society of London*, p. 292, pl. XXVIII, fig. 14.
1870 *Omphalotropis Borbonica* Nevill, *Journal Asiatic Society of Bengal*, XXIX, part II (*Natural History*), Calcutta, p. 415, n° 39.
1878 *Omphalotropis rangii* Nevill, *Handlist Mollusca Indian Museum Calcutta*, I, p. 320, n° 12.

(1) A environ un quart de la distance de la base au sommet.

1880 *Omphalotropis Rangii* MARTENS, Mollusken, *in* : K. MÖBIUS, *Beiträge
z. Meeresfauna d. Insel Mauritius...*, Berlin, p. 189.
1898 *Omphalotropis (Eurytropis) borbonica* KOBELT et MÖLLENDORFF, *Nachrichtsblatt d. deutschen Malakozoolog. Gesellschaft*,
p. 149.
1898 *Omphalotropis (Eurytropis) rangi* KOBELT et MÖLLENDORFF, *loc. supra
cit.*, p. 151.
1909 *Omphalotropis borbonicus* KOBELT, *Abhandl. d. Senckenberg. Naturforsch. Gesellschaft Frankfurt a. M.*, XXXII, p. 95.
1909 *Omphalotropis rangii* KOBELT, *loc. supra cit.*, p. 95.

Coquille ovalaire globuleuse; spire subconique, formée de 6 tours médiocrement convexes séparés par des sutures bien marquées; sommet aigu ou subaigu; dernier tour grand, ventru, à peu près aussi convexe en dessus qu'en dessous, muni d'une carène médiane plus ou moins émoussée et d'une carène filiforme entourant un ombilic profond, étroitement subcirculaire; ouverture suboblique, ovalaire, anguleuse en haut, subanguleuse à la base du bord columellaire; bords marginaux rapprochés, convergents, réunis par une callosité blanche; bord columellaire obliquement subarqué, blanc, très légèrement réfléchi, surtout à la partie supérieure; péristome simple, droit, à peine subépaissi.

Longueur totale	Diamètre maximum	Diamètre minimum	Hauteur de l'ouverture	Diamètre de l'ouverture
7 mm.	4 1/4 mm.	3 3/4 mm.	3 1/2 mm.	2 1/2 mm.
6 1/2 —	4 1/2 —	3 1/2 —	3 1/4 —	2 1/2 —
7 — (1)	4 — (1)	»	»	»

(1) D'après H. ADAMS, *loc, supra cit.*, 1868, p. 292.

Test fauve ou brun jaunâtre assez foncé, *le plus souvent unicolor*, parfois avec de petites maculations jaunâtres disposées en zigzag et très peu visibles (1); tours embryonnaires à peu près lisses, les autres garnis de stries longitudinales subobliques, inégales, irrégulières, bien accentuées au dernier tour, — *et de petites ponctuations creuses disposées suivant des lignes spirales serrées et inégalement espacées*. Ces ponctuations sont inégalement distantes les unes des autres sur

(1) ADAMS (H.), *Descriptions of some new Species of Shells collected by
GEOF. NEVILL, Esq., at Mauritius, the Isle of Bourbon and the Seychelles,
Proceedings Zoological Society of London*, 14 mai 1868, p. 292.

une même ligne spirale; elles sont subégales et visibles au dernier tour, sur toute la surface, même près de l'ombilic.

Cette sculpture est absolument particulière à cette espèce qui ne peut être ainsi confondue avec aucune autre. Elle a été signalée par H. Adams en une courte phrase : « ...testa... sublente minutissime spiraliter punctato-striata... », un peu développée par G. Nevill : « [cette coquille] ...being very minutely, and indistinctly spirally punctated, instead of finely, distinctly, longitudinally striated... (1) ». Je donne (Pl. IV, fig. 24) un cliché de cette remarquable sculpture qui n'avait jamais été figurée.

Si la sculpture de l'*Omphalotropis Rangi* de Férussac en fait une espèce très particulière (2), la forme générale de la coquille rappelle celle de l'*Omphalotropis rubens* Quoy et Gaimard (3). On l'en séparera toujours facilement à ses tours de spire plus convexes, le dernier étant bien plus ventru et muni d'une carène médiane émoussée (4); à son ombilic plus large; à son péristome non réfléchi, etc...

Sur la planche qui accompagne la description de H. Adams cette espèce est mal figurée : la sculpture n'est pas représentée et le coloris très inexact. H. Adams représente une coquille avec des fascies longitudinales en zigzag et des maculations très apparentes; en réalité le test est d'un brun marron plus ou moins sombre, fond sur lequel se distinguent à peine quelques rares macules étroites d'un jaune foncé.

Ile Maurice : Cette espèce n'a été signalée, à l'île Maurice, que par D'A. de Férussac d'après les exemplaires recueillis par S. Rang (5). Cette indication avait besoin d'être confir-

---

(1) Nevill (G.). *Journal Asiatic Society of Bengal*, part II. (*Natural History*) XXXIX, Calcuta, 1870, p. 415.

(2) Lorsque la coquille a perdu son épiderme, cette sculpture est beaucoup plus difficile à discerner; elle est très difficile à voir sur les exemplaires morts depuis longtemps; enfin, même sur les individus frais, elle ne peut être décelée convenablement qu'à un assez fort grossissement (de 20 environ).

(3) Et, notamment, l'aspect des formes de petite taille de l'*Omphalotropis rubens* Quoy et Gaimard.

(4) La carène est, au contraire, assez aiguë chez l'*Omphalotropis rubens* Quoy et Gaimard.

(5) Férussac (D'A de), *loc. supra cit.*, X, 1827, p. 409-410. L'auteur donne les détails suivants sur l'animal de cette espèce (observé par S. Rang) : « M. Rang a observé l'animal de cette jolie coquille... Il est muni de deux tentacules un peu renflés à leurs extrémités; les yeux sont à leur base extérieure comme dans les autres Hélicinés. La tête se termine par un mufle fort allongé, qui se replie avec vivacité, et produit, lorsque l'animal

mée. M. P. Carié a trouvé, à Curepipe, une dizaine d'individus qui établissent, sans contestation possible, que l'*Omphalotropis Rangi* de Férussac appartient bien à la faune de l'île Maurice.

Ile de La Réunion : Environs de Saint-Pierre; Plaine des Cafres [Majastre]; = « Se tient sur les plantes, surtout près des rivières » [S. Rang, in : D'A. de Férussac, *loc. supra cit.*, 1827, p. 409]; = Potiez et G. Michaud, *loc. supra cit.*, 1838, p. 240; = G. Nevill, in : H. Adams, *loc. supra cit.*, 1868, p. 292; = « Assez abondant, dans les bois humides » [G. Nevill, *loc. supra cit.*, 1870, p. 415]; = Salazie [G. Nevill, *loc. supra cit.*, 1878, p, 320].

§ 6.

Omphalotropis (Eurytropis) plicosa Pfeiffer.

Pl. III, fig. 19 à 22.

1852 *Cyclostoma (Omphalotropis) plicosum* Pfeiffer, *Proceedings Zoological Society of London*, p. 61.
1852 *Omphalotropis plicosa* Pfeiffer, *Conspectus Cyclostomaceorum*, p. 49, n° 463.
1852 *Realia plicosa* Gray, *Catalogue of Phaneropneumona, or terr. opercul. Mollusca Collect. British Museum, London*, p. 222.
1852 *Omphalotropis plicosa* Pfeiffer, *Monograph. pneumonopomorum vivent.*, I, p. 311, n° 515.
1853 *Cyclostoma plicosum* Pfeiffer, *Cyclostom.*, in : Martini et Chemnitz, *Systemat. Conchylien-Cabinet*, 2e édit., p. 361, n° 383, taf. XLVI, fig. 41-42.
1858 *Hydrocena plicosa* Pfeiffer, *Monograph. pneumonopomorum vivent.*, II, p. 166.
1859 *Omphalotropis Harpula* Benson, *Annals and Magaz. Natural History, London*, 3e série, III, p. 100.
1865 *Omphalotropis harpula* Pfeiffer, *Monograph. Pneumonopomorum vivent.*, III, p. 178.
1869 *Omphalotropis plicosa* Pease, *Journal de Conchyliologie*, XVII, p. 156.
1869 *Omphalotropis harpula* Pease, *Journal de Conchyliologie*, XVII, p. 141, n° 4.
1878 *Omphalotropis plicosa* Nevill, *Handlist Mollusca Indian Museum Calcutta*, I, p. 320, n° 10.
1880 *Omphalotropis plicosa* Martens, Mollusken,, in : K. Möbius, *Beiträge z. Meeresfauna d. Insel Mauritius...*, Berlin, p. 188.
1898 *Omphalotropis (Eurytropis) plicosa* Kobelt et Möllendorff, *Nachrichtsbl. d. deutschen Malakozoolog. Gesellschaft*, p. 150.

rampe, le même effet que la partie antérieure de certains vers arpenteurs. Lorsque ce mufle est tendu, il paraît en partie recouvert d'un voile arqué, bordé de jaune. Les tentacules sont d'une couleur aurore très vive; tout le reste de l'animal est d'un jaune pâle, un peu sale; il a dans tous les mouvements une grande vivacité... ».

1898 *Omphalotropis (Eurytropis) plicosa* var. *harpula* KOBELT et MÖLLEN-
    DORFF, *loc. supra cit.*, p. 150.
1909 *Omphalotropis plicosa* KOBELT, *Abhandl. d. Senckenberg. Natur-
    forsch. Gesellschaft Frankfurt a. M.*, XXXII, p. 94.

Coquille ovalaire subglobuleuse à sommet aigu; spire conique composée de 5-6 tours peu convexes séparés par des
sutures profondes, subcanaliculées et crénelées; dernier tour
grand, bien arrondi convexe; ombilic médiocre entouré d'une
angulosité peu saillante; ouverture légèrement oblique, ovalaire subpyriforme, très anguleuse en haut, subanguleuse à
la base du bord columellaire, à bords marginaux très rapprochés et convergents réunis par une forte callosité blanche;
péristome continu, un peu épaissi, légèrement réfléchi.
    Longueur : 6-7 1/4 millimètres; diamètre maximum :
4 1/4-5 millimètres; diamètre minimum : 3 ½-4 millimètres;
hauteur de l'ouverture : 3-3 ½ millimètres; diamètre de l'ouverture : 2-2 ½ millimètres.
    Test mince, un peu fragile, corné rougeâtre clair, sub-
transparent; tours embryonnaires lisses; autres tours garnis
de fortes stries costulées, élevées, lamelleuses, obliquement
onduleuses, très serrées les unes contre les autres, saillantes
aux sutures, à peine atténuées, en dessous, près de la carène
entourant l'ombilic.
    Cette espèce, qui semble rare, est parfaitement caractérisée
par sa sculpture qui ne se retrouve chez aucun autre *Omphalotropis* des îles Mascareignes. La forme est subglobuleuse,
souvent un peu ventrue, rappellant celle de l'*Omphalotropis
globosa* Benson.
    L'*Omphalotropis harpula* Benson est certainement syno-
nyme. L'étude attentive des deux diagnoses originales met
ce fait en évidence :

OMPHALOTROPIS PLICOSA	OMPHALOTROPIS HARPULA
Coquille ovalaire conique.	Coquille ovalaire conique.
Spire aiguë, formée de 5 tours séparés par des sutures crénelées.	Spire aiguë formée de 5 tours séparés par des sutures profondes, crénelées et rougeâtres.
Dernier tour arrondi avec carène ombilicale médiocre.	Dernier tour convexe avec carène ombilicale peu accentuée.
Ouverture subverticale, ovalaire.	Ouverture verticale, pyriforme.
Longueur : 6 millimètres.	Longueur : 6 millimètres.
Diamètre : 4 millimètres.	Diamètre : 4 millimètres.
Test assez mince.	Test un peu solide.

    On voit que l'identité est complète — sauf en ce qui concerne le test, plus mince chez l'*Omphalotropis plicosa* Pfeiffer, et qu'il n'y a pas lieu de maintenir l'espèce de W. H. Benson.

Ile Maurice : Environs de Curepipe; une dizaine d'exemplaires [P. Carié]; = Sans indication précise de localité [D. W. Barclay, *in* : W. H. Benson, *loc. supra cit.*, 1859, p. 100] (1); = Moka, Montagne du Pouce, Mont Oriz [G. Nevill, *loc. supra cit.*, 1878, p. 320],

§. 7.

Omphalotropis (Eurytropis) multilirata Pfeiffer.

Pl. III, fig. 12-13.

1852 *Cyclostoma multiliratum* Pfeiffer, *Proceedings Zoological Society of London*, p. 150, n° 7.
1852 *Omphalotropis multilirata* Pfeiffer, *Proceedings Zoological Society of London*, p. 151.
1852 *Omphalotropis multilirata* Pfeiffer, *Monograph. pneumonopomorum vivent.*, I, p. 311.
1852 *Hydrocena multilirata* Pfeiffer, *Monograph. pneumonopomorum vivent.*, II, p. 167.
1852 *Realia multilirata* Gray, *Catalogue of Phaneropneumona, or terr. opercul. Mollusca British Museum, London*, p. 222.
1867 *Omphalotropis costellata* H. Adams, *Proceedings Zoological Society of London*, p. 306, pl. XIX, fig. 12.
1869 *Omphalotropis multilirata* Pease, *Journal de Conchyliologie*, XVIII, p. 141, n° 5.
1876 *Omphalotropis costellata* Pfeiffer, *Monograph. pneumonopomorum vivent.*, IV, p. 220.
1878 *Omphalotropis multilirata* Nevill, *Handlist Mollusca Indian Museum Calcutta*, I, p. 320, n° 13.
1880 *Omphalotropis multilirata* Martens, *Molllusken, in* : K. Möbius, *Beiträge z. Meeresfauna d. Insel Mauritius...*, Berlin, p. 189.
1880 *Omphalotropis costellata* Martens, *loc. supra cit.*, p. 189.
1898 *Omphalotropis (Eurytropis) costellata* Kobelt, et Möllendorff, *Nachrichtsblatt d. deutschen Malakozoolog. Gesellschaft*, p. 149.
1898 *Omphalotropis (Eurytropis) multilirata* Kobelt et Möllendorff, *loc. supra cit.*, p. 150.
1909 *Omphalotropis multilirata* Kobelt, *Abhandl. d. Senckenberg. Naturforsch. Gesellschaft Frankfurt a. M.*, XXXII, p. 94.
1909 *Omphalotropis costellata* Kobelt, *loc. supra cit.*, p. 94.
1909 *Omphalotropis costellatus* Kobelt, *loc. supra cit.*, p. 95.

Le test de cette espèce est assez mince, mais relativement peu fragile; il est soit jaunâtre ou fauve clair unicolor, soit

(1) L. Pfeiffer [*loc. supra cit.*, 1852, p. 61] ne connaissait pas l'habitat de son *Omphalotropis plicosa*.

orné de flammules ou de maculatures rougeâtres ou lie de vin (1).

Les tours embryonnaires paraissent lisses; on y observe, cependant, de très fines stries longitudinales coupées de rares stries spirales encore plus ténues. Les autres tours montrent des côtes spirales élevées, subégales, plus ou moins inégalement espacées, aussi accentuées, au dernier tour, en dessus qu'en dessous où elles restent saillantes jusqu'à la carène ombilicale. Le nombre de ces stries est variable. J'en ai compté, au dernier tour, 14, 16, 16 (1), 17, 18 (2) et la strie médiane, formant carène, est toujours plus saillante que les autres. Ces stries spirales sont coupées de stries longitudinales très fines, serrées, un peu inégales et obliques.

Cette espèce, si caractéristique par sa sculpture, est de taille variable, comme l'indique le tableau suivant :

Longueur totale	Diametre maximum	Diamètre minimum	Hauteur de l'ouverture	Diamètre de l'ouverture
9 2/3 mm.	6 1/2 mm.	5 mm.	4 3/4 mm.	3 1/4 mm
9 1/2 —	6 2/3 —	5 —	5 —	3 1/2 —
9 1/4 —	6 1/4 —	5 —	4 3/4 —	3 —
9 1/5 —	6 2/3 —	4 4/5 —	4 1/2 —	3 —
9 —	6 3/4 —	4 1/2 —	4 1/2 —	3 —
9 —	6 1/4 —	4 3/4 —	4 —	3 —
9 —	5 2/3 —	4 1/4 —	3 3/4 —	2 1/2 —
9 —	5 1/4 —	4 1/5 —	4 —	3 —
8 1/2 —	5 1/2 —	4 1/4 —	4 —	2 2/3 —
10 —	7 —	»	6 — (1)	»

(1) D'après H. Adams, *loc. supra cit.*, 1867, p. 306.

On voit qu'il existe des formes ventrues et d'autre plus ou moins élancées reliées, d'ailleurs, par tous les intermédiaires. Mais, dans tous les cas — à part les différences du rapport $\dfrac{\text{hauteur totale}}{\text{diamètre maximum}}$ —, le galbe reste constant. La spire est

(1) Elles sont alors plus sombres que le fond de la coquille; d'autre fois, au contraire, elles sont notablement moins foncées.

(2) Cet exemplaire possède en outre une autre strie spirale placée entre la carène ombilicale et l'ombilic.

(3) Les stries spirales sont quelquefois plus nombreuses — au dernier tour — en dessous qu'en dessus de la strie formant carène. C'est ainsi qu'on peut compter 9 ou 10 stries spirales en dessous contre 7 ou 8 en dessus.

toujours régulièrement conique en dessus, formée de 7 tours assez peu convexes séparés par de profondes sutures; le sommet est obtus; le dernier tour, bien développé, arrondi convexe, est percé d'un ombilic infundibuliforme; enfin l'ouverture est subpyriforme ovalaire, très anguleuse en haut, bien arrondie en bas, bordée d'un péristome épaissi et médiocrement réfléchi.

L'*Omphalotropis costellata* H. Adams, d'ailleurs exactement figuré — quant à la forme générale (1) — par l'auteur, est certainement synonyme (2).

Ile Maurice : Environs de Port-Louis : Montagne du Pouce; vallée des Pailles; Mont Oriz; nombreux individus subfossiles [P. Carié et Thirioux] = *Ile Maurice*, sans indication de localité [L. Pfeiffer, *loc. supra cit.*, 1852, p. 150; = Mont. du Pouce [G. Nevill, *in* : H. Adams, *loc. supra cit.*, 1867, p. 106; = Mont Oriz [E. Dupont, *in* : G. Nevill, *loc. supra cit.*, 1878, p. 320].

---

(1) La figuration donnée par H. Adams offre une idée très insuffisante de la sculpture de cette espèce.

(2) La description, donnée par L. Pfeiffer, de son *Omphalotropis multilirata*, correspond à une coquille peu adulte mais présentant bien tous les caractères reconnus, par H. Adams, à son *Omphalotropis costellata*. Au reste, afin de permettre la comparaison, je reproduis ci-dessous les diagnoses originales :

<table>
<tr><td>

OMPHALOTROPIS MULTILIRATA
Pfeiffer.

« O. testa perforata, ovato-conica, solidula, liris elevatis acutiusculis, subconfertis mediana et basali validioribus sculpta, opaca, rubello-carnea; spira conica, acutiuscula; anfr. 5 ½, superis subplanis, ultimo convexiore; apertura parum obliqua, angulato-ovali; peristom. simplice, recto, marginibus approximatis, columellari superne emarginato, deorsum dilatata reflexinsculo.

« Long. 8 ½, diam. 5 mill., apert. 4 mill. longa. »

[L. Pfeiffer, *loc. supra cit.*, 1852, p. 150].

</td><td>

OMPHALOTROPIS COSTELLATA
H. Adams.

« O. testa umbilicata, ovato-conica, tenuiuscula, spiraliter costulis filiformis subdistantibus, circa umbilicum remotioribus, superne fere obsoletis munita, pallide carnea, versus apicem rubida, strigis fulguratis rufis picta; spira conica, apice acutiuscula, sutura profunda; anfr. 7, convexinsculis, ultimo rotundato, in umbilico liris aequalibus munito; apertura subverticali, ovali; perist. recto, acuto, marginibus callo tenui junctis, columellari subincrassato, expansinsculo.

« Long 10, diam. 7, apert. 6 mill. longa. »

[H. Adams, *loc. supra cit.*, 1867, p. 306].

</td></tr>
</table>

Variété LITTORINULA Crosse.

1873 *Omphalotropis littorinula* Crosse, *Journal de Conchyliologie*, XXI,
            p. 143, n° 13.
1874 *Omphalotropis littorinula* Crosse, *Journal de Conchyliologie*, XXII,
            p. 238, n° 15, pl. VIII, fig. 10.
1880 *Omphalotropis littorinula* Martens, Mollusken, *in :* K. Möbius, *Bei-
            träge z. Meeresfauna d. Insel Mauritius...*, Berlin,
            p. 189.
1898 *Omphalotropis (Eurytropis) littorinula* Kobelt et Möllendorff, *Nach-
            richtsblatt d. deutschen Malakozoolog. Gesellschaft*,
            p. 96.
1909 *Omphalotropis littorinula* Kobelt, *Abhandl. d. Senckenberg. Natur-
            forsch. Gesellschaft Frankfurt a. M.*, XXXII, p. 96.

Coquille de forme allongée conique, ombiliquée (ombilic
circonscrit par une carène funiculiforme blanchâtre), à sommet suboblus; spire formée de 6 tours à peine convexes séparés par des sutures bien marquées; dernier tour arrondi à
la base, un peu plus petit que la moitié de la hauteur totale;
ouverture subverticale, ovalaire, anguleuse en haut, à bords
marginaux réunis par une mince callosité; bord columellaire réfléchi; péristome subépaissi, brunâtre.

Longueur : 7 millimètres; diamètre 3 $\frac{1}{2}$ millimètres.

Test assez solide, peu brillant, orné de petites maculations
blanchâtres; tours embryonnaires lisses, luisants, violacés;
autres tours garnis de stries spirales assez fines, serrées et
sensiblement égales entre elles.

Il est impossible de séparer spécifiquement cette coquille
de l'*Omphalotropis multilirata* Pfeiffer dont elle se distingue
seulement par sa forme un peu plus grêle et sa sculpture plus
fine et plus régulière (1).

Ile Rodrigue : « Pointe aux Coraux; rare » [A. Desmazures,
in : H. Crosse, *loc. supra cit.*, 1873, p. 143].

Variété HAMELI Crosse (2).

1873 *Omphalotropis Hameliana* Crosse, *Journal de Conchyliologie*, XXI,
            p. 143, n° 14.
1874 *Omphalotropis Hameliana* Crosse, *Journal de Conchyliologie*, XXII,
            p. 239, n° 16, pl. VIII, fig. 11.

____

(1) Encore ce caractère n'a-t-il à peu près aucune valeur, la sculpture
de l'*Omphalotropis multilirata* Pfeiffer étant assez variable, comme il a
été précédemment indiqué.
(2) Espèce dédiée à M. Hamel.

1876 *Omphalotropis hameliana* PFEIFFER, *Monograph. pneumonopomorum vivent.*, IV, p. 223.

1880 *Omphalotropis Hameliana* MARTENS, Mollusken, *in* : K. MÖBIUS, *Beiträge z. Meeresfauna d. Insel Mauritius...*, Berlin, p. 188.

1898 *Omphalotropis (Eurytropis) hameliana* KOBELT et MÖLLENDORFF, *Nachrichtsblatt d. deutschen Malakozoolog. Gesellschaft*, p. 149.

1909 *Omphalotropis hameliana* KOBELT, *Abhandl. d. Senckenberg. Naturforsch. Gesellschaft Frankfurt a. M.*, XXXII, p. 96.

Coquille de forme allongée conique, ombiliquée (ombilic circonscrit par une carène peu saillante) ; spire formée de 6 tours à peine convexes, le dernier arrondi à la base et un peu plus petit que la moitié de la longueur totale de la coquille; ouverture subverticale, ovalaire, anguleuse en haut, à bords marginaux réunis par une mince callosité; bord columellaire légèrement dilaté; péristome à peine épaissi, d'un blanc jaunâtre.

Longueur : 6 ½ millimètres; diamètre maximum : 3 ½ millimètres.

Test un peu mince, blanc jaunâtre, mêlé de brun clair, orné, au dernier tour, d'une zonule inframédiane blanchâtre entourée de brun de chaque côté et visible, par transparence, à l'intérieur de l'ouverture; tours embryonnaires lisses; autres tours garnis de fines stries spirales devenant obsolètes au voisinage de l'ouverture.

Cette coquille, dit H. CROSSE [*loc. supra cit.*, 1874, p. 240] se distingue de l'*Omphalotropis littorinula* Crosse « ...par ses stries spirales plus fines et tendant à disparaître dans le voisinage du bord externe et par la zone blanchâtre, circonscrite de brun, de son dernier tour ». Ces caractères n'ont pas de valeur spécifique. La sculpture de l'*Omphalotropis multilirata* Pfeiffer varie dans des proportions assez étendues : elle devient un peu plus délicate dans la forme nommée *littorinula* par H. CROSSE et s'atténue davantage encore dans la variété *Hameli* Crosse. En réalité il s'agit d'une seule espèce dont la forme représentative, à l'île Rodrigue, est représentée par une variété un peu plus délicate [*littorinula + Hameli*] présentant deux modalités dans l'ornementation sculpturale (1).

Ile Rodrigue : « Pointe aux Coraux, commun » [A. DESMA-

(1) Un mode *attenuatus* [= *littorinula* CROSSE] et un mode *subobsoletus* [= *Hameli* CROSSE].

 zures, *in* : H. Crosse, *loc. supra cit.*, 1873, p. 143, et 1874, p. 239].

**

OMPHALOTROPIS (EURYTROPIS) TAENIATA Crosse.

1873 *Omphalotropis tæniata* Crosse, *Journal de Conchyliologie*, **XXI**, p. 142, n° 12.
1874 *Omphalotropis tæniata* Crosse, *Journal de Conchyliologie*, **XXII**, p. 237, n° 14, pl. VIII, fig. 12.
1876 *Omphalotropis tæniata* Pfeiffer, *Monograph. pneumonopomorum vivent.*, IV, p. 223.
1880 *Omphalotropis tæniata* Martens, Mollusken, *in* : K. Möbius, *Beiträge z. Meeresfauna d. Insel Mauritius....* Berlin, p. 188.
1898 *Omphalotropis (Eurytropis) tæniata* Kobelt et Möllendorff, *Nachrichtsbl. d. deutschen Malakozoolog. Gesellschaft*, p. 151.

Coquille ombiliquée (ombilic circonscrit par une carène funiculiforme blanchâtre), de forme *oblongue conique*; sommet subarrondi; spire formée de 6 tours assez plans, le dernier sensiblement aussi grand que le reste de la coquille, arrondi à la base; ouverture à peine oblique, ovalaire, anguleuse; bords marginaux réunis par une très faible callosité; bord columellaire assez développé; péristome simple et subtranchant.

Longueur : 6 millimètres; diamètre maximum : 3 2/3 millimètres.

Test assez mince, peu luisant, blanchâtre, orné d'une zone spirale brune assez large inframédiane au dernier tour, placée contre la suture et en partie cachée par cette dernière aux tours supérieurs. Tours embryonnaires au nombre de 2 ½, lisses, polis et cornés; autres tours finement striés longitudinalement et ornés de 2 sillons spiraux placés près de la suture, au dernier tour.

Cette espèce, nettement caractérisée par la sculpture et sa coloration, semble rare.

Ile Rodrigue : A. Desmazures, *in* : H. Crosse, *loc. supra cit.*, 1873, p. 143.

§ 8.

OMPHALOTROPIS (EURYTROPIS) CARIEI Germain, *nov. sp.*

Pl. III, fig. 1 à 6.

1918 *Omphalotropis Cariei* GERMAIN, *Bulletin Muséum Hist. natur. Paris,*
XXIV, n° 7, décembre, p. 524.

Coquille ombiliquée (ombilic assez large, presque circulaire, entouré d'une carène très étroite et médiocrement saillante), de forme conique allongée; spire à peu près régulièrement conique en dessus, formée de 7 tours, les deux premiers subconvexes, les autres presque plans, séparés par des sutures linéaires submarginées (par suite de la continuation en dessus, contre la suture, de la carène du dernier tour); sommet aigu; dernier tour grand, à peine convexe, très atténué à la base, muni d'une carène médiane filiforme assez saillante; ouverture peu oblique, subovalaire, très anguleuse en haut, arrondie en bas et extérieurement, à bords marginaux convergents, très rapprochés et réunis par une callosité blanchâtre; bord columellaire presque droit, élargi et subréfléchi, blanchâtre; péristome épaissi, d'un blanc plus ou moins teinté de rose, un peu réfléchi.

Longueur totale	Diamètre maximum	Diamètre minimum	Hauteur de l'ouverture	Diamètre de l'ouverture
7 mm.	4 2/3 mm.	3 2/3 mm.	3 mm.	2 1/4 mm.
6 1/2 —	4 1/5 —	3 1/4 —	3 —	2 1/4 —
6 1/2 —	4 —	3 1/4 —	3 —	2 1/3 —
6 1/4 —	4 1/3 —	3 1/4 —	3 —	2 1/4 —

Test un peu épais, solide, avec quelques traces de coloration : premiers tours rougeâtres et brillants; intérieur de l'ouverture d'un brun rougeâtre.

Tours embryonnaires à peu près lisses; autres tours avec de *fortes costules longitudinales* élevées (1), très irrégulières, inégales, très obliques, inégalement distantes, nullement atténuées, au dernier tour, entre la carène médiane et la carène ombilicale. Entre ces costules se placent quelques stries longitudinales médiocres, mais surtout des stries spirales fines,

(1) Ces costules sont élevées, mais plates et relativement larges.

très irrégulièrement distribuées et parfois absentes sur des étendues de la surface du test relativement considérables.

Cette espèce est une des mieux caractérisées du genre *Omphalotropis*. Elle rappelle, par sa sculpture, l'*Omphalotropis clavula* Morelet, mais ce dernier est tout à fait différent comme forme et comme enroulement des tours de spire (1).

Ile Maurice : Subfossile aux environs de Curepipe [THIRIOUX].

§ 9.

OMPHALOTROPIS (EURYTROPIS) HIEROGLYPHICA (de Férussac) Potiez et Michaud.

Pl. III, fig. 27-28.

Helix hieroglyphica DE FÉRUSSAC, mss. *in Coll. Muséum Paris.*
1838 *Bulimus hieroglyphicus* DE FÉRUSSAC, *in :* POTIEZ et MICHAUD, *Galerie Mollusques Douai,* p. 144, tab. XIV, fig. 21-22.
1846 *Cyclostoma hieroglyphicum* PFEIFFER, *Zeitschrift für Malakozoolog.,* p. 86.
1847 *Hydrocena ? hieroglyphica* PFEIFFER, *Zeitschrift für Malakozoolog.,* p. 112.
1850 *Cyclostoma hierolyphica* PFEIFFER, *Cyclostom., in :* MARTINI et CHEMNITZ, *Systemat. Conchylien-Cabinet,* 2° édit., p. 183, n° 204, taf. XXX, fig. 7-9.
1852 *Realia hieroglyphica* GRAY, *Catalogue of Phaneropneumona, or terr. opercul. Mollusca Bristish Museum,* London, p. 218.
1852 *Omphalotropis hieroglyphica* PFEIFFER, *Monograph. Pneumonopomorum vivent.,* I, p. 306.
1852 *Omphalotropis hieroglyphica* PFEIFFER, *Proceedings Zoological Society of London,* p. 151.
1858 *Hydrocena hieroglyphica* PFEIFFER, *Monograph. Pneumonopomorum vivent.,* II, p. 161.
1868 *Omphalotropis hieroglyphica* PEASE, *Journal de Conchyliologie,* XVII, p. 140, n° 1.
1898 *Omphalotropis (Eurytropis) hieroglyphica* KOBELT et MÖLLENDORFF, *Nachrichtsbl. d. deutschen Malakozoolog. Gesellsch.,* p. 149.

Coquille étroitement perforée, très allongée turriculée; spire formée de 9-9 $\frac{1}{2}$ tours à peine convexes à croissance lente et régulière, séparés par des sutures linéaires assez profondes; dernier tour médiocre, atteignant environ le tiers de la longueur totale de la coquille, subconvexe arrondi, atténué à la base, *non caréné* (2); ombilic étroit, subcirculaire, entouré

----

(1) Peut-être pourrait-on considérer l'*Omphalotropis Cariei* GERMAIN comme une des formes ancestrales de l'*Omphalotropis clavula* Morelet.

(2) Le dernier tour est, quelquefois, subcomprimé à la base, mais il reste *toujours dépourvu de carène.*

d'une carène saillante, mais d'importance variable suivant les individus; ouverture à peine oblique, subpyriforme ovalaire, anguleuse en haut, légèrement subanguleuse en bas, à bords marginaux convergents, un peu éloignés, réunis par une callosité blanchâtre; péristome subépaissi; bord columellaire blanc rosé, légèrement réfléchi.

Longueur totale	Diamètre maximum	Diamètre minimum	Hauteur de l'ouverture	Diamètre de l'ouverture
9 mm.	3 1/2 mm.	3 mm.	2 1/2 mm.	2 mm.
9 —	3 1/3 —	3 —	2 1/2 —	2 —
9 —	3 1/4 —	3 —	2 1/2 —	2 —
8 —	3 1/2 —	3 —	2 1/2 —	2 —
7 2/3 —	2 3/4 —	2 1/2 —	2 —	1 1/2 —

Test corné rougeâtre, brillant, orné de marbrures et d'étroites flammules longitudinales plus ou moins obliques d'un corné jaunâtre, assez solide, peu épais, subtransparent, garni de stries longitudinales très délicates, irrégulières, subobliques et serrées; intérieur de l'ouverture rougeâtre.

Cette espèce, parfaitement caractérisée et assez fidèlement représentée par L. Pfeiffer (1), n'a jamais été signalée par les malacologistes qui se sont occupés de la faune des îles Mascareignes (2). Elle ne paraît cependant pas rare à l'île Maurice où elle vit en compagnie de l'*Omphalotropis rubens* Quoy et Gaimard.

Ile Maurice : Environs de Curepipe, sur les arbustes [P. Carié et Thirioux].

Omphalotropis (Eurytropis) Caldwelli Nevill.

Pl. III, fig. 17-18

1878 *Omphalotropis nov. sp.* Nevill, *Handlist Mollusca Indian Museum Calcutta*, I, p. 320, n° 7.
1881 *Omphalotropis Caldwelliana* Nevill, *Journal Asiatic Society of Bengal*, L, part II (*Natural History*), Calcutta, p. 154, pl. VI, fig. 9.

(1) In : Martini et Chemnitz, *Systemat. Conchylien-Cabinet*, 2° Edit., Nürnberg, 1850, taf. XXX, fig. 7-9. Beaucoup d'auteurs ont signalé cette espèce [C. Pfeiffer, Potiez et Michaud, H. Pease, etc...] en ajoutant : « Habitat inconnu ».

(2) Peut-être a-t-elle été confondue avec l'*Omphalotropis clacula* Mousson.

1898 *Omphalotropis (Eurytropis) caldwelliana* KOBELT et MÖLLENDORFF,
Nachrichtsbl. d. deutsch. Malakozoolog. Gesellsch.,
p. 149.

Coquille de forme allongée turriculée; spire formée de 7
tours à peine convexes à croissance lente et régulière; sommet subaigu; sutures profondes; dernier tour médiocre, *très
arrondi ventru*, à peine atténué à la base; ombilic étroit,
subcirculaire, entouré d'une carène saillante; ouverture subpyriforme ovalaire, médiocrement oblique, anguleuse en haut,
à bords marginaux convergents réunis par une callosité à
peine distincte et souvent absente; péristome subépaissi; bord
columellaire un peu élargi et réfléchi.

Longueur totale	Diamètre maximum	Diamètre minimum	Hauteur de l'ouverture	Diamètre de l'ouverture	Observations
7 1/2 mm.	4 mm.	3 1/4 mm.	2 4/5 mm.	2 mm.	
7 1/4 —	4 —	3 1/5 —	3 —	2 —	
7 1/4 —	3 4/5 —	3 —	2 3/4 —	2 —	
7 —	3 1/3 —	3 —	2 1/2 —	2 —	
6 1/4 —	3 1/2 —	2 4/5 —	2 1/2 —	1 4/5 —	
6 —	3 —	»	»	»	D'après G. NEVILL.

Test plus ou moins brillant et poli laissant voir, à un fort
grossissement, de très fines stries longitudinales subverticales
serrées et inégales.

Cette espèce subfossile se rapproche surtout de l'*Omphalotropis hieroglyphicula* de Férussac, mais s'en distingue par
sa forme moins allongée, sa spire à tours moins nombreux,
son dernier tour *parfaitement arrondi* sans trace d'angulosité
et son ombilic plus large entouré d'une carène plus saillante.

Ile Maurice : Subfossile, avec l'*Omphalotropis Duponti*
Nevill, aux environs de Curepipe et dans les éboulis de la
Montagne du Pouce [P. CARIÉ et THIRIOUX]; = Ile Maurice,
subfossile [G. NEVILL, *loc. supra cit.*, 1878, p. 320]; = Ile
Maurice : « sur la pente de la Montagne du Pouce, subfossile, avec l'*Omphalotropis Duponti* Nevill » [G. NEVILL, *loc.
supra cit.*, 1881, p. 154].

⁂

OMPHALOTROPIS (EURYTROPIS) CLAVULA Morelet.

Pl. III, fig. 7.

1866 *Hydrocena clavula* MORELET, *Revue et Magazin de Zoologie*, XVIII[1],
       p. 63.
1876 *Hydrocena clavula* PFEIFFER, *Monograph. Pneumonopomorum vi-
       vent.*, IV, p. 228.
1877 *Omphalotropis clavulus* LIÉNARD, *Catalogue Mollusques île Maurice*,
       p. 60, n° 836.
1878 *Omphalotropis clavulus* NEVILL., *Handlist Mollusca Indian Museum
       Calcutta*, I, p. 320, n° 8.
1880 *Omphalotropis clavulus* MARTENS, Mollusken, *in* : K. Möbius, *Beiträge
       z. Meeresfauna d. Insel Mauritius...*, Berlin, p. 188.
1898 *Omphalotropis (Eurytropis) clavulus* KOBELT et MÖLLENDORFF, *Nach-
       richtsbl. d. deutsch. Malakozoolog. Gesellsch.*, p. 149.
1909 *Omphalotropis clavula* KOBELT, *Abhandl. d. Senckenberg. Natur-
       forsch. Gesellsch. Frankfurt a. M. XXXII*, p. 94.

Du même groupe que les *Omphalotropis hieroglyphica* (de
Férussac) Potiez et Michaud et *Omphalotropis Caldwelli*
Nevill auxquels il ressemble beaucoup par sa forme très
allongée turriculée, l'*Omphalotropis clavula* Morelet se distingue nettement par son dernier tour médiocrement convexe,
bien atténué à la base, muni d'une *carène filiforme et saillante*,
bien visible jusqu'au péristome. La spire comprend de 7 à 8
tours presque plans séparés par de profondes sutures. L'ouverture est subpyriforme ovalaire, très anguleuse en haut,
bordée par un péristome légèrement épaissi et, parfois, un
peu réfléchi.

Les plus grands individus mesurent de 7 à 7 1/4 millimètres de longueur, 3-3 1/5 millimètres de diamètre maximum et 2 1/3-2 1/4 millimètres de diamètre minimum. Leur
ouverture atteint 2 ½ millimètres de hauteur et 1 3/4 millimètre de diamètre.

Le test rappelle, par son coloris, celui de l'*Omphalotropis
hieroglyphica* (de Férussac) Potiez et Michaud, mais il est
beaucoup plus fortement strié, principalement au dernier
tour : celui-ci est, en dessus de la carène, garni de stries
élevées, presque subcostulées, obliques et légèrement onduleuses; sur la partie infracarénale du dernier tour, ces stries
sont sensiblement atténuées.

En résumé, l'*Omphalotropis clavula* Morelet se rapproche
principalement de l'*Omphalotropis hieroglyphica* (de Férus-

sac) Poliez et Michaud, mais il est un peu moins allongé, son *dernier tour est caréné* et sa sculpture longitudinale est plus fortement marquée. Je représente (pl. III fig. 7) cette espèce qui n'a jamais été figurée.

Ile Maurice : Avec l'*Omphalotropis hieroglyphica* (de Férussac) Poliez et Michaud, sur les arbustes des environs de Curepipe [P. Carié]; subfossile dans les éboulis de la Montagne du Pouce [Thirioux];=« Vacoa » [A. Morelet, *loc. supra cit.*, 1866, p. 63];=« Mont Oriz, Montagne du Pouce, Trou aux Cerfs et Corps de Garde » [G. Nevill, *loc. supra cit.*, 1878, p. 320].

Genre **MASCARIA** Angas, 1878 (1).

Mascaria crocea Sowerby.

1847 *Cyclostoma croceum* Sowerby, *Thesaurus Conchyliorum*, I, p. 150, pl. XXIX, fig. 190-191.

1847 *Megalomastoma croceum* Pfeiffer, *Zeitschrift für Malakozoolog.*, p. 109.

1848 *Cyclostoma croceum* Pfeiffer, *Cyclostom.*, *in* : Martini et Chemnitz, *Systemat. Conchylien-Cabinet*, 2° Ed., p. 164, n° 177, taf. XXIV, fig. 15-16.

1852 *Cyclostoma croceum* Pfeiffer, *Monograph. Pneumonopomorum vivent.*, I, p. 125.

1856 *Megalomastoma (Hainesia) croceum* Pfeiffer, *Malakozoolog. Blätter*, III, p. 120.

1858 *Megalomastoma (Hainesia) croceum* Pfeiffer, *Monograph. Pneumonopomorum vivent.*, II, p. 79.

1876 *Megalomastoma croceum* Morelet, *Journal de Conchyliologie*, XXIV, p. 90.

1878 *Mascaria crocea* Angas, *Proceedings Zoological Society of London*, p. 310.

1880 *Mascaria crocea* Martens, Mollusken, *in* : K. Möbius, *Beiträge z. Meeresfauna d. Insel Mauritius...*, Berlin, p. 188.

1880 *Hainesia crocea* Crosse, *Journal de Conchyliologie*, XXVIII, p. 139, n° 1.

Hainesia crocea Crosse et Fischer, *Hist. Mollusques Madagascar*, *in* : A. Grandidier, *Hist. phys., natur. et polit. Madagascar*, XXV, Atlas (seul paru), pl. XXIV, fig. 7-7a-7b-7c.

(1) *Mascaria* Angas, *Proceedings Zoological Society of London*; 1878, n° 310 [= *Megalomastoma* Guilding (part); = *Hainesia* Pfeiffer, *Monographia Pneumonopomorum viventium*, III (suppl. II), 1865, p. 86 (non *Hainesia* Pfeiffer, *Malakozoolog. Blätter*, III, 1856, p. 120; et *Monographia Pneumonopomorum viventium*, II (suppl. I), 1858, p. 79); = ? *Dacrystoma* Crosse et Fischer, *Journal de Conchyliologie*, XIX, 1871, p. 332 (type : *Dacrystoma arboreum* Crosse et Fischer, espèce de Madagascar qui est, peut-être, génériquement distincte des vrais *Mascaria*); = *Mascaria* Möllendorff, *Nachrichtsblatt d. Deutschen Malakozoolog. Gesellschaft Frankfurt a. M.*, XXIX, 1897, p. 169].

1882 *Mascaria crocea* MORELET, *Journal de Conchyliologie*, XXX, p. 94,
   n° 8.
1897 *Mascaria crocea* MÖLLENDORFF, *Nachrichtsblatt d. Deutschen Malakozoolog. Gesellschaft*, XXIX, p. 170.
1898 *Mascaria crocea* KOBELT et MÖLLENDORFF, *Nachrichtsblatt d. Deutsch.
   Malakozoolog. Gesellschaft*, XXX, p. 154.

La présence de cette espèce à l'île Maurice reste encore douteuse. Elle y fut d'abord signalée par L. PFEIFFER, d'après des
échantillons recueillis par W. H. BENSON. Plus tard, G. F.
ANGAS [*Proceeding Zoological Society of London*, 1878, p.
311], note qu'elle a été recueillie vivante, par DAVID BARCLAY,
sur les collines voisines de la Rivière Noire (Black River) à
l'île Maurice. Elle n'a pas été retrouvée depuis.

Le *Mascaria crocea* Sowerby est commun à Madagascar,
surtout dans la région du sud-est de l'île. Il semble probable
que les exemplaires trouvés à l'île Maurice y auront été accidentellement introduits.

Famille des **CYCLOPHORIDAE**

Genre **LEPTOPOMA** Pfeiffer, 1847 (1).

LEPTOPOMA VITREA Lesson.

Pl. IV, fig. 17.

1826-1833 *Cyclostoma vitrea* LESSON, *Voyage autour du Monde Coquille*,
   p. 346, pl. XIII, fig. 6.
1832 *Cyclostoma lutea* QUOY et GAIMARD, *Voyage autour du Monde de l'Astrolabe, Zoologie*, II, p. 180, pl. XII, fig. 11-12 [non
   LESSON].
1838 *Cyclostoma vitrea* DE LAMARCK, *Hist. natur. animaux sans vertèbres*,
   Ed. 2, [par G. P. DESHAYES], VIII, p. 367.
1843 *Cyclostoma nitidum* SOWERBY, *Proceedings Zoological Society of London*, p. 60.
1847 *Cyclostoma nitidum* SOWERBY, *Thesaurus Conchyl.*, I, p. 133,
   · pl. XXIX, fig. 225-227.
1847 *Cyclostoma vitreum* SOWERBY, *Thesaurus Conchyl.*, I, p. 134,
   pl. XXX, fig. 252.
1847 *Leptopoma nitidum* PFEIFFER, *Zeitschr. für Malakozool.*, p. 108.
1847 *Leptopoma vitreum* PFEIFFER, *Zeitschr. für Malakozool.*, p. 108.
1850 *Cyclostoma nitidum* PFEIFFER, *Cyclostomacea, in :* MARTINI et CHEM-
   NITZ, *Systemat. Conchylien-Cabinet*, 2° Edit., p. 96,
   n° 92, taf. XVI, fig. 10.
1853 *Cyclostoma vitreum* PFEIFFER, *loc. supra cit.*, p. 158, n° 172, taf. XI,
   fig. 24-26 et taf. XXVIII, fig. 16-18.

 (1) *Leptopoma* PFEIFFER, *Zeitschrift für Malakozoolog.*, 1847, p. 108.

1852 *Leptopoma vitreum* PFEIFFER, *Conspectus Cyclostomaceorum*, n° 147.

1852 *Leptopoma vitreum* PFEIFFER, *Monograph. pneumonopomorum vivent.*, I, p. 101.

1852 *Leptopoma vitreum* GRAY, *Catalogue of Phaneropneumona, or terr. opercul. Mollusca Bristish Museum*, London, p. 72.

1852 *Cyclophorus (Leptopoma) vitreus* MÖRCH, *Catal. Conchyl. Yoldi*, I, p. 42.

1854 *Dermatocera vitrea* H. et A. ADAMS, *Genera of recent Mollusca*, II, p. 282, pl. LXXXV; fig. 7-7a-7b.

1858 *Dermatocera vitrea* PFEIFFER, *Monograph. pneumonopomorum vivent.*, II, p. 78.

1859 *Dermatocera vitrea* CHENU, *Manuel de Conchyliologie*, I, p. 488, fig. 3602-3603.

1862 *Leptopoma vitreum* REEVE, *Conchologia Iconica*, pl. III, fig. 15 et pl. VI, fig. 32.

1865 *Dermatocera vitrea* PFEIFFER, *Monograph. pneumonopomorum vivent.*, III, p. 85.

1865 *Dermatocera vitrea* WALLACE, *Proceedings Zoological Society of London*, p. 414.

1867 *Leptopoma vitreum* MARTENS, *Die Preussische Expedition nach Ost-Asien, Die Landschnecken*, p. 143, taf. IV, fig. 2, 4, 5, 6 et 7.

1868 *Dermatocera vitrea* COX, *Monograph. of Australian Land Shells*, Sydney, p. 98, pl. XVI, fig. 2-2a et 3.

1874 *Leptopoma vitreum* TAPPARONE CANEFRI, *Annali Museo Civico Storia Naturale Genova*, VI, p. 563.

1876 *Leptopoma vitreum* TAPPARONE CANEFRI, *Annali Museo Civico Storia Naturale Genova*. IX, p. 290 et p. 299.

1876 *Leptopoma vitreum* PFEIFFER, *Monograph. pneumonopomorum vivent.*, IV, p. 127.

1877 *Leptopoma vitreum* MARTENS, *Monatsber. d. kais. Akad. Wissensch.* Berlin, p. 262.

1878 *Leptopoma vitreum* TAPPARONE CANEFRI, *Bulletin société zoologique France*, p. 274.

1878 *Leptopoma (Dermatocera) vitreum* NEVILL, *Handlist Mollusca Indian Museum Calcutta*, I. p. 281. n° 19.

1883 *Leptopoma vitreum* TAPPARONE CANEFRI, *Fauna malacologica d. Nuova Guinea, Annali Museo Civico Storia Naturale Genova*, XIX, p. 259, n° 262.

1897 *Leptopoma (Leptopoma) vitreum* KOBELT et MÖLLENDORFF, *Nachrichtsbl. d. deutschen Malakozoolog. Gesellschaft*, XXIX, p. 79.

Les exemplaires recueillis par M. P. CARIÉ sont absolument identiques, comme forme et comme taille, à ceux de l'Océanie. Il est facile de s'en convaincre en examinant la figure 12 de la pl. IV, qui représente le plus grand individu provenant de l'île Maurice. Un autre spécimen montre, à la naissance du dernier tour, une vague indication carénale qui disparaît très rapidement.

La taille atteint les dimensions suivantes, très comparables à celles des **individus de Java** :

Longueur totale	Diamètre maximum	Diamètre minimum	Hauteur de l'ouverture	Diamètre de l'ouverture	Observations
17 mm.	16 mm.	10 mm.	10 1/2 mm.	9 1/2 mm.	Ile Maurice.
15 —	15 —	9 —	9 1/2 —	8 1/4 —	
15 —	14 —	9 1/4 —	9 1/2 —	8 1/4 —	Ile de Java.
14 1/2 —	14 1/4 —	9 —	9 —	8 —	

Le test est blanc, brillant, transparent, garni de stries lon-gitudinales très obliques, inégales, fines, coupées de très fines stries spirales subégales et à peu près équidistantes. Le péris-tome est d'un blanc pur brillant.

Ile Maurice : Quelques individus, recueillis sur le bord de la mer, aux environs de Port-Louis, par M. P. Carié.

Il n'est pas douteux que cette espèce océanienne ne soit d'introduction récente à l'île Maurice où elle a sans doute été apportée avec le lest des navires de commerce.

Le *Leptopoma vitrea* Lesson est une espèce très répandue en Océanie où elle présente, parfois, de nombreuses variétés (1). Elle a été signalée à la Nouvelle-Guinée, dans l'archipel Bis-mark, aux îles Moluques, à l'île de Java, aux îles Philippines, à l'île Célèbes, etc..., et jusque dans les régions méridionales de l'île de Formose.

Famille des CYCLOSTOMATIDAE

[=POMLTHDAE B. B. Woodward, 1903.]

Genre CYCLOTOPSIS Blandford, 1864 (2).

CYCLOTOPSIS CONOIDEA Pfeiffer.

1843 *Cyclostoma spurcum* SOWERBY, *Proceedings Zoological Society of London,* p. 60 [non GRATELOUP].
1846 *Cyclostoma conoideum* PFEIFFER, *Zeitschrift für Malakozool.,* p. 44.
1847 *Cyclostoma spurcum* SOWERBY, *Thesaurus Conchyl.,* pl. XXIV, fig. 73-76.

---

(1) C. TAPPARONE CANEFRI (*loc. supra cit.,* 1883, p. 260) établit 8 varié-tés, la plupart basées sur la coloration, pour le *Leptopoma vitrea* Lesson de la Nouvelle-Guinée.
(2) *Cyclotopsis,* BLANFORD, *Annals and Magaz. Natur. History,* London, 1864, p. 342.

1847 *Tropidophora conoidea* PFEIFFER, *Zeitschrift für Malakozool.*, p. 107.
1848 *Cyclostoma conoideum* PFEIFFER, Cyclostom., *in* : MARTINI *et* CHEM-
    NITZ, *Systemat. Conchylien-Cabinet*, 2° Edit., p. 101,
    n° 99, taf. XIII, fig. 19-21.
1852 *Cyclostoma conoideum* PFEIFFER, *Monograph. Pneumonopomorum*
    vivent., I, p. 33.
1864 *Cyclotopsis conoidea* BLANFORD, *Annals and Magazine Natural History*,
    London, 4° série, III, p. 342.
1877 *Cyclostoma cincinnum* MORELET, *Journal de Conchyliologie*, XXV,
    p. 215, n° 4 [non SOWERBY].
1877 *Cyclostoma conoideum* LIÉNARD, *Catalogue Mollusques Ile Maurice*,
    p. 59, n° 822.
1878 *Cyclostoma (Cyclotopsis) conoideum* NEVILL, *Handlist Mollusca In-*
    dian Museum Calcutta, I, p. 308, n° 59.
1880 *Cyclotopsis conoidea* MARTENS, Mollusken, *in* : K. MÖBIUS, *Beiträge*
    z. Meeresfauna d. Insel Mauritius..., Berlin, p. 187.
1882 *Cyclotopsis conoidea* MORELET, *Journal de Conchyliologie*, XXX,
    p. 90, n° 3.
1898 *Cyclotopsis conoidea* KOBELT *et* MÖLLENDORFF, *Nachrichtsblatt* d.
    Deutschen Malakozoolog. Gesellschaft, p. 156.
1909 *Cyclotopsis conoidea* KOBELT, *Abhandl. d. Senckenberg. Naturforsch.*
    Gesellschaft Frankfurt a. M., XXXII, p. 94.

Les individus, d'ailleurs peu nombreux, recueillis à l'île
Maurice par M. P. CARIÉ ont un test assez épais, mais peu
solide, non brillant, jaunacé, avec une étroite fascie spirale
brune inframédiane et quelques traces de fascies supramédianes, presque effacées. Les tours embryonnaires sont subglobuleux et garnis seulement de rares stries longitudinales
d'une grande ténuité; les autres tours montrent de petites
costules spirales subégales, presque équidistantes, assez saillantes et serrées, à peine atténuées en dessous et des stries
longitudinales fines, obliques et un peu serrées (1).

Ile Maurice : Sur la Montagne du Pouce; rare [M. P.
CARIÉ];=D BARCLAY, *in* : L. PFEIFFER, *loc. supra cit.*, 1846
p. 44;=MENKE, *in* : L. PFEIFFER, *loc. supra cit.*, 1848, p. 102;
= E. LIÉNARD, *loc. supra cit.*, 1877, p. 59;=Dans les cavernes
de l'île Maurice, « ...excavations profondes, où les eaux tor-
rentielles les auront, sans doute, entraînées, tandis que les
raz de marées, en les recouvrant d'une couche épaisse de sable,
les auront préservées de la destruction » [E. LIÉNARD, *in* : A.
MORELET, *loc. supra cit.*, 1877, p. 213];=« Sur le sommet
du Mont Oriz, très rare » [G. NEVILL, *loc. supra cit.*, 1878,
p. 308].

(1) Ces exemplaires mesurent :
Hauteur : 7 1/2-8 1/2 millimètres; diamètre maximum : 7 1/4-8 millimètres; diamètre minimum : 6 1/4-6 1/2 millimètres; hauteur de l'ouverture · 4-5 millimètres; diamètre de l'ouverture : 3 4/5-3 3/4 millim

Genre **TROPIDOPHORA** Troschel, 1847 (1)

§ I. EUTROPIDOPHORA Kobelt et Möllendorff, 1899 (2).

Tropidophora (Eutropidophora) articulata Gray.

Fig. 24, dans le texte.

1834 *Cyclostoma articulatum* Gray, *Griffith animal Kingdom*, pl. XXVIII,
        fig. 1.
1839 *Cyclostoma filosum* Sowerby, *Zoology of Beechey Voyage, Molluscous
        Animals*, p. 146, pl. XXXVIII, fig. 31.
1847 *Tropidophora filosa* Pfeiffer, *Zeitschr. für Malakozoolog.*, p. 106.
1847 *Cyclostoma filosum* Sowerby, *Thesaurus Conchyliorum*, I, p. 96,
        pl. XXIII, fig. 14.
1852 *Cyclostoma articulatum* Pfeiffer, *Monograph. Pneumonopomorum
        vivent.*, I, p. 192.
1853 *Cyclostoma filosum* Pfeiffer, *Cyclostom., in :* Martini et Chemnitz,
        Systemat. Conchylien-Cabinet, 2° édit., p. 137, n° 144,
        taf. XVIII, fig. 12-13.
1859 *Cyclostoma articulatum* Woodward, *Proceedings Zoological Society
        of London*, p. 204, pl. XLVI, fig. 10-13.
1860 *Cyclostoma articulatum* Morelet, *Séries Conchyliologiques*, II, *Iles
        Orientales d'Afrique*, p. 99, n° 65.
1874 *Cyclostoma articulatum* Crosse, *Journal de Conchyliologie*, XXII,
        p. 233, n° 11.
1877 *Cyclostoma filosum* Liénard, *Catalogue Mollusques île Maurice*,
        p. 104, n° 44.
1877 *Cyclostoma articulatum* Nevill, *Journal de Conchyliologie*, XXV,
        p. 213, n° 1.
1878 *Cyclostoma (Tropidophora) articulatum* Nevill, *Handlist Mollusca
        Indian Museum Calcutta*, I, p. 305, n° 24.
1880 *Cyclostoma (Tropidophora) articulatum* Martens, *Mollusken, in :* K.
        Möbius, *Beiträge z. Meeresfauna d. Insel Mauritius...*,
        Berlin, p. 185.
1898 *Tropidophora (Eutropidophora) articulata* Kobelt et Möllendorff,
        Nachrichtsbl. d. deutschen Malakozoolog. Gesellschaft,
        p. 158.
1909 *Tropidophora articulata* Kobelt, *Abhandl. d. Senckenberg. Natur-
        forsch. Gesellsch. Frankfurt a. M.*, p. 96.

La sculpture embryonnaire de cette espèce n'a jamais été
décrite. Elle présente les caractères suivants (fig. 24, dans
le texte) :

Les tours embryonnaires sont au nombre de trois et paraissent lisses; mais, à un fort grossissement, on y observe de
très fines stries longitudinales, d'abord très espacées et com-

---

(1) *Tropidophora* Troschel, *Zeitschr. für Malakozool.*, IV, 1847, p. 44.
(2) Kobelt (Dr. W.) et Möllendorff (Dr. D.), *Catalog. der... Pneumonopomen, Nachrichtsblatt d. deutschen Malakozool. Gesellsch.*, 1898, p. 158
(tirés à part, p. 78).

me sporadiques, puis de plus en plus serrées. Ces stries longitudinales sont presque égales et obliquement subonduleu-

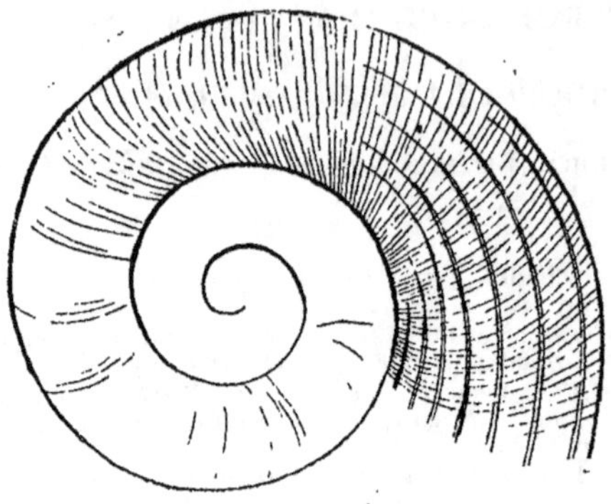

Fig. 24. — *Tropidophora (Eutropidophora) articulata* Gray.
Ile Maurice [M P. Carié]. Sculpture des tours embryonnaires; × 20.

ses. La naissance des carènes et des fortes côtes spirales qui
ornent les tours de spire se fait de la manière suivante. On
voit d'abord deux (1) fines stries spirales qui ne tardent pas
à devenir saillantes et à se transformer, après un quart de
tour environ, en petites carènes qui deviendront les deux gros
cordons spiraux (2) du dernier tour. Un peu plus loin, entre
ces cordons primaires, en naissent d'autres plus petits qui,
peu à peu, prennent de l'épaisseur, pour se transformer en
côtes saillantes aux tours suivants. En même temps, les stries
longitudinales changent de direction, deviennent moins obliques, moins onduleuses, plus irrégulières et se segmentent
par suite de leur rencontre avec les cordons spiraux. Dès lors
la sculpture fondamentale de l'espèce est acquise.

Les tours embryonnaires sont jaunâtres et brillants. les
autres sont ternes et d'un blanc grisâtre ou légèrement bleuté.
Il existe une variété semée de taches noires régulières et qui a
valu à l'espèce le nom d'*articulata*. Elle est beaucoup plus
rare que le type de coloration blanchâtre, La collection Férussac, actuellement au Muséum d'Histoire naturelle de Paris, renferme, d'autre part, un exemplaire dont les deux carè-

(1) Quelquefois trois stries spirales naissent ensemble. Dans ce cas, la
strie supérieure reste toujours plus fine.
(2) Ces cordons, beaucoup plus saillants que les autres, forment deux
véritables carènes.

nes du dernier tour sont garnies de taches allongées, parfois
confluentes, d'un rouge lie de vin.

Le test est toujours très solide, épais et opaque. Les exemplaires recueillie par M. P. CARIÉ atteignent les dimensions
suivantes :

Hauteur totale :	23 3/4 mm.,	23 1/2 mm.,	20 millimètres.	
Diamètre maximum :	31	—	31	—	31	—
Diamètre minimum :	26	—	26	—	26	—
Hauteur de l'ouverture :	17 1/2 —	17	—	16	—
Diamètre de l'ouverture :	15	—	16	—	15 1/2 —

Ile Maurice : Trois exemplaires [M. P. CARIÉ];=E. LIÉ-
NARD, *in* : A. MORELET, *loc. supra cit.*, 1877, p. 213].

Ile Rodrigue : Sur les arbres, aux bords de la mer [THI-
RIOUX];=Sans localité précise : W. H. BENSON, *in* : L. PFEIF-
FER, *loc. supra cit.*, 1847, p. 106 et 1852, p. 192;= IDA
PFEIFFER, *in* : WOODWARD, *loc. supra cit.*, 1859, p. 204;=
E. LIÉNARD, *loc supra cit.*, 1877 p. 104;= J. CALDWELL et E.
DUPONT, *in* : G. NEVILL, *loc. supra cit.*, 1878, p.305;=
« Fossile à l'île Rodrigue » [E. DUPONT, *in* : G. NEVILL, *loc.
supra cit.*, 1878, p. 305];= « Espèce très commune dans l'île
Rodriguez, où elle vit sur les arbres » [A. DESMAZURES *in* :
H. CROSSE, *loc. supra cit.*, 1874, p. 233].

Le *Tropidophora articulata* Gray a été longtemps considéré
comme une espèce spéciale à l'île Rodrigue où il est commun. Il semble fort rare à l'île Maurice: il doit y vivre cependant, puisque E. LIÉNARD l'y a recueilli et que M. P. CARIÉ
en a rapporté trois exemplaires. A. MORELET l'indique aussi
à Madagascar, peut-être d'après des renseignements inexacts
[*loc. supra cit.*, 1860, p. 99]; enfin les Collections du Muséum
d'Histoire naturelle de Paris contiennent deux exemplaires de
ce même *Tropidophora* provenant des îles Seychelles où ils
auraient été recueillis par E. LIÉNARD en 1869. Cette localité
est-elle erronée? Il est difficile de le dire, mais le mémoire du
Dr. E. von MARTENS (1) sur les Mollusques de Seychelles ne
mentionne le *Tropidophora articulata* Gray dans aucune des
îles de cet archipel.

(1) MARTENS (Dr. E. VON), Land-und Süsswasser-Mollusken der Seychel-
len nach den Sammlungen von Dr. AUG. BRAUER, *Mitteilungen aus der
Zoologischer Sammlung des Museums für Naturkunde in Berlin*, I, h. I,
Berlin, 1898, p. 1-35, taf. I-II.

Tropidophora (Eutropidophora) carinata Born.

Pl. V, fig. 40, 41; pl. VIII, fig. 9-10; pl. IX, fig. 2-3; pl. XII, fig. 3 à 6
et pl. XIII, fig. 1 à 4.

1685   Lister, *Histor. synops. method. Conchyliorum*,
                       London, pl. XXVIII, fig. 26.
1780 *Turbo carinatus* Born, *Testacea Musei Caesari Vindebonensis*, p. 353
                       pl. XIII, fig. 3-4.
1788 *Turbo carinatus* Gmelin, *Systema Naturae*, éd. XIII, p. 3621, n° 57.
1822 *Cyclostoma carinata* de Lamarck, *Hist. natur. animaux sans vertèbres*,
                       VI, part II, p. 143, n° 3.
1838 *Cyclostoma carinata* de Lamarck, *Hist. natur. animaux sans vertèbres*,
                       éd. II [par G. P. Deshayes], VIII, p. 354, n° 3.
1843 *Cyclostoma tricarinata* Scanzin, *Catalogue Coquilles îles de France,
                       Bourbon et Madagascar, Mémoires soc. hist. natur.
                       Strasbourg*, III, p. 18. (non Müller).
1847 *Cyclostoma tricarinata* Pfeiffer, *Cyclostomat.*, in : Martini et Chem-
                       nitz, *Systemat. Conchylien-Cabinet*, p. 25, n° 17, taf.
                       IV, fig. 16-17 [excl. plur. synon.; non Müller (1)].
1847 *Cyclostoma tricarinatum* Sowerby, *Thesaurus Conchyl.*, p. 120,
                       pl. XXVI, fig. 122 [non Müller].
1852 *Cyclostoma tricarinata* Pfeiffer, *Monograph. pneumonopomorum
                       vivent.*, I, p. 197 (part).
1861 *Cyclostoma carinatum* Reeve, *Conchologia Iconica*, pl. V, fig. 23a-
                       23 b.
1863 *Cyclostoma unicolor* Reeve, *Conchologia Iconica*, pl. VII, fig. 39 [non
                       L. Pfeiffer].
1863 *Cyclostoma tricarinatum* Deshayes, *Catalogue Mollusques île Réunion*,
                       p. E. 85, n° 267 [non : Müller].
1870 *Cyclostoma (Tropidophora) tricarinatum* Nevill, *Journal Asiatic So-
                       ciety of Bengal*, part II [*Natural History*], Calcutta,
                       p. 414, n° 36. [non : Müller].
1877 *Cyclostoma tricarinatum* Liénard, *Catalogue Mollusques île Maurice*,
                       p. 60, n° 835.
1878 *Cyclostoma (Tropidophora) tricarinatum* Nevill, *Handlist Mollusca
                       Indian Museum Calcutta*, I, p. 305, n° 30 [non :
                       Müller].
1878 *Cyclostoma (Tropidophora) caldwellianum* Nevill, *Handlist Mollusca
                       Indian Museum Calcutta*, I, p. 305, n° 31.
1880 *Cyclostoma (Tropidophora) tricarinatum* Martens, *Mollusken*, in :
                       K. Möbius, *Beiträge z. Meeresfauna d. Insel Mauri-
                       tius...*, Berlin, p. 186.
1880 *Cyclostoma (Tropidophora) Caldwellianum* Martens, *loc. supra cit.*,
                       p. 186.

(1) Le *Tropidophora tricarinata* Müller [*Helix tricarinata* Müller, *Vermium terr. et fluviat. histor.*, II, 1774, p. 84, n° 282; = *Helix tricarinata*
Chemnitz, *Systemat. Conchylien-Cabinet*, IX, 1786, p. 85, taf. CXXVI, fig.
1103-1104; = *Helix tricarinata* Gmelin, *Systema Naturae*, éd. XIII, 1788,
p. 3621, n° 34; = *Cyclostoma tricarinata* de Lamarck, *Hist. natur. animaux sans vertèbres*, VI, part. II, avril 1822, p. 144, n° 6; et 2° édt. [par
G. P. Deshayes], VIII, 1838, p. 355, n° 6, etc...] est une espèce différente
qui habite l'île de Madagascar.

1881 *Cyclostoma (Tropidophora) caldwellianum* Nevill., *Journal Asiatic Society of Bengal*, L, part II [*Natural History*] Calcutta, p. 150, pl .VI, fig. 10-10 A.

1882 *Cyclostoma verticillata* Morelet. *Journal de Conchyliologie*, XXX, p. 90, n° 4, pl. IV, fig. 1 [forme non adulte!].

1882 *Cyclostoma dissotropis* Morelet, *Journal de Conchyliologie*, XXX, p. 91, n° 5, pl. IV, fig. 2 [très jeune!]

1882 *Cyclostoma trissotropis* Morelet, *Journal de Conchyliologie*, XXX, p. 92, n° 6, pl. IV, fig. 3 [très jeune!]

1882 *Cyclostoma Vacoense* Dupont, *in :* Morelet, *Journal de Conchyliologie*, XXX, p 93, n° 7, pl. IV, fig. 4 [très jeune].

1898 *Tropidophora (Eutropidophora) caldwelliana* Kobelt et Möllendorff, *Nachrichtsbl. d. deutschen Malakozoolog. Gesellschaft*, XXX, p. 158.

1898 *Tropidophora (Eutropidophora) carinata* Kobelt et Möllendorff, *loc. supra cit.*, XXX, p. 158.

1898 *Tropidophora (Eutropidophora) dissotropis* Kobelt et Möllendorff, *loc. supra cit.*, XXX, p. 159 (1).

1898 *Tropidophora (Eutropidophora) trissotropis* Kobelt et Möllendorff, *loc. supra cit.*, XXX, p. 160.

1898 *Tropidophora (Eutropidophora) trissotropis* Kobelt et Möllendorff, *loc. supra cit.*, XXX, p. 176.

1898 *Tropidophora (Ligatella) vacoënsis* Kobelt et Möllendorff, *loc. supra cit.*, XXX, p. 179.

1909 *Tropidophora tricarinata* Kobelt, *Abhandl. d. Senckenberg. Naturforsch. Gesellschaft Frankfurt a. M.*, XXXII, p. 94 [*non :* Müller].

1909 *Tropidophora caldwellianum* Kobelt, *loc. supra cit.*, p. 94, et p. 95.

Le *Tropidophora carinata* Born est une espèce polymorphe à laquelle il faut réunir les *Tropidophora Caldwelli* Nevill, *Tropidophora dissotropis* Morelet, *Tropidophora trissotropis* Morelet, *Tropidophora vacoense* Dupont et *Tropidophora verticillata* Morelet.

a] *Tropidophora Caldwelli* Nevill.

Cette coquille, dit G. Nevill (*loc. supra cit.*, 1881, p. 151), se distingue du *Tropidophora carinata* Born : par sa spire plus allongée dont les tours sont séparés par des sutures fimbriées; par son ombilic plus étroit et par sa sculpture spirale particulièrement proéminente (2). La taille atteint 31 millimètres de longueur et 30 millimètres de diamètre maximum. Mais elle peut être plus considérable encore, puisque G. Nevill cite une variété *sexcarinata* Nevill [*loc. supra cit.*, 1881, p. 152, pl. VI, fig. 10 A] qui mesure 34 millimètres de longueur et 35 ½ millimètres de diamètre maximum. C'est une coquille très solide et dont le dernier tour est garni de six

---

(1) Les Dr. W. Kobelt et O. von Möllendorff, assignent, par erreur, l'île de Madagascar comme habitat à cette espèce.

(2) Une carène très fortement marquée entoure l'ombilic.

carènes proéminentes. Par contre, les stries spirales situées
entre les carènes sont obsolètes. Il en est de même chez une
autre variété, décrite également par G. Nevill, la variété
sublaevis Nevill [*loc. supra cit.*, 1881, p. 152] qui, de plus,
montre des stries longitudinales fortement atténuées.

Les caractères donnés par G. Nevill n'ont pas de valeur
spécifique. Comme je le montre un peu plus loin, ils ne sont
que des modifications individuelles, des *moments du polymorphisme*, si étendu, de cette espèce.

β] *Tropidophora dissotropis* Morelet et *Tropidophora
trissotropis* Morelet.

Ces deux *Tropidophora* ne diffèrent que par des détails
sans importance, ainsi que le montre le tableau comparatif
suivant :

TROPIDOPHORA DISSOTROPIS	TROPIDOPHORA TRISSOTROPIS
Coquille ombiliquée (ombilic infundibuliforme), turbinée déprimée.	Coquille ombiliquée (ombilic infundibuliforme), turbinée déprimée.
Spire formée de 5 tours peu convexes séparés par des sutures plissées.	Spire formée de 5 tours subconvexes.
Dernier tour très grand avec *deux* carènes filiformes.	Dernier tour très grand avec *trois* carènes filiformes.
Ouverture subcirculaire.	Ouverture circulaire.
Longueur : 14 millimètres.	Longueur : 12 millimètres.
Diamètre maximum : 15 millimètres.	Diamètre maximum : 15 millimètres.
Test mince, garni de nombreuses stries spirales fines, serrées, coupées de stries longitudinales bien marquées,	Test mince garni de stries spirales bien marquées et de stries longitudinales obsolètes.

On voit que l'identité est presque absolue et que les deux
coquilles diffèrent à peu près uniquement par le nombre des
carènes filiformes du dernier tour. Cette forme correspond
à de très nombreux individus recueillis par M. P. Carié. Or
ces exemplaires sont de très jeunes *Tropidophora carinata*
Born dont la sculpture spirale, variable suivant les échantillons, montre tantôt deux, tantôt trois carènes au dernier tour.

γ] *Tropidophora vacoense* Dupont.

Nous venons de voir que le *Tropidophora dissotropis* Morelet (+*Tropidophora trissotropis* Morelet) est la forme très
jeune du *Tropidophora carinata* Born. Il en est de même du
Tropidophora vacoense Dupont, mais ici la sculpture est
moins accentuée. Le test est garni de stries longitudinales
obliques, fines et serrées, coupées de stries spirales inégales

et inégalement distantes. Au dernier tour, deux de ces strics sont plus saillantes et forment des carènes obsolètes.

δ] *Tropidophora verticillata* Morelet.

Cette coquille appartient encore au *Tropidophora carinata* Born *dont elle est la forme immature.* La taille atteint 21 millimètres de longueur et 20 millimètres de diamètre. Le dernier tour montre deux ou trois fortes carènes et des strics spirales en nombre variable (1). Ce stade du développement du *Tropidophora carinata* Born a été abondamment recueilli par M. P. Carié qui, de plus, a rapporté de nombreux individus formant passage entre les formes dont il vient d'être question. Je figure (pl. VIII, IX, XII et XIII) quelques-uns de ces échantillons.

Reprenons maintenant l'étude du polymorphisme en commençant par la sculpture. Le schéma 1 (fig. 25, dans le texte) représente le cas général (2). On voit qu'il existe, en dessus, deux carènes très saillantes 1 et 2 et un nombre variable de costules spirales plus ou moins accentuées; en dessous,

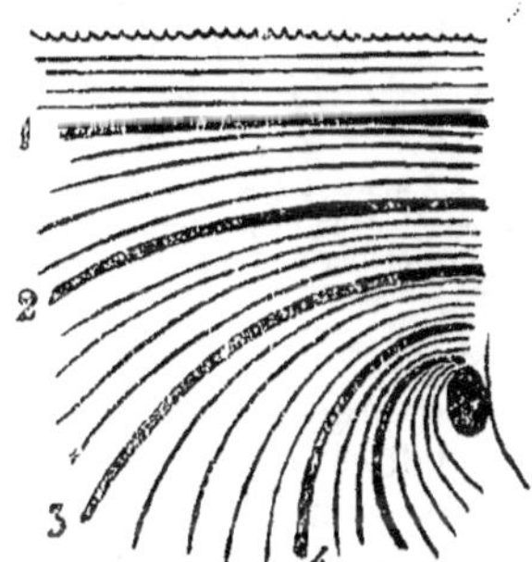

Fig. 25. — *Tropidophora (Eutropidophora) carinata* Born.
Schéma montrant la disposition typique des carènes et des filets spiraux
du dernier tour de spire.

deux carènes (3 et 4) également saillante dont l'une (4), plus prononcée, entoure l'ombilic. Le nombre et la saillie des filets spiraux intercalés entre les carènes 1, 2, 3 et 4 sont essentiellement variables, suivant les individus considérés.

(1) A Morelet, (*Journal de Conchyliologie*, XXX, 1882, p. 90) compare son espèce au *Tropidophora scabra* H. Adams, mais il n'y a vraiment pas de grands rapports entre ces deux coquilles.
(2) Dernier tour de spire, depuis la suture jusqu'à l'ombilic.

Une première modification amène la disparition totale de la carène 3 et l'atténuation des stries spirales (schéma 2, fig. 26, dans le texte, et schéma 3, figure 27, dans le texte). La carène 3 n'est plus qu'une strie spirale à peine plus saillante que les autres.

Le dernier terme de cette transformation est donné par la figure 4 de la planche XIII : la sculpture ne comporte plus que trois carènes très saillantes (1, 2 et 4, les *stries spirales*

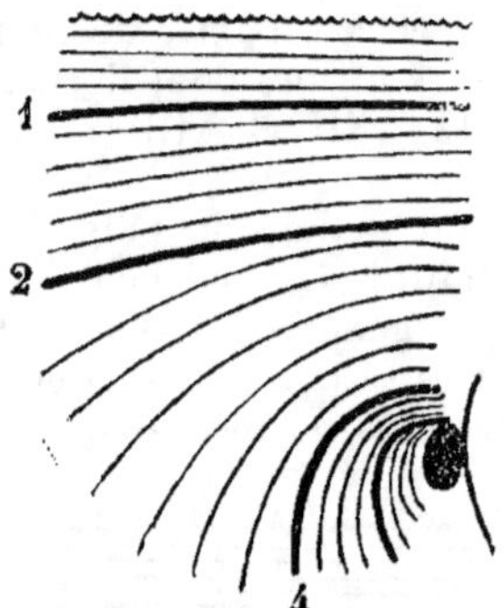

Fig 26. — *Tropidophora (Eutropidophora) carinata* Born.
Schéma montrant les variations dans la disposition des carènes et des filets spiraux du dernier tour de spire.

ayant entièrement disparu, sauf au voisinage de la suture et à l'intérieur de la cavité ombilicale (1).

Entre ces trois modalités principales, d'ailleurs indépendantes de la forme de la coquille (2), il existe de nombreux passages et quelques modifications qui changent plus ou moins l'aspect de la coquille. On voit, par exemple, qu'il existe parfois (schéma 1, fig. 25, dans le texte) deux filets carénants α et β très saillants pouvant devenir de véritables carènes. Cette coquille, qui n'est pas très rare, correspond au *Tropidophora Caldwelli* var. *sexcarinata* Nevill. Elle n'est qu'une modalité sculpturale de l'espèce.

(1) La suture est souvent plissée plus ou moins fortement, principalement au dernier tour. Les stries spirales voisines des sutures sont, aux deux derniers tours, fortement onduleuses.

(2) On retrouve ces diverses modalités de sculpture aussi bien chez les formes *depressa* que chez les formes *elata*.

Dans le cas représenté par la figure 4 de la planche XIII, les carènes 1, 2 et 4 peuvent diminuer d'importance et

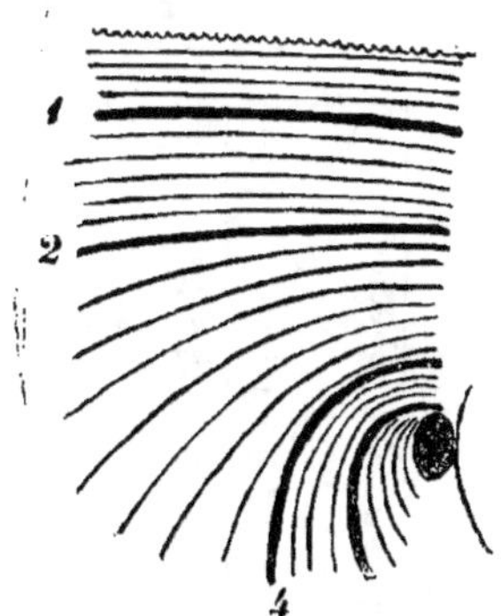

Fig. 27. — *Tropidophora (Eutropidophora) carinata* Born.
Schéma montrant les variations dans la disposition des carènes et des filets spiraux du dernier tour de spire.

toute la sculpture devenir plus ou moins obsolète. C'est le cas réalisé dans le *Tropidophora Caldwelli* variété *sublaevis* Nevill.

La sculpture longitudinale est bien moins intéressante. Elle comprend des stries un peu obliques, serrées, irrégulières et inégales qui peuvent s'atténuer et devenir obsolètes.

Les considérations précédentes montrent qu'il est impossible, d'établir un classement de ces coquilles en se basant sur leur sculpture. Il en est de même en ce qui concerne la forme générale et l'ombilic.

J'ai, dans le tableau de la page 318, donné les mensurations principales d'un grand nombre d'individus. J'ai ajouté l'indice de hauteur, c'est-à-dire la hauteur qu'atteindrait la coquille si son diamètre maximum était égal à 100.

De l'examen de ce tableau il résulte qu'il existe une forme moyenne, correspondant sensiblement à la figure 10 de la planche VIII, autour de laquelle se groupent :

Une forme déprimée parfois très nette dont l'indice varie de 81,6 à 85 (exemplaires n°ˢ 1 à 10);

Et une forme élevée (indice supérieur à 92) ou très élevée (indice supérieur à 100).

On voit que ces trois formes principales sont reliées entre

Numéros des échantillons	Indices de longueur	Longueur totale	Diamètre maximum	Diamètre minimum	Hauteur de l'ouverture	Diamètre de l'ouverture
1	81,6	30 mm.	35 1/2 mm.	28 mm.	20 mm.	20 mm.
2	81,6	24 1/2 —	30 —	24 1/2 —	16 —	6 —
3	82	27 1/2 —	33 1/2 —	27 1/2 —	19 —	17 —
4	83,8	26 —	31 —	24 —	19 —	18 —
5	84,3	27 —	32 —	26 —	19 —	19 —
6	84,5	31 —	35 1/2 —	27 —	21 1/2 —	21 —
7	84,8	28 —	33 —	26 1/2 —	18 1/2 —	17 —
8	85,3	29 —	34 —	25 1/2 —	21 —	19 —
9	85,6	30 —	35 —	27 1/2 —	21 —	20 —
10	85,8	27 1/2 —	32 —	24 —	19 1/2 —	19 —
11	86,8	33 —	38 —	29 —	22 1/2 —	21 1/2 —
12	87,5	29 —	33 —	26 —	21 —	19 —
13	87,8	32 —	36 —	28 —	22 —	22 —
14	88,8	32 —	36 —	28 —	21 1/2 —	20 —
15	88,8	28 —	32 —	25 1/2 —	19 —	18 —
16	89	28 1/2 —	32 —	25 —	19 1/2 —	17 —
17	89,5	31 —	34 1/2 —	26 1/2 —	21 1/2 —	20 —
18	89,7	30 1/2 —	34 —	27 1/2 —	20 1/2 —	19 1/2 —
19	90,4	30 —	33 1/2 —	26 —	20 —	18 1/2 —
20	90,9	30 —	33 —	25 —	20 —	19 —
21	91,1	31 —	34 —	26 —	22 —	20 —
22	91,1	31 —	34 —	26 —	21 1/2 —	20 —
23	91,3	31 1/2 —	34 1/2 —	26 1/2 —	21 1/2 —	19 1/2 —
24	91,6	33 —	36 —	27 —	22 —	20 —
25	92	30 —	32 1/2 —	27 —	19 1/2 —	18 1/2 —
26	92,8	32 1/2 —	35 —	26 1/2 —	22 —	20 —
27	93,5	29 —	31 —	24 —	18 —	16 1/2 —
28	94	28 —	30 —	24 —	18 —	17 —
29	95	28 1/2 —	30 —	25 —	19 —	18 —
30	95,5	29 1/2 —	31 —	27 —	20 —	19 1/2 —
31	96,4	27 —	28 —	23 1/2 —	17 —	16 —
32	96,5	28 —	29 —	22 1/2 —	17 —	16 —
33	96,9	28 1/2 —	29 1/2 —	24 —	18 1/2 —	17 —
34	97,1	34 —	35 —	27 —	22 1/2 —	20 —
35	98,3	30 —	30 1/2 —	23 —	19 —	17 —
36	98,3	30 —	30 1/2 —	23 —	19 —	16 1/2 —
37	98,3	29 1/2 —	30 —	21 1/2 —	19 —	17 1/2 —
38	98,4	32 —	32 1/2 —	25 —	20 —	19 1/2 —
39	98,5	34 —	34 1/2 —	28 —	21 1/2 —	20 —
40	101,6	31 —	30 1/2 —	24 —	18 1/2 —	17 1/2 —
41	102,8	36 —	35 —	29 —	21 —	20 —
42	103,1	33 —	32 —	24 3/4 —	20 —	18 —
43	103,1	33 —	32 —	25 —	19 —	17 —
44	103,5	29 —	28 —	21 —	22 —	17 —
45	106,8	31 —	29 —	23 —	20 1/2 —	17 —

elles par tous les intermédiaires puisque l'indice de hauteur passe insensiblement de 81,6 (forme très déprimée) à 106,8 (forme très haute).

L'ombilic est typiquement bien élargi et infundibuliforme. Il se rétrécit souvent et *principalement*, bien que le cas ne soit pas général (1), *chez les coquilles à spire allongée*. Lorsque les modes *elata* (ou *subelata*) et *microporus* sont réalisés en même temps la coquille correspond au *Tropidophora Caldwelli* Nevill.

Enfin, dans quelques cas, d'ailleurs beaucoup plus rares, l'ombilic devient très étroit. Les coquilles qui offrent ces caractères sont souvent allongées et constituent de curieux passages au *Tropidophora Michaudi* Grateloup (pl. XIII, fig. 1, 2).

Ile Maurice : Le *Tropidophora carinata* Born se trouve très abondamment, à l'état subfossile, à l'île Maurice. Mais il n'est peut-être pas impossible que cette espèce y vive encore, plusieurs des individus récoltés par M. P. Carié étant d'une grande fraîcheur et J. Caldwell ayant autrefois recueilli un individu, mort, mais encore pourvu de l'animal (2). Individus très nombreux recueillis dans toutes les localités fossilifères de l'île [P. Carié et Thirioux]; — V. Scanzin, *loc. supra cit.*, 1843, p. 18; = G. Nevill, *loc. supra cit.*, 1870, p. 414; = « Le Grand Port, la Petite Savane, près de la mer; dans la Caverne Duplessis. à la Petite Rivière, ...sur la côte de la Petite Rivière, près des bains Kœnig, à la Saline près de celui des Dames, et sur la plage de Rochebois, où j'en ai moi-même rencontré ayant été roulés par la mer » [V. de Robillard, *Transactions of the Royal Society of Arts and Sciences of Mauritius*, N, S, V, Mauritius, 1871, p. 123]; = Mahébourg [E. Liénard, *loc. supra cit.*, 1877, p. 60]; = Mahébourg, subfossile [E. Dupont et G. Nevill, *in* : G. Nevill, *loc. supra cit.*, 1878, p. 305]; = « Pouce Mountain » très abondant, subfossile avec d'autres espèces de *Tropidophora* (*Tropidophora scabrum* H. Adams, *Tropidophora mauritianensis* H. Adams) et des *Omphalotropis* [G. Nevill, *loc. supra cit.*, 1878, p. 305; et 1881, p. 151].

Ile de La Réunion : Cette espèce est signalée par G. P. Deshayes [*loc. supra cit.*, 1863, p. E. 85] où elle aurait été recueillie par L. Maillard. Il est probable qu'il s'agit du *Tropidophora deflorata* Morelet.

---

(1) Le mode *microporus* est toujours plus rare chez les formes normales ou déprimées.

(2) Le fait est rapporté par G. Nevill (*Journal Asiatic Society of Bengal*, L, part II, Natural History, 1881, p. 151): «... Mr. J. Caldwell, who informs me that one of his specimens of typical *C. carinatum* was found by him with the animal still preserved and only recently dead ».

Variété unicolor Pfeiffer.

1852 *Cyclostoma unicolor* Pfeiffer, *Proceedings Zoological Society of London.*

1852 *Cyclostoma unicolor* Pfeiffer, *Conspectus*, p. 32, n° 289.

1853 *Cyclostoma unicolor* Pfeiffer, Cyclostomat., *in* : Martini et Chemnitz, *Systemat. Conchylien-Cabinet*, 2° édit., p. 292, n° 289, taf. XXXIX, fig. 5 à 7. [*non* : L. Reeve].

1877 *Cyclostoma unicolor* Liénard, *Catalogue Mollusques île Maurice*, p. 60, n° 833.

1877 *Cyclostoma unicolor* Morelet, *Journal de Conchyliologie*, XXV, p. 813, n° 2.

1881 *Cyclostoma (Tropidophora) erroneum* Nevill, *Journal Asiatic Society of Bengal*, L, part II [*Natural History*], Calcutta, p. 152.

1882 *Cyclostoma unicolor* Morelet, *Journal de Conchyliologie*, XXX, p. 86, n° 1.

1898 *Tropidophora (Eutropidophora) carinata* var. *unicolor* Kobelt et Möllendorff, *Nachrichtsblatt d. deutschen Malakozoolog. Gesellschaft*, XXX, p. 158.

1898 *Tropidophora (Eutropidophora) erronea* Kobelt et Möllendorff, *loc. supra cit.*, XXX, p. 158 (et variétés *subunicolor*, *subocclusa*, *subligata* (1), p. 158).

Une assez grande confusion a longtemps régné au sujet du *Tropidophora unicolor* Pfeiffer. Elle provient, en partie du moins, d'une erreur de L. Reeve qui, sous le nom *d'unicolor*, a figuré le *Tropidophora carinata* Born. Depuis, G. Nevill a proposé de désigner cette coquille sous le nom de *Tropidophora erronea* Nevill. Elle se distingue du *Tropidophora carinata* Born, ajoute le naturaliste anglais, par sa sculpture spirale composée de stries saillantes et régulières; par son dernier tour plus ou moins subanguleux à la périphérie et par ses tours de spire toujours plus convexes. A ces caractères distinctifs, A. Morelet ajoute [*loc. supra cit.*, 1882, p. 88] que l'ombilic, « ...chez les deux Cyclostomes, est infundibuliforme; mais, chez le premier (*C. unicolor*), il est rétréci (*angustus*). En outre, l'expression : « spiraliter confertim sulcatus » parfaitement juste pour le *C. unicolor*, ne convient plus au *carinatum* ».

Ces différences n'ont pas de valeur spécifique. Du point de vue de la sculpture, on observe, en réalité, tous les intermédiaires entre le type *carinata* et le type à sculpture spirale composée de stries subégales et régulièrement distribuées correspondant au *Tropidophora unicolor* Pfeiffer. D'ailleurs

(1) Les Dr. W. Kobelt et O. von Möllendorff, indiquent, par erreur, ces variétés comme originaires de l'île de Madagascar.

A. Morelet, en 1877, [*loc. supra cit., p.* 2i3] distinguait trois
variétés :

> « α *tricarinatum* (typus),
>
> β *medio laevigatum, carinis* 4 *obsoletis,*
>
> γ *subaequaliter sulcatum, carinis evanescentibus.*»

Il ajoutait : « La variabilité porte, **principalement**, sur le
nombre et la saillie des carènes, qui s'effacent, parfois, complètement, y compris celle de l'ombilic, **en sorte que la co-**
quille, régulièrement sillonnée, change **tout à fait d'aspect.**
On pourrait la comparer, dans cet état, **à un individu très**
gros de ligatum. La série nombreuse que j'ai eue sous les
yeux m'a offert, indépendamment du type tricaréné et de la
var. β de Pfeiffer, des modifications graduelles **qui aboutis-**
sent à la disparition des carènes... »

La constatation de ces *formes de passage* est également faite
par G. Nevill [*loc. supra cit.*, 1881, p. i52] qui trouve qu'il
« existe une transition graduelle de la forme extrême du *Tro-*
pidophora carinata Born au *Tropidophora unicolor* Pfeiffer ».
Mais G. Nevill admet les deux espèces comme distinctes et,
de plus, définit quelques variétés de son *Tropidophora erronea*
(= *unicolor* Pfeiffer) :

Variété *subunicolor* Nevill.

Cette coquille est intermédiaire entre les types *carinata* et
unicolor. Elle est distinctement carénée au dernier tour et
deux ou trois stries spirales situées entre la carène et la suture
sont plus saillantes que les autres. La variété *subunicolor*
Nevill correspond à la var. β de A. Morelet (i). Elle atteint
23 millimètres de longueur et 24 ½ millimètres de diamètre
maximum.

Variété *subocclusa* Nevill.

Cette variété est caractérisée par un ombilic étroit, le bord
columellaire étant très fortement réfléchi. La striation spirale est très accusée et le dernier tour plus ou moins nettement caréné. Elle mesure 23 ½ millimètres de longueur et 24
millimètres de diamètre maximum.

La variété *subocclusa* Nevill est une forme de passage au
Tropidophora Michaudi Grateloup. La ressemblance est parfois suffisante pour que la distinction des deux espèces soit

---

(i) A. Morelet [*loc. supra cit.*, 1882, p. 88] : « Il fait même [G.
Nevill] de cette forme, jusqu'à un certain point intermédiaire, une var.
subunicolor. Je possède deux exemplaires de l'espèce qui présentent cette
particularité... ».

difficile. Tel est le cas de quelques individus recueillis par
M. P. Carié à l'île Maurice. Il est intéressant de signaler cette
convergence chez deux *Tropidophora* dont les formes typiques
sont tout à fait distinctes l'une de l'autre.

Variété *subligata* Nevill (1).

La variété *subligata* est de taille plus petite que les précédentes : 16 3/4 millimètres de longueur et 18 3/4 millimètres de diamètre maximum. Elle est garnie de stries spirales
assez délicates; son dernier tour est subanguleux à la périphérie et orné d'une bande brune inframédiane (2). Cette
variété forme un passage au *Tropidophora ligata* Müller.

J'ai tenu à rappeler ces variétés définies par A. Morelet et
G. Nevill. Elles ne sont qu'un très petit nombre de celles
qu'il serait possible d'établir : en réalité, *le passage est insensible* entre le Tropidophora carinata *Born et le* Tropidophora
unicolor *Pfeiffer, le second n'étant qu'une forme extrême
du premier.*

Ile Maurice : Subfossile, avec l'espèce précédente, mais
moins abondant [P. Carié et Thirioux]; = « ...Dans les exca-
vations profondes au bord de la mer », subfossile [E. Liénard,
in : A. Morelet, 1877, p. 214]; = Abondant, à l'état subfossile seulement, dans le sable corallin des bords de la mer,
sur la côte ouest [J. Caldwell et G. Nevill, *in :* G. Nevill,
1881, p. 153]; = « ...A l'état semi-fossile, dans les sables co-
rallins de l'île Maurice. Il est même présumable que l'exemplaire du cabinet Cuming, qui a servi à constituer l'espèce,
provenait de cette localité, car elle n'a pas été retrouvée ailleurs. En outre, comme un grand nombre de sujets ont conservé leur couleur, leurs reliefs délicats et jusqu'au lustre de
leur surface, on a pu croire, avec Pfeiffer, que ce Mollusque
était encore vivant » [A. Morelet, *loc. supra cit.*, 1882, p.
86-87 (3)].

(1) Ces trois variétés sont décrites par G. Nevill dans son mémoire pré-
cité [1881, p. 153]. L'auteur les subordonne à son *Cyclostoma (Tropidophora) erroneum*. La dernière est ortographiée : var *subligatum*, nov.

(2) La présence de la fascie brune inframédiane n'est pas spéciale à cette
variété. On la retrouve chez toutes les formes reliant le *Tropidophora carinata* Born au *Tropidophora unicolor* Pfeiffer, mais elle manque très souvent.

(3) C'est bien à tort que le Dr. E. von Martens [Mollusken, *in :* K. Möbius, *Beiträge z. Meeresfauna d. Insel Mauritius...*, Berlin, 1880, p. 187] a
contesté la présence de la variété *unicolor* Pfeiffer à l'île Maurice.

TROPIDOPHORA (EUTROPIDOPHORA) DEFLORATA Morelet.

1876 *Cyclostoma defloratum* MORELET, *Journal de Conchyliologie*, XXIV,
p. 88, n° 9, pl. III, fig. 3.
1876 *Cyclostoma defloratum* PFEIFFER, *Monograph. pneumonopomorum
vivent.*, IV, p. 416.
1880 *Cyclostoma (Tropidophora) defloratum* MARTENS, Mollusken, *in* : K.
MÖBIUS *Beiträge z. Meeresfauna d. Insel Mauritius...*,
Berlin, p. 186.
1909 *Tropidophora deflorata* KOBELT, *Abhandl. d. Senckenberg. Naturforsch. Gesellschaft Frankfurt a. M.*, XXXII, p. 94.

Il est fort probable que cette espèce se rattache encore au *Tropidophora carinata*, mais, en l'absence de matériaux de comparaison suffisants, il est difficile d'apporter une certitude à ce sujet.

La coquille est assez étroitement ombiliquée; elle est turbinée, mais généralement moins allongée que celle du *Tropidophora carinata* Born; la spire comprend 4 ½ tours convexes dont les deux derniers sont très grands; l'ouverture est arrondie et bordée par un péristome continu. La longueur est de 14 millimètres, le diamètre maximum de 16 millimètres et le diamètre minimum de 13 millimètres.

Le test est mince, subdiaphane, garni de stries longitudinales fines et obliques et de stries spirales bien marquées, subégales et serrées. Le dernier tour porte deux carènes filiformes dont l'inférieure est plus saillante.

Ile de La Réunion : Subfossile [E. DUPONT, *in* : A. MORELET, *loc. supra cit.*, 1876, p. 89]. Il est probable que le *Tropidophora carinata* recueilli à l'île de La Réunion par L. MAILLARD et signalé par G. P. DESHAYES [*Catalogue Mollusques Réunion*, 1863, p. E. 85] se rapporte à cette espèce.

TROPIDOPHORA (EUTROPIDOPHORA) LIENARDI Morelet.

Pl. IV. fig. 15-16 et pl. VI, fig. 32-33.

1876 *Cyclostoma Lienardi* MORELET, *Journal de Conchyliologie*, XXV,
p. 214, n° 3, pl. IV, fig. 2.
1877 *Cyclostoma Lienardi* LIÉNARD, *Catalogue Mollusques Maurice*, p. 60,
n° 827.
1898 *Tropidophora (Eutropidophora) Lienardi* KOBELT et MÖLLENDORFF,
Nachrichtsblatt d. deutschen Malakozoolog. Gesellschaft, XXX, p. 159.

Coquille ombiliquée (ombilic étroit, profond, subcirculaire et un peu infundibuliforme), de forme globuleuse turbinée; sommet subobtus; spire composée de 5 tours convexes à croissance rapide, les premiers séparés par des sutures simples et bien marquées, les trois derniers par des sutures plus ou moins plissées; dernier tour très grand, convexe, bien développé en largeur; ouverture un peu oblique, subcirculaire, anguleuse en haut, à bords marginaux très rapprochés et bien convergents réunis par une callosité blanchâtre d'importance variable; bord columellaire épaissi et subréfléchi; péristome subépaissi, légèrement réfléchi.

Test relativement mince, délicat, subtransparent, gardant parfois quelques traces de coloration (brun jaunâtre ou fauve) avec, au dernier tour, une fascie brune inframédiane étroite, visible à l'intérieur de l'ouverture, et variant de $\frac{1}{2}$ à 3/4 de millimètre dans sa plus grande largeur.

Les tours embryonnaires sont lisses, jaunâtres et brillants; les autres tours sont garnis de stries longitudinales fines, très serrées, subégales, à peu près verticales, crispées aux sutures, devenant plus obliques et plus irrégulières au dernier tour; ces stries longitudinales sont coupées, presque à angle droit, de petites costules spirales : sur le troisième tour, ces costules, qui naissent comme je l'ai expliqué à propos du *Tropidophora articulata* Gray, sont régulières, égales et subéquidistantes; au quatrième tour elles sont plus irrégulières (1); enfin, au dernier tour, on distingue de 3 à 5 côtes plus saillantes, toutes supra médianes, constituant de minces carènes (2). En dessous les costules sont subégales mais inégalement espacées; ce n'est qu'exceptionnellement qu'elles sont un peu plus saillantes autour de l'ombilic, à l'intérieur de la cavité duquel elles pénètrent.

La forme générale de ce *Tropidophora* rappelle celle du *Tropidophora (Ligatella) ligata* Müller bien qu'il soit, *en général*, un peu plus ventru. Il est cependant des individus des deux espèces dont le galbe est presque identique. Il faut voir, dans cette curieuse analogie, un simple phénomène de convergence car le *Tropidophora Lienardi* Morelet appartient au groupe du *Tropidophora carinata* Born et peut être considéré comme une forme extrême de ce dernier.

Le *Tropidophora Lienardi* Morelet montre un polymorphisme médiocrement étendu et portant seulement sur quelques

---

(1) Quelques-unes des costules sont plus saillantes que les autres.
(2) La carène inférieure, presque médiane, est la plus accusée.

points particuliers. Je rappelle, tout d'abord, ces quelques phrases de A. Morelet (*loc. supra cit.*, 1876, p. 215) :

« Cette coquille, un peu plus développée que les grands individus du C. ligatum dont elle se rapproche par la forme et par la fascie infrasuturale, s'en distingue par un ombilic plus étroit et moins fortement sillonné, par une ouverture plus grande dont le bord columellaire n'est point épaissi, une suture plissée, dans le genre du C. fimbriatum de Lam. (undulatum de Sowerby), enfin, par les carènes filiformes, au nombre de 4 ou 5, qui ornent la moitié supérieure du dernier tour... On ne peut confondre cette coquille avec la variété γ du Cycl. unicolor; elle en diffère essentiellement par le rétrécissement de l'ombilic et par un péristome qui n'est point dilaté. »

Toutes ces considérations n'ont pas grande valeur du point de vue spécifique. Comme je l'ai montré à propos du *Tropidophora carinata* Born, la *fimbriation* de la coquille n'est pas un caractère spécifique : c'est un *état de coquille* que l'on peut accidentellement trouver chez tous les Cyclostomes à sculpture spirale de l'île Maurice; il est seulement plus répandu chez certaines formes que chez d'autres et c'est, notamment, le cas pour le *Tropidophora Lienardi* Morelet. Quant à l'ombilic, sa largeur relative varie presque avec chaque individu et cela pour toutes les espèces (1). Chez le *Tropidophora Lienardi* Morelet on observe une majorité d'individus à ombilic étroit, rétréci, à côté d'exemplaires, plus rares, à l'ombilic notablement élargi.

La sculpture ne conserve pas toujours les caractères précisés dans la description. On a vu que, parmi les stries spirales costulées du dernier tour, il en est de 3 à 5 qui, supramédianes et plus développées que les autres, constituent comme de petites carènes filiformes plus ou moins saillantes. Ces carènes peuvent s'atténuer et la coquille est seulement sillonnée de costules spirales subégales et à peu près équidistantes. Dans ce cas il n'est plus possible de distinguer de strie carénante entre la suture et l'ombilic.

(1) C'est ainsi que l'ombilic, généralement large chez les *Tropidophora carinata* Born (et ses variétés) et *Tropidophora ligata* Müller, est parfois presque complètement recouvert chez ces mêmes espèces, tous les passages existant entre ces modalités extrêmes.

La taille varie dans les proportions indiquées au tableau suivant (1) :

Longueur totale	Diamètre maximum	Diamètre minimum	Hauteur de l'ouverture	Diamètre de l'ouverture
21 1/2 mm.	20 1/2 mm.	13 mm.	14 mm.	11 mm.
21 —	21 2/3 —	13 1/4 —	14 1/4 —	12 —
21 —	21 —	14 —	14 —	11 1/2 —
21 —	20 —	12 1/2 —	12 —	10 1/2 —
20 —	20 —	12 1/4 —	13 1/2 —	11 1/2 —
20 1/4 —	20 2/3 —	12 1/4 —	12 1/4 —	11 —
20 —	20 —	13 —	13 3/4 —	10 1/2 —
20 —	20 —	12 —	13 1/2 —	10 1/4 —
20 —	19 —	12 1/4 —	12 2/3 —	10 2/3 —
19 2/3 —	20 —	12 1/2 —	13 —	11 —
19 2/3 —	18 —	12 1/4 —	13 —	10 2/3 —
19 1/2 —	19 —	12 —	11 2/3 —	10 1/2 —
19 1/4 —	18 2/3 —	12 1/3 —	12 —	10 1/2 —
18 —	18 2/3 —	11 1/2 —	12 1/4 —	10 1/4 —

En résumé, le *Tropidophora Lienardi* Morelet est une coquille dont le polymorphisme est beaucoup moins étendu que chez les autres formes du groupe. *C'est une espèce en voie de fixation.* Les caractères qui la distinguent actuellement sont les suivants :

1° Test relativement mince et délicat.

2° Sculpture spirale formée de stries costulées subégales avec 4-5 costules supramédianes plus saillantes constituant de minces *carènes peu élevées.*

3° *Disparition de la carène ombilicale* (2), les costulations spirales de la région ombilicale restant, dans la très grande majorité des cas, de la même importance que celles du reste de la coquille (3).

4° Acquisition d'une fascie brune inframédiane disposée comme chez le *Tropidophora ligata* Müller.

(1) A. MORELET (*loc. supra cit.*, 1876, p. 315) donne comme dimensions :
« *Diam. maj.* 39, *min.* 20 *mill.* ».
Il y a évidemment erreur et il faut probablement lire :
« *Diam. maj.* 19, *alt.* 20 ».
Ce qui rentre bien dans les mensurations du tableau ci-dessus et ce qui correspond parfaitement aux dimensions de l'échantillon figuré (*loc. supra cit.*, 1876, pl. IV, fig. 2) où je relève :
Longueur : 20 millimètres; diamètre maximum : 19 millimètres.
(2) Ce caractère est *absolument général.* Je n'ai vu aucun individu du *Tropidophora Lienardi* Morelet dont les stries de la région ombilicale étaient notablement plus saillantes que celles du reste du dernier tour.
(3) Chez quelques individus, les costules spirales sont *légèrement* plus saillantes dans la région ombilicale.

5° Forme ventrue globuleuse relativement constante rappelant celle du *Tropidophora ligata* Müller et, plus spécialement, celle de la variété *unifasciata* Sowerby.

6° Sutures des derniers tours généralement fimbriées. Je n'attache à ce dernier caractère, que je considère comme accidentel, qu'une importance tout à fait secondaire.

Ces caractères me semblent suffisamment nets pour permettre de considérer le *Tropidophora Lienardi* Morelet comme spécifiquement distinct.

Ile Maurice : Mont du Corps de Garde, subfossile [E. Thirioux et P. Carié, = « Dans les cavernes, sur le bord de la mer, subfossile » [E. Liénard, *in* : A. Morelet, *loc. supra cit.*, 1876, p. 215].

Tropidophora (Eutropidophora) mauritianensis H. Adams.

Pl. V, fig. 17-18; pl. XI, fig. 3 à 6 et fig. 28 à 31, dans le texte

1867 Cyclostoma *mauritiana* H. Adams, *Proceedings Zoological Society of London*, p. 305, pl. XII, fig. 10.
1876 Cyclostoma *mauritiana* Pfeiffer, *Monograph. pneumonopomorum vivent.*, IV, p. 171.
1877 Cyclostoma *Mauritiana* Liénard, *Catalogue Mollusques île Maurice*, p. 60, n° 831.
1878 Cyclostoma (*Tropidophora*) *mauritiana* Nevill., *Handlist Mollusca Indian Museum Calcutta*, I, p. 305, n° 29.
1880 Cyclostoma (*Tropidophora*) *mauritiana* Martens, *Mollusken, in* : K. Möbius, *Beiträge z. Meeresfauna d. Insel Mauritius...*, Berlin, p. 186.
1898 *Tropidophora* (*Eutropidophora*) *mauritiana* Kobelt et Möllendorff, *Nachrichtsblatt d. deutschen Malakozoolog. Gesellschaft*, XXX, p. 160.
1909 *Tropidophora mauritiana* Kobelt. *Abhandl. d. Senckenberg. Naturforsh. Gesellschaft Frankfurt a. M.*, XXX, p. 94.

La *forme moyenne* de ce *Tropidophora* a été figurée avec exactitude par H. Adams. Mais il existe de nombreuses variations, cette espèce possédant un polymorphisme assez étendu.

Les variations de taille sont précisées dans le tableau suivant de la page 328.

Dans ses grandes lignes, la sculpture reste assez constante.

Les tours embryonnaires sont lisses; les autres sont garnis de stries longitudinales fines, serrées, sensiblement égales et subobliques, coupées de costules spirales (1) fortes et sail-

(1) Leur naissance est semblable à celle que j'ai décrite chez le *Tropidophora articulata* Gray.

lantes, mais très inégales. L'avant dernier tour montre, le plus souvent, trois ou quatre de ces costules plus saillantes.

Longueur totale	Diamètre maximum	Diamètre minimum	Hauteur de l'ouverture	Diamètre de l'ouverture
18 mm.	16 1/2 mm.	10 1/2 mm.	10 mm.	9 mm.
18 —	14 —	10 1/2 —	8 —	7 —
17 1/2 —	14 1/4 —	10 2/3 —	9 1/2 —	8 —
17 —	15 1/4 —	10 1/4 —	9 —	8 —
17 —	14 —	10 1/4 —	8 1/2 —	7 1/2 —
16 2/3 —	14 —	10 —	9 —	7 1/2 —
16 1/2 —	14 —	10 1/5 —	9 —	7 —
16 1/2 —	14 —	10 —	9 —	8 —
16 —	14 1/4 —	10 —	8 3/4 —	7 1/4 —
15 —	13 —	9 —	8 —	7 —
16 1/4 — (1)	14 —	10 —	9 —	7 1/2 —
16 —	14 2/3 —	10 1/4 —	9 —	7 1/2 —
15 2/3 —	14 —	10 —	8 1/2 —	7 1/4 —
14 —	13 —	9 —	8 —	7 1/2 —
13 —	12 —	8 1/2 —	7 —	6 1/2 —
12 1/2 —	12 —	7 3/4 —	7 —	6 —
17 mm. (2)	14 mm.	12 mm.	»	»

(1) Cette série d'individus sont des formes de passage dont il sera plus loin question.
(2) Dimensions du type décrit par H. Adams (*loc. supra cit.*, 1867, p. 305).

Au dernier tour on observe les particularités suivantes :

En dessus, il existe de 2 à 4 costules plus saillantes (l'inférieure sensiblement médiane) entre lesquelles se distinguent des stries plus fines. Cette disposition est précisée par le schéma I (fig. 28, dans le texte) : il y a donc deux carènes (1 et 2) très saillantes et deux autres (3 et 4) moins développées entre lesquelles s'espacent, avec plus ou moins de régularité, des costules spirales. Sur certains individus on voit d'abord diminuer l'importance relative des carènes 3 et 4 (schéma II, fig. 29, dans le texte); puis, sur d'autres, la carène 3 disparaît en même temps que s'atténue la carène 4 (schéma III, fig. 30, dans le texte). Enfin il ne reste plus que deux carènes (1 et 2) fortement accusées, le reste du tour étant orné de costules subégales, celles voisines de la suture devenant plus ou moins onduleuses (Schéma IV, fig. 31, dans le texte). Nous sommes revenus au type à deux carènes, si fréquent chez les formes dérivées du *Tropidophora carinata* Born.

En dessous, la sculpture comprend un nombre variable de

stries spirales costulées. Elles sont assez inégales (1) et s'accentuent, *très légèrement*, autour de l'ombilic (2).

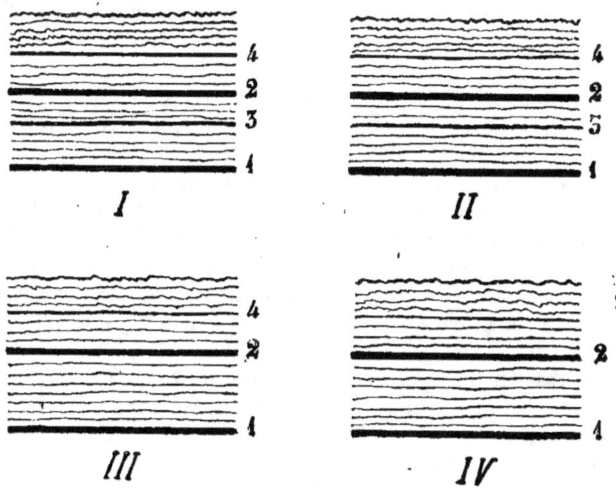

Fig. 28 à 31. — *Tropidophora (Eutropidophora) mauritianensis* Adams. /
Schémas montrant les variations de la sculpture du dernier tour de spire.

Typiquement le galbe du *Tropidophora mauritianensis* H. Adams est très élevé. Le tableau de la page 328, montre qu'il existe des mutations *subdepressa* ou *subelata* nombreuses; elles sont, le plus souvent, liées aux variations de l'ombilic. Ce dernier est très étroit et partiellement recouvert par la patulescence du bord columellaire (3). Mais, en examinant une suite suffisamment nombreuse d'individus, on constate qu'il s'élargit progressivement jusqu'à devenir relativement large, subcirculaire et infundibuliforme. Ce mode *pervius* est souvent lié aux types de sculpture III et IV (fig. 30 et 31, dans le texte), mais le fait n'est pas général et il existe également un mode *pervius*, plus rarement réalisé, chez les indi-

(1) En général, entre deux costules saillantes s'intercalent deux ou trois stries spirales plus délicates.
(2) Les stries spirales restent bien distinctes jusqu'au fond de la cavité ombilicale.
(3) L'ombilic, ainsi réduit à une fente, rappelle celui du *Tropidophora Michaudi* Grateloup.

vidus dont la sculpture répond aux formules I et II (4) (fig. 28 et 29, dans le texte). Il y a donc tendance évidente vers les formes de petite taille dérivées du *Tropidophora carinata* Born bien que, toutes proportions gardées, l'ombilic du *Tropidophora mauritianensis* H. Adams reste relativement moins ouvert.

Les sutures sont souvent plissées : ce caractère, parfois très accentué, peut s'atténuer jusqu'à disparaître complètement.

La fossilisation fait généralement disparaître tout coloris. Il en reste des traces chez des individus dont le test subtranslucide, relativement mince mais solide, est d'un brun jaunâtre. Les tours embryonnaires sont ochracés et brillants. Il existe parfois des vestiges de flammules longitudinales brunes, étroites et subverticales, souvent associées à des articulations rougeâtres visibles à l'intérieur de l'ouverture (1). Une fascie spirale brune, étroite, immédiatement inframédiane, également visible à l'intérieur de l'ouverture, s'observe, au dernier tour, chez de nombreux spécimens.

En résumé, le *Tropidophora mauritianensis* H. Adams est encore une espèce dérivée des formes à deux carènes dont le *Tropidophora carinata* Born est le prototype. Son évolution était à peu près terminée au moment de sa disparition et les caractères spéciaux qu'elle s'était sélectée peuvent ainsi se résumer :

1° Forme allongée turbinée de la coquille ;

2° Disparition, à peu près complète, des costules carénantes de la région ombilicale (2) ;

3° Rétrécissement considérable de l'ombilic rappelant celui du *Tropidophora Michaudi* Grateloup;

4° Ornementation picturale rappelant celle du *Tropidophora pulchra* Gray.

Il en résulte que le *Tropidophora mauritianensis* H. Adams

---

(1) J'ajouterai : le mode *pervius* est plus souvent réalisé chez les formes *depressa* ou *subdepressa* que chez les formes normales ou *elata*. Mais, là encore, le fait n'est pas général.

(2) Ces articulations sur les carènes (1, 2, 3 et 4 des fig. 28 à 31, dans le texte) sont principalement visibles sur les carènes 1 et 2. Il en existe aussi, mais plus rarement, sur les costules spirales plus fines intercalées entre les carènes.

(3) Elles sont remplacées, comme il a été précisé plus haut, par des stries costulées à peine plus saillantes que celles garnissant le reste de la base du dernier tour.

doit être considéré comme une espèce distincte surtout apparentée :

1° Aux formes de petite taille du *Tropidophora carinata* Born ;

2° Aux formes de passage entre les *Tropidophora carinata* H. Adams et *Tropidophora pulchra* Gray dont je parlerai à propos de la première de ces espèces ;

3° Enfin, par son ornementation picturale, et par certaines formes de passage dont il vient d'être question, au *Tropidophora pulchra* Gray des îles Seychelles.

Ile Maurice : Vallée des Pailles, Montagne du Pouce, Mont de la Vierge, Mont du Corps de Garde ; nombreux exemplaires subfossiles [E. Thirioux et P. Carié;=Montagne du Pouce [G. Nevill, *in* : H. Adams, *loc. supra cit.*, 1867, p. 305];= Sans indication de localité : E. Liénard, *loc. supra cit.*, 1877, p. 60;=Montagne du Pouce, avec le *Tropidophora scabra* H. Adams (subfossible) [G. Nevill, *loc. supra cit.*, 1878, p. 305].

Tropidophora (Eutropidophora) scabra H. Adams.

Fig. 32 à 35, dans le texte.

1867 *Cyclostoma scabrum* H. Adams, *Proceedings Zoological Society London*, p. 306, pl. XIX, fig. 11.
1876 *Cyclostoma scabrum* Pfeiffer, *Monograph. Pneumonopomorum vivent.*, IV, p. 177.
1877 *Cyclostoma scabrum* Liénard, *Catalogue Mollusques île Maurice*, p. 60, n° 834.
1878 *Cyclostoma (Tropidophora) scabrum*, Nevill, *Handlist Mollusca Indian Museum Calcutta*, I, p. 305, n° 28.
1880 *Cyclostoma (Ligatella) scabrum* Martens, *Mollusken*, in : K. Möbius, *Beiträge z. Meeresfauna d. Insel Mauritius...*, Berlin, p. 187.
1898 *Tropidophora (Ligatella) scabra* Kobelt et Möllendorff., *Nachrichtsblatt d. deutschen Malakozoolog. Gesellschaft*, XXX. p. 178.
1909 *Ligatella scabra* Kobelt. *Abhandl. d. Senckenberg. Naturforsch. Gesellschaft Frankfurt a. M.*, XXXII, p. 94.

La forme générale de la coquille est assez variable comme on s'en rend compte à l'examen du tableau ci-dessous donnant les dimmensions principales d'un certain nombre d'individus.

Longueur totale	Diamètoe maximum	Diamètre minimum	Hauteur de l'ouverture	Diamètre de l'ouverture	Observations
mm.	mm.	mm.	mm.	mm.	
14 1/2	15	10	8	7	
14	14 1/2	10	7	7	
14	14 1/4	9 3/4	7 3/4	7 1/2	
14	14	10	7	7	
14	13 1/2	10	7	6 2/3	
13 1/2	14 1/2	9 1/2	7 1/2	7 1/4	
13	14 1/2	9	7 1/2	7	
13	14	9	7	7	
12 1/2	13 1/2	9	7 1/4	·6 3/4	
12	12	8 1/4	6	6	
11	13	10	7	6	forma *depressa*.
11	12	8	6	6	
10 1/2	12	7 1/2	6	5 1/2	forma *depressa*.
10 1/2	11 1/2	7 1/2	6	5 2/3	
10	12	7 1/2	6	5 3/4	
10	11	7	5 1/2	5 1/2	
9 1/4	11 1/2	7 1/2	6	5 2/3	forma *depressa*.
8	9	6	5	4 1/2	jeune.
11	12	10	»	»	D'après H. Adams, *loc. supra cit.*, 1867, p. 306.

On voit qu'il existe, à côté de la forme normale, une mutation *depressa* assez nette, reliée d'ailleurs au type par de nombreux intermédiaires. Cette coquille est, à mon avis, celle qui répond le mieux au *Tropidophora scabra* tel qu'il a été défini par II. Adams. Son ombilic, relativement large, est infundibuliforme ; sa sculpture offre les caractères suivants :

Le tours embryonnaires sont lisses; les autres sont garnis de stries longitudinales très fines, serrées, à peine obliques et de costules spirales (1) bien marquées, subégales, un peu atténuées en dessous, mais reprenant toute leur vigueur dans la région ombilicale où elles restent bien visibles jusqu'au fond de la cavité.

Cette sculpture varie beaucoup. On observe, notamment chez les formes élevées, une différenciation dans les stries costulées. Dans la partie supramédiane du dernier tour quelques unes deviennent plus saillantes que les autres : on peut en compter de 2 à 4, très rarement 5 (fig. 33, dans le texte). En même temps, deux de ces costules plus fortes se

(1) Sur une série suffisante d'exemplaires on constate que ces costules, d'abord à peine plus saillantes que les autres, s'accentuent peu à peu jusqu'à se transformer en véritables carènes.

transforment en véritables carènes pendant que les 2 ou 3
autres s'atténuent (fig. 34 et 35, dans le texte) (1). Nous retrou-

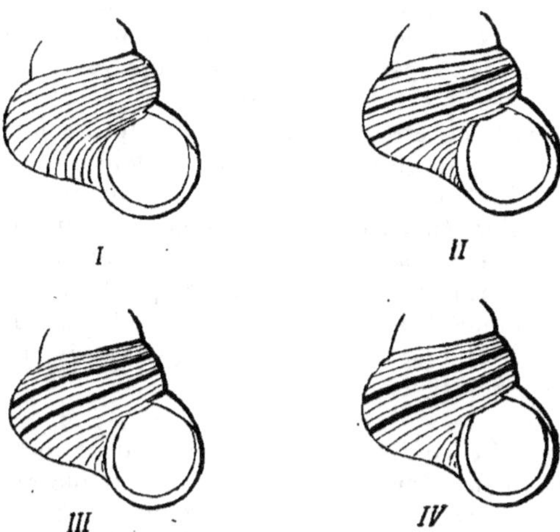

Fig. 32 à 35. — *Tropidophora (Eutropidophora) scabra* H. Adams.
Schémas montrant les variations de la sculpture du dernier tour de spire.

vons ici la sculpture fondamentale du *Tropidophora carinata*
Born et de ses variétés. Ainsi le *Tropidophora scabra*, qui semble si différent de l'espèce de Born, s'y rattache encore par
ses caractères sculpturaux.

L'ombilic est également variable. Il s'élargit parfois très
notablement et, comme conséquence immédiate, l'ouverture se détache du dernier tour. Ce polymorphisme de l'ombilic est indépendant du galbe de la coquille et le mode *pervius* s'observe aussi fréquemment chez les individus à spire
élevée que chez les spécimens à spire déprimée.

Le test, relativement mince, n'a que rarement conservé des
traces de son coloris primitif. Il est ordinairement jaune
marron avec, parfois, quelques vestiges de flammules longitudinales peu apparentes. Plus fréquemment le dernier tour
est orné d'une bande brune inframédiane visible à l'intérieur
de l'ouverture.

(1) De ces deux carènes restantes l'inférieure, à peu près médiane, est la
plus saillante; la supérieure se place sensiblement à mi-distance entre l'inférieure et la suture.

Il est incontestable que le *Tropidophora scabra* H. Adams présente des affinités avec le *Tropidophora pulchra* Gray des îles Seychelles. La nature du test, les traces de coloration (1) et les caractères sculpturaux précisent ces analogies. Peut-être faut-il voir, dans le *Tropidophora scabra* H. Adams, la forme ancestrale de l'espèce des îles Seychelles, mais cette dernière s'est sélectée des caractères spéciaux : test plus solide, plus épais; péristome épaissi et réfléchi; sculpture formée de costules moins nombreuses mais plus saillantes, etc... (2).

En résumé, le *Tropidophora scabra* H. Adams, actuellement éteint à l'île Maurice, est une espèce paraissant dérivée du *Tropidophora carinata* Born. Son évolution devait être à peu près terminée et ses caractères spécifiques sensiblement fixés au moment de sa disparition (3). Elle semble avoir donné naissance au *Tropidophora pulchra* Gray vivant actuellement aux îles Seychelles.

Ile Maurice : Vallée des Pailles, Montagne du Pouce, Pieter Both et Mont de la Vierge, subfossile sous les pierres et les roches [THIRIOUX]; = Mont du Pouce [G. NEVILL, *in :* H. ADAMS, *loc. supra cit.*, 1867 p. 306]; = Sans indication de localité : E. LIÉNARD, *loc. supra cit.*, 1877, p. 60; = Mont du Pouce, sous de grandes roches, subfossile [G. NEVILL, *loc. supra cit.*, 1877, p. 305.].

TROPIDOPHORA (EUTROPIDOPHORA) PULCHRA Gray.

1834 *Cyclostoma pulchrum* GRAY, *Griffith animal Kingdom*, pl. XXVIII, fig. 3.

1838 *Cyclostoma ortix* VALENCIENNES, *in :* EYDOUX, *Magasin de Zoologie*, pl. CXVII, fig. 2.

1841 *Cyclostoma Arthurii* GRATELOUP, *Actes société linnéenne Bordeaux*, XI, p. 438, pl. III, fig. 7 et 12.

1847 *Cyclostoma ortyx* SOWERBY, *Thesaurus Conchyl.*, p. 99, pl. XXIII, fig. 27-28.

1847 *Tropidophora ortyx* PFEIFFER, *Zeitschrift für Malakozoolog.*, p. 107.

(1) Traces de flammules longitudinales et *d'articulations* brunes sur les costules; bande brune inframédiane du dernier tour.

(2) Quelques formes fossiles, que je rapporte cependant au *Tropidophora scabra* H. Adams, sont assez ambiguës : leur test est plus épais, plus solide; leur sculpture se rapproche davantage de celle du *Tropidophora pulchra* Gray; enfin leur galbe et leur ombilic plus rétréci montre quelques rapports avec le *Tropidophora mauritianensis* H. Adams. Je reviens sur ces considérations à propos de cette dernière espèce.

(3) Le polymorphisme du *Tropidophora scabra* H. Adams est, en effet, moins étendu que celui de la plupart des formes dérivées du *Tropidophora carinata* Born.

1848 *Cyclostoma oryx* Pfeiffer, Cyclostom., *in* : Martini et Chemnitz,
        Systemat. Conchylien-Cabinet, 2ᵉ édit. p. 131, n° 137,
        taf. XVI, fig. 13-14.
1852 *Cyclostoma pulchrum* Pfeiffer, *Monograph. Pneumonopomorum*
        vivent., I, p. 203.
1869 *Cyclostomus (Tropidophora) pulcher* Nevill, *Proceedings Zoological*
        Society of London, p. 65, n° 19.
1877 *Cyclostoma pulchrum* Liénard, *Catalogue Mollusques île Maurice,*
        p. 81, n° 117.
1878 *Cyclostoma (Tropidophora) pulchrum* Nevill, *Handlist Mollusca In-*
        dian Museum Calcutta, I, p. 305.
1880 *Cyclostoma (Tropidophora) pulchrum* Martens, Mollusken, *in* : K.
        Möbius, *Beiträge z. Meeresfauna d. Insel Mauritius...,*
        Berlin, p. 186.
1898 *Tropidophora (Eutropidophora) pulchra* Kobelt et Möllendorff,
        Nachrichtsblatt d. deutschen Malakozoolog. Gesellschaft,
        XXX, p. 160.

Cette espèce, très répandue aux îles Seychelles (Mathé, Praslin et Silhouette), n'a jamais été signalée dans l'archipel des
Mascareignes. Mais il existe, à l'île Rodrigue, une forme
représentative, décrite par H. Crosse en 1873, et que je considère comme une variété très voisine du type de Gray :

Variété Desmazuresi Crosse.

1873 *Cyclostoma Desmazuresi* Crosse, *Journal de Conchyliologie,* XXI,
        p. 141, n° 11.
1874 *Cyclostoma Desmazuresi* Crosse, *Journal de Conchyliologie,* XXII,
        p. 235, n° 13, pl. VIII, fig. 9.
1876 *Cyclostoma Demazuresi* Pfeiffer, *Monograph. pneumonopomorum*
        vivent., IV, p. 172.
1880 *Cyclostoma (Tropidophora) Desmazuresi* Martens, Mollusken, *in* : K.
        Möbius, *Beiträge z. Meeresfauna d. Insel Mauritius...,*
        Berlin, p. 187.
1898 *Tropidophora (Ligatella) desmazuresi* Koblet et Möllendorff, *Nach-*
        richtsbl. d. deutschen Malakozoolog. Gesellschaft, XXX,
        p. 177.
1909 *Ligatella desmazuresi* Koblet, *Abhandl. d. Naturforsch. Gesellschaft*
        Frankfurt a. M., XXXII, p. 96.

Coquille ombiliquée (ombilic infundibuliforme laissant
voir toute la spire), turbinée, à spire brièvement conique composée de 4 ½ tours légèrement convexes séparés par des sutures sublinéaires; sommet obtus et arrondi; dernier tour grand,
subcaréné à la périphérie; ouverture presque verticale, subcirculaire; péristome simple, subtranchant; bord columellaire un peu réfléchi, d'un brun orangé.
Hauteur : 8 ½ millimètres; diamètre maximum : 10 1/4
millimètres; diamètre minimum : 8 ½ millimètres; hauteur

de l'ouverture : 5 millimètres; diamètre de l'ouverture :
4 millimètres.

Test solide, fauve clair orné de maculations brunes; tours
embryonnaires lisses; autres tours garnis de costulations spirales inégales, 3 ou 4 étant plus espacées, plus saillantes, et
« plus ou moins articulées de brun et de blanc, formant comme de petites carènes »; stries longitudinales subverticales;
costulations ombilicales espacées et fortes; dernier tour avec
une fascie brune inframédiane; intérieur de l'ouverture d'un
fauve clair (1).

On voit que ce *Tropidophora* se distingue du *Tropidophora
pulchrum* Gray uniquement par sa taille plus faible et par
sa spire comprenant seulement 4 ½ tours au lieu de 5. Il est,
dans ces conditions, impossible de considérer cette coquille
comme spécifiquement distincte. Elle n'est qu'une mutation
minor d'ailleurs très voisine du type.

Ile Rodrigue : Montagne des Limons, à une altitude d'environ 500 mètres » [A. DESMAZURES, *in* : H. CROSSE, *loc. supra cit.*, 1873, p. 142; et 1874, p. 236].

TROPIDOPHORA (EUTROPIDOPHORA) MICHAUDI Grateloup.

PI. IV, fig. 11 à 14.

1841 *Cyclostoma Michaudi* GRATELOUP, *Actes Société linnéenne Bordeaux*,
      XI, p. 440, pl. III, fig. 11.
1847 *Cyclostoma carinatum* SOWERBY, *Thesaurus Conchyl.*, p. 119, pl.
      XXVI, fig. 117-118 [non BORN].
1847 *Tropidophora Michaudi* PFEIFFER, *Zeitschrift für Malakozoolog.*,
      p. 106.
1850 *Cyclostoma Michaudi* PFEIFFER, Cyclostom., *in* : MARTINI et CHEMNITZ,
      System. Conchylien-Cabinet, p. 138, n° 145, taf. XVIII,
      fig. 14-16.
1852 *Cyclostomus Barclayanus* PFEIFFER, *Proceedings Zoological Society
      of London*, p. 158.
1852 *Cyclostoma Michaudi* PFEIFFER, *Monograph. Pneumonopomorum. vi-
      vent.*, I, p. 200.
1852 *Cyclostomus Barclayanus* PFEIFFER, *Monograph. Pneumonopomorum
      vivent.*, I, p. 200.
1853 *Cyclostoma Barclayanum* PFEIFFER, Cyclostom., *in* : MARTINI et
      CHEMNITZ, *Systemat. Conchylien-Cabinet*, 2° édit.,
      p. 242, n° 222, taf. XXXII, fig. 3-4.
1858 *Cyclostomus Barclayanus* PFEIFFER, *Monograph. Pneumonopomorum
      vivent.*, II, p. 115.

(1) La coloration varie un peu : elle est tantôt d'un fauve clair plus ou
moins tacheté de brun, tantôt d'un brun violacé avec des fascies longitudinales d'un fauve très clair.

1860 *Cyclostoma Barclayanum* MORELET, *Séries Conchyliologiques*, II, *Iles Orientales d'Afrique*, p. 102, n° 69.

1877 *Cyclostoma Barclayanum* LIÉNARD, *Catalogue Mollusques île Maurice*, p. 59, n° 818.

1877 *Cyclostoma Michaudi* LIÉNARD, *Catalogue Mollusques île Maurice*, p. 60, n° 830.

1878 *Cyclostoma (Tropidophora) Michaudi* NEVILL, *Handlist Mollusca Indian Museum Calcutta*, I, p. 306, n° 32.

1878 *Cyclostoma (Tropidophora) barclayanum* NEVILL, *loc. supra cit.*, I, p. 306, n° 33.

1880 *Cyclostoma (Tropidophora) Michaudi* MARTENS, Mollusken, *in* : K. Möbius, *Beiträge z. Meeresfauna d. 'Insel Mauritius...,* Berlin, p. 186.

1880 *Cyclostoma (Tropidophora) Barclayanum* MARTENS, *loc. supra cit.*, p. 186.

1898 *Tropidophora (Eutropidophora) Barclayiana* KOBELT et MÖLLENDORFF, *Nachrichtsblatt d. deutschen Malakozool. Gesellschaft*, p. 158.

1898 *Tropidophora (Eutropidophora) Barclayiana* KOBELT et MÖLLENDORFF. *Nachrichtsblatt d. deutschen Malakozoolog. Gesellschaft*, p. 160.

1909 *Tropidophora Michaudi* KOBELT, *Abhandl. d. Senckenberg. Naturforsch. Gesellschaft Frankfurt a. M.*, XXXII, p. 94.

1909 *Tropidophora barclayana* KOBELT, *loc. supra cit.*, XXXII, p. 96.

La forme de ce *Tropidophora* est assez variable, comme le montre le tableau suivant, donnant, en millimètres, les principales mensurations de quelques individus.

Longueur totale	Diamètre maximum	Diamètre minimum	Hauteur de l'ouverture	Diamètre de l'ouverture
28 mm.	27 mm.	17 mm.	17 1/2 mm.	15 mm.
26 —	26 —	15 2/3 —	17 —	15 —
26 —	26 —	15 1/2 —	17 —	15 —
26 —	25 1/2 —	15 1/2 —	16 —	14 1/2 —
26 —	25 —	16 —	17 —	14 1/2 —
26 —	23 1/2 —	16 —	16 3/4 —	14 —
25 1/2 —	25 —	16 —	16 —	13 3/4 —
25 —	26 1/4 —	15 1/2 —	16 1/2 —	15 1/2 —
25 —	26 —	16 —	17 1/2 —	15 —
25 —	25 1/2 —	17 1/2 —	17 1/2 —	15 —
25 —	25 —	15 1/2 —	16 —	14 —
25 —	24 —	14 —	15 —	13 1/2 —
23 1/2 —	24 1/2 —	17 —	16 —	14 —
23 —	24 1/2 —	15 —	15 1/2 —	14 1/2 —

Les individus à spire surbaissée ne sont pas très rares; ceux à spire élevée sont beaucoup moins fréquents.

Le test est toujours très épais, fort solide, avec, assez souvent, le sommet érodé. Il est brun rougeâtre avec les premiers tours jaunacés ou carminés et assez brillants; il est, plus rarement, d'un brun violacé avec les premiers tours bleuâtres. L'intérieur de l'ouverture est d'un brun violacé ou d'un rouge brillant. Le péristome, très brillant, est soit d'un rouge toujours très vif variant du carmin au cramoisi, soit d'un blanc brillant presque pur.

Les tours embryonnaires sont lisses; les autres montrent des stries longitudinales toujours fines, serrées, subégales et un peu obliques. La naissance des cordons spiraux se fait exactement comme je l'ai indiqué chez le *Tropidophora articulata* Gray. La sculpture est, d'ailleurs, très variable. Typiquement les cordons du dernier tour sont très saillants; leur nombre est variable (17, 18, 19) mais on en compte le plus souvent 17 disposés comme l'indique la figure 11 de la planche IV. On voit que les sillons 1 à 4 sont relativement peu saillants et subéquidistants tandis que les cordons 5, 7 et 10 forment carène, le cordon 10 étant le plus développé et constituant une carène tranchante. Les cordons 6, 8 et 9 sont plus minces et inégalement répartis. Enfin les cordons 11 à 17, intercalés entre la carène médiane et la carène ombilicale (1) sont subégaux et sensiblement équidistants. Il existe en outre, dans la cavité ombilicale, de 2 à 4 cordons saillants plus ou moins espacés suivant les individus.

On observe parfois une atténuation des cordons les plus saillants. Ce sont d'abord ceux qui, typiquement, correspondent aux cordons 5 et 7 si bien que la coquille présente alors une carène unique formée par le cordon médian 10. Ce dernier peut s'atténuer lui-même et la sculpture comprend seulement des cordons décurrents *subégaux*. Cette mutation *ex sculpta* (Pl. IV, fig. 13) n'est pas sans analogies avec le *Tropidophora carinata* Born var. *unicolor* Pfeiffer (2). Il n'est d'ailleurs pas impossible que le *Tropidophora Michaudi* Grateloup ne soit qu'une forme extrême du *Tropidophora carinata* Born. M. L. Cahié a recueilli un grand nombre d'échantillons qui sont de remarquables termes de passage entre les deux espèces et il n'est pas sans intérêt d'examiner attentivement les figures 11 à 14 de la planche IV qui représentent

---

(1) Cette dernière formant le cordon 18.
(2) L'analogie est encore accentuée par ce fait que la carène ombilicale elle-même s'atténue jusqu'à devenir à peine plus saillante que les cordons décurrents.

quelques-unes de ces formes ambigües (1). On voit combien j'avais raison d'avancer, dans la partie générale de ce travail, qu'il n'existe aux îles Mascareignes qu'un petit nombre d'espèces de *Tropidophora* en pleine évolution dont les types spécifiques ne semblent pas encore fixés. Un certain nombre même de ces formes, que l'on retrouve seulement à l'état subfossile, ont probablement disparu avant d'avoir acquis leurs caractères définitifs.

Les *Tropidophora Michaudi* Grateloup et *Tropidophora Barclayi* Pfeiffer sont évidemment synonymes, les seules différences appréciables étant la couleur de l'intérieur de l'ouverture et du péristome. On peut, de ce point de vue, distinguer deux mutations *ex colore* qui n'ont même pas la valeur de variétés :

α *Michaudi* Grateloup.

Intérieur de l'ouverture d'un brun violacé; péristome blanc.

β *Barclayi* Pfeiffer.

Intérieur de l'ouverture variant du rouge carminé au rouge cramoisi; péristome rouge sang ou cramoisi; test brillant.

La forme β est la plus communément répandue.

Ile Maurice : Environs de Port Louis et bords de la Rivière Noire; la variété α *Michaudi* Grateloup, beaucoup plus rare [P. Carié]=D. Barclay, *in* : L. Pfeiffer, *loc. supra cit...* 1852, p. 158; et : 1853, p. 243; = Peu commun, sur les « ... coteaux boisés et un peu secs, au quartier de la rivière Noire » [E. Vesco, *in* : A. Morelet, *loc. supra cit., de* 1860, p. 102]; = E. Liénard, *loc. supra cit.,* p. 59 (α *Michaudi*) et 60 (β *Barclayi*); = E. Dupont, *in* : G. Nevill, *loc supra cit.,* 1878, p. 306 (α *Michaudi*); = Les trois Mamelles, sous de très grosses roches. (β *Barclayi*) [E. Dupont et G. Nevill, *in* : G. Nevill, *loc. supra cit.,* 1878, p. 306].

Cette espèce a été décrite sur des individus indiqués, peut-être d'après des renseignements erronés, comme provenant de l'île de Madagascar [de Grateloup, *loc. supra cit.,* 1841, p. 440].

---

(1) Ce passage se fait surtout par l'intermédiaire de la var. *unicolor* Pfeiffer. Il est des individus recueillis par M. P. Carié qu'il est à peu près impossible d'attribuer plutôt au *Tropidophora carinata* var. *unicolor* Pfeiffer qu'au *Tropidophora Michaudi* Grateloup.

‌⁂

Tropidophora (Eutropidophora) bipartita Morelet.

1875 *Cyclostoma bipartitum* Morelet, *Journal de Conchyliologie*, XXIII,
p. 26, n° 4, pl. 1, fig. 3.
1880 *Cyclostoma (Tropidophora) bipartitum* Martens, Mollusken, *in* : K.
Möbius, *Beiträge z. Meeresfauna d. Insel Mauritius...*,
Berlin, p. 186.
1909 *Tropidophora bipartita* Kobelt, *Abhandl. d. Senckenberg· Naturforsch.
Gesellschaft Frankfurt a. M.*, XXXII, p. 96.

Coquille subturbinée, largement ombiliquée, convexe en
dessous; spire formée de 4 ½ tours convexes à croissance rapide, séparés par des sutures bien marquées; ouverture subcirculaire (diamètre : 10 millimètres; hauteur : 9 millimètres), anguleuse en haut, à bords marginaux très rapprochés réunis par une forte callosité faisant paraître le péristome continu.

Diamètre maximum : 21-22 millimètres; diamètre minimum : 16-18 millimètres; hauteur : 13-14 millimètres.

Les ornementations sculpturale et picturale présentent des caractères très particuliers qui ont été nettement décrits par A.
Morelet [*loc. supra cit.*, 1875, p. 27] : La sculpture consiste
« ...en une costulation spirale, légèrement flexueuse, recouvrant, à l'exception des tours embryonnaires, toute la face
supérieure de la coquille, et se terminant, à la périphérie, par
une carène aiguë et linéaire. A partir de là, cette costulation
devient fine et serrée, jusqu'à l'ombilic, où elle se prononce
à nouveau, et s'espace de plus en plus, à mesure qu'elle pénètre dans cette cavité. Les stries d'accroissement, moins saillantes, forment avec la costulation spirale un treillis, d'abord
assez net, mais qui s'affaiblit peu à peu, tandis que celle-ci
prédomine. La coloration est très remarquable; toute la face
supérieure, jusqu'à la carène, est d'un blanc mat et sans éclat,
pendant que la face opposée est d'une nuance isabelle, avec
5 ou 6 fascies linéaires d'un brun rougeâtre, dont une, plus
large que les autres, marque, un peu au dessous de la périphérie, la limite de deux couleurs qui partagent la coquille.
L'ouverture reproduit cette même disposition à l'intérieur ».

Ile Rodrigue : subfossile, mêlé à des ossements de Dronte,
dans les cavernes du littoral de l'île. [Bewsher, *in* : A.
Morelet, *loc. supra cit.*, 1875, p. 27].

TROPIDOPHORA (EUTROPIDOPHORA) BEWSHERI Morelet.

1875 *Cyclostoma Bewsheri* MORELET, *Journal de Conchyliologie*, XXIII,
        p. 28, n° 15, pl. I, fig. 4.
1880 *Cyclostoma (Ligatella) Bewsheri* MARTENS, *Mollusken, in : K. MÖBIUS
        Beiträge z. Meeresfauna d. Insel Mauritius...*, Berlin,
        p. 187.
1898 *Tropidophora (Ligatella) bewsheri* KOBELT et MÖLLENDORFF, *Nachrichts-
        blatt d. deutschen Malakozoolog. Gesellschaft*, p. 177.
1909 *Ligatella bewsheri* KOBELT, *Abhandl. d. Senckenberg. Naturforsch.
        Gesellschaft Frankfurt a. M.*, XXXII, p. 96.

Du même groupe que le *Tropidophora bipartita* Morelet,
cette espèce, également turbinée subdéprimée, possède 4 ½
tours de spire convexes dont le dernier est dilaté et muni
d'une carène médiane. L'ouverture est oblique, subcirculaire
(hauteur : 7½ millimètres; diamètre : 7 millimètres) et anguleuse en haut.

La hauteur atteint 9-10 millimètres, le grand diamètre 18-
19 millimètres et le petit diamètre 15 millimètres.

Le test est d'un blanc roussâtre gardant, au dernier tour,
les traces d'une fascie brun marron légèrement inframédiane. La sculpture comprend des stries longitudinales fines,
parfois obsolètes, et des stries spirales costulées, serrées et
inégales dont 5 ou 6 se transforment en carènes peu saillantes
(1). En dessous, les costules spirales sont plus délicates; elles
s'accentuent cependant au voisinage de l'ombilic et restent
saillantes à l'intérieur de cette cavité.

Ile Rodrigue : Subfossile dans les cavernes du littoral de
la mer, mêlé à des ossements de Dronte et à des individus du
Tropidophora bipartita Morelet. [BEWSHER, *in :* A. MORELET,
loc supra cit., 1875, p. 29].

§ II. LIGATELLA Martens, 1880 (2).

TROPIDOPHORA (LIGATELLA) INSULARIS Pfeiffer.

1852 *Cyclostoma insulare* PFEIFFER, *Proceedings Zoological Society of Lon-
        don*, p. 64.
1852 *Cyclostomus insularis* PFEIFFER, *Monograph. Pneumonopomorum vi-
        vent.*, I, p. 215.

---

(1) La plus inférieure de ces côtes plus fortement développées est à peu
près médiane; c'est en même temps la plus saillante et elle constitue une
véritable carène.
(2) *Ligatella* MARTENS, *in :* K. MÖBIUS, *Beiträge z. Meeresfauna d. Insel
Mauritius*, Berlin, 1880, p. 186 [= *Rochebrunia* BOURGUIGNAT. (part)].

1854 *Cyclostoma insulare* Pfeiffer, *Cyclostom.*, in : Martini et Chemnitz,
            Systemat. Conchylien-Cabinet, p. 351, n° 368, taf.
            XLV, fig. 5-6.
1861 *Cyclostoma insulare* Reeve, *Conchologia Iconica*, pl. VIII, fig. 41.
1861 *Cyclostoma kraussianum* Reeve, *Conchologia Iconica*, pl. IX, fig. 52
            [non *Cyclostoma kraussianum* Pfeiffer].
1889 *Rochebrunia insularis* Bourguignat, *Mollusques Afrique équatoriale*,
            Paris, p. 146.
1897 *Cyclostoma insulare* Martens, *Beschalte Weichthiere Deutsch-Ost-
            Afrik.*, Berlin, p. 5.
1912 *Tropidophora (Ligatella) insularis* Connolly, *Annals South African
            Museum*, XI, part III, p. 254, n° 536.

C'est avec beaucoup d'hésitation que j'inscris cette espèce
dans la faune des îles Mascareignes. L. Pfeiffer l'indique
comme originaire de l'île Maurice (1). (Collection H. Cuming,
actuellement au *British Museum*) où elle n'a pas été signalée
depuis. Comme de nombreuses erreurs de localités existent
dans la Collection H. Cuming, il est possible que ce *Tropidophora*, répandu dans une grande partie de l'Afrique australe
(Natal, Transvaal, Griqualand, Cape of Good Hope) et de
l'Afrique orientale (Afrique orientale portugaise, vallée de
l'Ouébi, Melinda, Monbasa, etc...) n'habite pas l'île Maurice.

Tropidophora (Ligatella) ligata Müller.

1774 *Nerita ligata* Müller, *Vermium terr. et fluv. Histor.*, II, p. 181,
            n° 368.
1786 *Turbo ligatus* Chemnitz, *Systemat. Conchylien-Cabinet*, IX, part II,
            p. 60, taf. CXXIII, fig. 1071-1072.
1822 *Cyclostoma ligata* de Lamarck, *Hist. natur. animaux sans vertèbres*,
            VI, part II, p. 147.
1831 *Cyclostoma ligatum* Sowerby, *Genera of Shells*, pl. CLXXVI, fig. 4.
1838 *Cyclostoma ligata* Deshayes, *Hist. natur. animaux sans vertèbres*,
            Ed. 2, [par G. P. Deshayes], VIII, p. 359.
1846 *Cyclostoma ligatum* Pfeiffer, *Zeitschr. für Malakozoolog.*, p. 31.
1847 *Cyclostoma ligatum* Pfeiffer, *Cyclostom.*, in : Martini et Chemnitz,
            Systemat. Conchylien-Cabinet, p. 33, n° 24, taf. IV,
            fig. 12-13 et taf. VIII, fig. 3-4.
1847 *Cyclostoma ligatum* Sowerby, *Thesaurus Conchyliorum*, I, p. 98,
            pl. XXIII, fig. 24.
1848 *Cyclophora ligata* Swainson, *Treatise on Malacology*, p. 336.
1848 *Cyclostoma ligata* Krauss, *Südafrikanischen Mollusken*, p. 82.
1852 *Cyclostomus ligatus* Pfeiffer, *Monograph. pneumonopomorum vi-
            vent.*, I, p. 221.
1859 *Cyclostoma ligatum* Martens, *Malakozoolog. Blätter*, VI, p. 215.
1861 *Cyclostoma ligatum* Reeve, *Conchologia Iconica*, pl. IX, fig. 54.
1877 *Cyclostoma ligatum* Liénard, *Catalogue Mollusques île Maurice*, p. 60,
            n° 829.
1878 *Cyclostoma (Otopoma) ligatum* Nevill, *Handlist Mollusca Indian Mu-
            seum Calcutta*, I, p. 307, n° 46.

____

(1) Pfeiffer (L.), in : Martini et Chemnitz, *loc. supra cit.*, 1854, p. 351.

1882 *Cyclostoma ligatum* MORELET, *Journal de Conchyliologie*, XXX,
     p. 89, n° 2.
1897 *Cyclostoma ligatum* MARTENS, *Beschalte Weichthiere Deutsch Ost-
     Afrik.*, Berlin, p. 5.
1898 *Tropidophora (Ligatella) ligata* KOBELT et MÖLLENDORFF, *Nachrichts-
     blatt d. deutschen Malakozoolog. Gesellschaft*, p. 178.
1912 *Tropidophora ligata* CONNOLLY, *Annals South African Museum*, XI,
     part. III, p. 255, n° 358.

Le Dr E. von MARTENS. (*loc. supra cit.*, 1880, p. 187) con-
teste la présence de cette espèce dans l'île Maurice, bien
qu'elle y soit communément répandue. Les spécimens fort
nombreux recueillis par M. L. CARIÉ se rapportent principalement à la variété *unifasciata* Sowerby (1), souvent considérée comme une espèce distincte spéciale à la faune de l'île
de Madagascar. Ce *Tropidophora unifasciata* Sowerby ne saurait été spécifiquement séparé du *Tropidophora ligata* Müller;
c'est, *tout au plus*, une variété de taille plus grande et de
forme plus allongée, d'ailleurs reliée au type par de nombreux
intermédiaires.

Le test est d'une couleur variant du blanc grisâtre ou jaunacé au jaune marron plus ou moins foncé; les tours embryonnaires sont souvent rougeâtres ou violacés et brillants; les
premiers tours, d'un gris violacé ou jaunâtre, montrent généralement des flammules longitudinales peu apparentes, subobliques, violacées ou brunes; une bande marron étroite (elle
ne dépasse jamais 1 millimètre de largeur) et inframédiane
ceint très souvent le dernier tour; l'intérieur de l'ouverture
est d'un brun jaunâtre clair et laisse voir la fascie; enfin le
péristome, très épaissi, dilaté et réfléchi, est d'un blanc pur
brillant.

La coquille est épaisse, très solide, opaque ou subopaque
et légèrement brillante. Les tours embryonnaires sont lisses;
les autres sont garnis de stries longitudinales fines, obliques,
serrées, subégales et de stries spirales plus fortes. Aux premiers tours ces stries spirales sont très sensibles sans être
saillantes, serrées, subégales, plus accusées vers les sutures;
au dernier tour elles sont bien plus fines, presque obsolètes et
peuvent même parfois disparaître complètement. On observe,

(1) *Cyclostoma unifasciatum* SOWERBY. *Thesaurus Conchyl.*, 1847, p. 110,
n° 81, taf. LXXXVI, fig. 105-106 [= *Cyclostoma unifasciatum* PFEIFFER,
Cyclostom., *in* : MARTINI et CHEMNITZ. *Systemat. Conchylien-Cabinet*, 2° éd.,
1848, p. 178, n° 188, taf. XXV, fig. 4-5; = *Tropidophora (Eutropidophora)
unifasciata* KOBELT et MÖLLENDORFF, *Nachrichtsbl. d. deutschen Malakozoolog. Gesellschaft*, XXX, 1898, p. 100].

dans la région ombilicale, de 4 à 8 sillons saillants visibles jusqu'au fond de la cavité (1).

Cette sculpture peut varier considérablement. C'est ainsi que des individus montrent, au dernier tour, une sculpture spirale presque aussi accusée que celle des tours supérieurs tandis que d'autres ont ce dernier tour à peu près lisse. Tous les intermédiaires existent, d'ailleurs, entre ces deux modalités extrêmes.

La taille, assez variable, oscille entre les dimmensions suivantes :

Longueur totale	Diamètre maximum	Diamètre minimum	Hauteur de l'ouverture (1)	Diamètre de l'ouverture (1)
23 mm.	21 1/2 mm.	14 1/2 mm.	12 1/2 mm.	11 1/2 mm.
23 —	21 —	14 1/4 —	13 —	12 —
23 —	21 —	14 —	12 2/3 —	11 4/5 —
22 —	21 —	13 —	12 —	11 —
22 —	19 1/4 —	13 1/2 —	11 1/2 —	10 —
21 1/2 —	21 —	14 —	12 —	10 1/2 —
21 1/2 —	20 1/2 —	13 —	12 —	11 —
21 1/2 —	20 —	12 2/3 —	12 —	11 3/4 —
21 1/2 —	20 —	12 1/2 —	12 —	11 1/2 —
21 —	20 2/3 —	13 —	12 1/2 —	12 —
21 —	20 —	12 1/2 —	12 —	11 —
20 1/2 —	20 3/4 —	12 1/2 —	12 —	12 —
20 —	19 —	12 —	11 —	10 1/2 —
19 —	18 —	12 —	10 —	9 —

(1) Y compris l'épaisseur du péristome.

L'opercule est relativement épais, solide, subcirculaire; il est d'un blanc crétacé avec nucleus subcentral en dehors et d'un marron jaunâtre brillant sur sa face interne.

Dans leur *Catalogue*, les Docteurs W. KOBELT et O. von MÖLLENDORFF citent, comme vivant à l'île Maurice, un *Tropidophora* (*Eutropidophora*) *duponti* (*Robillard*) Crosse (2). Il s'agit, sans doute, du *Tropidophora* (*Ligatella*) *Duponti* Morelet (3), espèce de l'île de Madagascar (4) certainement voisine du *Tropidophora* (*Ligatella*) *ligata* Müller.

(1) **Tout en restant saillants, ces cordons spiraux s'atténuent de plus en plus à mesure qu'ils s'enfoncent plus profondément dans la cavité ombilicale.**

(2) KOBELT (W.) et MÖLLENDORFF (O. von), Catalog der gegenwärtiglebend bekannten Pneumonopomen; *Nachrichtsblatt d. deutschen Malakozoolog. Gesellschaft*, XXX, 1898, p. 159.

(3) MORELET (A.), Sur quelques Coquilles inédites ou imparfaitement connues des îles orientales de l'Afrique; *Journal de Conchyliologie*, XXIV, 1876.

(4) A. MORELET (*loc. supra cit.*, 1876, p. 86 et p. 87) rapproche cette es- p. 86, n° 3, pl. III, fig. 1-2 (*Cyclostoma Dupontianum*).

Ile Maurice : Exemplaires adultes recueillis vivants aux environs de la rivière Noire; individus fossiles peu nombreux [P. Carié];= E. Liénard, *loc. supra cit.*, 1877, p. 60; = Exemplaire communiqué par E. Dupont et « qui ne diffère en rien par la taille, la forme et la coloration de l'espèce du Natal. La sculpture, seulement, présente quelques modifications, car le test est lisse jusqu'à la région ombilicale; mais cette cavité, comme chez le *ligatum*, est circonscrite par une costulation fortement accusée qui pénètre dans l'intérieur. » [A. Morelet, *loc. supra cit.*, 1882, p. 89].

Le *Tropidophora* (*Ligatella*) *ligata* Müller est une espèce communément répandue dans l'Afrique Australe [Cap de Bonne Espérance, Natal, Transvaal, Lorenzo Marques, etc... (Cf. M. Connolly, *loc. supra cit.*, 1912, p. 255)]; elle vit également à l'île de Madagascar.

<h3 align="center">Variété AFFINE Sowerby.</h3>

1828 *Turbo ligatus* Wood, *Index Testac.*, p. 151, pl. XXXII, fig. 132.
1847 *Cyclostoma affine* Sowerby, *Thesaurus Conchyliol.*, I, p. 98, pl. XXIII, fig. 25-26.
1848 *Cyclostoma affine* Pfeiffer, Cyclostom., *in* : Martini et Chemnitz, *Systemat. Conchylien-Cabinet*, 2e éd., p. 62, n° 57, taf. VIII, fig. 17-18.
1848 *Cyclostoma affine* Krauss, *Die Südafrikanischen Mollusken*, p. 82.
1852 *Cyclostomus ligatus* var. *minor* Pfeiffer, *Monograph. pneumonopomorum vivent.*, I, p. 232.
1912 *Tropidophora ligata* var. *minor* Connolly, *Annals South African Museum*, XI, part. III, p. 255.

Coquille de même forme globuleuse conique; spire composée de 5 tours convexes, le dernier grand et bien arrondi; ouverture à peine oblique, subcirculaire; taille plus petite : longueur : 12-15 millimètres; diamètre maximum : $11\frac{1}{2}$-$14\frac{1}{2}$ millimètres; diamètre minimum : $10\frac{1}{2}$-12 millimètres; hauteur de l'ouverture : 7 millimètres ; diamètre de l'ouverture : 7 millimètres. Test solide, d'un brun fauve plus ou moins foncé, parfois jaunâtre, orné, au dernier tour, d'un nombre variable de fascies étroites, la médiane toujours plus large que les autres; tours embryonnaires lisses, les autres avec la même sculpture que chez le type, mais souvent très atténuée.

pèce du *Tropidophora* (*Ligatella*) *obsoleta* de Lamarck [*Hist. natur. animaux sans vertèbres*, VI, part. II, 1822, p. 144 (*Cyclostoma obsoleta*)] autre *Tropidophora* du même groupe appartenant également à la faune de l'île de Madagascar.

Ile Maurice : Assez répandu sur les troncs des arbres ou des arbustes, principalement au bord de la mer, aux environs de Port Louis [P. Carié]; = E. Liénard, *loc. supra cit.*, 1877, p. 59, 60.

La variété *affine* Sowerby est abondamment répandue dans la région péninsulaire du Cap (1).

Variété Listeri Gray.

1682   Lister, *Historiae sive synopsis method. Conchyliorum*, pl. XLIV, fig. 42.

1821 *Cyclostoma Listeri* Gray, *Annals of Philosophy.*

1843 *Cyclostoma Listeri* Gray, *Proceedings Zoological Society of London*, p. 31.

1846 *Cyclostoma Listeri* Pfeiffer, *Zeitschrift für Malakozoolog.*, p. 30.

1847 *Cyclostoma Listeri* Sowerby, *Thesaurus Conchyl.*, I, p. 98, pl. XXIII, fig. 22-23.

1848 *Cyclostoma Listeri* Pfeiffer, *Cyclostom.*, in : Martini et Chemnitz, *Systemat. Conchylien-Cabinet*, 2° édit., p. 98, n° 95, taf. XII, fig. 30-31 (excl. taf. XXX, fig. 34-35).

1852 *Otopoma Listeri* Pfeiffer, *Monograph. pneumonopomorum vivent.*, I, p. 185.

1858 *Otopoma Listeri* Pfeiffer, *Monograph. pneumonopomorum vivent.*, II, p. 112 (excl. part. synonym.).

1860 *Cyclostoma Listeri* Morelet, *Séries Conchyliologiques;* II, *Iles Orientales d'Afrique*, p. 99, n° 67.

1877 *Cyclostoma Listeri* Liénard, *Catalogue Mollusques île Maurice*, p. 60, n° 828.

1878 *Cyclostoma (Otopoma) Listeri* Nevill, *Handlist Mollusca Indian Museum Calcutta*, I, p. 307, n° 52.

1880 *Cyclostoma (Ligatella) Listeri* Martens, *Mollusken*, in : K. Möbius, *Beiträge z. Meeresfauna d. Insel Mauritius...*, Berlin, p. 186.

1898 *Tropidophora (Ligatella) listeri* Kobelt et Möllendorff, *Nachrichtsblatt d. deutschen Malakozoolog. Gesellschaft*, XXX, p. 198.

1909 *Ligatella listeri* Kobelt, *Abhandl. d. Senckenberg. Naturforsch. Gesellschaft Frankfurt a. M.*, XXXII, p. 94.

Le *Tropidophora (Ligatella) Listeri* Gray n'est qu'une variété du *Tropidophora (Ligatella) ligata* Müller de taille plus faible, dont la spire se compose également de 5 tours convexes. Cependant le dernier tour est comprimé : il montre une angulosité médiane d'ailleurs peu accentuée.

(1) Le *Cyclostoma caffrum* Beck, in : Reeve, *Conchologia Iconica*, 1861, pl. XI, fig. 67 [= *Cyclostomus caffer* Pfeiffer, *Monograph. pneumonopomorum vivent.*, III, 1865, p. 129 = *Tropidophora ligata* var. *caffra* Connolly, *Annals South African Museum*, XI, part III, 1912, p. 255] signalé au Cap de Bonne-Espérance [Ecklon, in : British Museum London] a été établi sur un individu mort et décoloré du *Tropidophora (Ligatella) ligata* Müller.

Le test est épais, solide, et possède la même coloration et la même sculpture que le *Tropidophora ligata* Müller (1). Le dernier tour est presque lisse, les stries spirales ayant à peu près totalement disparu et les stries longitudinales étant tout à fait ténues. Par contre, la région ombilicale est garnie de 4 à 7 costulations spirales saillantes pénétrant à l'intérieur de la cavité.

La coloration est assez variable pour que A. Morelet (*loc. supra cit.*, 1860, p. 99) ait distingué les variétés suivantes :

    « α flavus, unicolor vel zonatus.

    β rubellus.

    γ violaceo-cæruleo.

    δ cærulescens, apice et basi stramineis ».

Ces coquilles sont de simples mutations *ex colore* se retrouvant aussi bien chez le type *ligata* que chez ses variétés.

D'autre part G. Nevill (*loc. supra cit.*, 1878, p. 307), après avoir cité une variété *non nommée* du *Tropidophora ligata* Müller, signale, à l'île Maurice où il l'a recueilli lui-même à l'état subfossile, un Tropidophora qu'il désigne ainsi :

    « *Cyclostoma (Otopoma) Listeri* Gray

    « var. (? C. *icterica* Sow.). »

S'agit-il du *Tropidophora (Ligatella) icterica* Sowerby (2) décrit sur un exemplaire, de provenance inconnue, appartenant à la collection H. Cuming? Il est difficile de se faire une opinion à ce sujet, aucun détail sur l'espèce de l'île Maurice n'ayant été donné par G. Nevill.

Ile Maurice. Le *Tropidophora (Ligatella) ligata* Müller variété *Listeri* Gray vit abondamment, à l'île Maurice, sur les troncs des arbres et des arbustes, principalement au voisinage de la mer, sur presque tout le pourtour de l'île [P. Carié]; = Sowerby, *in :* L. Pfeiffer, *loc. supra cit.*, 1848, p. 99; = Commun, « au pied des cocotiers qui croissent sur la plage, notamment aux environs de Port Louis ». [E. Vesco, *in :* A. Morelet, *loc. supra cit.*, 1860, p. 100]; = Sans indi-

---

(1) Il n'est pas impossible que le *Tropidophora Listeri* Gray ne soit qu'une forme *peu adulte* du *Tropidophora ligata* Müller.

(2) *Cyclostoma ictericum* Sowerby, *Thesaurus Conchyl.*, 1847, p. 131, pl. XXXI, fig. 268-269 [= *Cyclostoma ictericum* Pfeiffer, *Cyclostom.. in :* Martini et Chemnitz, *Systemat. Conchylien-Cabinet*, 2ᵉ édit., Nürnberg, 1848, p. 142, n° 150, taf. XIX, fig. 8-9]. D'après ces figures, ce *Tropidophora*, d'un jaune uniforme, rappelle un peu certaines formes du *Tropidophora Michaudi* Grateloup.

cation de localité : E. Liénard, *loc. supra cit.*, 1877, p. 60;
= « Près du bord de la mer » (type) et subfossile (variété rapportée, avec doute, au *Tropidophora icterica* Sowerby) [G.
Nevill, *loc. supra cit.*, 1878, p. 307].

Tropidophora (Ligatella) fimbriata de Lamarck

1822 *Cyclostoma fimbriatum* de Lamarck, *Hist. natur. animaux sans vertèbres*, VI, part. II, p. 146 [non Quoy et Gaimard, nec Deshayes].

1827 *Cyclostoma variegatum* de Férussac, *Bulletin univers. sciences naturelles*, X, p. 410, n° 74.

1827 *Cyclostoma fimbriata* de Férussac, *Bulletin univers. sciences naturelles*, X, p. 410, n° 75.

1838 *Cyclostoma fimbriatum* de Lamarck, *Hist. natur. animaux sans vertèbres*, Éd. 2 [par G. P. Deshayes], VIII, p. 360.

1841 *Cyclostoma Philippii* Grateloup, *Actes Société Linnéenne Bordeaux*, XI, p. 446, pl. III. fig. 21 [= *Cyclostoma fimbriata* var. β *minor* Morelet, *loc. infra cit.*, 1860, p. 101].

1847 *Cyclostoma undulatum* Sowerby, *Thesaurus Conchyl.*, p. 99, pl. XXIII, fig. 29-30.

1850 *Cyclostoma fimbriatum* Petit, *Journal de Conchyliologie*, I, p. 42.

1852 *Cyclostoma undulatum* Pfeiffer, *Monograph. pneumonopomorum vivent.*, I, p. 223.

1853 *Cyclostoma fimbriatum* Pfeiffer, Cyclostom., *in* : Martini et Chemnitz, *Systemat. Conchylien-Cabinet*, 1re édit. p. 179, n° 198, taf. XII, fig. 24-26 et taf. XXX, fig. 34-35 [*excl. plur. synonym.*]

1858 *Cyclostoma undulatum* Pfeiffer, *Monograph. pneumonopomorum vivent.*, II, p. 122.

1860 *Cyclostoma fimbriatum* Morelet, *Séries Conchyliologiques*, II, *Îles Orientales d'Afrique*, p. 100, n° 68.

1863 *Cyclostoma fimbriatum* Deshayes, *Catalogue Mollusques Réunion*, p. E. 85, n° 268.

1877 *Cyclostoma fimbriatum* Liénard, *Catalogue Mollusques île Maurice*, p. 59, n° 823.

1878 *Cyclostoma (Otopoma) fimbriatum* Nevill, *Handlist Mollusca Indian Museum Calcutta*, p. 307, n° 53.

1878 *Cyclostoma (Otopoma) fimbriatum* var. *undulata* Nevill, *loc. supra cit.*, p. 308.

1880 *Cyclostoma (Ligatella) fimbriata* Martens, Mollusken, *in* : K. Möbius, *Beiträge z. Meeresfauna d. Insel Mauritius..*, Berlin, p. 187.

1898 *Tropidophora (Ligatella) hæmastoma* var. *fimbriata* et var. *undulata* Kobelt et Möllendorff, *Nachrichtsblatt d. deutschen Malakozoolog. Gesellschaft*, XXX, p. 178.

1909 *Ligatella fimbriata* Kobelt, *Abhandl. d. Senckenberg. Naturforsch. Gesellschaft Frankfurt a. M.*, XXXII, p. 94 et 95.

Le test du *Tropidophora (Ligatella) fimbriata* de Lamark
est assez épais, solide, d'un gris plus ou moins bleuté ou rougeâtre; parfois, au dernier tour, une étroite fascie brune ou
marron inframédiane est visible à l'intérieur de l'ouverture (1).

(1) L'ouverture est d'un marron jaunâtre assez brillant à l'intérieur.

Les dimensions principales varient dans les proportions suivantes :

Longueur totale	Diamètre maximum	Diamètre minimum	Hauteur de l'ouverture	Diamètre de l'ouverture	Observations
mm.	mm.	mm.	mm.	mm.	
17 1/2	16	11	9 1/2	8 1/4	
16 1/2	16	10 1/2	10	8 1/2	
16	13 1/2	10	9	8	Ile Maurice (P. Carié)
15 1/2	14 1/2	9 1/2	8 3/4	7 2/3	
15	13 1/2	9 2/3	8	7	
13 2/3	13	9 1/2	7 3/4	6 1/2	Exemplaire de la Collection Férussac (*Muscum Paris*)
13 1/4	12 1/2	9	7	6	

Les tours embryonnaires sont lisses; les autres sont garnis de stries spirales saillantes, serrées, subégales et en nombre variable : on en compte de 9 à 14 (1) à l'avant dernier tour (2) et de 20 à 22 (3) au dernier tour (4). Ces costules spirales sont coupées de stries longitudinales fines, inégales, obliques et irrégulières. La suture est souvent plissée d'une manière plus ou moins accentuée. Ce caractère n'a qu'une importance très secondaire et il existe tous les passages entre les individus à suture plissée et ceux à suture simple.

La sculpture qui vient d'être décrite est elle-même variable. Elle peut s'atténuer dans de notables proportions et même jusqu'à ce que les stries liriformes deviennent obsolètes sur le milieu du dernier tour. C'est à cette mutation *ex sculpta* que G. Nevill a donné le nom de variété *semisculpta* (5), variété qui est un véritable acheminement vers les Cyclostomes à test presque lisse comme le *Tropidophora (Ligatella) ligata* Müller et sa *variété Listeri* Gray (6).

(1) J'ai compté . 9-10-11-12-14 stries spirales sur l'avant-dernier tour.
(2) Il y a, le plus ordinairement, 12 stries spirales.
(3) Jusqu'à l'ombilic. On compte, en outre, 3 ou 4 stries costulées à l'intérieur de la cavité ombilicale.
(4) Le plus généralement on compte 20 de ces stries spirales.
(5) *Cyclostoma (Otopoma) fimbriatum* var. *semisculpta* Nevill., *Handlist Mollusca Indian Museum Calcutta*, I, 1878, p. 307 [= *Cyclostoma (Ligatella) fimbriata* var. *semisculpta* Martens, Mollusken, in : K. Möbius, *Beiträge z. Meeresfauna d. Insel Mauritius...*, Berlin, 1880, p. 187; = *Ligatella fimbriata* var. *semisculpta* Kobelt, *Abhandl. d. Senckenberg. Naturforsch. Gesellschaft Frankfurt a. M.*, XXXII, p. 94].
(6) Principalement avec la var. *Listeri* Gray. la variété *semisculpta* Nevill

Un exemplaire jeune, mesurant seulement 7 $\frac{1}{2}$ millimètres de longueur, 7 $\frac{1}{2}$ millimètres de diamètre maximum et 4 4/5 millimètres de diamètre minimum possède les caractères suivants :

Coquille plus ventrue avec un dernier tour proportionnellement plus développé; ouverture subcirculaire, anguleuse en haut, bien arrondie en bas, mesurant 4 $\frac{1}{2}$ millimètres de hauteur sur 4 millimètres de diamètre; péristome très légèrement épaissi, blanc.

Test d'un brun jaunâtre plus clair en dessous, orné de légères flammules longitudinales peu apparentes et d'une étroite fascie brune inframédiane visible à l'intérieur de l'ouverture; tours embryonnaires lisses, les autres garnis de la sculpture typique décrite ci-dessus; sutures très plissées.

Le jeune diffère donc de l'adulte par sa forme plus déprimée et son dernier tour proportionnellement plus gros tout en restant moins développé en hauteur.

Ile Maurice : Sur les arbustes, principalement au voisinage de la mer [P. Carié]; = Collect. Férussac, *in : Muséum Histoire naturelle Paris*; = S. Rang, *in :* D'A. de Férussac, *loc. supra cit.*, 1827, p. 410; = E. Vesco, *in :* A. Morelet, *loc. supra cit.*, 1860, p. 101; = E. Liénard, *loc. supra cit.*, 1877, p. 59; = G. Nevill, *loc. supra cit.*, 1878, p. 307 (type et var. *semisculpta* Nevill).

Ile de la Réunion : S. Rang, *in :* D'A. de Férussac, *loc. supra cit.*, 1827, p. 407; = L. Maillard, *in :* G. P. Deshayes, *loc. supra cit.*, 1863, p. E. 85.

Cette même espèce est également connue à l'île de Madagascar [de Grateloup, *loc. supra cit.*, 1841, p. 446; = E. Vesco, *in :* A. Morelet, *loc. supra cit.*, 1860, p. 101].

Variété HAEMASTOMA Anton

1832 *Cyclostoma fimbriatum* Quoy et Gaimard, *Voyage de l'Astrolabe, Zoologie*, II, p. 188, pl. XII, fig. 31 à 35 [non de Lamarck].
1839 *Cyclostoma haemastoma* Anton, *Verzeichniss d. Conchyl.*, p. 54, n° 1954.
1846 *Cyclostoma haemastomum* Pfeiffer, *Cyclostom.*, *in:* Martini et Chemnitz, *Systemat. Conchylien-Cabinet*, 2° Edit., p. 24, n° 16, taf. III, fig. 3-4.

rappelle beaucoup certaines formes de la var. *Listeri* Gray à sculpture un peu accentuée. G. Nevill (*loc. supra cit.*, 1878, p. 307) avait remarqué cette analogie; « Sculpture obsolete in the middle of the last whorl, in this respect forming a transition to C. listeri; perhaps it is a hybrid race? »

1852 *Otopoma haemastoma* PFEIFFER, *Monograph. pneumonopomorum vivent.*, 1, p. 186.

1860 *Cyclostoma haemastomum* MORELET, *Séries Conchyliologiques*, II, *Iles Orientales d'Afrique*, p. 101.

1874 *Cyclostoma haemastomum* CROSSE, *Journal de Conchyliologie*, XXII, p. 234, n° 12.

1875 *Cyclostoma haemastomum* MORELET, *Journal de Conchyliologie*, XXIII, p. 29.

1877 *Cyclostoma haemastoma* LIÉNARD, *Catalogue Mollusques île Maurice*, p. 59, n° 824.

1878 *Cyclostoma (Otopoma) haemastomum* NEVILL, *Handlist Mollusca Indian Museum Calcutta*, I, p. 308, n° 54.

1880 *Cyclostoma (Ligatella) haemastoma* MARTENS, Mollusken, *in* : K. MÖBIUS, *Beiträge z. Meeresfauna d. Insel Mauritius...*, Berlin, p. 187.

1898 *Tropidophora (Ligatella) haemastoma* KOBELT et MÖLLENDORFF, *Nachrichtsbl. d. deutschen Malakozoolog. Gesellschaft*, XXX, p. 178.

1909 *Ligatella haemastoma* KOBELT, *Abhandl. d. Senckenberg. Naturforsch. Geselischaft. Frankfurt. a. M.*, XXX, p. 94, 95 et 96.

Dans ses *Séries Conchyliologiques*, A. MORELET (1860, p. 101) a montré que le *Cyclostoma fimbriatum* Quoy et Gaimard n'était pas le *Cyclostoma fimbriatum* de Lamarck, mais bien 101) a montré que le *Cyclostoma fimbriatum* Quoy et Gaimard coup sur cette distinction, ajoutant que l'espèce de DE LAMARCK « possède ce caractère essentiel exprimé d'une manière si nette par l'auteur : « *Anfractuum margine superiore plicis fimbriato* » caractère qui manque chez le *Tropidophora haemastoma* Anton.

En réalité les deux espèces appartiennent à un même type spécifique : toutes deux sont caractérisées par une sculpture spirale formée de costules subégales et régulières et par un galbe subglobuleux conique. La « *fimbriation* » de la suture n'est qu'un *caractère accidentel* sans aucune valeur spécifique (1), qui se retrouve, avec plus ou moins de fréquence, chez tous les Cyclostomes de l'île Maurice.

La variété *haemastoma* Anton mesure généralement 22 millimètres de longueur, 22 millimètres de diamètre maximum et 19 millimètres de hauteur. Elle est donc de taille sensiblement plus grande que le type *fimbriata* de Lamarck. Mais G. NEVILL (2) a décrit un *Tropidophora fimbriata* var.

---

(1) On trouve d'ailleurs, aux îles Maurice, Rodrigue et de Madagascar, une forme du *Tropidophora fimbriata* de Lamarck plus petite et moins épaisse, dont les sutures sont beaucoup moins fortement plissées. Cette forme, qui constitue un excellent terme de passage à la variété *haemastoma* Anton, a été décrite sous les noms de *Cyclostoma Philippii* Grateloup et de *Cyclostoma undulatum* Sowerby.

(2) NEVILL (G.), *Handlist Mollusca Indian Museum Calcutta*, I, 1878, p. 126.

major Nevill qui établit la transition entre les deux formes.

En résumé, le *Tropidophora* (*Ligatella*) *fimbriata* de Lamarck est une espèce polymorphe à la quelle il faut rattacher, au titre de variétés parfois peu distinctes, un certain nombre de formes dont quelques-unes ont été considérées comme espèces :

Tropidophora (*Ligatella*) *fimbriata* de Lamarck :

Variété *semisculpta* Nevill (passage au *Tropidophora ligata* Müller variété *Listeri* Gray).

Variété *major* Nevill (passage à la variété *haemastoma* Anton).

Variété *haemastoma* Anton.

Variété *rodriguezensis* Crosse (simple forme *minor* de la variété *haemastoma* Anton).

Ile Maurice : Ce Tropidophora ne semble pas vivre à l'île Maurice, mais seulement à l'île Ronde, un peu au nord de [illegible] ;=Quoy et Gaimard, *loc. supra cit.*, 1832, p. 188; [illegible], *in :* L. Pfeiffer, *loc. supra cit.*, 1846, p. 25;= [illegible], petite île à environ 12 lieues de Maurice, d'une co[illegible] de 1200 arpents et couverte de palmiers et de Pan[illegible] est la seule espèce de mollusque terrestre que l'on re[illegible] dans cet îlot... » [A. Desmazures, *in :* H. Crosse, *loc. [illegible] cit.*, 1874, p. 234. Cf. aussi : H. Crosse, *loc supra cit.*, 1873, p. 141];= Ile Ronde, sous les Cocotiers et les Pandanus [E. Liénard, *loc. supra cit.*, 1877, p. 59;= Ile Ronde [E. Dupont, *in :* G. Nevill, *loc. supra cit.*, 1878, p. 308];= Ile Ronde et Bel Ombre [Prof. K. Möbius, *in :* Dr E. von Martens, *loc. supra cit.*, 1880, p. 187].

Variété rodriguezensis Crosse.

1873 *Cyclostoma hæmastomum* var. β *Rodriguezensis* Crosse, *Journal de Conchyliologie*, XXI, p. 141, n° 10.

1874 *Cyclostoma hæmastomum* var. β *Rodriguezensis* Crosse, *Journal de Conchyliologie*, XXII, p. 234, n° 12.

1875 *Cyclostoma hæmastomum* Morelet, *Journal de Conchyliologie*, XXIII, p. 29.

1880 *Cyclostoma* (*Ligatella*) *hæmastoma* var. *Rodriguezense* Martens, Mollusken, *in :* K. Möbius, *Beiträge z. Meeresfauna d. Insel Mauritius...*, Berlin, p. 187.

1898 *Tropidophora* (*Ligatella*) *hæmastoma* var. *rodriguezensis* Kobelt et Möllendorff, *Nachrichtsbl. d. deutschen Malakozoolog. Gesellschaft*, XXX, p. 178.

La seule différence appréciable entre cette coquille et la variété *haemastoma* Anton est la taille. Elle a, en effet, d'après

H. Crosse (*loc. supra cit.*, 1874, p. 234), 8 ½ millimètres de longueur, 8 ½ millimètres de diamètre maximum et 7 millimètres de diamètre minimum. La différence est donc considérable. Il est vrai que A. Morelet a signalé (*loc. supra cit.*, 1875, p. 29) des individus un peu plus développés qui rendent l'écart moins grand entre les deux formes.

La sculpture de la variété *rodriguezensis* Crosse est la même que celle de la variété *haemastoma* Anton (1). La coloration est également identique et, dans les deux cas, sujette aux mêmes variations (2).

En résumé le *Tropidophora rodriguezensis* Crosse n'est qu'une forme *minor* du *Tropidophora fimbriata* variété *haemastoma* Anton.

Ile Maurice : E. Dupont, *in* : H. Crosse, *loc supra cit.*, 1874, p. 234.

Ile Rodrigue : « Très abondant à Port-Mathurin » [A. Desmazures, *in* : H. Crosse, *loc. supra cit.*, 1873, p. 141; et : 1874, p. 234]; = Bewsher, *in* : A. Morelet, *loc. supra cit.*, 1875, p. 29.

Famille des **HELICINIDAE**

Genre **HELICINA** de Lamarck, 1799 (3).

§ I. — PSEUDOTROCHATELLA Nevill, 1881 (4).

Helicina (pseudotrochatella) undulata Morelet.

Pl. III, fig. 29 à 32.

1878 *Helicina undulata* Morelet, *Journal de Conchyliologie*, XXVI, p. 172, nº 2.
1880 *Helicina undulata* Martens, Mollusken, *in* : K. Möbius, *Beitrage z. Meeresfauna d. Insel Mauritius...*, Berlin, p. 190.

---

(1) Crosse (H.), (*loc. supra cit.*, 1874, p. 234) dit bien que sa variété ne possède seulement que 12 sillons spiraux sur l'avant-dernier tour alors qu'on en compe 14 chez la variété *hæmastoma* Anton, mais nous avons vu précédemment que le nombre de ces stries spirales était éminemment variable suivant les individus considérés.

(2) La cingulation brune inframédiane du dernier tour manque fréquemment dans la variété *rodriguezensis* Crosse.

(3) Lamarck (J. B. M. de), 1779, et 1801, *Système anim. sans vertèbres*, Paris, p. 94, nº LXXIV.

(4) Nevill (G.), New or iittle known Mollusca of the Indo-Malayan Fauna *Journal Asiatic Society of Bengal*, L, part II (*Physical Science*), nº III, 1881, juillet, p. 126.

1880 *Helicina (Pseudotrochatella) undulata* NEVILL, *Journal Asiatic Society of Bengal*, L, part II (*Natural History*), Calcutta. p. 126.

1909 *Helicina undulata* KOBELT, *Abhandl. d. Senckenberg. Naturforsch. Gesellschaft Frankfurt a. M.*, XXXII, p. 94.

Les dimensions des individus recueillis par M. P. CARIÉ sont les suivantes :

Diamètre maximum : 13 1/4 et 13 millimètres; diamètre minimum : 12 et 11 1/4 millimètres; hauteur : 6 et 5 $\frac{1}{2}$ millimètres; hauteur de l'ouverture : 5 $\frac{1}{2}$ et 6 millimètres; diamètre de l'ouverture (y compris l'épaisseur du péristome): 6 $\frac{1}{2}$ et 7 millimètres (1).

Cette espèce, qui se rapproche de l'*Helicina Mouheti* Pfeiffer (2) du Cambodge, n'a pas encore été figurée. Je représente (Pl. III, fig. 29 à 32) le meilleur échantillon : on voit que les tours de spire sont bordés d'une *carène onduleuse*, fort saillante au dernier tour. La spire est tectiforme en dessus et convexe en dessous (3).

Le test est assez solide, mais peu épais; il présente une fort intéressante sculpture, encore mal connue, et dont voici la description :

Les tours embryonnaires sont garnis de stries longitudinales très fines et inégales, coupées de *stries spirales* plus accentuées, serrées et subégales (fig. 36, dans le texte) (4). Sur les autres tours, il n'y a plus que des stries costulées, obliques, irrégulières, inégales, onduleuses et subgranuleuses. En dessous, les stries costulées — également inégales et irrégulières, — sont très fortement atténuées vers la cavité ombilicale et coupées de rares stries spirales.

Cette description ne correspond pas exactement avec celle donnée par A. MORELET : « la surface » [de la coquille], dit-il, « est gravée de stries granuleuses très fines, plus fortes sur la face inférieure de la coquille où leur aspect est rétiforme » (5).

(1) Le type de A. MORELET mesure 14 millimètres de diamètre maximum, 12 millimètres de diamètre minimum et 6 millimètres de hauteur [A. MORELET, *loc. supra cit.*, 1878, p. 173].

(2) PFEIFFER (L.), *Novitates Conchologicae*, vol. II, 1863, p. 254, taf. XLIV, fig. 9-11 [*Helicina (Trochatella) Mouhoti*]. Espèce du Cambodje, notamment des montagnes du Laos [H. MOUHOT] et des bords de la baie d'A-long [JOURDY].

(3) En dessous la coquille offre une dépression centrale étroite et peu profonde.

(4) Les tours embryonnaires sont convexes et *non carénés*, séparés par des sutures simples et peu profondes.

(5) MORELET (A.), Addition à la faune malacologique de l'île Maurice, *Journal de Conchyliologie*, XXVI, Paris, 1878, p. 173.

A. Morelet a-t-il eu des exemplaires en moins bon état de conservation que celui que je figure (Pl. III, fig. 29 à 32) et sur lesquels la sculpture était partiellement disparue? La chose est possible, mais, en tous les cas, les stries longitudinales sont nettement plus fortes en dessus qu'en dessous et, de plus, elles ne sont pas « très fines », mais au contraire, fortes et costulées.

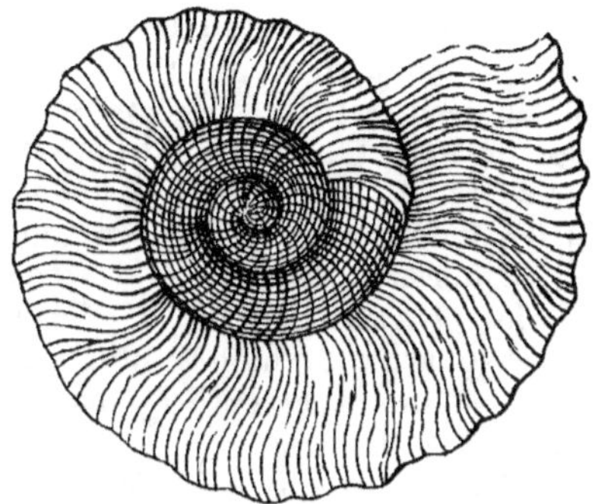

Fig. 36. — *Helicina (Pseudotrochatella) undulata* Morelet.
Ile Maurice [M. P. Carié]. Sculpture des tours embryonnaires ; × 20.

Ile Maurice : Vallée des Pailles et montagne du Pouce, subfossile [E. Thirioux et P. Carié]; = Se trouve fossile, enfoncé dans le sable à faible profondeur, à la « base ou sur les flancs de montagnes arides » situées au bord de la mer [E. Dupont *in* : A. Morelet, *loc. supra cit.*, 1878, p. 170].

Famille des **VIVIPARIDAE**
[=**PALUDINIDAE**, auct.]

Genre **VIVIPARA** (de Lamarck, 1809),

VIVIPARA ZONATA Hanley.

1860 *Paludina zonata* Hanley in Reeve, *Conchologia Iconica*, fig. 34.
1877 *Paludina zonata* Liénard, *Catalogue Mollusques Maurice*, p. 43, n° 642.

(1) Lamarck (J. B. M. de), *Philosophie zoologique*, Paris, 1809, I, p. 320 (*Vivipare*) [= *Viviparus* Denys de Montfort, *Conchyliologie systématique*, Paris, II, 1810, p. 247; emend. Dupuy, *Hist. natur. Mollusques terr. fluv. France*, 1851, p. 534].

1877 *Paludina zonata* Nevill, *Catalogue Mollusca Indian Museum Calcutta*,
      fasc. E, p. 31, n° 9.
1880 *Paludina zonata* Martens, Mollusken, *in* : K. Möbius, *Beiträge z.*
      Meeresfauna d. Insel Mauritius..., Berlin, p. 310.
1884 *Paludina zonata* Nevill, *Handlist Mollusca Indian Museum Calcutta*,
      II, p. 23, n° 12.
1909 *Paludina zonata* Kobelt, *Abhandl. d. Senckenberg. Naturforsch. Ge-*
      sellschaft Frankfurt a. M., XXXII, p. 94.

Recueillie assez abondamment par M. P. Carié, cette Vivipare a un test relativement léger, d'un très beau vert olive,
parfois mêmes vert émeraude, orné d'étroites fascies brunes
en nombre variable (en général de 6 à 9, plus rarement 10)
visibles, par transparence, à l'intérieur de l'ouverture (1).

Le test est souvent très érodé (2), même au dernier tour.
Il est garni de stries longitudinales fines, obliques, subonduleuses et serrées, coupées de stries spirales très délicates,
principalement visibles près des sutures. Le dernier tour est
tantôt arrondi, tantôt subarrondi, tantôt enfin garni de deux
ou trois carènes plus ou moins accentuées mais jamais saillantes.

Les plus grands individus rapportés par M. P. Carié mesurant 30-33 millimètres de longueur, 22-25 millimètres de diamètre maximum et 18 ½-21 millimètres de diamètre minimum.
Leur ouverture a 16-16 millimètres de hauteur pour 12-13 ½
millimètres de diamètre maximum. Les plus petits spécimens ont seulement 20-21 ½-25 millimètres de longueur,
15-16-19 millimètres de diamètre maximum sur 13 ½-14 ½
16 ½ millimètres de diamètre minimum. Leur ouverture a
11-12-14 millimètres de hauteur pour 8-9-11 millimètres de
diamètre maximum.

G. Nevill, qui donne à cette espèce 40 ½ millimètres de
longueur et 30 millimètres de diamètre, ajoute qu'elle « can
be distinguished from typical *P. Bengalis* by its more rounded whorls, more open umbilicus, broader bands and more
absolete sculpture. I believe, however, it is scarcely more
than a local race; young specimens especially are scarcely
separable from Burmese var. *doliaris;* adults specimens are

---

(1) Généralement l'intérieur de l'ouverture est d'un beau bleu de Prusse
brillant.
(2) Les 2 ou 3 premiers tours de spire sont souvent absents par érosion,
et parfois même le 4° tour est très fortement corrodé.

nearest the form of *P. Bengalis* previously recorded as var. *gigantea*, Reeve, from Dinapore ». (1)

Ces considérations sont certainement exactes : le *Vivipara zonata* Hanley n'est qu'une forme locale, race ou variété, du *Vivipara bengalis* de Lamarck (2). Les grands specimens correspondent très sensiblement à la figure 5, planche LXXVII (3) de l'ouvrage de S. Hanley et W. Théobald (*Conchologia Indica*, London 1876) et les jeunes à la figure 6 [même planche; = *Vivipara doliaris* Gould (4)] ou encore à la figure 10, planche LXXVI.

Ile Maurice : Introduite à l'île Maurice avec des plantes de l'Inde, cette Vivipare y est maintenant assez répendue. Elle a été recueillie, par M. Carié, dans de nombreux étangs et trous d'eau douce, principalement dans ceux situés au voisinage de la mer. « Dans les trous d'eau douce » [G. Nevill, *loc. supra cit.*, 1877, p. 31; et : 1884, II, p. 23;=E. Liénard, *loc. supra cit.*, 1877, p. 46;=J. Caldwell et Prof. K. Möbius, in Dr E. von Martens, *loc. supra cit.*, 1880, p. 210].

(1) Nevill (G.), *Catalogue of Mollusca in the Indian Museum, Calcutta,* fasciculus E, Calcutta, 1877, p. 31.

(2) *Paludina bengalensis* de Lamarck. *Histoire natur. animaux sans vertèbres;* VI, part. II, Paris, avril 1822, p. 174; et 2ᵉ édit. par G. P. Deshayes, VIII, Paris, 1838, p. 513; — Delessert. *Recueil Coquilles décrites par Lamarck... et non encore figurées.* Paris. 1841, pl. XXXI, fig. 2; — Reeve Conchologia Iconica, Palud., pl. I, fig. 5; — Küsten, Palud., in Martini et Chemnitz, *Systemat. Conchylien-Cabinet,* 1852, p. 17, taf. III, fig. 15-16; — Hanley et Théobald, *Conchologia Indica.* London, 1876, p. XVII et p. 32, pl. LXXVI, fig. 8-9-10 et : p. XVII et p. 33, pl. LXXVI, fig. 5, variété *gigantea* [= *Paludina giganteus* Van dem Busch, in Reeve, *Conchologia Iconica,* pl. I, fig. 7 = *Paludina bengalensis* var. *gigantea* Nevill., *loc. supra cit.,* fasc. E, Calcutta, 1877, p. 28, et *Handlist Mollusca Indian Museum Calcutta.* II, 1884, p. 21] ;=*Paludina bengalensis* Morelet. *Séries Conchyliologiques.* IV, Paris, 1875, p. 303, n° 69; = *Paludina lineata* Valenciennes, *Recueil observations zoolog. et anatom. comp.,* p. 256; = *Paludina elongata* Swainson, *Zoolog. Illustr.,* London, 1821, sér. I, pl. 98.

(3) Cette figure se rapporte à la var. *gigantea* Busch dont il a été question dans la note 2 ci-dessus.

(4) *Paludina doliaris* Gould, *Proceedings Boston Society Natur. Hist.,* I, p. 144; — Reeve, *Conchologia Iconica,* London, pl. I, fig. 1; — Hanley et Théobald, *Conchologia Indica,* London, 1876, p. 33, pl. LXXVII, fig. 6; = *Paludina bengalensis* var. *doliaris* Nevill., *Catalogue Mollusca Indian Museum,* fasc. E, Calcutta, 1877, p. 28; et *Handlist Mollusca Indian Museum Calcutta.* II, 1884, p. 22. Le *Paludina bengalensis* var. *digona* Blanford, [*Proceedings Zoological Society of London;* 1869, p. 445] est souvent considéré comme synonyme; cependant H. B. Preston (*The Fauna of Bristish India, including Ceylon and Burma. Mollusca* (Freshwater Gastropoda and Pelecypoda) London, Calcutta et Bombay. 1915, p. 91, n° 179] en fait une espèce spéciale sous le nom de *Vivipara digona.*

Famille des **MELANIIDAE**
[=TIARIDAE]

Genre **MELANIA** de Lamarck 1799, (1).

§ I. — MELANIA sensu stricto (2).

MELANIA (MELANIA) AMARULA Linné.

1758 *Helix amarula* LINNÉ, *Systema Naturae*, Ed. X, p. 774.
1764 *Helix amarula* LINNÉ, *Museum Ludovicæ Ulricæ Reginæ*, etc..., Holmiæ, p. 672.
1767 *Helix amarula* LINNÉ (*pro parte*) *Systema Naturæ*, Ed. XII, p. 1249, n° 702.
1773 *Mitre fluviatile* BERNARDIN DE SAINT-PIERRE, *Voyage à l'Isle de France*, etc...., p. 107,
1774 *Buccinum amarula* MÜLLER, *Vermium terr. et fluv. Histor.*, II, p. 137.
1779 *Helix amarula* SCHRÖTER, *Die Geschichte der Flussconchylien*, p. 297, n° XCVI, taf. IX, fig. 8 et 11.
1786 *Helix amarula* CHEMNITZ, *Systemat. Conchylien-Cabinet*, IX, part. II, p. 157, pl. CXXXIV, fig. 1218-1219.
1788 *Helix amarula* GMELIN, *Systema Naturæ*, Ed. XIII, p. 3656.
1792 *Bulimus amarula* BRUGUIÈRE, *Encyclopédie méthod.*, *Vers*, pl. CCCCLVIII, fig. 6a-6b.
1810 *Melania melanus* DENYS DE MONFORT, *Conchyliologie systématique*. Paris, p. 322.
1822 *Melania amarula* DE LAMARCK, *Hist. natur. animaux sans vertèbres*, VI, part. II, p. 166, n° 10 [non SEBA (3)].
1824 *Melania amarula* SOWERBY, *Genera of Shells*, pl. CLXXX, fig. 1.
1827 *Paludina (Melania) Amarula* DE FÉRUSSAC, *Bulletin universel sciences naturelles*, X, p. 410, n° 77.
1838 *Melania amarula* DE LAMARCK, *Hist. natur. animaux sans vertèbres*, Ed. 2, [par G. P. DESHAYES], VIII, p. 431.
1839 *Melania Moreleti* DESHAYES, *Traité élément. de Conchyliologie*, Paris, pl. LXXIV, fig. 13-14. (jeune).
1843 *Melania amarula* SGANZIN, *Catalogue Coquilles îles de France, Bourbon et Madagascar, Mémoires Soc. hist. natur. Strasbourg*, III, p. 19.
1855 *Tiara amarula* H. et A. ADAMS, *Genera of recent Mollusca*, I, p. 294, et III, pl. XXXI, fig. 3.
1860 *Melania amarula* MORELET, *Séries Conchyliologiques*, II, *Iles Orientales d'Afrique*, p. 111, n° 85.

(1) *Melania* DE LAMARCK, *Mémoires Société Hist. natur. Paris*, 1799, p. 75. [= *Tiara* BOLTEN, *Museum Boltenianum*, 1798; simple catalogue de vente, sans aucune valeur scientifique et dont il est abusif de tenir compte autrement qu'au point de vue historique].
(2) Le type du genre *Melania* Lamarck (1799) est justement le *Melania amarula* Linné.
(3) SEBA (A.), *Locupletissimi rerum naturalium Thesauri accurata descriptio*, Amsterdam, 1761, III, tab. LIII, fig. 24-25. Le *Melania amarula* Seba est le *Melania diadema* LEA [*Proceedings Zoological Society of London*, 1850, espèce des îles Philippines.

1860 *Melania amarula* REEVE, *Conchologia Iconica*, pl. XXV, fig. 177.
1863 *Melania amarula* DESHAYES, *Catalogue Mollusques Réunion*, p. E, 81.
1872 *Melania amarula* MÖRCH, *Journal de Conchyliologie*, XX, p. 320, n° 2.
1872 *Melania melanus* MÖRCH, *Journal de Conchyliologie*, XX, p. 320, n° 4.
1872 *Melania amarula* BROT, *Matér. Melaniens*, III, p. 17, pl. I, fig. 16.
1876 *Melania (Tiara) amarula* BROT, Melan., *in* : MARTINI et CHEMNITZ, *Systmat. Conchylien-Cabinet*, 2ᵉ édit., p. 289, n° 297, taf. XXIX, fig. 1, 1 *a*, 1 *b*, 1 *c*, 1 *d*, 1 *e*, 1 *f*, 1 *g*.
1876 *Melania (Tiara) Moreleti* BROT, *loc. supra cit.*, p. 291, n° 298, taf. XXX, fig. 2-2 A.
1877 *Melania amarula* LIÉNARD, *Catalogue Mollusques île Maurice*, p. 44, n° 629.
1877 *Melania acanthica* LIÉNARD, *Catalogue Mollusques île Maurice*, p. 44, n° 628. [non I. LEA].
1880 *Melania (Tiara) amarula* MARTENS, Mollusken, *in* : K. MÖBIUS, *Beiträge z. Meeresfauna d. Insel Mauritius...*, Berlin, p. 210.
1884 *Melania (Tiara) amarula* NEVILL, *Handlist Mollusca Indian Museum Calcutta*, II, p. 278, n° 85.
1897 *Melania amarula* BROT, Süss-und Brackwasser-Mollusken der Indischen Archipels, *in* : Dr. M. WEBER, *Zoologische Ergebnisse Reise Niederlandisch Ost-Indian*, IV, Leiden, p. 67.
1909 *Melania amarula* KOBELT, *Abhandl. d. Senckenberg. Naturforsch. Gesellschaft Frankfurt a. M.*, XXXII, p. 94 et p. 95.
1912 *Melania amarula* CONNOLLY, *Annals South African Museum*, XI, part III, p. 262, n° 554.

La plus grande confusion règne au sujet de cette espèce très anciennement connue et figurée. Son polymorphisme étendu et sa vaste dispersion géographique ont fait créer, à ses dépens, des espèces purement nominales qu'il convient de considérer comme synonymes. D'autre part, il a été établi, sur de fort mauvaises figures d'ouvrages anciens, des espèces qui ne sauraient subsister. C'est ainsi que le Dʳ O. A. L. MÖRCH (1), dont les idées ont été, assez généralement, partiellement suivies, écrit :

« 23. *Melania (Tiara) amara*, Mörch.

« Melania mitra, Reeve, Conch. Icon., fig. 175 (non Meusch.).

Hab. Pulo Panjang, en abondance, dans la rivière qui se déverse dans le port. Les plus grands individus atteignent une longueur de 50 mill. : la columelle est, en général, d'un ton orangé vif.

« *Obs.* Il règne une assez grande confusion relativement aux espèces de ce groupe. Le Malania mitra de Meuschen est une petite espèce qui y appartient à peine; Schröter, qui a acheté l'individu typique de Meuschen, à la vente de la

______

(1) MÖRCH (O. A. L.), Catalogue des Mollusques terr. et fluv. des anciennes colonies danoises du golfe du Bengale; *Journal de Conchyliologie*, XX, 1872, pp. 320 et suiv.

collection Gronove, en a donné une bonne figure. Le Melania
amarula de Linné, de Chemnitz et de Müller diffère très peu
du M. mitra de Reeve, provenant de Sumatra. Le M. crenularis, Deshayes (Guérin, Mag. zool. t. LXXXIII, fig. sup.), est
également peu différent du véritable M. amarula auctorum.

« 1. *Melania amara*, Mörch (M. mitra, Reeve, non Meuschen).
« *Hab*. Sumatra. Iles Nicobar. La plus grande forme du
groupe.

« 2. *Melania amarula*, Linné (Müller, Chemnitz, Schröter).
« *Hab*. Amboine, etc...

« *Melania crenularis*, Desh. (Guérin, Mag. zool., t. LXXXIII,
1843, fig. sup.).

« 4. *Melania melanus* (*Melas*) Mlf.
« Melania amarula, Encyc. méth. CDLVIII, fig. 6.
« *Hab*. Ile de France et île Bourbon : espèce probable-
ment rapportée par Bruguière.

« 5. *Melania coacta* Meuschen.
« Strombus coactus Meuschen, Mus. Gevers., 1787, p. 294,
n°991.
« Fausse Thiare de Rivière, Argenv., fig. 6 (typ.).
« Helix amarula, Born, Mus., t. XVI, fig. 21.
« Melania thiarella, Lam., Hist., VIII, p. 432, n° 11 (par-
tim).
« *Hab*. Patrie inconnue.

« 6. *Melania mitra*, Meuschen (Schröter).
· Helix Gronov. Zoophyl., n° 1564.
« Helix mitra Meuschen, Mus. Gronov., 1778, p. 128,
n° 1363.
« Helix mitra Schröter, Flusse., p. 300, t. IX, fig. 12.
« Helix mitra Gmelin, S. N., p. 3455.
« Melania thiarella, Lam. l. c., n° 11.
« Melania mitra, Deshayes, Lam., l. c., VIII, p. 432, note.
« Obs. Cette espèce me paraît, d'après la figure, à peine
appartenir à ce groupe. »

Cette conception n'est pas conforme aux faits observés.
Tout d'abord, le *Melania amara* Mörch et le *Melania crenula-*

ris Mörch doivent être rapportés au *Melania Cybele* Gould (1), espèce de Sumatra, des Philipines, des îles Fidji et Viti et qui ne nous retiendra pas.

Le *Melania mitra* Mörch correspond à une variété du *Melania amarula* Linné dont il sera question plus loin (2).

Les *Melania amarula* Mörch et *Melania metanus* Mörch appartiennent, sans aucun doute, au véritable *Melania amarula* Linné. La figure de l'Encyclopédie, citée par O. A. L. Mörch ne saurait être attribuée à une autre espèce (3). Quant au *Melania coacta* (Meuschen) Martens (4), c'est une coquille

(1) Gould (A.), *Proceedings Society Natur. History Boston*, 1847 [= *Melania mitra* Reeve, *Conchologia Iconica*, 1860, pl. XXV, fig. 175 (non Meuschen); = *Melania Cybele* Brot, Melan., in: Martini et Chemnitz, *Systemat. Conchylien-Cabinet*, 2e édit., 1876, p. 294, taf. XXX, fig. 11 a-11 b 11 c]. Le *Melania crenularis* Deshayes (*Revue et Magasin de Zoologie*, 1844, pl. LXXXIII) est peut-être synonyme. Le *Melania Cybele* Gould est une espèce de grande taille (elle atteint jusqu'à 45 millimètres de longueur et 36 millimètres de diamètre maximum) et très polymorphe qui peut être considérée comme une forme géante du *Melania amarula* Linné spéciale aux îles de l'Océanie.

(2) Page 364, de ce Mémoire.

(3) Il en est de même de différentes figurations anciennes. Citons celle de J. S. Schröter [*Die Geschichte der Flussconchylien*, Halle, 1779, p. 297, n° XCVI, taf. IX, fig. 8 et 11] qui sont parfaitement exactes : la fig. 8 correspond à la forme normale de l'île Maurice, la fig. 11 à une forme minor. Ajoutons que J. S. Schröter donne une longue synonymie, d'ailleurs exacte presque toujours, des anciens auteurs ayant parlé de cette espèce. Les figures données par A. Brot, [Die Melaniaceen, in: Martini et Chemnitz, *Systemat. Conchylien-Cabinet*. Nürnberg, 1877, p. 289, n° 297, taf. XXIX, fig. 1, 1 a-1 b-1 c-1 d-1 e-1 f-1 g] se rapportent bien certainement, à un même type spécifique essentiellement variable. En comparant avec le matériel recueilli par M. P. Carié on observe que la forme la plus commune à l'île Maurice correspond aux fig. 1 a et 1 d. Une mutation *elata* rappelle, par la disposition des grosses côtes épineuses, la fig. 1, mais avec une spire plus élancée, un peu comme celle de la fig. 1 g. Il est d'ailleurs illusoire de baser des espèces sur de tels caractères ou sur la plus ou moins grande saillie des épines, celles-ci pouvant disparaître entièrement [*Melania (Tiara) amarula* Linné, variété γ Brot, fig. 1 g : spinis obsoletis, in anfr. ultimo nullis] et tous les intermédiaires existant entre la forme très épineuse et la forme *inermis*.

(4) L'ouvrage de Meuschen (*Museum Geversianum*, 1787) est à peu près inutilisable et il est fort difficile d'identifier les espèces dont il parle. Si l'on veut distinguer la forme africaine, il faut lui attribuer le nom de *Melania amarula* Linné, variété *coacta* (Meuschen) Martens. Sa synonymie principale est la suivante :

variété coacta (Meuschen) Martens.

1742 *Fausse Thiare de rivière* d'Argenville, *Conchyliologie*, Ed. 1, p. 373, pl. XXXI (et pl. XXVII, Edit. 2); fig. 6, n° 6.

1780 *Helix amarula* Born, *Testacea Musei Caesarei Vindobonensis*, p. 391, tab. XVI, fig. 21.

1787 *Strombus coactus* Meuschen, *Museum Geversianum*, p. 294, n° 991.

1872 *Melania coacta* Mörch, *Journal de Conchyliologie*, XX, p. 320, n° 5.

1876 *Melania (Tiara) thiarella*, var. β Brot, Melan., in : Martini et Chem-

si voisine que j'hésite à la distinguer, même comme variété,
de nombreux intermédiaires existant entre elle et le véritable
Melania amarula Linné. Cette mutation *coacta* (Meuschen)
Martens est une forme d'assez grande taille (elle atteint 30
millimètres de longueur et 14-16 millimètres de diamètre)
avec une sculpture un peu moins développée que celle du
Melania amarula Linné typique. Elle vit en Afrique orientale,
depuis Lorenzo Marques jusqu'au fleuve Vouami, dans la région de l'Ougogo. Les individus recueillis dans ce cours d'eau
ont été décrits par J. R. Bourguignat (1) sous le nom de *Tiara
vouamica* (2), forme se distinguant du *Tiara crenularis* Deshayes «... par une taille moindre, par un test d'une teinte
olivâtre uniforme, par des spinules un peu moins écartées,
enfin, par une ouverture sensiblement plus étroite à la
base » (3). Il est évident que cette Mélanie est la même que
celle nommée *coacta* par le Dr E. von Martens (4).

Le jeune âge du *Melania amarula* Linné a été figuré par
G. P. Deshayes sous le nom de *Melania Moreleti* Deshayes (5).
Cette coquille est remarquable par son *apparence adulte*. Ce

NITZ., *Systemat. Conchylien-Cabinet*, 2e édit., p. 391,
taf. XXIX, fig. 3 *b*.

1889 *Tiara crenularis* varietas B *Tiara Vouamica* Bourguignat, *Mollusques
Afrique équatoriale*, Paris (mars 1889), p. 183.

1898 *Melania coacta* Martens, *Beschalte Weichthiere Deutsch-Ost-Afrik.*,
Berlin, p. 197, taf. VI, fig. 36.

1912 *Melania coacta* Connolly, *Annals South African Museum*, XI, part
III, p. 263, n° 555.

1915 *Tiara coacta* Connolly, *Annals South African Museum*, XIII, part IV,
p. 101.

(1) Bourguignat (J.-R.), *Mollusques Afrique équatoriale*, Paris, mars
1889, p. 183.

(2) J. R. Bourguignat rapporte, à son *Tiara vouamica*, le *Melania crenularis* Martens [Peter's Mossamb. Moll., *Malakozoolog. Blätter*, 1850, p. 216]
du Mozambique qui est évidemment la var. *coacta* (Meuschen) Martens.

(3) J. R. Bourguignat (*loc. supra cit.*, 1889, p. 184) ajoute : « Les échantillons du fleuve Vouami ne sont pas tronqués. La spire, composée de 8 à
9 tours, est bien entière ». Il donne, comme dimensions : longueur : 27
millimètres; diamètre : 14 millimètres; hauteur de l'ouverture : 15 millimètres et diamètre de l'ouverture : 7 millimètres.

(4) Dans les collections du Muséum d'Histoire naturelle de Paris il existe,
sous le nom de *Melania Leroyi* Bourguignat et étiquetés par J. R. Bourguignat lui-même :

1° Six individus d'une Mélanie recueillie à Bagamoyo dans le fleuve
Vouami et qu'il faut rapporter au *Melania (Plotia) scabra* Müller (Voyez
infra, p. 366).

2° Un individu de même provenance qui est un exemplaire peu adulte
de cette même variété *coacta* (Meuschen) Martens.

(5) Deshayes (G. P.), *Traité élémentaire de Conchyliologie*, Paris, 1839,
pl. LXXIV, fig. 13-14.

caractère curieux a déjà été signalé par G. Nevill dès 1884 (1).

Enfin W. Swainson a créé, en 1824, un *Melania setosa* (2) pour une Mélanie *non adulte* recueillie à l'île Maurice et qui pourrait bien être également le *Melania amarula* Linné plutôt que le *Melania cancellata* Bolten (3) comme le pensent certains auteurs (4).

Les exemplaires de *Melania amarula* Linné recueillis par M. P. Carié sont de taille assez variable, comme le montre le tableau suivant :

Longueur totale	Diamètre maximum	Diamètre minimum	Hauteur de l'ouverture	Diamètre de l'ouverture
mm.	mm.	mm.	mm.	mm.
49	27	23	26	12
41	21 1/2	20	23	10 1/2
40	21	19	21	9
39	19	17	20	9

Le test est d'un jaune marron assez clair et un peu brillant; il est, le plus souvent, recouvert d'un épiderme brun sombre, presque noir, s'exfoliant facilement. Les premiers tours sont fréquemment absents par érosion. Très solide, épais, le test est garni de stries longitudinales médiocres, inégales, irrégu-

(1) Nevill (G.), *Handlist Mollusca Indian Museum Calcutta*, II, 1884, p. 278 : « I think, I may state positively that Deshayes *M. moreleti* is the young of the typical form, notwithstanding the remarkable « quasi » adult appearance that it invariably presents. These young specimens agree well with pl. 30, fig. 2 A » [A. Brot *in :* Martini et Chemnitz].

(2) *Melania setosa* W. Swainson, *Quarterly Journal of Science, Lit. and Arts*, XVII, 1824, p. 13; et *Zoological Illustrations*, London, 2° série, 1831-1832, p. 429, pl. VII, fig. 7-8.

(3) Bolten, *Museum Boltenianum*, Hambourg, 1798, p. 109 (*Thiara cancellata.*

(4) *Le Melania cancellata* Bolten [= *Helix amarula* var. β Gmelin, *Systema Naturae*, Ed. XIII, 1790, I, 6, p. 3656, n° 126 β] a été très mal figuré par Chemnitz sous le nom d'*Helix amarula*, variété [*Systemat. Conchylien Cabinet*, IX, 1786, p. 159, taf. CXXXIV, fig. 1220-1221]. Quand W. Swainson décrivit, en 1824, son *Melania setosa*, une controverse s'engagea entre lui et J. E. Gray [*Cf. : Zoological Journal*, I, 1824-1825, p. 253, 399 et 52? pl. VIII, fig. 6-8], ce dernier auteur essayant de prouver que le *Melania setosa* Swainson était l'espèce représentée par Chemnitz, c'est-à-dire le *Melania cancellata* Bolten. Cette opinion a été admise par divers auteurs et, notamment, par A. Brot dans sa Monographie des *Melaniidae* du nouveau Martini et Chemnitz (1876, p. 297). Cependant, d'après la localité citée par W. Swainson et l'iconographie donnée par ce naturaliste, il me semble préférable de considérer le *Melania setosa* Swainson comme une forme *immature* du *Melania amarula* Linné.

lières et peu obliques — et de stries spirales assez serrées, peu marquées, sauf à la base du dernier tour où elles sont saillantes. Les grosses côtes qui ornent le haut des tours et font saillie sur la suture en forme d'épines plus ou moins aigües sont d'importance très variable suivant les individus. Certaines formes sont plus élancées que le type avec des tours de spire notablement plus étagés.

Ile Maurice : Espèce commune dans toutes les eaux douces de l'île; très abondante dans le Grand Bassin, au centre de l'île [P. CARIÉ] (1); = BERNARDIN DE SAINT-PIERRE, *loc. supra cit.*, 1773, p. 103; = CHEMNITZ, *loc. supra cit.*, 1786, p. 157; = « Madagascar, l'île de France, dans les rivières » [J. B. M. DE LAMARCK, *loc. supra cit.*, 1822, p. 167; et Edit. 2, 1838, p. 431]; = S. RANG, *in* : d'A. DE FÉRUSSAC, *loc. supra cit*, 1827, p. 410; = V. SGANZIN, *loc. supra cit.*, 1843, p. 19; = E. LIÉNARD, *loc. supra cit.*, 1877, p. 44; = « Trou d'eau douce, Mauritius » [G. NEVILL, *loc. supra cit.*, 1874 p. 278].

Ile de la Réunion : « ... Très commune dans les étangs et les rivières; on la trouve souvent dans l'estomac des petits poissons, qui les avalent » [S. RANG, *in* : d'A. DE FÉRUSSAC, *loc. supra cit.*, 1843, p. 19; = L. MAILLARD, *in* : G. P. DESHAYES, *loc. supra cit.*, 1863, p. E. 81.

Variété MITRA (Meuschen) Schröter.

1778 *Helix mitra* MEUSCHEN, *Museum Gronov.*, p. 128, n° 1363.
1779 *Helix mitra* SCHRÖTER, *Die Geschichte der Flussconchylien*, p. 300, n° XCVII A, taf. IX, fig. 12 (2).
1788 *Helix mitra* GMELIN, *Systema naturæ*, Ed. XIII, p. 3455.
1822 *Melania thiarella* DE LAMARCK, *Hist. natur. animaux sans vertèbres*, VI, part. II, p. 166, n° 11. (*partim*).
1838 *Melania thiarella* DE LAMARCK, *Hist. natur. animaux sans vertèbres*, Ed. 2 (par G. P. DESHAYES), VIII, p. 432, n° 11 (*partim*).
1838 *Melania mitra* DESHAYES, in : DE LAMARCK, *loc. supra cit.*, VIII, p. 432, note infrapaginale.
1855 *Tiara thiarella* H. et A. ADAMS, *Genera of recent Mollusca*.
1859 *Tiara thiarella* CHENU, *Manuel de Conchyliologie*, Paris, fig. 1939.
1860 *Melania mitra* MORELET, *Séries Conchyliologiques*, II, *Iles Orientales d'Afrique*, p. 111, n° 86.

(1) Un exemplaire subfossile a été trouvé, par M. E. THIRIOUX, dans la vallée des Pailles; il ne diffère pas des individus vivant actuellement dans l'île.
(2) Cette figure de J. S. SCHRÖTER est beaucoup moins bonne que celles se rapportant au *Melania amarula* Linné.

1872 *Melania mitra* Mörch, *Journal de Conchyliologie*, XX, p. 320, n° 6.
1872 *Melania thiarella* Brot, *Matériaux Mélaniens*, III, p. 18, pl. 1, fig. 2.
1876 *Melania (Tiara) thiarella* Brot, *Melan.*, *in* : Martini et Chemnitz,
   Systemat. Conchylien-Cabinet, 2° édit., p. 291, n° 299,
   taf. XXIX, fig. 3 et 3 *a* (*partim*).
1877 *Melania mitra* Liénard, *Catalogue Mollusques île Maurice*, p. 44,
   n° 631.
1880 *Melania amarula* Martens, Mollusken, *in* : K. Möbius, *Beiträge z.*
   Meeresfauna d. Insel Mauritius..., Berlin, p. 211.
   (*partim*).
1884 *Melania (Tiara) amarula* var. *thiarella* Nevill, *Handlist Mollusca In-*
   dian Museum Calcutta, II, p. 279.

Deux individus recueillis par M. P. Carié sont bien typiques et correspondent parfaitement aux figures de l'iconographie de A. Brot précédemment citées. Ils mesurent 22 $\frac{1}{2}$ millimètres de longueur, 10 $\frac{1}{2}$ millimètres de diamètre maximum
et 10 millimètres de diamètre minimum (hauteur de l'ouverture : 11 millimètres; diamètre de l'ouverture : 6 millimètres). Leur spire est entière et le test solide, un peu épais,
d'un marron jaunâtre, est orné de quelques flammules longitudinales subobliques, disposées en zigzag, à peine marquées et plus visibles, par transparence, à l'intérieur de l'ouverture.

Une autre série d'exemplaires, provenant d'une localité différente, ont un test bien plus mince, subtransparent au dernier
tour et fortement corrodé. Le haut de la spire est absent par
érosion et il ne reste plus que les trois ou quatre derniers
tours. Le test est soit marron clair avec les flammules longitudinales lie de vin ou marron rougeâtre bien plus visibles
que dans le cas précédent, soit d'un brun très foncé presque
noir avec flammules indistinctes. Les specimens de coloration claire sont ceux dont le test est le plus mince.

Il m'est impossible de considérer le *Melania mitra* (Meuschen) Schröter comme une espèce distincte du *Melania amarula* Linné. Ces deux Melanies sont réunies par de nombreux
intermédiaires et la première n'est guère qu'une variété *minor*
de la seconde.

Ile Maurice : Commun dans toutes les eaux douces de l'île,
avec l'espèce précédente [P. Carié]. Commun [E. Vesco, *in* :
A. Morelet, *loc. supra cit.*, 1860, p. 111]; = E. Liénard, *loc.
supra cit.*, 1877, p. 44; = J. Caldwell et E. Liénard, *in* :
G. Nevill, *loc. supra cit.*, 1878, p. 279.

§ II. — PLOTIA (Bolten) H et A. Adams, 1854 (1).

MELANIA (PLOTIA) SCABRA Müller.

1774 *Buccinum scabrum* MÜLLER, *Vermium terr. et fluv. histor.*, II, p. 136, n° 329.

1779 *Buccinum scabrum* SCHRÖTER, *Die Geschichte der Flussconchylien*, p. 299, taf. VI, fig. 13.

1786 *Helix scabra* CHEMNITZ, *Systemat. Conchylien-Cabinet*, IX, p. 188, taf. CXXXVI, fig. 1259-1260.

1789 *Helix aspera* GMELIN, *Systema Naturæ*, Ed. XIII, p. 3656.

1792 *Bulimus scaber* BRUGUIÈRE, *Encyclopédie méthodique, Vers*, I, p. 350, n° 56.

1807 *Melania scabra* DE FÉRUSSAC, *Essai méhode Conchyliologique*, p. 73, n° 5 [non REEVE].

1822 *Melania spinulosa* DE LAMARCK, *Hist. natur. animaux sans vertèbres*, VI, part. II, p. 423, n° 12.

1829 *Melania Mauriciae* LESSON, *Voyage de la Coquille, Zoologie*, II, p. 354.

1829 *Melania Doreyiana* LESSON, *Voyage de la Coquille, Zoologie*, II, p. 358.

1832 *Melania spinulosa* QUOY et GAIMARD, *Voyage de l'Astrolabe, Zoologie*, III, p. 147, pl. LVI, fig. 12-14.

1838 *Melania spinulosa* DE LAMARCK, *Hist. natur. animaux sans vertèbres*, Ed. 2 [par G. P. DESHAYES], VIII, p. 433, n° 12.

1838 *Melania scabra* DE LAMARCK, *Hist. natur. animaux sans vertèbres*, Ed. 2 [par G. P. DESHAYES], VIII, p. 443, n° 35.

1841 *Melania spinulosa* DELESSERT, *Recueil Coquilles décrites par Lamarck*, pl. XXX, fig. 15.

1849 *Melania spinulosa* MOUSSON, *Die Land-und Süsswasser-Mollusken von Java*, p. 76, taf. XI, fig. 11-12.

1855 *Plotia spinulosa* H. et A. ADAMS, *Genera of recent Mollusca*.

1859 *Melania elegans* REEVE, *Conchologia Iconica*, fig. 178.

1860 *Melania scabra* REEVE, *Conchologia Iconica*, fig. 183.

1868 *Melania spinulosa* BROT, *Mater. Melan.*, II, p. 38, pl. II, fig. 6 et pl. III, fig. 8.

1872 *Melania spinulosa* BROT, *Matér. Melan.*, III, p. 19, pl. I, fig. 15.

1874 *Melania spinulosa* CROSSE, *Journal de Conchyliologie*, XXII, p. 240.

1874 *Melania scabra* BROT, *Melan.*, in : MARTINI et CHEMNITZ, *Systemat. Conchylien-Cabinet*, 2° Ed., p. 226, n° 276, taf. XXVII, fig. 14-14a-14b-14c-14d-14e-15 et 15a.

1875 *Melania scabra* MORELET, *Journal de Conchyliologie*, XXIII, p. 29, n° 20.

1876 *Melania scabra* HANLEY et THÉOBALD, *Conchologia Indica*, p. XVI. et p. 31, pl. LXXIII, fig. 1-4.

1877 *Melania spinulosa* LIÉNARD, *Catalogue Mollusques île Maurice*, p. 44, n° 633.

1880 *Melania scabra* MARTENS, Mollusken, in : K. MÖBIUS, *Beiträge z. Meeresfauna d. insel Mauritius..*, Berlin, p. 211.

1884 *Melania (Plotia) scabra* NEVILL, *Handlist Mollusca Indian Museum Calcutta*, II, p. 281. n° 95.

1898 *Melania scabra* MARTENS, *Beschalte Weichthiere Deutsch-Ost-Afrik..*, Berlin, p. 196.

1909 *Melania mauriciae* KOBELT, *Abhandl. d. Senckenberg. Naturforsch. Geseilschaft Frankfurt a. M.*, XXXII, p. 94.

(1) *Plotia* H. et A. ADAMS, *The Genera of Recent Mollusca*, 1854, p. 295.

1909 *Melania scabra* KOBELT, *loc. supra cit.*, p. 94 et p. 96.
1915 *Tiara (Plotia) scabra* PRESTON, Mollusca (Freshwater Gastropoda and Pelecypoda), *Fauna of Bristish India*, London and Calcutta, p. 35, n° 60.

Cette espèce bien connue, fort répandue dans quelques régions de l'Afrique et de l'Océanie, est très polymorphe. Sa longueur varie de 10 à 29 millimètres, son diamètre de 5 à 14 millimètres. Sa forme est également instable. G. NEVILL a signalé plusieurs variétés recueillies par lui à l'île Maurice. L'une est particulièrement intéressante parce qu'elle possède quelques caractères la rapprochant du *Melania tuberculata* Müller. C'est une coquille de grande taille (longueur : 29 millimètres; diamètre : 13 $\frac{1}{2}$ millimètres), tronquée, n'ayant plus que 5 tours de spire dont le dernier est fortement renflé.

Le polymorphisme du *Melania.scabra* Müller a entraîné la création d'espèces dont la valeur est purement nominale. Tel est le cas pour les *Plotia Leroyi* Bourguignat (1) et *Plotia Bloyeti* Bourguignat (2).

La première de ces Mélanies est une coquille allongée, composée de 9 tours de spire peu convexes à croissance régulière, séparés par des sutures bien marquées; son dernier tour est convexe; son ouverture est verticale, oblongue, anguleuse en haut; son bord columellaire est épaissi, arqué et son bord externe fortement sinueux; la taille atteint 18 millimètres de longueur et 8 millimètres de diamètre maximum; enfin le test est épais, fauve corné, orné de flammules rougeâtres, garni de stries bien marquées et, au dernier tour, de stries spirales accentuées à la base.

La deuxième (*Plotia Bloyeti* Bourguignat) se distingue seulement de la précédente par sa taille moitié plus petite (longueur : 9 millimètres; diamètre maximum : 5 millimètres), sa forme un peu plus ventrue, et ses stries spirales légèrement plus saillantes à la base du dernier tour. En résumé le *Plotia Bloyeti* Bourguignat n'est qu'une forme *minor* du *Plotia Leroyi* Bourguignat. Toutes deux, qui vivent abondamment dans les rivières des vallées du Vouami et du Kyngani (Afrique orientale) ne sont évidemment que des *formes locales* du *Melania scabra* Müller.

(1) BOURGUIGNAT (J.-R.), *Mollusques de l'Afrique équatoriale;* Paris, mars 1889, p. 185.
(2) BOURGUIGNAT (J.-R.), *loc. supra cit.*, 1889, p. 186.

Ile Maurice : LESSON, *loc. supra cit.*, 1829, p. 358; L. REEVE,
loc. supra cit., 1860, sp. 183;= E. LIÉNARD, *loc. supra cit.*,
1877, p. 44;= J. CALDWELL, G. NEVILL et D' F. STOLICZKA, *in* :
G. NEVILL, *loc. supra cit.*, 1884, p. 282, 283 et 284;= J. CALD-
WELL et G. NEVILL (var. *granum* Busch (1) [*in* : G. NEVILL,
loc. supra cit., 1884, p. 285];= « *Fouquets und Grande Baie* »
[Prof. K. MÖBIUS, *in* : D' E. von MARTENS, *loc. supra cit.*,
1880, p. 211].

Ile Rodrigue « Port Mathurin » [A. DESMAZURES, *in* :
H. CROSSE, *loc. supra cit.*, 1874, p. 240];= BEWSHER, *in* :
A. MORELET, *loc. supra cit.*, 1875, p. 29.

Cette Mélanie a une aire de dispersion considérable : elle
habite la Nouvelle-Guinée [LESSON], l'archipel de Timor, l'île de
Vanikoro [QUOY et GAIMARD], l'île de Java [A. MOUSSON, F. de
RITCHOFFEN], la Cochinchine [S. HANLEY et W. THEOBALD,
A. MORELET, etc...], l'Inde et l'île de Ceylan [W. T. BLAN-
FORD, R. H. BEDDOME, F. W. HUTTON, MICHTELI, G. NEVILL,
D' F. STOLICZKA, etc...]. Elle vit également aux îles Seychelles
[G. NEVILL, *loc. supra cit.*, 1884, p. 284] et, dans l'Afrique
orientale, à l'île de Zanzibar [D' F. STUHLMANN, *in* : D' von
MARTENS, *loc. supra cit.*, 1898, p. 197] et dans les fleuves
Vouami et Kyngani [J. R. BOURGUIGNAT, *Mollusques Afrique
équator.*, 1889, p. 185 et p. 186].

§ III. — MELANOIDES Olivier, 1804 (2).

MELANIA (MELANOIDES) TUBERGULATA Müller.

1774 *Nerita tuberculata* MÜLLER, *Vermium terr. et flur. Histor.*, II, p. 191.
1779 *Strombus tuberculatus* SCHRÖTER, *Die Geschichte der Flussconchylien*, p. 373.
1779 *Strombus costatus*, SCHRÖTER, *Die Geschichte der Flussconchylien*,
p. 374, taf. VIII, fig. 4.

(1) *Melania granum* v. d. BUSCH, *in:* PHILIPPI, *Abbild. u. Beschr. neuer
Conchylien*, I, 1844, taf I, fig. 7 [= *Melania granum* var. *buccinoides*
MOUSSON, *Die Land-und Süsswasser-Mollusken von Java*, Bern, 1849, p.
77, taf. XII, fig. 4]. G. NEVILL (*loc. supra cit.*, 1884, p. 285) dit que la
forme recueillie par lui et J. CALDWELL à l'île Maurice est à peu près exactement semblable à celle de l'île de Java : « Anfr. 3; long. 12, diam. 7
mill. An abundant small form, almost exactly resembling Javanese specimens. The spiral striation is quite as developed. Always strongly decollate ».
(2) *Melanoides* OLIVIER, *Voyage Empire Ottoman*, etc..., II, 1804, p. 40
(non *Melanoides* H. et A. ADAMS, *Genera of recent Mollusca*, I, 1854, p.
296) [= *Striatella* BROT, *Melan.*, *in* : MARTINI et CHEMNITZ, *Systemat. Conchylien-Cabinet*, 2e Edit., 1875, p. 7].

1786 *Nerita tuberculata* Chemnitz, *Systemat. Conchylien-Cabinet*, IX, part.
II, p. 189, taf. CXXXVI, fig. 1261-1262.

1804 *Melanoides fasciolata* Olivier, *Voyage dans l'Empire ottoman*, II,
p. 40; *Atlas*, pl. XXXI, fig. 7.

1822 *Melania fasciolata* de Lamarck, *Hist. natur. animaux sans vertèbres*,
VI, part. II, p. 167, n° 16.

1827 *Paludina (Melania) virgulata* de Férussac, *Bulletin universel sciences
naturelles;* X, p. 411, n° 78.

1843 *Melania truncatula* Sganzin, *Catalogue Coquilles îles de France,
Bourbon et Madagascar; Mémoires Soc. hist., natur.
Strasbourg*, III, p. 19.

1847 *Melania pyramis* Busch *in :* Philippi, *Abbild. und Beschreib.*, p. 172,
taf. IV, fig. 16.

1849 *Melania tuberculata* Mousson, *Land-und Süsswasser-Mollusken von
Java*, p. 73, taf. XI, fig. 6-7.

1852 *Vivipara fasciolata* Raymond, *Journal de Conchyliologie*, III, p. 326.

1853 *Melania tuberculata* Bourguignat, *Catalogue Mollusques de Saulcy
Orient*, p. 65.

1859 *Melania tuberculata* Reeve, *Conchologia Iconica*, pl. XIII, fig. 87.

1860 *Melania tuberculata* Morelet, *Séries Conchyliologiques*, II, *Iles Orientales d'Afrique*, p. 111, n° 87.

1861 *Melania Rothiana* Mousson, *Coquilles terr. fluv. Roth Palestine*, p. 61.

1863 *Melania tuberculata* Deshayes, *Catalogue Mollusques Réunion*, p. E.
81, n° 252.

1864 *Melania tuberculata* Bourguignat, *Malacol. Algérie*, II, p. 251, pl.
XV, fig. 1-11.

1874 *Melania tuberculata* Jickeli, *Fauna d. Land-und Süsswasser-Mollusken N. O. Afrik.*, p. 251, taf. III, fig. 7 et taf. VII.
fig. 36.

1874 *Melania abyssinica* Rüppell *in :* Jickeli, *loc. supra cit.*, p. 253.

1876 *Melania (Striatella) tuberculata* Brot, Melan. *in :* Martini et Chemnitz, *Systemat. Conchylien-Cabinet*, 2° édit., p. 247,
n° 257, taf. XXVI, fig. 11-11a, 11b, 11c, 11d, 11e,
11f, 11g, et 11h.

1876 *Melania rodericensis* Smith, *Annals and Magazine of Natural History*,
London, XVII, p. 404.

1877 *Melania tuberculata* Liénard, *Catalogue Mollusque île Maurice*, p. 44,
n° 634 et p. 82, n° 125.

1877 *Melania virgulata* Liénard, *Catalogue Mollusques île Maurice*, p. 44.

1880 *Melania tuberculata* Martens, Mollusken, *in :* K. Möbius, *Beiträge z.
Meeresfauna d. Inseln Mauritius...* Berlin, p. 211.

1884 *Melania tuberculata* Bourguignat, *Histoire Mélaniens système européen*, p. 5.

1884 *Melania (Striatella) tuberculata* Nevill, *Handlist Mollusca Indian
Museum Calcutta*, II, p. 239, n° 32.

1888 *Melania tuberculata* Bourguignat, *Iconographie malacologique lac
Tanganika*, p. 27, pl. XI, fig. 26-27.

1889 *Melania tuberculata* Bourguignat, *Mollusques Afrique équatoriale*,
p. 182.

1890 *Melania tuberculata* Bourguignat, *Histoire malacologique lac Tanganika*, p. 163, pl. XI, fig. 26-27.

1898 *Melania tuberculata* Martens, *Beschalte Weichthiere Deutsch-Ost-Afrik.*, p. 193.

1907 *Melania tuberculata* Germain, *Mollusques terr. fluv. Afrique centrale
française*, p. 537.

1908 *Melania tuberculata* Germain, *Etude Mollusques lac Tanganyika et
ses environs*, p. 42.

1908 *Melania tuberculata* Dautzenberg, *Journal de Conchyliologie*, LVI,
       p. 23, pl. II, fig. 4-5

1909 *Melania tuberculata* Kobelt, *Abhandl. d. Senckenberg. Naturforsch.
       Gesellschaft Frankfurt a. M.*, XXXII, p. 39, 94, 95 et
       96, taf. X, fig. 5-6.

1911 *Melania tuberculata* Germain, Notice malacologique, *in : Documents
       scientifiques Mission Tilho*, II, p. 203, pl. II, fig. 7 à
       11.

1912 *Melania tuberculata* Connolly, *Annals South African Museum*, XI,
       part III, p. 264, n° 557.

1914 *Melania (Striatella) tuberculata* Dautzenberg et Germain, *Revue zoo-
       logique africaine*, IV, fasc. 1, p. 62, pl. III, fig. 3 à 8
       et pl. IV, fig. 7 à 10 (var. *anomala*).

1915 *Tiara (Striatella) tuberculata* Preston, Mollusca (Freshwater Gastro-
       poda and Pelecypoda), *Fauna of British India*, p. 15,
       n° 28.

1916 *Melania (Striatella) tuberculata* Germain, Seconde notice malacolo-
       gique, *Documents scientifiques Mission Tilho*, III,
       p. 309.

Parmi les assez nombreux individus de cette espèce recueillis par M. P. Carié, il en est qui ont la spire entière et d'autres
qui sont réduits aux trois ou quatre derniers tours. Les spécimens appartenant à la première catégorie restent de petite
taille, puisque les plus grands atteignent seulement 26-27 millimètres de longueur pour 8-9 millimètres de diamètre maximum et 7-8 millimètres de diamètre minimum. Les échantillons à spire tronquée ont, en général, une sculpture peu saillante : les cordons spiraux sont médiocres et les stries longitudinales toujours atténuées, principalement au dernier tour.
Sous cette forme, la Mélanie de l'île Maurice correspond au
Melania truncatula Quoy et Gaimard (1).

La variété la plus répandue à l'île Maurice correspond au
Melania virgulata de Férussac — d'ailleurs reliée au type par
tous les intermédiaires — variété caractérisée surtout par le
peu de développement de la sculpture longitudinale.

Les jeunes ont un test mince, parfois presque transparent, d'un vert jaunâtre marbré de fascies longitudinales
brunes irrégulières. Leur spire est entière et toujours très
acuminée.

G. Nevill a décrit ou nommé un grand nombre de variétés
du *Melania tuberculata* Müller. Je signalerai seulement celles
qui habitent les îles Seychelles et les îles Mascareignes.

(1) *Voyage de l'Astrolabe*, etc., III, Paris, 1832, p. 141 et p. 143; Atlas,
pl. **LVI**, fig. 1-4, 5-7.

Variété SUBCANALICULATA Nevill (1).

Coquille avec un dernier tour légèrement anguleux au lieu d'être convexe; suture un peu canaliculée; sculpture longitudinale bien marquée; coloration sombre. Longueur : 29 millimètres; diamètre : 8 millimètres; hauteur de l'ouverture : 7 millimètres.

Ile Silhouette (Archipel des Seychelles) [G. NEVILL, *loc. supra cit.*, 1884, p. 241].

Variété PSEUDOTRUNCATULA Nevill (2).

« Coquille ressemblant beaucoup à la figure donnée par BROT (Conchylien-Cabinet, II. 1874, taf. XXVI, fig. 11 F.), mais un peu plus petite. »

Ile Maurice : J. CALDWELL, *in* : G. NEVILL, *loc. supra cit.*, 1884, p. 246.

Ile de la Réunion : G. NEVILL, *loc. supra cit.*, 1884, p. 246.

Variété APPRESSA Nevill (2).

Coquille plus allongée; columelle tordue en arrière; pas de stries longitudinales mais des cordons spiraux aigus et saillants. Longueur : 29 ½ millimètres; diamètre : 9 millimètres.

Ile Maurice : sans localité précise [J. CALDWEL, *in* : G. NEVILL, *loc. supra cit.*, 1884, p. 246].

Enfin E. A. SMITH a décrit, sous le nom de *Melania rodericensis*, une Mélanie qui ressemble tout à fait à certaines variétés du *Melania fasciolata* Olivier et qui est, par conséquent, synonyme du *Melania tuberculata* Müller. Les individus mesurent 16 millimètres de longueur et 5 millimètres de diamètre maximum (hauteur de l'ouverture : 5 millimètres; diamètre de l'ouverture : 2 ½ millimètres). Une variété *major* Smith atteint 23 millimètres de longueur et 7 millimètres de diamètre maximum.

Ile Maurice : Commun, dans toutes les eaux douces de l'île [P. CARIÉ];= V. SGANZIN, *loc. supra cit.*, 1843, p. 19;= E. VESCO, *in* : A. MORELET, *loc. supra cit.*, 1860, p. 111;=

(1) NEVILL (G.), Hand list of Mollusca in the Indian Museum, Calcutta, Part II. Gastropoda, Prosobranchia-Neurobranchia, Calcutta, 1884, p. 241.
(2) NEVILL (G.), *loc. supra cit.*, 1884, p. 246 [var. *pseudo-truncatula*].

E. Liénard, *loc. supra cit.*, 1877, p. 44; = G. Nevill et J. Caldwell, *in* : G. Nevill, *loc. supra cit.*, 1884, p. 240.

Ile de La Réunion : « Cette Mélanie... est très répandue dans toute l'île Bourbon. Elle se trouve en abondance dans les lacs de Bernica. Quelques individus sont d'une grosseur qui ferait d'abord croire qu'ils appartiennent à une autre espèce, si on n'avait pas les passages aux autres qui paraissent n'être que le jeune âge de cette coquille; ceux-ci ont été pris à la Cascade de Saint-Paul; les gros individus n'ont été trouvés de cette taille, par M. Rang, que dans les trous en forme de puits que l'on a creusés dans les jardins de Saint-Paul. Cette espèce se plaît surtout sur les rochers et les murs humectés par les sources » [S. Rang, *in* : D'A. de Férussac, *loc. supra cit.*, 1827, p. 411]; = V. Sganzin, *loc. supra cit.*, 1843, p. 19; = E. Vesco, *in* : A. Morelet, *loc. supra cit.*, 1860, p. 111; = E. Liénard, *loc. supra cit.*, 1877, p. 44; = G. Nevill, *loc. supra cit.*, 1884, p. 246.

Ile Rodrigue : « Port Mathurin » [A. Desmazures, *in* : H. Crosse, *loc. supra cit.*, 1874, p. 241]; = G. Gulliver, *in* : E. A. Smith, *loc. supra cit.*, 1876, p. 404; = J. Caldwell, *in* : G. Nevill, *loc. supra cit.*, 1884, p. 240.

La répartition géographique du *Melania tuberculata* Müller est extrêmement étendue. Je renvoie, pour l'étude de cette question, à mon *Etude*, dont l'impression s'achève en ce moment, *sur les Mollusques terrestres et fluviatile recueillis par* M. **Henri Gadeau de Kerville** *pendant son voyage en Syrie.*

Melania (Melanoides) Commersoni Morelet.

1859 *Melania Commersoni* Morelet, *in* : Reeve, *Conchologia Iconica*, fig. 237.

1860 *Melania Commersoni* Morelet, *Séries Conchyliologiques*, II, *Iles orientales d'Afrique*, p. 116, n° 89, pl. VI, fig. 4.

1863 *Melania Commersoni* Deshayes, *Catalogue Mollusques Réunion*, p. E. 81.

1874 *Melania Commersoni* Crosse, *Journal de Conchyliologie*, XXIV, p. 240.

1874 *Melania Commersoni* Brot, Melan., *in* : Martini *et* Chemnitz, *Systemat. Conchylien-Cabinet*, 2° Ed., p. 244, n° 254, Taf. XXVI, fig. 1, 1a, 1b.

1877 *Melania Commersoni* Liénard, *Catalogue Mollusques île Maurice*, p. 44, n° 630.

1880 *Melania Commersoni* Martens, Mollusken, *in* : K. Möbius, *Beiträge
z. Meeresfauna d. Inseln Mauritius..*, Berlin, p. 211.
1884 *Melania Commersoni* Nevill, *Handlist Mollusca Iindian Museum Calcutta*, II, p. 247, n° 36; et var. *minor*, p. 248.
1909 *Melania Commersoni* Kobelt, *Abhandl. d. Senckenberg. Naturforsch.
Gesellschaft Frankfurt a. M.*, XXXII, p. 94, 95 et 96.

Coquille tronquée au sommet, réduite à 6 tours de spire
convexes séparés par de profondes sutures; dernier tour médiocre; ouverture allongée, dilatée à la base; péristome mince
et tranchant.

Longueur : 35 millimètres; diamètre maximum : 11 millimètres [A. Morelet, *loc. supra cit.*, 1860, p. 116].

Longueur : 28 millimètres; diamètre maximum : 10 $\frac{1}{2}$
millimètres; 6 $\frac{1}{2}$ tours de spire [G. Nevill, *loc. supra cit.*, 1884,
p. 248].

Test solide, d'un vert brunâtre, garni de stries longitudinales peu saillantes et de stries spirales costulées, saillantes,
subnoduleuses, serrées aux premiers tours, plus espacées,
plus larges et moins élevées au dernier tour, sauf vers la base
où elles deviennent de nouveau serrées et saillantes. Intérieur
de l'ouverture d'un bleuâtre brillant.

Le seul exemplaire recueilli par M. P. Carié présente quelques particularités.

Sa spire est réduite aux 3 $\frac{1}{2}$ derniers tours, les 2 $\frac{1}{2}$ tours supérieurs sont fortement érodés et le dernier est à peu près intact.
Le test est marron brunâtre à peine brillant; il est garni de stries
longitudinales faibles, espacées, irrégulières et inégales. Les
stries spirales sont presque obsolètes sur le milieu du dernier
tour; elles sont assez serrées à sa base mais restent médiocrement saillantes. L'intérieur de l'ouverture est d'un bleu pâle
assez brillant.

Longueur (3 $\frac{1}{2}$ tours) : 25 millimètres; diamètre maximum:
11 $\frac{1}{2}$ millimètres; diamètre minimum : 11 millimètres; hauteur de l'ouverture : 11 mill.; diam. de l'ouverture : 5 $\frac{1}{2}$ mill.

Le *Melania Commersoni* Morelet est certainement très voisin
du *Melania tuberculata* Müller dont il n'est, peut-être, qu'une
variété. Une forme *minor* signalée par G. Nevill [*loc. supra
cit.*, 1884, p. 248] et que cet auteur considère comme intermédiaire entre le *Melania tuberculata* Müller (forme de l'île
Maurice) et le *Melania Commersoni* Morelet (1) vient à l'appui
de cette opinion.

____

(1) « A small, strongly decollate form, without longitudinal sculpture; ap-

Ile Maurice : Rivière Noire, un seul exemplaire [P. Cabié];
= J. Caldwell, *in* : G. Nevill, *loc. supra cit.*, 1884, p. 248.

Ile de la Réunion : G. Nevill, *loc. supra cit.*, 1884, p. 248.

Ile Rodrigue : « Port Mathurin » [A. Desmazures, *in* :
H. Crosse, *loc. supra cit.*, 1874, p. 240].

Primitivement découverte à l'île de Madagascar [E. Vesco,
in : A. Morelet, *loc. supra cit.*, 1860, p. 116], cette Mélanie
vit également aux îles Seychelles, (à l'île Mahé, sous forme
d'une var. *minor* Nevill) [G. Nevill, *loc. supra cit.*, 1884, p.
249].

Genre **PALUDOMUS** Swainson, 1840 (1).

Paludomus punctatus Reeve.

1852 *Paludomus punctatus* Reeve, *Proceedings Zoological Society of Lon-
			don*, p. 127, n° 8.
1880 *Paludomus punctatus* Martens, Mollusken, *in* : K. Möbius, *Beiträge
			z. Meeresfauna d. Insel Mauritius...*, Berlin, p. 310.
1880 *Paludomus punctatus* Brot, Die Gattung Paludomus, *in* : Martini
			et Chemnitz, *Systemat. Conchylien-Cabinet*, 2° Édit.,
			p. 42, n° 17.
1909 *Paludomus punctatus* Kobelt, *Abhandl. d. Senckenberg. Natur-
			forsch. Gesellschaft Frankfurt a. M.*, XXXII, p. 94.

Le *Paludomus punctatus* Reeve est une espèce seulement
connue par la description beaucoup trop succincte donnée
par L. Reeve (2). Son caractère le plus net est constitué par
les ponctuations qui s'observent de chaque côté des stries spirales dont la coquille est ornée. A. Brot (*loc. supra cit.*, 1880,
p. 42) pense que ce *Paludomus*, qui n'a jamais été figuré, n'est
pas spécifiquement distinct du *Paludomus transchauriensis*
(Gmelin) Blanford (3) et le Dr E. von Martens (*loc. supra*

pears to may fairly intermediate between the small, truncated Mauritian
variety of *M. tuberculata* and typical *M. commersoni* » [G. Nevill, *loc.
supra cit.*, 1884, p. 249].

(1) *Paludomus* W. Swainson, *Treatise on Malacology*, London, 1840,
p. 340 [= *Rivulina* Lea, 1850, non *Rivulina* Clessin, 1873, sous-genre de
Pisidium].

(2) « T. acuminato-turbinata, spira acuta, anfr. convexis, lineis incisis
utrinque peculiariter punctatis, cingulatis; apert. parva; olivacea nigri-
cante hic illie maculata » L. Reeve, Descriptions of new species of Paludomus, a genus of Freshwater Mollusks, *Proceedings Zoological Society of
London*, 1852, p. 127. Les dimensions de cette espèce ne sont pas données.

(3) *Helix Tanschaurica* Gmelin, *Systema Naturae* Ed. XIII, 1788, p.
3655, n° 244 [= *Helix fluviatilis Tanschaurensis* Chemnitz, *System. Con-*

cit., 1880, p. 210) ajoute qu'il appartient peut-être au genre *Cleopatra.*

Ile Maurice [D. BARCLAY, *in :* L. REEVE *loc. supra cit.*, 1852, p. 127].

Famille des **ASSEMANIIDAE**

Genre **ASSEMANIA** (Leach) Fleming, 1828 (1).

ASSEMANIA GRANUM Morelet

1882 *Assiminea granum* MORELET, *Journal de Conchyliologie*, XXX, p. 105, n° 24, pl. IV, fig. 8.
1909 *Assiminea granum* KOBELT, *Abhandl. d. Senckenberg. Naturforsch. Gesellschaft Frankfurt a. M.*, XXXII, p. 94.

Très petite coquille subperforée, de forme conique globuleuse à sommet obtus; spire formée de 6 tours médiocrement convexes séparés par des sutures superficielles bordées d'une linéole noirâtre; dernier tour très renflé; ouverture ovalaire, un peu anguleuse à la base; bord columellaire faiblement dilaté; péristome mince, tranchant, ordinairement bordé de brun.

Longueur : 2 millimètres; diamètre maximum : 1 ½ milmètre.

Test un peu solide, d'un roux orangé, presque lisse et brillant.

Iles Mascareignes. Sans indication précise [A. MORELET, *loc. supra cit.*, 1882, p. 106].

chylien-Cabinet, IX, 1786, p. 174, fig. 1243; = *Helix fluviatilis* DILLWYN, *Descriptive Catalogue of Recent Shells*, 1817, p. 959; = *Paludomus Tanjoriensis* BLANFORD (*emend.*), *Transact. Linnean Society of London*, XXIV, 1863, p. 173, pl. XXVII, fig. 2a-2c; = *Paludomus Tanschaurica* HANLEY et THEOBALD, *Conchologia Indica*, 1876, p. XVII, et p. 50, pl. CXXIII, fig. 8; = *Paludomus Tanjoriensis* BROT, *Die Gattung Paludomus*, *in :* MARTINI et CHEMNITZ, *Systemat. Conchylien-Cabinet*, 2ᵉ Edit., Nürnberg, 1880, p. 40, n° 16, taf. VIII, fig. 18-20 et 20-23; = *Paludomus tanschaurica* PRESTON, *The Fauna of British Indian (Freshwater Gastropoda and Pelecypoda)*, London, 1915, p. 47, n° 83].
(1) *Assiminea* LEACH, *in :* FLEMING, *A History of British Animals*, Edinburg, 1828, p. 275. [= *Assemania* KNIGHT, *Journal of Conchology*, London, IX, 1900, p. 275 (*emend.*); et B. B. WOODWARD, *Journal of Conchology*, London, X, 1903, p. 356 et p. 366; = *Assiminia* et *Assiminea* **Auct.**]

Assemania nitida Pease.

1864 *Hydrocena nitida* Pease, *Proceedings Zoological Society of London*, p. 674.
1869 *Assiminea (Hydrocena) nitida* Pease, *Journal de Conchyliologie*, p. 165, n° 26.
1884 *Assiminea nitida* Nevill, *Handlist Mollusca Indian Museum Calcutta*, II, p. 71, n° 37.

G. Nevill rapporte à l'*Assiminea nitida* Pease une coquille qu'il a recueillie assez abondamment à l'île Maurice et qui, dit-il, a été figurée par W. H. Pease planche VII figure 10 (*non figure* 11 (1)) du *Journal de Conchyliologie*. (1869). Or cette figure 10 correspond à l'*Assiminea lucida* Pease (2) surtout caractérisé, dit l'auteur, « par l'angulation distincte qui règne près de la suture » G. Nevill avait certainement en vue, sinon la même espèce, du moins une forme très voisine, puisqu'il écrit : « An incised line beneath the suture exists in several of the specimens from Mauritius » (3).

L'*Assemania lucida* Pease est une petite coquille imperforée, longue de 3 millimètres, large de 1 ½ millimètre, de forme ovalaire conique, composée de 6 tours convexes séparés par une suture anguleuse. L'ouverture est ovalaire, verticale, très anguleuse en haut et bien arrondie en bas; ses bords marginaux sont réunis par une faible callosité. Le test est à peu près lisse, brillant, assez mince, translucide et probablement d'un jaune rougeâtre (4).

Ile Maurice : Type et variété *nana* Nevill (5) [G. Nevill, *loc. supra cit.*, 1884, p. 71].

(1) « Assiminea fide Pease, Journal de Conchyl., 1869, pl. VII, fig. 10 (not. fig. 11) » [G. Nevill., *loc. supra cit.*, 1884, p. 71].
(2) Pease (W. H.), Liste des espèces supposées appartenir au genre Assiminea de Leach; *Journal de Conchyliologie*, XVII, 1869, p. 166, n° 31.
(3) Nevill (G.), *loc. supra cit.*, II, 1884, p. 71.
(4) Les individus décrits par W. H. Pease étaient décolorés.
(5) G. Nevill ne décrit pas cette variété et n'en donne pas les dimensions.

Famille des **TRUNCATELLIDAE**

Genre **TRUNCATELLA** Risso, 1826 (1).

TRUNCATELLA TERES Pfeiffer.

1856 *Truncatella teres* PFEIFFER, *Proceedings Zoological Society of London*,
    p. 336.
1856 *Truncatella teres* PFEIFFER, *Monograph. Auriculaceorum vivent.*,
    p. 188.
1857 *Truncatella teres* PFEIFFER, *Catalogue of Auriculidae British Museum*,
    p. 136.
1868 *Truncatella teres* COX, *Monogr. Austral. Landshells*, p. 92, pl. XV,
    fig. 9.
1874 *Truncatella teres* CROSSE, *Journal de Conchyliologie*, XXII, p. 240.
1874 *Truncatella teres* JICKELI, *Fauna der Land-und Süsswasser-Mollusken
    N. O. Afrik.*, Dresden, p. 188, n° 122.
1880 *Truncatella teres* MARTENS, *Mollusken*, in : K. MÖBIUS *Beiträge z.
    Meeresfauna d. Inseln Mauritius..*, Berlin, p. 207.
1881 *Truncatella teres* CROSSE, *Journal de Conchyliologie*, XXIX, p. 205.
1897 *Truncatella teres* KOBELT et MÖLLENDORFF, *Nachrichtsblatt d. deuts-
    chen Malakozoolog. Gesellschaft*, p. 77.
1908 *Truncatella teres* KOBELT, *Jährb. des Nassauischen Vereins für Naturk.
    Wiesbaden*, LXI, p. 106, n° 48.
1912 *Truncatella teres* CONNOLLY, *Annals South African Museum*, XI, part
    III, p. 266 n °562.

Cette espèce, de forme cylindrique, composée de 4 à 5 tours
de spire, est d'une couleur de corne rougeâtre. Elle atteint
6-7 millimètres de longueur et 2-$2\frac{1}{2}$ millimètres de diamètre
maximum. Ses sutures sont marginées et plus ou moins crénelées par suite de l'accentuation des stries longitudinales
légèrement costulées qui ornent le test.

Ile Maurice : Sur le littoral, sous les pierres, près de Port
Louis [P. CARIÉ]. Sans localité précise [L. PFEIFFER, *loc.
supra cit.*, 1856, p. 336; = H. CROSSE, *loc. supra cit.*, 1881,
p. 205; = V. DE ROBILLARD, *in* : C. F. JICKELI, *loc. supra cit.*,
1874, p. 188].

(1) Genre *Truncatella* RISSO, *Hist. natur. principales productions Europe
méridionale* IV, 1826, p. 124 [= *Fidelis* RISSO, *loc. supra cit.*, IV, 1826,
p. 121 (pour le *Fidelis theresae* Risso, *ibid.*, 1826, IV, p. 126, pl. V,
fig. 59, *forma juvenilia* du *Truncatella truncata*, MONTAGU, *Testac. Britann.*
1803, p. 300, pl. X, fig. 7 (*Turbo truncatus*); = *Erpetrometra* LOWE, 1831:
= *Choristoma* DE CRISSTOFORI et JAN, *Mantissa*, 1832, p. 3; = *Truncatula* LEACH mss 1818, publié *in* : J. E. GRAY, *Annals and Magaz. Natural
History*, London, 1847, XX, p. 271; = *Albertisia* Issel, *Annali Museo Civico..
di Genova*, XV, 1880, p. 275].

Ile Rodrigue : Port Mathurin [A. Desmazures, *in :* H. Crosse, *loc. supra cit.*, 1874, p. 240; et : 1881, p. 205].

Ile Nossi-Bé : Hellville [E. Marie, *in :* H. Crosse, *loc. supra cit.*, 1881, p. 205].

Iles Comores : Mayotte [E. Marie, *in :* A. Morelet, *loc. supra cit.*, 1881, p. 239].

En dehors de ces îles de l'Océan Indien, le *Truncatella teres* Pfeiffer habite encore, en Afrique, la région du Cap de Bonne Espérance [J. Crawford, Farquhar, Dʳ Penther] et les côtes de la Mer Rouge [C. F. Jickeli]. Il vit également en Australie [Dʳ J. C. Cox].

Truncatella Guerini Villa.

1841 *Truncatella Guerini* Villa. *Dispositio Systematica Conchyliorum.* p. 59.

1846 *Truncatella Guerini* Pfeiffer, *Zeitschrift für Malakozool.*, III, p. 183.

1855 *Truncatella Guerini* Küster, *in :* Martini et Chemnitz, *Systemat. Conchylien-Cabinet*, 2ᵉ édit., p. 15.

1856 *Truncatella Guerini* Pfeiffer, *Monograph. Auriculaceorum vivent.*, p. 184.

1877 *Truncatella Guerini* Liénard, *Catalogue Mollusques île Maurice*, p. 61, p. 841.

1878 *Truncatella Guerini* Nevill, *Handlist Mollusca Indian Museum Calcutta*, I, p. 253, n° 14.

1880 *Truncatella Guerini* Martens, *Mollusken, in :* Möbius, *Beiträge z. Meeresfauna d. Inseln Mauritius...* Berlin, p. 206.

1881 *Truncatella Guerini* Crosse, *Journal de Conchyliologie*, XXIX, p. 205.

1881 *Truncatella Guerini* Morelet, *Journal de Conchyliologie*, XXIX, p. 239.

1897 *Truncatella Guerini* Kobelt et Möllendorff, *Nachrichtsblatt d. deutschen Malakozoolog. Gesellschaft*, XXIX, p. 76.

1898 *Truncatella Guerini* Martens, *Seychellen-Mollusken, Mitteil. Zoolog. Sammlung d. Museums für Naturk. in Berlin*, I, part. I, p. 5, taf. I, fig. 1-2.

1908 *Truncatella guerini* Kobelt, *Jährb. des Nassauischen Vereins für Naturk. Wiesbaden*, LXI, p. 195, n° 20.

Les jeunes ont une coquille subconique bien allongée (elle est, environ, trois fois plus longue que large) formée de 8-9 tours de spire convexes, à croissance assez lente et régulière, séparés par des sutures très obliques et bien marquées. Le sommet est un peu obtus, le premier tour étant subglobuleux. Le dernier tour est médiocre, n'atteignant pas, en hauteur, la moitié de la longueur totale de la coquille; il est très atténué à la base et subanguleux à sa partie médiane; l'ouverture est petite, vaguement subtriangulaire, anguleuse en haut et en bas; enfin le test est garni de stries subcostulées longitudinales presque verticales, un peu espacées et à peu près régulières.

A ce stade la coquille mesure de 3 à 4 millimètres de longueur, lorsqu'elle est adulte, elle atteint de 6 à 7 $\frac{1}{2}$ millimètres de longueur pour 2 à 2 $\frac{1}{2}$ millimètres de diamètre maximum. Elle ne possède plus que 4 (1) tours de spire (2) dont le dernier, ayant perdu son angulosité médiane, est devenu ovalaire convexe. L'ouverture s'est également modifiée : les angulosités de sa base se sont atténuées, elle a pris une forme plus régulièrement ovalaire, mais elle est restée anguleuse en haut. Elle atteint alors de $\frac{1}{2}$ à 3/4 de millimètre de hauteur.

Ile Maurice : Sans indication précise de localité [L. Pfeiffer, *loc. supra cit.*, 1846, p. 184];= Ile d'Ambre, près de l'île Maurice [E. Liénard, *loc. supra cit.*, 1877, p. 61] = Mahebourg, vivant en compagnie du *Truncatella ceylanica* Pfeiffer [G. Nevill, *loc. supra cit.*, 1878, p. 253] = Sans indication de localité [H. Crosse, *loc. supra cit.*, 1881, p. 205].

Ile de la Réunion : sans localité précise [A. Villa, *loc. supra cit.*, 1841, p. 59].

Ile Comores : Mayotte [E. Marie, *in* : A. Morelet, *loc. supra cit.*, 1881, p. 239].

Ile de Nossi-Bé : Hellville [E. Marie, *in* : H. Crosse, *loc. supra cit.*, 1881, p. 205].

Iles Seychelles : Sans indication précise [G. Nevill, *loc. supra cit.*, 1878, p. 253] = Ile Mahé : anse aux Pins [Dr A. Brauer, *in* : Dr E. von Martens, *loc. supra cit.*, 1898, p. 6].

Truncatella ceylanica Pfeiffer.

1856 *Truncatella ceylanica* Pfeiffer, *Proceedings Zoological Society of London*, p. 336.
1856 *Truncatella ceylanica* Pfeiffer, *Monograph. Auriculaceorum vivent.*, p. 186.
1878 *Truncatella ceylanica* Nevill, *Handlist Mollusca Indian Museum Calcutta*, I, p. 253, n° 13.
1880 *Truncatella Ceilanica* Martens, Mollusken, *in* : K. Möbius, *Beiträge z. Meeresfauna d. Inseln Mauritius....* Berlin, p. 207.
1898 *Truncatella ceylanica* Kobelt et Möllendorff, *Nachrichtsblatt d. deutschen Malakozoolog. Gesellschaft*, XXIX, p. 76.
1908 *Truncatella ceylanica* Kobelt, *Jährb. des Nassauischen Vereins für Naturk. Wiesbaden*, LXI, p. 192, n° 11.

Le *Truncatella ceylanica* Pfeiffer est une espèce très voisine du *Truncatella Guerini* Villa, mais elle est de forme moins

---

(1) Quelquefois même il ne reste plus que 3 $\frac{1}{2}$ tours de spire.
(2) Les tours supérieurs n'existent que dans le jeune âge.

cylindrique et de taille plus faible, sa longueur ne dépassant généralement pas 6 ½ millimètres (1) et son diamètre 2 millimètres. Il est également fort rapproché du *Truncatella semicostata* Montrouzier (2), espèce un peu plus ventrue que certains malacologistes considèrent comme synonyme.

Ile Maurice : Mahebourg, avec le *Truncatella Guerini* Villa [G. NEVILL, *loc supra cit.*, 1878, p. 253].

Le *Truncatella ceylanica* Pfeiffer a été découvert à l'île de Ceylan [L. PFEIFFER, *loc. supra cit.*, 1856, p. 186] où il a été, depuis, retrouvé par de nombreux naturalistes [H. F. BLANFORD, E. L. LAYARD, G. NEVILL, etc...].

TRUNCATELLA VALIDA Pfeiffer.

1846 *Truncatella valida* PFEIFFER, *Zeitschrift für Malakozool.*, III, p. 182.
1855 *Truncatella valida* KÜSTER, in : MARTINI et CHEMNITZ, *Systemat. Conchylien-Cabinet*, p. 11, taf. II, fig. 7, 8, 19 à 21 et 23.
1856 *Truncatella valida* PFEIFFER, *Monograph. Auriculaceorum, vivent.*, p. 184.
1858 *Truncatella valida* H. et A. ADAMS, *Genera of Recent Mollusca*, II, p. 311.
1867 *Truncatella valida* MARTENS, *Preuss. Expedit. Ost-Asien*, II, p. 162
1871 *Truncatella valida* GASSIES, *Faune Conchyliologique Nouvelle-Calédonie*, II, p. 138.
1871 *Truncatella valida* PEASE, *Proceedings Zoological Society of London*, p. 477.
1878 *Truncatella valida* NEVILL, *Handlist Mollusca Indian Museum Calcutta*, I, p. 253, n° 18.
1883 *Truncatella valida* TAPPARONE CANEFRI, *Annali Museo Civico Storia Natur. Genova*, p. 280, n° 287.
1886 *Truncatella valida* KOBELT in : SEMPER, *Reisen im Archipel der Philippinen*, V, 4, part. II, p. 1, taf. I, fig. 10.
1887 *Truncatella valida* MÖLLENDORFF, *Jährb. d. deutsch. Malakozoolog. Gesellschaft*, XIV, p. 240.
1894 *Truncatella valida* CROSSE, *Journal de Conchyliologie*, XLII, p. 394.
1897 *Truncatella valida* KOBELT et MÖLLENDORFF, *Nachrichtsbl. d. deutsch. Malakozoolog. Gesellschaft*, XXIX, p. 77.
1908 *Truncatella valida* KOBELT, *Jährb. des Nassauischen Vereins für Naturk. Wiesbaden*, LXI, p. 207, n° 50.

La forme type de cette espèce, qui vit en Australie, à la Nouvelle-Calédonie, aux îles Philippines, à la Nouvelle-Guinée, dans la presqu'île de Malacca, aux îles Andaman et Nicobar,

(1) Cette coquille atteint, très rarement, 6 3/4 millimètres de longueur.
(2) MONTROUZIER, *Journal de Conchyliologie*, X, 1862, p. 243, pl. IX, fig. 10; = et J. B. GASSIES, *Faune Conchyliologique Nouvelle-Calédonie*, I, 1863, p. 73, pl. VII, fig. 2. Espèce de la Nouvelle-Calédonie distribuée par le *Museum Godeffroy* sous le nom de *Trancatella semicostulata*

etc..., n'a jamais été recueillie à l'île Maurice. Mais G. Nevill a signalé une variété *minor* Nevill (1) dont il ne donne pas les caractères et qu'il a lui-même récoltée, non seulement dans l'archipel des Mascareignes, mais encore aux îles Seychelles et à l'île de Ceylan. La même variété *minor* est encore signalée par G. Nevill (*loc. supra cit.*, 1878, p. 254 aux îles Andaman [G. Nevill] et Nicobar [G. Nevill et Dr F. Stoliczka], et à l'île Stevens, dans le détroit de Torrès [Dr J. C. Cox].

Ile Maurice : G. Nevill, *loc. supra cit.*, 1878, p. 254.
Ile de la Réunion : G. Nevill, *loc. supra cit.*, 1878, p. 254.

(1) « var. *minor* (? distinct. sp.) Nevill, *Handlist Mollusca Indian Museum Calcutta*, I, 1878, p. 254.

RHIPIDOGLOSSES

Famille des NERITIDAE

Genre NERITINA de Lamarck, 1809 (1).

§ 1. — NERITINA sensu stricto.

NERITINA (NERITINA) GAGATES de Lamarck.

Figures 37 à 39, dans le texte.

1773 *Limaçon fluviatile* BERNARDIN DE SAINT-PIERRE, *Voyage à l'isle de France...*, Paris, p. 105.

1822 *Neritina gagates* DE LAMARCK, *Hist. natur. animaux sans vertèbres*, VI, part. II, p. 185, n° 6.

1827 *Neritina zigzag* DE FÉRUSSAC, *Bulletin universel sciences natur.*, X, p. 411, n° 81, [non DE LAMARCK].

1828 *Neritina caffra* GRAY *in* : WOOD, *Index Testaceologicus*, suppl., pl. VIII, fig. 10.

1830 *Neritina gagates* LESSON, *Voyage de la Coquille, Zoologie*, II, p. 337.

1838 *Neritina gagates* DE LAMARCK, *Hist. natur. animaux sans vertèbres*, Ed. II [par G. P. DESHAYES], VIII, p. 570, n° 6.

1841 *Neritina gagates* DELESSERT, *Recueil Coquilles décrit. Lamarck*, pl. XXXII, fig. 2.

1849 *Neritina gagates* SOWERBY, *Thesaurus Conchyl.*, II, p. 537, pl. CXII, fig. 103-104.

1849 *Neritina caffra* SOWERBY, *Thesaurus Conchyl.*, p. 537, pl. CXII, fig. 111-112.

(1) *Neritine* (non latinisé) J. B. M. DE LAMARCK, *Philosophie zoologique*, I, Paris, 1809, p. 321; et : *Extrait du Cours de Zoologie... Muséum hist. nat.*, Paris, octobre 1812, p. 117 (non latinisé); = *Neritina* J. B. M. DE LAMARCK, *Histoire natur. animaux sans vertèbres*, VI, part. II, Paris, avril 1822, p. 183; et 2° Edit. [par G. P. DESHAYES], VIII, Paris, 1838, p. 564 [= *Nerita* (part) LISTER, *Historia Conchyliorum*, 1685, n° 584; = *Villa* (part) KLEIN, *Tentamen methodi ostracologicae*, 1753, p. 19; = *Nerita* (part) LINNÉ, *Systema naturae*, Ed. XII, 1766, pp.; 1251-1253; = *Neritella* HUMPHREY, *Museum Calonnianum*, 1797, pp. : 57-58 (*nomen nudum*); = *Nerites fluviatiles* F. de ROISSY, *Hist. génér. et part. des Mollusques* (in: BUFFON, Ed't. de SONNINI), V, 1805, p. 269; = *Neritina* C. A. RECLUZ, *Journal de Conchyliologie*, I, pp. : 143-154 et p. 277; = *Neritina* E. von MARTENS, *Die Gattung Neritina, in* : MARTINI et CHEMNITZ, *Systemat. Conchylien-Cabinet*, 2° Edit., Nürnberg, 1875-1879.]

1850 *Neritina caffra* Recluz, *Journal de Conchyliologie*, I, p. 152.
1855 *Neritina caffra* Reeve, *Conchologia Iconica*, fig. 37.
1855 *Neritina gagates*, Reeve, *Conchologia Iconica*, fig. 47.
1859 *Neritina caffra* Chenu, *Manuel de Conchyliologie*, I, p. 335, fig. 2448.
1860 *Neritina zigzag* Morelet, *Séries Conchyliologiques*, II, *Îles Orientales d'Afrique*, p. 120, n° 96, [non De Lamarck].
1863 *Neritina zigzag* Deshayes, *Catalogue Mollusques Réunion*, p. E. 79, n° 242.
1863 *Neritina strigilata* Deshayes, *Catalogue Mollusques Réunion*, p. E. 79, n° 244.
1869 *Neritina gagates* Nevill, *Proceedings Zoological Society of London*, p. 66, n° 27.
1874 *Neritina caffra* Crosse, *Journal de Conchyliologie*, XXII, p. 241, n° 21.
1874 *Neritina gagates* Crosse, *Journal de Conchyliologie*, XXII, p. 241, n° 22.
1875 *Neritina gagates* Morelet, *Journal de Conchyliologie*, XXIII, p. 29, n° 23.
1877 *Neritina caffra* Liénard, *Catalogue Mollusques île Maurice*, p. 48.
1877 *Neritina gagates* Liénard, *Catalogue Mollusques île Maurice*, p. 48 et p. 82.
1877 *Neritina lineolata* Liénard, *Catalogue Mollusques île Maurice*, p. 48, n° 675.
1879 *Neritina gagates* Martens, Die Gattung Neritina, *in* : Martini et Chemnitz, *Systemat. Conchylien-Cabinet*, 2° Edit., p. 94, n° 54 et p. 379, taf. X, fig. 18-19 [= var. B *minor* Martens, p. 94], taf. XIII, fig. 8 [= var. C *subplanispira* Martens, p. 94] et taf. XVI, fig. 11-12 (1).
1880 *Neritina gagates* Martens, Mollusken, *in* : K. Möbius, *Beiträge z. Meeresfauna d. Inseln Mauritius...*, Berlin, p. 212.
1892 *Neritina gagates* Baker, *Proceedings Rochester Academy of Sciences*, II, p. 33, n° 204.
1909 *Neritina gagates* Kobelt, *Abhandl. d. Senckenberg. Naturforsch. Gesellschaft Frankfurt a. M.*, XXXII, p. 94, p. 95 et p. 96.
1909 *Neritina zigzag* Kobelt, *loc. supra cit.*, p. 94.
1909 *Neritina ziczac* Kobelt, *loc. supra cit.*, p. 95.

Cette espèce, très commune aux îles Mascareignes, est de forme variable. La taille oscille entre les dimensions indiquées au tableau suivant de la page 384.

La forme est également variable. A côté du type, relativement haut (fig. 37, dans le texte), il existe une variété *subplanispira* Martens (fig. 39, dans le texte) très développée en largeur. Cette dernière n'est pas isolée : elle est reliée au type par de nombreux intermédiaires; j'en représente un (fig. 38, dans le texte) choisi parmi les nombreux specimens recueillis par M. P. Carié.

Le test est très épais, solide, d'un noir brillant; il est garni de stries longitudinales fortes, irrégulières, très onduleuses,

(1) Indiqué par erreur, dans le texte (p. 94) : « taf. 16, fig. 1-2 » au lieu de : taf. 16, fig. 11-12.

Longueur totale	Diamètre maximum	Epaisseur minimum	Hauteur de l'ouverture	Diamètre de l'ouverture	Observations
mm. 25	mm. 28	mm. 17	mm. »	mm. «	D'après E. von MARTENS, *loc. supra cit.*, p. 95.
24 1/2	21 1/2	15	20	17	
22 1/2	20	14	17	11	
22	20 1/2	15	17	12	
20 1/2	17	13	16 1/2	9	
20	18	12	17	13	
20	17	11 1/2	16	9	
19	21	13	12 1/2	7	forma *minor*. D'après E. von MARTENS, *loc. supra cit.*, p. 95.
18	15	10	12 1/2	10	

inégales, serrées et crispées à la suture. Les premiers tours de spire sont souvent absents par érosion.

Dans certaines colonies de cette Néritine, le bord columellaire est toujours d'un blanc pur très brillant. Il est, dans d'autres, orné de taches d'un jaune orange plus ou moins vif. L'intérieur de l'ouverture est bleuâtre.

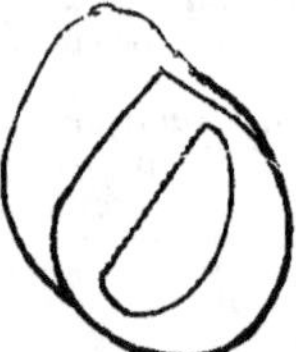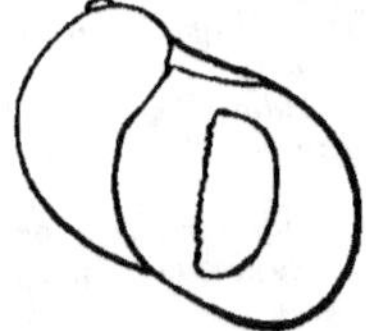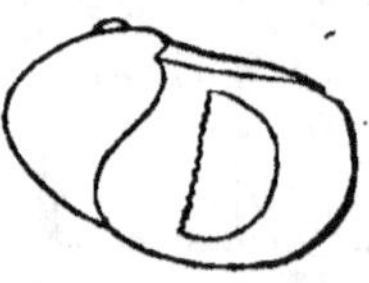

Fig. 37 à 39. — *Neritina (Neritina) gagates* de Lamarck.
Schémas montrant la variabilité de forme de la coquille ; grandeur naturelle.

Ile Maurice. Très commun partout : Rivière des Lataniers, rivière du Poste (Flacq River), rivière Lachaux, Le Chaland, Rivière Noire, même sur le bord de la mer, à l'embouchure des ruisseaux [P. CARIÉ] ; = Sans indication précise de localité : BERNARDIN DE SAINT-PIERRE, *loc. supra cit.*, 1773, p. 105 ; = LESSON, *loc. supra cit.*, 1830, p. 337 ; = Très commun, édule [VESCO, *in :* A. MORELET, *loc. supra cit.*, 1860, p. 120] ; = Sans indication de localité : E. LIÉNARD, *loc. supra cit.*, 1877, p. 28 ; = Dr E. von MARTENS in : MARTINI et CHEMNITZ, *loc. supra cit.*, 1879, p. 96 ; = F. C. BAKER, *loc. supra cit.*, 1892, p. 33.

Ile de la Réunion : « ...dans les rivières et les étangs d'eau saumâtre, par exemple dans le grand étang de Saint-Paul, sous l'épiderme corné de la coquille on découvre les lignes dont elle est ornée; les uns ont la columelle tachée de jaune, les autres de rouge. Elle varie baucoup... Les nègres la portent au bazar, elle sert d'aliment au peuple, et donne pour les malades un bouillon que l'on regarde comme très rafraîchissant ». [D'A. de FÉRUSSAC, *loc. supra cit.*, 1827, p. 411, 412]; = L. MAILLARD *in* : G. P. DESHAYES, *loc. supra cit.*, 1863, p. E. 79.].

Ile Rodrigue : Rivière de la Grande Baie [A. DESMAZURES *in* : H. CROSSE, *loc. supra cit.*, 1874, p. 241]; = BEWSHER *in* : A. MORELET, *loc. supra cit.*, 1875, p. 29.

Cette espèce vit également aux îles Seychelles où elle a été signalée à l'île de Praslin par G. NEVILL [*loc. supra cit.*, 1869, p. 69 (1).].

NERITINA (NERITINA) MODICELLA Deshayes.

1863 *Neritina modicella* DESHAYES, *Catalogue Mollusques Réunion*, p. E. 79, n° 246, pl. X, fig. 3-4.
1879 *Neritina modicella* E. von MARTENS, Die Gattung Neritina, *in* : MARTINI et CHEMNITZ, *Systemat. Conchylien-Cabinet*, 2ᵉ Edit., p. 271.
1880 *Neritina modicella* MARTENS, Mollusken, *in* : K. MÖBIUS, *Beiträge z. Meeresfauna d. Insel Mauritius...*, Berlin, p. 212.

Le seul exemplaire connu de cette Néritine est celui décrit et figuré par G. P. DESHAYES. Il a été recueilli à l'île de la Réunion par L. MAILLARD.

G. P. DESHAYES rapproche son *Neritina modicella* du *Neritina virginea* Linné (2), espèce commune aux Antilles, sur le littoral atlantique de l'Amérique centrale et d'une partie de l'Amérique du Sud (Colombie, Venezuela, Guyanes, Brésil). Il est certain que les deux coquilles ont des analogies (3),

(1) In a very small rapid stream, close to where on crosses to go to Curieuse; very local »

(2) *Nerita virginea* LINNÉ, *Systema naturae*, Edit., X, 1758, p. 778; et Edit. XII, 1767, p. 1254 [= *Nerita Brasiliana* RECLUZ, *Revue et magasin de Zoologie*, 1841, p. 314; = *Villa trabalis* MÖRCH, *Catalogus Conchyliorum quae reliquit D. Alphonso d'Aguirra et Gadea Comes de Yoldi*, fasc. I, 1852, p. 167].

(3) La forme générale du *Neritina virginea* Linné rappelle tout à fait celle du *Neritina gagates* de Lamarck. Les variations dans la *forme de la coquille* sont également comparables chez les deux espèces, mais le polymorphisme de coloration est beaucoup plus étendu chez le *Neritina virginea* Linné.

mais la Néritine de l'île de la Réunion est surtout apparentée au *Neritina gagates* de Lamarck dont elle n'est qu'une variété de petite taille.

NERITINA (NERITINA) FULGURATA Deshayes.

1863 *Nerilina fulgurata* DESHAYES, *Catalogue Mollusques Réunion*, p. E. 80, pl. X, fig. 1-2.

1879 *Niritina fulgurata* MARTENS, Die Gattung Neritina, *in :* MARTINI et CHEMNITZ, *Systemat. Conchylien-Cabinet*, 2e Édit., p. 261.

1880 *Neritina fulgurata* MARTENS, Mollusken, *in :* K. MÖBIUS, *Beiträge z. Meeresfauna d. Insel Mauritius...*, Berlin, p. 212.

Comme l'espèce précédente, cette Néritine a été décrite et figurée sur un exemplaire unique recueilli, par L. MAILLARD, à l'île de la Réunion.

Les *Neritina fulgurata* Deshayes et *Neritina modicella* Deshayes appartiennent d'ailleurs à un même type spécifique, ainsi que le montre le tableau comparatif suivant :

NERITINA FULGURATA	NERITINA MODICELLA
Forme subglobuleuse-ovalaire.	Forme ovalaire.
Spire courte formée de 3 tours peu convexes.	Spire courte formée de 3 tours peu convexes.
Dernier tour très grand, subglobuleux.	Dernier tour très grand, oblong ovalaire, très convexe.
Ouverture semi-lunaire.	Ouverture très oblique, semi-lunaire.
Columelle très large, aplatie et lisse, avec un bord tranchant sur le milieu duquel on remarque 5-6 denticulations très obsolètes.	Columelle très large avec un bord tranchant vers le tiers postérieur duquel s'élève un petit tubercule dentiforme.
Longueur : 15 millimètres.	Longueur : 12 millimètres.
Diamètre : 11 millimètres.	Diamètre : 9 millimètres.
Épaisseur : 9 millimètres.	Épaisseur : 5 millimètres.
Test presque lisse, orné, sur un fond blanchâtre, d'un grand nombre de linéoles noires disposées en zigzag.	Test irrégulièrement strié orné, sur un fond grisâtre, d'un réseau de linéoles noires qui encadrent de petites taches d'un bleu grisâtre.

On voit combien les analogies sont grandes entre ces deux Néritines qui n'ont point été retrouvées et paraissent seulement des formes du *Neritina gagates* de Lamarck.

§ II. — NERIPTERON Lesson, 1830 (1).

Neritina (Neripteron) mauritiensis Lesson

Figures 40 et 41, dans le texte.

1827 *Neritina auriculata* DE FÉRUSSAC, *Bulletin universel sciences natur*,
X, p. 412, n° 84, [non DE LAMARCK].

1828 *Neritina cariosa* GRAY (part), *in* : WOOD, *Index testaceolog. suppl.*
p. 25, pl. VIII, fig. 9 (seulement, non fig. 11).

1829 *Neritina auriculata* RANG, *Manuel hist. des Mollusques*, Paris, p. 47
[non DE LAMARCK].

1830 *Neritina (Neripteron) Mauriciae* LESSON, *Voyage de la Coquille, Zoologie*, II, p. 384.

1849 *Neritina auriculata* SOWERBY, *Thesaurus Conchyl.*, II, pl. CXIII,
fig. 129-130.

1855 *Neritina auriculata* REEVE, *Conchologia Iconica*, fig. 83.

1860 *Neritina Mauritii* MORELET, *Séries Conchyliologiques*, II, *Iles Orientales d'Afrique*, p. 119, n° 94.

1863 *Neritina Sandwichensis* DESHAYES, *Catalogue Mollusques Réunion*, p. E.
81, n° 248.

1868 *Neritina Deshayesii* PEASE, *American Journal of Conchology*, IV, p. 133.

1871 *Neritina Sandwichensis* PEASE, *Journal de Conchyliologie*, XIX, p.
101, n° 1.

1871 *Neritina Deshayesii* PEASE, *Journal de Conchyliologie*, XIX, p. 101.

1875* *Neritina alata* ROBILLARD, *in* : MARTENS Die Gattung Neritina, *in* :
MARTINI et CHEMNITZ, *Systemat. Conchylien-Cabinet*,
Edit. 2, p. 27.

1877 *Neritina Sandwichensis* LIÉNARD, *Catalogue Mollusques île Maurice*,
p. 48, n° 678.

1875 *Neritina alata* ROBILLARD, *in* : MARTENS, Die Gattung Neritina, *in* :
MARTINI et CHEMNITZ, *System. Conchylien-Cabinet*,
Edit., 2, p. 27, n° 6 et p. 276, taf. VI, fig. 7-9 (2).

1880 *Neritina (Neripteron) Mauriciae* MARTENS, *Mollusken*, *in* : K. MÖBIUS,
Beiträge z. Meeresfauna d. Insel Mauritius..., Berlin,
p. 312.

1892 *Neritina (Alina) mauritii* BAKER, *Proceedings Rochester Academy of
Natural Sciences*, II, p. 33, n° 207.

1909 *Neritina Mauriciae* KOBELT, *Abhandl. d. Senckenberg. Naturforsch.
Gesellschaft Frankfurt a. M.*, XXXII, p. 94 et p. 95.

Cette coquille est assez variable, non seulement dans sa forme générale, mais encore dans la disposition et la saillie de
ses appendices aliformes. Les individus recueillis par M. P.

(1) *Neripteron* LESSON, *in* : DUPERREY, *Voyage autour du Monde de la
Coquille, Zoologie*, II, part. I, Paris, 1830, p. 384 [= *Neripteron* RECLUZ,
Journal de Conchyliologie, I, 1850, p. 143 ; = *Neripteron* MÖRCH, *Catalogus
Conchyliorum quae reliquit D. Alphonso d'Aguirra et Gadea Comes de
Yoldi*, fasc. I, 1852, p. 164 ; = *Neritaea* MARTENS, *Die Gattung Neritina,
in* : MARTINI et CHEMNITZ, *Systemat. Conchylien-Cabinet*, 2° Edit., Nürnberg,
1875-1879, p. 16 et p. 25 (1875) ; = *Neritopteron* FISCHER, *Manuel de Con-
chyliologie*, Paris, 1885, p. 802].

(2) L'exemplaire figuré, qui appartient au Muséum d'Histoire naturelle
de Berlin, a été recueilli à l'île Maurice par DE ROBILLARD.

Carié ne sont pas de très grande taille. Ils atteignent seulement les dimensions suivantes :

	Longueur		Diamètre maximum		Épaisseur maximum	
1.	19	millimètres	22 1/2	millimètres	8	millimètres
2.	17 1/2	—	19	—	8	—
3.	17 1/2	—	18	—	8 1/2	—
4.	17	—	18	—	7	—
5.	16	—	17 1/2	—	8 1/2	—
6.	16	—	14	—	7	—
7.	15 1/2	—	17 3/4	—	8 1/4	—
8.	14	—	15 1/2	—	7	—

L'exemplaire n° 6 est une forme un peu spéciale dont j'ai vu plusieurs individus. Quand on regarde la coquille du côté de l'ouverture, le bord supérieur est presque rectiligne dans une direction horizontale (fig. 41, dans le texte), par suite de l'avortement de l'appendice aliforme antérieur. Le contour

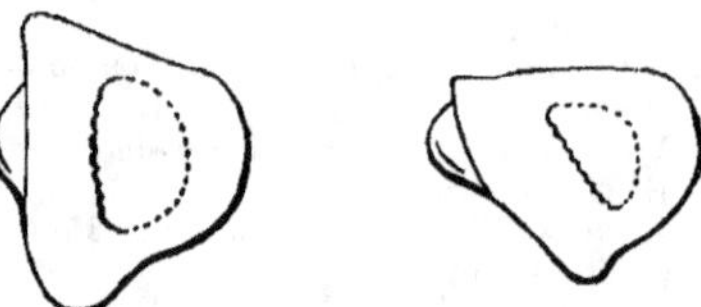

Fig. 40-41. — *Neritina (Neripteron) mauritiensis* Lesson.
Schémas montrant la variabilité de forme de la coquille ; grandeur naturelle.

de la coquille paraît ainsi notablement différent de celui de la forme normale (fig. 40, dans le texte), mais il est facile de trouver tous les intermédiaires.

Le sommet est presque toujours érodé; il en est parfois de même d'une grande partie du test. Ce dernier est brun rougeâtre brillant; il paraît très foncé, presque noir, grâce à la présence d'étroites linéoles noires, subégales, presque équidistantes, serrées et onduleuses. Ces linéoles sont bien visibles par transparence, la coquille étant souvent translucide. L'intérieur est bleu de Prusse clair, un peu brillant; le bord collumellaire est également bleu, souvent plus foncé et légèrement irisé. Le test est garni de stries d'accroissement irrégulières, fines et serrées, plus fortes et plus inégales vers le bord de l'ouverture.

Les jeunes ont une coquille sensiblement plus allongée et, parfois, proportionnellement plus épaisse, que celle des adultes. Le test est plus mince, plus délicat, souvent subtransparent; il est orné, chez quelques individus, de ponctuations irrégulièrement distribuées d'un marron jaunâtre.

Le *Neritina (Neripteron) mauritiensis* Lesson est une espèce très répandue aux îles Mascareignes. Elle vit également à l'île de Madagascar. [S. RANG, *in* : D'A. DE FÉRUSSAC, *loc. supra cit.*, 1827, p. 412;= S. RANG, *loc. supra cit.*; 1829, p. 47;= E. VESCO *in* : A. MORELET, *loc. supra cit.*, 1860, p. 119, etc...]

Ile Maurice : Commun dans les mêmes localités que l'espèce précédente [P. CARIÉ]. Sans indication de localité. [S. RANG *in* : D'A. DE FÉRUSSAC, *loc. supra cit.*, 1827, p. 412;= LESSON, *loc. supra cit.*, 1830, p. 384;=E. VESCO, *in* : A. MORELET, *loc. supra cit.*, 1860, p. 119;=E. LIÉNARD, *loc. supra cit.*, 1877, p. 48; =F. C. BAKER, *loc. supra cit.*; 1892, p. 33.]

Ile de la Réunion : [S. RANG, *in* : D'A. DE FÉRUSSAC (*loc. supra cit.*, 1827, p. 412 : « ... l'île de Bourbon, à Saint-Denis, dans une eau saumâtre avec l'*Aplysia hirsuta* et une Pintadine, et à Saint-Paul, dans le grand étang »;=S. RANG, *loc. supra cit.*, 1829, p. 47 : « ... nous avons trouvé à l'île Bourbon, dans une marre d'eau presque complètement douce, mais peu éloignée du rivage, des Pintadines et des Aplysies (*A. Dolabrifera*) vivant en société, sous les pierres, avec des Néritines (*N. auriculata*) et une Mélanie. »;=L. MAILLARD *in* : G. P. DESHAYES, *loc. supra cit.*, 1863, p. E. 81;=H. PEASE, *loc. supra cit.*, 1868, p. 130; et 1871, p. 101= DE ROBILLARD *in* : Dr E. von MARTENS, *loc. supra cit.*, 1875, p. 27].

§ III. — CHLITON Denys de Monfort, 1810 (1).

NERITINA (CHLITON) LONGISPINA Recluz

Fig. 42, dans le texte.

1758 *Nerita corona* LINNÉ, *Systema naturæ*, Ed. X, p. 777 (*ex parte*).
1767 *Nerita corona* LINNÉ, *Systema naturæ*, Ed. XII, p. 1252.

(1) *Chliton* DENYS DE MONTFORT, *Conchyliologie systématique*, II, p. 354 [=*Corona*, *fide* RECLUZ, *Journal de Conchyliologie*, I, 1850, p. 143;=*Neritina* sect. *Spinosæ* MENKE, *Synopsis method. Molluscorum*, 1830, p. 48; = *Neritina* sect. *conoidea* ANTON, *Verzeichniss d. Conchylien*, 1839, p. 38, = *Neritina* sous-genre *Chliton* RECLUZ, *loc. supra cit.*, 1850, p. 143;=*Neritina* sous-genre *Chliton* MARTENS, Die Gattung Neritina, in : MARTINI et CHEMNITZ, *Systemat. Conchylien-Cabinet*, 1875-1879, p. 18 et p. 144; = *Neritina* sous-genre *Chliton* FISCHER, *Manuel de Conchyliologie*, Paris, 1855, p. 802].

1772 *Limaçon fluviatile à pointe*, BERNARDIN DE SAINT-PIERRE, *Voyage à l'isle de France*, etc., p. 105.
1774 *Nerita corona* MÜLLER, *Verm. terr. et fluv. histor.*, II, p. 197.
1776 *Nerita* sp. SPENGLER, *Naturforscher*, IX, p. 160.
1779 *Nerita corona* SCHRÖTER, *Die Geschichte der Flussconchylien*, p. 218.
1780 *Nerita corona* FAVANNE, *Conchyliologie*, pl. LXI, fig. D, 7.
1786 *Nerita corona* CHEMNITZ, *Systemat. Conchylien-Cabinet*, IX, part. II, p. 68, taf. CXXIV, fig. 1083-1084.
1810 *Chliton corona* DENYS DE MONTFORT, *Conchyliologie systématique*, II, p. 327.
1822 *Neritina corona* DE LAMARCK, *Hist. natur. animaux sans vertèbres*, VI, part. II, p. 185, n° 8.
1827 *Nerita corona* DE FÉRUSSAC, *Bulletin universel sciences natur.*, X, p. 412, n° 87.
1830 *Neritina (Chliton) corona* LESSON, *Voyage de la Coquille, Zoologie*, II, p. 380.
1838 *Neritina corona* POTIEZ et MICHAUD, *Galerie Mollusques Douai*, I, p. 302.
1838 *Neritina corona* DE LAMARCK, *Hist. natur. animaux sans vertèbres*, Ed. II [par G. P. DESHAYES], VIII, p. 571, n° 8 (part.).
1841 *Neritina longispina* RECLUZ, *Revue et Magasin de Zoologie*, p. 312.
1843 *Neritina corona* SGANZIN, *Catalogue Mollusques îles de France, Bourbon et Madagascar, Mémoires soc. hist. natur. Strasbourg*, III, p. 19.
1849 *Neritina longispina* SOWERBY, *Thesaurus Conchyl.*, II, p. 552, pl. CX, fig. 62.
1850 *Neritina longispina* RECLUZ, *Journal de Conchyliologie*, I, p. 147.
1855 *Neritina longispina* REEVE, *Conchologia Iconica*, fig. 21.
1855 *Chliton longispina* H. et A. ADAMS, *Genera of recent Mollusca*, pl. XLII, fig. 30.
1859 *Neritina longispina* CHENU, *Manuel de Conchyliologie*, I, p. 337, fig. 2474.
1860 *Neritina longispina* MORELET, *Séries Conchyliologiques*, II. *Iles Orientales d'Afrique*, II, p. 120, n° 97.
1863 *Neritina longispina* DESHAYES, *Catalogue Mollusques Réunion*, p. E. 79, n° 245.
1877 *Neritina longispina* LIÉNARD, *Catalogue Mollusques île Maurice*, p. 48, n° 676.
1879 *Neritina (Chliton) longispina* MARTENS, Die Gattung Neritina, in : MARTINI et CHEMNITZ, *Systemat. Conchylien-Cabinet*, p. 147, n° 80, taf. XV, fig. 16-17 et fig. 20-21.
1880 *Neritina (Chliton) longispina* MARTENS, Mollusken, in : K. MÖBIUS, *Beiträge z. Meeresfauna d. Insel Mauritius...*, Berlin, p. 213.
1892 *Neritina (Chliton) longispina* BAKER, *Proceedings Rochester Academy of Sciences*, II, p. 33, n° 205.
1909 *Neritina longispina* KOBELT, *Abhandl. d. Senckenberg. Naturforsch. Gesellschaft Frankfurt a. M.*, XXXII, pp. 94, 95 et 96.

Le test de cette espèce est généralement d'un brun marron
très foncé, presque noir et assez brillant. Il est parfois, principalement chez les jeunes individus, d'un marron plus clair
également brillant : sur ce fond se détachent quelquefois
d'étroites zonules plus sombres, en nombre variable, tournant avec la spire ou, plus rarement, des linéoles subverti-

cales, brunes, très étroites toujours peu nombreuses et peu apparentes.

Les premiers tours de spire sont ordinairement absents par érosion. Le dernier tour est garni de stries longitudinales très flexueuses, fortes et irrégulières, souvent très crispées à la suture. L'intérieur de l'ouverture est bleu de Prusse, le bord columellaire blanc brillant avec une zone d'un jaune orangé plus ou moins marquée.

Le nombre et la longueur des épines qui ornent la coquille varient considérablement. On en compte généralement 6 sur le dernier tour, plus raremnt 7, très souvent 4 ou 5, quelquefois 3 seulement. J'ai vu trois individus possédant 8 épines, toutes fort longues, dont deux très développées et accolées par leurs bases situées tout près du péristome. Un échantillon, évidemment exceptionnel, comptait 9 épines longues et nettement recourbées.

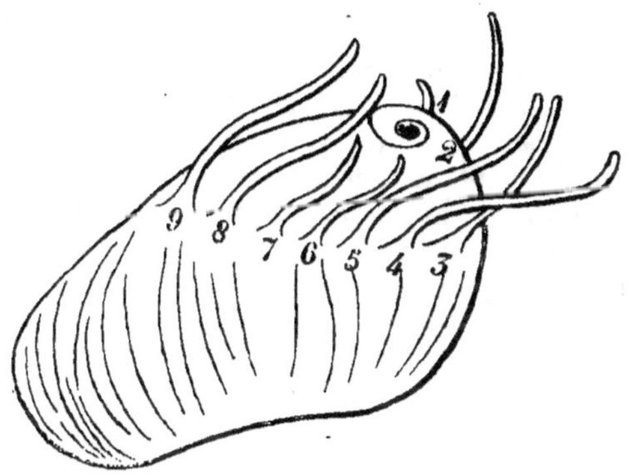

Fig. 42. — *Neritina (Chliton) longispina* Recluz.
Schéma montrant la disposition des épines ; × 2 1/2 environ.

Ces épines sont longues, souples, incurvées et disposées en hélice sur le dernier tour. Leur longueur est parfois considérable. Ainsi, chez quelques échantillons, j'ai observé que :

Pour une coquille de 13 mm. de haut. la plus grande épine avait 15 mm. de long.

—	16	—	—	22	—
—	16	—	—	23	—
—	17	—	—	22	—
—	18	—	—	21	—

Elles peuvent être fort courtes :

Pour une coquille de 20 mm. de haut, la plus grande épine avait 5 1/2 mm. de long·
—   23   —   —   —   10   —

Une ou plusieurs de ces épines peuvent ne présenter qu'un développement réduit ou même avorter complètement. En numérotant de 1 à 9 les épines du dernier tour (1) (Fig. 42, dans le texte) en allant du sommet vers l'ouverture, j'ai observé les modalités suivantes :

I.	1.	2.	3.	4.	5.	6.	7.	8.	9.
II.	[1].	2.	[3].	4.	5.	6.	7.	8.	9.
III.	[1].	2.	3.	4.	5.	6.	[7].	8.	9.
IV.	[1].	2.	3.	(4).	(5).	6.	7.	8.	9.
V.	[1].	[2].	3.	4.	5.	(6).	7.	8.	9.
VI.	[1].	2.	3.	(4).	(5).	6.	7.	8.	(9).
VII.	(1).	(2).	3.	4.	[5].	6.	7.	(8.	9.
VIII.	(1).	[2].	(3).	4.	(5).	6.	(7).	8.	(9).
IX.	(1).	2.	(3.	4.	(5).	6.	(7).	(8).	[9].
X.	[1].	2.	(3).	[4].	(5).	(6).	(7).	8.	[9].
XI.	(1).	[2].	(3).	(4).	[5].	(6).	(7).	(8).	9.

Dans ce tableau, qu'il serait facile d'allonger tant les modalités sont variées, les nombres entre crochets [ ] correspondent aux épines très courtes, ceux entre parenthèses ( ) aux épines entièrement avortées.

Les exemplaires IX, X et XI n'ont que 3 épines relativement peu développées; d'autres exemplaires n'en possèdent plus qu'une, souvent réduite. Nous passons ainsi insensiblement à la forme mutique, décrite par A. Morelet sous le nom de *Neritina mauritiensis*, forme qu'il convient de rattacher, comme simple variété, au *Neritina (Chliton) longispina* Recluz.

Variété despinosa Mousson.

1867 *Neritina Mauritiana* Morelet, *Journal de Conchyliologie*, XV, p. 440, n° 5.

1874 *Neritina Mauritiana* Crosse, *Journal de Conchyliologie*, XXII, p. 242, n° 23.

1877 *Neritina Mauritiana* Liénard, *Catalogue Mollusques île Maurice*, p. 48, n°677.

1879 *Neritina (Chliton) despinosa* Mousson, *in* : Martens, Die Gattung Neritina, *in* : Martini et Chemnitz, *Systemat. Conchylien-Cabinet*, p. 148, taf. XV, fig. 20-21.

1880 *Neritina (Chliton) Mauritiana* Martens, Mollusken, *in* : K. Möbius,

(1) C'est-à-dire en prenant le cas où le nombre des épines est le plus grand.

> *Beiträge z. Meeresfauna d. Insel Mauritius...*, Berlin,
> p. 213.

1892 *Neritina (Chliton) longispina* var. *mauritiana* Baker, *Proceedings Rochester Academy of Sciences*, II, p. 33, n° 206.

1909 *Neritina mauritiana* Kobelt, *Abhandl. d. Senckenberg. Naturforsch. Gesellschaft Frankfurt a. M.*, XXXII, p. 94.

Cette variété ne diffère du type que par l'absence d'épines. Elle atteint une grande taille, puisque A. Morelet indique, comme dimensions, 30 millimètres de hauteur et 21 millimètres de diamètre. D'ailleurs le manque d'épines n'est pas toujours complet : « l'un des deux individus que nous avons sous les yeux », dit H. Crosse, « diffère du type que nous tenons de l'auteur par sa coloration générale un peu plus claire, brunâtre, et par la présence, sur l'avant dernier tour, de deux petites épines » (1). Le Dr E. von Martens (2) avait donc parfaitement raison d'écrire que la Néritine de A. Morelet correspondait sans hésitation, au *Neritina longispina*, variété *despinosa* Mousson. Comme il existe déjà un *Neritina (Neripteron) mauritiensis* Lesson, j'ai repris pour cette variété le nom de *despinosa* Mousson qui évite toute confusion.

Ile Maurice : [A. Morelet, *loc. supra cit.*, 1867, p. 440; = E. Liénard, *loc. supra cit.*, 1877, p. 48; = Baker, *loc. supra cit.*, 1892, p. 33].

Ile Rodrigue : rivière de la Grande Baie [L. Desmazures, in : H. Crosse, *loc. supra cit.*, 1874, p. 242].

Le *Neritina (Chliton) longispina* Recluz est une espèce très commune, non seulement aux îles Mascareignes, mais encore à l'île de Madagascar. Elle est parfois recueillie pour servir à l'alimentation.

Ile Maurice : Très commun, dans toutes les rivières de l'île, avec les précédentes espèces; la variété *despinosa* Mousson, n'est pas rare [P. Carié]. Sans localité précise : Bernardin de Saint-Pierre, *loc. supra cit.*, 1773, p. 105; = Spengler, *loc. supra cit.*, 1776, p. 160; = J. B. M. de Lamarck, *loc. supra cit.*, 1822, p. 327; = Lesson, *loc. supra cit.*, 1830, p. 380; = Recluz, *loc. supra cit.*, 1841 p. 312; = V. Sganzin, *loc. supra cit.*, 1843, p. 19; = E. Vesco, in : A. Morelet, *loc. supra cit.*, 1860, p. 120; = E. Liénard, *loc. supra cit.*, 1877, p. 48; = F. C. Baker, *loc. supra cit.*, 1892, p. 33.

---

(1) Crosse (H.), *Journal de Conchyliologie*, XXII, 1874, p. 242.

(2) Martens (Dr. E. von). Die Gattung Neritina, *in* : Martini et Chemnitz, *Systemat. Conchylien-Cabinet*, 2e édit., Nürnberg, 1879, p. 282.

Ile de la Réunion : S. Rang, *in* : D'A. de Férussac, *loc. supra cit.*, 1827, p. 412; = V. Sganzin *loc. supra cit.*, 1843, p. 19; = L. Maillard, *in* : G. P. Deshayes, *loc. supra cit.*, 1863, p. E. 79.

Ile Rodrigue : Hinds [*in* : Sowerby, *Thesaurus Conchyl.*, 1849, II, p. 552].

§ IV. — NERITILIA Martens, 1875 (1).

Neritina (Neritilia) consimilis Martens.

1879 *Neritina (Neritina) consimilis* Martens, Die Gattung Neritina, *in* : Martini et Chemnitz, *Systemat. Conchylien-Cabinet*, 2° édit., p. 243, n° 133, taf. XXIII, fig. 25-26.

1880 *Neritina (Neritilia) consimilis* Martens, Mollusken, *in* : K. Möbius, *Beiträge z. Meeresfauna d. Insel Mauritius...*, Berlin, p. 213.

1909 *Neritina consimilis* Kobelt, *Abhandl. d. Senckenberg. Naturforsch. Gesellschaft Frankfurt a. M.*, XXXII, p. 94.

Le *Neritina (Neritilia) consimilis* Martens est une coquille de forme obliquement elliptique, au test d'un jaune noirâtre assez finement strié, mesurant seulement 3 $\frac{1}{2}$ millimètres de diamètre maximum, 3 millimètres de diamètre minimum et 2 millimètres de hauteur. L'ouverture, qui est oblique et semi elliptique, atteint 2 millimètres de hauteur et 1 2/5 millimètre de diamètre.

Cette Néritine est remarquable par son extrême ressemblance avec le *Neritina succinea* Recluz (2) de la Guadeloupe. Elle est seulement un peu plus petite (3) et on peut se demander si l'espèce de Maurice n'est pas celle de la Guadeloupe transportée accidentellement et acclimatée aux îles Mascareignes.

Ile Maurice : Rivière Créole [Dr K. Mobius, *in* : Dr von Martens, *loc. supra cit.*, 1879, p. 243; et *loc. supra cit.*, 1880, p. 213].

(1) *Neritilia* Martens, Die Gattung Neritina, *in* : Martini et Chemnitz, *Systemat. Conchylien-Cabinet*, 2° édit., Nürnberg, 1875-1879, p. 19 (1875) et p. 241 (1879).

(2) *Neritina succinea* Recluz, *Revue et Magasin Zoologie*, 1841, p. 343; espèce figurée par Sowerby, *Thesaurus Conchyl.*, II, p. 515, pl. CXIV, fig. 153-154.

(3) Le *Neritina succinea* Recluz mesure 4 1/3 millimètres de diamètre maximum, 2 $\frac{1}{2}$ millimètres de diamètre minimum et 2 2/3 millimètres de hauteur.

Genre **SMARAGDIA** Issel, 1869 (1).

SMARAGDIA VIRIDIS Linné.

1685 *Nerita exiguus viridis* LISTER, *Histor. seu Synops. method. Conchyl.*,
     pl. 601, fig. 18.

1756 *Nerita exiguus viridis* BROWNE, *Civil and natur. History of Jamaïca*,
     p. 399.

1758 *Nerita viridis* LINNÉ, *Systema naturæ*, Ed. X, p. 778.

1767 *Nerita viridis* LINNÉ, *Systema naturæ*, Ed. XII, p. 1254.

1779 *Nerita fluviatilis subviridis* SCHRÖTER, *Die Geschichte der Flusscon-
     chylien*, p. 112, taf. V, fig. 11 a-11 b.

1780 *Le petit pois vert* FAVANNE, *La Conchyliologie, ou Hist. Coquilles de
     mer, de terre, d'eau douce, etc...*, II, p. 245, pl. X.

1780 *Nerita viridis* BORN, *Testac. Mus. Caesar. Vindobon.*, p. 403.

1786 *Nerita viridis* CHEMNITZ, *Systemat. Conchylien-Cabinet*, IX, p. 73
     taf. CXXIV, fig. 1089 a et 1089 b.

1789 *Nerita viridis* GMELIN, *Systema naturæ*, Ed. XIII, p. 3679, n° 41.

1797 *Neritella viridis* HUMPHREY, *Museum Calonnianum*, p. 57, n° 1053.

1822 *Neritina viridis* DE LAMARCK, *Hist. natur. animaux sans vertèbres*, VI,
     part. II, p. 188, n° 20.

1827 *Nerita viridis* var. *major*, DE FÉRUSSAC, *Bulletin universel sciences na-
     tur.*, X, p. 412, n° 85.

1828 *Nerita viridis* WOOD, *Index testaceolog.*, p. 172, pl. XXXVI, fig. 36.

1830 *Nerita viridis* MENKE, *Synopsis method. Molluscorum*, p. 49.

1832 *Neritina viridis* DESHAYES, *Encyclopédie méthodique, Vers*, III, p. 626,
     n° 26.

1838 *Neritina viridis* DE LAMARCK, *Hist. natur. animaux sans vertèbres*.
     Ed. II, [par G. P. DESHAYES], VIII, p. 577, n° 20.

1868 *Nerita viridis* POTIEZ et MICHAUD, *Galerie Mollusques Douai*, I, p. 305.

1839 *Nerita viridis* ANTON, *Verzeichniss d. Conchylien*, p. 30.

1841 *Neritina Rangiana* RECLUZ, *Revue et Magas. Zoologie*, p. 339.

1842 *Neritina Rangiana* RECLUZ, *Proceedings Zoological Society of London*,
     p. 170.

1842 *Neritina viridis* A. D'ORBIGNY, *in :* RAMON DE LA SAGRA, *Histoire phys.,
     polit. et natur. île de Cuba*, II, p. 46.

1849 *Neritina Rangiana* SOWERBY, *Thesaurus Conchyl.*, II, p. 532, pl. CXVI,
     fig. 227-228.

1849 *Neritina viridis* SOWERBY, *Thesaurus Conchyl.*, II, p. 539, pl. CXVI,
     229-230.

1850 *Nerita (Neritina) viridis* RECLUZ, *Journal de Conchyliologie*, I, p. 150.

1851 *Neritina viridis* PETIT DE LA SAUSSAYE, *Journal de Conchyliologie*, II,
     p. 427.

1852 *Villa viridis* MÖRCH, *Catal. Conchyl. Yoldi*, p. 167.

(1) Genre *Smaragdia* A. ISSEL, *Malacologia del Mar Rosso*, Pisa, 1869.
p. 212 et 213. [= *Neritina* sous-genre *Smaragdia* MARTENS, *Die Gattung
Neritina, in :* MARTINI et CHEMNITZ, *Systemat. Conchylien-Cabinet*, 2e édit.,
Nürnberg, 1875-1879, p. 245 ; = Genre *Gaillardotia* J. R. BOURGUIGNAT, *Description deux nouveaux genres algériens..., classification Mollusques terr.
fluv. système européen, Bulletin soc. sciences physiques et naturelles Tou-
louse*, 1877, p. 93, n° 85 (tirés à part, p. 49, n° 85); = *Neritina* sous-genre
Smaragdia FISCHER, *Manuel de Conchyliologie*, Paris, 1885, p. 802].

1855 *Neritella (Vitta) viridis* H. et A. ADAMS, *Genera of recent Mollusca*, I,
          p. 383.
1856 *Neritina Rangiana* REEVE, *Conchologia Iconica*, fig. 142.
1856 *Neritina viridis* REEVE, *Conchologia Iconica*, fig. 153.
1859 *Neritina viridis* CHENU, *Manuel de Conchyliologie*, I, p. 336, fig. 2460.
1869 *Theodoxus viridis* TAPPARONE CANEFRI, *Atti della Soc. Italiana d. Sc.
          natur.*, XII, p. 65.
1869 *Smaragdia viridis* ISSEL, *Malacologia del Mar Rosso*, Pisa, p. 213.
1869 *Neritina viridis* PETIT DE LA SAUSSAYE, *Catalogue Mollusques testacés
          mers d'Europe*, p. 105.
1871 *Neritina Rangiana* ANGAS, *Proceedings Zoological Society of London*,
          p. 95.
1877 *Gaillardotia viridis* BOURGUIGNAT, *Bulletin société sciences phys. natur.
          Toulouse*, p. 93, n° 85.
1877 *Natica viridis* LIÉNARD, *Catalogue Mollusques île Maurice*, p. 27,
          n° 361.
1878 *Smaragdia viridis* TROSCHEL, *D. Gebiss der Schnecken*, II, p. 183,
          taf. XVI, fig. 21 (radula).
1879 *Neritina (Smaragdia) viridis* MARTENS, *Gatt. Neritina, in :* MARTINI et
          CHEMNITZ, *Systemat. Conchylien-Cabinet*, 2° édit.,
          p. 246, n° 136. taf. IV, fig. 14 à 19.
1879 *Neritina (Smaragdia) Rangiana* MARTENS, *loc. supra cit.*, p. 249,
          n° 137, taf. XXIII, fig. 27-28.
1880 *Neritina (Smaragdia) Rangiana* MARTENS, *Mollusken, in :* K. MÖBIUS,
          Beiträge z. Meeresfauna d. Insel Mauritius..., Berlin,
          p. 292.
1882 *Gaillardotia viridis* LOCARD, *Prodrome, Catalogue génér. Mollusques
          viv. France, Mollusques eaux douces et saumâtres*,
          p. 252.
1884 *Smaragdia viridis* BUCQUOY, DAUTZENBERG et DOLLFUS, *Mollusques
          marins Roussillon*, I, p. 328, pl. XXXV, fig. 14 à 20.
1894 *Neritina (Smaragdia) viridis* FISCHER et CROSSE, *Mollusques Mexique
          et Guatemala*, II, p. 490, n° 9.
1900 *Neritina (Smaragdia) viridis* MARTENS, *Land and Freshwater Mollusca,
          Biologia Centrali-Americana*, p. 592.

Coquille ovoïde globuleuse; spire composée de 2 ½ tours,
les premiers saillants, séparés par des sutures linéaires, le dernier très grand, formant presque toute la coquille; ouverture semi-circulaire; bord columellaire vert pâle avec, généralement, 8 denticulations très petites; opercule avec apo-
physes apicale et claviforme saillantes et bien rapprochées.

Hauteur : 5-7 mm.; diamètre : 4-5 mm.; hauteur de l'ouverture : 4-6 mm.; diamètre de l'ouverture : 3 ½-5 mm.

Test lisse, brillant, d'un très beau vert, tantôt uniforme,
tantôt orné de taches rougeâtres plus larges au voisinage des
sutures ou d'étroites lignes brunes obliquement rayonnantes.

Comme toutes les espèces à vaste distribution géographique, le *Smaragdia viridis* Linné est relativement polymorphe.
Il existe, sur les côtes méditerranéennes, deux variétés qui ont
été quelquefois considérées comme des espèces distinctes.

L'une, le *Smaragdia Matoni* Risso (1), est une forme plus petite et plus globuleuse; l'autre, le *Smaragdia producta* Locard (2), est, au contraire, une forme de taille plus grande et moins renflée.

Le *Smaragdia Rangi* Recluz est certainement synonyme du *Smaragdia viridis* Linné. C'est une coquille dont les premiers tours de spire sont légèrement plus saillants et dont la taille, plus grande, atteint 8 millimètres de hauteur pour 6 ½ millimètres de diamètre. Le test, également d'un magnifique vert brillant, est souvent orné, au dernier tour, de ponctuations rougeâtres disposées sur deux ou trois zones spirales.

Le *Smaragdia viridis* Linné, est un animal assez vif, nageant à la manière des Limnées. Il vit sur les rochers et les plantes marines depuis le bord du rivage jusqu'à la zone des Laminaires. Son habitat est presque exclusivement marin.

Cette espèce est à peu près cosmopolite (3) et, probablement, « depuis une époque géologique assez reculée » (4). Commune ou très commune dans toutes les Antilles, moins abondante sur le littoral du Mexique et du Costa-Rica, elle se retrouve aux îles Bermudes, à l'île Madère et aux îles Canaries. Elle vit sur la presque totalité des côtes méditerranéennes et sur celles de la mer Rouge; commune à l'île de Madagascar et aux îles Mascareignes (île de la Réunion, île Maurice), elle s'étend jusqu'aux îles Philippines et en Australie.

Ile Maurice : Bords de la mer, dans la zone des marées : Port Louis, grand Port, etc...; commun [P. Carié]; = Sans localité précise [V. de Robillard]; = E. Liénard, *loc, supra cit.,* 1880, p. 292].

(1) Risso (A.), *Histoire natur. des princip. productions Europe méridionale,* IV, 1826, p. 271 [*Nerita Matoniana*].

(2) Locard (A.), in : Bucquoy (D. E.), Dautzenberg (Ph.) et Dollfus (G.), *Mollusques marins Roussillon,* I, 1884, p. 330, pl. XXXV, fig. 17-18 (*Smaragdia viridis* var. *producta*) [= *Smaragdia producta* Locard, *Conchyliol. franç., Mollusques des eaux douces et saumâtres,* 1893, p. 132].

(3) Philippi (R. A.), [*Enumeratio Molluscorum Siciliæ,* II, 1844, p. 138] et Seguenza (G.), [*La Formazione terziarie nella provincia di Reggio* (Calabria). 1880, p. 354] ont signalé le *Smaragdia viridis* Linné — ou une forme très voisine — dans le quaternaire du sud de l'Italie.

(4) Fischer (P.) et Crosse (H.), *Études sur les Mollusques terr. et fluv. du Mexique et du Guatemala* (*Mission scientifique Mexique*), II, Paris, Impr. nat., 1894, p. 494.

Genre **SEPTARIA** de Férussac, 1807 (1).

SEPTARIA BORBONICENSIS Bory de Saint-Vincent.

1772 *Lepas fluviatile couvert d'une peau noire*, BERNARDIN DE SAINT-PIERRE. *Voyage à l'isle de France...*, Paris, p. 105.

1786 *Nerita porcellana* CHEMNITZ, *Systemat. Conchylien-Cabinet*, IX, taf. CXXIV, fig. 1082 (non LINNÉ).

1803 *Patella Borbonica* BORY DE SAINT-VINCENT, *Voyage dans les quatre principales îles des Mers d'Afrique*, etc..., Paris, I, p. 287, note 1; Atlas, p. XXXVII, fig. 2 A, 2 B et 2 C.

1805 *Crepidula Borbonica* ROISSY, *Hist. gén. et part. Mollusques in : Buffon, édit. de SONNINI*), V, Paris, p. 239, n° 5.

1807 *Septaria Borbonica* DE FÉRUSSAC, *Essai d'une méthode Conchyliologique...*, p. 70.

1822 *Navicella elliptica* DE LAMARCK, *Hist. natur. animaux sans vertèbres*, VI, part. II, p. 181, n° 1.

1825 *Septaria elliptica* (part) DE BLAINVILLE, *Manuel de Malacologie*, p. 445.

1825 *Navicelle elliptique* DE BLAINVILLE, *Manuel de Malacologie*, pl. XXXVI bis, fig. 1 et pl. XLVIII, fig. 5.

1826 *Navicella elliptica* QUOY et GAIMARD, *Voyage de l'Uranie*, pl. LXXI, fig. 3.

1827 *Septaria borbonica* DE FÉRUSSAC, *Bulletin universel sciences natur.*, X, p. 412, n° 88.

1832 *Navicella elliptica* QUOY et GAIMARD, *Voyage de l'Astrolabe, Zoologie*, II, p. 206, pl. LVIII, fig. 25 à 34.

1838 *Navicella elliptica* DE LAMARCK, *Hist. natur. animaux sans vertèbres*, Ed. II [par G. P. DESHAYES], VIII, p. 563.

1840 *Septaria ou Navicella elliptica* DUFO, *Annales sciences natur.*, 2° série, XIV, p. 194.

1843 *Navicella elliptica* SGANZIN, *Catalogue Mollusques îles de France, Bourbon et Madagascar, Mémoires soc. hist. natur. Strasbourg*, III, p. 21.

1849 *Navicella porcellana* SOWERBY, *Thesaurus Conchyl.*, II, pl. CXXVII, fig. 1-2.

1855 *Navicella porcellana* REEVE, *Conchologia Iconica*, fig. 6 et 10.

1860 *Navicella porcellana* MORELET, *Séries Conchyliologiques*, II, *Iles Orientales d'Afrique*, p. 119, n° 93 et p. 126.

1863 *Navicella porcellana* DESHAYES, *Catalogue Mollusques Réunion*, p. E. 81.

1874 *Navicella porcellana* CROSSE, *Journal de Conchyliologie*, XXII, p. 243, n° 24; et var. β *elliptica* (= *Nav. elliptica* Lk), id., p. 242.

1877 *Navicella porcellana* LIÉNARD, *Catalogue Mollusques île Maurice*, p. 48, n° 681.

---

(1) *Septaria* DE FÉRUSSAC, *Essai d'une méthode Conchyliologique...*, Paris, 1807, p. 70 [= *Nacelle* (non latinisé) DE LAMARCK, *Philosophie zoologique*. I, Paris, 1809, p. 321; = *Cimber* DENYS DE MONTFORT, *Conchyliologie systématique*, Paris, 1810; = *Navicelle* (non latinisé) DE LAMARCK, *Extrait du cours de Zoologie du Muséum d'hist. natur. sur animaux sans vertèbres*, Paris, octobre 1812, p. 117; = *Sandalium* (part) SCHUMACHER, *Essai nouveau système habitation vers testacés*, Copenhague, 1817; = *Navicella* DE LAMARCK, *Hist. natur. animaux sans vertèbres*, VI, part. II, Paris, avril 1822, p. 181; = *Catillus* HUMPHREY, 1797, *fide* SWAINSON, 1840; = *Septaria* FISCHER, *Manuel de Conchyliologie*, Paris, 1885, p. 804].

1880 *Septaria borbonica* MARTENS, Mollusken, *in* : K. MÖBIUS, *Beiträge z. Meeresfauna d. Insel Mauritius...*, Berlin, p. 214.
1892 *Septaria (Elara) suborbicularis* (SOW.) BAKER, *Proceedings Rochester Academy of Sciences*, II, p. 33, n° 208.
1898 *Septaria borbonica* MARTENS, Seychellen-Mollusken, *Mitteil. Zoolog Sammlung d. Museums für Naturk. in Berlin*, I, part. 1, p. 27.
1909 *Septaria Borbonica* KOBELT, *Abhandl. d. Senckenberg. Naturforsch. Gesellschaft Frankfurt a. M.*, XXXII, p. 95.

La forme de cette espèce est assez variable, principalement quant au rapport de la longueur totale à la largeur maximum. Le tableau suivant, où sont indiquées, en millimètres, les dimensions de quelques individus, donne une idée de l'étendue de cette **variation**.

Longueur totale	Diamètre maximum	Diamètre minimum
37 millimètres	26 millimètres	13 millimètres
33 1/2 —	21 1/2 —	11 1/4 —
31 —	23 1/2 —	11 —
31 —	20 1/4 —	9 2/3 —
30 1/2 —	22 1/2 —	9 1/2 —
30 1/2 —	20 1/2 —	9 1/2 —
29 —	19 —	8 —
29 —	18 1/2 —	8 —
28 1/2 —	21 1/4 —	9 —
28 —	21 —	10 —
28 —	21 —	9 —
28 —	20 —	9 1/2 —

L'épaisseur du test est également très variable : parfois assez mince, un peut translucide, laissant voir par transparence les élégantes mouchetures brunes dont il est orné il est, d'autres fois, très épais, opaque, recouvert d'un enduit très foncé, presque noir et non brillant.

Le test est quelquefois fortement corrodé, surtout chez les individus dont la coquille est épaisse; dans ce cas le sommet et le premier tour de spire ont entièrement disparu.

L'intérieur de l'ouverture est d'un bleu de Prusse assez brillant laissant, dans quelques cas, voir les mouchetures du test; le bord columellaire est de la même couleur ou jaunâtre, plus ou moins largement tacheté de jaune orangé brillant et assez vif.

Les stries d'accroissement, très inégales et serrées, sont plus fortement accentuées et plus irrégulières vers le bord inférieur de la **coquille**.

Le *Septaria borbonicensis* Bory de Saint-Vincent est très

commun aux îles Mascareignes où il vit dans les ruisseaux, au milieu des cascades, même lorsque l'eau est peu abondante. Il a été fort bien observé par J. B. G. M. Bory de Saint-Vincent qui, dans un ouvrage assez peu accessible (1), donne les détails suivants :

« Une jolie coquille du genre *patella* habite encore le torrent, et se retrouve dans toutes les rivières où il y a de l'eau pendant les quatre saisons; elle s'applique contre les rochers d'où les noirs l'enlèvent pour en manger le coquillage bouilli. J'ai cru remarquer que cette *patella* est plus petite aux embouchures des rivières, et est plus grosse vers leur origine, où elle a souvent des dimensions doubles. Je l'ai nommée patelle de Bourbon « *Patella* (Borbonica) *testà ovali, posticè recurvata, maculis albidis subtriangularibus. N. Pl. XXXVII, Fig. 2.* »

« Cette coquille a de six à treize lignes de longueur : sa forme est ovale; elle fait véritablement le passage des *nérites* aux *patelles*. Dans le système, elle doit être placée à côté du *patella porcellana.*

« Tout le test est recouvert d'un drap marin, fort difficile à enlever, et dont la couleur brunâtre et foncée dérobe la teinte violette et les taches blanches en forme d'écailles, qui parent le test. Il est plus épais que dans toutes les coquilles d'eau douce, comme si, obstiné à vivre dans les torrens où les pierres s'entrechoquent sans cesse, la nature avait voulu donner à l'animal qui l'habite, une demeure plus solide.

« L'intérieur de la coquille est bleuâtre, avec une lèvre ou cloison transversale et postérieure, qui occupe le sixième de la longueur.

« L'animal n'étend hors de son test que ses deux petits tentacules filiformes, et un rebord membraneux circulaire, garni inférieurement de papilles : il est grisâtre; et sous la peau de son ventre, existe un opercule de toute son étendue si l'on peut appeler ainsi un osselet intérieur, mince, oblond et transparent.

« On voit souvent sur la *patelle de Bourbon*, des petits corps ovales et aplatis qui y sont appliqués; on ne le détache pas aisément : on les reconnaît pour de jeunes coquilles de

---

(1) Bory de Saint-Vincent (J. B. G. M.), *Voyage dans les quatre principales îles des mers d'Afrique, fait par ordre du gouvernement pendant les années neuf et dix de la République* (1801 et 1802), Paris, an XIII (1804) I, p. 286-287 et note infra paginale (p. 287 et 288).

la même espèce, qui se détachent de leur mère, quand elles sont assez avancées en âge pour vivre seules au milieu de l'onde écumante ».

Le Dr. E. von MARTENS, [*in* : K. MÖBIUS, *loc. supra cit.*, 1880, p. 214] fait remarquer que le *Septaria, bimaculata* Reeve (1) ne semble pas distinct du *Septaria borbonicensis* Bory de Saint-Vincent. Déjà dans son « Appendice à la Conchyliologie de l'île Rodrigues » (2), A. MORELET avait observé les analogies qui lient ces deux coquilles et, tout en les admettant comme espèces séparées, il ajoutait :

« Je n'oserai affirmer que cette forme (3) mérite réellement une dénomination spécifique : toutefois, elle se distingue par certaines particularités qui m'ont paru constantes, au moins chez les sujets que j'ai eu l'occasion d'observer. Indépendamment des taches d'un brun violâtre qui lui ont valu son nom, sa couleur habituelle est beaucoup moins foncée, en sorte qu'on distingue mieux, soit directement, soit par transparence, le dessin dont elle est ornée. Ce dessin, d'ailleurs, est plus régulier dans sa disposition et dans sa forme; enfin la coquille est, peut-être, un peu plus étroite. On peut remarquer aussi qu'elle est plus généralement et plus profondément corrodée. »

L'examen du matériel réuni par M. P. CARIÉ montre que ces remarques ne sont exactes qu'en partie. En ce qui concerne, notamment, la largeur de la coquille, il a été précédemment montré qu'il s'agissait seulement de variations individuelles offrant tous les passages entre les formes larges et les formes étroites. Il en est de même de l'épaisseur plus ou moins grande du test et de la coloration. Quant à l'érosion, elle affecte généralement les coquilles les plus épaisses et celà d'une manière absolument indépendante de leur forme. Je crois donc qu'il convient de considérer le *Septaria bimaculata* Reeve comme synonyme du *Septaria borbonicensis* Bory de Saint-Vincent.

Le *Septaria borbonicensis* Bory de Saint-Vincent est une espèce commune dans les eaux douces des Iles Mascareignes. Elle est

(1) REEVE (L.), *Conchologia Iconica*, London, 1855, pl. I, fig. 2 (*Navicella bimaculata*).

(2) *In* : Journal de Conchyliologie, XXIII, Paris, 1875, p. 30.

(3) Le *Septaria bimaculata* Reeve que A. MORELET dénomme *Navicella bimaculata*.

également connue aux îles Comores, à l'île de Madagascar et aux îles Seychelles. Voici les indications principales concernant sa présence dans l'archipel des Mascareignes :

Ile Maurice : Commun ou très commun dans toutes les eaux douces et même dans les eaux saumâtres de l'île : rivière des Lataniers, rivière du Poste (Flacq River), rivière Lachaux, Le Chaland,. rivière Noire, etc... [P. Carié]; = Bernardin de Saint-Pierre, *loc. supra cit.*, 1773, p. 105; = J. B. M. de Lamarck, *loc. supra cit.*, VI, part. II, avril 1822, p. 181; et 2ᵉ Edit. par G. P. Deshayes, VIII, 1838, p. 563; = S. Rang, *in :* d'A. de Férussac, *loc. supra cit.*, 1827, p. 412; = E. Vesco, *in :* A. Morelet, *loc. supra cit.*, 1860, p. 126; = E. Liénard, *loc. supra cit.*, 1877, p. 48; = F. C. Baker, *loc. supra cit.* 1892, p. 33.

Ile de la Réunion : J. B. G. M. Bory de Saint-Vincent, *loc. supra cit.*, I, 1804, p. 287; = S. Rang, *in :* D'A. de Férussac, *loc. supra cit.*, 1827, p. 412; = V. Sganzin, *loc. supra cit.*, 1843, p. 21; = E. Vesco, *in :* A. Morelet, *loc. supra cit.*, 1860, p. 126; = L. Maillard, *in :* G. P. Deshayes, *loc. supra cit.*, 1863, p. E. 81.

Ile Rodrigue : Port Mathurin [A. Desmazures, *in :* H. Crosse, *loc. supra cit.*, 1874, p. 242]; = Bewsher, *in :* A. Morelet, *loc. supra cit.*, 1875, p. 30.

PÉLÉCYPODES

Famille des **UNIONIDAE**

Genre **NODULARIA** Conrad, 1853 (1).

§ I. — CAELATURA Conrad, 1853 (2).

NODULARIA (CAELATURA) CARIEI Germain.

Pl. III, fig. 33-34.

1919 *Nodularia (Caelatura) Cariei* GERMAIN, *Bulletin Muséum Hist. natur. Paris*, XXV, p. 122.

Coquille de forme subquadrangulaire allongée; région antérieure courte, arrondie, atténuée à la base; région postérieure près de deux fois aussi longue que l'antérieure, très haute; bord supérieur rectiligne dans une direction légèrement ascendante; angle antéro-dorsal marqué; angle postérodorsal très marqué; bord antérieur bien arrondi convexe, se continuant par un bord inférieur régulièrement convexe et notablement divergent par rapport au bord supérieur; bord postérieur à peine convexe dans une direction oblique; sommets antérieurs, saillants et légèrement recourbés; ligament bien développé, fort, jaunâtre, long de 3 ½ millimètres.

Charnière avec, sur la valve droite : deux dents cardinales minces, subégales, assez longues mais peu robustes, et une lamelle latérale longue de 3 ½ millimètres environ, subrectiligne, un peu élevée, tranchante; — et, sur la valve gauche : une dent cardinale mince, élevée, un peu serrulée (plis très

---

(1) *Nodularia* CONRAD, *Proceedings Academy Natural Sciences of Philadelphia*, VI, 1853, p. 268.

(2) *Caelatura* CONRAD, *Proceedings Academy Natural Sciences of Philadelphia*, VI, 1853, p. 269.

obliques), et deux lamelles latérales tranchantes, l'inférieure plus longue et plus élevée que la supérieure.

Impressions musculaires peu marquées : l'antérieure petite et arrondie, la postérieure tout à fait superficielle, la palléale à peine indiquée.

Longueur totale : 10 millimètres; hauteur maximum : 5 1/4 millimètres; épaisseur maximum : 3 4/5 millimètres.

Test mince, fragile, d'un marron jaunâtre clair assez luisant; stries d'accroissement fines, serrées, irrégulières et inégales, plus fines antérieurement; région des sommets garnie de quelques tubercules arrondis, bien saillants mais assez petits, et de rudiments de chevrons (1); quelques rayons verdâtres, à peine visibles, sont irrégulièrement répartis sur toute la coquille, mais mieux marqués sur la région antérieure.

Nacre d'un blanc légèrement bleuâtre, très irisée.

C'est la première fois qu'un représentant de la grande famille des Unionidae est signalé aux îles Mascareignes. L'individu que je viens de décrire est le seul qui ait été recueilli par M. P. Carié. Il est malheureusement très jeune. Cependant les caractères de sa charnière et son ornementation sculpturale permettent de le rattacher, sans doute possible, au genre *Nodularia*, si largement développé dans les eaux douces de l'Afrique équatoriale et de l'Inde.

Ile de La Réunion : Plaine des Cafres [M. P. Carié, Majastre].

Famille des SPHAERIDAE

Genre EUPERA Bourguignat, 1854 (2).

Eupera ferruginea Krauss.

1848 *Cyclas ferruginea* Krauss, *Südafrikan. Mollusken*, Stuttgart, p. 7. taf. I, fig. 7.
1854 *Pisum ferrugineum* Deshayes, *Catalogue Conchifera or Bivalve Shells British Museum*, London, p. 281.

(1) Ces tubercules et ces chevrons sont disposés sans ordre.
(2) *Eupera* J. R. Bourguignat, *Aménités malacologiques*, I, Paris, 1854, p. 30 et p. 73 (et : *Revue et Magasin de Zoologie*, n° 1-2, 1854 et n° 12, 1854); et : J. R. Bourguignat, Descriptions de deux nouv. genres algériens, suivies d'une classification... des Mollusques terr. et fluv. système européen,

1878 *Sphærium ferrugineum* Sowerby, Monograph of the Genus *Sphærium*,
       in : Reeve, *Conchologia Iconica*, XX, pl. V, fig. 47.
1879 *Limosina ferruginea* Clessin, *in* : Martini et Chemnitz, *Systemat.
       Conchylien-Cabinet*, 2° édit., p. 247, taf. XLVI, fig. 1-4.
1882 *Limosina ferruginea* Smith, *Proceedings Zoological Society of London*,
       p. 388.
1883 *Eupera ferruginea* Bourguignat, *Hist. malacologique Abyssinie*,
       p. 135 ; et *Annales sciences natur., Zoologie*, 6° série XV,
       p. 135.
1909 *Limosina ferruginea* Kobelt, *Abhandl. d. Senckenberg. Naturforsch.
       Gesellschaft Frankfurt a. M.*, XXXII, p. 92.
1912 *Sphærium ferrugineum* Connolly, *Annals South African Museum*,
       XI, part. III, p. 280, n° 504.
1918 *Sphærium ferrugineum* Germain, *Bulletin Muséum Hist. natur. Paris*,
       XXIV, n° 1, p. 38.

Cet Eupera vit dans l'Afrique australe. Le type a été recueilli dans la rivière Knysna (Cap de Bonne Espérance). Des cotypes, offerts par le Doct. F. Krauss lui-même, existent dans les collections du British Museum de Londres.

L'*Eupera ferruginea* Krauss est voisin d'une espèce très répandue dans l'Afrique tropicale et dans tout le bassin du Nil, l'*Eupera parasitica* Parreyss (1) qui n'est peut-être que la forme représentative de l'espèce de F. Krauss. Un autre *Eupera* voisin, l'*Eupera Bequaerti* Dautzenberg et Germain (2) vit sur les Ætheries du Luapula, affluent du Congo.

Ile Maurice : E. A. Smith indique [*loc. supra cit.*, 1882, p. 388] que les collections du British Museum de Londres renferment quelques exemplaires de cette espèce provenant de l'île Maurice. Il ajoute que des individus absolument identiques aux cotypes de F. Krauss ont été recueillis par W. Johnson, à vingt milles de Tananarive (île de Madagascar).

Bulletin société sciences physiques et naturelles, Bordeaux, 1876, p. 96 [= *Limosina* S. Clessin, *Malakozool. Blätter*, Cassel, 1872, p. 160.]
  (1) *Pisum parasiticum* Parreyss, *in* : Deshayes, *Catalogue Conchifera or Bivalve Shells British Museum*, part II, London, 1853, p. 280 [= *Limosina ferruginea* Jickeli, *Fauna der Land-und Süsswasser-Mollusken Nord-Ost-Afrikas*, Dresden, p. 293, taf. XI, fig. 16-17 (*part*, non Krauss); = *Eupera parasitica* Bourguignat, *Société sciences natur. Bordeaux*, 1876, p. 96; = *Eupera Jickelii* Bourguignat, *Hist. malacologique Abyssinie*, Paris, 1883, p. 134; = *Eupera parasitica* Martens, *Beschalte Weichthiere Deutsch-Ost-Afrik.*, Berlin, 1897, p. 261].
  (2) *Eupera Bequaerti* Dautzenberg et Germain, *Récoltes malacologiques du Dr. J. Bequaert dans le Congo Belge*; *Revue Zoologique africaine*, IV, fasc. I, Bruxelles 1914, p. 72, pl. II, fig. 7-8.

DEUXIÈME PARTIE

LES CARACTÈRES GÉNÉRAUX

DE LA FAUNE MALACOLOGIQUE

TERRESTRE ET FLUVIATILE

DES ILES MASCAREIGNES

CHAPITRE I

Perdu au milieu de l'Océan Indien, l'archipel des Mascareignes se compose des îles bien connues de La Réunion, Maurice et Rodrigue (1).

L'île de la Réunion, découverte en 1505 par le navigateur portugais Mascarhenas qui a donné son nom a tout l'archipel, a été colonisée par les Français dès 1638 (2). L'île Maurice fut à son tour occupée, en 1715, par des colons venus de l'île Bourbon (3) et ne devint possession anglaise qu'en 1814.

Des ouvrages fort nombreux ayant été publiés sur l'histoire, la géographie, la géologie, la faune et la flore des îles Mascareignes (4), je me contenterai d'exposer brièvement les étapes principales des découvertes malacologiques.

(1) L'île de La Réunion ou Bourbon est située, à peu près à 700 kilomètres à l'Est de l'île de Madagascar, entre environ 20°52' et 21°2' de latitude Sud et entre 52°50' et 53°32' de longitude Est. L'île Maurice, à l'E. N.-E. de l'île de La Réunion, dont elle est distante d'environ 170 kilomètres, s'étend, entre 20° et 20°40' de latitude Sud, un peu à l'Est du 55° de longitude Est. Beaucoup plus éloignée, l'île Rodrigue, d'ailleurs bien moins étendue, émerge de l'Océan Indien par 19°40' de latitude Sud et 60°51' de longitude Est. Elle porte aussi, sur les cartes, les noms de Rodrigues, Rodriguez et Diego-Ruyz.

(2) L'île de La Réunion est appelée île Masaregne par Goubert qui, le premier, en prit possession au nom de la France. L'île est concédée en 1665 à la Compagnie des Indes, mais c'est seulement en 1689 que le premier gouverneur, Flacourt, rejoignit son poste.

(3) Ces colons lui donnèrent le nom d'Isle de France. Elle s'appelait auparavant île Cerné. Le nom de Maurice [Mauritius] lui avait été attribué par les Hollandais.

(4) Cf. surtout les ouvrages suivants, se rapportant plus spécialement au sujet traité dans ce volume :
J. B. G. M. Bory de Saint-Vincent [1804]; L. Maillard [1863]; Grant, *The History of Mauritius*, London, 1801; — C. Vélain, *Description géologique de la presqu'île d'Aden, de l'Ile de La Réunion, des îles Saint-Paul et d'Amsterdam*, Paris, 1878, in-4, IV+360 pp., 25 pl.+3 cartes géologiques. Les principales cartes utiles à consulter sont, pour l'île de La Réunion, celles de L. Maillard (au 1 : 150.000°, Paris, 1845-1852, 1 feuille; au 1 : 300.000°, Paris, 1861, 1 feuille; et au 1 : 220.000°, 1 feuille revue par Mathieu en 1884), de Lépervanche (au 1 : 50.000°, Paris, 1878, 4 feuilles), de l'Amirauté anglaise (1 feuille) et du service hydrographique de la Marine (Paris, 13 feuilles).

Pour l'île Maurice, la meilleure carte est celle publiée en 1903-1904 (révisée en 1908), par l'Amirauté britannique (Londres, 6 feuilles au 1 : 63.360°).

Les documents les plus anciens concernant les Mollusques de l'archipel sont disséminés dans les grandes publications du XVIII° siècle et du commencement du XIX°, comme les ouvrages de MARTINI et CHEMNITZ et du Baron DE FÉRUSSAC. On trouve même quelques renseignements, à la vérité fort sommaires, dans la relation de voyage que BERNARDIN DE SAINT-PIERRE fit paraître, à Neufchâtel, en **1773** (1).

Le premier mémoire traitant plus spécialement des Mollusques de ces parages est celui du Baron D'A. DE FÉRUSSAC [**1827**], mise en œuvre des riches matériaux réunis, pendant ses nombreux voyages, par S. RANG, officier de la marine royale. Dans ce travail, D'A. DE FÉRUSSAC décrit toute une série d'espèces nouvelles provenant des îles Mascareignes (2).

Vaginulus punctatus. Ile Maurice.
Arion Rangianus. Ile Maurice.
Parmacella Mauritius. Ile Maurice.
Helix (Cochlohydra) elongata. Ile Maurice.
Helix (Helicogena) cælatura. Ile de La Réunion.
Helix (Helicodonta) inversicolor. Ile Maurice.
Helix (Helicodonta) detecta. Ile de la Réunion.
Helix (Helicodonta) delibata. Ile de La Réunion.
Helix (Helicella) nulla. Ile de La Réunion.
Helix (Helicella) turbida. Ile de la Réunion.
Helix (Helicella) praetumida. Ile de La Réunion.
Helix (Cochlicella) clavulus. Iles Maurice et de La Réunion.
Helix (Cochlodonta) palanga. Ile Maurice.
Helix (Cochlodonta) modiolus. Ile Maurice.
Helix (Cochlodonta) versipolis. Iles Maurice et de la Réunion.
Helix (Cochlodonta) modiolinus. Ile Maurice.
Helix (Cochlodonta) pagoda. Ile Maurice.
Carychium gigas. Ile Maurice.
Auricula minuta. Ile Maurice.
Auricula fasciata. Ile Maurice.
Pedipes ovulus. Ile Maurice.
Pedipes ringens. Ile Maurice.

(1) Les dates en caractères gras renvoient à l'Index bibliographique, à la fin de ce volume.
(2) Toutes les espèces citées ici ont été créées par A. DE FÉRUSSAC. J'ai respecté, dans cette liste et dans celles des pages suivantes, les attributions **génériques des auteurs**.

Physa borbonica. Ile de la Réunion.
Physa spiralis. Ile Maurice.
Cyclostoma Rangii. Iles Maurice et de La Réunion.
Cyclostoma variegatus. Ile Maurice.
Melania virgulata. Iles Maurice et de La Réunion.

Malheureusement ces espèces ne sont pas figurées et la plupart sont décrites si succinctement qu'il est impossible de les reconnaître. Cependant, les collections du Muséum National d'Histoire naturelle de Paris renfermant un certain nombre des types de l'auteur, j'ai pu identifier quelques-uns de ces Mollusques et figurer plusieurs des types sur lesquels le baron d'A. DE FÉRUSSAC a basé ses descriptions.

Dans le *Catalogue des Mollusques des îles de France, Bourbon et Madagascar*, publié en **1843** par V. SGANZIN, on trouve également quelques utiles indications. Mais, là encore, les descriptions sont fort brèves et des erreurs manifestes (1) se sont glissées dans la rédaction. Par suite, ce mémoire est loin de donner la somme de renseignements qu'on était en droit d'en attendre.

Entre temps le Dr L. PFEIFFER [**1851.1852**] publiait un certain nombre d'espèces nouvelles recueillies par des divers collecteurs ou appartenant à la Collection H. CUMING, aujourd'hui au *Bristish Museum* de Londres :

Helix semidecussata, Helix mucronata, Helix mauritiana, Helix Lightfooti;

Bulimus mauritianus;

Tornatellina mauritiana;

Omphalotropis expansilabris, Omphalotropis globosus, Omphalotropis multiliratus, Omphalotropis plicosus.

De son côté W. H. BENSON étudiait les récoltes qui lui étaient adressées, de l'Ile Maurice, par un excellent chercheur, J. CALDWELL. Il décrivit également quelques espèces nouvelles [**1859**] :

Helix Caldwelli, Helix setiliris;

Bulimus vesiculatus;

Omphalotropis harpula.

---

(1) V. SGANZIN admet, par exemple, bien qu'avec doute, l'*Unio sinuatus* Lamarck comme ayant été recueilli à Saint-Paul (île de La Réunion), par un certain M. FABERT, chef de bataillon d'infanterie (*loc. supra cit.*, 1841, p. 8).

C'est vers la même époque [**1860**] que A. Morelet com·
mence l'étude des Mollusques recueillis par un chirurgien
major de la marine, E. Vesco, qui, avec beaucoup de soin,
avait réuni des matériaux importants sur les côtes et dans les
îles de l'Afrique. L. Morelet décrivit, et très fidèlement,
figura comme nouveaux :

Vitrina borbonica. Ile de la Réunion.
Helix mauritianella. Ile Maurice.
Helix leucophora. Ile de La Réunion.
Helix proletaria. Ile Maurice.
Helix nitella. Ile Maurice.
Helix virginia. Ile Maurice.
Helix Paulus. Ile Maurice.
Pupa Mauritiana. Ile Maurice.
Pupa callifera. Ile Maurice.
Pupa holostoma. Ile Maurice.

Déjà, **en 1853**, A. Morelet avait décrit quelques Mollusques
nouveaux des îles Mascareignes. Par la suite, il publia d'autres
espèces intéressantes de ces îles [**1866. 1867. 1876. 1877.
1878**], découvertes par des chercheurs locaux, souvent très
habiles, comme E. Dupont et V. de Robillard. Ce dernier
donna lui-même quelques trop courtes notes sur ses récoltes
1860. 1871. 1871 a].

Un ingénieur, L. Maillard (1) avait réuni, pendant un long
séjour à l'île de La Réunion, une importante collection de
Mollusques de cette île. G. P. Deshayes en édita le Catalogue
(**1863**), principalement consacré aux Mollusques marins, mais
où il décrit et figure très fidèlement quelques nouvelles espèces
terrestres et fluviatiles :

*Helix Borbonica, Helix Mail'ardi, Helix Frappieri, Helix
Eudeli, Helix Vinsoni, Helix imperfecta;*
*Pupa Bourguignati, Pupa intersecta, Pupa Pupula, Pupa
uvula, Pupa turgidula;*
Siphonaria incerta, Siphonaria parcicostata;
Cyclostoma (Hydrocaena) Moreleti;
Neritina modicella, Neritina fulgurata.

Pendant son séjour prolongé aux îles Mascareignes, un
excellent naturaliste anglais, G. Nevill, entreprit l'étude des
Mollusques terrestres et fluviatiles de ces îles. Il découvrit de

---

(1) L. Maillard publia, à son retour, un ouvrage assez considérable sous
le titre de : *Notes sur l'île de La Réunion (Bourbon),* Paris, Dentu, 1862;
et : 2° édition, Paris, Dentu, 1863, 2 vol. in-8 et Atlas in-8.

nombreuses espèces qui furent d'abord décrites par H. ADAMS [**1867, 1868**]. Mais, bientôt, G. NEVILL publia lui-même ses observations en une série de Mémoires [**1868, 1869, 1870, 1871, 1878, 1881**]où, à côté de diagnoses se rapportant à des Gastéropodes nouveaux, vivants ou quaternaires, on trouve de précieux détails sur le mode de vie, les caractères extérieurs et la coloration d'un grand nombre d'espèces. Une partie des collections de ce naturaliste est aujourd'hui conservée au Musée zoologique de Calcutta. Aussi consulte-t-on avec fruit les deux volumes du Catalogue des Mollusques de cet établissement que G. NEVILL fit paraître en **1878**(part I) et en **1884** (part II).

En France, H. CROSSE publiait, vers la même époque, une intéressante *Faune malacologique de l'île Rodrigue* [**1873, 1874**], complétée, en **1875**, par un mémoire de A. MORELET et, en **1876**, par une note de E. A. SMITH. Ces travaux apportaient une intéressante contribution à la faune malacologique des îles Mascareignes en faisant connaître, pour la première fois avec quelque détail, les Mollusques d'une île jusqu'alors à peu près inconnue.

ELIZÉ LIÉNARD, né à l'île Maurice où il vécut pendant fort longtemps, avait rassemblé une importante collection de Mollusques des îles Mascareignes. Son intention était de décrire cette faune si riche quand, en 1876, la mort vint le surprendre en plein travail. Sur les conseils de H. CROSSE, sa veuve publia le *Catalogue de la Faune malacologique de l'île Maurice et de ses dépendances* [**1877**], premier ouvrage présentant un tableau d'ensemble de la faune de l'île. Ce n'est, malheureusement, qu'un simple Catalogue, non seulement sans critique, mais encore sans références bibliographiques ou iconographiques. Il est, dès lors, bien difficile d'en faire état avec certitude, d'autant que la collection d'E. LIÉNARD a été dispersée et que beaucoup des dénominations acceptées par l'auteur prêtent à confusion ou correspondent à des espèces qui, manifestement, ne vivent pas à l'île Maurice.

Profitant de l'occasion qui lui était offerte en étudiant les Mollusques recueillis par le Dr K. MÖBIUS pendant son voyage à l'île Maurice et aux îles Seychelles, le Dr E. von MARTENS écrivit une révision, un peu succincte, de toute la faune malacologique de l'archipel des Mascareignes [**1880**] (1). Par la

(1) A. MORELET [**1882**] a publié un résumé critique de ce travail, accom-

classification suivie et la critique qui a présidé à l'adoption des espèces (1), cet ouvrage rend, encore aujourd'hui, de grands services. C'est, d'ailleurs, le seul que nous possédions actuellement donnant une vue d'ensemble de la faune de cette région. L'auteur compléta plus tard cet ensemble en donnant une révision des Mollusques terrestres et fluviatiles des îles Seychelles [**1898**].

Depuis cette époque, quelques rares mémoires ont été publiés sur ce sujet. Je signalerai celui de F. C. Baker [**1892**] l'intéressant essai de synthèse de L. H. Cooke [**1893**] et la Monographie — d'ailleurs médiocre (2) — des genres *Gibbus* et *Gibbulina* [= *Orthogibbus*] éditée par le Dʳ W. Kobelt dans sa nouvelle édition du grand ouvrage de Martini et Chemnitz. [**1904**].

Malgré ces nombreux travaux il reste encore beaucoup à découvrir aux îles Mascareignes. Les remarquables séries d'espèces réunies par M. P. Carié pendant ses longs séjours à l'île Maurice, montrent tout ce que l'on peut faire encore. Mais déjà les documents accumulés depuis plus d'un siècle permettent de tenter une révision de la faune malacologique de l'archipel des Mascareignes. C'est cette révision que j'ai essayé de mener à bonne fin dans ce travail.

pagné d'observations sur certaines espèces et de la description des Mollusques suivants, considérés comme nouveaux :

Cyclostoma verticillatum, Cyclostoma dissotropis, Cyclostoma trissotropis, Cyclostoma vacoense; Auricula Nevillei; Assiminea granum.

(1) Le Dr. E. von Martens décrit, en outre, quelques espèces nouvelles : *Pachystyla (Cælatura) scalpta; Omphalotropis Morbii.*

(2) Comme dans un trop grand nombre des Monographies publiées dans la nouvelle édition du grand ouvrage de Martini et Chemnitz, celle du Dr. W. Kobelt est rédigée sans ordre : les espèces sont décrites les unes à la suite des autres, sans aucun essai de classification et sans critique. Il en résulte, non seulement des omissions, mais des erreurs nombreuses et souvent considérables.

CHAPITRE II

Les recherches zoologiques ont été, comme on a pu le voir, activement poursuivies aux îles Mascareignes; aussi peut-on admettre que leur faune malacologique est bien connue dans son ensemble. Je reviendrai plus loin sur les analogies qu'elle présente avec celles de l'île de Madagascar, de l'Inde et de l'Océanie; je voudrais d'abord essayer de préciser les caractères généraux de cette faune si particulière.

Un de ses traits essentiels est l'abondance, réellement extraordinaire, des Gastéropodes carnivores appartenant aux genres *Gibbus* et *Orthogibbus*. Il en existe au moins —en dehors de nombreuses variétés — 31 espèces tant vivantes que fossiles, réparties dans les trois îles, mais avec un maximum d'épanouissement à l'île Maurice qui, à elle seule, donne asile à 24 espèces. Neuf vivent à l'île de La Réunion et deux seulement à l'île Rodrigue.

Les *Gibbus* et *Orthogibbus* constituent un rameau de la grande famille des *Enneidae*, si développée en Afrique équatoriale et en Asie méridionale. Mais ce rameau est parfaitement individualisé et complètement inconnu en dehors des îles Mascareignes; aussi ai-je créé, pour lui, la nouvelle famille des *Orthogibbidae* qui remplace presque entièrement les *Enneidae* et les *Streptaxidae*. On ne trouve, en effet, dans les îles Mascareignes, que les *Ennea clavulata* de Lamarck, *Ennea modesta* H. Adams et *Ennea Cariei* Germain constituant le groupe, très spécial, des *Microstrophia*, absolument particulier à ces îles. Quant à l'*Ennea Poutrini* Germain, de l'île Maurice, il faut le considérer comme une espèce d'introduction récente, appartenant au sous-genre *Gulella* étranger à la faune des îles Mascareignes, mais qui développe de nombreuses espèces aux îles Comores.

Un deuxième caractère général très important est fourni par la famille des *Ariophantidae* [=Naninidae] dont quelques genres, comme les *Caelatura*, les *Pachystyla*, les *Caldwellia*, les *Pseudocaldwellia* et les *Pilula* comptent parmi les meilleures caractéristiques de la faune des îles Mascareignes. Leur répartition est résumée dans le tableau suivant :

ILE DE LA RÉUNION	ILE MAURICE
Caelatura caelatura Fér.	*Caelatura Duponti* Mor.
Caelatura scalpta Mart.	*Caelatura scalpta* Mart.
	Pachystyla inversicolor Fér.
	Pachystyla rufozonata Ad.
	Caldwellia phylirina Mor.
Caldwellia imperfecta Desh.	*Caldwellia imperfecta* Desh.
	Caldwellia cernica Ad.
	Caldwellia Boryi Mor.
Pseudocaldwellia Barclayi Bens.	*Pseudocaldwellia Barclayi* Bens.
Pseudocaldwellia Frappieri Desh.	
Pilula Cordemoyi Nev.	*Pilula praetumida* Fér.
	Pilula cyclaria Mor.

Quant à l'île Rodrigue, elle ne donne asile qu'aux *Caelatura Bewsheri* Morelet et *Caelatura rodriguesensis* Crosse.

L'île Maurice fournit le plus grand nombre d'espèces qui, d'ailleurs, à part celles appartenant aux genres *Caelatura* et *Pachystyla* ne sont pas très répandues. Mais, parmi les Mollusques vivants, le *Caelatura caelatura* de Férussac et le *Pachystyla inversicolor* de Férussac sont des *espèces dominantes*, la première à l'île de La Réunion, la seconde à l'île Maurice comme, parmi les Gastéropodes récemment éteints, le *Caelatura Duponti* Morelet est, à l'île Maurice, une espèce dominante.

Le troisième caractère remarquable de cette faune est l'extraordinaire abondance des Operculés terrestres. Les *Omphalotropis*, petits Mollusques, généralement arboricoles, très répandus dans les îles de l'Océanie, sont représentés par 18 espèces (1) : 16 vivent à l'île Maurice; 5 à l'île de La Réunion et deux à l'île Rodrigue. Les plus communes, celles constituant les colonies les plus populeuses, sont les *Omphalotropis rubens* Quoy et Gaimard, *Omphalotropis expansilabris* Pfeiffer, *Omphalotropis variegata* Morelet et *Omphalotropis multilirata* Pfeiffer.

(1) Dont plusieurs offrent quelques variétés.

Les *Tropidophora* sont également nombreux et, comme je l'indiquerai plus loin, particulièrement polymorphes. Beaucoup d'espèces de ce genre ne vivent plus actuellement aux îles Mascareignes, mais leur disparition doit être récente, peut-être seulement contemporaine de celle du Dronte. Tel est, surtout, le *Tropidophora carinata* Born, forme éteinte d'où sont dérivées de nombreuses variétés et qui constitue l'espèce la plus caractéristique et, par excellence, l'espèce dominante de la faune quaternaire récente de l'île Maurice.

Je signalerai encore l'absence totale de représentants de la grande famille des Helicidae (1) et surtout la *grande spécialisation* de cette faune. Elle comprend, en effet, les genres ou sous-genres : *Microstrophia, Gibbus, Orthogibbus, Gonidomus, Plicadomus, Gibbulinopsis* (2); *Harmogenanina, Microstylodonta, Caldwellia, Pseudocaldwellia, Pilula, Propilula, Tachyphasis* et *Pseudophasis* (3), que l'on ne connaît pas en dehors des îles Mascareignes. Quant aux espèces particulières à ces îles, elles représentent près de 70 % de la faune terrestre totale (4). Ce pourcentage très élevé tient évidemment à un isolement, de date relativement ancienne, des trois îles de La Réunion, Maurice et Rodrigue.

La faune fluviale est moins variée et beaucoup moins spécialisée. Les Pulmonés sont peu nombreux et seule, une Bulline, [*Bullinus (Isidora) borbonicensis* de Férussac], vit en colonies réellement populeuses. Les Prosobranches sont plus répandus et toutes les eaux douces de ces îles nourrissent des colonies extrêmement prolifiques de Mélanies (espèce dominante : *Melania tuberculata* Müller) et de Néritines (espèces dominantes : *Neritina gagates* de Lamarck et *Neritina longispina* Recluz). Comme dans beaucoup de faunes insulaires, les Pélécypodes sont d'une grande rareté. J'ai cependant signalé un *Eupera (Eupera) ferruginea* Krauss à l'île Maurice et une Nodulaire [*Nodularia (Caelatura) Carici* Germain] à l'île de La Réunion.

---

(1) Les quelques espèces de cette famille étudiées précédemment sont des espèces récemment introduites aux îles Mascareignes.

(2) Des familles des *Enneidae* et des *Orthogibbidae*.

(3) De la famille des *Ariophantidae* [= *Naninidae*].

(4) Les espèces, comme les *Pedipes*, les *Melampus*, etc., vivant sur les bords immédiats de la mer n'ont pas été comprises dans ce décompte. Le pourcentage de 70 % est une moyenne s'appliquant à l'ensemble des trois îles constituant l'archipel des Mascareignes.

En résumé, les caractéristiques principales de la faune malacologique vivante et subfossile des îles Mascareignes sont les suivantes :

α) Très grande abondance des Gastéropodes carnivores de la famille des *Orthogibbidae* (genres *Gibbus* et *Orthogibbus*) remplaçant, presque complètement, les *Enneidae* et les *Streptaxidae* des continents africain et asiatique.

β) Développement considérable de quelques genres *dominants* de la famille des *Ariophantidae* (genres *Pachystyla* et *Caelatura*).

γ Absence de tout représentant des familles des *Helicidae* et des *Acavidae* (1) et rareté des *Achatinidae* et des *Stenogyridae* (abstraction faite des espèces introduites).

δ) Prépondérance des Gastéropodes operculés terrestres (genres *Omphalotropis* et *Tropidophora*).

ε) Pourcentage élevé de genres, sous-genres et espèces spéciaux aux îles Mascareignes.

ξ) Pauvreté relative de la faune fluviatile, principalement en Pulmonés; abondance plus grande des Prosobranches mais seulement pour les espèces appartenant aux genres *Melania* et *Neritina;* très grande rareté des *Pélécypodes.*

(1) Voir à ce sujet, *infra,* p. 448.

CHAPITRE III

Une analyse attentive de la faune malacologique des îles Mascareignes permet d'y discerner les éléments suivants :

1° Des espèces d'introduction plus ou moins récente;

2° Des éléments appartenant à la faune de l'île de Madagascar;

3° Des éléments appartenant à la faune de l'Afrique équatoriale;

4° Des éléments appartenant à la faune de l'Inde et de l'Asie Orientale;

5° Des éléments nombreux appartenant à la faune des îles Océaniennes;

6° Enfin, des éléments indigènes.

Je vais étudier séparément chacun de ces éléments, essayer de les délimiter et en rechercher l'origine.

1. — ESPÈCES INTRODUITES

Les espèces acclimatées aux îles Mascareignes sont relativement nombreuses et presque toutes ont été introduites par l'homme, soit à dessein (*Achatina fulica* de Férussac, *Achatina panthera* de Férussac) soit inconsciemment — et c'est le cas général — par l'intermédiaire des transports commerciaux. Les éléments d'introduction proviennent du système paléarctique, de Madagascar, de l'Afrique équatoriale, de l'Inde, de l'Océanie et même de l'Amérique.

a. Espèces du système paléarctique. ... paléarctique, définitivement acclimaté [illegible] sont assez nombreuses. Tels sont les *Agriolimax laevis* Müller, *Agriolimax agrestis* Linné, *Helix (Cryptomphalus) aspersa* Müller, *Vallonia pulchella* Müller (ou, plus probablement, *Vallonia concentrica* Sterki), *Smaragdia viridis* Linné. Le *Ferussacia Barclayi* Pfeiffer appartient également à cette catégorie car il n'est, fort probablement, que la variation d'une espèce méditerranéenne, le *Ferussacia follicula* Gronovius, introduite à l'île Maurice à une époque assez récente et qui s'est sélecté quelques caractères spéciaux en s'acclimatant définitivement dans son nouvel habitat.

β. *Espèces de l'île de Madagascar.* Le *Mascaria crocea* Sowerby, signalé à plusieurs reprises à l'île Maurice est une espèce caractéristique de la faune malgache qui, d'ailleurs, ne semble pas définitivement acclimatée. Il est tout autrement des Achatines dont j'ai précédemment conté l'introduction. Mais ces espèces appartiennent également à la faune africaine équatoriale.

On voit qu'il n'y a qu'un très petit nombre d'espèces malgaches acclimatées aux îles Mascareignes malgré la fréquence des relations commerciales. Ce fait est sans doute lié au caractère de haute spécialisation de la plupart des espèces de l'île de Madagascar.

γ. *Espèces de l'Afrique équatoriale.* En dehors des Achatines dont il vient d'être question, l'archipel des Mascareignes est habité par un certain nombre d'espèces certainement d'origine africaine équatoriale. Le *Bullinus (Isidora) borbonicensis* de Férussac est dans ce cas. Ce n'est qu'une variété locale des nombreux *Bullinus* africains dont le type primordial paraît être le *Bullinus (Isidora) contortus* Draparnaud. Le *Bullinus (Pyrgophysa) Forskali* Ehrenberg, si abondant dans les cours d'eau de l'Afrique équatoriale et dans tout le bassin du Nil, est définitivement acclimaté à l'île Maurice.

Les deux espèces des îles Mascareignes généralement rapportées au genre *Rachis* (*Rachis venustus* Morelet et *Rachis sanguineus* Barclay) (1) sont entièrement inconnues du point de vue anatomique. Il est donc impossible de présumer quelles sont leurs véritables relations. Mais, par leurs coquilles, elles sont apparentées aux *Rachis* de l'Afrique orientale et peuvent être de simples variétés d'espèces introduites.

Le fait est certain pour les vrais *Ennea* jusqu'ici découverts dans ces îles (2) : *Ennea anodon* Pfeiffer et *Ennea Poutrini* Germain. Le premier est originaire des îles Comores et le se-

---

(1) Ces deux espèces restent, d'ailleurs, fort rares et comme sporadiques.
(2) Je laisse de côté le *Streplaxis pyriformis* Pfeiffer, espèce de l'Inde, signalée à l'île Rodrigue où sa présence est tout à fait douteuse.

cond n'est qu'une espèce représentative de l'*Ennea quadriden-
tata* Martens qui vit également aux îles Comores.

δ. *Espèces de l'Inde.* Les espèces de l'Inde, acclimatées aux
îles Mascareignes, sont actuellement au nombre de quatre :

L'*Ennea bicolor* Hutton, introduit d'ailleurs en de nombreux
points du globe et jusqu'en Amérique;

Le *Macrochlamys indica* Pfeiffer, espèce très caractéristique
de l'Inde péninsulaire, signalée à l'île Maurice par H. H. Godwin-Austen où elle a été importée avec les plantes d'ornement
qui font l'objet d'un commerce actif entre l'Inde et l'archipel
des Mascareignes;

L'*Opeas gracile* Hutton dont l'introduction se poursuit encore
aujourd'hui dans presque toutes les régions circuméquatoria-
les, principalement autour des centres de cultures tropicales;

Le *Vivipara zonata* Hanley, commun dans les mares, les
étangs, les trous d'eau douce de l'île Maurice, et qui n'est qu'une
simple variation d'une espèce indienne très répandue et largement polymorphe, le *Vivipara bengalensis* de Lamarck.

ε. *Espèces de l'Océanie.* Je signalerai :

L'*Opeas javanicum* Reeve, originaire des îles de la Sonde,
récemment introduit à l'île Maurice et, plus anciennement, aux
îles Andaman et Nicobar;

Un certain nombre de *Melampus* dont quelques-uns (*Melampus luteus* Quoy et Gaimard, *Melampus castaneus* Muhlfeldt)
sont également très répandus dans l'Inde, toutes les îles de
l'Océan Indien et même le littoral de l'Afrique Australe, mais
dont les autres (*Melampus parvulus* Nuttall, *Melampus graniferus* Mousson) sont étroitement localisées dans quelques îles
de l'Océanie et récemment introduites à l'île Maurice;

L'*Auriculastra elongata* Parreyss, et enfin, le *Leptoma vitrea*
Lesson, espèce très caractéristique de l'Océanie (Nouvelle-
Guinée notamment) apportée sans doute, à l'île Maurice, avec
le lest des navires de commerce.

θ. *Espèces d'Amérique.* Les espèces importées d'Amérique
appartiennent surtout à la famille des *Stenogyridae.* Ce sont les
Subulina octona Chemnitz, *Opeas Swifti* Pfeiffer et *Opeas micra* d'Orbigny. Ces animaux ont un très grand pouvoir d'acclimatement. On les retrouve partout où se cultivent les plantes
tropicales au milieu desquelles vivent ces Mollusques. Ils se re-

produisent abondamment dans les nouveaux pays où ils sont transplantés et même dans les serres chaudes.

Une autre espèce américaine, de très petite taille, vivant sur le bord de la mer, dans la zone de balancement des marées, le *Blauneria heteroclita* Montagu a été plusieurs fois signalé à l'île Maurice. Je ne sais s'il s'y est maintenu.

A toutes ces espèces il faut encore ajouter l'*Eulota similaris* de Férussac aujourd'hui répandu dans presque toutes les contrées subéquatoriales du globe.

Le processus d'introduction de tous ces Mollusques est sans doute le même : il est dû à l'activité, de plus en plus grande, des échanges commerciaux. La majorité de ces coquilles sont introduites avec les denrées alimentaires ou avec les plantes vivantes mais quelques autres, comme les *Melampus*, les *Pedipes*, les *Blauneria*, etc..., qui vivent constamment sur le bord même de la mer, sont le plus souvent apportées avec le lest des navires.

II. — Eléments malgaches

Les éléments malgaches de la faune des îles Mascareignes se confondent avec les éléments indigènes de ces îles. Ce sont, en effet, les Operculés terrestres du genre *Tropidophora* qui, très répandus surtout à l'île Maurice où ils offrent une grande variété de formes (1), appartiennent à deux sous-genres (*Tropidophora* sensu stricto et *Ligatella*) également largement développés à Madagascar.

La faune fluviatile montre aussi des analogies : c'est ainsi que diverses espèces de *Melania* et de *Neritina* vivent, à la fois, aux îles Mascareignes et à Madagascar. Mais ces Gastéropodes font nettement partie de la faune de l'Océanie et sont totalement inconnus sur le continent africain voisin. J'y reviendrai à propos des éléments d'origine polynésienne.

III. — Eléments africains

Un fait très curieux est l'absence, *à peu près complète*, d'éléments africains dans la faune des îles Mascareignes. Les seuls que j'ai pu signaler sont ou manifestement introduits (*Achatina*), ou de simples modifications de types africains plus

---

(1) Les *Tropidophora* sont moins nombreux aux îles de La Réunion et Rodrigue.

anciennement acclimatés (*Ennea*, *Rachis*, *Bullinus*). Il est une troisième catégorie d'espèces communes aux îles Mascareignes et à l'Afrique Orientale : ce sont celles d'origine indo-malgache qui, introduites en Afrique quand des communications terrestres plus ou moins continues existaient entre l'île de Madagascar et le continent, ont essaimé, d'une part, jusqu'aux territoires péninsulaires du Cap et, d'autre part, jusqu'en Abyssinie (*Kaliella*, *Melampus*, *Tropidophora*, etc...)

IV. — Eléments indiens et asiatiques

Ils sont nombreux et particulièrement caractéristiques. Je signalerai surtout :

Les *Harmogenanina* des îles de La Réunion et Maurice rappelant les *Conumela* de l'Inde et dont les affinités avec les *Trochomorpha* semblent, d'autre part, assez étroites.

Les *Hyalimax* (îles de La Réunion, Maurice), Mollusques seulement connus dans l'Inde et les îles Andaman et Nicobar.

Le très curieux *Erinna carinata* Jousseaume, de l'île de La Réunion, voisin des *Camptonyx* de l'Inde.

Les Planorbes des îles Mascareignes (*Planorbis mauritianensis* Morelet, *Planorbis rodriguesensis* Crosse) apparentés à ceux de l'Inde et de l'Asie orientale.

L'*Helicina undulata* Morelet est une forme nettement asiatique appartenant — ainsi, d'ailleurs, que l'*Helicina Theobaldi* Nevill des îles Sechelles — à un sous-genre très spécial (*Pseudotrochatella*) localisé au Cambodge et dans l'Asie Orientale.

Le *Cyclotopsis conoidea* Pfeiffer seul représentant, aux îles Mascareignes, d'un genre essentiellement indien.

Enfin le *Paludomus punctatus* Reeve n'est probablement que l'espèce représentative du *Paludomus transchauriensis* (Gmelin) Blanford, de l'Inde.

V. — Eléments océaniens

Ces éléments renferment des genres représentés par des espèces, parfois si nombreuses, qu'on peut presque dire, avec A. H. Cooke, que les îles Mascareignes « peuvent être regardées comme un fragment de Polynésie transporté sur le bord ouest de l'Océan Indien ». Cette conception est évidemment excessive : cependant on ne peut qu'être frappé de l'abondance et de la variété des *Omphalotropis* aux îles Mascareignes. Ces petits Mollusques operculés terrestres, très rares à Madagascar (1), peu communs dans l'Inde ou à Ceylan, déjà plus répandus aux îles Andaman et Nicobar et dans l'archipel malais sont particulièrement caractéristiques des îles de la Polynésie (archipels des Nouvelles Hébrides, de Viti, de la Société, etc...) où ils sont très abondants.

Je signalerai encore, parmi les éléments océaniens de la faune des îles Mascareignes :

Les *Microcystis*, genre répandu dans l'Inde et, surtout, en Polynésie;

Le *Tornatellina cernica* Benson, apparenté aux *Tornatellina* polynésiens;

Le *Parmarion Rangi* de Férussac, appartenant à un genre essentiellement océanien (notamment de l'archipel malais);

Les *Melampidae* de type manifestement océanien;

Et, enfin, la faune des Prosobranches fluviatiles, presque entièrement composée d'espèces dont il faut rechercher les parents en Océanie. C'est le cas pour la plupart des Mélanies, des Néritines et des Septaries dont beaucoup vivent également à l'île de Madagascar mais qui sont tous absolument étrangers à la faune africaine.

VI. — Éléments indigènes.

Les éléments indigènes sont, avant tout, les *Gibbus* et les *Orthogibbus* jusqu'ici inconnus en dehors des îles Mascareignes. Les espèces sont nombreuses, très polymorphes, souvent fort voisines les unes des autres et plus répandues à l'île Maurice que partout ailleurs. Les affinités des *Orthogibbus* s'établissent nettement avec les *Edentulina* de Madagascar, des îles Comores et de l'Afrique continentale.

Non moins importants, comme éléments indigènes, sont les représentants de la famille des *Ariophantidae* appartenant aux genres *Caelatura*, *Microstylodonta*, *Pachystyla*, *Caldewellia*, etc..., qui impriment à la faune un cachet très particulier.

Les Operculés terrestres du genre *Tropidophora*, si largement développés à l'île Maurice — et surtout au quaternaire récent — appartiennent évidemment à la faune autochtone du pays,

(1) Il n'y ont pas encore été signalés, d'une manière *certaine*, à l'état vivant.

mais ils constituent un élément commun avec l'île de Madagascar, ce qui n'a rien d'étonnant puisque toute ces îles ont autrefois appartenu au continent Indomalgache. L'abondance des *Tropidophora* à l'île Maurice pose, d'autre part, un problème délicat. Comment se fait-il que ces animaux, encore très répandus à Madagascar, sont si communs dans les dépôts quaternaires de l'île Maurice alors qu'ils sont fort rares à l'île de La Réunion? J'essaierai plus loin d'expliquer cette apparente anomalie.

En résumé, les détails que je viens de donner font ressortir toute l'importance des éléments indigènes de la faune malacologique des îles Mascareignes. Ils montent en outre, abstraction faite des espèces d'introduction récente provenant des contrées les plus diverses, que cette faune a des affinités très nettes, parfois profondes, avec celles de l'Inde, de l'Océanie et, à un moindre degré, de l'île de Madagascar. Par contre, les analogies avec la faune africaine équatoriale sont presque nulles. Je reviendrai sur ces importantes considérations quand j'aurai exposé les particularités présentées par la faune quaternaire récente de l'archipel et, plus spécialement, par celle de l'île Maurice qui est, de beaucoup, la mieux connue.

*
* *

Afin de montrer, le plus simplement possible, la répartition géographique des Mollusques de l'archipel des Mascareignes, j'ai indiqué, dans le tableau suivant, toutes les espèces habitant les îles de La Réunion, Maurice et Rodrigue en notant spécialement celles qui se retrouvent dans d'autres régions du globe comme les îles Seychelles, Madagascar, Comores, Ceylan, etc.., l'Afrique, l'Inde péninsulaire, etc... Les signes + et | indiquent : le premier que l'espèce vit dans la région correspondante, considérée comme son habitat normal; le second qu'elle s'y rencontre à l'état subfossile (1); les signes □ et Δ se rapportent respectivement aux genres et aux espèces représentatifs; enfin le signe O est réservé aux espèces introduites.

(1) Les espèces subfossiles ont été notées seulement pour les îles Mascareignes.

NOMS DES ESPÈCES	MASCAREIGNES			Seychelles	Madagascar	Comores	Afrique	Indes	Ceylan	Andaman et Nicobar	Asie Orientale	Océanie	Amérique
	La Réunion	Maurice	Rodrigue										
Streptaxis pyriformis Pfeiffer			+?					+					
Ennea anodon Pfeiffer		+				+		+					
Ennea bicolor Hutton	+	+		+		+		+	+	+	+		O
Ennea Poutrini Germain		+				1.							
Ennea clavulata Lamarck		+											
Ennea modesta H. Adams		+											
Ennea Cariei Germain		+											
Gibbus Lyoneti Pallas		+												
Orthogibbus pagodus Müller		+											
Orthogibbus sulcatus Müller		+												
Orthog. sulcatus var. *Mülleri* Mor.		+											
Orthogibbus Newtoni H. Adams		+											
Orthogibbus majusculus Mor.														
Orthogibbus helodes Mor.														
Orthogibbus modiolus Mor.		+		+										
Orthogibbus modiolus var. *maurilianensis* Mor.		+											
Orthogibbus obesus Kobelt		+											
Orthogibbus farinosus Küster		+											
Orthogibbus brevis Mor.		+											
Orthogibbus modiolinus Mor.		+											
Orthogibbus versipolis Fér.	+	+											
Orthogibbus funiculus Valenc.	+												
Orthogibbus Bourguignati Desh.	+												
Orthog. Bourguignati var. *intersectus* Desh.	+												
Orthogibbus Mondraini H. Ad.		+											
Orthog. Mondraini var. *Barclayi* H. Ad.		+											
Orthogibbus calliferus Mor.		+											
Orthogibbus holostomus Mor.		+											
Orthogibbus palangus Fér.		+											
Orthogibbus Nevilli H. Ad.		+												
Orthogibbus productus H. Ad.		+											
Orthogibbus palangulus Fér.		+											
Orthogibbus cylindrellus H. Ad.	+												
Orthogibbus Duponti Nev.		+											
Orthogibbus Adamsi Nev.		+											
Orthogibbus bacillus Pfeiffer		+											

NOMS DES ESPÈCES	MASCAREIGNES			Seychelles	Madagascar	Comores	Afrique	Indes	Ceylan	Andaman et Nicobar	Asie Orientale	Océanie	Amérique
	La Réunion	Maurice	Rodrigue										
Orthogibbus striaticostus Mor.	·	+											
Orthogibbus Deshayesi H. Ad.	+												
Orthogibbus chloris Crosse			+										
Orthogibbus pupulus Desh.	+												
Orthogibbus uvulus Desh.	+												
Orthogibbus turgidulus Desh.	+												
Caelatura caelatura Fér.	+												
Caelatura Duponti Mor.		—											
Caelatura Bewsheri Mor.			—										
Caelatura scalpta Mart.	+	+			+			△					
Caelatura rodriguesensis Crosse			+										
Pachystyla inversicolor Fér.		+											
Pachys. inversicolor var. mauritianella Mor.		+											
Pachystyla rufozonata H. Ad.		+											
Microstylodonta stylodon Pfeiff.		+											
Microstylodonta odontina Mor.		+											
Microstylodonta Thiriouxi Germain		—											
Harmogenanina argentea Reeve		+					□	□	□				
Harmogenanina semicerina Mor.		+					□	□	□				
Harmogenanina linophora Mor.	+	+					□	□	□				
Harmogenanina implicata Nev.	+	+					□	□	□				
Harmogenanina detecta Pfeif.	+												
Harmogenanina subdecta Germain	+												
Caldwellia phylirina Mor.		+											
Caldwellia imperfecta Desh.	+	+											
Caldwellia cernica H. Ad.		+											
Caldwellia Boryi Mor.		+											
Pseudocaldwellia Barclayi Bens.	+	+											
Pseudocaldwellia Frappieri Desh.	+												
Pilula praetumida Fér.	+												
var. maheensis Mart.				+									
var. silhouettensis Mart.				+									
Pilula Cordemoyi Nevill	+												
Pilula cyclaria Mor.		—											
Tachyphasis Caldwelli Bens.		+											
Tachyphasis planorbina Germ.		—											
Tachyphasis Newtoni Nev.		—											

NOMS DES ESPÈCES	MASCAREIGNES			Seychelles	Madagascar	Comores	Afrique	Indes	Ceylan	Andaman et Nicobar	Asie Orientale	Océanie	Amérique
	La Réunion	Maurice	Rodrigue										
Tachyphasis vorticella H. Ad.		+											
Tachyphasis salaziensis Nev.	+												
Tachyphasis Nevilli H. Ad.		+											
Tachyphasis setiliris Bens.	+	+											
Microcystis nitella Mor.	+	+											
Microcystis virginia Mor.		+		+									
Microcystis proletaria Mor.	+	+											
Microcystis Poweri H. Ad.		+											
Microcystis Maillardi Desh.	+	+											
Microcystis perlucida H. Ad.		+											
Microcystis minima H. Ad.		+											
Microcystis tytthulus Germain		+		△									
Eulota similaris Fér.	+	+	+	+	+		+	+	+		+	+	+
Helix aspersa Müll.	O	O		O			O		O			O	O
Vallonia pulchella Müll.		O					O						
Macrochlamys indica Pfeif.		O						+					
Agriolimax agrestis Linné		O											
Agriolimax laevis Müller		O			O		O		O		O	O	O
Rachis venustus Mor.	+				△		+	△					
Rachis sanguineus Barclay		+											
Buliminus vesiculatus Benson		+											
Gastrocopta (Falsopupa) exigua H. Ad.		+											
Gastrocopta (Falsopupa) microscopica Nev.	+	+		+									
Gastrocopta (Falsopupa) Lienardi Crosse.		+	+										
Gastrocopta (Falsopupa) Desmazuresi Cr.			+										
Gastrocopta (Falsopupa) borbonicensis H. Ad.	+												
Pagodella ventricosa H. Ad.		+											
var. *incerta* Nev.	+												
Achatina panthera Fér.	O	O		O	+		+						
Achatina fulica Fér.	O	O			+	+	+	O					
Subulina octona Chemn.	O	O	O	O	+	+	+		O			O	+
Opeas gracile Hutton		O	O					+	+		+	+	+
Opeas clavulinum Pot. et Mich.	+	+		+	+	+							
Opeas mauritianensis Pfeif.	+	+			+							O	+
Opeas Swifti Pfeiff.		O	O									O	+
Opeas javanicum Reeve.		O	O								+	+	+
Opeas micra d'Orbigny.		O											+

NOMS DES ESPÈCES	MASCAREIGNES			Seychelles	Madagascar	Comores	Afrique	Indes	Ceylan	Andaman et Nicobar	Asie Orientale	Océanie	Amérique
	La Réunion	Maurice	Rodrigue										
Ferussacia Barclayi Pfeiff.		+											
Caecilioides mauritianensis H. Ad.		+		+									
Tornatellina cernica Bens.	+	+										△	△
Veronicella Maillardi Crosse.	+				△	△	△						
Veronicella punctata Fér.		+											
Veronicella trilineata Semp.		+											
Veronicella Andrea Semp.		+											
Veronicella		+											
Veronicella rodericensis Sm.			+										
Hyalimax perlucidus Quoy et Gaim.		+						△	△	△			
Hyalimax mauritianensis Fér.		+						△	△	△			
Hyalimax Maillardi Fischer.	+												
Parmarion Rangi Fér.	+											△	
Succinea mascarensis Mor.	+	+	+	+		△							
Limnaea mauritianensis Mor.		+						△					
Erinna carinata Jouss.	+							△					
Planorbis mauritianensis Mor.		+						△			△		
Planorbis rodriguesensis Crosse.			+					△			△		
Bulinus borbonicensis Fér.	+	+		+			△						
Bullinus Forskali Ehr.		O			△		+						
Melampus fasciatus Desh.	+	+	+	+		+	+		+	+		+	
Melampus lividus Desh.	+	+	+	+		+	+			+			
Melampus carneus Mor.		+											
Melampus Pfeifferi Mor.		+		+									
Melampus castaneus Muhlf.	+	+					+		+	+		+	
Melampus avellanus Mor.		+											
Melampus luteus Quoy et Gaim.	+	+										+	
Melampus caffer Küst.		+		+		+	+			+		+	
Melampus Duponti Mor.	+	+											
Melampus parvulus Nutt.		+										+	
Melampus graniferus Mousson.		+										+	
Melampus corticinus Mor.		+											
Melampus simplicatus Pease.		+					+			+		+	
Auriculastra elongata Parr.		O										+	
Auriculastra Nevilli Mor.		+											
Plectotrema octanfracta Jonas.	+	+								+		+	
Plectotrema exigua Pease		+											

NOMS DES ESPÈCES	MASCAREIGNES			Seychelles	Madagascar	Comores	Afrique	Indes	Ceylan	Andaman et Nicobar	Asie Orientale	Océanie	Amérique
	La Réunion	Maurice	Rodrigue										
Plectotrema parva H. Ad.		+											
Cassidula labrella Desh.		+					+						
Enterodonta conica Pease		+		+			+			+		+	
Pedipes affinis Fér.	+	+		+			+			+	+		
Blauneria heteroclita Mont.		O											+
Blauneria gracilis Pease		O										+	
Helicina undulata Mor.		+!		Δ							Δ		
Omphalotropis major Mor.		+!								Δ		Δ	
Omphalotropis rubens Quoy et G.	+	+											
var. *Moreleti* Desh.	+												
Omphalotropis aurantiaca Desh.	+	+						+					
Omphalotropis expansilabris Pfeif.	+	+											
Omphalotropis Mobiusi Mart.		+											
Omphalotropis albolabris Mor.		+											
Omphalotropis variegata Mor.		+!											
Omphalotropis picturata H. Ad.	+	+											
Omphalotropis globosa Bens.		+!			+								
Omphalotropis Duponti Nev.		!											
Omphalotropis taeniata Crosse.			+										
Omphalotropis Rangi Fér.	+	+											
Omphalotropis plicosa Pfeif.		+											
Omphalotropis multilirata Pfeif.		+!											
var. *littorinula* Crosse.			+										
var. *Hameli* Crosse.			+										
Omphalotropis Cariei Germain		!											
Omphalotropis hieroglyphicula Fér.		+											
Omphalotropis Caldwelli Nev.		!											
Omphalotropis clavula Mor.		+!										Δ	
Leptopoma vitrea Lesson.		O										+	
Cyclotopsis conoidea Pfeif.		O+						Δ					
Mascaria crocea Sow.		O+			+								
Tropidophora articulata Gray.		+	+		Δ								
Tropidophora carinata Born.	! ?	!			Δ								
var. *unicolor* Pfeif.		!											
Tropidophora deflorata Mor.					Δ								
Tropidophora mauritianensis H. Ad.		+!			Δ								
Tropidophora scabra H. Ad.		!			Δ								

NOMS DES ESPÈCES	MASCAREIGNES			Seychelles	Madagascar	Comores	Afrique	Indes	Ceylan	Andaman et Nicobar	Asie Orientale	Océanie	Amérique
	La Réunion	Maurice	Rodrigue										
Tropidophora pulchra Gr. var. Desmazuresi Crosse.			+	Δ	Δ								
Tropidophora Lienardi Mor.		−											
Tropidophora Michaudi Grat.		+											
Tropidophora bipartita Mor.			−										
Tropidophora Bewsheri Mor.			−										
Tropidophora insularis Pfeif.		+?					+						
Tropidophora ligata Müll.		+	−		+		+	+					
var. affinis Sow.		+					+	+					
var. Listeri Gray		+					+	+					
Tropidophora fimbriata Lam.	+	+	−		+								
var. haemastoma Ant.		+											
var. rodriguesensis Crosse.			+										
Vivipara zonata Hanl.		+						Δ					
Melania amarula L.	+	+			+		+					Δ	
var. mitra Meusch.		+											
Melania scabra Müll.		+	−	+	+		+	+	+		+	+	
Melania tuberculata Müll.	+	+	+	+	+	+	+	+	+	+	+	+	
Melania Commersoni Mor.	+	+	+		+								
Paludomus punctatus Reeve.		+						Δ					
Assemania granum Mor.		+?											
Assemania nitida Pease		+										Δ	
Truncatella teres Pfeif.		+	+				+	+				+	
Truncatella Guerini Villa	+	+		+			+						
Truncatella ceylanica Pfeif.		+							+				
Truncatella valida Pfeif.	+	+								+		+	
Neritina gagates Lam.	+	+	+	+									
Neritina modicella Desh.	+												
Neritina fulgurata Desh.	+												
Neritina mauritiensis Lesson	+	+			+								
Neritina longispina Recluz	+	+	+		+							Δ	
var. despinosa Mousson		+	+										
Neritina consimilis Mart.		+											
Smaragdia viridis Linné	○	○	○	○	○	○	○					○	○
Septaria borbonicensis Bory	+	+	+	+	+	+		Δ	Δ			Δ	
Eupera ferruginea Kr.		+			+		+	Δ					
Nodularia Cariei Germain	+				Δ		Δ	Δ	Δ				

CHAPITRE IV

———

Le long tableau précédent fait ressortir un certain nombre de faits sur lesquels il convient d'insister.

On peut compter 27 espèces communes aux îles Mascareignes et à l'Afrique Orientale. Ce nombre paraît d'abord considérable; mais il faut remarquer que 9 de ces espèces sont introduites (1) et que, parmi les 18 autres, 7 *Melampidæ* et 1 *Melania* sont des types manifestement océaniens et que 4 *Tropidophora* ont des affinités malgaches (2). Il reste donc seulement 6 espèces réparties à la fois dans les deux régions parmi lesquelles 5 [*Eulota similaris* de Férussac, *Melania scabra* Müller, *Melania tuberculata* Müller, *Truncatella teres* Pfeiffer et *Truncatella Guerini* Villa] ont une distribution géographique considérable, s'étendant depuis la côte orientale d'Afrique jusqu'à la Polynésie. Seul, en définitive, l'*Eupera ferruginea* Krauss est, à l'île Maurice, un Pélécypode réellement africain et il n'est nullement certain qu'il n'y soit pas introduit.

L'Inde, l'île de Ceylan, les îles Andaman et Nicobar montrent respectivement, 8, 8 et 11 espèces communes (3) et 13, 4 et 1 espèces représentatives souvent très voisines des formes correspondantes vivant aux îles Mascareignes (4). Mais ici, à part les espèces introduites, il s'agit uniquement d'éléments de même origine qui, ici et là, sont parfaitement à leur place.

Ce caractère remarquable s'accentue encore si l'on consi-

———

(1) Soit de l'Afrique vers les îles Mascareignes, soit, surtout, de ces dernières vers l'Afrique Orientale.

(2) Ces 12 espèces sont, d'ailleurs, absolument étrangères à la faune africaine. Celles d'entre elles qui vivent aujourd'hui en Afrique y ont été introduites à des époques diverses.

(3) Et aussi 2, 1 et 3 espèces introduites communes, respectivement, aux îles Andaman et Nicobar.

(4) Je rappelle que ces espèces représentatives des îles Mascareignes dérivent, pour la plupart, des types indiens dont elles ne sont souvent que de simples modifications locales.

dère les quelque 40 espèces (1) qui se retrouvent, à la fois, dans l'archipel des Mascareignes et dans les îles de l'Océanie. Abstraction faite de 5 formes introduites, il reste un total important d'au moins 35 espèces communes aux deux faunes. J'ai précédemment insisté sur la grande importance de cette pénétration des éléments océaniens dans la faune des îles Mascareignes.

En résumé, le tableau des pages précédentes montre que les *affinités réelles* de la faune malacologique des îles Mascareignes s'établissent très nettement, d'une part, avec celle de l'île de Madagascar (2) et d'autre part et surtout, avec celles de l'Inde péninsulaire (3) et de l'Océanie (4).

Le groupe, relativement voisin, des îles Seychelles possède une faunule qui n'est sans doute pas sans analogies avec celle des îles de La Réunion, Maurice et Rodrigue. On y connaît actuellement les Mollusques suivants.

FAMILLE DES **STREPTAXIDAE**

Streptaxis (Eustreptaxis) Souleyeti Petit.
Imperturbaiia constans Martens et var. *silhouetteensis* Martens, *Imperturbalia Le Vieuxi* Nevill, *Impertubalia violascens* Martens, *Imperturbalia perelegans* Martens, *Imperturbalia Braueri* Martens.
Priodiscus serratus Martens.
Edentulina Dussumieri de Férussac, *Edentulina Moreleti* Adams.

FAMILLE DES **ENNEIDAE**

Streptostele (Stereostele) Nevilli H. Adams.
Ennea (Achanthennea) erinacea Martens et variété *uniseriata* Martens.

FAMILLE DES **SITALIDAE**

Kaliella subturritula Nevill.

---

(1) Communes ou représentatives.
(2) Principalement les Operculés terrestres du genre *Tropidophora*.
(3) Avec les espèces appartenant aux genres *Hyalimax*, *Erinna*, *Planorbis*, *Helicina*, *Cyclotopsis*, *Paludomus*, etc...
(4) Avec les espèces appartenant aux genres *Microcystis*, *Parmarion*, *Melampus*, *Omphalotropis* parmi les Mollusques terrestres et *Melania*, *Neritina*, *Septaria* parmi les Prosobranches fluviatiles.

FAMILLE DES **ARIOPHANTIDAE** [=NANINIDAE]

Pilula (Pilula) praetumida Morelet et variétés *maheensis* Martens et *silhouetteensis* Martens.

FAMILLE DES **EULOTIDAE**

Eulota similaris de Férussac.

FAMILLE DES **ACAVIDAE**

Stylodonta unidentata Chemnitz, *Stylodonta Studeri* de Férussac et variétés : *globata* Martens, *militaris* Pfeiffer.

FAMILLE DES **HELICIDAE**

Helix (Cryptomphalus) aspersa Müller.

FAMILLE DES **BULIMINIDAE** [=ENIDAE]

Buliminus (Pachnodus) ornatus Dufo et variétés : *niger* Dufo, *fulvicans* Dufo, *biornatus* Martens, *pulverulentus* Pfeiffer, *Buliminus (Pachnodus) velutinus* Pfeiffer.

FAMILLE DES **GASTROCOPTIDAE** [=PUPIDAE (part.)= VERTIGINIDAE part.]

Gastrocopta (Falsopupa) microscopica Nevill.

FAMILLE DES **ACHATINIDAE**

Achatina (Achatina) panthera de Férussac, *Achatina (Achatina) fulica* de Férussac.

FAMILLE DES **STENOGYRIDAE**

Subulina octona Chemnitz.
Opeas clavulinum Potiez et Michaud, *Opeas mauritianensis* Pfeiffer.
Curvella Braueri Martens.

FAMILLE DES **FERUSSACIIDAE**

Caecilioides mauritianensis H. Adams.

FAMILLE DES **SUCCINEIDAE**

Succinea (Amphibina) mascarenensis Morelet.

FAMILLE DES **BULLINIDAE**

Bullinus (Isidora) borbonicensis de Férussac.

FAMILLE DES **AURICULIDAE**

Melampus fasciatus Deshayes, *Melampus caffer* Küster, *Melampus lividus* Deshayes, *Melampus melanostomus* Gassies, *Melampus Bridgesi* Carpenter.
Plecotrema octanfracta Jonas.
Enterodonta conica Pease.
Pedipes affinis de Férussac.

FAMILLE DES **HELICINIDAE**

Helicina (Pseudotrochatella) Theobaldi Nevill.

FAMILLE DES **REALIDAE**

Omphalotropis globosa Benson.

FAMILLE DES **CYCLOSTOMATIDAE** [=POMATIASIDAE]

Tropidophora pulchra Gray, *Tropidophora seychellensis* Nevill.

FAMILLE DES **VIVIPARIDAE**

Cleopatra ajanensis Morelet, et variété *silhouetteensis* Nevill, *Cleopatra sp. ind.*

FAMILLE DES **MELANIIDAE** [=TIARIDAE]

Melania scabra Müller.
Hemisinus dermestoides Lea, *Hemisinus contractus* Lea.

FAMILLE DES **TRUNCATELLIDAE**

Truncatella Guerini Villa, *Truncatella valida* Pfeiffer.

Famille des **NERITIDAE**

Neritina Bruguieri Recluz, *Neritina Knorri* Recluz, *Neritina gagates* Linné.
Septaria borbonicensis Bory de Saint-Vincent.

Il est à remarquer qu'en dehors des Mollusques certainement introduits comme les Achatines, le *Subulina octona* Chemnitz et les *Opeas*, des espèces, appartenant à des genres très particuliers aux îles Mascareignes, vivent également aux îles Seychelles. Tels sont les *Pilula*, les *Omphalotropis*, les *Tropidophora*. L'*Helicina Theobaldi* Nevill se classe dans le même sous-genre que l'*Helicina undulata* Morelet de l'île Maurice et en est très voisin. Parmi les espèce communes aux deux archipels je citerai, en dehors de celles appartenant aux genres dont je viens de parler (1), les *Gastrocopta* (*Fa'sopupa*) *microscopica* Nevill, *Succinea mascarenensis* Morelet, *Bullinus* (*Isidora*) *borbonicensis* de Férussac, la plupart des *Auriculidae* et presque tous les Prosobranches fluviatiles. Aussi, sur un total de 53 espèces et 9 variétés habitant aux îles Seychelles ne compte-t-on pas moins de 25 espèces vivant également aux îles Mascareignes.

Ce pourcentage est particulièrement élevé. Mais, cependant, la faune de l'archipel des Seychelles possède une individualité propre, grâce à la présence d'éléments spéciaux : les *Ennea* et surtout les *Streptaxis* (2) y sont bien représentés; les *Buliminidae* y montrent des *Pachnodus* (3) voisins de ceux de l'Afrique Orientale; on y connaît un *Kaliella*, genre d'origine indienne et deux *Cleopatra*, genre essentiellement africain.

Ces éléments donnent à la faune malacologique des îles Sey-

(1) Et sans tenir compte des espèces communes, mais introduites à la fois dans les deux archipels, comme les *Eulota similaris* de Férussac, *Helix* (*Cryptomphalus*) *aspersa* Müller, *Subulina octona* Chemnitz, les Achatines et les *Opeas*.

(2) Les *Streptaxis* sont représentés par des genres très particuliers et hautement spécialisés, comme les *Imperturbatia* et les *Priodiscus*.

(3) Le type du sous-genre *Pachnodus* [Martens (Dr E. von), in : Albers *Die Heliceen*, 2e Edit., 1860, p. 230 (comme sous-genre de *Buliminus*)] est justement le *Buliminus vetulinus* Pfeiffer des îles Seychelles. Tout dernièrement H. A. Pilsbry a montré [A Review of the Land Mollusks of the Belgian Congo, etc.., *Bulletin American Museum Natural History* New-York, XL, 1919 [1920], p. 306] que l'organisation des *Pachnodus* des îles Seychelles ne différait que par des détails de celle des *Pachnodus* de l'Afrique Orientale. Les *Cerastus* (Abyssinie et Afrique Orientale) se distinguent facilement par leur péristome réfléchi

chelles son caractère propre. Elle reste, néanmoins, étroitement apparentée à celle des îles Mascareignes et son origine est la même.

Sur les trois îles de La Réunion, Maurice et Rodrigue, la répartition des genres n'est pas identique. Le tableau de la page 438 résume les connaissances actuelles sur ce sujet.

Ainsi, dans l'état actuel de nos connaissances, la faune malacologique de l'île Maurice est, de beaucoup, la plus riche et la plus variée. Sur les 45 genres jusqu'ici signalés dans l'archipel des Mascareignes, 42 vivent à l'île Maurice (1), alors que seulement 27 habitent l'île de La Réunion et 13 l'île Rodrigue.

Les genres communs à deux ou trois des îles Mascareignes sont ainsi répartis :

Genres communs aux trois îles	12
Genres communs aux îles de La Réunion et Maurice	25
Genres communs aux îles de La Réunion et Rodrigue	12
Genres communs aux îles Maurice et Rodrigue	13

Il n'exise qu'un très petit nombre d'espèces vivant à la fois sur les trois îles. Je n'ai pu en découvrir que 8, parmi lesquelles 2 *Melampus*, 2 *Melania*, 2 *Neritina* et 1 *Septaria* sont des Mollusques répandus dans toutes les îles de l'Océan Indien. Ces 8 espèces sont d'ailleurs les seules communes aux îles de Rodrigue et de La Réunion, alors que l'on en compte 16 existant à la fois aux îles Rodrigue et Maurice (10 terrestres (2) et 6 fluviatiles) et 37 se retrouvant aux îles Maurice et de La Réunion.

Les considérations précédentes font ressortir le particularisme de la faune de chacune des îles Mascareignes. Mais il ne faut pas s'exagérer l'importance de ce caractère, peut-être même plus apparent que réel. Je rappelle qu'on trouve ailleurs de nombreuses espèces représentatives souvent fort voisines de celles de l'archipel des Mascareignes. Il est cependant incontestable que chacune des trois îles montre une faune assez hautement spécialisée ayant, d'ailleurs, les *mêmes caractères géné-*

---

(1) Les seuls genres qui n'ont pas de représentants dans cette île sont les genres *Pseudocaldwellia*, *Erinna* et *Nodularia*.

(2) Parmi lesquelles on compte 3 *Melampus* et 1 *Truncatella* qui sont des espèces à large distribution géographique.

NOMS DES GENRES	Nombre d'espèces vivantes ou subfossiles							
	Habitant :				Communes :			
	La Réunion	Maurice	Rodrigue	Les Seychelles	Aux trois îles	A La Réunion et Maurice	A La Réunion et Rodrigue	A Maurice et Rodrigue
Ennea (Microstrophia) ...	»	3	»	»	»	»	»	»
Gibbus	»	1	»	»	»	»	»	»
Orthogibbus	9	24	2	»	»	1	»	1
Caelatura	2	2	2	»	»	1	»	»
Pachystyla	»	2	»	»	»	»	»	»
Microstylodonta	»	3	»	2	»	»	»	»
Harmogenanina	4	4	»	»	»	2	»	»
Caldwellia	1	4	»	»	»	1	»	»
Pseudocaldwellia	2	»	»	»	»	»	»	»
Pilula	2	1	»	1	»	»	»	»
Tachyphasis	2	6	»	»	»	1	»	»
Microcystis	3	8	»	»	»	3	»	»
Rachis et Buliminus	1	2	»	»	»	»	»	»
Gastrocopta (Falsopupa)...	2	3	2	1	»	1	»	1
Pagodella	1	1	»	»	»	1	»	»
Opeas	2	2	»	3	»	2	»	»
Ferussacia	»	1	»	»	»	»	»	»
Caecilioides	»	1	»	»	»	»	»	»
Tornatellina	1	1	»	»	»	1	»	»
Veronicella	1	4	1	»	»	»	»	»
Hyalimax	1	2	»	»	»	»	»	»
Parmarion	»	1	»	»	»	»	»	»
Succinea	1	1	1	1	1	1	1	1
Planorbis	»	1	1	»	»	»	»	»
Limnaea	»	1	»	»	»	»	»	»
Erinna	1	»	»	»	»	»	»	»
Bullinus	1	1	»	1	»	1	»	»
Melampus	4	13	3	5	2	4	2	3
Auriculastra	»	1	»	»	»	»	»	»
Plecotrema	1	3	»	1	»	1	»	»
Cassidula	»	1	»	»	»	»	»	»
Enterodonta	»	1	»	»	»	»	»	»
Pedipes	1	1	»	»	»	1	»	»
Helicina	»	1	»	1	»	»	»	»
Omphalotropis	5	17	2	1	»	5	»	1
Cyclotopsis	»	1	»	»	»	»	»	»
Tropidophora	2 [3]	9 [10]	5	2	»	1 [2]	»	2
Melania	3	4	3	3	2	3	2	3
Paludomus	»	1	»	»	»	»	»	»
Assemania	»	2	»	»	»	»	»	»
Truncatella	2	4	1	2	»	2	»	1
Nerita	5	4	3	3	2	3	2	2
Septaria	1	1	1	1	1	1	1	1
Eupera	»	1	»	»	»	»	»	»
Unio	1	»	»	»	»	»	»	»
Total des Espèces	63	145	27	28	8	37	8	16

raux : c'est ainsi que les genres les plus caractéristiques, comme les *Orthogibbus*, les *Caelatura*, les *Gastrocopta* (*Falsopupa*), les *Omphalotropis*, les *Tropidophora*, etc..., ont à la fois des représentants dans les îles de La Réunion, Maurice et Rodrigue.

On peut conclure de ces faits, avec une suffisante certitude, que la faune des trois îles Mascareignes est de même origine. Dès leur isolement, ces îles ont vu leurs faunes évoluer dans des sens légèrement différents, les espèces se sélectant des caractères particuliers en rapport avec le milieu où ils ont vécu

CHAPITRE V

———

Une particularité remarquable de la faune malacologique des îles Mascareignes est le polymorphisme considérable de certaines espèces subfossiles ou vivantes. C'est, notamment, le cas pour les *Caelatura* et les *Pachystyla* parmi les espèces vivantes; pour quelques *Tropidophora* fossiles; pour les *Orthogibbus* et les *Tropidophora* parmi les espèces à la fois vivantes et fossiles. Je citerai seulement quelques exemples.

Le *Pachystyla inversicolor* de Férussac montre un polymorphisme de galbe, de taille et de coloration que j'ai précédemment étudié en détail. J'ai pu montrer ainsi que les *Pachystyla mauritianensis* de Lamarck et *Pachystyla mauritianella* Morelet ne sont que des *formes* de cette espèce actuellement en pleine évolution et dont le type normal n'est pas encore fixé. La même constatation peut être faite pour le *Caelatura caelatura* de Férussac et la forme fossile correspondante, le *Caelatura Duponti* Morelet.

Mais le polymorphisme atteint son maximum d'intensité chez les *Orthogibbus* et les *Tropidophora*. J'ai montré combien il avait été établi d'espèces qui, simplement, sont des modifications d'espèces véritables, peu nombreuses mais en voie d'évolution. En examinant attentivement la faune subfossile de l'île Maurice on remarque deux *Orthogibbus* : les *Orthogibbus majusculus* Morelet et *Orthogibbus helodes* Morelet (1), appartenant évidemment au même type et qui, tous deux, semblent représenter la souche d'où sont descendues toutes les espèces actuellement groupées autour de l'*Orthogibbus modiolus* de Férussac. Ces espèces sont connues des trois îles :

Ile de La Réunion :

Orthogibbus versipolis de Férussac, *Orthogibbus funiculus* de Valenciennes.

---

(1) La première de ces espèces est connue seulement par un petit nombre d'individus; la seconde, très polymorphe est, au contraire, très abondante dans tous les dépôts subfossiles de l'île Maurice.

Ile Maurice :

Orthogibbus modiolus Morelet, *Orthogibbus obesus* Kobelt,
Orthogibbus farinosus Küster, *Orthogibbus brevis* Morelet,
Orthogibbus modiolinus Morelet.

Ile Rodrigue :

Orthogibbus metablatus Crosse, *Orthogibbus rodriguesen-*
sis Crosse.

Toutes sont très polymorphes et leur polymorphisme est
parallèle; il est pour moi certain qu'elles *appartiennent à une*
seule espèce véritable, en pleine évolution et dont le type de
grande taille tend à se fixer, à l'île Maurice, sous la forme de
l'*Orthogibbus modiolus* Morelet (1) tandis que celui de petite
taille se rapproche, à l'île de La Réunion, de l'*Orthogibbus*
funiculus de Valenciennes.

Les mêmes constatations pourraient être faites au sujet des
autres groupes d'*Orthogibbus* et surtout à propos des espèces
du genre *Tropidophora*. Je ne reviendrai pas sur ce que j'ai
dit, dans la première partie de ce Mémoire, sur l'étendue de
leur polymorphisme et sur les variations si curieuses de leur
ornementation sculpturale permettant de passer, sans solution de continuité, du type dont l'ornementation est la plus
complexe (*Tropidophora carinata* Born) au type simplement
sillonné (*Tropidophora ligata* Müller). Mais, de ces observations il résulte que, très probablement, il *existe seulement,*
dans les faunes vivante et fossile des îles Mascareignes, trois
espèces de Tropidophora, correspondant aux *Tropidophora*
(*Tropidophora*) *carinata* Born, *Tropidophora (Ligatella) fim-*
briata de Lamarck et *Tropidophora (Ligatella) ligata* Müller.
C'est autour d'elles que viennent se grouper les diverses modalités de forme et de sculpture, plus ou moins nettement
caractérisées et qui, bien souvent, ont été élevées au rang spécifique.

La première (*Tropidophora carinata* Born), celle dont le
polymorphisme est le plus étendu, s'est éteinte sans avoir fixé
de type spécifique stable. Elle ne semble, en effet, plus vivre
actuellement à l'île Maurice où elle se trouve, par millions
d'individus, dans les dépôts quaternaires tout à fait récents.
Elle développe, à l'île Rodrigue, une espèce représentative,
le *Tropidophora articulata* Gray (2) et, à l'île de Madagascar,

(1) Et, plus spécialement, sous la forme typique de cette espèce.
(2) Qui y existe uniquement à l'état vivant.

une série d'espèces se groupant autour du *Tropidophora tricarinata* Müller.

La seconde [*Tropidophora (Ligatella) fimbriata* de Lamarck et sa variété *haemastoma* Anton] est actuellement fort répandue à l'île Rodrigue (1) et un peu moins à l'île Maurice où elle vit surtout à l'île Ronde, îlot couvert de Palmiers et de Pandanus situé à une cinquantaine de kilomètres au N. N. E. de l'île Maurice. Cette espèce se rencontre subfossile uniquement dans les formations extrêmement récentes, presque contemporaines.

Enfin la troisième [*Tropidophora (Ligatella) ligata* Müller], aujourd'hui très abondante à l'île Maurice où elle vit principalement sur les arbustes, ne se trouve que rarement à l'état fossile et seulement dans les dépôts de date tout à fait récente.

Les Gastéropodes monstrueux sont remarquablement abondants à l'île Maurice, principalement chez quelques genres comme les *Pachystyla* et les *Achatina*. En voici une liste, avec l'indication sommaire des monstruosités observées (2) :

Gibbus Lyoneti Pallas. — Coquille senestre [C. F. Ancey, Sir D. Barclay, Ph. Dautzenberg, J. Ray Hardy, G. Nevill, E. A. Sykes, Collections du Muséum d'Histoire naturelle de Paris, du Muséum de Lyon, de l'Université de Manchester].

Orthogibbus modiolus de Férussac. — Coquille senestre [P. Carié] (pl. IV, fig. 7-8).

Caelatura Duponti Morelet. — Ouverture avec double péristome et callosité columellaire très développée [P. Carié].

Pachystyla inversicolor de Férussac. — Coquille plus ou moins subscalaire [P. Carié]; — coquille planorbiforme [P. Carié]; — coquille dont les tours de spires chevauchent plus ou moins les uns sur les autres [P. Carié] (pl. V, fig. 1, 2, 3, 17 et 19).

Pachystyla inversicolor de Férussac, variété *mauritianensis* de Lamarck.— Coquille plus ou moins scalaire [P. Carié] (pl. V, fig. 30, 31, 32 et 36 à 38); — coquille planorbiforme [P. Carié] (pl. V, fig. 13); — coquille dont les tours de spire chevauchent plus ou moins les uns sur les autres [P. Carié].

Pilula cyclaria Morelet. — Coquille présentant une canali-

(1) Sous la forme de la variété *rodriguesensis* Crosse.
(2) Les noms entre crochets sont ceux des naturalistes qui ont découvert ou signalé ces monstruosités; les numéros de figures renvoient aux planches, à la fin de ce volume.

culation assez profonde contre la suture [P. Carié] (pl. VI,
fig. 23 à 25).

Achatina panthera de Férussac. — Coquille avec une carène très accentuée (principalement au dernier tour), placée un
peu au-dessous de la suture (monstr. *angulatum* Dautzenberg)
[P. Carié, Ph. Dautzenberg, G. Dupuy](pl. XIII, fig. 5-6.);
— coquille allongée et comprimée latéralement (monstr. *compressum* H. Rolle) [Ph. Dautzenberg]; — coquille très ventrue et ombiliquée (monstr. *umbilicatum* H. Rolle) [P. Carié,
Ph. Dautzenberg (pl. XI, fig. 2); — coquille senestre [P. Carié, Ph. Dautzenberg, H. Rolle, E. A. Sykes] (pl. X, fig. 3-4).

Achatina fulica de Férussac. — Coquille subscalaire [P.
Carié] (pl. X, fig. 1-2); — coquille ventrue et ombiliquée
(monstr. *umbilicatum* Reeve) [Ph Dautzenberg, Lesourd].

Subulina octona Chemnitz. — Coquille à spire déviée [P.
Carié].

Cette liste, qui tient compte seulement des monstruosités
très notables, pourrait être facilement allongée en y faisant
entrer les espèces dont la coquille offre des accidents plus ou
moins importants. Un certain nombre des monstruosités que
je viens de signaler sont rares (*Orthogibbus* senestres par
exemple); d'autres sont, à l'île Maurice, beaucoup plus fré-
quentes que partout ailleurs (individus senestres de l'*Achatina panthera* de Férussac). Mais le fait le plus intéressant est
l'abondance extraordinaire des monstruosités chez le *Pachystyla inversicolor* de Férussac, principalement chez les individus fossiles. C'est ainsi que, dans certains dépôts quaternaires, la moitié environ des exemplaires sont monstrueux
ou notablement déformés (1).

(1) Je ne saurais préciser les causes produisant ces monstruosités. Je
constate seulement qu'à l'île Maurice, comme ailleurs du reste, les formes
monstrueuses sont très rares chez les espèces stables et non polymorphes
(comme, par exemple, le *Pilula cyclaria* Morelet) alors qu'elles sont fré-
quentes chez les espèces polymorphes.

CHAPITRE VI

La comparaison des faunes quaternaire récente et actuelle des îles Mascareignes n'est pas sans fournir de très utiles indications. Là encore, l'île Maurice est la plus riche en documents. Son sol possède de nombreux dépôts fossilifères dont l'âge n'est pas absolument précisé, mais qui sont certainement très récents et, selon toute probabilité, historiques. La plupart des espèces éteintes aujourd'hui ont vécu avec le Dronte et autres grands Oiseaux disparus. Peut-être même quelques-uns de ces Mollusques, considérés comme perdus, vivent-ils encore, en très petites colonies, dans les endroits vierges de l'île, bien que la culture intensive ait peu à peu annihilé les districts arides. L'extension des cultures a certainement accéléré la disparition de quelques espèces.

Il est cependant permis de penser que le Gastéropode fossile le plus répandu, le *Tropidophora carinata* Born, se retrouvera un jour à l'état vivant. Quelques exemplaires operculés sont dans un tel état de fraîcheur (1) que M. P. Carié les a certainement recueillis peu de temps après leur mort. La même remarque peut être faite au sujet du *Tropidophora mauritianensis* H. Adams, extrêmement rare à l'état vivant.

On trouve deux catégories d'espèces subfossiles : les unes sont entièrement éteintes et les autres sont connues à la fois subfossiles et vivantes. Dans le tableau suivant, je représente les premières par le signe : O et les secondes par le signe : Δ.

L'île Maurice, comme on peut le voir, fournit seule des documents importants, les espèces signalées dans les îles de La Réunion et de Rodrigue étant en bien trop petit nombre pour qu'il soit actuellement possible d'en faire état.

Les espèces fossiles de l'île Maurice ne sont pas toutes éga-

____

(1) Le test de ces individus a conservé à peu près complètement son coloris (Cf. : Pl. I, fig. 10, 11). Une recherche attentive dans les régions forestières non défrichées de l'île Maurice amènerait certainement d'intéressantes trouvailles et, fort probablement, celle d'individus vivants du *Tropidophora carinata* Born.

NOMS DES ESPÈCES	Ile de la Réunion	Ile Maurice	Ile Rodrigue
Gibbus Lyoneti Pallas		△	
Orthogibbus sulcatus Müller		△	
Orthogibbus majusculus Morelet		○	
Orthogibbus helodes Morelet		○	
Orthogibbus modiolus Morelet		△	
Orthogibbus Nevilli Adams		△	
Caelatura Duponti Morelet		○	
Caelatura Bewsheri Morelet			○
Pachystyla inversicolor de Férussac		△	
Microstylodonta Thiriouxi Germain		○	
Pilula cyclaria Morelet		○	
Tachyphasis Caldwelli Benson		△	
Tachyphasis planorbina Germain		○	
Tachyphasis Newtoni Nevill		○	
Tachyphasis Nevilli Adams		△	
Tachyphasis setiliris Benson		△	
Helicina undulata Morelet		△	
Omphalotropis major Morelet		△	
Omphalotropis rubens Quoy et Gaim.		△	
Omphalotropis variegata Morelet		△	
Omphalotropis globosa Benson		△	
Omphalotropis Duponti Nevill		○	
Omphalotropis multilirata Pfeif.		○	
Omphalotropis Cariei Germain		○	
Omphalotropis Caldwelli Nevill		○	
Tropidophora carinata Born	○	○ [? △]	
variété unicolor		△	
Tropidophora deflorata Morelet	○		
Tropidophora mauritianensis H. Adams		△ [? ○]	
Tropidophora scabra H. Adams		○	
Tropidophora Lienardi Morelet		○	
Tropidophora bipartita Morelet			○
Tropidophora Bewsheri Morelet			○
Tropidophora ligata Müller		△	
Tropidophora fimbriata de Lam.		△	

lement réparties. Les unes sont rares (*Orthogibbus majusculus* Morelet, *Tachyphasis planorbina* Germain, *Tropidophora
lienardi* Morelet); d'autres sont communes (*Orthogibbus mo-*

diolus Morelet, *Omphalotropis major* Morelet, etc...) ou très communes (*Orthogibbus helodes* Morelet, divers *Omphalotropis* ou *Tropidophora*). Il en est enfin qui sont extrêmement abondantes et que l'on peut facilement recueillir par milliers d'individus. Ce sont essentiellement les *espèces dominantes* de ces dépôts, celles qui les caractérisent le mieux. Les plus remarquables, de ce point de vue, sont les *Caelatura Duponti* Morelet et *Tropidophora carinata* Born.

Le nombre des Mollusques subfossiles est relativement restreint par rapport à celui de la faune actuelle. Sur les 145 espèces connues à l'île Maurice (1) 31 ont été signalées à l'état fossiles et 13 — ou peut-être 14 — seulement ne vivent plus dans l'île. La faune fossile ne représente donc que le cinquième de la faune actuelle (2). Évidemment les recherches ultérieures diminueront un peu ce pourcentage; il est cependant peu probable que la proportion que je viens d'indiquer soit notablement changée.

Mais la constatation la plus importante c'est que *toutes les espèces fossiles ou subfossiles sont des formes autochtones, appartenant aux éléments indigènes de la faune des îles Mascareignes*. On remarquera pourtant l'absence, à l'état fossile, des représentants de certains genres très caractéristiques de l'île Maurice comme les *Harmogenanina* ou les *Caldwellia*. On ne connaît également aucun *Microcystis*, aucun *Gastrocopta* (*Falsopupa*), aucun Gastéropode de la famille des *Auriculidae* dans les dépôts quaternaires.

La comparaison des espèces fossiles (3) et vivantes montre que les premières sont toujours très voisines des secondes. Les *Orthogibbus majusculus* Morelet et *Orthogibbus helodes* Morelet sont actuellement représentés par les espèces du groupe de l'*Orthogibbus modiolus* Morelet, les formes vivantes descendant des formes fossiles.

Le *Caelatura Duponti* Morelet, si répandu dans les dépôts quaternaires de l'île Maurice, s'est éteint sans laisser de descendants sur cette île; mais il a deux représentants : un fossile

---

(1) Dans ce nombre sont comprises les espèces vivantes et les espèces fossiles, mais non les diverses variétés de ces espèces.

(2) Les espèces entièrement disparues ne représentent que le dixième de la faune totale.

(3) Je n'envisage, dans ce paragraphe, que les espèces *entièrement éteintes* qui, seules, ont quelque valeur du point de vue paléontologique. Les autres, en effet, se trouvent bien aussi à l'état *subfossile*, mais leur fossilisation peut ne remonter qu'à quelques années.

à l'île Rodrigue (*Caelatura Bewsheri* Morelet), un vivant à l'île de La Réunion (*Caelatura caelatura* de Férussac). Les trois espèces appartiennent incontestablement à un même groupe très homogène.

Il n'existe aucune espèce vivante remplaçant, à l'île Maurice, le *Pilula cyclaria* Morelet, très commun dans certains dépôts quaternaires. Le *Pilula praetumida* de Férussac de l'île de La Réunion et ses variétés des îles Seychelles appartiennent bien au même genre, mais constituent une section différente, peut-être issue d'un autre rameau ancestral. Par contre il me semble voir, dans le *Bathia madagascariensis* (1) récemment décrit par G. C. Robson (2), une survivance du *Pilula cyclaria* Morelet. L'existence d'une forme vivante de ce groupe à Madagascar est un argument nouveau et important en faveur de la commune origine des faunes insulaires de l'Océan Indien. J'ajouterai, d'ailleurs, que les *Bathia madagascariensis* Robson et *Pilula cyclaria* Morelet ont surtout des affinités avec les espèces du genre *Taphrospira* de l'Inde, du Burmah et des îles Andaman et Nicobar.

Les *Microstylodonta Thiriouxi* Germain, *Tachyphasis planorbina* Germain et *Tachyphasis Newtoni* Nevill appartiennent à des groupes dont les représentants vivants sont encore nombreux à l'île Maurice. Il en est de même des *Omphalotropis*.

Des deux sous-genres de *Tropidophora*, les *Eutropidophora* et les *Ligatella*, le premier est le seul connu à l'état réellement fossile. Le *Tropidophora carinata* Born, que l'on peut recueillir dans tous les dépôts quaternaires par milliers et même par dizaines de milliers d'individus, n'a pas laissé de survivants. Je ne reviendrai pas sur ce que j'ai dit de ses rapports avec les espèces du même groupe actuellement vivantes à Madagascar. J'ajouterai seulement que des *Eutropidophora* se trouvent également dans le quaternaire de la grande île africaine (3), mêlés avec des espèces assez variées du sous-genre *Ligatella* (4).

---

(1) Le genre *Bathia* Robson (*loc. infra cit.*, sept. 1914, p. 383, ne paraît pas différer du genre *Pilula* MARTENS.

(2) ROBSON (G. C.), On a Collection of Land and Freshwater Gastropoda from Madagascar, with Descriptions of new Genera and new Species, *Journal of the Linnean Society of London, Zoology*, XXXII, sept. 1914, p. 382, pl. XXXV, fig. 11-13.

(3) GERMAIN (LOUIS), Paléontologie de Madagascar. Mollusques terrestres et fluviatiles quaternaires, *Annales de Paléontologie*, 1921, p. 19 et sq.

(4) Les *Ligatella* ne se trouvent, au contraire, que dans des dépôts près-

Il me reste à signaler un *caractère négatif* important des faunes quaternaire et actuelle des îles Mascareignes. C'est *l'absence de tout représentant de la grande famille des Acavidae* (1). On sait que cette famille est largement distribuée sur toute l'étendue des terres ayant fait partie de l'ancien continent de Gondwana. Elle peut être divisée, comme l'a récemment proposé M. CONNOLLY dans un mémoire fort intéressant (2), en quatre sous-familles : celle des *Strophochilinae* Pilsbry (3) aujourd'hui cantonnée dans l'Amérique du sud (genres *Strophocheilus, Borus* et *Gonyostomus*); celle des *Dorcasinae* Connolly, spéciale à l'ouest de la province africaine du Cap (genres *Trigonephrus* et *Dorcasia*); celle des *Caryodinae* Connolly, répandue en Australie et en Tasmanie (genres *Caryodes, Pedinogyra, Anoglypta* et *Panda* [=*Hedleyella*]); enfin celle des *Acavinae* Connolly, qui nous intéresse plus particulièrement, et qui s'étend depuis Madagascar (genres *Helicophanta* et *Ampelita*) jusqu'à l'île de Ceylan (genre *Acavus*) en passant par les îles Seychelles (genre *Stylodonta*).

Or, sur le domaine autrefois occupé, à l'ouest de l'Océan Indien, par le continent Australo-Indo-Malgache et réunissant l'île de Madagascar, les archipels des Seychelles et des Mascareignes, à l'île de Ceylan et à l'Inde péninsulaire, on voit que les *Acavidae* existent partout, sauf aux îles Mascareignes. Comment peut-on expliquer cette absence en quelque sorte anormale? Il n'est pas douteux que les *Acavidae* aient vécu aux îles Mascareignes lorsqu'elles étaient englobées dans le continent de Gondwana. Mais, à une époque plus récente, se

que modernes à l'île Maurice. C'est à peine si on peut les considérer comme subfossiles.

(1) La famille des ACAVIDAE, créée par H. A. PILSBRY (*Proceedings Academy Nation. Sciences Philadelphia*, 1900, p. 564) [= *Macroogona* PILSBRY, *Manual of Conchology*, 2° série, *Pulmonata*, IX, Philadelphia, 1894, p. XXXIV] est tout à fait distincte, par l'ensemble de ses caractères, de celle des HELICIDAE.

(2) CONNOLLY (M.). Notes on South African Mollusca, *Annals of the South African Museum*, XIII, part IV, avril 1915, p. 122 et sq.

(3) H. A. PILSBRY a montré que les grandes espèces buliniformes de l'Amérique tropicale appartenant aux genres *Strophocheilus, Borus* et *Gonyostomus* s'éloignaient considérablement des *Bulimulidae* et offraient tous les caractères anatomiques des *Acavidae*. C'est pour ces genres qu'il a institué la sous-famille, d'ailleurs très homogène, des *Strophochilinae* [PILSBRY (H. A.), *Manual of Conchology, Classification on Bulimulidae and Index to volumes X-XIV*, Philadelphia, 1902, p. IV. La première indication du nom de *Strophochilinae* se trouve dans la table des matières du tome XIV (p. I), parue avec la partie 56 de l'ouvrage de H. A. PILSBRY, en avril 1902. (*nomen nudum*).]

sont développés, sur ces îles, des Mollusques de grande taille, plus hautement organisés, les *Caelatura* et les *Pachystyla* qui, entrant en compétition avec les *Acavidae* ont fini par les supplanter entièrement. En d'autres termes, les *Acavidae* étaient en pleine régression quand les *Ariophantidae* [=*Naninidae*] évoluaient et se multipliaient à tel point que leurs représentants devenaient bientôt les *genres et les espèces dominants* de la faune. Les *Acavidae* ont ainsi disparu peu après l'apparition des *Caelatura* et des *Pachystyla*, c'est-à-dire bien longtemps avant la constitution des dépôts quaternaires récents et c'est pourquoi on n'en trouve aucune trace dans ces dépôts. Il faudrait, pour avoir quelque chance de les découvrir, rechercher leurs débris dans des formations beaucoup plus anciennes, s'il en existe de fossilifères aux îles Mascareignes (1).

En résumé, l'évolution de la faune malacologique de l'île Maurice est remarquablement continue et la faune actuelle n'est que l'aboutissement logique de celle de la période quaternaire. Aucun des types essentiels dont on trouve les restes dans les dépôts fossilifères n'a disparu (2). Mais les *Tropidophora* vrais sont en pleine régression : peut être complètement éteints, ils développaient, au quaternaire, une riche série de formes variées. Par contre, les *Orthogibbus* étaient bien moins nombreux en espèces qu'aujourd'hui. Si bien que le caractère dominant de la faune des îles Mascareignes, l'abondance si curieuse des Operculés terrestres, était encore plus accentué au quaternaire qu'à l'époque actuelle.

(1) Remarquons qu'à l'île de Madagascar et aux îles Seychelles il n'existe pas de Mollusques terrestres de taille aussi grande que les *Acavidae* (à l'île de Madagascar les Achatines sont d'introduction récente), et rien de comparable aux *Pachystyla* et aux *Caelatura* des îles Mascareignes. Dans ce dernier archipel, les *Caelatura* sont, à leur tour, en pleine décroissance. Encore vivants à l'île de La Réunion (*Caelatura caelatura* de Férussac), ils sont éteints aussi bien à l'île Maurice (*Caelatura Duponti* Morelet) qu'à l'île Rodrigue (*Caelatula Bewsheri* Morelet). Je ne saurais préciser les causes de cette disparition due, peut être, à l'influence de l'homme (défrichements et extension des cultures).

(2) Sauf le *Pitula cyclaria* Morelet et le *Caelatura Duponti* Morelet. Mais on retrouve les descendants de ces espèces sur les îles voisines de La Réunion et Rodrigue.

CHAPITRE VII.

Des considérations qui précèdent nous retiendrons d'abord que les affinités de la faune malacologique des îles Mascareignes s'établissent très nettement, d'une part avec celles des îles de l'Océanie, de l'île de Ceylan et de l'Inde et, d'autre part, avec celle de l'île de Madagascar. Nous rappellerons ensuite que cette faune présente un très grand particularisme, mais qu'elle reste néanmoins homogène sur tout l'archipel, les genres les plus caractéristiques se retrouvant sur les îles de La Réunion, de Maurice et de Rodrigue avec, le plus souvent, des espèces spéciales à chacune de ces trois îles. Nous observerons enfin que la faune actuelle ne diffère pas essentiellement de la faune quaternaire récente; qu'elle en est seulement la continuation logique avec, comme toujours en pareil cas, évolution et épanouissement de certains groupes, régression et même disparition de quelques autres.

L'ensemble de ces faits permet de résumer, à très grands traits, l'histoire malacologique de l'archipel des Mascareignes.

Les îles de La Réunion, Maurice et Rodrigue, aujourd'hui isolées, ont autrefois fait partie intégrante du grand continent de Gondwana qui, au travers de l'Océan Indien actuel, réunissait l'Afrique et l'île de Madagascar à l'île de Ceylan, à l'Inde et à l'Australie. Sur ce continent vivaient de nombreux Mollusques parmi lesquels les représentants de la famille des *Acavidae* (1) étaient les formes dominantes de Pulmonés ter-

<hr>

(1) Je crois que les *Acavidae* sont originaires du continent de Gondwana, sans qu'il soit possible de fixer, actuellement, la région où ils ont commencé leur évolution. Cette origine est admise par H. A. Pilsbry (*Report Princeton Univ. Expedition Patagonia* 1896-1899, III, 1911, p. 614) et M. Connoly (*loc. supra cit.*, 1915, p. 139). Cependant C. Hedley (*Proceedings Linnean Society New South Wales*, XXIV, 1899, p. 396) a émis l'hypothèse que les *Acavidea* naquirent sur le continent antarctique d'où ils essaimèrent dans les régions où ils vivent encore aujourd'hui. Je pense

restres Les Mollusques d'eau douce étaient surtout des Mélaniens et des Néritines, ancêtres des espèces actuelles. Puis ce
continent s'est partiellement effondré sous les eaux de l'Océan
Indien : ses débris ont été séparés de l'Afrique et de l'Australie et ont constitué, entre l'île de Madagascar et l'Inde péninsulaire, sinon une terre continue, du moins une longue série
d'îles étendues et fort voisines les unes des autres. Ainsi s'explique la présence des *Ampelita* et des *Helicophanta* à l'île de
Madagascar, des *Stylodonta* aux îles Seychelles, des *Acavus*
à l'île de Ceylan.

L'archipel des Mascareignes, relié à ce dernier fragment
du continent de Gondwana, a dû s'en séparer d'assez bonne
heure, comme le montre la haute spécialisation de sa faune,
et certainement avant le démembrement du pont de terre unis-
sant Madagascar à l'île de Ceylan. De plus, il est permis
d'avancer que la séparation avec l'île de Madagascar s'est
opérée plus tardivement que celle intéressant la région plus
au nord, en direction des îles Seychelles et de l'Inde. Ce dernier point semble prouvé par l'épanouissement si remarquable, aux îles Mascareignes, de *Tropidophora* appartenant à des
groupes essentiellement malgaches.

Quoiqu'il en soit, sur ce débris du continent de Gondwana
qui sera plus tard l'archipel des Mascareignes, les *Acavidae*
disparurent devant des groupes de Pulmonés d'origine plus
récente et d'organisation plus élevée comme les *Pachystyla*
et les *Caelatura*. Alors se développa cette riche faune de Gastéropodes operculés terrestres fondamentalement représentés par les *Tropidophora* et les *Omphalotropis*. Mais, tandis que
les premiers, les *Tropidophora*, sont surtout répandus à l'*ouest*
de l'ancien continent Australo-Indo-Malgache — avec maximum d'extension à l'île Maurice au quaternaire et à l'île de
Madagascar à l'époque actuelle — les seconds, les *Omphalotropis*, ont leur maximum de développement à l'*est* de ce continent : encore très communs aux îles Mascareignes, ils n'ont
pas été signalés, d'une manière certaine, comme habitant l'île

qu'il est raisonnable de concevoir l'existence, aux époques géologiques
antérieures, d'un continent antarctique qui rend parfaitement compte
de la distribution géographique actuelle de certains groupes d'animaux
(comme, par exemple, les Crinoïdes parmi les Echinodermes, les *Endodontidae* parmi les Mollusques), mais je ne pense pas que les *Acavidae* proviennent de ce continent hypothétique sur lequel, d'ailleurs, nous ne possédons que des documents paléontologiques et faunistiques assez vagues.

de Madagascar (1), bien qu'ils y existent à l'état fossile (2).

Enfin les îles de La Réunion, Maurice et Rodrigue acquièrent leur individualité propre, à une époque actuellement impossible à préciser avec quelque certitude, mais certainement ancienne comme le prouve le *particularisme spécifique* considérable de la faune malacologique de chacune de ces îles.

La faune poursuit dès lors son évolution avec une remarquable continuité. Déjà les grands *Ariophantidae* avaient remplacé complètement les *Acavidae*. Plus tard, le genre *Caelatura* atteignit, au quaternaire, son maximum d'épanouissement; il est, aujourd'hui, en pleine décrépitude. Les *Orthogibbus*, abondants en individus mais encore peu variés au quaternaire développent, à l'époque actuelle, un nombre considérable de formes qui ne sont pas encore fixées. Les *Tropidophora* prennent, dans la faune terrestre, une prédominance marquée. Très nombreux à l'île Maurice, beaucoup moins aux îles de La Réunion et Rodrigue où, sans doute, les conditions de milieu leur furent moins favorables, ils passent par un maximum d'épanouissement au quaternaire pour entrer très vite en régression puisqu'il ne sont plus représentés, dans la faune actuelle, que par quelques espèces du sous-genre *Ligatella*. Et ainsi, peu à peu, par évolution lente et continue, s'est constituée la faune que j'ai analysée dans les pages précédentes.

Enfin, sur cette faune indigène, sont venus se greffer des éléments étrangers dont l'introduction est due à l'intervention involontaire de l'homme (3). Ces introductions sont certainement très anciennes aux îles Mascareignes et peut-être même préhistoriques. On sait aujourd'hui, en effet, que les

(1) L'*Omphalotropis aurata* Odhner, dernièrement décrit par Nils H. Odhner (Contribution à la faune malacologique de Madagascar, *Arkiv för Zoologi*, K. *Srenska Vetenskapsakademien*, Stockholm, XII, n° 6, 1919, p. 50, pl. IV, fig. 46-47), de la grotte funéraire de Catsèpe, près de Majunga, n'est pas un *Omphalotropis*, mais bien un *Georissa*, comme M. A. Bavay et moi l'avons démontré (Gastéropodes terrestres nouveaux de l'île de Madagascar, *Bulletin Muséum Hist. natur. Paris*, XXVI, 1920, p. 158). Une autre espèce, le *Georissa detrita* Bavay et Germain (*loc. supra cit.*, 1920, p. 158, fig. 5, dans le texte) vit aux environs du Cap San Diego.

Il est très probable, d'ailleurs, que l'on trouvera des *Omphalotropis* à l'île de Madagascar.

(2) J'ai, en effet, décrit un *Omphalotropis madagascariensis* Germain découvert, par F. Geay, dans les dunes quaternaires du Faux Cap. [Germain (Louis), Mollusques terrestres et fluviatiles quaternaires de Madagascar, *Annales de Paléontologie*, 1921, Paris, p. 28, pl. IV, fig. 5 à 18 et 13-14].

(3) C'est le cas, de beaucoup, le plus fréquent. Je ne connais que les Achatines dont l'introduction ait été volontaire.

indigènes de la Polynésie furent, de tout temps, des navigateurs hardis et intrépides, ne craignant pas d'entreprendre les expéditions les plus lointaines. « Aucun voyage ne paraît avoir été trop long pour eux, aucun péril trop grand pour ne pas être bravé » (1). Il n'est pas impossible qu'ils aient abordé aux îles Mascareignes, apportant avec eux les *Melampus* et autres Mollusques littoraux d'origine polynésienne qui y sont communs aujourd'hui. Depuis, les échanges commerciaux si actifs, les envois de plantes vivantes de l'Inde, de l'Afrique, de Madagascar et d'ailleurs ont introduit, aux îles de La Réunion et de Maurice, ces nombreux Mollusques étrangers presque tous acclimatés de nos jours, et que j'ai précédemment signalés.

Aux îles Mascareignes, comme dans tous les pays de haute civilisation, nous assistons à un appauvrissement de la faune dû, en grande partie, à l'intensité de la culture qui détruit peu à peu les districts arides ou couverts de la forêt vierge primitive, derniers asiles de certains Mollusques qui disparaissent partout où ces conditions de milieu sont modifiées. Cet appauvrissement n'est pas compensé — en ce qui concerne du moins le *nombre des espèces* (2) — par les acclimatements, car assez souvent, les formes introduites supplantent les formes indigènes et ces dernières disparaissent. Notre *Helix* (*Cryptomphalus*) *aspersa* Müller pullule partout où il est introduit dans l'hémisphère sud (3) et, aux îles Mascareignes, il existe souvent à profusion. Les Achatines ne sont pas moins communes. De ces deux grandes causes : défrichements et acclimatement d'espèces étrangères, il résulte d'incessantes modifi-

<hr>

(1) BEST (ELSDON), *Report of a lecture delivered by Mr. ELSDON BEST to the Wellington Philosophical Society in New Zealand*, Juillet 1915.

(2) Les espèces introduites, généralement peu nombreuses, se propagent souvent avec une remarquable rapidité, donnant naissance à un nombre considérable d'individus.

(3) Un assez grand nombre de Mollusques terrestres de la faune européenne ont un pouvoir d'acclimatement très remarquable, très supérieur à celui des Mollusques des autres régions du globe. C'est un fait d'observation courante que certaines espèces d'Europe (notamment de nombreux Limaciens et Hélicidés) s'acclimatent très rapidement et pullulent dans leur nouvel habitat, aussi bien en Amérique, qu'en Afrique australe ou en Océanie, tandis que les espèces de ces dernières contrées ne s'acclimatent pas en Europe. Les causes de ce pouvoir d'acclimatement des espèces européennes sont tout-à-fait obscures. Peut être faut-il les voir dans l'éclectisme de leur régime alimentaire et, surtout, dans la haute complexité de leur appareil génital dont la perfection permet, sans doute, une dissémination plus complète et plus rapide de l'espèce.

cations dans les faunes terrestres (1). En ce qui concerne plus spécialement les îles Mascareignes, leur faune malacologique, par suite de la disparition de nombreuses espèces indigènes, tend vers un appauvrissement continu, mal compensé par l'apport et l'acclimatement d'éléments étrangers.

(1) Ces modifications sont particulièrement nettes dans l'hémisphère austral.

INDEX BIBLIOGRAPHIQUE [1]

1867. ADAMS (H.). Descriptions of New Species of Shells collected by *GEOFFROY NEVILL*, Esq., at Mauritius. *Proceedings Zoological Society of London* [14 mars 1867], pp. : 300-307, pl. XIX.

1868. ADAMS (H.). Further descriptions of New Species of Shells collected at Mauritius by *GEOFFROY NEVILL*, Esq. *Proceedings Zoological Society of London*, [9 janvier 1868], pp. : 12-14, pl. IV.

1868a. ADAMS (H.). Descriptions of some New Species of Shells collected by *GEOFFROY NEVILL* Esq., at Mauritius, the Isle of Bourbon, and the Seychelles. *Proceedings Zoological Society of London*, [14 mai 1868], pp. : 288-293, pl. XXVIII.

1913. ANONYME. Note [sans titre] sur l'introduction du *Couroupa* [= *Achatina fulica* de Férussac] de l'île Maurice à Ceylan. *Bulletin agricole, publié sous le patronage de la Chambre d'Agriculture de l'île Maurice*, IV, Port-Louis (Maurice), n° 42, 30 juin 1913, p. 1141.

1911. ANONYME. Note sur le *Pupa[*] palanga* [= *Orthogibbus palangus* de Férussac]. *Bulletin agricole, publié sous le patronage de la Chambre d'Agriculture de l'île Maurice*, II, Port-Louis (Maurice), n° 24, 31 décembre 1911, p. 618.

1892. BAKER (FRANCK C.). *Notes on a collection of shells from the Mauritius; with a considérations of the genus Magilus of Montfort. Proceedings of the Rochester Academy of Science*, II, part I (paru le 2 mars 1892), pp. : 19-40, pl. IX.

Les espèces terrestres sont simplement citées, sans aucune référence bibliographique ou iconographique.

1773. BERNARDIN DE SAINT-PIERRE. Voyage à l'Isle de France, à l'Isle de Bourbon, au Cap de Bonne Espérance, etc.., avec des observations nouvelles sur la nature et sur les hommes, par un officier du Roy. Neufchâtel, in-8.

Quelques indications sur la faune des environs de Port-Louis, aux pages 102-111.

1859. BENSON (W. H.). Descriptions of several new Land Shells from the Mauritius. *Annals and Magazine of Natural History*, 3° série, III, London [n° 14, février 1859], pp. : 98-100.

1804. BORY DE SAINT-VINCENT (J. B. G. M.). Voyage dans les quatre principales îles des mers d'Afrique, fait par ordre du gouvernement, pendant les années neuf et dix de la République (1801 et 1802), avec l'Histoire de la Traversée du Capitaine *BAUDIN* jusqu'à Port-Louis de l'Ile Maurice.

Paris, F. Buisson, an XIII, 3 vol. in-8 [XVI+408 pp., 431 pp. et 473 pp.] et Atlas petit in-folio de IV pp. + 58 pl. [numérotées I à

---

(1) Ne sont cités, dans cet *Index bibliographique*, que les seuls travaux se rapportant spécialement à la Faune malacologique terrestre et fluviatile des Iles Mascareignes,

LVI, parce qu'il existe une planche XIV *bis*, et une planche XXIII
bis].

Cf., pour l'Histoire naturelle, les pp. : 373-408 du tome I où se trouve
un « Catalogue des objets d'Histoire naturelle contenus dans les notes des
trois volumes » qui renvoie aux pages où sont traitées ces questions.

1869. BOUTON (L.). Annual Report. *Transactions of the Royal Society of
Arts and Sciences of Mauritius*, III, Maurice, pp. : I-XXIII.
On trouvera, à la page V, une très courte note sur les Cyclostomes
recueillis, par V. DE ROBILLARD, sur l'îlot Barkley.

1869. CALDWELL. Note [sans titre] sur quelques Mollusques de l'île Maurice. *Transactions of the Royal Society of Arts and Sciences of
Mauritius*, Nouv. sér. III, (séance du 23 septembre 1868, volume
paru en 1869], pp. : 120-121.
C'est une liste des espèces recueillies par G. NEVILL pendant son séjour à
l'île Maurice et décrites comme nouvelles par H. ADAMS.

1893. COOKE (Rév. A. H.). On the Geographical distribution of the Land
and Freshwater Mollusca of the Malagasy Region. *The Conchologist, a
Journal of Malacology, édited by WALTER E. COLLINGE*, II, Bir-
mingham, n° 6 [24 juin 1893], pp. : 131-139.

1869. CROSSE (H.) et FISCHER (P.). Note sur le ruban lingual du *Gonospira palanga* Lesson. *Journal de Conchyliologie* XVII, Paris, pp. :
313-317, pl. XI.

1873. CROSSE (H.). Diagnoses Molluscorum novorum. *Journal de Conchyliologie*, Paris, XXI, pp. : 136-144.
Diagnoses d'espèces nouvelles de l'île Rodrigue.

1874. CROSSE (H.). Faune malacologique terrestre et fluviatile de l'île Rodriguez. *Journal de Conchyliologie*, XXII, Paris, pp. : 221-242, pl.
VIII.

1909. DAUTZENBERG (Ph.). Sur quelques cas tératologiques, *Journal de
Conchyliologie*, Paris, LVII, pp. : 39-41, pl. I.
Signale quelques exemplaires senestres du *Gibbus Lyoneti* Pallas.

1909*a*. DAUTZENBERG (Ph). Additions et rectifications, *Journal de Conchyliologie*, Paris, LVII, p. 259.
Note au sujet de deux exemplaires senestres du *Gibbus Lyoneti* Pallas.

1910. DAUTZENBERG (Ph.). Déformations chez quelques Mollusques Pulmonés, *Journal de Conchyliologie*, Paris, LVIII, pp. : 312-316, pl. XIV.
L'auteur signale un certain nombre d'exemplaires monstrueux de l'*Achatina panthera* de Férussac, recueillis à l'île Maurice.

1863. DESHAYES (G. P.) Catalogue des Mollusques de l'île de La Réunion
(Bourbon). Préface de GEORGE SAND. Paris, Dentu, in-8, 4 + 144
pp., 14 pl. color.
Ce mémoire a été publié, comme appendice E, à l'ouvrage de
MAILLARD (L.) : *Notes sur l'île de La Réunion* (Bourbon), Paris,
Dentu, 1re Edit., 1862, in-8 avec 28 pl.; 2° Edit., 1863, 2 vol. in-8,
(I : 344 pp.; II : 32 + 7 + 1 + 32 + 8 + 144 + 16 + 72 + 40 pp.) et Atlas
gr. in-8 de 41 planches.
La préface de GEORGE SAND a d'abord été insérée dans la Revue des Deux
Mondes, livraison du 1er juin 1863.

1827. FÉRUSSAC (Baron d'A. DE). Catalogue des espèces de Mollusques terrestres et fluviatiles recueillies par M. RANG, officier de la marine
royale, dans un voyage aux Grandes Indes. *Bulletin universel des
Sciences et de l'Industrie, publié sous la direction de M. le Baron DE*

FERUSSAC, 2ᵉ section : *Bulletin des Sciences naturelles et de Géologie*, X, Paris, pp. : 298-307 et pp. 408-413.
   Descriptions succinctes de nombreuses espèces nouvelles des îles de La Réunion et Maurice.

1867. FISCHER (P.). Anatomie de deux Mollusques pulmonés terrestres appartenant aux genres *Xanthonyx* et *Hyalimax*, *Journal de Conchyliologie*, Paris, XV, pp. : 213-221, pl. X.
   Description du *Hyalimax Maillardi*, de l'île de La Réunion (pp. : 218-219).

1872. FISCHER (P.). Diagnoses specierum ad genus Vaginulam pertinentium, *Journal de Conchyliologie*, Paris, XX, pp. : 144-145.
   Description du Veronicella Maillardi Fischer [subn. *Vaginula Maillardi*], de l'île de La Réunion.

1872a. FISCHER (P.). Note sur le *Parmacella Mauritius*, Rang, et observations sur le genre *Parmacella*, *Journal de Conchyliologie*, Paris, XX, pp. 202-209. Voir aussi : CROSSE (H.).

1918. GERMAIN (LOUIS). Sur la classification de quelques Mollusques Pulmonés des îles Mascareignes et description d'espèces nouvelles de cet archipel, *Bulletin Muséum Histoire naturelle Paris*, XXIV, pp. 516-524.

1919. GERMAIN (LOUIS). Un Pélécypode nouveau des rivières de l'île de La Réunion, *Bulletin Muséum Histoire naturelle Paris*, XXV,, pp. 121-122.

1908. GODWIN AUSTEN (H. H.). On the extension of the Genus *Macrochlamys* to the Island of Mauritius, *Proceedings Malacological Society of London*, VI, pp. 319-321, pl. XVIII.

1908. GODWIN AUSTEN (H. H.). The Dispersal of Land Shells by the Agency of Man, *Proceedings Malacological Society of London*, VIII, pp. 146-147.
   Acclimatement du *Macrochlamys indica* Benson à l'île Maurice.

1872. JOUSSEAUME (DR. F.). Description de quatre Mollusques nouveaux, *Revue et Magasin de Zoologie pure et appliquée par M. F. E. GUERIN-MENEVILLE*, 2ᵉ série, XXIII, Paris, pp. 5-15, pl. II.
   Description du *Lantzia carinata* Jousseaume [*Lantzia* Jousseaume = *Erinna* H. et A. Adams] nov. gen. et nov. sp. de l'île de La Réunion.

1874. JOUSSEAUME (DR. F.). Des genres *Erinna* et *Lantzia*, *Revue et Magasin de Zoologie pure et appliquée fondé par M. F. E. GUERIN-MENEVILLE*, Paris, XXXVII [3ᵉ série, t. II], pp. 25.

1904. KOBELT (DR. W.). Die Raublungenschnecken (Agnatha). Rhytidae und Enneidae. *Systematisches Conchylien-Cabinet*, von MARTINI et CHEMNITZ, 2ᵉ Edit., I, 12, B¹, Nürnberg, 1902-1905, in-4°.
   Conférez pour les *Microstrophia*, pp. : 309-312 taf. XXXIII, et pour les *Gibbus* et les *Gibbulina* [= *Orthogibbus*] pp. : 313-336, taf. XXXVII-XL (Octobre-Novembre 1904).

1869. LE JUGE (DR.). Notice bibliographique sur *LIÉNARD* père. *Transactions of the Royal Society of Arts and Sciences of Mauritius*, nouv. sér., III, pp. 54-63.

1877. LIÉNARD (E.). Catalogue de la faune malacologique de l'île Maurice et de ses dépendances, comprenant les îles Seychelles, le groupe de Chagos composé de Diego-Garcia, Six-Iles, Peros-Banhos, Salomon, etc., l'île Rodrigues, l'île de Gargados ou Saint-Brandon. Paris, F. Savy, in-8, IV + 115 pp.
   Simple Catalogue sans références iconographiques ou bibliographiques et sans indications précises de localités.

1901. MABILLE (J.). Testarum novarum diagnoses. *Bulletin de la Société Philomatique de Paris*, III, pp. 56-58.
    Description de l'*Achatina rediviva* Mabille, de l'île Maurice.

1863. MAILLARD (L.). Voir DESHAYES (G. P.).

1869. MARTENS (Dr. E. von). Mollusken, in : DECKEN (von der). *Reisen in Ost-Afrika*, Berlin, III, pp. 45-66 et pp. 148-160, taf. I-III.
    Indication de quelques espèces des îles Mascareignes.

1880. MARTENS (DR. E. Von). Mollusken, in : MÖBIUS (K.), *Beiträge zur Meeresfauna der Inseln Mauritius und der Seychellen*. Berlin, in-4°, VI + 532 pp., 22 taf., 1 carte de l'île Maurice.
    Les Mollusques, décrits par le Dr. E. von MARTENS, occupent les pages 180-352 (taf XIX-XXII). L'ouvrage tout entier est un tirage à part des Mémoires de la *Königl. Akademie der Wissenschaft. in Berlin*.

1897. MÖLLENDORFF (DR. O. von). Neue und kritische Realiiden, *Nachrichtsblatt d. Deutschen Malakozoologischen Gesellschaft*, XXIX, Frankfurt a. M., pp. 164-172.
    Description de l'*Omphalotropis albolabris* Möllendorff, espèce nouvelle de l'île Maurice (pp. 164-165).

1860. MORELET (A.). Séries Conchyliologiques comprenant l'énumération des Mollusques terrestres et fluviatiles recueillis pendant le cours de différents voyages, ainsi que la description de plusieurs epèces nouvelles. Deuxième livraison : Iles Orientales de l'Afrique [M. E. VESCO, 1848-49]. Paris, novembre 1860, pp. 37-127, pl. IV-VI.

1866. MORELET (A.). Colimacea in insula Mauritii de novo reperta, *Revue et Magasin de Zoologie pure et appliquée de M. F. E. GUÉRIN MÉNEVILLE*, 3e série, XIII, Paris, février 1866, pp. 62-63.

1867. MORELET (A.). Diagnoses de coquilles nouvelles de l'île Maurice, *Journal de Conchyliologie*, XV, Paris, pp. 439-440.

1875. MORELET (A.). Des genres *Erinna, Litholis* et *Lantzia*, *Journal de Conchyliologie*, XXIII, Paris, pp. 280-281.

1875a. MORELET (A.). Appendice à la Conchyliologie de Rodriguez, *Journal de Conchyliologie*, XXIII, Paris, pp. 21-30, pl. I.

1876. MORELET (A.). Sur quelques Coquilles inédites ou imparfaitement connues des îles orientales d'Afrique, *Journal de Conchyliologie*, XXIV, Paris, pp. 85-91, pl. III.

1877. MORELET (A.). Additions à la Faune de l'île Maurice, *Journal de Conchyliologie*, XXV, Paris, pp. 212-217.

1878. MORELET (A.). Additions à la Faune paléontologique de l'île Maurice. *Journal de Conchyliologie*, XXVI, Paris, pp. 170-173.

1882. MORELET (A.). Observations critiques sur le Mémoire de M. E. V. MARTENS, intitulé : Mollusques des Mascareignes et des Séchelles, *Journal de Conchyliologie*, XXX, Paris (1er avril 1882), pp. 85-106, pl. IV.

1868. NEVILL (G.). On some species of land Mollusca inhabiting Mauritius and the Seychelles, *Proceedings Zoological Society of London*, 1 p. 257-261.

1869. NEVILL (G.). Additional notes on the land shells of Seychelles Islands, *Proceedings Zoological Society of London*, pp. 60-66.

1870. NEVILL (G.). On the Land Shells of Bourbon, with description of a few new species. *Journal Asiatic Society of Bengal*, XXXIX, part II (*Natural History*), n° 4, Calcutta, pp. 403-416.

1871. Nevill (G. et H.). Descriptions of new Mollusca from the Eastern Region. *Journal Asiatic Society of Bengal*, XXXIX, part II (*Natural History*), *Calcutta*, pp. 1-11, pl. I.

1875. Nevill (G. et H.). Descriptions of new Marine Mollusca from the Indian Ocean. *Journal Asiatic Society of Bengal* XLIV, part. II (*Natural History*), n° 2. Calcutta, pp. 83-104, pl. VII-VIII.

> Ce Mémoire est indiqué ici, bien qu'uniquement consacré à la faune marine, parce qu'il renferme (pp. : 103-104) une Note sur les espèces terrestres des îles Maurice et de La Réunion citées par le baron de Férussac dans le *Bulletin universel des Sciences* (tome X, 1827, cf. : Férussac (de), *1827*)

1878. Nevill (G.). Note sur deux coquilles terrestres, décrites par Deshayes, comme recueillies, à Pondichéry, par M. *BELANGER*, *Journal de Conchyliologie*, XXVI, Paris, pp. 59-62.

> Note sur le *Nanina semifusca* Deshayes de l'île Maurice et sur l'*Omphalotropis aurantiaca* Deshayes des îles Mascareignes.

1878-1884. Nevill (G.). Hand List of Mollusca in the Indian Museum, Calcutta. Part I. Gastropoda. Pulmonata and Prosobranchia-Neurobranchia. Calcutta, in-8, 1878, XV+338 pp. Part II. Gastropoda. Prosobranchia-Neurobranchia (continued). Calcutta, in-8, 1884. X+306 pp.

> Contient de nombreuses notes sur les Mollusques terrestres et fluviatiles des îles Mascareignes et Seychelles.

1881. Nevill (G.). New or little-known Mollusca of the Indo-Malayan Fauna, *Journal Asiatic Society of Bengal*. L. part II (*Natural History*). n° III. Calcutta, pp. 125-167, pl. V-VII.

1871. Pease (Harper). Remarques sur quelques-unes des espèces énumérées par *M. G. P. DESHAYES*, dans son Catalogue des Mollusques de l'île de La Réunion, *Journal de Conchyliologie*, XIX, Paris, pp. 100-103.

1851. Pfeiffer (Dr. L.). Descriptions of sixty-six new Land Shells, from the Collection of *H. CUMING*, Esq., *Proceedings Zoological Society of London*, part XIX, pp. 56-70.

> Descriptions de quelques espèces nouvelles de l'île Maurice.

1851a. Pfeiffer (Dr. L.). Description of fifty-four New Species of Helicea, from the Collection of *HUGH CUMING*, Esq., *Proceedings Zoological Society of London*, part XIX, pp. 252-253.

> Description de l'*Helix semidecussata* Pfeiffer, de l'île Maurice, et de l'*Helix Brardiana* Pfeiffer, de l'île de La Réunion.

1852. Pfeiffer (Dr. L.). Descriptions of Eight Species of Land Shells, from the island Mauritius, *Proceedings Zoological Society of London*, part XX, pp. 149-151.

1869. Robillard (V. de). Notice sur l'îlot Barkly et sur les Coquilles qui y ont été trouvées. *Transactions of the Royal Society of Arts and Sciences of Mauritius*, III, pp. 104-106.

> Notes sur les Operculés terrestres (*Tropidophora*) et description d'une coquille marine le *Mitra Barklyi* Robillard, figurée en couleurs à la fin du volume (sans indication de numéro de planche).

1871. Robillard (V. de). Note [sans titre] sur l'*Helix caelatura* de Férussac et l'*Helix Duponti* Morelet. *Transactions of the Royal Society of Arts and Sciences of Mauritius*, new ser., V, p. 37 (séance du 14 juin 1870).

> Relate la découverte, en 1870, de ces *Helix* par le Colonel Pike, la première à l'île de La Réunion, la seconde subfossile dans la vallée de la Rivière Noire, à l'île Maurice.

1871*a*. ROBILLARD (V. DE). Note [sans titre] sur les Cyclostomes de l'île
Maurice et des îlots voisins. *Transactions of the Royal Society of
Arts and Sciences of Mauritius*, new ser., V, pp. 122-125.

1909. ROLLE (H.). Ueber einige abnorme Landschnecken, *Abhandlungen
der Senckenbergischen Naturforschenden Gesellschaft*, Frankfurt a.
M., XXXII, pp. 189-193, taf. XVII.
L'auteur signale quelques individus senestres des *Achatina panthera* de
Férussac et *Achatina fulica* de Férussac recueillis à l'île Maurice par V. DE
ROBILLARD.

1880. SCHACKO (G.). Anatomie einiger Landschnecken.
Ce travail, publié comme Appendice au mémoire du Dr E von MARTENS
[*1880*] (pp. 337-343. taf. XIX. fig 13 à 23) donne quelques brèves indications sur la radula et l'appareil génital du *Pachystyla inversicolor* de
Férussac de l'île Maurice.

1885. SEMPER (C.). Reisen im Archipel der Philippinen. III. Landmollusken, Helf VII, Wiesbaden, in-4°, pp. 291-327, taf. XXIV-XXVII.
Signale trois espèces de Vaginules [= Véronicelles] à l'île Maurice, dont
deux nouvelles qu'il décrit et figure.

1843. SGANZIN (V.). Catalogue des Coquilles trouvées aux îles de France,
de Bourbon et de Madagascar, *Mémoires société Histoire naturelle
de Strasbourg*, III, part. 2, pp. 1-30.

1876. SMITH (E. A.). Diagnoses of new Species of Mollusca and Echinoder-
mata from the Island of Rodriguez, *Annals and Magazine of Natural
History*, London, 4° sér.. XVII. pp. 404-406.

1885-1886. TRYON (G. W.). Manual of Conchology. Structural and Syste-
matic. 2° série : Pulmonata. Philadelphia, vol. I (1885) et vol. II
(1886).
Cf.. pour les espèces de l'île Maurice. vol. I. pp. : 81-82. pl. XXI (genre
Gibbus) et pp. : 85-90 pl. XXI-XXII (genre *Orthogibbus*): vol II, pp. : 21-
28 et pp. : 106-107, pl. III, IV, V, VI, XXXV et XXXVI [pour les ARIO-
PHANTIDAE (= NANINIDAE)].

ADDITIONS ET CORRECTIONS

I

FAMILLE DES **ORTHOGIBBIDAE**

Ainsi que je l'explique dans la deuxième partie de ce Mémoire (p. 415), les *Gibbus* et les *Orthogibbus* constituent un groupe parfaitement défini, nettement individualisé et étroitement localisé aux îles Mascareignes. C'est pour ces raisons que j'ai groupé les espèces de ces deux genres dans la nouvelle famille des **Orthogibbidae** (V. *ante*, p. 415).

II

GENRE **ARIOCAELATURA** Germain, 1921.

Le genre *Caelatura* Pfeiffer (1877) [*V. ante*, p. 103] faisant double emploi avec le genre *Caelatura* Conrad, 1853 [famille des UNIONIDAE] (V. *ante*, p. 403), ne saurait être maintenu. Je propose le nouveau vocable d'**Ariocaelatura** rappelant que le type du genre (*Helix caelatura* de Férussac) appartient à la famille des ARIOPHANTIDAE. On ne saurait, en effet, accepter les noms génériques précédemment employés pour désigner cette espèce. Celui d'*Eurycratera* Beck (1) qui, primitivement, groupait 14 espèces des plus diverses, est aujourd'hui restreint, comme l'indiquait GRAY dès 1847 (2), au groupe de l'*Helix jamaïcensis* Gmelin des Antilles. Le genre *Pachystoma* Albers (3) ne saurait davantage convenir à l'*Helix caelatura* de Férussac et aux formes voisines (4) puisqu'il existe un sous-

---

(1) BECK (H.), *Index Molluscorum*, etc..., Hafniae, 1837, p. 45.
(2) GRAY (J. E.), *Proceedings Zoological Society of London*, 1847, p. 171.
(3) ALBERS (J. C.), *Die Heliceen*, Éd. II, [par E. von MARTENS], Leipzig, 1860 (1861), p. 125.
(4) Le genre *Pachystoma* Albers est d'ailleurs synonyme de *Thelidomus* SWAINSON (*Treat. on Malacology*, 1840, p. 191, 192 et 330). Dans l'ouvrage d'ALBERS, l'*Helix caelatura* de Férussac est inséré à la fin des *Pachystoma* et distingué nettement des autres espèces.

genre *Pachystoma* Guilding (1) créé antérieurement pour des Mollusques de la famille des Ampullariidae. Quant au genre *Xesta* Albers (2) il ne renferme que des espèces très différentes de celles des îles Mascareignes (3).

Les *Ariocaelatura* se répartissent en trois séries :

§ 1.

Ariocaelatura caelatura de Férussac (type du genre), *Ariocaelatura Duponti* Morelet, *Ariocaelatura Bewsheri* Morelet.

§ 2.

Ariocaelatura scalpta Martens.

§ 3.

Ariocaelatura rodriguezensis Crosse.

III

Genre **MICROSTYLODONTA** Germain, 1921.

Les *Helix stylodon* Pfeiffer et *Helix odontina* Morelet ont été classés, par beaucoup d'auteurs, dans le genre *Stylodonta* institué, en 1832, par J. DE CRISTOPHORI et G. JAN (4) pour les *Helix unidentata* Chemnitz et *Helix Studeri* de Férussac (5).

Les deux espèces de l'île Maurice n'appartiennent certainement pas à ce genre. Elles constituent un petit groupe très particulier, qui vivait déjà au quartenaire, puisque j'ai décrit une espèce fossile de l'île Maurice (*Microstylodonta Thiriouxi*

(1) GUILDING (L.), *Zoological Journal*, London, XII, 1828, p. 536.
(2) ALBERS (J. C.), *Die Heliceen*, Berlin, 1850, p. 50; et Ed. II, [par E. von MARTENS], Leipzig, 1860 (1861), p. 51.
(3) W. TRYON (*Manual of Conchology*, 2ᵉ série, *Pulmonata*, II, 1885, p. 21, pl. III, fig. 47) classe, dans les *Caelatura*, l'*Helix simplex* de Lamarck (*Hist. natur. animaux sans vertèbres*, VI, part. II, Paris, Avril 1822, p. 77, n° 42), espèce tout à fait différente de celle des îles Mascareignes et qui habite Amboine. L'*Helix simplex* appartient à un genre particulier pour lequel je propose le nom de **Pseudocaelatura** (type : *Pseudocaelatura simplex*).
(4) *Stylodonta* DE CRISTOPHORI et JAN, *Catalogus*, etc..., Milano, 1832, p. 2, et *Stylodon* BECK, *Index Molluscorum*, Hafniae, 1837, p. 46.
(5) =*Helix Studeriana* de Férussac.

Germain). C'est pour ces trois Mollusques que j'ai établi le nouveau genre **Microstylodonta** (*V. ante*, p. 123).

IV

Famille des **PUPIDAE** [=**GASTROCOPTIDAE**]

M. H. A. Pilsbry a récemment étudié les Pupidae [=Gastrocoptidae] des îles Mascareignes (*Manual of Conchology*, 2° série, *Pulmonata*, XXIV, part 90, 1917, pp. 127 et sq.; XXV, part 100, avril 1920, pp. 348 et sq.). A la suite de ses recherches, M. H. A. Pilsbry a proposé diverses modifications dans la classification généralement adoptée. Je les résume dans la liste suivante.

Genre Gastrocopta Wollaston, 1878.

Gastrocopta (*Falsopupa*) *microscopica* Nevill; *Gastrocopta* (*Falsopupa*) *Lienardi* Crosse et variété *Eudeli* Pilsbry.

Genre Naesopupa Pilsbry, 1900 (1).

Naesopupa exigua Adams [=*Naesopupa micra* Pilsbry (2)], *Naesopupa gonioplax* Pilsbry [*loc. supra cit.*, XXV, 1920, p. 351, n° 47, pl. XXXIII, fig. 8, 9, 10]. Cette dernière espèce, créée sur un exemplaire de la collection A. Morelet autrefois recueilli par G. Nevill à l'île Maurice se distingue surtout de la précédente par sa forme plus ventrue. Elle possède 5 tours de spire; son test est d'un brun rougeâtre et elle mesure 2,5 millimètres de longueur sur 1,55 millimètre de diamètre maximum.

Naesopupa (*Insulipupa*) (3) *ventricosa* H. Adams et variété *incerta* Nevill [=*Naesopupa* (*Insulipupa*) *incerta* Pilsbry].

(1) *Naesopupa* Pilsbry, *Proceedings Acad. natur. Sc. Philadelphia*, 1900. p. 432. [=*Ptychochilus* Boettger, *Conch. Mittheil.*, I, 1881, p. 47, non Agassiz].

(2) H. A. Pilsbry (*loc. supra cit.*, 1920, p. 351) a changé le nom d'*exigua* parce qu'il existe un *Pupa exigua* Say décrit en 1822; comme les deux espèces n'appartiennent pas au même genre, cette substitution de noms ne paraît inutile.

(3) *Insulipupa* Cooke et Pilsbry, *in :* Pilsbry, *loc. supra cit.*, XXV, part 100, Avril 1920, p. 277 et p. 348. [=*Pagodella* H. Adams, 1867, non Pagodella Swainson, 1840].

Genre Costigo Boettger, 1891 (1).

Costigo borbonicensis Adams [= *Costigo borbonica* Pilsbry],
Costigo Desmazuresi Crosse.

Il me paraît inutile d'ajouter que cette classification reste
encore toute provisoire et qu'il en sera ainsi tant qu'on ne
possèdera pas de données certaines sur l'anatomie de ces animaux.

V

OEUFS DE L'*ACHATINA FULICA* DE FÉRUSSAC

M. P. Carié m'a remis un assez grand nombre d'œufs de
l'*Achatina fulica* de Férussac. Ils sont de forme ovalaire, plus
ou moins allongés, quelquefois même subarrondis. Leur coloration varie du jaune clair au jaune verdâtre. Ils mesurent,
en moyenne, de 6 $\frac{1}{2}$ à 7 millimètres de longueur sur 5-5 1/4
millimètres de diamètre maximum; les plus petits ont 5 1/4
millimètres de longueur sur 4 1/4 millimètres de diamètre
maximum et les plus gros 7-7 1/5 millimètres de longueur sur
5 $\frac{1}{2}$-5 4/5 de diamètre maximum.

ERRATA

Page 67, ligne 19, au lieu de :
ORTHOGIBBUS (ORTHOGIBBUS) PALANGULUS de Férussac,
lire :
ORTHOGIBBUS (ORTHOGIBBUS) **palangus** de Férussac.

(1) *Costigo* BOETTGER, *Bericht Senckenb. Naturf. Gesellschaft Frankfurt
a.-M.*, 1891, p. 270.

LISTE DES FIGURES DANS LE TEXTE

EXPLICATION DES PLANCHES

PLANCHE I.

Fig. 1-2-3.   *Microcystis nitella* Morelet.
Ile Maurice [M. P. Carié] ; × 4.

Fig. 4-5-6.   *Microstylodonta odontina* Morelet.
Ile Maurice [M. P. Carié], × 3.

Fig. 7.   *Orthogibbus (Gonidomus) pagodus* de Férussac.
Ile Maurice [M. P. Carié]; × 2.

Fig. 8-9.   *Gibbus Lyoneti* Pallas.
Ile Maurice [M. P. Carié]. Eemplaire recueilli mort mais avec l'animal; grandeur naturelle.

Fig. 10-11.   *Tropidophora (Eutropidophora) carinata* Born.
Ile Maurice [M. P. Carié]. Exemplaire subfossile ayant à peu près complètement conservé son coloris; grandeur naturelle.

PLANCHE II.

Fig. 1 à 10.   *Orthogibbus (Orthogibbus) versipolis* de Férussac.
Types de l'auteur; collections du Muséum national d'Histoire naturelle de Paris; × 2.

Fig. 11 à 16.   *Ennea (Microstrophia) Carici* Germain.
Types. Ile Maurice [M. P. Carié]; × 5.

Fig. 17, 18, 28, 31 et 32.   *Orthogibbus (Orthogibbus) majusculus* Morelet.
Ile Maurice [M. P. Carié]; grandeur naturelle.

Fig. 19, 20 et 21.   *Orthogibbus (Orthogibbus) calliferus* Morelet [= *Helix undulatus* de Férussac].
Ile Maurice [Collections du Muséum national d'Histoire naturelle de Paris]; × 3.

Fig. 22 à 25.   *Orthogibbus (Orthogibbus) helodes* Morelet.
Ile Maurice [M. P. Carié]; grandeur naturelle.

Fig. 26-27.   *Tachyphasis (Pseudophasis) Nevilli* H. Adams.
Ile Maurice [M. P. Carié]; × 5.

Fig. 29-30.   *Orthogibbus (Orthogibbus) mauritianensis* Morelet, variété *ponderosus* Germain.
Ile Maurice [M. P. Carié]; × 2.

Fig. 33 à 38.   *Ennea (Enneastrum) Poulrini* Germain.
Ile Maurice [M. P. Carié]; × 6.

PLANCHE III.

Fig. 1 à 6.   *Omphalotropis (Eurytropis) Carici* Germain.
                Ile Maurice [M. P. Carié]; ×5.
Fig. 7.   *Omphalotropis (Eurytropis) clavulus* Morelet.
                Ile Maurice [M. P. Carié]; ×4.
Fig. 8 à 11.   *Omphalotropis (Eurytropis) expansilabris* Pfeiffer.
                Ile Maurice [M. P. Carié]; ×5.
Fig. 12-13.   *Omphalotropis (Eurytropis) multilirata* Pfeiffer.
                Ile Maurice [M. P. Carié]; ×5.
Fig. 14 à 16.   *Omphalotropis (Eurytropis) Duponti* Nevill.
                Ile Maurice [M. P. Carié]; ×4.
Fig. 17-18.   *Omphalotropis (Eurytropis) Caldwelli* Nevill.
                Ile Maurice [M. P. Carié]; ×4.
Fig. 19 à 22.   *Omphalotropis (Eurytropis) plicosa* Pfeiffer.
                Ile Maurice [M. P. Carié]; ×4.
Fig. 23, 25 et 26. *Microcystis lytthulus* Germain.
                Ile Maurice [M. P. Carié]; ×10.
Fig. 24.   *Leptopoma vitrea* Lesson.
                Ile Maurice [M. P. Carié]; grandeur naturelle.
Fig. 27-28.   *Omphalotropis (Eurytropis) hieroglyphicula* de Férussac.
                Ile Maurice [M. P. Carié]; ×4.
Fig. 29 à 31.   *Helicina (Pseudotrochatella) undulata* Morelet.
                Ile Maurice [M. P. Carié]; ×3.
Fig. 32.   *Helicina (Pseudotrochatella) undulata* Morelet.
                Sculpture des premiers tours de spires; ×15.
Fig 33-34.   *Nodularia (Caelatura) Carici* Germain.
                Ile de la Réunion. [M. P. Carié]. Exemplaire jeune; ×5.
Fig. 35.   *Tachyphasis (Pseudophasis) Verili* H. Adams.
                Sculpture des premiers tours de spire; ×15.

PLANCHE IV.

Fig. 1 à 6.   *Orthogibbus (Orthogibbus) funiculus* de Valenciennes.
                Ile de La Réunion; ×2.
Fig. 7-8.   *Orthogibbus (Orthogibbus) modiolus* de Férussac.
                Ile Maurice [M. P. Carié]; individu senestre; ×2.
Fig. 9-10.   *Limnaea (Radix) mauritianensis* Morelet.
                Ile Maurice [M. P. Carié]; ×2.
Fig. 11 à 14.   *Tropidophora (Eutropidophora) Michaudi* Gratelonp.
                Série de coquilles montrant le passage de la sculpture
                typique (fig. 11) à la sculpture du *Tropidophora (Eutropi-*
                dophora) carinata Born. var. *unicolor* Pfeiffer.
                Ile Maurice [M. P. Carié]; grandeur naturelle.

Fig. 15-16.   *Tropidophora (Eutropidophora) Lienardi* Morelet.
    Ile Maurice [M. P. Carié]; grandeur naturelle.

Fig. 17.   *Leptopoma vitrea* Lesson.
    Ile Maurice [M. P. Carié]; grandeur naturelle.

Fig. 18 à 21.   *Pedipes ringens* de Férussac.
    Types de Férussac; collections du Muséum d'Histoire
    naturelle de Paris; × 5.

Fig. 22-23.   *Melampus graniferus* Mousson.
    Cotypes de Mousson. Ile Maurice; × 2.

Fig. 24.   *Omphalotropis (Eurytropis) Rangi* de Férussac.
    Fragment du test, pour montrer la sculpture. Ile Mau-
    rice [M. P. Carié]; × 15.

Fig. 25 à 30.   *Harmogenanina detecta* de Férussac.
    Ile de La Réunion. Types de l'auteur (Collections du Mu-
    séum National d'Histoire naturelle de Paris); × 2 ½.

Fig 31 à 37.   *Harmogenanina subdetecta* Germain.
    Ile de La Réunion. Types. Collection de Férussac, au
    Muséum National d'Histoire naturelle de Paris; × 2 ½.

Fig. 38 à 40.   *Pilula (Pilula) praetumida* (de Férussac) Morelet.
    Ile de la Réunion [M. P. Carié]; × 4.

PLANCHE V.

Fig. 1 à 6.   *Pachystyla inversicolor* de Férussac.
    Ile Maurice [P. Carié]. Individus anormaux (subfossiles);
    grandeur naturelle.

Fig. 7 à 12.   *Pachystyla inversicolor* de Férussac, variété *mauritianensis*
    de Lamarck.
    Ile Maurice [M. P. Carié]. Série d'individus montrant
    les variations de la spire; grandeur naturelle.

Fig. 13 à 19.   *Pachystyla inversicolor* de Férussac.
    Ile Maurice [M. P. Carié]. Individus présentant des mal-
    formations diverses; grandeur naturelle.

Fig. 20-21.   *Pachystyla inversicolor* de Férussac.
    Ile Maurice [M. P. Carié]. Individu normal; grandeur
    naturelle.

Fig. 22 à 29.   *Pachystyla inversicolor* de Férussac, variété *mauritianensis*
    de Lamarck.
    Ile Maurice [M. P. Carié]. Série d'individus montrant la
    variation de la spire; grandeur naturelle.

Fig. 30 à 38.   *Pachystyla inversicolor* de Férussac, variété *mauritianensis*
    de Lamarck.
    Ile Maurice [M. P. Carié]. Exemples d'individus anormaux;
    grandeur naturelle.

Fig. 39.   *Pachystyla inversicolor* de Férussac.

    Ile Maurice [M. P. Carié]. Individu anormal; grandeur naturelle.

Fig. 40 et 41. *Tropidophora carinata* Born.

    Ile Maurice [M. P. Carié]. Deux individus, vus en-dessous, pour montrer la variation de la sculpture; grandeur naturelle.

PLANCHE VI.

Fig. 1 à 4.   *Ennea (Microstrophia) modesta* H. Adams.

    Ile Maurice [M. P. Carié]. Forme de grande taille (*major*), plus cylindrique, composée de 12 tours de spire; × 3.

Fig. 5.   *Helix angularis* de Férussac [= *Caldwellia Boryi* Morelet].

    Ile Maurice. Type de l'auteur (Collection De Férussac, au Muséum National d'Histoire naturelle de Paris); × 3.

Fig. 6 à 13.   *Physa spiralis* de Férussac.

    Ile Maurice. Cotypes de l'auteur [Collection De Férussac (S. Rang, 1837), au Muséum National d'Histoire naturelle de Paris]: × 3.

Fig. 14.   *Physa spiralis* de Férussac.

    Ile Maurice [Pérou et Lesueur, 1809; Collections du Muséum National d'Histoire naturelle de Paris); × 3.

Fig. 15.   *Orthogibbus (Orthogibbus) Bourguignati* Deshayes [= *Orthogibbus funiculus* de Valenciennes].

    Ile de La Réunion. Cotype de Valenciennes, Collections du Muséum National d'Histoire naturelle de Paris; × 3.

Fig. 16.   *Omphalotropis Rangi* de Férussac.

    Ile Maurice [M. P. Carié]; × 3.

Fig. 17 et 18.   *Tropidophora Mauritianensis* H. Adams.

    Ile Maurice [M. P. Carié]; grandeur naturelle.

Fig. 19 à 22.   *Microstylodonta Thiriouxi* Germain.

    Ile Maurice [MM. P. Carié et Thirioux] Types (subfossiles); grandeur naturelle.

Fig. 23 à 25.   *Pilula (Propilula) cyclaria* Morelet.

    Ile Maurice [M. P. Carié]. Individu anormal; × 3.

Fig. 26 à 31.   *Tachyphasis (Tachyphasis) planorbina* Germain.

    Ile Maurice [MM. P. Carié et Thirioux]. Types (subfossiles); × 3.

Fig. 32-33.   *Tropidophora Lienardi* Morelet.

    Ile Maurice [M. P. Carié]. Individus, vus en dessous, pour montrer la sculpture; grandeur naturelle.

Fig. 34, 35, 38, 40, 42, 43 et 45. *Ariocaelatura caelatura* de Férussac.

    Ile Maurice [M. P. Carié]. Série d'individus montrant les variations de la coquille; grandeur naturelle.

Fig. 36, 37, 39, 41 et 44. *Pachystyla inversicolor* de Férussac.
Ile Maurice [M. P. Carié]. Série d'individus montrant
les variations de la spire ; grandeur naturelle.

PLANCHE VII.

Fig. 1.   *Melampus graniferus* Mousson.
Ile Maurice [G. Nevill]. Détail de la sculpture du test ;
× 15.

Fig. 2 à 7. *Gibbus Lyoneti* Pallas.
Ile Maurice [P. Carié]. Série d'individus montrant les
variations de la spire. Grandeur naturelle.

Fig. 1-8.   *Pachystyla inversicolor* de Férussac.

PLANCHE VIII.

Fig. 1-8.   *Pachystyla inversicolor* de Férussac.
Ile Maurice. [P. Carié] Série d'individus montrant les
variations de la spire. Grandeur naturelle.

Fig. 9-10.   *Tropidophora carinata* Born.
Ile Maurice [P. Carié]. Deux individus montrant la variation de la sculpture. Grandeur naturelle.

PLANCHE IX.

Fig. 1.   *Ariocaelatura Duponti* Morelet.
Ile Maurice [P. Carié]. Détail de la sculpture du test ;
× 10.

Fig. 2-3.   *Tropidophora carinata* Born.
Ile Maurice [P. Carié]. Deux individus montrant la variation de la sculpture. Grandeur naturelle.

PLANCHE X.

Fig. 1-2.   *Achatina fulica* de Férussac.
Ile Maurice [P. Carié]. Individu subscalaire. Grandeur
naturelle.

Fig. 3-4.   *Achatina panthera* de Férussac.
Ile Maurice [P. Carié]. Exemplaire senestre. Grandeur
naturelle.

PLANCHE XI.

Fig. 1.   *Achatina redivica* Mabille.
Ile Maurice [Coll. S. Rang, 1831]. Type de l'auteur, au
au Muséum d'Histoire naturelle de Paris ; grandeur naturelle.

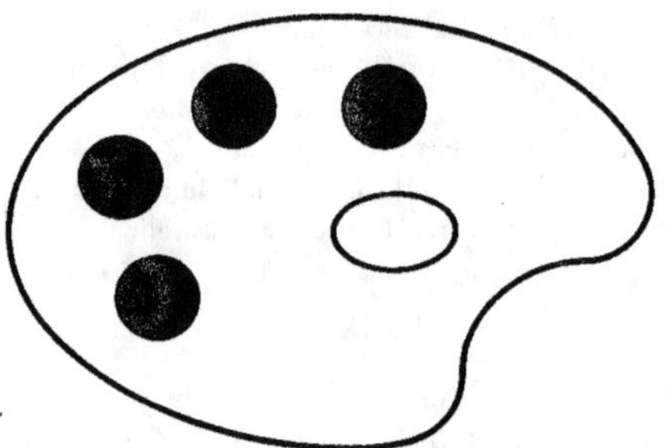

Original en couleur
NF Z 43-120-8

Fig. 2. *Achatina panthera* de Férussac.

Ile Maurice [P. Carié]. Individu anormal; grandeur naturelle.

Fig. 3-6. *Tropidophora mauritianensis* H. Adams.

Ile Maurice [P. Carié]. Série d'individus montrant les variations de spire et de la sculpture; × 2.

PLANCHE XII.

Fig. 1-2. *Achatina rediviva* Mabille.

Ile Maurice [Coll. S. Rang, 1831]. Cotypes de l'auteur, au Muséum d'Histoire naturelle de Paris; grandeur naturelle.

Fig. 3-6. *Tropidophora carinata* Born.

Ile Maurice [P. Carié]. Série d'invidus montrant les variations de la spire et de la sculpture; grandeur naturelle.

PLANCHE XIII.

Fig. 1-4. *Tropidophora carinata* Born.

Ile Maurice [P. Carié]. Série d'individus montrant les variations de la spire et de la sculpture; grandeur naturelle.

Fig. 5-6. *Achatina panthera* de Férussac.

Ile Maurice [P. Carié]. Individu anormal; grandeur naturelle.

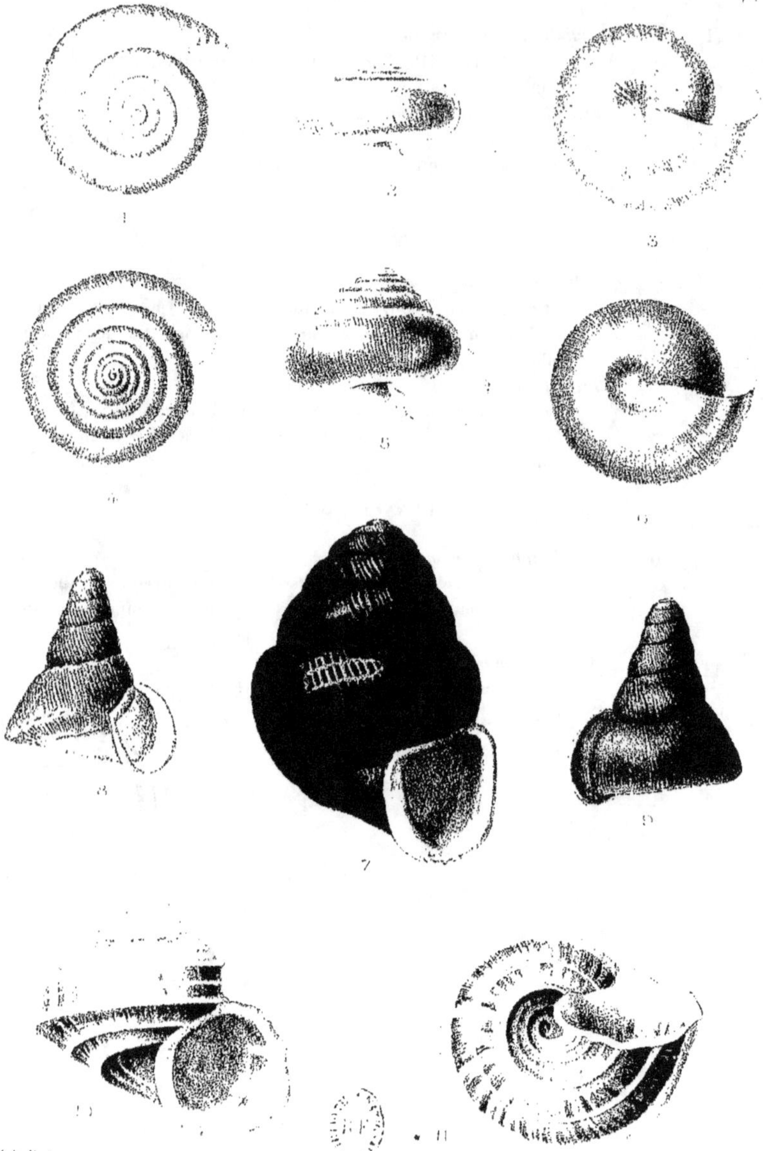

M. de la Roche pinx.
Imp. Champenois
MOLLUSQUES DES ILES MASCAREIGNES

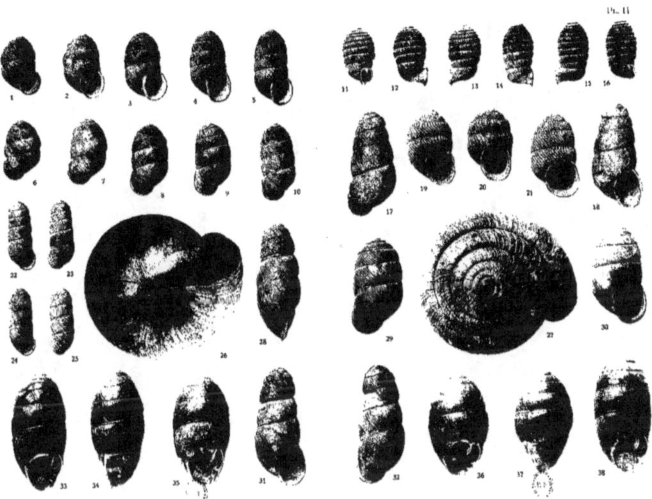

MOLLUSQUES DES ILES MASCAREIGNES.

PHOTOCOLLOGR. TORTELLIER ET CIE, ARCUEIL, PRÈS PARIS.

MOLLUSQUES DES ILES MASCAREIGNES

PHOTOCOLLOGR. TOUVAILLER ET Cⁱᵉ, ROUEN, POUR PARIS.

MOLLUSQUES DES ILES MASCAREIGNES

MOLLUSQUES DES ILES MASCAREIGNES

PHOTOCOLLOGR. TORTELLIER ET Cⁱᵉ, ARGUEIL, PRÈS PARIS

MOLLUSQUES DES ILES MASCAREIGNES

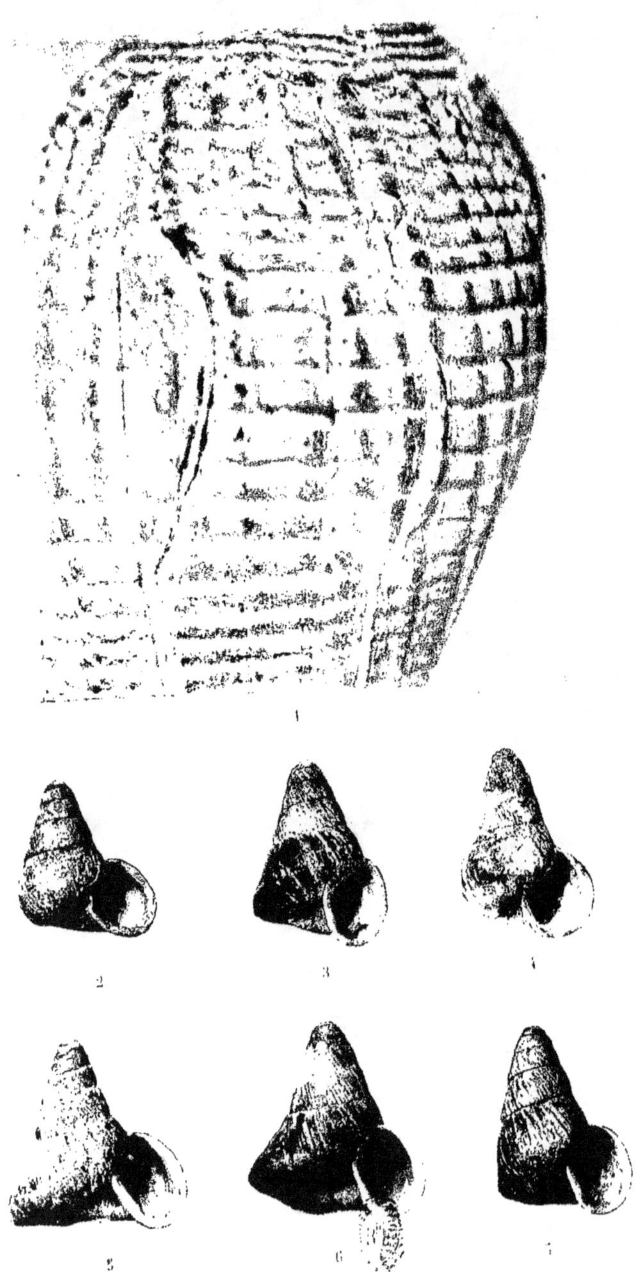

MOLLUSQUES DES ILES MASCAREIGNES

Imp. Gautier et Thébert, Angers.

Similis Evers. Angers.

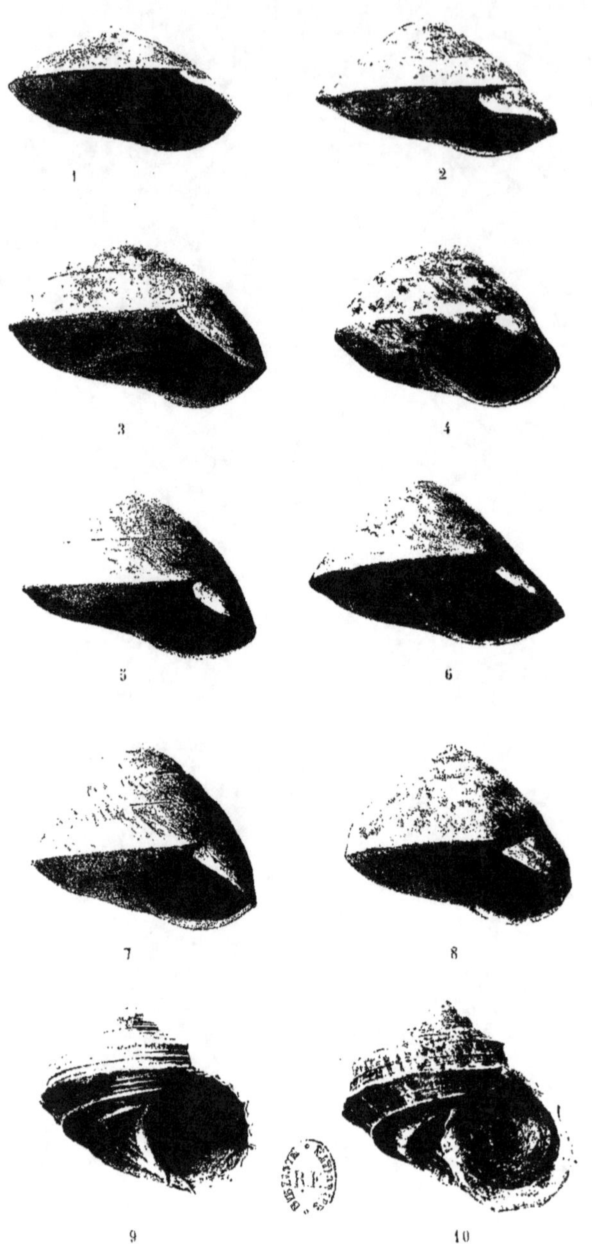

MOLLUSQUES DES ILES MASCAREIGNES

Similis Evers, Angers.   Imp. Gaultier et Thébert, Angers.

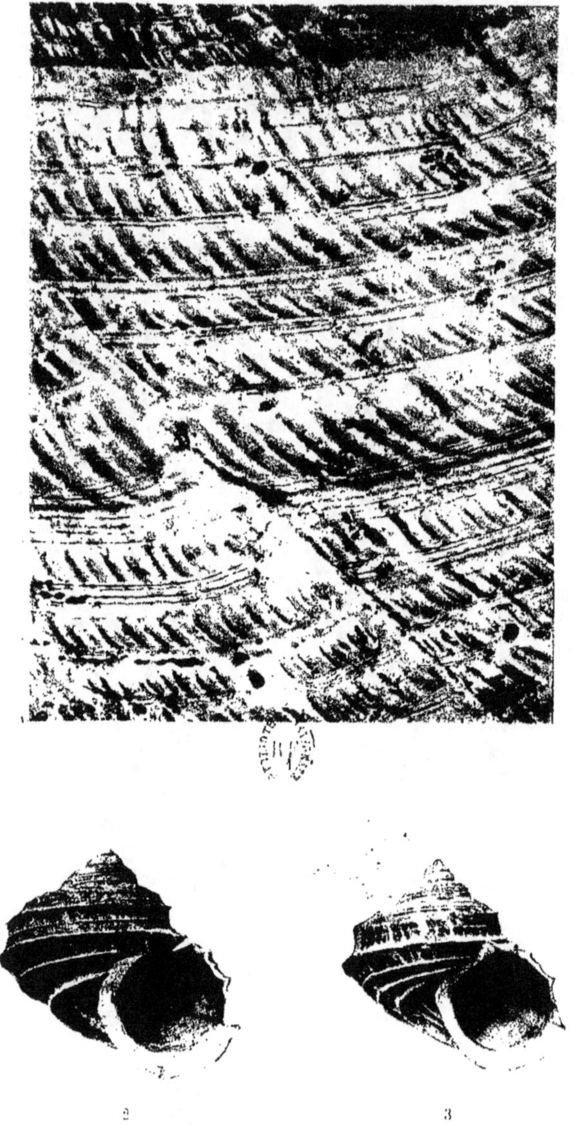

MOLLUSQUES DES ILES MASCAREIGNES

Similis Byers, Angers.　　　　　　　　Imp. Gaultier et Thébert, Angers.

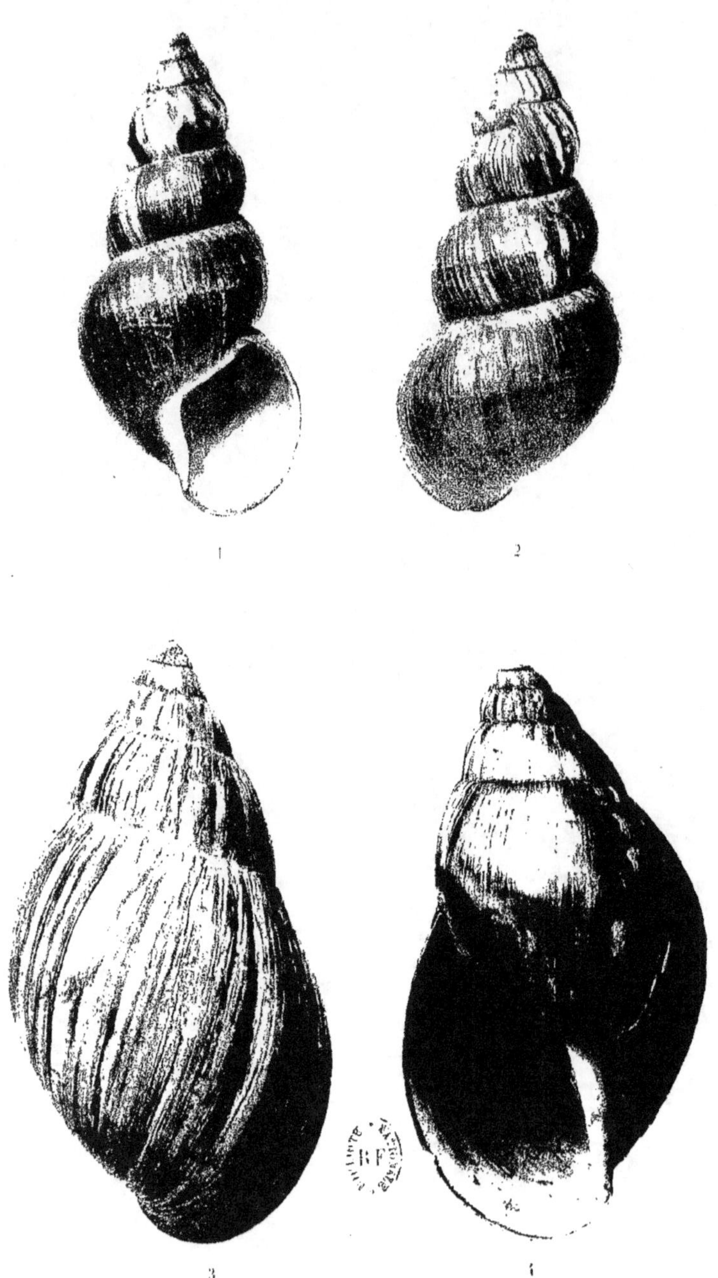

MOLLUSQUES DES ILES MASCAREIGNES

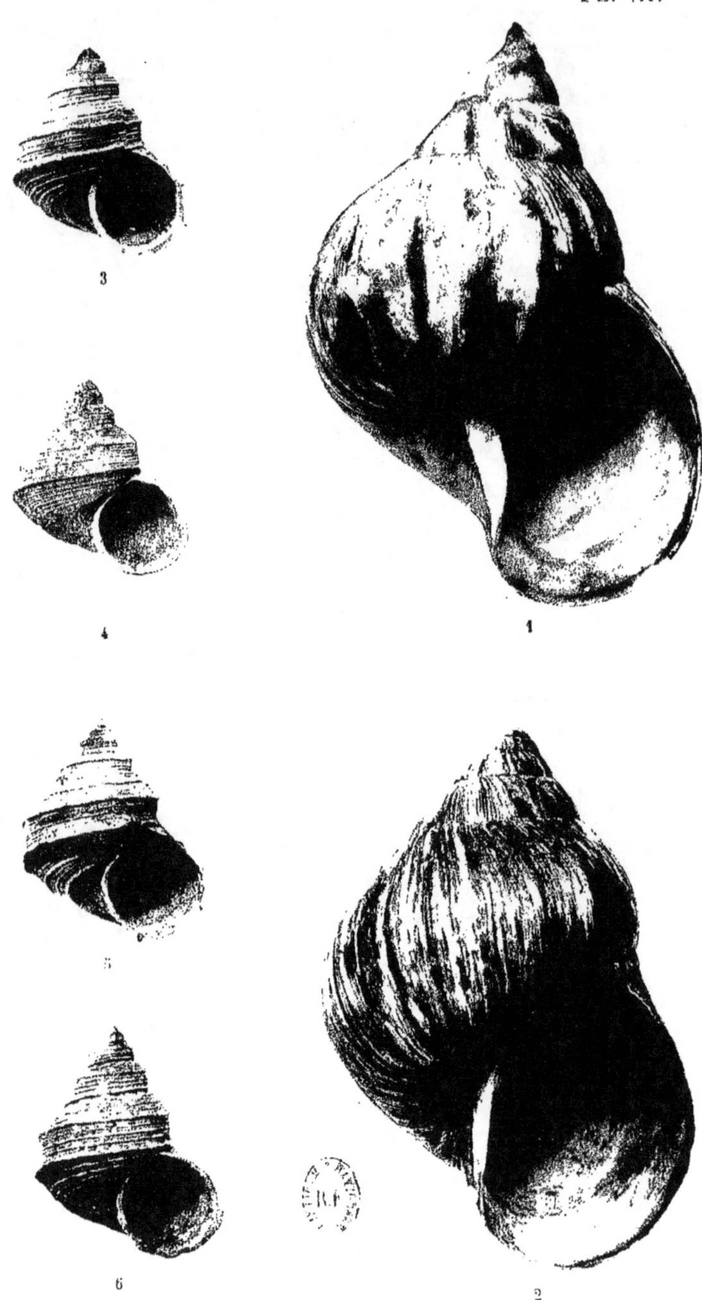

MOLLUSQUES DES ILES MASCAREIGNES

Similis Evers, Angers.　　　　Imp. Gaultier et Thébert, Angers.

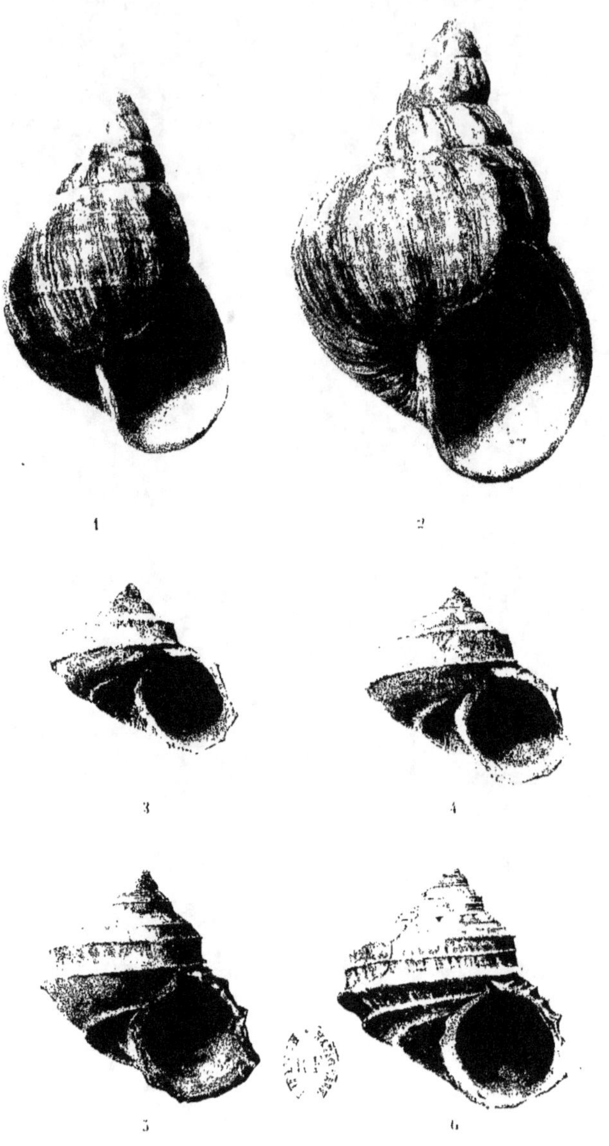

MOLLUSQUES DES ILES MASCAREIGNES

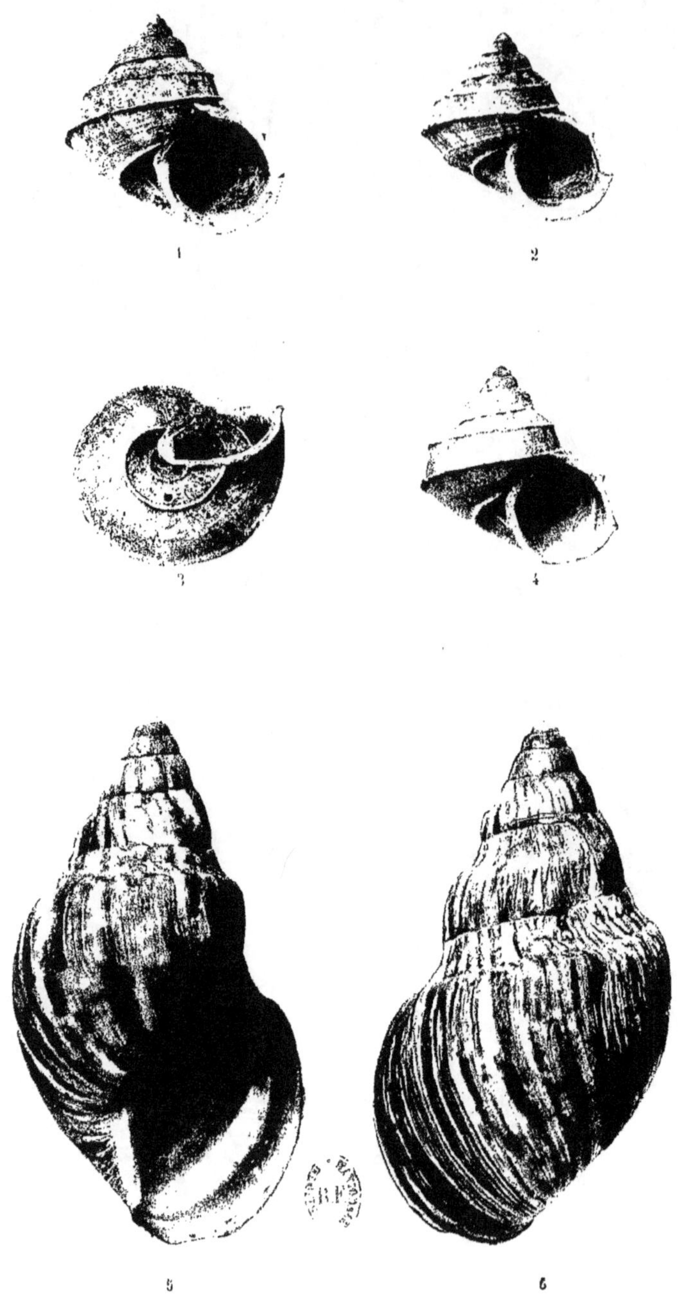

MOLLUSQUES DES ILES MASCAREIGNES

INDEX ALPHABÉTIQUE[1]

---

[1] Les noms d'espèces adoptés sont en *italiques*; les synonymes en caractères romains; — les noms de genres et de sous genres adoptés sont en PETITES CAPITALES, les synonymes en **caractères gras**; — les chiffres en **caractères gras (188)** renvoient aux pages où les genres, sous genres et espèces sont étudiés en détail.

TABLE DES MATIÈRES

DEUXIÈME PARTIE :

Angers. — Imprimerie F. Gaultier et A. Thébert.